EX-LIBRIS L. GUIGNARD
DON DE Mme GUIGNARD

TRAITÉ ÉLÉMENTAIRE

DE

CHIMIE ORGANIQUE

PAR MM.

M. BERTHELOT ET E. JUNGFLEISCH

Membre de l'Institut,
Professeur au Collège de France.

Membre de l'Académie de Médecine,
Professeur à l'École de Pharmacie.

TROISIÈME ÉDITION

AVEC DE NOMBREUSES FIGURES

Revue et considérablement augmentée

TOME PREMIER

PARIS

Vve CH. DUNOD, ÉDITEUR

LIBRAIRE DES CORPS DES PONTS ET CHAUSSÉES, DES MINES
ET DES TÉLÉGRAPHES

Quai des Augustins, 49

1886

PRÉFACE

Dans la troisième édition du *Traité élémentaire de chimie organique*, que nous présentons aujourd'hui au public, nous avons conservé le plan des éditions antérieures, en le complétant et en le mettant par des développements nouveaux au courant des découvertes les plus récentes. Nous rappellerons d'abord les additions principales qui caractérisaient l'édition précédente, telles que :

Introduction de figures nombreuses, exécutées, pour la plupart, en vue du présent ouvrage ;

Développements donnés aux notions pratiques et aux préparations usuelles (voy. *chloroforme*, *éther*, *gaz d'éclairage*, *alcool*, *sucres*, *alcalis*, *matières colorantes*, etc., etc.) ;

Indication sommaire de l'historique des principales découvertes et du nom des auteurs des travaux spéciaux. On regrette d'avoir été obligé de se limiter à cet égard ; mais les personnes qui désireraient approfondir ce côté intéressant de la science pourront consulter l'ouvrage de M. Berthelot sur la synthèse chimique (1) ;

Notions sommaires de thermochimie. Malgré l'importance de ces notions, qui tendent à donner à la mécanique chimique une base rationnelle (2), on n'a pas cru devoir les présenter sous la forme d'un corps de doctrine, afin de ne pas trop compliquer le présent ouvrage. On s'est borné à les signaler çà et là, de façon à accoutumer les esprits des commençants à cet ordre de considérations.

(1) *La synthèse chimique*, chez Germer Baillière, 6e édition, 1886.

(2) *Essai de mécanique chimique fondée sur la thermochimie*, 2 vol. in-8, chez Dunod, 1879. — *Sur la force des matières explosives*, 3e édition, 2 vol. in-8, chez Gauthier-Villars, 1883.

La notation atomique a été présentée partout parallèlement avec la notation équivalente, de façon à donner toute facilité aux personnes qui ont adopté l'une ou l'autre de ces deux notations, pour suivre la traduction symbolique des phénomènes. Nous avons cru devoir adopter cette marche, à cause des caractères et de l'utilité propres de chacune des deux notations.

La notation en équivalents est la plus certaine, parce qu'elle est basée sur la connaissance des rapports de poids suivant lesquels les corps se combinent et se substituent les uns aux autres, et sur la loi des proportions multiples. Elle a été consacrée par les fondateurs de la chimie organique, et elle nous paraît la plus rigoureuse : l'ignorance de cette notation offrirait de plus le grave inconvénient de mettre les élèves dans l'impossibilité de lire la plupart des mémoires fondamentaux de cette science. Nous avons d'ailleurs maintenu le système de notation adopté dans la première édition, système dans lequel on écarte les radicaux et les symboles fictifs, pour envisager uniquement les corps réels et les générateurs effectifs des composés complexes, dans la représentation des réactions.

Par opposition, la notation atomique offre cet avantage de simplifier les formules en doublant le carbone et l'oxygène, et de chercher à concilier les relations de poids et celles de volumes gazeux, en prenant comme fondement principal un troisième ordre de relations, tirées des chaleurs spécifiques des éléments solides. Malheureusement, ce troisième ordre de relations manque de rigueur, au double point de vue théorique et expérimental : au point de vue théorique, parce que les chaleurs spécifiques gazeuses répondent seules à un état physique comparable ; au point de vue expérimental, parce que les chaleurs spécifiques des éléments solides varient rapidement et suivant des lois différentes avec la température.

Quoi qu'il en soit, il n'en est pas moins vrai qu'un grand nombre de mémoires et d'ouvrages importants sont écrits aujourd'hui dans la notation atomique ; c'est pourquoi nous avons jugé indispensable d'exposer les principes de cette notation, et de placer à côté de la formule du corps, écrite en équivalents, la même formule écrite en atomes. Les élèves prendront ainsi connaissance des deux systèmes de notations.

Rappelons ici que ces langages différents, appliqués à la représentation des réactions chimiques, expriment précisément les mêmes faits et les mêmes lois ; c'est-à-dire les mêmes rapports généraux, constatés par l'observation, entre les phénomènes. Le fond positif de la science demeure donc exactement le même ; les découvertes originales, passées ou futures, résultent de l'aperception originale des mêmes idées; les lois sont exprimées sous des formes parallèles, et presque avec le même nombre de mots, dans les deux notations. Il y aurait quelque intolérance, et même quelque dommage pour l'intelligence de la science, à prétendre attribuer à l'une d'elles une valeur dogmatique exclusive.

Nous n'ignorons pas que le système atomique a des prétentions plus hautes ; il voudrait atteindre le fond même des choses et fonder la science tout entière sur la conception qu'il imagine. Mais c'est précisément là ce qui fait, à nos yeux, l'avantage du langage des équivalents et l'illusion des partisans de la théorie atomique. En effet, le premier langage n'exclut aucune hypothèse ; mais il distingue ce que la seconde théorie confond, à savoir : d'un côté, les lois générales et positives de la science, envisagées dans leur expression abstraite et certaine, et d'un autre côté, les hypothèses représentatives, plus ou moins arbitraires, à l'aide desquelles on s'efforce de traduire ces lois.

D'ailleurs, c'est un exercice des plus utiles, au point de vue de l'éducation philosophique des jeunes gens, que de les accoutumer à énoncer les mêmes faits et les mêmes relations générales dans les deux langages symboliques usités aujourd'hui en chimie.

Mais c'est assez sur ce sujet.

En résumé, nous n'avons épargné aucun travail pour maintenir notre ouvrage au courant de la science : c'est ainsi que les additions, les changements et les développements nouveaux nous ont obligés à augmenter de près de deux cents pages les deux volumes consacrés au *Traité élémentaire de chimie organique*.

BERTHELOT et JUNGFLEISCH.

Septembre 1886.

PRÉFACE

DE LA PREMIÈRE ÉDITION (1872)

Dans ce livre, résumé de douze ans d'enseignement, la chimie organique est exposée et coordonnée d'après la méthode de la formation successive des composés, depuis les corps simples jusqu'aux substances les plus compliquées. C'est l'application, sous forme élémentaire, des doctrines qui ont servi de base à mon *Traité de chimie organique fondé sur la synthèse*, publié en 1860. L'importance de ces doctrines, très controversées au début, est aujourd'hui acceptée par tout le monde; elles ont pris un développement qui grandit chaque jour, et elles ont donné lieu aux découvertes scientifiques et industrielles les plus brillantes. Énumérer ces découvertes, ce serait faire l'histoire de la science elle-même depuis douze à quinze ans.

Le nombre des composés organiques qui ont été réellement préparés s'élève aujourd'hui à plus de dix mille; le nombre de ceux qui peuvent être fabriqués par les méthodes connues est littéralement infini; il est donc nécessaire d'adopter quelque principe simple de classification pour coordonner l'étude de ces composés. J'ai adopté comme principe général et dominateur la fonction chimique : en d'autres termes, j'ai partagé mon ouvrage en grandes divisions, comprenant les carbures d'hydrogène, les alcools et les éthers, les aldéhydes, les acides, les alcalis, les radicaux métalliques composés, les amides enfin.

Cette division fondamentale, quelque simple qu'elle paraisse, n'avait cependant été appliquée dans aucun ouvrage, avant mon livre de

1860. Elle représente la formation méthodique et la synthèse progressive des composés organiques, à partir des corps simples. Elle permet de formuler les lois générales de composition, les procédés généraux de formation et de réaction, avec plus de clarté et de simplicité qu'aucune division fondée sur des principes différents. En un mot, je la regarde comme plus nette et plus propre à l'enseignement que la classification par séries homologues, proposée par Gerhardt, en 1844; ou bien encore la classification établie sur l'histoire séparée de chaque série organique, présentée comme un ensemble homogène et dérivé d'un même corps principal, classification qui est en faveur dans la plupart des ouvrages les plus récents.

A plus forte raison ai-je cru devoir rejeter cette classification surannée qui repose sur l'extraction des substances organiques tirées des végétaux ou des animaux, classification qui remonte à près d'un siècle et qui s'est perpétuée jusqu'à ce jour dans la plupart des programmes d'examens. Cette persistance indéfinie des vieilles méthodes est devenue, en chimie organique comme dans tant d'autres sciences, un obstacle bien difficile à surmonter pour l'instruction et le développement des générations nouvelles!

Les cadres généraux étant tracés, ainsi que leurs divisions principales, je me suis attaché à décrire avec détails un petit nombre de corps fondamentaux, envisagés comme les types de leurs classes respectives. Tels sont l'acétylène, l'éthylène, le formène, la benzine, parmi les carbures d'hydrogène; l'alcool ordinaire, la glycérine, les sucres, parmi les alcools, etc., etc. J'ai présenté l'histoire de chacun de ces corps d'après un plan d'exposition général, susceptible d'être appliqué à tous les corps du même groupe : formation par synthèse et par analyse; préparation; propriétés physiques; action de la chaleur; action de l'hydrogène, de l'oxygène, du chlore, de l'eau, des hydracides; enfin action des acides et des bases. Tel est le cadre uniforme qui se retrouve dans l'histoire individuelle de chacune des substances décrites comme types, et qui peut être appliqué sans difficulté à toutes les substances analogues de moindre importance.

Parmi ces dernières, les plus intéressantes ont d'ailleurs été rangées et décrites sommairement, à la suite des composés fondamentaux, toujours suivant le même procédé, mais en quelque sorte en raccourci; car l'exposé régulier de tous les faits connus aujourd'hui en chimie organique exigerait une encyclopédie comprenant au moins vingt volumes pareils à celui-ci. Ce que je me suis efforcé principalement de maintenir, c'est la généralité de la science au milieu de la description indéfinie des faits particuliers.

Heureux si la jeunesse, à laquelle le présent ouvrage est dédié, peut y trouver quelque secours pour cultiver son esprit par le travail, cette ressource première et dernière de la patrie et de l'humanité !

M. BERTHELOT.

TABLE ANALYTIQUE DES MATIÈRES

CONTENUES DANS LE PREMIER VOLUME

*

FIN DE LA TABLE ANALYTIQUE.

TRAITÉ ÉLÉMENTAIRE

DE

CHIMIE ORGANIQUE

LIVRE PREMIER

GÉNÉRALITÉS

CHAPITRE PREMIER

OBJET ET MÉTHODES DE LA CHIMIE ORGANIQUE

§ 1er. — Objet de la chimie organique.

La chimie organique, comme son nom l'indique, a pour objet l'étude chimique des matières contenues dans les êtres vivants. Elle étudie les méthodes par lesquelles on isole ces matières; elle détermine leurs éléments, leurs caractères propres et les transformations qu'elles éprouvent par l'action de la chaleur, de l'air, de l'eau, des divers corps, tant simples que composés. Enfin la chimie organique, et c'est là l'une de ses plus belles attributions, nous apprend à former de toutes pièces les matières organiques au moyen des éléments ou corps simples qui les constituent.

§ 2. — Analyse immédiate.

Pour mieux faire comprendre l'étendue et la portée des problèmes que cette science embrasse, nous allons rappeler les conceptions fondamentales de la chimie, telles qu'elles résultent de l'étude des matières minérales. Prenons pour exemple une roche naturelle, le granit, et cherchons comment la chimie procède dans l'examen de cette substance. A première vue, il est facile de reconnaître que le granit est formé par l'association de trois matériaux distincts, savoir : de cristaux blancs, durs et transparents : c'est le quartz ou cristal de roche; d'autres cristaux plus tendres, opaques et lamelleux, colorés de teintes diverses, blanche, rose ou bleuâtre, suivant les variétés de granit : c'est le feldspath; enfin des paillettes minces, brillantes et flexibles, interposées entre les cristaux de quartz et de feldspath : c'est le mica. En concassant le granit, c'est-à-dire en usant de moyens purement mécaniques, on peut le résoudre entièrement dans ces trois substances : quartz, feldspath et mica. Chacune d'elles préexiste dans la roche; chacune constitue une espèce minérale distincte, douée de propriétés déterminées. L'opération par laquelle on isole ces espèces porte le nom d'*analyse immédiate*.

§ 3. — **Analyse élémentaire.**

La chimie opère ensuite sur chacune de ces espèces, et elle les détruit pour en extraire les éléments. Elle décompose le quartz, par exemple, en oxygène et silicium; elle résout d'abord le feldspath en acide silicique, alumine et potasse; puis elle décompose l'acide silicique en silicium et oxygène, l'alumine en aluminium et oxygène, la potasse en potassium et oxygène.

La chimie atteint ainsi les corps simples, terme qu'elle ne saurait dépasser dans l'état présent de nos connaissances : la série d'opérations par lesquelles elle y arrive s'appelle *analyse élémentaire*. Analyse élémentaire, analyse immédiate, tels sont les deux degrés que l'on rencontre dans l'étude chimique de la nature. Aussi la chimie a-t-elle été souvent définie la *science de l'analyse*.

§ 4. — **Synthèse chimique.**

Mais en décomposant ainsi les substances naturelles et en les ramenant à leurs éléments, nous n'avons résolu que la moitié du problème : la chimie n'est pas seulement la science de l'analyse, c'est aussi la *science de la synthèse*. En d'autres termes, pour démontrer que l'analyse a été complète, et qu'elle n'a rien omis dans ses recherches, il faut reprendre les éléments des corps et recomposer ceux-ci avec leurs propriétés primitives.

A cet effet, nous combinerons entre eux les éléments révélés par l'analyse : l'union du potassium et de l'oxygène reconstituera la potasse ; l'union de l'aluminium et de l'oxygène reconstituera l'alumine ; l'union du silicium et de l'oxygène reconstituera l'acide silicique. Enfin en combinant, par des méthodes appropriées, l'acide silicique, la potasse et l'alumine, nous reproduirons le feldspath. De même, en suivant une marche convenable, pour former l'acide silicique au moyen du silicium et de l'oxygène, nous le reconstituerons avec des propriétés identiques à celles du quartz. Nous aurons donc formé de toutes pièces les principes immédiats de la roche.

C'est ainsi que la nature des corps minéraux peut être établie complètement par le concours de l'analyse et de la synthèse. Il est facile de voir que la synthèse seule donne à la chimie son caractère complet ; c'est elle qui établit pleinement la puissance de la science sur la nature et qui distingue la chimie des sciences naturelles, fondées jusqu'ici sur une pure anatomie.

§ 5. — **Les principes immédiats organiques.**

Appliquons maintenant les mêmes idées à l'étude chimique des êtres organisés. Soit une matière végétale, un citron, par exemple. Nous pouvons le soumettre à une première analyse, capable de le résoudre en matériaux distincts et homogènes. Le citron peut être séparé d'abord en deux masses dissemblables, le jus et l'écorce.

Le jus est liquide, acide, sucré, légèrement mucilagineux. Or ces propriétés résident dans certains principes immédiats, susceptibles d'être isolés, à savoir : l'eau, principe liquide qui tient tous les autres en dissolution ; l'acide citrique, corps solide et cristallisé, dans lequel réside le caractère acide du citron ; le sucre de canne et deux autres espèces de sucres, la glucose, la lévulose, dans lesquels réside le goût sucré du citron. Ajoutons encore une matière gommeuse particulière, un principe analogue à l'albumine, enfin des sels peu abondants, et nous aurons énuméré les corps dans lesquels on peut résoudre le jus du citron.

L'écorce se décompose de la même manière en principes immédiats. Ainsi, par simple pression, on en retire l'essence du citron, corps liquide et volatil, dans lequel réside l'odeur de ce fruit. L'action de l'éther extrait une matière colorante jaune, à laquelle est due la couleur propre du citron. Enfin la masse principale de l'écorce est constituée par un principe ligneux et insoluble.

Telles sont les diverses substances dont l'association constitue le citron et que l'analyse immédiate permet d'en extraire. Le citron est formé, disons-nous, par leur assemblage, comme le granit était formé par l'assemblage du quartz, du feldspath et du mica. C'est ici le moment de marquer nettement la limite qui sépare la chimie organique de la physiologie.

La chimie organique s'occupe des principes immédiats et des méthodes capables de les isoler; elle traite également, comme nous le dirons bientôt, des méthodes capables de résoudre les principes immédiats en leurs éléments, et des méthodes capables de former en sens inverse et de toutes pièces les mêmes principes immédiats. Mais elle n'a pas pour objet d'étudier la structure des tissus organisés, ni leur disposition en fibres ou en cellules; encore moins la chimie se propose-t-elle de reproduire les cellules, les fibres ou les organes des êtres vivants : ces problèmes ne sont point de son domaine; ils relèvent de l'anatomie et de la physiologie.

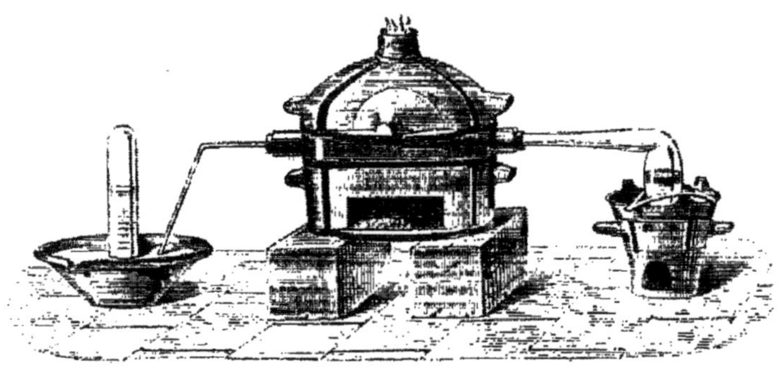

FIG. 1. — Décomposition de l'essence de citron par la chaleur.

§ 6. — Les éléments organiques.

Nous avons défini l'analyse immédiate, telle qu'on la pratique en chimie organique; il convient de parler maintenant de l'analyse élémentaire.

Reprenons chacun des principes isolés par la décomposition du citron.

Soit d'abord l'essence de citron. On peut la décomposer par l'action d'une haute température, par exemple en dirigeant sa vapeur au travers d'un tube de porcelaine rouge de feu (fig. 1). Elle se réduit ainsi en deux éléments : l'hydrogène, lequel se dégage et peut être recueilli sous forme gazeuse; et le carbone, noir et solide, lequel reste en partie dans le tube, tandis qu'une autre portion est entraînée avec le gaz. On peut encore démontrer l'existence des mêmes éléments en trempant une baguette dans l'essence de citron, enflammant la goutte qui reste suspendue et plongeant aussitôt la baguette au centre d'une éprouvette renversée. Quand la combustion est finie, l'éprouvette se trouve recouverte intérieurement d'une légère rosée formée par de l'eau, et elle renferme un gaz qui trouble l'eau de chaux. La formation de l'eau atteste l'existence de l'hydrogène, et la formation de l'acide carbonique est la preuve de l'existence du carbone dans l'essence de citron.

Carbone et hydrogène, voilà donc les deux éléments de l'essence de citron. Ces éléments se retrouvent dans toutes les matières organiques, tantôt seuls, tantôt associés avec divers éléments que nous allons reconnaître par l'analyse des autres principes immédiats du citron.

Soit le sucre de canne. Chauffons une parcelle de ce corps, placée dans un tube fermé par un bout. Bientôt le sucre fond, jaunit, se boursoufle, puis il noircit et se décompose entièrement. Les produits principaux de cette décomposition sont du charbon, qui reste au fond du tube, et de l'eau, qui se condense à la partie supérieure. Il résulte de là que le sucre renferme du carbone associé avec de l'hydrogène et de l'oxygène, puisque ces deux derniers corps sont les composants de l'eau. Ces mêmes éléments, carbone, hydrogène et oxygène, sont contenus dans les autres espèces de sucres, dans l'acide citrique, dans la gomme, dans le principe ligneux, etc.

L'albumine renferme les mêmes éléments et en outre de l'azote. En effet, l'albumine, soumise à l'action de la chaleur, fournit à la fois un charbon noir et boursouflé, de l'eau et de l'ammoniaque; il est facile de reconnaître ce dernier gaz, parce qu'il ramène au bleu le papier de tournesol rougi.

Nous avons maintenant énuméré les quatre éléments fondamentaux des substances organiques : carbone, hydrogène, oxygène et azote. Ces quatre substances simples, associées avec de petites quantités de soufre, de phosphore, etc., forment le corps de tous les êtres vivants, des animaux comme des végétaux. Un si petit nombre d'éléments organiques contraste avec la multitude des éléments qui forment les minéraux, et dont le nombre s'élève à près de soixante-dix. Tel est donc le terme de l'analyse élémentaire des substances organiques.

Mais si les éléments organiques sont peu nombreux, il n'en est pas de même des composés qui résultent de la combinaison desdits éléments, pris deux à deux, trois à trois, quatre à quatre. En effet, ces composés, distincts à la fois par la proportion et par l'arrangement des éléments, sont pour ainsi dire innombrables. Les chimistes ont préparé et étudié plusieurs milliers de composés organiques; ils ont découvert des méthodes qui permettent de former à coup sûr plusieurs centaines de milliers d'alcalis, plusieurs centaines de millions de corps gras neutres, etc. La multitude de ces composés contraste, comme il arrive d'ordinaire, avec leur faible stabilité.

§ 7. — **Analyse intermédiaire.**

C'est assez dire quelles difficultés doivent s'opposer à la synthèse des substances organiques au moyen de leurs éléments. Aussi, pour pouvoir l'entreprendre, est-il nécessaire d'étudier non seulement les éléments de chaque principe immédiat, mais aussi la suite progressive des décompositions qui précèdent sa résolution finale dans lesdits éléments. De là un nouveau genre d'analyse, presque inaperçu en chimie minérale, mais qui joue le plus grand rôle en chimie organique : c'est l'*analyse intermédiaire*.

L'analyse intermédiaire procède suivant deux modes distincts, selon qu'elle décompose les corps sans faire intervenir d'élément étranger, ou bien qu'elle les détruit par l'action successive de l'oxygène. Voici des exemples de ces deux procédés.

§ 8. — **Échelle de décomposition.**

Soit le principe ligneux, lequel forme la plus grande masse des tissus végétaux. Ce principe est doué d'une structure organisée; il est fixe et insoluble; son équivalent est fort élevé, mal connu, représenté par un multiple de la formule $C^{12}H^{10}O^{10}$.

Traitons le principe ligneux par l'acide sulfurique, avec le concours de l'eau, et nous le changerons en un nouveau principe, la glucose ou sucre de raisin. La glucose est cristallisée; elle n'est pas volatile, mais elle se dissout aisément dans l'eau. Son équivalent est égal à 180 et représenté par la formule $C^{12}H^{12}O^{12}$. C'est évidemment un composé moins compliqué que le ligneux.

Faisons maintenant agir sur la glucose un réactif, la levure de bière. Sous cette influence, la glucose se dédouble en acide carbonique et en alcool. L'alcool est un composé plus simple et plus stable que la glucose. Il est liquide, fort volatil; son équivalent égale 46, et sa formule est $C^4H^6O^2$.

Poursuivons le cours de nos décompositions. Sous l'influence de la chaleur, ou mieux de l'acide sulfurique, l'alcool peut être simplifié de nouveau et changé en eau et en gaz oléfiant. Le gaz oléfiant ne renferme que deux éléments, C^4H^4; son équivalent est 28 : sa stabilité est déjà très grande.

Soumis à l'action de la chaleur rouge, il se décompose pourtant de nouveau, avec mise à nu de la moitié de l'hydrogène qu'il renferme et formation d'un nouveau carbure, l'acétylène, C^4H^2, plus simple et plus stable que le gaz oléfiant.

Enfin l'acétylène peut être résolu finalement en ses éléments, carbone et hydrogène, sous l'influence d'une température extrêmement élevée.

Telle est l'*échelle de décomposition*, descendue successivement depuis un principe organisé, le ligneux, jusqu'aux éléments. Le tableau que voici retrace cette échelle sous une forme concise :

Points de départ de la réaction.				*Résultats de la réaction.*		
$(C^{12}H^{10}O^{10})^n$ Principe ligneux, organisé, fixe, insoluble.	+	$n\,H^2O^2$	=	$n\,C^{12}H^{12}O^{12}$ Glucose cristallisée, fixe, soluble.		....
$C^{12}H^{12}O^{12}$ Glucose cristallisée, fixe, soluble.		....	=	$2\,C^4H^6O^2$ Alcool liquide, volatil.	+	$2\,C^2O^4$ Acide carbonique.
$C^4H^6O^2$ Alcool liquide, volatil.		....	=	C^4H^4 Gaz oléfiant.	+	H^2O^2 Eau.
C^4H^4 Gaz oléfiant.		....	=	C^4H^2 Acétylène.	+	H^2 Hydrogène.
C^4H^2 Acétylène.		....	=	C^4 Carbone.	+	H^2 Hydrogène.

§ 9. — **Échelle de combustion.**

Dans la destruction progressive du ligneux, nous n'avons fait intervenir aucun élément étranger. Donnons maintenant un exemple de la décomposition par oxydation; autrement dit, exposons l'*échelle de combustion*. Soit l'alcool pris comme point de départ. Il a pour formule $C^4H^6O^2$. Soumis à l'influence de l'oxygène, par degrés successifs, il peut perdre son hydrogène et fournir d'abord de l'aldéhyde, $C^4H^4O^2$, puis de l'acide acétique, $C^4H^4O^4$, puis encore de l'acide oxalique, $C^4H^2O^8$. L'acide oxalique, à son tour, chauffé au contact de la glycérine, se dédouble en acide carbonique et acide formique, $C^2H^2O^4$. L'acide formique peut être encore réduit en eau et oxyde de carbone, C^2O^2. Enfin l'oxyde de carbone est changé par oxydation en acide carbonique, C^2O^4. La totalité des éléments de l'alcool se trouve ainsi ramenée à l'état d'eau et d'acide carbonique, non du premier coup, mais par une suite de transformations régulières.

Points de départ de la réaction.				*Résultats de la réaction.*		
$C^4H^6O^2$ Alcool.	+	O^2	=	$C^4H^4O^2$ Aldéhyde.	+	H^2O^2 Eau.

Points de départ de la réaction.				*Résultats de la réaction.*		
$C^4H^4O^2$ Aldéhyde.	+	O^2	=	$C^4H^4O^4$ Acide acétique.		....
$C^4H^4O^4$ Acide acétique.	+	$3\,O^2$	=	$C^4H^2O^8$ Acide oxalique.	+	H^2O^2 Eau.
$C^4H^2O^8$ Acide oxalique.		....	=	$C^2H^2O^4$ Acide formique.	+	C^2O^4 Acide carbonique.
$C^2H^2O^4$ Acide formique.		....	=	C^2O^2 Oxyde de carbone.	+	H^2O^2 Eau.
C^2O^2 Oxyde de carbone.	+	O^2	=	C^2O^4 Acide carbonique.		......

Tels sont les types des méthodes d'analyse intermédiaire. En les appliquant à l'étude des principes immédiats naturels, les chimistes ont découvert successivement un grand nombre d'êtres artificiels, les uns identiques avec des êtres naturels déjà connus, tandis que les autres n'existent point dans la nature. Ils ont ainsi construit, par une lente recherche, les premières assises de la chimie organique.

§ 10. — La synthèse organique.

Cependant l'analyse est demeurée pendant longtemps la base principale de cette science. A l'exception de quelques substances très simples et très voisines des composés minéraux, telles que l'urée, la synthèse organique a semblé pendant longtemps impraticable; c'est ainsi que Gerhardt écrivait, il y a une trentaine d'années :

« Le chimiste fait tout l'opposé de la nature vivante; il brûle, détruit, opère par analyse; la force vitale seule opère par synthèse; elle reconstruit l'édifice abattu par les forces chimiques. »

Tel était l'état de la chimie organique, à une époque encore peu éloignée. Aujourd'hui, cet état d'imperfection de la science a cessé : il a cessé, grâce aux travaux exécutés depuis vingt-cinq ans, travaux accomplis, pour la plupart, par l'un des auteurs de ce livre : qu'il lui soit permis de le rappeler. Aujourd'hui la chimie organique peut procéder par synthèse, de même que la chimie minérale. Elle sait former les principes immédiats en combinant graduellement leurs éléments, carbone, hydrogène, oxygène et azote; elle sait aussi les former en prenant pour point de départ les mêmes éléments complètement oxydés, c'est-à-dire l'eau et l'acide carbonique, à l'instar de la nature végétale, quoique par des voies différentes.

Nous allons préciser les deux marches suivant lesquelles les principes organiques peuvent être recomposés, tantôt à partir des éléments libres, tantôt à partir de l'eau et de l'acide carbonique.

§ 11. — Échelle de synthèse.

Nous prendrons d'abord le carbone et l'hydrogène et nous les combinerons directement, de façon à former un premier carbure d'hydrogène : c'est l'acétylène. Pour effectuer cette combinaison, il suffit de diriger un courant d'hydrogène sur le carbone porté à l'incandescence par le passage de l'arc électrique (fig. 2). On opère dans un

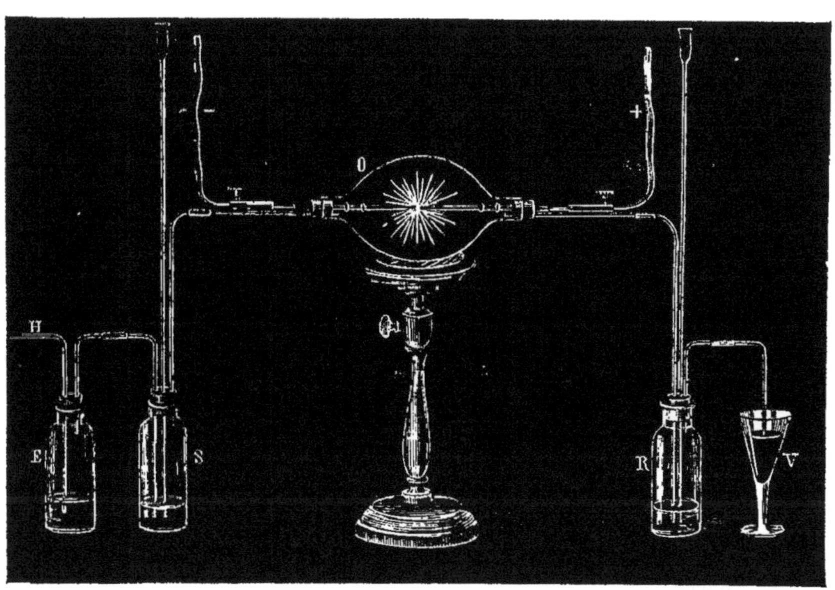

Fig. 2. — Synthèse de l'acétylène.

ballon O, dans lequel circule un courant d'hydrogène lavé et séché dans les flacons E et S. L'arc éclate entre deux crayons de charbon de cornue. Sous la double influence de la chaleur et de l'électricité, les éléments s'unissent et l'acétylène, C^4H^2, en résulte :

$$C^4 + H^2 = C^4H^2.$$

Pour en manifester la formation, on fait passer les gaz dans un laveur R, contenant une solution ammoniacale de chlorure cuivreux : l'acétylène précipite cette dissolution, en produisant un composé rouge caractéristique, l'acétylure cuivreux. L'expérience est des plus brillantes.

L'acétylène ainsi formé n'est pas un être isolé, mais un point de départ. Il peut s'unir à l'hydrogène naissant, et même à l'hydrogène libre, en donnant naissance à un second carbure d'hydrogène, le gaz oléfiant, C^4H^4 :

$$C^4H^2 + H^2 = C^4H^4.$$

Le gaz oléfiant, mis en présence de l'eau, dans les conditions de l'état naissant, s'y combine et engendre l'alcool, $C^4H^6O^2$:

$$C^4H^4 + H^2O^2 = C^4H^6O^2.$$

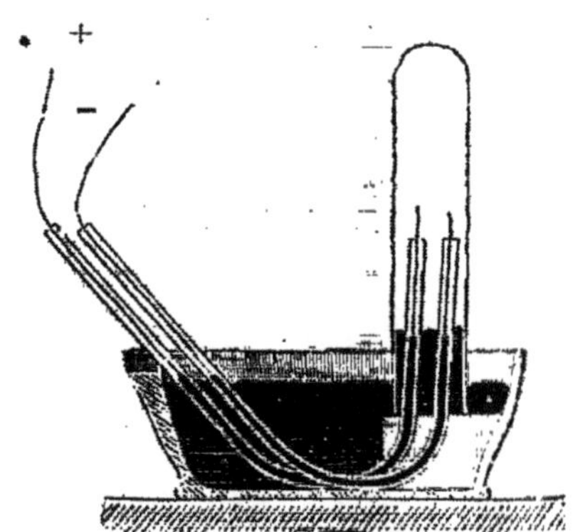

Fig. 3.— Synthèse de l'acide oxalique. Fig. 4.— Synthèse de l'acide cyanhydrique.

L'alcool devient à son tour l'origine d'une multitude d'autres composés.

Ces trois formations successives de l'acétylène, du gaz oléfiant, de l'alcool, au moyen des éléments, sont précisément inverses des décompositions signalées plus haut : elles établissent l'existence de l'*échelle de synthèse*, réciproque avec l'échelle de décomposition.

L'acétylène, en effet, peut donner naissance à un grand nombre de composés organiques. Par exemple, son union avec l'oxygène libre, en présence de l'eau et d'un alcali, engendre l'acide acétique, $C^4H^4O^4$:

$$C^4H^2 + O^2 + H^2O^2 = C^4H^4O^4.$$

L'union de l'acétylène avec l'oxygène naissant engendre l'acide oxalique, $C^4H^2O^8$:

$$C^4H^2 + O^8 = C^4H^2O^8.$$

Pour effectuer cette nouvelle synthèse, il suffit de faire réagir l'acétylène libre sur une solution alcaline de permanganate de potasse (fig. 3). L'acétylène est contenu dans un flacon; on y fait couler goutte à goutte le liquide oxydant : on agite. La liqueur se décolore aussitôt, et elle manifeste les réactions de l'acide oxalique. L'acide oxalique, composé ternaire, est ainsi formé par l'union successive des trois éléments qui le constituent.

L'acétylène réagit aussi directement sur l'azote libre (fig. 4), sous l'influence de l'étincelle électrique, pour produire l'acide cyanhydrique, C^2HAz :

$$C^4H^2 + Az^2 = 2\,C^2HAz.$$

Les deux gaz sont mélangés dans une éprouvette avec 3 ou 4 fois leur

FIG. 5. — Synthèse de la benzine.

volume d'hydrogène, et l'on y fait jaillir une série de fortes étincelles électriques pendant un quart d'heure. On constate l'acide cyanhydrique en le transformant en bleu de Prusse.

L'acétylène, enfin, peut être changé en benzine, carbure plus condensé, $C^{12}H^6$, qui résulte de la réunion de trois molécules d'acétylène condensées en une seule :

$$3\,C^4H^2 = C^{12}H^6.$$

On y parvient en chauffant l'acétylène au rouge, dans une cloche courbe, pendant une demi-heure (fig. 5) : le gaz se change peu à peu en un liquide, dont l'identité avec la benzine peut être facilement constatée.

Voici le tableau de ces diverses formations :

Points de départ de la réaction.			*Résultats de la réaction.*
4 C Éléments, carbone et hydrogène.	+ 2 H	=	C^4H^2 Acétylène.
C^4H^2 Acétylène.	+ H^2	=	C^4H^4 Gaz oléfiant.
C^4H^4 Gaz oléfiant.	+ H^2O^2	=	$C^4H^6O^2$ Alcool.
C^4H^2 Acétylène.	+ O^2 + H^2O^2	=	$C^4H^4O^4$ Acide acétique.
C^4H^2 Acétylène.	+ $2O^4$	=	$C^4H^2O^8$ Acide oxalique.
C^4H^2 Acétylène.	+ Az^2	=	2 C^2HAz Acide cyanhydrique.
3 C^4H^2 Acétylène.		=	$C^{12}H^6$ Benzine.

§ 12. — Échelle de réduction.

Sans nous étendre davantage sur ces synthèses méthodiques, que leur caractère direct rend plus démonstratives et qu'il est facile de prolonger indéfiniment, nous allons maintenant établir par des exemples l'*échelle de réduction*, réciproque avec l'échelle de combustion.

Prenons comme point de départ l'eau et l'acide carbonique. Il s'agit d'enlever à ces composés leur oxygène, et d'unir leur carbone avec leur hydrogène. A cet effet, on change d'abord l'acide carbonique, C^2O^4, en oxyde de carbone, C^2O^2, par l'action du fer métallique à la température rouge ; puis on combine l'oxyde de carbone avec les éléments de l'eau : ce qui s'effectue simplement par le contact prolongé du gaz avec une dissolution de potasse ou de baryte, soit à froid, soit mieux à 100°. La figure 6 représente un ballon renfermant l'alcali et l'oxyde de carbone. Dans la figure 7, la pointe du ballon renversé est cassée sous une couche d'eau, afin de montrer le vide produit par l'absorption de l'oxyde de carbone. On obtient ainsi l'acide formique $C^2H^2O^4$, ou plus exactement le formiate de baryte, C^2HBaO^4 :

$$C^2O^2 + BaO, HO = C^2HBaO^4.$$

Soumettons maintenant le formiate de baryte à l'action de la chaleur : il se décompose de telle façon que tout l'oxygène forme un composé stable, comme l'acide carbonique ou le carbonate de baryte, tandis que le reste du carbone s'unit à l'hydrogène pour constituer le gaz des marais, C^2H^4 :

$$4\,C^2HBaO^4 = C^2H^4 + 2\,(C^2O^4, 2\,BaO) + C^2O^4.$$

Le gaz des marais peut donc être formé au moyen du carbone de l'acide carbonique et de l'hydrogène de l'eau.

FIG. 6 et 7. — Synthèse de l'acide formique.

En oxydant alors le gaz des marais par des méthodes indirectes, on peut le changer en alcool méthylique, $C^2H^4O^2$, et l'alcool méthylique devient le point de départ d'un grand nombre d'autres formations.

Points de départ de la réaction.				*Résultats de la réaction.*	
C^2O^4 Acide carbonique.	—	O^2	=	C^2O^2 Oxyde de carbone.	....
		Formation de l'acide :			
C^2O^2 Oxyde de carbone.	+	H^2O^2	=	$C^2H^2O^4$ Acide formique.	....
		Formation du carbure :			
$4\,C^2H^2O^4$ Acide formique.		....	=	C^2H^4 Gaz des marais.	$+ 3\,C^2O^4 + 2\,H^2O^2$
		Formation de l'alcool :			
C^2H^4 Gaz des marais.	+	O^2	=	$C^2H^4O^2$ Alcool méthylique.	....

On voit par ces exemples, qu'il serait facile de multiplier, comment la synthèse des matières organiques peut être réalisée. La fécondité des méthodes de synthèse est plus grande qu'on ne saurait l'imaginer : en effet, les lois générales sur lesquelles ces méthodes s'appuient permettent, non seulement de reproduire les êtres naturels, mais aussi de créer une infinité d'êtres artificiels, inconnus dans la nature et susceptibles des applications les plus fécondes, soit dans le domaine de la science pure, soit dans le domaine de l'industrie.

CHAPITRE II

ANALYSE ÉLÉMENTAIRE — FORMULES

§ Ier. — Analyse qualitative des éléments.

1. Nous allons dire par quelles méthodes on détermine la composition élémentaire, l'équivalent, le poids moléculaire, la formule brute et la formule rationnelle des substances organiques. A cet effet, on commence par définir la matière que l'on se propose d'étudier ; puis on fait l'analyse qualitative et quantitative de ses éléments ; enfin on examine suivant quels rapports elle se combine avec les autres corps.

Les éléments des substances organiques sont : le carbone, l'hydrogène, souvent l'oxygène, parfois l'azote ; plus rarement le soufre, le phosphore, le chlore, le brome, l'iode, les métaux, etc.

2. L'analyse élémentaire d'une substance organique doit être précédée d'un examen préalable, destiné à établir si celle-ci est un composé défini, c'est-à-dire un *principe immédiat*, une *espèce chimique*, ou bien un mélange de divers principes immédiats.

Un composé défini est caractérisé par l'identité des propriétés physiques et chimiques de la masse primitive et de celles de toutes les parties dans lesquelles on peut la diviser, soit par des moyens mécaniques, soit par distillation, dissolution ou tout autre procédé qui n'en altère pas la nature. Ces propriétés physiques sont : la densité, la forme cristalline, le point d'ébullition sous une certaine pression, le point de fusion, le pouvoir rotatoire, le coefficient de solubilité, etc., etc.

3. Que la substance soit un composé défini, ou un mélange de plusieurs composés, voici comment on procède à la reconnaissance de ses éléments, c'est-à-dire à l'*analyse qualitative*.

1° On commence par rechercher si la substance contient du *carbone*. Cet élément se reconnaît :

Soit par la calcination en vase clos, qui laisse un résidu charbonneux avec les corps fixes ;

Soit en dirigeant les vapeurs des corps volatils à travers un tube de porcelaine rouge, dans lequel la plupart d'entre eux abandonnent un dépôt de charbon ;

Soit en brûlant la substance par l'oxygène libre, ou par un oxyde métallique (oxyde de plomb, de cuivre, etc.), ce qui fournit de l'acide carbonique, reconnaissable au moyen de l'eau de chaux.

2° Si le composé renferme de l'*hydrogène*, sa décomposition par la chaleur rouge fournit en général quelque dose d'hydrogène libre. Mais il est préférable de brûler le composé par l'oxygène, ou par un corps oxydant, ce qui fournit de l'eau, substance caractéristique.

3° Si le composé renferme de l'*oxygène*, sa distillation, ou le passage de sa vapeur à travers un tube rouge, fournira nécessairement de l'eau, de l'acide carbonique ou de l'oxyde de carbone, toutes matières caractéristiques de la présence de l'oxygène.

4° Les substances organiques naturelles contenant de l'*azote* dégagent des vapeurs d'ammoniaque, quand on les chauffe avec un hydrate alcalin. De plus, si on les chauffe, même en très petite quantité, jusqu'au rouge sombre dans un tube fermé par un bout avec une trace de sodium, elles donnent un résidu renfermant du cyanure de sodium ; après refroidissement, on reprend par un peu d'eau, on ajoute un mélange de sulfates de protoxyde et de peroxyde de fer, et l'on acidule par l'acide chlorhydrique : la liqueur montre alors la coloration du bleu de Prusse, formé aux dépens de l'azote recherché.

5° et 6° Le *soufre* et le *phosphore* sont transformés et reconnus à l'état d'acides sulfurique et phosphorique. Pour cela, on projette dans un creuset rouge la matière à analyser, préalablement mélangée de carbonate et d'azotate de potasse. On reprend la masse par l'eau, et l'on recherche dans la liqueur les acides en question.

7° Le *chlore*, le *brome* et l'*iode* donnent des chlorures, des bromures et des iodures, faciles à caractériser, quand on chauffe les composés organiques chlorés, bromés ou iodés en présence de la chaux vive bien pure, à la température rouge.

8° Les *matières minérales fixes*, lesquelles existent surtout dans les sels, sont décelées par le résidu qu'elles fournissent après incinération sur une lame de platine. Leur nature peut être déterminée par l'examen des cendres, en suivant les méthodes de la chimie minérale.

Dans le cas où l'on aurait affaire à des radicaux métalliques composés et volatils, il faudrait les brûler par l'oxygène libre, ou par un oxyde, et rechercher ensuite le métal par les procédés ordinaires.

§ 2. — **Analyse quantitative des éléments.**

1. La nature des corps simples composant la matière à analyser étant connue, on procède à l'*analyse quantitative*, c'est-à-dire à la détermination des proportions suivant lesquelles ces corps simples sont combinés.

2. *Dosage du carbone et de l'hydrogène.* — Considérons d'abord le cas le plus simple, celui d'une substance ne renfermant pas d'autres éléments que le carbone, l'hydrogène et l'oxygène, l'acide acétique par exemple. La méthode que l'on suit alors a été indiquée en principe

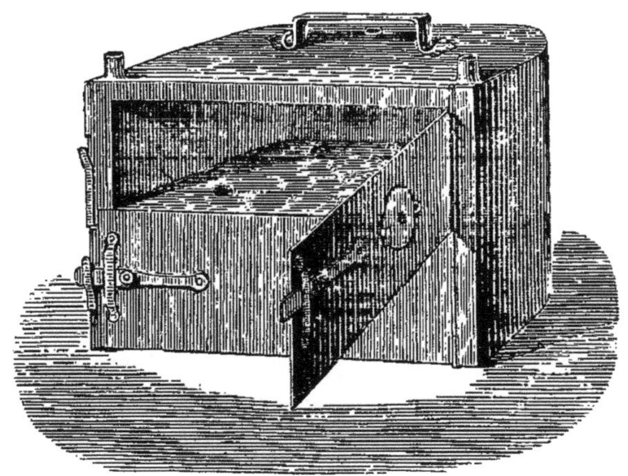

Fig. 8. — Étuve.

par Berzelius et Gay-Lussac; mais elle a reçu de Liebig des perfectionnements qui l'ont amenée à un degré de précision remarquable. Elle consiste à brûler la substance, en la chauffant à une température élevée au contact d'un oxyde métallique facilement réductible, tel que l'oxyde de cuivre. Le carbone et l'hydrogène se transforment en acide carbonique et en eau, que l'on recueille séparément et que l'on pèse. Des deux poids trouvés on déduit les poids respectifs du carbone et de l'hydrogène. L'oxygène se conclut par différence.

On agit habituellement sur des poids de matière qui varient entre 2 et 5 décigrammes. Lorsque la substance est susceptible de retenir de l'humidité, on la dessèche préalablement; à cet effet, on la maintient jusqu'à ce que son poids reste constant, soit dans une étuve chauffée (fig. 8), soit sous une cloche, où elle est placée au voisinage d'un vase contenant un corps avide d'eau, tel que l'acide sulfurique (fig. 9).

La *combustion* s'opère dans un tube de verre peu fusible de 10 à 15 millimètres de diamètre intérieur et de 75 à 80 centimètres de longueur. A l'une de ses extrémités, ce tube est étiré en pointe et fermé ; il est ouvert à l'autre.

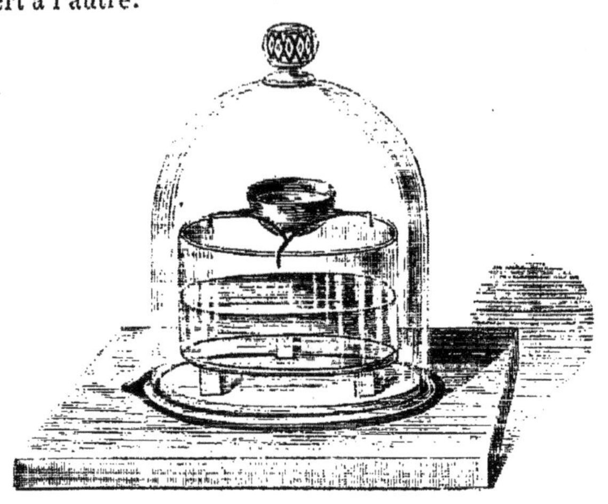

FIG. 9. — Cloche à dessécher.

L'oxyde de cuivre employé peut être préparé en grillant à l'air de la tournure de cuivre ; en le tamisant, on le partage en deux portions, l'une pulvérulente, l'autre formée de fragments plus grossiers. Avant d'en faire usage, on le porte au rouge, puis on le laisse refroidir à l'abri de l'air ; il est ainsi débarrassé des poussières organiques et de l'humidité.

On introduit au fond du tube, au moyen d'une main de cuivre (fig. 10), une courte colonne d'oxyde de cuivre grossier (10 centimètres de longueur), puis un mélange d'oxyde de cuivre fin avec la substance pesée (15 centimètres), celle-ci étant supposée fixe, puis encore un peu d'oxyde de cuivre au moyen duquel on a entraîné toute trace du mélange précédent restée sur les parois des vases dont on s'est servi ; enfin on achève de remplir le tube avec de l'oxyde de cuivre grossier. Quand la substance est liquide et volatile, on l'introduit dans le tube, après l'avoir enfermée dans une ampoule finement effilée et dont on casse la pointe au moment même.

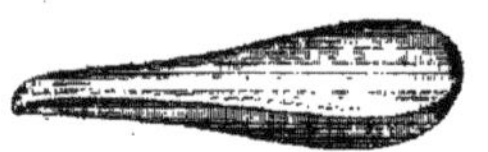

FIG. 10. — Main de cuivre.

Ceci fait, si le verre employé n'est pas très résistant, on protège le tube en l'entourant d'une feuille de clinquant. On adapte alors à l'orifice, au moyen d'un bouchon fin, la série des appareils destinés à recueillir les produits de la combustion (fig. 11).

Le premier appareil, B, est un petit tube en U, plein de pierre ponce imbibée d'acide sulfurique et muni à ses extrémités de deux tubes recourbés, dont l'un porte une ampoule A, destinée à renfermer l'eau condensée : il s'adapte exactement au bouchon. Les gaz qui provien-

FIG. 11. — Analyse organique.

nent de la combustion se dessèchent au contact de l'acide sulfurique; de telle sorte que, si l'on a pesé le tube avant l'expérience, en le pesant de nouveau après, on aura le poids de l'eau formée.

Le deuxième appareil, C, que l'on relie au premier par un tube de caoutchouc, est destiné à arrêter l'acide carbonique : on le désigne ordinairement sous le nom de *tube de Liebig*. Il consiste en une suite de cinq boules reliées entre elles par des étranglements ou par des tubes étroits, et disposées de telle sorte, qu'un gaz qui traverse l'appareil doit subir un contact répété avec le liquide placé à l'intérieur.

On introduit dans le tube de Liebig une solution de potasse caustique de densité égale à 1,380; une solution plus dense mousserait par l'agitation, tandis qu'une solution moins dense abandonnerait beaucoup de vapeur d'eau au gaz sec qui doit la traverser.

Le troisième appareil, D, est un petit tube en U, garni de potasse caustique fondue. On le rattache au deuxième par un tube de caoutchouc. Il est destiné surtout à arrêter les petites quantités d'eau enlevées par le gaz sec à la solution de potasse. La somme des augmentations de poids constatées pour les deux tubes à potasse exprime le poids de l'acide carbonique formé pendant l'opération.

Le tube à combustion est disposé sur une grille permettant de le chauffer, soit au moyen de quelques charbons, soit, ce qui est préférable, au moyen des flammes d'une série de becs de gaz. On porte d'abord au rouge sombre les parties qui ne contiennent que de l'oxyde de cuivre, en protégeant les autres, s'il est nécessaire, au moyen d'écrans métalliques. On chauffe ensuite peu à peu le mélange de l'oxyde de cuivre avec la substance, en se réglant sur la rapidité du passage des bulles gazeuses dans le tube à boules; on arrive enfin à porter au rouge toute la longueur du tube TT'.

Une absorption ne tarde pas à se manifester dans le tube de Liebig; elle marque la fin de la combustion. On brise alors la pointe fermée du tube à analyse, et l'on met la portion effilée en communication, par un tube de caoutchouc, avec un gazomètre G, fournissant un courant régulier d'air sec et privé d'acide carbonique, ou mieux d'oxygène pur et sec. Le cuivre réduit pendant l'opération s'oxyde de nouveau, et avec lui les traces de charbon qui ont pu échapper à la combustion. Finalement, l'oxygène, cessant d'être absorbé, entraîne avec lui les traces d'eau et d'acide carbonique restées dans le tube à combustion. On le déplace lui-même par de l'air sec, et l'opération est alors terminée. Il ne reste plus qu'à peser les appareils pour la seconde fois.

Un équivalent d'eau, $HO = 9$ grammes, contient un équivalent d'hydrogène, $H = 1$ gramme : dès lors, en divisant par 9 le poids d'eau trouvé dans l'analyse, on aura la quantité de l'*hydrogène* contenu dans le poids de substance soumis à la combustion.

Un équivalent d'acide carbonique, $CO^2 = 22$ grammes, contient un équivalent de carbone, $C = 6$ grammes : dès lors, en prenant les 6/22 ou les 3/11 du poids d'acide carbonique trouvé, on aura le poids du *carbone*.

Si les poids réunis du carbone et de l'hydrogène égalent le poids de la substance brûlée, on en conclut que cette dernière ne contient pas d'oxygène. Dans le cas contraire, la différence entre ces deux poids donne l'*oxygène*, à supposer qu'il n'y ait pas d'autre élément.

La même méthode est applicable à la détermination du carbone et de l'hydrogène des composés organiques renfermant de l'azote, du chlore, etc. On doit seulement se mettre à l'abri des erreurs que peuvent causer ces éléments.

L'azote, par exemple, donne souvent des dérivés oxygénés, qui, étant arrêtés par l'acide sulfurique et la potasse, fausseraient l'analyse. Pour éviter cet accident, on place dans le tube à combustion, un peu avant son large orifice, une colonne de tournure de cuivre; ce métal réduit les composés oxygénés de l'azote. Par le même artifice on arrête aussi le chlore, le brome et l'iode, qui pourraient s'échapper dans les combustions des substances chlorées, bromées ou iodées.

3. *Dosage de l'azote.* — La méthode la plus générale de dosage de l'azote est due à Dumas. Elle consiste essentiellement à brûler la matière avec de l'oxyde de cuivre, à recueillir le mélange gazeux dégagé, à isoler l'azote qu'il renferme et à mesurer son volume.

On se sert d'un tube analogue à celui employé pour le dosage du carbone, mais un peu plus long. On introduit au fond 20 ou 25 grammes de bicarbonate de soude, puis successivement de l'oxyde de cuivre grossier (10 centimètres de longueur), le mélange de matière à analyser et d'oxyde de cuivre fin (15 centimètres), l'oxyde de cuivre ayant servi au lavage des vases (10 centimètres), une colonne d'oxyde de cuivre grossier (25 centimètres), et une colonne de tournure de cuivre (25 centimètres); enfin on entoure le tube de clinquant et on le dispose sur une grille. A l'orifice on adapte, au moyen d'un bouchon fin, un tube à trois branches, dont l'une, horizontale, reçoit les gaz dégagés; une autre, verticale, est disposée de manière à les conduire sur une cuve à mercure placée à plus de 80 centimètres en contre-bas de la grille à combustion. La dernière branche, beaucoup plus courte, met le tout en communication avec une machine à faire le vide.

On commence par enlever exactement l'air contenu dans l'appareil : pour cela, on fait le vide et le mercure s'élève dans la longue branche du tube à dégagement. On chauffe ensuite légèrement une portion du bicarbonate de soude, pour en dégager de l'acide carbonique, et l'on fait de nouveau le vide. Cette opération ayant été répétée plusieurs fois, l'air est entièrement expulsé et l'acide carbonique recueilli sur la cuve est devenu complètement absorbable par la potasse.

On place alors sur la cuve à mercure une cloche renversée, remplie de mercure et contenant un peu de potasse caustique, et l'on procède à la combustion en opérant comme pour le dosage du carbone. Le mélange gazeux formé se rend sous la cloche, la potasse absorbe l'acide carbonique, et l'azote s'accumule.

L'opération terminée, on chauffe le reste du bicarbonate de soude, et l'acide carbonique dégagé chasse devant lui dans la cloche l'azote resté dans l'appareil.

Après avoir exactement absorbé l'acide carbonique dans la cloche, on transporte celle-ci avec l'azote qu'elle renferme sur une cuve à eau : il ne reste plus qu'à mesurer le volume du gaz V en centimètres cubes et sa température t.

H étant la pression barométrique au moment de l'expérience, f la tension de la vapeur d'eau à t°, et $0^{gr},001256$ le poids d'un centimètre cube d'azote à 0°, on a pour le volume V_0 de l'azote sec ramené à 0° et à la pression $0^m,760$:

$$V_0 = \frac{V}{1+0,00367\,t} \times \frac{H-f}{0,760};$$

son poids P est dès lors

$$P = \frac{V}{1+0,00367\,t} \times \frac{H-f}{0,760} \times 0,001256.$$

Ce mode d'analyse est applicable à toutes les substances azotées indistinctement.

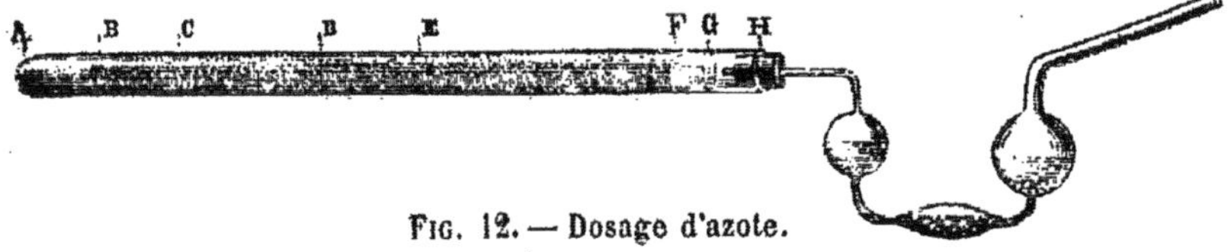

Fig. 12. — Dosage d'azote.

On fait encore usage très fréquemment d'un autre procédé beaucoup plus rapide, mais qui ne peut être employé pour certains corps très riches en azote, non plus que pour ceux dans lesquels l'azote est à l'état de composé oxygéné. Il est basé sur ce fait, que les hydrates alcalins, à haute température, dégagent à l'état d'ammoniaque tout l'azote des matières organiques, autres que celles qui viennent d'être exceptées (MM. Will et Varrentrapp). On n'emploie pas, il est vrai, les hydrates alcalins purs, parce que ces substances, très fusibles, détruiraient les vases de verre; on les remplace par un mélange intime des hydrates alcalins avec la chaux, mélange peu fusible connu sous le nom de *chaux sodée*. On opère dans un tube à combustion plus court que les précédents (fig. 12). Au fond du tube on introduit quelques grammes d'oxalate de chaux pur et sec AB, puis successivement de la chaux sodée concassée BC (10 centimètres de longueur), le mélange de chaux sodée et de matière à analyser CD (15 centimètres), la chaux sodée ayant servi au lavage des vases DE (10 centimètres), et enfin de la chaux sodée concassée EF (20 centimètres), que l'on maintient en FG par un tampon d'amiante. A l'orifice on adapte un tube à trois boules, contenant un volume exactement mesuré d'acide sulfurique titré : l'ammoniaque neutralise partiellement l'acide sulfurique, et il est facile, par un essai acidimétrique, de déterminer le poids d'acide ainsi neutralisé. Ce poids est équivalent à celui de l'azote.

Pour doser l'azote total dans les mélanges qui renferment à la fois des nitrates et des sels ammoniacaux, tels que la terre végétale ou les plantes, on ajoute à la chaux sodée la moitié de son poids d'un mélange à parties égales d'hyposulfite de soude et d'acétate de soude. Ces derniers sels sont pris cristallisés et préalablement fondus dans leur eau de cristallisation, en évitant de chasser celle-ci. Il est nécessaire d'opérer dans des tubes de verre larges, pour éviter les obstructions dues à l'hydratation de la chaux.

4. *Dosage du soufre.* — Le soufre, qui se rencontre dans divers principes organiques, par exemple dans l'essence de moutarde, se dose sous forme de sulfate de baryte. On dirige lentement la vapeur du corps sur du carbonate de potasse pur et chauffé au rouge sombre; on suroxyde ensuite les produits par un courant d'oxygène; ce qui change tout le soufre en sulfate de potasse, lequel est enfin transformé en sulfate de baryte.

5. *Dosage du phosphore.* — On dose le phosphore d'une manière analogue, en le ramenant à l'état de phosphate de potasse, puis de phosphate ammoniaco-magnésien.

6. *Dosage du chlore, etc.* — Le *chlore* fait partie d'un grand nombre de principes artificiels, quoiqu'il ne se rencontre jamais dans les principes organiques naturels. On le dose en décomposant le composé organique chauffé au rouge dans un long tube avec de la chaux pure, ce qui change le chlore en chlorure de calcium. On dissout le tout dans l'acide azotique étendu, puis on précipite le chlore sous forme de chlorure d'argent.

Même procédé pour le *brome* et pour l'*iode*.

7. *Dosage des métaux.* — Enfin, les métaux se déterminent, en général, sous la forme d'oxydes ou de sels, en faisant concourir l'oxydation et l'incinération.

§ 3. — **Équivalent des principes organiques.**

Les éléments d'un principe organique étant connus, ainsi que leurs rapports, il s'agit d'en fixer la formule. C'est à quoi on parvient en déterminant d'abord l'équivalent.

Or l'équivalent des substances organiques se détermine en vertu des mêmes notions que l'équivalent des substances minérales, c'est-à-dire en combinant la substance avec un corps dont l'équivalent soit déjà connu.

Citons quelques exemples : 1° Soit un *acide*, l'acide formique. Faisons agir sur lui un métal, tel que le fer ou le sodium; il se produit un formiate avec dégagement d'hydrogène. Eh bien, l'équivalent de l'acide formique est le poids de cet acide, qui s'unit avec 1 équivalent de métal. Mais, dans la réaction précédente, il se dégage 1 équivalent d'hydrogène : l'hydrogène étant pris pour unité dans l'étude des équivalents, on peut dire encore que l'équivalent de l'acide formique est le poids qui dégage 1 gramme d'hydrogène par l'action d'un métal. On trouve ainsi pour l'équivalent de l'acide formique le nombre 46.

Dans la pratique, on analyse de préférence un sel tout formé, celui d'argent ou de baryum, par exemple, en déterminant le rapport entre le carbone et le métal.

2° On déterminera de même l'équivalent d'un *alcali* organique, en cherchant le poids de cet alcali qui s'unit avec 1 équivalent d'un acide connu, tel que l'acide chlorhydrique. Dans la pratique, on analyse surtout le sel double, formé par l'union de ce chlorhydrate avec le bichlorure de platine.

3° L'équivalent d'un *alcool* peut être déterminé en cherchant le poids de cet alcool qui s'unit avec 1 équivalent d'un acide connu pour former un éther.

4° L'équivalent de la plupart des *carbures d'hydrogène* peut être fixé de même, en les combinant avec les hydracides. Ainsi le gaz oléfiant s'unit directement à l'acide iodhydrique, en formant de l'éther iodhydrique.

Les carbures qui échappent à cette règle peuvent être attaqués par le chlore, qui donne naissance à des produits dérivés, en remplaçant l'hydrogène par équivalents successifs. La composition de ces produits, comparée à l'équivalent connu du chlore, détermine l'équivalent du carbure d'hydrogène.

On voit par là comment l'équivalent d'un principe organique peut être déterminé. Dans cette étude, de même qu'en chimie minérale, on rencontre parfois des cas douteux : ce sont ceux dans lesquels le corps minéral, qui sert de terme de comparaison, contracte plusieurs combinaisons avec le principe organique. Par exemple, l'acide tartrique et la potasse forment deux sels définis; l'acétylène et l'acide iodhydrique donnent naissance à deux iodhydrates; le chlore et le gaz des marais engendrent quatre dérivés distincts par substitution, etc.

On lève aisément cette difficulté. En effet, les combinaisons dont il s'agit obéissent nécessairement à la loi des proportions multiples. En général, il suffira donc de choisir la plus simple de ces combinaisons pour fixer l'équivalent. Plus généralement encore, on prendra l'équivalent qui satisfait le mieux à l'ensemble des réactions et des transformations.

§ 4. — Formules en général.

Étant connue la composition élémentaire d'un corps et son équivalent, il est facile d'en conclure la formule. En effet, la formule d'un composé exprime à la fois les rapports des éléments, lesquels se déduisent de la composition élémentaire, et la somme absolue de leurs équivalents, laquelle est précisément l'équivalent du composé.

Soit par exemple, l'acide formique, dont l'équivalent a été fixé plus haut au chiffre 46. D'après l'analyse élémentaire, 100 parties d'acide formique renferment :

4,35 d'hydrogène,
26,10 de carbone,
69,55 d'oxygène ;

c'est-à-dire, en rapportant tout à 1 gramme d'hydrogène :

1 d'hydrogène, soit 1 équivalent;

$\frac{26,10}{4,35} =$ 6 de carbone, soit 1 équivalent;

$\frac{69,55}{4,35} =$ 16 d'oxygène, soit 2 équivalents.

La somme de ces derniers rapports de poids est égale à 23, nombre qui est nécessairement un sous-multiple de l'équivalent réel. Or, on voit aisément que c'est la moitié de l'équivalent 46, déterminé plus haut; d'où l'on conclut la formule $C^2H^2O^4$.

On calculera de même la formule d'un alcali, d'un alcool, d'un carbure d'hydrogène, etc. En général, et toutes les fois qu'une substance a été suffisamment étudiée, on peut en fixer la formule en se fondant uniquement sur des considérations tirées des poids relatifs des corps qui se combinent.

§ 5. — Densités gazeuses. — Poids moléculaires.

1. Ici se présente une remarque fondamentale et qui simplifie souvent la détermination des formules. Il s'agit des densités gazeuses.

En effet, les densités des corps simples ou composés, pris sous forme gazeuse, sont proportionnelles aux équivalents, ou dans des rapports simples avec lesdits équivalents. Cette loi, due à Gay-Lussac, s'applique également à la chimie organique. Dumas en a été le principal promoteur dans cette branche de la science.

2. En général, les principes organiques dont la formule est bien connue, étant pris sous des poids équivalents et réduits en vapeur, occupent tous le même volume gazeux. Ce volume est double de celui qui est occupé par 1 équivalent = 1 gramme d'hydrogène, quadruple de celui qui est occupé par 1 équivalent = 8 grammes d'oxygène : c'est cette dernière relation que l'on exprime en disant que les formules des composés organiques représentent *4 volumes de vapeur*.

D'après cette relation générale, il suffira de connaître la densité gazeuse d'un principe organique pour en conclure l'équivalent. Par exemple, 1 litre de gaz oléfiant, à la température de 0° et sous la pression $0^m,760$, pèse $1^{gr},25$: ce poids est précisément égal à 14 fois le poids d'un litre d'hydrogène = $0^{gr},0892$. Un volume double pèsera 28 fois autant : l'équivalent du gaz oléfiant est donc représenté par 28.

L'équivalent ainsi rapporté à un volume de vapeur égal à celui de 2 grammes d'hydrogène, H^2, est désigné par beaucoup de chimistes sous le nom de *molécule*, ou *poids moléculaire*. Ce poids occupe $22^{lit},32$ à 0° et sous la pression $0^m,760$.

L'équivalent et le poids moléculaire ne sont pas nécessairement identiques. Par exemple, le poids moléculaire et l'équivalent de l'acide acétique sont exprimés par un même nombre, 60, parce que l'acide acétique est monobasique; mais le poids moléculaire de l'acide sulfurique bibasique est exprimé par le nombre 98, tandis que son équivalent est moitié moindre.

3. *Détermination des densités gazeuses*. — La densité gazeuse des composés organiques peut être déterminée par plusieurs procédés, tels que les suivants :

1° *Procédé de Gay-Lussac*. — On prend un poids déterminé de substance, pesé dans une petite ampoule, et on l'introduit dans une éprouvette graduée remplie de mercure. Cette éprouvette est entourée d'un manchon rempli avec un liquide transparent. On échauffe le tout jusqu'à ce que la substance soit complètement vaporisée. On mesure alors le volume de la vapeur, ainsi que la température du liquide du manchon et la pression à laquelle la vapeur est soumise. Ces données acquises, on calcule quel est le poids d'air qui occuperait le même volume, à la même température et à la même pression. Le rapport entre le poids de la vapeur et le poids de l'air exprime la densité de la vapeur.

En multipliant ce rapport par le poids du litre d'air réduit à 0° et

$0^m,760$, c'est-à-dire par 1,2932, on a le poids P_0 de 1 litre de la vapeur, supposée réduite à la même température et à la même pression. A une température t et à une pression H, le poids P de la vapeur devra être :

$$P = \frac{P_0}{1 + \alpha t} \times \frac{H}{0,760},$$

pourvu que cette vapeur suive les lois de Mariotte et de Gay-Lussac. On s'en assure en faisant plusieurs déterminations de la densité à des températures et des pressions différentes.

Il est quelques substances qui ne satisfont pas à cette condition au voisinage de leur point d'ébullition sous la pression normale, mais seulement à une centaine de degrés plus haut (M. Cahours).

2° *Procédé de M. W. Hofmann.* — Ce procédé constitue une modification très importante du procédé de Gay-Lussac. Il s'effectue à l'aide d'un appareil figuré ci-contre (fig. 13).

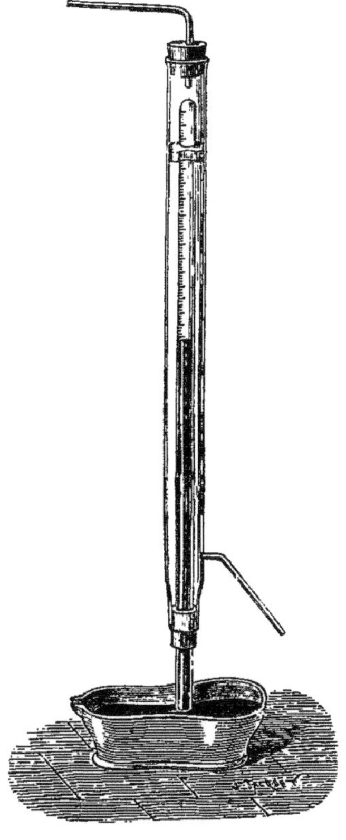

Fig. 13. — Appareil de M. W. Hofmann pour les densités gazeuses.

L'éprouvette qui renferme un poids connu de la substance est entourée d'un manchon dans lequel circule un courant de vapeur, destiné à maintenir l'éprouvette à une température fixe, telle que 100° s'il s'agit de la vapeur d'eau. La température de la substance gazeuse est ainsi connue d'une façon plus certaine que dans l'appareil de Gay-Lussac, et le maniement de l'appareil lui-même est plus facile.

3° *Procédé de Dumas.* — Dans ce procédé, on opère sur un volume fixe de vapeur, en faisant varier le poids de la matière, contrairement à ce qui arrive dans le procédé de Gay-Lussac. A cet effet, on introduit dans un ballon pesé (fig. 14) un poids quelconque, suffisamment grand, de la substanee. On effile le col du ballon, et on le chauffe dans un bain d'huile ou d'alliage, à une température supérieure au point d'ébullition de la matière. Celle-ci se réduit en vapeur, chasse l'air du ballon, qu'elle remplit en totalité. Quand tout est vaporisé, on élève la température du bain, puis on la maintient fixe et l'on ferme au chalumeau la pointe effilée du ballon. On enlève celui-ci, on le laisse refroidir et on le pèse. L'excès de poids du ballon plein de vapeur sur le poids du ballon plein d'air, que l'on a pesé d'abord, permet de calculer le poids de la vapeur qui le remplissait à la température du bain et sous la pression atmosphérique. Ce poids, divisé par le poids du même volume d'air dans les mêmes conditions, fournit la densité.

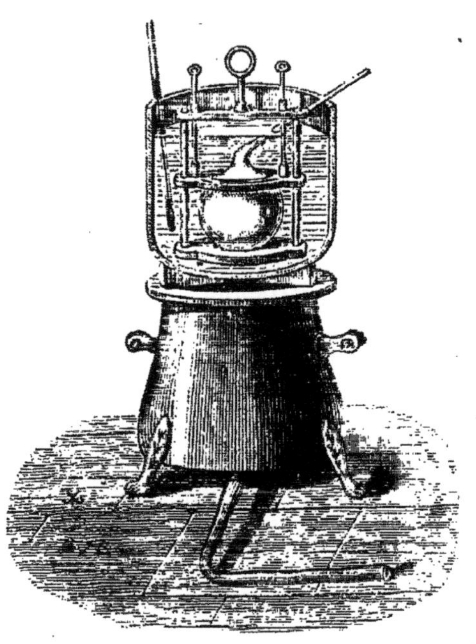

Fig. 14. — Appareil de Dumas pour les densités gazeuses.

4° *Procédé de M. V. Meyer.* — Dans ce procédé, plus expéditif mais moins exact que les précédents, on mesure le volume de l'air déplacé par un poids donné de vapeur. A cet effet, un vase cylindrique (fig. 15) étant préalablement chauffé dans un bain d'huile ou d'air, on y introduit par une très longue tubulure verticale un poids connu du corps à expérimenter, contenu dans un petit tube, et l'on bouche aussitôt. Ce tube tombe à la partie inférieure de l'appareil. La matière se vaporise brusquement et déplace un certain volume d'air, que l'on recueille sur l'eau par un tube à dégagement latéral. Ce volume, réduit à 0° et corrigé de l'erreur apportée dans sa mesure par la vapeur d'eau, est précisément égal au volume de la vapeur produite, à une même température et à une même pression, température et pression que l'on n'a pas besoin de connaître autrement. Le poids de la vapeur étant connu, ainsi que le poids d'un égal volume d'air dans des conditions identiques, la densité se calcule aisément.

4. *Nombres pairs.* — En comparant les équivalents des principes organiques, rapportés au même volume gazeux, on a fait certaines remarques intéressantes :

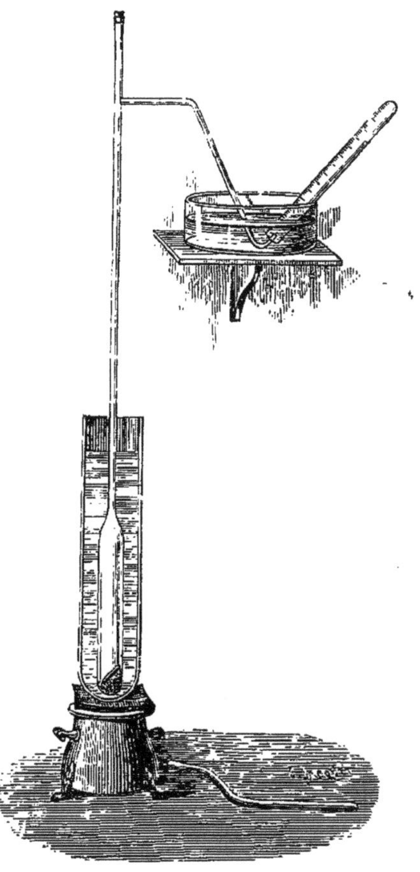
FIG. 15. — Appareil de M. V. Meyer pour les densités gazeuses.

1° Dans tous les carbures d'hydrogène, le nombre des équivalents d'hydrogène et de carbone, pris séparément, est pair : formène, C^2H^4; benzine, $C^{12}H^6$; anthracène, $C^{28}H^{10}$.

2° Dans les principes qui renferment en outre de l'oxygène, le nombre des équivalents de chacun des trois éléments est pair : alcool méthylique, $C^2H^4O^2$; acide acétique, $C^4H^4O^4$; essence d'amandes amères, $C^{14}H^6O^2$.

3° Si les principes renferment d'autres éléments, tels que l'azote, le chlore, le brome ou les métaux, le carbone et l'oxygène sont toujours pairs séparément; tandis que la somme des équivalents réunis d'hydrogène, d'azote, de chlore, etc., est aussi paire de son côté :

Formène chloré.	C^2H^3Cl,
Acide chloracétique.	$C^4H^3ClO^4$,
Acétate de soude.	$C^4H^3NaO^4$,
Aniline.	$C^{12}H^7Az$,
Aniline chlorée.	$C^{12}H^6ClAz$,
Chloracétamide.	$C^4H^4ClAzO^2$.

Le soufre est pair comme l'oxygène :

Acide thiacétique.	$C^4H^4S^2O^2$.

§ 6. — Formules rationnelles.

1. *Formules brutes.* — Les formules déterminées par les considérations précédentes sont des *formules brutes.* Elles suffisent et même elles sont plus claires que toute autre, dans la plupart des réactions. Cependant il est souvent nécessaire d'aller plus loin pour exprimer la suite des transformations. Par exemple, l'éther acétique est décomposé :

1° Par l'eau, en acide acétique et alcool :

$$C^8H^8O^4 + H^2O^2 = C^4H^4O^4 + C^4H^6O^2;$$

2° Par la potasse, en acétate de potasse et alcool :

$$C^8H^8O^4 + KO,HO = C^4H^3KO^4 + C^4H^6O^2;$$

3° Par les agents oxydants, en aldéhyde et acide acétique :

$$C^8H^8O^4 + O^2 = C^4H^4O^2 + C^4H^4O^4;$$

4° Par l'ammoniaque, en acétamide et alcool :

$$C^8H^8O^4 + AzH^3 = C^4H^5AzO^2 + C^4H^6O^2; \text{ etc.}$$

Bref, l'éther acétique se partage dans la plupart des réactions en deux groupes, renfermant chacun 4 équivalents de carbone. Or ces deux groupes correspondent précisément aux deux principes, alcool et acide acétique, dont la réunion forme l'éther acétique par la voie la plus simple :

$$C^4H^6O^2 + C^4H^4O^4 - H^2O^2 = C^8H^8O^4.$$

2. *Équations génératrices.* — Dans les cas de ce genre, le procédé le plus exact pour représenter le composé consiste à envisager toujours les générateurs les plus prochains dudit composé, c'est-à-dire à le remplacer dans les raisonnements et dans les calculs par son *équation génératrice.* Ainsi, la dernière équation écrite plus haut représente la génération de l'éther acétique, sans aucune hypothèse, et elle permet de rendre compte avec la plus grande netteté de toutes ses réactions et décompositions. Cette méthode est la seule rigoureuse.

3. *Formules symboliques.* — Toutefois, un grand nombre de chimistes préfèrent abréger l'équation génératrice d'un corps, de façon à employer une formule unique, dans laquelle figurent certains symboles représentatifs des corps générateurs.

A cet effet, la plupart ont adopté, à la suite de Liebig, le système des *radicaux fictifs*, remplaçant chaque corps réel par un signe plus court, qui exprime la portion conservée intacte dans une suite de réactions. L'alcool est ainsi remplacé par l'éthyle, C^4H^5, et regardé comme un hydrate d'oxyde d'éthyle :

$$C^4H^6O^2 = (C^4H^5)O,HO;$$

L'éther chlorhydrique devient un chlorure d'éthyle :

$$C^4H^5Cl = (C^4H^5)Cl; \text{ etc.}$$

4. *Notation typique*. — Elle a été imaginée par Gerhardt et basée sur des comparaisons faites entre les divers composés, en les considérant uniquement au point de vue de leurs réactions et en négligeant les différences qui peuvent exister entre leurs propriétés, si dissemblables que soient celles-ci. On classe ainsi ces composés en un petit nombre de groupes; on envisage chacun de ces derniers comme un *type chimique*, représenté par l'un des corps les plus simples parmi ceux que le groupe renferme.

C'est ainsi que l'acide acétique et l'alcool, par exemple, peuvent être rapportés à un même type, l'eau. L'acide acétique serait de l'eau, $\left.\begin{matrix}H\\H\end{matrix}\right\}O^2$, dans laquelle 1 équivalent d'hydrogène a été remplacé par le radical simple *acétyle*, $C^4H^3O^2$:

$$\left.\begin{matrix}C^4H^3O^2\\H\end{matrix}\right\}O^2.$$

De même, l'alcool serait de l'eau, $\left.\begin{matrix}H\\H\end{matrix}\right\}O^2$, dans laquelle 1 équivalent d'hydrogène a été remplacé par le radical *éthyle*, C^4H^5 :

$$\left.\begin{matrix}C^4H^5\\H\end{matrix}\right\}O^2.$$

Considérés à ce point de vue, l'acide acétique et l'alcool, si différents par leurs propriétés, produisent des réactions pareilles et qui correspondent aux réactions subies par l'eau dans les mêmes conditions. Ainsi, le perchlorure de phosphore, en agissant sur l'eau, donne de l'oxychlorure de phosphore et de l'acide chlorhydrique :

$$PCl^5 + \left.\begin{matrix}H\\H\end{matrix}\right\}O^2 = PCl^3O^2 + \left.\begin{matrix}H\\Cl\end{matrix}\right\} + \left.\begin{matrix}H\\Cl\end{matrix}\right\}.$$

Or le même réactif donne avec l'acide acétique et l'alcool deux combinaisons, le chlorure d'acétyle et le chlorure d'éthyle, lesquelles sont comparables avec l'acide chlorhydrique, au même titre et de la même manière que l'acide acétique et l'alcool peuvent être comparés avec l'eau :

$$PCl^5 + \left.\begin{matrix}C^4H^3O^2\\H\end{matrix}\right\} O^2 = PCl^3O^2 + \left.\begin{matrix}C^4H^3O^2\\Cl\end{matrix}\right\} + \left.\begin{matrix}H\\Cl\end{matrix}\right\},$$

$$PCl^5 + \left.\begin{matrix}C^4H^5\\H\end{matrix}\right\} O^2 = PCl^3O^2 + \left.\begin{matrix}C^4H^5\\Cl\end{matrix}\right\} + \left.\begin{matrix}H\\Cl\end{matrix}\right\}.$$

5. *Types chimiques fondamentaux.* — Le nombre des types que l'on pourrait envisager ainsi est illimité; mais, dans la pratique, on est convenu de rapporter les principes organiques à quatre *types* minéraux simples, dont les trois premiers ont été introduits par Gerhardt, le quatrième par M. Kékulé. Ces types répondent aux atomicités supposées des éléments : H monoatomique; O^2 ou Θ'' diatomique; Az''' triatomique; C^2 ou C'''' tétratomique. Ce sont :

1° L'hydrogène doublé, *type monoatomique*, dérivé de l'élément monoatomique H :

$$\textit{Hydrogène}, \left.\begin{matrix}H\\H\end{matrix}\right\};$$

$$\left.\begin{matrix}\mathit{C}^2H^5\\H\end{matrix}\right\} \text{(hydrure d'éthyle)}, \quad \left.\begin{matrix}\mathit{C}^2H^3\Theta\\H\end{matrix}\right\} \text{(hydrure d'acétyle, aldéhyde)};$$

et l'*acide chlorhydrique* $\left.\begin{matrix}H\\Cl\end{matrix}\right\}$, qui en dérive :

$$\left.\begin{matrix}\mathit{C}^2H^5\\Cl\end{matrix}\right\} \text{(chlorure d'éthyle)}, \quad \left.\begin{matrix}\mathit{C}^2H^3\Theta\\Cl\end{matrix}\right\} \text{(chlorure d'acétyle)}.$$

2° L'eau, *type diatomique*, dérivé de l'élément diatomique oxygène Θ'' :

$$\textit{Eau}, \left.\begin{matrix}H\\H\end{matrix}\right\} \Theta;$$

$$\left.\begin{matrix}\mathit{C}^2H^5\\H\end{matrix}\right\} \Theta \text{ (alcool)}, \quad \left.\begin{matrix}\mathit{C}^2H^3\Theta\\H\end{matrix}\right\} \Theta \text{ (acide acétique)},$$

$$\left.\begin{matrix}\mathit{C}^2H^5\\\mathit{C}^2H^5\end{matrix}\right\} \Theta \text{ (éther)}, \quad \left.\begin{matrix}\mathit{C}^2H^3\Theta\\\mathit{C}^2H^5\end{matrix}\right\} \Theta \text{ (éther acétique)}.$$

3° L'ammoniaque, *type triatomique*, dérivé de l'élément triatomique azote, Az''' :

$$\textit{Ammoniaque}, \left.\begin{matrix}H\\H\\H\end{matrix}\right\} Az''';$$

$$\left.\begin{matrix}\mathit{C}^2H^5\\H\\H\end{matrix}\right\} Az \text{ (éthylamine)}, \quad \left.\begin{matrix}\mathit{C}^2H^5\\\mathit{C}H^3\\H\end{matrix}\right\} Az \text{ (éthylméthylamine)},$$

$$\left.\begin{matrix}\mathit{C}^2H^5\\\mathit{C}H^3\\\mathit{C}^6H^5\end{matrix}\right\} Az \text{ (éthylméthylphénylamine)}, \quad \left.\begin{matrix}\mathit{C}^2H^3\Theta\\H\\H\end{matrix}\right\} Az \text{ (acétamide)}.$$

4° Le formène, *type tétratomique*, dérivé de l'élément tétratomique carbone, $Є^{IV}$:

$$\text{Formène : } \left.\begin{matrix} H \\ H \\ H \\ H \end{matrix}\right\} Є;$$

$$\left.\begin{matrix} H \\ Cl \\ Cl \\ Cl \end{matrix}\right\} Є \text{ (chloroforme)}, \qquad \left.\begin{matrix} AzH^2 \\ H \\ H \\ H \end{matrix}\right\} Є \text{ (méthylamine)}.$$

Les combinaisons et les substitutions réciproques des radicaux mono, bi, tri, tétratomiques dans ces types, permettent de représenter la formation et les réactions des composés organiques les plus divers.

Ce système ingénieux offre pourtant l'inconvénient de mettre perpétuellement sous les yeux des êtres fictifs, sur lesquels on s'habitue à raisonner, et qui finissent par prendre dans l'esprit la place des corps véritables et réellement existants. Développé peu à peu dans les écrits des chimistes contemporains, il en est venu à une complication et à un arbitraire tels, qu'il est souvent plus difficile de remonter des radicaux aux corps réels que de se borner à mettre ceux-ci en évidence dans les réactions.

6. *Notation atomique.* — Aussi ce système a-t-il été remplacé depuis quelques années par un autre plus compréhensif et en même temps plus vague, dans lequel on fait intervenir directement les atomes des éléments, hydrogène, oxygène, azote, carbone, chacun avec sa *valence* ou *atomicité* propre, telle qu'elle résulte de la considération des quatre types exposés ci-dessus. Les radicaux disparaissent ainsi en vertu d'un système régulier de conventions logiques, fondé sur la saturation réciproque des éléments. Donnons quelques exemples simples des règles qui président à la construction de ces formules, en maintenant en regard la notation des radicaux.

Considérons le carbone tétratomique, $Є^{IV} = 12$. Il exige pour sa saturation 4 atomes d'hydrogène, H, élément monoatomique, ce qui engendre le formène, que l'on peut envisager soit comme dérivé directement du carbone, soit comme l'hydrure du *méthyle* $(ЄH^3)'$, radical monoatomique :

$$\text{Formène.... } \begin{matrix} & H & \\ & | & \\ H- & Є & -H, \\ & | & \\ & H & \end{matrix} \text{ ou } (ЄH^3)' - H.$$

Le dernier atome d'hydrogène est-il remplacé par de l'*hydroxyle*, (ΘH), on obtient l'alcool méthylique :

$$\text{Alcool méthylique....}\quad H-\overset{\displaystyle H}{\underset{\displaystyle H}{\overset{|}{\underset{|}{C}}}}-\Theta-H,\ \text{ou}\ (CH^3)'-(\Theta H)'.$$

Si l'on remplace 2 atomes d'hydrogène, H^2, par 1 atome d'oxygène diatomique, $\Theta = 16$, on obtient l'aldéhyde méthylique :

$$\text{Aldéhyde méthylique....}\quad \Theta=\overset{\displaystyle H}{\overset{|}{C}}-H,\ \text{ou}\ (C\Theta H)'-H.$$

La seconde formule signifie que le radical méthyle, $(CH^3)'$, du formène, se trouve remplacé par le radical *formyle*, $(C\Theta H)'$, dans la formation de l'aldéhyde méthylique.

Admettons maintenant que deux des atomicités du carbone tétratomique soient saturées par un atome d'oxygène diatomique, une autre par un atome d'hydrogène, et la quatrième par un atome d'oxygène, lequel échange lui-même sa seconde atomicité avec un atome d'hydrogène, nous aurons la formule de l'acide formique :

$$\text{Acide formique....}\quad \Theta=\overset{\displaystyle H}{\overset{|}{C}}-\Theta-H,\ \text{ou}\ (C\Theta^2H)'-H.$$

La seconde formule signifie que le radical méthyle a été remplacé dans le formène par le radical *carboxyle*, $(C\Theta^2H)'$, lors de la formation de l'acide formique.

Remplaçons dans l'acide formique l'hydrogène par le méthyle $(CH^3)'$, nous aurons l'éther méthylformique :

$$\text{Éther méthylformique...}\quad \Theta=\overset{\displaystyle H}{\overset{|}{C}}-\Theta-\overset{\displaystyle H}{\underset{\displaystyle H}{\overset{|}{\underset{|}{C}}}}-H\left(\begin{matrix}\text{le méthyle lié}\\ \text{à l'oxygène}\end{matrix}\right),\ \text{ou}\ (C\Theta^2H)'-(CH^3)'.$$

Tels sont les modèles des composés oxygénés.

Venons aux corps qui renferment de l'azote, élément envisagé comme triatomique Az''' ou pentatomique Az^v, suivant les cas.

La méthylamine, dans laquelle l'azote triatomique est saturé par trois groupes monoatomiques $(CH^3)'$ ou $(C \equiv H^3)'$, peut aussi être considérée comme décrivant de la substitution du radical monoatomique *amidogène*, ou par abréviation *amide*, $(AzH^2)'$, à l'hydrogène du formène :

Méthylamine.... $$H-\overset{\displaystyle H}{\underset{\displaystyle H}{\overset{|}{\underset{|}{C}}}}-Az\!<^{H}_{H}, \text{ ou } (CH^3)'-(AzH^2)'.$$

Le formamide dérive du formyle et de l'amide :

Formamide.... $$O=\overset{\displaystyle H}{\overset{|}{C}}-Az\!<^{H}_{H}, \text{ ou } (COH)'-(AzH^2)'.$$

Enfin, dans l'acide cyanhydrique, l'azote triatomique est substitué à trois atomes d'hydrogène du formène :

$$Az\equiv C-H.$$

L'azote est pentatomique dans l'iodure de tétraméthylammonium, par exemple :

$$(CH^3)^4\equiv Az-I.$$

Figurons maintenant les composés qui renferment plusieurs atomes de carbone. Ces atomes se saturent réciproquement en partie, comme le montrent les formules suivantes :

Hydrure d'éthylène.... $$H-\overset{\displaystyle H}{\underset{\displaystyle H}{\overset{|}{\underset{|}{C}}}}-\overset{\displaystyle H}{\underset{\displaystyle H}{\overset{|}{\underset{|}{C}}}}-H, \text{ ou } (CH^3)'-(CH^3)';$$

Alcool éthylique.... $$H-\overset{\displaystyle H}{\underset{\displaystyle H}{\overset{|}{\underset{|}{C}}}}-\overset{\displaystyle H}{\underset{\displaystyle H}{\overset{|}{\underset{|}{C}}}}-O-H, \text{ ou } (C^2H^5)'-(OH)';$$

Aldéhyde éthylique.... $$H-\overset{\displaystyle H}{\underset{\displaystyle H}{\overset{|}{\underset{|}{C}}}}-\overset{\displaystyle H}{\overset{|}{C}}=O, \text{ ou } (C^2H^3O)'-H;$$

Acide acétique.... $$H-\overset{\displaystyle H}{\underset{\displaystyle H}{\overset{|}{\underset{|}{C}}}}-\underset{\displaystyle O}{\underset{\|}{C}}-O-H \left(\begin{array}{c}\text{le méthyle lié}\\ \text{au carbone}\end{array}\right), \text{ ou } (C^2H^3O)-(HO)';$$

Éthylène.... $$\overset{\displaystyle H}{\underset{\displaystyle H}{\overset{|}{\underset{|}{C}}}}=\overset{\displaystyle H}{\underset{\displaystyle H}{\overset{|}{\underset{|}{C}}}}, \text{ ou } (CH^2)''=(CH^2).$$

Dans ce carbure les atomes de carbone échangent deux atomicités ; ils en échangent trois dans l'acétylène :

$$\text{Acétylène....}\quad H-C\equiv C-H, \text{ ou } (CH)'''\equiv(CH)'''.$$

Dans le cyanogène, chaque atome de carbone est saturé à la fois par l'autre atome de carbone et par l'azote triatomique :

$$Az\equiv C-C\equiv Az.$$

Etc., etc.

Cette notation se prête d'ailleurs à la représentation de molécules d'une complexité à peu près illimitée. Les atomes de carbone étant, en effet, disposés en une *chaîne ouverte* plus ou moins prolongée, ainsi qu'on l'a supposé jusqu'ici, l'un quelconque d'entre eux peut être saturé, non plus par l'hydrogène, comme dans les exemples précédents, mais par un élément plurivalent, lequel n'échange avec lui qu'une seule atomicité. Ce dernier élément n'étant pas saturé peut devenir le point de départ de combinaisons nouvelles et donner lieu à la formation d'une chaîne latérale. C'est ainsi que l'hydrure d'isobutylène, ou hydrure de méthylpropylène, est représenté par la même formule que le propylène, mais avec une chaîne latérale formée par le groupe CH^3 :

$$\text{Hydrure d'isobutylène....}\quad \begin{array}{ccccccc} & & & H & & & \\ & & & | & & & \\ & & H- & C & -H & & \\ & & & | & & & \\ & H & & | & & H & \\ & | & & | & & | & \\ H- & C & - & C & - & C & -H, \\ & | & & | & & | & \\ & H & & H & & H & \end{array}$$

que l'on écrit aussi :

$$\begin{array}{c} \quad CH^3 \\ \quad | \\ CH^3-CH-CH^3. \end{array}$$

Les règles de cette notation sont faciles à concevoir en principe; mais elles ne tardent pas à aboutir à des formules enchevêtrées et presque inextricables. En outre, par l'usage de ces dernières, l'esprit est souvent entraîné à oublier leur véritable signification et à les considérer comme représentant l'arrangement vrai des atomes dans les composés; or l'existence même des atomes reste une pure vue de l'esprit.

7. *Formules adoptées dans cet ouvrage.* — Nous pensons qu'il est plus clair de ne pas prétendre indiquer dans toute réaction spéciale la chaîne entière des transformations successives, réelles ou supposées, qui ont produit chacun des générateurs depuis ses éléments. C'est

pourquoi nous nous attacherons de préférence aux équations génératrices immédiates des composés, nous voulons dire à celles qui jouent un rôle dans la réaction même que l'on se propose d'expliquer.

Dans les cas où il nous paraîtra possible de les abréger sans confusion, nous remplacerons la formule brute par une formule rationnelle très simple, construite de façon à satisfaire aux réactions de substitution et aux réactions d'addition les plus répandues. Voici le principe de ces formules :

1° *Réactions de substitution.* — L'un des générateurs est envisagé comme un type actuel, au sein duquel nous remplaçons le corps *réel* qui s'élimine, par l'autre corps *réel* qui entre en réaction, les volumes gazeux demeurent égaux :

Type = Alcool................ $C^4H^6O^2$ ou $C^4H^4(H^2O^2)$,
Éther chlorhydrique............ $C^4H^4(HCl)$,
Éther acétique............... $C^4H^4(C^4H^4O^4)$,
Éthylamine................... $C^4H^4(AzH^3)$.

Type = Hydrure d'éthylène............ $C^4H^4(H^2)$,
Éther chlorhydrique............ $C^4H^4(HCl)$,
Alcool......................... $C^4H^4(H^2O^2)$,
Acide acétique................. $C^4H^4(O^4)$.

Dans la formation de l'aldéhyde en partant de l'hydrure d'éthylène, la substitution de l'hydrogène par l'oxygène se fait à équivalents égaux :

Aldéhyde....................... $C^4H^4(O^2)$.

En général, nous ne décomposerons pas la formule des corps en deux groupes distincts, renfermant chacun du carbone, à l'exception des éthers et des sels d'alcalis carbonés. Cependant notre notation se prête également à ce genre de représentations, toutes les fois qu'il s'agit d'exprimer des réactions génératrices véritables. Ainsi l'hydrure d'éthylène dérive de deux molécules de formène, par la substitution de l'une d'elles à la moitié de l'hydrogène de l'autre :

Hydrure d'éthylène............... $C^2H^2(C^2H^4)$.

2° *Réactions d'addition.* — Dans les formules précédentes, la saturation reste la même, du moins quand les substitutions ont lieu à volumes égaux; mais il arrive souvent qu'un principe, un carbure d'hydrogène en particulier, perd certains de ses éléments sans substitution. Quand la condensation du carbone demeure la même dans le composé résultant, ce composé est dit *incomplet*. Un tel composé est généralement capable de se combiner par *addition*, soit avec l'élément éliminé, soit avec un volume gazeux égal de divers autres éléments. Voici comment on écrit ces relations :

Éthylène .... $C^4H^4(-)$.

Il dérive de l'hydrure d'éthylène : $C^4H^6(H^2)$.

Il engendre à son tour :

Hydrure d'éthylène	$C^4H^4(H^2)$,
Chlorure d'éthylène	$C^4H^4(Cl^2)$,
Iodhydrate d'éthylène	$C^4H^4(HI)$,
Hydrate d'éthylène	$C^4H^4(H^2O^2)$,
Acide acétique	$C^4H^4(O^4)$.

Dans le système de notation que nous venons d'exposer, les corps réels qui entrent dans les réactions demeurent toujours présents ; on raisonne sur les générateurs eux-mêmes, et non sur des êtres imaginaires.

Toutefois, la notation atomique étant aujourd'hui fort usitée, il a paru utile, afin de donner toute facilité au lecteur, de l'indiquer à côté de la précédente. Pour éviter toute confusion, on a distingué les formules atomiques en les écrivant en caractères italiques, et on les a séparées le plus souvent sous forme de renvois.

CHAPITRE III

CLASSIFICATION DES SUBSTANCES ORGANIQUES

§ 1er. — Les fonctions chimiques.

Les substances organiques peuvent être partagées en un certain nombre de groupes ou *fonctions chimiques*, d'après leur composition et leurs propriétés générales. Nous distinguerons :

1° Les *carbures d'hydrogène*, composés de deux éléments, tels que le gaz des marais, C^2H^4 ; l'acétylène, $(C^2H)^2$ ou C^4H^2 ; le gaz oléfiant, C^4H^4 ; la benzine, $C^{12}H^6$, etc.

Les carbures sont les plus simples des composés organiques ; nous apprendrons d'abord à les préparer avec leurs éléments. Par exemple, l'union directe du carbone avec l'hydrogène engendre l'acétylène, C^4H^2 ; l'acétylène combiné de nouveau avec l'hydrogène produit le gaz oléfiant, C^4H^4 ; l'acétylène condensé engendre la benzine, $C^{12}H^6$; l'acétylène combiné avec la benzine produit successivement le styrolène, $C^{16}H^8$; la naphtaline, $C^{20}H^8$; l'anthracène, $C^{28}H^{10}$, etc. Tous ces carbures résultent en définitive, comme M. Berthelot l'a démontré par des expériences directes, de l'union du carbone avec l'hydrogène.

Avec les carbures d'hydrogène, on forme les composés ternaires, qui renferment du carbone, de l'hydrogène et de l'oxygène. Tels sont :

2° Les *alcools*, corps dont les types sont l'alcool ordinaire, $C^4H^6O^2$; la glycérine, $C^6H^8O^6$; la mannite, $C^{12}H^{14}O^{12}$, etc. Les alcools sont obtenus par la réaction indirecte des éléments de l'eau sur les carbures d'hydrogène. Tantôt l'eau est ajoutée simplement aux éléments d'un carbure. Par exemple, l'union de l'eau avec le gaz oléfiant, C^4H^4, engendre l'alcool ordinaire, $C^4H^6O^2$:

$$C^4H^4 + H^2O^2 = C^4H^6O^2.$$

Tantôt l'eau remplace une portion de l'hydrogène contenu dans un carbure. Par exemple, la substitution de l'eau à l'hydrogène dans le gaz des marais, C^2H^4, engendre l'alcool méthylique, $C^2H^4O^2$:

$$C^2H^4 + H^2O^2 - H^2 = C^2H^4O^2.$$

La synthèse des alcools a été effectuée par M. Berthelot ; elle devient le point de départ de presque toutes les autres formations.

3° Les *aldéhydes*, composés comme les alcools de carbone, d'hydrogène et d'oxygène, résultent d'une première oxydation exercée sur les alcools, laquelle leur enlève simplement de l'hydrogène. Ainsi, l'aldéhyde ordinaire, $C^4H^4O^2$, dérive de l'alcool, $C^4H^6O^2$:

$$C^4H^6O^2 - H^2 = C^4H^4O^2.$$

Citons, parmi les aldéhydes, l'aldéhyde benzylique ou essence d'amandes amères, $C^{14}H^6O^2$; l'essence de cannelle, $C^{18}H^8O^2$; le camphre, $C^{20}H^{16}O^2$, etc. Un grand nombre d'essences naturelles sont des aldéhydes. Ce sont les travaux de Dumas et ceux de Liebig et Wœhler qui ont établi l'existence des aldéhydes.

4° Les *acides* sont produits par une oxydation plus avancée des alcools, laquelle fixe de l'oxygène, en même temps qu'elle enlève de l'hydrogène. Ainsi l'acide acétique, $C^4H^4O^4$, et l'acide oxalique, $C^4H^2O^8$, dérivent de l'alcool ordinaire :

Acide acétique......... $C^4H^6O^2 + O^4 = C^4H^4O^4 + H^2O^2.$

Acide oxalique......... $C^4H^6O^2 + O^{10} = C^4H^2O^8 + 2\,H^2O^2.$

Tels sont les acides formique, $C^2H^2O^4$; butyrique, $C^8H^8O^4$; stéarique, $C^{36}H^{36}O^4$; lactique, $C^6H^6O^6$; malique, $C^8H^6O^{10}$; tartrique, $C^8H^6O^{12}$, et une multitude d'autres acides, tant naturels qu'artificiels.

5° Les *éthers* sont des composés plus complexes que les précédents, car ils résultent de l'union des alcools soit avec les acides, soit avec les aldéhydes, soit avec les alcools eux-mêmes. Ainsi, par exemple, l'éther acétique :

$$C^4H^6O^2 + C^4H^4O^4 = C^4H^4(C^4H^4O^4) + H^2O^2.$$

Tout acide, tout aldéhyde, tout alcool engendre ainsi une multitude d'éthers. Parmi les principes naturels qui appartiennent à ce groupe, on peut citer l'essence de moutarde, le blanc de baleine, l'essence de gaultheria, et surtout les corps gras neutres, qui sont des éthers de la glycérine.

Nous avons maintenant embrassé tous les composés de carbone, d'hydrogène et d'oxygène ; venons aux composés qui renferment de l'azote : ils appartiennent à deux groupes distincts, les alcalis et les amides.

6° Les *alcalis* sont formés par l'union de l'ammoniaque avec les alcools et les aldéhydes. Par exemple l'éthylamine, C^4H^7Az, dérive de l'alcool ordinaire :

$$C^4H^6O^2 + AzH^3 = C^4H^7Az + H^2O^2$$

Les lois de formation des alcalis artificiels ont été découvertes par Zinin et par MM. Würtz et Hofmann.

A ce même groupe se rattachent les alcalis naturels des quinquinas, de l'opium, des strychnées, etc. ; mais ces principes sont tellement complexes, que leur synthèse n'a pu être réalisée jusqu'ici que dans un petit nombre de cas.

7° Les *amides* résultent de la combinaison de l'ammoniaque avec les acides. Ils diffèrent des sels ammoniacaux par les éléments de l'eau, comme Dumas l'a établi. Par exemple l'acétamide, $C^4H^5AzO^2$, dérive de l'acide acétique, $C^4H^4O^4$:

$$C^4H^4O^4 + AzH^3 = C^4H^5AzO^2 + H^2O^2.$$

Tels sont l'urée, la glycollamine ou sucre de gélatine, la leucine, l'acide hippurique, principes immédiats des animaux. L'albumine et les composés analogues appartiennent également au groupe des amides. Nous joindrons aux amides les composés azoïques formés simultanément au moyen de l'ammoniaque et des divers oxydes de l'azote, en vertu d'un principe de génération analogue.

8° Ajoutons enfin les *radicaux métalliques composés*, substances artificielles que MM. Bunsen, Kolbe et Frankland ont obtenues en introduisant des métaux sous une forme spéciale parmi les éléments des principes organiques, et nous aurons énuméré les *huit fonctions chimiques fondamentales*, dans lesquelles les principes organiques peuvent être distribués.

Le tableau ci-contre résume cette classification.

Ce tableau fournit une notion générale et précise de l'ensemble de la science. Il montre comment la synthèse coordonne les composés organiques et établit les lois générales de leur formation méthodique.

I. — CARBURES D'HYDROGÈNE :

GAZ DES MARAIS, ACÉTYLENE, BENZINE.

Formation.

Acétylène.......... $(C^2 + H)^2 = (C^2H)^2$, c'est-à-dire $C^4 + H^2 = C^4H^2$.

Gaz oléfiant.......... $C^4H^2 + H^2 = C^4H^4$.

Benzine.......... $3C^4H^2 = C^{12}H^6$.

II. — ALCOOLS :

ALCOOL ORDINAIRE, GLYCÉRINE.

Formation.

Alcool ordinaire.......... $C^4H^4 + H^2O^2 = C^4H^6O^2$.

Alcool méthylique.......... $C^2H^4 + H^2O^2 - H^2 = C^2H^4O^2$.

III. — ALDÉHYDES :

ALDÉHYDE ORDINAIRE, ESSENCE D'AMANDES AMÈRES.

Formation.

Aldéhyde ordinaire........................ $C^4H^6O^2 - H^2 = C^4H^4O^2$.

IV. — ACIDES :

ACIDES FORMIQUE, ACÉTIQUE, TARTRIQUE, STÉARIQUE.

Formation.

Acide acétique........................ $C^4H^6O^2 + O^4 = C^4H^4O^4 + H^2O^2$.

V. — ÉTHERS :

ÉTHER ACÉTIQUE, ÉTHER ORDINAIRE.

Formation.

Éther acétique............... $C^4H^6O^2 + C^4H^4O^4 = C^4H^4(C^4H^4O^4) + H^2O^2$.

VI. — RADICAUX MÉTALLIQUES COMPOSÉS :

ZINC-ÉTHYLE, CACODYLE.

Formation.

Zinc-éthyle................................ $C^4H^6 + Zn - H = C^4H^5Zn$.

VII. — ALCALIS :

ÉTHYLAMINE, QUININE, MORPHINE.

Formation.

Éthylamine...................... $C^4H^6O^2 + AzH^3 = C^4H^4(AzH^3) + H^2O^2$.

VIII. — AMIDES :

ACÉTAMIDE, URÉE, ALBUMINE.

Formation.

Acétamide......................... $C^4H^4O^4 + AzH^3 = C^4H^5AzO^2 + H^2O^2$.

LIVRE II

CARBURES D'HYDROGÈNE

CHAPITRE PREMIER

CARBURES D'HYDROGÈNE EN GÉNÉRAL

§ 1er. — Les quatre carbures fondamentaux.

1. Le carbone s'unit à l'hydrogène en quatre proportions fondamentales, en formant quatre hydrures, tous gazeux.

1° Un premier composé, le *protohydrure de carbone*, ou *acétylène*, résulte de l'union d'un double équivalent de carbone, c'est-à-dire un atome, avec un équivalent ou atome d'hydrogène. Les rapports de ses éléments en poids s'expriment par la formule

$$C^2H \text{ ou } \mathit{CH},$$

formule que l'on double en général, C^4H^2, pour l'amener à exprimer le même volume moléculaire que les autres composés organiques.

L'acétylène contient son propre volume d'hydrogène, de même que l'eau, HO ou H^2O^2, et l'hydrogène sulfuré, HS ou H^2S^2.

2° Le *bihydrure de carbone*, ou *éthylène*, résulte de l'union de la même proportion de carbone avec deux équivalents d'hydrogène. Les rapports de poids de ses éléments s'expriment par la formule

$$C^2H^2 \text{ ou } \mathit{CH^2},$$

formule que l'on double, C^4H^4, pour l'amener à exprimer le même volume moléculaire que les autres composés organiques.

L'éthylène contient deux fois son volume d'hydrogène.

3° Le *trihydrure de carbone*, ou *diméthyle*, résulte de l'union de la même proportion de carbone avec trois équivalents d'hydrogène :

$$C^2H^3 \text{ ou } \mathit{CH^3},$$

formule que l'on double en général pour les mêmes motifs, C^4H^6.

Ce corps contient trois fois son volume d'hydrogène.

4° Le *quadrihydrure de carbone*, ou *formène*, résulte de l'union de la même proportion de carbone avec quatre équivalents d'hydrogène :

$$C^2H^4 \text{ ou } \mathit{CH^4}.$$

Il contient seulement deux fois son volume d'hydrogène.

2. Le premier hydrure, c'est-à-dire l'acétylène, résulte de l'union directe de ses deux éléments sous l'influence de l'arc électrique, comme nous l'avons montré plus haut (p. 9). Cette union est accompagnée d'une absorption de chaleur, soit 30 Calories pour un équivalent d'hydrogène combiné.

Les trois autres peuvent être formés par l'union directe du premier hydrure et de l'hydrogène, sous l'influence de la chaleur rouge. Cette union a lieu, au contraire, avec dégagement de chaleur, comme toute action chimique accomplie en dehors de l'intervention des énergies étrangères (telles que celle de l'électricité).

Ainsi :

		Cal.
$(C^2H + H)^2 = (C^2H^2)^2$	dégage ...	$+22,5\times 2$,
$(C^2H + H^2)^2 = (C^2H^3)^2$	dégage....	$+33,5\times 2$,
$C^2H + H^3 = C^2H^4$	dégage....	$+48,7$.

L'acétylène joue donc ici le rôle d'un vrai radical, engendrant par combinaison directe les autres carbures d'hydrogène.

3. Les formules précédentes représentent les proportions multiples des éléments contenus dans les quatre carbures fondamentaux. Quelques-unes d'entre elles ont dû être doublées, parce qu'elles ne se rapportent pas à la même condensation : en effet, la quantité de carbone contenue dans un litre d'acétylène, d'éthylène, de diméthyle, est double de celle qui est renfermée dans un litre de formène.

4. Les quatre carbures fondamentaux, par leurs combinaisons réciproques, leurs substitutions et leurs condensations, engendrent tous les autres carbures, c'est-à-dire les corps que nous allons signaler.

§ 2. — Classes des carbures d'hydrogène.

Les carbures d'hydrogène sont les plus simples des composés organiques, car ils renferment seulement deux éléments. Ce sont eux qui servent à produire tous les autres principes. Formés de deux corps combustibles, ils se distinguent par leur neutralité de la plupart des combinaisons que l'hydrogène forme avec les métalloïdes, tels que l'acide chlorhydrique et les autres hydracides, l'ammoniaque, etc. Leur nombre est très considérable, ainsi que la variété des proportions de leurs éléments, comme le montrent les formules suivantes : gaz des marais, C^2H^4 ; acétylène, C^4H^2 ; benzine, $C^{12}H^6$; naphtaline, $C^{20}H^8$; anthracène, $C^{28}H^{10}$, etc. Les uns sont gazeux, d'autres liquides, d'autres solides et cristallisés, et leurs propriétés chimiques n'offrent pas de moindres différences. Pour étudier des corps aussi divers, il est nécessaire de les partager en un certain nombre de classes, caractérisées par un mode de synthèse pareil et des propriétés communes. Telles sont les classes suivantes :

1° Les *carbures forméniques*, dans lesquels le nombre d'équivalents d'hydrogène l'emporte de deux unités sur celui du carbone. Exemple :

Le gaz des marais ou formène...........	C^2H^4,
L'hydrure d'éthylène.....................	C^4H^6,
....	.....
L'hydrure d'amylène......................	$C^{10}H^{12}$,
....	......
L'hydrure de mélissène...................	$C^{60}H^{62}$, etc.,

tous compris dans la formule générale $C^{2n}H^{2n+2}$.

2° Les *carbures éthyléniques*, dans lesquels le carbone et l'hydrogène sont contenus à équivalents égaux. Exemple :

Le gaz oléfiant ou éthylène..............	C^4H^4,
Le propylène.............................	C^6H^6.
Le butylène..............................	C^8H^8,
L'amylène	$C^{10}H^{10}$,
....	.....
L'éthalène	$C^{32}H^{32}$, etc.,

tous compris dans la formule générale $C^{2n}H^{2n}$.

3° Les *carbures acétyléniques*, dans lesquels le nombre d'équivalents d'hydrogène est inférieur de deux unités à celui du carbone. Exemple :

L'acétylène..............................	C^4H^2,
L'allylène...............................	C^6H^4, etc.,

tous compris dans la formule générale $C^{2n}H^{2n-2}$.

4° Les *carbures camphéniques*, représentés par la formule $C^{2n}H^{2n-4}$, et dont le type est

Le camphène.............................. $C^{20}H^{16}$.

5° Les *carbures benzéniques*, représentés par la formule $C^{2n}H^{2n-6}$. Exemple :

La benzine.............................. $C^{12}H^{6}$,
Le toluène.............................. $C^{14}H^{8}$,
....
Le cymène.............................. $C^{20}H^{14}$, etc.,

et ainsi de suite ; chaque classe de carbures étant caractérisée par un certain rapport général entre ses deux éléments.

§ 3. — Corps homologues.

Les termes successifs de chaque classe diffèrent entre eux par C^2H^2 ; différence qui distingue les *corps homologues* (Gerhardt).

Les propriétés chimiques générales sont à peu près les mêmes pour chaque classe de ces carbures. Ainsi, par exemple, l'acétylène peut s'unir en deux proportions avec l'hydrogène, le brome, les hydracides, savoir :

1° A volumes gazeux égaux :

$$C^4H^2 + H^2 = C^4H^4,$$
$$C^4H^2 + Br^2 = C^4H^2Br^2,$$
$$C^4H^2 + HI = C^4H^2,HI.$$

2° Avec un volume gazeux double des mêmes corps :

$$C^4H^2 + 2\,H^2 = C^4H^6,$$
$$C^4H^2 + 2\,Br^2 = C^4H^2Br^4,$$
$$C^4H^2 + 2\,HI = C^4H^2,2HI.$$

Or les mêmes corps s'unissent, suivant les mêmes rapports, à chacun des carbures acétyléniques.

Au contraire, le formène ne contracte de combinaison simple et directe ni avec l'hydrogène, ni avec le brome, ni avec les hydracides, et il en est de même de tous les carbures forméniques. En raison de cette circonstance, ils portent le nom de *carbures saturés*.

Dans chaque classe de carbures homologues, les propriétés physiques varient suivant une progression assez régulière. Les premiers termes, tels que le formène, l'éthylène, l'acétylène, sont gazeux ; les termes suivants, tels que l'amylène et l'hydrure d'amylène, ne tardent pas à prendre l'état liquide. Les derniers termes, tels que l'hydrure de mélissène, finissent par affecter l'état solide. Il y a plus : entre le point d'ébullition d'un carbure et celui du carbure homologue le plus voisin, qui en diffère par C^2H^2, il existe une différence à peu près constante et exprimée en moyenne par 20 ou 25 degrés.

§ 4. — Formation des carbures par analyse.

Les carbures d'hydrogène peuvent être formés, soit par analyse, soit par synthèse. Par analyse, ils résultent de la décomposition de certains principes organiques plus complexes.

Tantôt la relation entre le corps primitif et le carbure est régulière. Par exemple, le gaz des marais, C^2H^4, se forme aux dépens de l'acide acétique, $C^4H^4O^4$, par simple séparation d'acide carbonique :

$$C^4H^4O^4 = C^2H^4 + C^2O^4\,;$$

le gaz oléfiant, C^4H^4, dérive de l'alcool, $C^4H^6O^2$, par élimination d'eau :

$$C^4H^6O^2 = C^4H^4 + H^2O^2\,;$$

l'acétylène, C^4H^2, dérive du gaz oléfiant, C^4H^4, par perte d'hydrogène :

$$C^4H^4 = C^4H^2 + H^2.$$

Tantôt il n'existe aucune relation simple et immédiate entre le corps décomposé et les produits plus ou moins nombreux de sa destruction. Par exemple, l'acide oléique, $C^{36}H^{30}O^4$, distillé avec un alcali, fournit à la fois du gaz oléfiant, C^4H^4, du propylène, C^6H^6, du butylène, C^8H^8, et un grand nombre d'autres carbures.

§ 5. — Formation des carbures par synthèse.

1. *Union des éléments.* — Par synthèse, les carbures d'hydrogène résultent d'abord de l'union des éléments, libres ou naissants ; puis de la combinaison réciproque des premiers carbures ainsi formés, soit entre eux, soit avec l'hydrogène. Ainsi le carbone et l'hydrogène libres forment l'acétylène, C^4H^2 ; le carbone et l'hydrogène naissants forment le gaz des marais, C^2H^4 (M. Berthelot).

2. *Union des carbures avec l'hydrogène.* — L'acétylène, ensuite, s'unit directement à l'hydrogène pour former l'éthylène, C^4H^4 :

$$C^4H^2 + H^2 = C^4H^4,$$

lequel engendre, toujours directement, l'hydrure d'éthylène, C^4H^6 :

$$C^4H^4 + H^2 = C^4H^6.$$

3. *Condensation des carbures.* — Ce même acétylène libre, étant condensé par la chaleur, se change en benzine, $C^{12}H^6$:

$$3\,C^4H^2 = C^{12}H^6.$$

4. *Combinaison des carbures libres.* — L'acétylène se combine directement avec l'éthylène pour constituer un nouveau carbure, l'éthylacétylène, C^8H^6 :

$$C^4H^2 + C^4H^4 = C^8H^6.$$

Il s'unit directement à la benzine, pour constituer le styrolène, $C^{16}H^8$:

$$C^4H^2 + C^{12}H^6 = C^{16}H^8.$$

Il s'unit directement au styrolène, pour constituer d'abord l'hydrure de naphtaline, $C^{20}H^{10}$, puis la naphtaline, $C^{20}H^8$ (avec perte d'hydrogène) :

$$C^4H^2 + C^{16}H^8 = C^{20}H^8 + H^2,$$

et ainsi de suite indéfiniment (M. Berthelot).

5. *Carbures polymères.* — La benzine, le styrolène, l'hydrure de naphtaline résultent de l'union successive et directe de plusieurs molécules d'acétylène : ils renferment les mêmes éléments, dans la même proportion, mais avec des condensations différentes : ces carbures sont dits *polymères* de l'acétylène.

La polymérisation des carbures a lieu avec dégagement de chaleur parce qu'elle représente une véritable combinaison, les deux molécules combinées étant identiques entre elles (M. Berthelot). Dans certains cas, elle est provoquée par la présence d'un corps auxiliaire, l'acide sulfurique, par exemple, dans son action sur l'amylène, qu'il change en diamylène. Mais alors la transformation du monomère en polymère est précédée par la formation d'une combinaison avec le corps auxiliaire, combinaison accompagnée d'un certain dégagement de chaleur, et qui se dédouble en régénérant le corps auxiliaire et le polymère, avec un nouveau dégagement de chaleur; le tout tendant vers la transformation qui dégage la plus grande quantité de chaleur possible.

Les carbures polymérisés sont, en général, plus stables que leurs générateurs, comme le montre la comparaison entre la benzine et l'acétylène. Ceci s'explique en raison de la chaleur dégagée pendant la transformation, soit 171 Calories pour la formation de la benzine : or les corps sont d'ordinaire d'autant plus stables qu'ils ont perdu une dose d'énergie plus considérable (M. Berthelot).

6. *Combinaison des carbures naissants.* — On peut aussi réunir les carbures dans les conditions de l'état naissant. Par exemple, le formène naissant et la benzine naissante engendrent le toluène, $C^{14}H^{8}$, avec perte d'hydrogène :

$$C^{2}H^{4} + C^{12}H^{6} = C^{14}H^{8} + H^{2} ;$$

le formène naissant et le toluène naissant engendrent le xylène, $C^{16}H^{10}$:

$$C^{2}H^{4} + C^{14}H^{8} = C^{16}H^{10} + H^{2}.$$

En général, tous les termes d'une série homologue peuvent être ainsi formés par l'union successive du formène naissant avec le premier terme de la série.

§ 6. — Ordre adopté.

Sans nous arrêter davantage à ces notions générales et sans chercher à tracer dans toute son étendue le tableau théorique des réactions des carbures d'hydrogène, nous choisirons des corps particuliers comme types de chaque famille : par exemple, le formène sera pris comme type des carbures forméniques; l'éthylène, comme type des carbures éthyléniques; l'acétylène, comme type des carbures acétyléniques; la benzine, comme type des carbures benzéniques, etc., et nous exposerons avec détail l'histoire de ces carbures fondamentaux, en commençant par le protohydrure de carbone ou acétylène, formé à atomes égaux. C'est le carbure dont la formule et la synthèse sont les plus simples, dont les réactions sont les plus tranchées, et dont les transformations directes servent à former les autres carbures d'hydrogène.

CHAPITRE II

PROTOHYDRURE DE CARBONE OU ACÉTYLÈNE

$(C^2H)^2$ ou C^4H^2.......... C^2H^2 ou $HC \equiv CH$.

§ 1er. — Historique.

L'acétylène est le plus simple et le plus stable des carbures d'hydrogène. Produit par la combinaison de ses éléments à atomes égaux, il sert à former tous les autres carbures : c'est donc le plus important. Son étude est due principalement à M. Berthelot. Ce savant en a réalisé la synthèse : il a établi la formation universelle de l'acétylène sous l'influence de la chaleur, de la combustion incomplète et de l'électricité, mise en œuvre sous diverses formes ; il a démontré ses relations avec l'éthylène et avec le formène ; il a reconnu que l'acétylène est formé depuis ses éléments avec une absorption de chaleur considérable et qu'il joue le rôle d'un radical composé véritable. C'est ainsi qu'il a réalisé au moyen de l'acétylène et de l'hydrogène libres la synthèse de l'éthylène, celle du diméthyle et celle du formène ; au moyen de l'acétylène et de l'oxygène, la synthèse des acides acétique, glycollique et oxalique ; au moyen de l'acétylène et de l'azote libres, la synthèse de l'acide cyanhydrique ; au moyen de l'acétylène libre, par condensation ou combinaison avec d'autres carbures, la synthèse de la benzine, du styrolène, de la naphtaline, de l'anthracène et des carbures pyrogénés, en général.

§ 2. — Synthèse de l'acétylène.

L'acétylène pur est engendré par l'union directe du carbone et de l'hydrogène :

$$2(C^2 + H) = (C^2H)^2, \text{ c'est-à-dire } 2C^2 + H^2 = C^4H^2.$$

C'est jusqu'ici le seul carbure d'hydrogène qui puisse être ainsi obtenu. La combinaison des éléments s'effectue sous l'influence de l'arc électrique ; elle a été décrite antérieurement (fig. 2, p. 9).

On peut aussi former l'acétylène avec les divers gaz carbonés exempts d'hydrogène, tels que l'oxyde de carbone, la vapeur de sulfure de carbone ou l'azoture de carbone (cyanogène), en mélangeant ces gaz avec l'hydrogène, et en faisant passer au travers du mélange une série d'étincelles électriques. L'expérience s'exécute avec un dispositif semblable à celui de la figure 4 (p. 10). Elle est facile et très brillante avec le cyanogène :

$$C^4Az^2 + H^2 = C^4H^2 + Az^2 ;$$

elle est lente et pénible, quoique non moins décisive, avec l'oxyde de carbone :

$$2\,C^2O^2 + 3\,H^2 = C^4H^2 + 2\,H^2O^2.$$

On constate la production de l'acétylène au moyen d'une solution ammoniacale de chlorure cuivreux, après avoir enlevé, s'il y a lieu, les gaz absorbables par la potasse. Il se forme alors un précipité rouge et caractéristique d'acétylure cuivreux.

§ 3. — **Formations régulières de l'acétylène par analyse.**

1. L'acétylène prend naissance dans une foule de circonstances par l'analyse des matières organiques, et spécialement par l'action de la chaleur rouge, par celle de l'étincelle électrique, par la combustion incomplète. Citons d'abord les réactions dans lesquelles il existe une relation régulière entre la formule de l'acétylène et celle des corps qui l'engendrent, par exemple les hydrures de carbone plus riches en hydrogène.

2. Telle est la production de l'acétylène au moyen du *quadrihydrure de carbone*, c'est-à-dire du *formène* (gaz des marais) :

$$2\,C^2H^4 = C^4H^2 + 3\,H^2.$$

1° On la réalise en dirigeant le formène à travers un tube de porcelaine rouge de feu; on constate la formation de l'acétylène en faisant barboter les gaz dans une solution ammoniacale de chlorure cuivreux.

2° On réussit mieux encore en faisant traverser le formène par une série d'étincelles électriques et dirigeant ensuite le produit dans du réactif cuivreux (fig. 16).

Le formène contenu dans un gazomètre est amené en F; il traverse un flacon laveur à potasse E, un autre à acide sulfurique S; puis il arrive dans un petit vase ovoïde traversé suivant son grand axe par deux tiges de métal, T et T', que sépare un certain intervalle. Les pôles de la bobine B fournissent les deux électricités, qui se recombinent sous forme d'étincelles entre les pointes terminant les tiges.

Si l'on opère avec l'appareil représenté dans la figure 4 (p. 10), et si l'on absorbe de temps en temps l'acétylène formé, on peut transformer ainsi en acétylène jusqu'à 90 pour 100 d'une quantité donnée de formène.

Fig. 16. — Transformation du formène en acétylène par l'étincelle électrique.

3° On peut enflammer le formène dans une éprouvette presque horizontale, après y avoir versé un peu de chlorure cuivreux ammoniacal : le composé rouge spécifique apparaît sur les parois (p. 55, fig. 18).

4° Enfin on peut ôter à l'avance l'excès d'hydrogène qui entre dans la composition du formène, comparé à l'acétylène, en traitant le formène par le chlore, qui fournit un dérivé trichloré, le chloroforme C^2HCl^3 :

$$C^2H^4 + Cl^3 - H^3 = C^2HCl^3 ;$$

puis on enlève le chlore à son tour au moyen d'un métal, en dirigeant, par exemple, la vapeur du chloroforme sur du cuivre chauffé au rouge :

$$2\,C^2HCl^3 + 6\,Cu^2 = (C^2H)^2 + 6\,Cu^2Cl.$$

La transformation du formène, C^2H^4, en acétylène, $(C^2H)^2$ ou C^4H^2, représente une condensation moléculaire, puisque 1 litre d'acétylène renferme autant de carbone que 2 litres de formène. Les méthodes par lesquelles on réalise ici cette condensation, soit au moyen de la chaleur, soit par l'intermédiaire d'un dérivé chloré, sont d'une application générale en chimie organique.

3. On peut aussi former l'acétylène, et plus régulièrement encore, au moyen du *trihydrure de carbone*, c'est-à-dire du *diméthyle*, et au moyen de l'*éthylène* (gaz oléfiant). Il suffit d'ôter au diméthyle, C^4H^6, ou à l'éthylène, C^4H^4, les deux tiers ou la moitié de l'hydrogène qu'ils renferment :

$$C^4H^6 = C^4H^2 + 2H^2,$$

$$C^4H^4 = C^4H^2 + H^2.$$

On y parvient :

1° Par l'action de la chaleur rouge;

2° Par l'action de l'étincelle électrique ;

3° Par la combustion incomplète.

Toutes ces réactions sont faciles à effectuer avec les appareils et dans les conditions décrits tout à l'heure en parlant du formène; mais elles donnent lieu à une proportion bien plus considérable d'acétylène.

4° On peut changer le diméthyle, C^4H^6, en éthylène par l'intermédiaire du chlore qui forme le corps substitué C^4H^5Cl, auquel on enlève ensuite de l'acide chlorhydrique :

$$C^4H^5Cl - HCl = C^4H^4.$$

Cela fait, on unit l'éthylène avec le chlore ou le brome, ce qui produit, par exemple, un bromure d'éthylène, $C^4H^4Br^2$; puis on traite ce bromure par une solution alcoolique et chaude de potasse, contenue dans deux vases successifs, de façon à séparer sous forme d'acide bromhydrique (ou plutôt de bromure de potassium et d'eau) la totalité du brome qu'il renferme. L'acétylène est mis à nu et se dégage :

$$C^4H^4Br^2 - 2HBr = C^4H^2.$$

§ 4. — Conditions universelles de la formation de l'acétylène.

1. Le formène, le méthyle et l'éthylène, c'est-à-dire les trois autres hydrures de carbone fondamentaux, sont les composés qui fournissent l'acétylène par les réactions les plus régulières. Mais l'acétylène se forme aussi dans des conditions semblables avec presque tous les composés organiques, ce qui s'explique par la simplicité extrême de sa composition (atomes égaux des deux éléments) :

1° Par l'*action de la chaleur rouge* sur l'alcool, l'éther, l'aldéhyde, l'esprit de bois, l'amylène, les corps gras, etc.; en un mot, sur presque tous les corps organiques. La production de l'acétylène est surtout considérable avec les corps qui dérivent de l'éthylène, avec l'éther, par exemple, comme on devait s'y attendre.

C'est en vertu de cette réaction générale que l'acétylène fait partie du gaz de l'éclairage, mélange de divers corps gazeux obtenus dans la distillation sèche de la houille. Pour y constater la présence de l'acétylène, on peut faire barboter le gaz de l'éclairage dans une solution ammoniacale de chlorure cuivreux. Mais l'expérience est plus brillante, en remplissant d'abord, à sec et par déplacement de l'air, un flacon d'un litre avec du gaz de l'éclairage; on y verse ensuite 2 ou 3 centimètres cubes du réactif cuivreux. L'acétylure cuivreux se manifeste aussitôt, sous l'apparence d'un enduit rouge d'un éclat singulier.

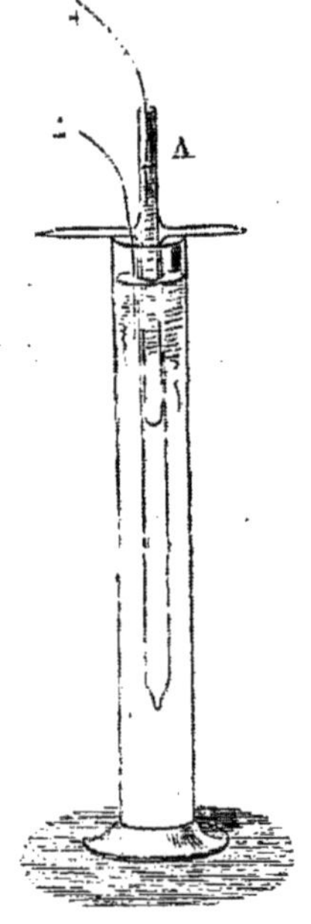

Fig. 17. — Appareil de M. Berthelot pour la décharge obscure.

2° Par l'*action de l'étincelle électrique*, sur les gaz et autres composés organiques. Cette action a déjà été signalée en parlant du formène. Elle est si prompte et si nette, qu'elle permet de reconnaître aussitôt et avec certitude la présence de quelques millièmes d'une vapeur organique, d'essence de térébenthine, par exemple, mélangée avec de l'hydrogène;

3° L'acétylène se forme aussi sous l'influence de l'*effluve* ou *décharge obscure* et sans étincelle (fig. 17);

4° Par la *combustion incomplète* de presque tous les composés organiques. Versons, par exemple, quelques gouttes d'éther dans une grande éprouvette; ajoutons-y 2 ou 3 centimètres cubes de chlorure cuivreux ammoniacal, et enflammons la vapeur (fig. 18). Cela fait, inclinons l'éprouvette presque horizontalement et faisons-la tourner lentement entre les doigts; nous verrons aussitôt la surface intérieure se tapisser d'une belle nappe rouge d'acétylure cuivreux.

La même expérience réussit avec l'amylène, avec les pétroles très volatils, et généralement avec tous les gaz ou composés suffisamment volatils.

On obtient le même résultat avec les corps peu volatils, tels que l'essence de térébenthine, l'huile, l'acide stéarique, etc., en les projetant dans un creuset chauffé d'avance au rouge, de façon à les enflammer, et en aspirant les gaz formés au moyen d'un tube métallique placé dans l'intérieur de la flamme.

En général, dans toute combustion incomplète, dans toute flamme émettant du noir de fumée, il y a production d'acétylène. Si l'on observe que l'éclairage, soit au moyen des becs de gaz, soit au moyen des bougies, ne se produit qu'à la condition de laisser dans la flamme une certaine proportion de charbon suspendu, c'est-à-dire d'opérer une combustion incomplète, on comprendra toute l'importance de la production de l'acétylène dans les conditions qui viennent d'être décrites.

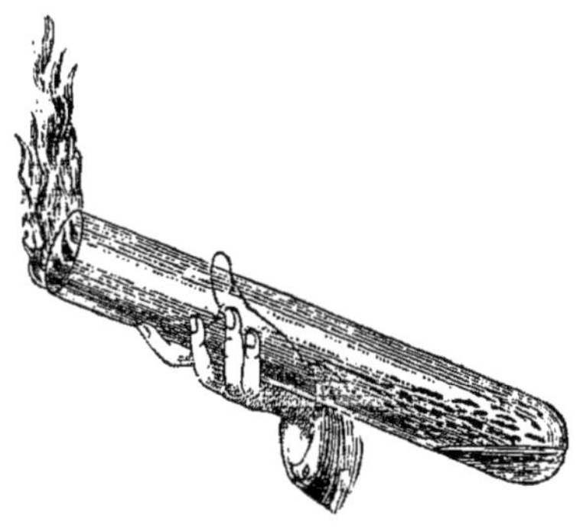

Fig. 18. — Formation de l'acétylène par combustion incomplète.

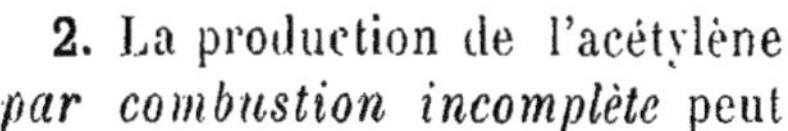

2. La production de l'acétylène *par combustion incomplète* peut avoir lieu *sans le concours de la chaleur* : par exemple, ce carbure apparaît au pôle positif, en même temps que l'oxygène, dans l'électrolyse de certains sels organiques, tels que les benzoates, les aconitates, les succinates, etc.

§ 5. — Préparation et propriétés.

1. *Préparation.* — Décrivons maintenant la préparation de l'acétylène et ses propriétés.

Pour préparer l'acétylène, on commence par se procurer une grande quantité d'acétylure cuivreux. On peut y arriver, soit par la décomposition de la vapeur d'éther au rouge, soit par la décomposition du bromure d'éthylène au moyen de la potasse alcoolique : les gaz obtenus sont dirigés à travers deux ou trois grands flacons contenant une dissolution ammoniacale de chlorure cuivreux.

Mais le procédé le plus économique et le moins pénible consiste à faire passer dans le réactif, au moyen d'une trompe aspirante à grand débit, les produits de la combustion incomplète du gaz de l'éclairage. On se sert à cet effet d'une lampe B (fig. 19 et 20), dans laquelle un jet d'air pénétrant en cc', au milieu d'une atmosphère de gaz arrivant en Gaa', donne une combustion partielle du gaz à l'intérieur du verre V. Cet appareil fournit ainsi un mélange gazeux, qu'on aspire suivant MRR'FLA ; après s'être débarrassé dans le réfrigérant RR' de la plus grande partie de l'eau dont il est chargé, le mélange est riche en acétylène, et de plus il ne renferme pas d'oxygène libre, susceptible de détruire à la fois le réactif et l'acétylure de cuivre. En réglant convenablement l'appel du gaz en A, on obtient un rendement considérable, presque sans surveillance.

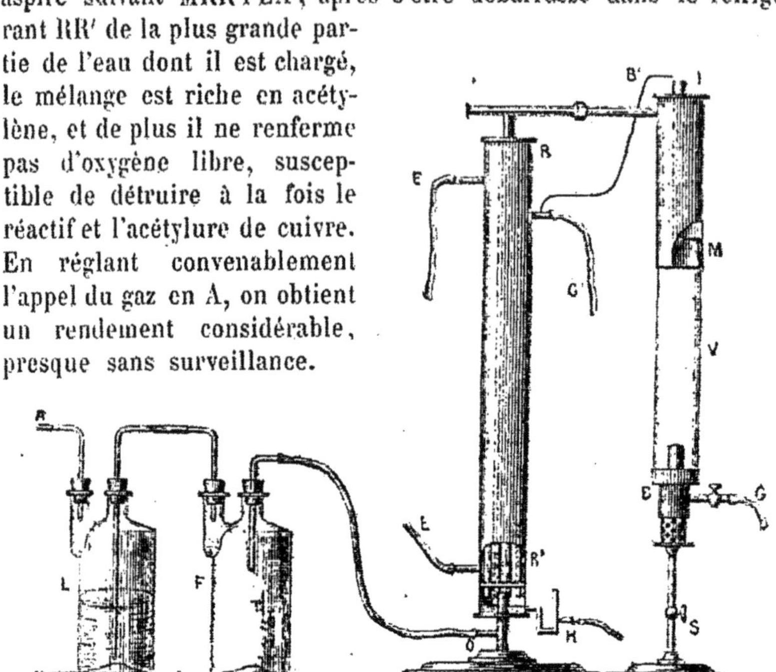

Fig. 19. — Appareil de M. Jungfleisch, pour la préparation de l'acétylène

Dans tous les cas, on prépare donc d'abord l'acétylure cuivreux. On lave cet acétylure par décantation, puis on l'introduit tout humide dans une fiole, avec la moitié de son volume d'acide chlorhydrique ordinaire. On fait bouillir : l'acétylène se dégage, et il est recueilli sur le mercure ; on l'agite avec un peu de potasse pour le purifier.

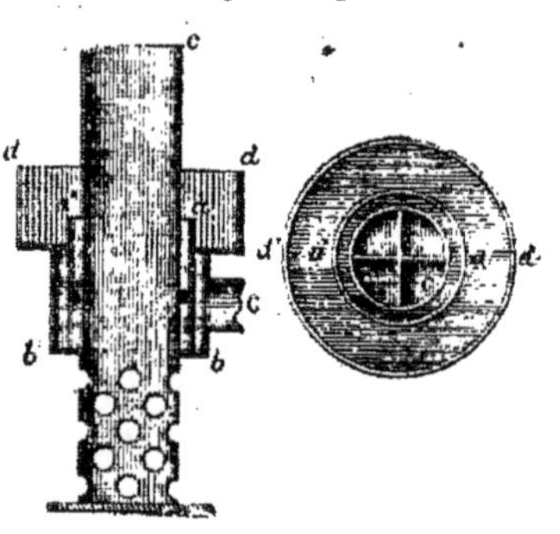

Fig. 20. — Détail du brûleur de l'appareil représenté fig. 19.

2. *Propriétés physiques.* — C'est un gaz incolore, doué d'une odeur fétide et désagréable, assez soluble dans l'eau, qui en dissout environ son volume ; il est plus soluble encore dans l'alcool et dans les autres liquides organiques. Il peut être liquéfié à la température de $+1^{\circ}$ par

une pression de 48 atmosphères, et à la température de $+18°$ par une pression de 83 atmosphères (M. Cailletet). Il brûle avec une flamme blanche et un abondant dépôt de noir de fumée. Sa densité est égale à 13 fois celle de l'hydrogène, c'est-à-dire qu'elle est exprimée par le nombre 0,91, conformément à la formule C^4H^2. Sa formation par la combinaison des éléments, carbone solide et hydrogène gazeux, s'effectue avec une absorption de chaleur égale à 61 Calories (M. Berthelot). Ce nombre se déduit de la chaleur de combustion de l'acétylène, quantité égale à $+318$ Calories. Elle a été mesurée dans une chambre à combustion (fig. 21) plongée dans un calorimètre.

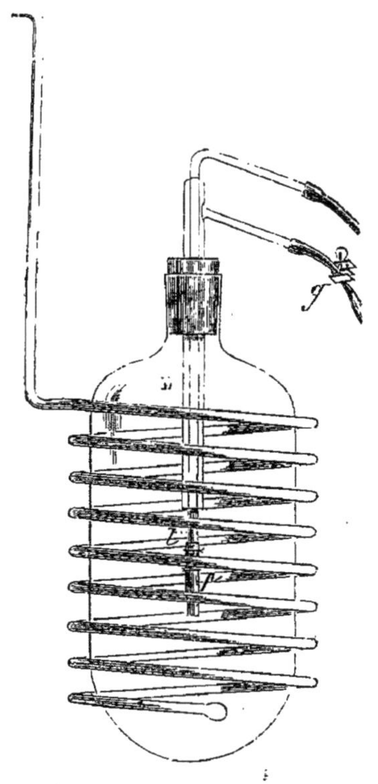
Fig. 21. — Chambre à combustion.

3. *Composition*. — La composition de ce gaz est établie par son analyse eudiométrique. En effet, 1 volume d'acétylène exige pour brûler entièrement 2 volumes 1/2 d'oxygène, et donne naissance à 2 volumes d'acide carbonique et à 1 volume de vapeur d'eau :

$$\underset{4\text{ v.}}{C^4H^2} + \underset{10\text{ v.}}{O^{10}} = \underset{8\text{ v.}}{2C^2O^4} + \underset{4\text{ v.}}{H^2O^2}.$$

Cette combustion est accompagnée par une violente explosion.

Nous allons examiner les réactions que l'acétylène éprouve de la part des corps simples ou composés les plus répandus, tels que l'hydrogène, l'oxygène, le soufre, l'azote, le chlore, le brome, l'iode, les métaux, les hydracides, l'acide sulfurique, les autres carbures d'hydrogène, etc.; nous terminerons par l'étude détaillée de l'action remarquable que la chaleur exerce sur l'acétylène.

§ 6. — Action de l'hydrogène.

1. L'hydrogène produit avec l'acétylène trois composés : l'éthylène, l'hydrure d'éthylène et le formène.

Le premier, l'éthylène, est formé à volumes gazeux égaux, avec condensation de moitié et dégagement de 45,7 Calories :

$$\begin{array}{ccc} C^4H^2 + & H^2 = & C^4H^4. \\ 4\text{ v.} & 4\text{ v.} & 4\text{ v.} \end{array}$$

Le second est l'hydrure d'éthylène, formé par 2 volumes d'hydrogène et 1 volume d'acétylène, avec condensation de deux tiers et dégagement de 66,8 Calories :

$$\begin{array}{ccc} C^4H^2 + & 2H^2 = & C^4H^6. \\ 4\text{ v.} & 8\text{ v.} & 4\text{ v.} \end{array}$$

Par ces deux combinaisons, on atteint progressivement la première limite de saturation de l'acétylène, sans changer la condensation du carbone, l'hydrure d'éthylène étant le carbure saturé d'hydrogène parmi ceux en renfermant 4 équivalents (1).

Mais on peut aller plus loin à la condition de dédoubler la molécule, ce qui fournit la limite extrême de l'hydrogénation. C'est ainsi que l'on obtient le troisième composé, le formène, formé par 3 volumes d'hydrogène et 1 volume d'acétylène avec condensation de moitié, réaction semblable à celles qui s'observent dans la formation de l'ammoniaque par l'azote et l'hydrogène :

$$\begin{array}{ccc} C^4H^2 + & 3H^2 = & 2C^2H^4. \\ 4\text{ v.} & 12\text{ v.} & 8\text{ v.} \end{array}$$

Dans cette combinaison extrême, il y a un dégagement de chaleur supérieur aux deux autres, soit 98 Calories.

2. Voici comment on transforme l'acétylène en *éthylène :*

1° L'hydrogène libre et l'acétylène libre réagissent directement au rouge sombre et se combinent lentement, en formant de l'éthylène :

$$C^4H^2 + H^2 = C^4H^4.$$

Mais la réaction se complique de divers autres produits, qui résultent de l'influence propre de la chaleur sur l'acétylène.

2° On réussit mieux avec les corps naissants. Par exemple, l'acétylène, mis en présence de l'eau et de certains protoxydes, s'empare de l'hydrogène de l'eau, tandis que l'oxygène de l'eau se porte sur le protoxyde. C'est ce qui arrive, entre autres, avec le sulfate de protoxyde de chrome, dissous dans un mélange de chlorhydrate d'ammoniaque et d'ammoniaque. La belle liqueur bleue ainsi obtenue absorbe

(1) Acétylène, $HC \equiv CH$; éthylène, $H^2 = C = C = H^2$; hydrure d'éthylène, $H^3 \equiv C - C \equiv H^3$.

aussitôt l'acétylène; mais bientôt elle se remplit de fines bulles gazeuses, qui se dégagent lentement. C'est de l'éthylène :

$$C^4H^2 + 2Cr^2O^3 + H^2O^2 = C^4H^4 + 2Cr^2O^3.$$

3° L'acétylène naissant et l'hydrogène naissant se combinent plus aisément encore. On peut observer cette réaction en faisant réagir l'acétylure cuivreux sur le zinc et sur l'eau, en présence de l'ammoniaque. En effet, les dissolutions alcalines attaquent le zinc avec production d'hydrogène, lequel se porte sur l'acétylure cuivreux pour le changer en éthylène.

L'éthylène est donc le premier terme de l'hydrogénation de l'acétylène.

3. Pour obtenir le second terme, c'est-à-dire l'*hydrure d'éthylène :*

1° Il suffit de chauffer au rouge sombre l'hydrogène libre avec l'éthylène libre, dans une cloche courbe; les deux gaz se combinent peu à peu, avec formation d'hydrure d'éthylène :

$$C^4H^4 + H^2 = C^4H^6.$$

La réaction peut être poussée jusqu'à la moitié, sans jamais devenir complète, parce qu'elle est limitée par la tendance de l'hydrure à se décomposer en sens inverse.

2° On peut aussi opérer avec l'hydrogène naissant et en partant de l'acétylène. A cette fin, on combine d'abord à froid l'acétylène avec l'acide iodhydrique, ce qui fournit un diiodhydrate d'acétylène, $C^4H^2, 2HI$; puis on chauffe ce composé à 280°, dans un tube de verre scellé et très résistant, avec une solution extrêmement concentrée d'acide iodhydrique ($D = 2$).

Voici la forme des tubes employés dans ce genre d'expériences, que nous aurons souvent occasion de reproduire (fig. 22). Le tube AB est fermé à la lampe à son extrémité A; il est ensuite garni des réactifs solides, puis étranglé en E; enfin, après avoir été garni de liquide, il est scellé à la lampe dans la partie effilée. On prépare une série de ces tubes et on les place dans des étuis de fer, à fermeture vissée

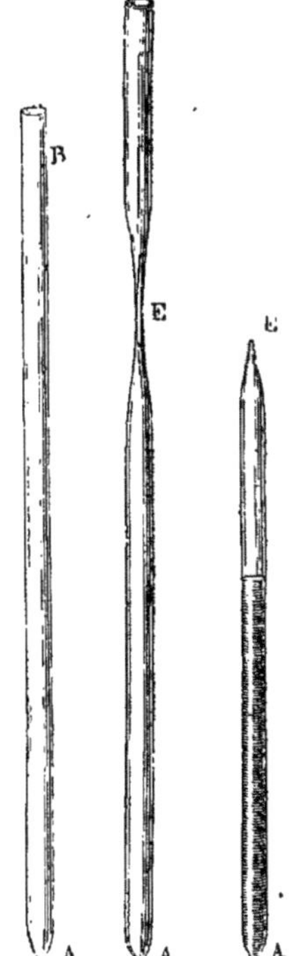

FIG. 22. — Tubes scellés.

(fig. 23), que l'on dispose eux-mêmes dans un bain d'huile maintenu à température fixe (fig. 24).

Soit donc l'iodhydrate d'acétylène chauffé à 280° avec l'acide iodhydrique. A cette température, l'hydracide tend à se résoudre en iode et

Fig. 23. — Étuis pour tubes scellés.

Fig. 24. — Bain d'huile de M. Berthelot.

hydrogène, c'est-à-dire qu'il fournit de l'hydrogène naissant; il attaque ainsi tous les composés organiques et les transforme en carbures forméniques. Le diiodhydrate d'acétylène, en particulier, est changé par l'acide iodhydrique en hydrure d'éthylène :

$$C^4H^2,2HI + 2HI = C^4H^6 + 2I^2.$$

3° On peut encore attaquer par la même méthode le bromure d'éthylène, $C^4H^4Br^2$, lequel dérive directement de l'éthylène et indirectement de l'acétylène : on obtient également de l'hydrure d'éthylène.

Ce sont là des exemples des méthodes générales par lesquelles on peut faire agir l'hydrogène sur les principes organiques.

4. Le troisième terme, le *formène*, s'obtient en faisant agir à la température rouge l'hydrogène libre, en excès, sur l'acétylène. Mais la transformation n'est pas complète, parce qu'une portion du formène tend à régénérer en sens inverse de l'acétylène : dans ces conditions il se produit un équilibre, en vertu duquel les quatre hydrures de carbone fondamentaux coexistent ou prennent naissance, toutes les fois que l'un quelconque est chauffé au rouge avec de l'hydrogène.

§ 7. — Action de l'oxygène.

1. L'oxygène agit sur l'acétylène directement, ou à l'état naissant. Directement, il agit au rouge, et alors il le change en eau et en acide carbonique, comme il a été dit plus haut (p. 57). Si la proportion d'oxygène est insuffisante, il se produit un dépôt de charbon.

2. Dès la température ordinaire, l'acétylène et l'oxygène de l'air, mis en présence d'une solution alcaline, réagissent lentement et avec production d'*acide acétique*, lequel demeure uni à l'alcali :

$$C^4H^2 + O^2 + H^2O^2 = C^4H^4O^4.$$

L'action exige plusieurs mois pour s'accomplir. Elle dégage 118,7 Calories en formant l'acide acétique dissous.

3. L'action exercée par l'oxygène naissant est plus rapide. En effet, tantôt l'acétylène s'unit à l'oxygène par une addition directe, pour former de l'acide acétique, avec l'intervention des éléments de l'eau; tantôt l'union a lieu dans le rapport de 2 volumes d'oxygène pour 1 volume d'acétylène, en formant de l'acide oxalique, avec dégagement de 258 Calories :

$$C^4H^2 + 2O^4 = C^4H^2O^8.$$

On peut encore changer l'acétylène en acide formique avec dégagement de 248 Calories :

$$C^4H^2 + 2O^4 = C^2H^2O^4 + C^2O^4.$$

4. Pour obtenir l'*acide oxalique*, on fait tomber goutte à goutte une solution de permanganate de potasse, additionnée de potasse caustique, dans un flacon contenant de l'acétylène (fig. 3, p. 10). La liqueur se décolore presque aussitôt, en précipitant des flocons bruns de peroxyde de manganèse. Il suffit de la filtrer, de la rendre acide par l'acide acétique et d'y verser un sel de chaux, pour observer un précipité caractéristique d'oxalate de chaux.

5. Pour obtenir l'*acide acétique*, on traite une dissolution aqueuse d'acétylène par une solution étendue d'acide chromique pur. Au bout de quelques jours, l'acétylène a disparu et il est remplacé par l'acide acétique.

6. Opère-t-on avec le gaz acétylène et l'acide chromique concentré, l'action est violente, immédiate, accompagnée par un grand dégagement de chaleur; mais elle ne produit guère que les acides carbonique et *formique*.

Ainsi les acides acétique, oxalique et formique, tous corps des plus importants, soit dans les opérations de l'art, soit dans la nature, peuvent être formés de toutes pièces, par l'union successive de leurs trois éléments, carbone, hydrogène et oxygène.

§ 8. — Action du soufre.

Lorsqu'on dirige un courant d'acétylène dans du soufre maintenu en ébullition, il se produit une réaction complexe, qui donne naissance à du charbon, à de l'hydrogène sulfuré et à du sulfure de carbone, ainsi qu'à un liquide très mobile et sulfuré, le *thiophène*, $C^8H^4S^2$ (M. V. Meyer). Ce dérivé résulte de l'union de 2 équivalents de soufre avec 2 molécules d'acétylène :

$$2\,C^4H^2 + S^2 = C^8H^4S^2.$$

Le thiophène bout à 84°, est insoluble dans l'eau et a pour densité 1,062 à 23°.

§ 9. — Action de l'azote.

L'azote s'unit directement à l'acétylène, à volumes gazeux égaux et sans condensation, pour constituer l'*acide cyanhydrique :*

$$C^4H^2 + Az^2 = 2\,C^2AzH.$$

Cette union s'effectue sous l'influence de l'étincelle électrique. On fait passer pendant quelque temps une série de fortes étincelles (fig. 4, p. 10) dans le mélange des deux gaz, dilués avec 3 à 4 fois leur volume d'hydrogène; addition qui a pour but d'empêcher la précipitation du carbone. Le gaz acquiert une forte odeur d'amandes amères ;

on l'agite avec une très petite quantité de potasse, de façon à fixer l'acide cyanhydrique; on lave l'éprouvette avec un peu d'eau, on verse dans la liqueur une goutte d'un mélange récent de sulfates ferreux et ferrique purs, afin de transformer le cyanure de potassium en cyanoferrure. En acidulant enfin la liqueur avec précaution par l'acide chlorhydrique, le bleu de Prusse se manifeste aussitôt.

Tout gaz ou vapeur organique se changeant en acétylène par l'étincelle, il en résulte que la formation de l'acide cyanhydrique peut être réalisée au moyen de l'azote pur et d'un composé hydrocarboné quelconque, soumis à une série d'étincelles électriques : l'expérience vérifie cette déduction.

§ 10. — **Action des corps halogènes.**

1. *Chlore.* — Le chlore forme avec l'acétylène deux chlorures, $C^4H^2Cl^2$ et $C^4H^2Cl^4$, suivant les mêmes rapports de volume que les deux hydrures.

La réaction du chlore sur l'acétylène peut être directe ou indirecte. Le mélange des deux gaz ne réagit pas dans l'obscurité absolue; mais, sous l'influence de la lumière diffuse, ce mélange fait en général explosion, avec dépôt de charbon et formation d'acide chlorhydrique :

$$C^4H^2 + Cl^2 = 2C^2 + 2HCl.$$

Quelquefois, cependant, les deux gaz réagissent peu à peu et tranquillement, en formant un chlorure liquide :

$$C^4H^2 + Cl^2 = C^4H^2Cl^2.$$

Pour obtenir à coup sûr les chlorures d'acétylène, il est préférable de prendre un intermédiaire, le perchlorure d'antimoine (MM. Berthelot et Jungfleisch). En effet, ce corps légèrement chauffé absorbe l'acétylène, en formant un composé cristallisable, $C^4H^2,SbCl^5$.

Distille-t-on ce dernier, on obtient le protochlorure d'acétylène :

$$C^4H^2,SbCl^5 = C^4H^2Cl^2 + SbCl^3.$$

En présence d'un excès de perchlorure d'antimoine, la distillation fournit du perchlorure d'acétylène :

$$C^4H^2,SbCl^5 + SbCl^5 = C^4H^2Cl^4 + 2SbCl^3.$$

2. Le *protochlorure d'acétylène*, $C^4H^2Cl^2$ (1), est un liquide mobile

(1) $ClHC=CHCl$.

et éthéré, neutre, insoluble dans l'eau, plus dense que cette substance, soluble dans l'alcool et dans l'éther. Il bout à 55°.

Chauffé à 360°, dans un tube scellé, il se décompose lentement en charbon et acide chlorhydrique :

$$C^4H^2Cl^2 = C^4 + 2\,HCl.$$

Ce fait explique la réaction ordinaire du chlore sur l'acétylène. Chauffé avec la potasse aqueuse vers 200°, ou avec la potasse alcoolique à 100°, le protochlorure d'acétylène se transforme en *acétate de potasse :*

$$C^4H^2Cl^2 + 3(KO,HO) = C^4H^3KO^4 + 2\,KCl + H^2O^2.$$

3. Le *perchlorure d'acétylène*, $C^4H^2Cl^4$ (1), est un liquide neutre, dense, insoluble dans l'eau, soluble dans l'alcool, l'éther, etc. Il bout vers 147°.

Chauffé à 300°, il se décompose en acide chlorhydrique et *chlorhydrate d'acétylène chloré :*

$$C^4H^2Cl^4 = C^4Cl^2,HCl + HCl.$$

Vers 360°, le dernier équivalent d'hydracide se dégage; mais le chlorure C^4Cl^2 se transforme en même temps en un corps de formule triple, $C^{12}Cl^6$, la *benzine perchlorée :*

$$3\,C^4Cl^2 = C^{12}Cl^6.$$

Ce nouveau corps, désigné parfois sous le nom de *chlorure de Julin*, se présente en belles aiguilles cristallines. Il est très stable. Il prend naissance toutes les fois qu'un composé organique riche en chlore éprouve l'action de la température rouge.

Sous l'influence de la potasse alcoolique, le perchlorure d'acétylène engendre d'abord le composé C^4Cl^2,HCl, puis il se transforme en un acide nouveau, l'*acide glycollique*, $C^4H^4O^6$:

$$C^4H^2Cl^4 + 5(KO,HO) = C^4H^3KO^6 + 4\,KCl + 2\,H^2O^2.$$

Le chlore, agissant sur le perchlorure d'acétylène, prend la place de l'hydrogène et forme un *chlorure de carbone*, le *chlorure d'éthylène perchloré*, C^4Cl^6 (2) :

$$C^2H^2Cl^4 + 2\,Cl^2 = C^4Cl^6 + 2\,HCl.$$

(1) *$Cl^2HC - CHCl^2$.*
(2) *$Cl^3C - CCl^3$.*

substance cristallisée, douée d'une odeur camphrée, bouillant vers 188°.

Ce nouveau corps, traité par la potasse aqueuse à 200°, ou par la potasse alcoolique à 100°, fournit l'*acide oxalique* :

$$C^4Cl^6 + 8(KO,HO) = C^4K^2O^8 + 6KCl + 4H^2O^2.$$

4. Il résulte de ces faits que les dérivés chlorés de l'acétylène peuvent servir d'intermédiaires réguliers pour oxyder ce carbure d'hydrogène. A cette fin, on l'associe d'abord au chlore, puis on sépare ce dernier élément à l'aide d'un alcali :

$C^4H^2Cl^2$	fournit	$C^4H^2O^2,H^2O^2$	ou $C^4H^4O^4$,	ac. acétique ;
$C^4H^2Cl^4$	......	$C^4H^2O^4,H^2O^2$	.. $C^4H^4O^6$,	ac. glycollique ;
C^4Cl^6	......	C^4O^6,H^2O^2	.. $C^4H^2O^8$,	ac. oxalique.

Ce sont là des réactions générales dans l'étude des principes organiques.

5. *Brome.* — Le brome et l'acétylène forment deux bromures, tous deux liquides, l'un à volumes gazeux égaux, $C^4H^2Br^2$; l'autre avec un volume double de vapeur de brome, $C^4H^2Br^4$ (1).

Ces composés se forment dès la température ordinaire ; on obtient l'un ou l'autre, suivant les proportions relatives et l'intensité de la lumière. Il arrive parfois que le brome et l'acétylène demeurent quelque temps en contact sans réagir ; puis l'action a lieu tout d'un coup.

6. *Iode.* — L'iode se combine lentement à 100° avec l'acétylène, en formant un bel iodure, $C^4H^2I^2$, cristallisé en longues aiguilles blanches, stables, flexibles et sublimables. Par l'action d'une solution éthérée d'iode sur l'acétylure d'argent, on obtient un autre iodure, $C^4H^2I^4$, en cristaux jaunes et facilement décomposables.

On remarquera que les rapports de combinaison entre l'acétylène et les corps halogènes sont les mêmes qu'entre l'acétylène et l'hydrogène.

§ 11. — **Combinaisons métalliques.**

1. L'acétylène forme avec les métaux des composés nombreux et remarquables. Les uns résultent de la substitution des métaux alcalins à l'hydrogène ; ce sont des *acétylures* proprement dits :

Acétylure monosodique	C^4HNa,
Acétylure disodique	C^4Na^2.

(1) $BrHC = CHBr$ et $Br^2HC - CHBr^2$.

Les autres dérivent des métaux proprement dits, par substitution du métal à l'hydrogène et addition simultanée des éléments d'un oxyde métallique ou d'un chlorure, d'un bromure, d'un iodure, etc. Ce sont véritablement les oxydes et les sels de certains radicaux métalliques composés, qui dérivent de l'acétylène :

Oxyde d'argentacétyle	....	$(C^4HAg^2)O$,
Chlorure —	....	$(C^4HAg^2)Cl$,
Sulfate —	....	$2(C^4HAg^2)O,S^2O^6$,
Oxyde de cuprosacétyle	....	$(C^4HCu^2)O$,
Chlorure —	....	$(C^4HCu^2)Cl$,
Bromure —	....	$(C^4HCu^2)Br$,
Iodure —	....	$(C^4HCu^2)I$.

Quelques mots sur ces divers composés.

Fig. 25. — Action du potassium sur l'acétylène.

2. Les *acétylures de potassium* et *de sodium* se préparent par la réaction directe des métaux alcalins sur l'acétylène. Par exemple, on chauffe doucement le potassium avec l'acétylène dans une cloche courbe (fig. 25); le métal prend feu, déplace l'hydrogène et forme un acétylure d'abord charbonneux, mais qui acquiert à une plus haute température une apparence bronzée.

Les acétylures alcalins se forment aussi dans la réaction des métaux alcalins sur l'acide carbonique, sur les carbonates et sur l'oxyde de carbone. L'eau les décompose violemment, en reproduisant de l'acétylène.

3. L'*oxyde de cuprosacétyle* est une poudre rouge brunâtre, qui

prend naissance dans la réaction de l'acétylène sur le chlorure cuivreux ammoniacal, lorsqu'on lave à plusieurs reprises le précipité avec de l'ammoniaque. Le précipité qui se forme tout d'abord, et que nous avons si souvent employé pour caractériser l'acétylène, sous le nom abrégé d'*acétylure cuivreux*, est un *oxychlorure de cuprosacétyle*. L'ammoniaque en excès en élimine le chlore et l'amène à l'état d'oxyde, ou plus exactement d'hydrate de cet oxyde. Séché un peu au-dessus de 100°, il devient anhydre.

L'oxyde de cuprosacétyle sec détone avec violence sous l'influence du choc, ou d'une température supérieure à 120°, propriété qu'il partage avec l'oxychlorure. Aussi la formation spontanée de ces composés dans les tuyaux de cuivre destinés à conduire le gaz de l'éclairage a-t-elle occasionné parfois des accidents graves. L'oxyde de cuprosacétyle hydraté se forme aux dépens du chlorure cuivreux, ƓuCl, d'après l'équation suivante (Ɠu = Cu² = 63,5) :

$$2\text{ƓuCl} + 2\,AzH^3 + H^2O^2 + C^4H^2 = (C^4H\text{Ɠu}^2)O,HO + 2(AzH^3,HCl).$$

Il est décomposé par l'acide chlorhydrique, en régénérant de l'acétylène et du chlorure cuivreux :

$$(C^4H\text{Ɠu}^2)O,HO + 2\,HCl = C^4H^2 + 2\,\text{ƓuCl} + H^2O^2.$$

4. Le *chlorure de cuprosacétyle* se prépare de la manière suivante : On dissout le chlorure cuivreux dans une solution concentrée de chlorure de potassium; on remplit entièrement un vase avec cette liqueur, à l'abri du contact de l'air, et l'on y fait arriver bulle à bulle de l'acétylène. La liqueur jaunit, prend une teinte orange, puis dépose un précipité jaune et cristallin. C'est un sel double. On le lave par décantation, avec une solution concentrée de chlorure de potassium, ce qui le transforme bientôt en un composé pourpre; on termine le lavage avec l'eau pure. Le dernier composé est le chlorure de cuprosacétyle. L'ammoniaque le transforme en oxyde; l'acide chlorhydrique en régénère l'acétylène, etc.

On prépare de même les autres *sels de cuprosacétyle*. Ils sont insolubles et répondent terme pour terme aux sels de protoxyde de cuivre.

5. Aux sels d'argent correspondent de même les *sels d'argentacétyle*. On prépare l'*oxyde* au moyen de l'acétylène et du nitrate d'argent dissous dans l'ammoniaque. A l'état sec, c'est un corps blanc, fulminant et d'un maniement dangereux. L'acide chlorhydrique en régénère l'acétylène.

Le *chlorure d'argentacétyle* est un précipité blanc et floconneux, que l'on obtient au moyen de l'acétylène et du chlorure d'argent dissous dans l'ammoniaque, etc.

6. Il existe encore un *oxyde d'aurosacétyle*, dérivé des protosels d'or, un *oxyde de mercuracétyle*, etc., tous corps explosibles et analogues, comme les précédents, aux amidures métalliques.

§ 12. — Action des hydracides.

1. Nous avons maintenant à parler des réactions entre l'acétylène et les corps composés. Ce sont les hydracides qui exercent les plus simples de ces réactions.

Par exemple, l'acétylène, mis en présence d'une solution aqueuse et saturée à froid d'acide iodhydrique, est absorbé à la température ordinaire dans l'espace de quelques jours. Il se forme ainsi, selon la concentration de l'acide et la durée de la réaction :

1° Un *monoiodhydrate d'acétylène*, C^4H^2,HI, liquide pesant, insoluble dans l'eau, soluble dans l'alcool et dans l'éther, doué d'une odeur irritante, bouillant à 62°;

2° Un *diodhydrate d'acétylène*, $C^4H^2,2HI$, également liquide, insoluble dans l'eau, soluble dans l'éther, d'une densité égale à 2,7, et bouillant à 182° sans décomposition marquée.

Les deux iodhydrates sont formés, l'un à volumes gazeux égaux, l'autre par un volume double de l'hydracide, précisément comme les combinaisons hydrogénées de l'acétylène. Ils sont assez stables; cependant, lorsqu'on les fait bouillir avec une solution alcoolique de potasse, ils régénèrent l'acétylène.

2. Les bromhydrates et chlorhydrates d'acétylène existent; mais ils n'ont pas été étudiés.

§ 13. — Hydrates d'acétylène.

1. L'acétylène peut être combiné avec les éléments de l'eau, à volumes gazeux égaux, et former un hydrate, C^4H^2,H^2O^2. Ce corps ne se produit pas directement; pour l'obtenir, on commence par unir l'acétylène à l'acide sulfurique, puis on décompose par l'eau la combinaiso

L'acide sulfurique monohydraté, mis en présence de l'acétylène, semble d'abord n'exercer sur le gaz qu'une faible action dissolvante, analogue à celle de l'eau pure. Mais si l'on agite avec persévérance et en opérant sur le mercure, on voit peu à peu l'absorption augmenter.

Il faut trois quarts d'heure environ d'une agitation violente et continue, c'est-à-dire 3000 secousses, pour faire absorber 1 litre d'acétylène par une trentaine de centimètres cubes d'acide sulfurique concentré. Il se forme ainsi un *acide acétylsulfurique*, $C^4H^2(S^2O^6,H^2O^2)$, dont le sel de baryte est neutre, soluble dans l'eau et cristallisable, $C^4H^2(S^2O^6,BaO,HO)$.

Le même acide acétylsulfurique, étendu de 10 à 15 parties d'eau et porté à l'ébullition, se décompose lentement, en régénérant de l'acide sulfurique et en donnant de l'*hydrate d'acétylène*, lequel passe à la distillation :

$$C^4H^2(S^2O^6,H^2O^2) + H^2O^2 = C^4H^2(H^2O^2) + S^2O^6,H^2O^2.$$

L'hydrate acétylique étant mélangé avec un excès d'eau, il est nécessaire de redistiller le liquide obtenu : l'hydrate acétylique passe avec les premiers produits ; il surnage en partie sous forme huileuse, et peut être plus complètement séparé de l'eau par une addition de carbonate de potasse cristallisé.

L'hydrate acétylique est un liquide incolore, mobile, dont la volatilité est à peu près la même que celle de l'alcool ordinaire. Sa vapeur possède une odeur forte ; elle est extrêmement irritante pour les narines et pour les yeux. L'hydrate acétylique est fort soluble dans l'eau. Il se résinifie avec une grande promptitude au contact de l'air et s'altère très aisément sous l'influence de la plupart des réactifs.

L'hydrate acétylique, $C^4H^2(H^2O^2)$, répond au monoiodhydrate, $C^4H^2(HI)$, par la proportion des corps composants. Il est probable qu'il existe toute une série d'éthers acétyliques correspondants, qui résultent du remplacement des éléments de l'eau, ou de l'acide iodhydrique, par les éléments des autres acides, ceux-ci étant combinés de même à volumes gazeux égaux avec l'acétylène.

Dans certaines conditions analogues, au lieu d'hydrate acétylique, on obtient des produits plus condensés et formés avec séparation d'eau, tels que l'*aldéhyde crotonique*, $C^8H^6O^2$, lequel diffère de l'hydrate d'acétylène par les éléments de l'eau et paraît en dériver.

2. Au diiodhydrate, $C^4H^2(HI)^2$, doivent aussi répondre un dihydrate $C^4H^2(H^2O^2)^2$ et des éthers diacides, formés dans les rapports de deux volumes gazeux de chaque acide pour un volume d'acétylène.

§ 14. — Corps engendrés par deux réactions successives.

Les composés qui précèdent ne sont pas les seuls que l'on puisse former avec l'acétylène. En effet, nous avons retracé le tableau des corps obtenus en combinant le carbure avec une fois ou deux fois son volume gazeux d'un même corps, simple ou composé; mais on peut aussi combiner successivement l'acétylène avec deux corps différents. Par exemple, en l'unissant à l'hydrogène, puis au brome, on formera d'abord

L'éthylène .... $C^4H^2(H^2)$,

puis

Le bromure d'éthylène .... $C^4H^2(H^2)(Br^2)$.

De même en combinant l'acétylène à l'hydrogène, puis à l'acide iodhydrique, on forme l'iodhydrate d'éthylène, c'est-à-dire

L'éther iodhydrique .... $C^4H^2(H^2)(HI)$.

De même en combinant l'acétylène à l'hydrogène, puis à l'eau, on forme l'hydrate d'éthylène, c'est-à-dire

L'alcool .... $C^4H^2(H^2)(H^2O^2)$.

De même en combinant l'acétylène à l'hydrogène, puis à l'oxygène, on forme

L'acide acétique .... $C^4H^2(H^2)(O^4)$.

De même en combinant l'acétylène à l'hydrogène, puis à l'ammoniaque, on forme

L'éthylamine .... $C^4H^2(H^2)(AzH^3)$.

Généralement, tous les composés qui renferment 4 équivalents de carbone peuvent être ainsi formés avec l'acétylène, par deux réactions successives. On exposera la formation de ces composés avec plus de détail, en parlant de l'éthylène et de l'alcool.

§ 15. — Actions de l'électricité et de la chaleur sur l'acétylène. Carbures pyrogénés.

1. L'acétylène, malgré l'extrême stabilité qu'attestent les conditions presque universelles de sa formation, l'acétylène, disons-nous, est promptement altéré par l'étincelle électrique et par la chaleur.

2. *Étincelle électrique.* — L'acétylène, traversé par une série d'étincelles électriques, est aussitôt décomposé, avec formation d'hydrogène et abondant dépôt de charbon, qui se sépare en longs filaments : ceux-ci fournissent bientôt un passage facile à l'électricité, de façon à faire disparaître l'étincelle. Mais on rompt le pont formé, à l'aide de quelques secousses, et l'on poursuit l'expérience.

Cette décomposition contraste avec la synthèse directe de l'acétylène sous l'influence de l'arc électrique. Toutefois la contradiction n'est qu'apparente. En effet, il est impossible de détruire complètement l'acétylène par l'étincelle : bientôt il s'établit un équilibre entre les deux actions contraires, de telle façon qu'on obtient un mélange de 7 volumes d'hydrogène et de 1 volume d'acétylène, mélange stable désormais, quelle que soit la durée ultérieure du passage des étincelles électriques.

3. *Chaleur.* — L'acétylène, soumis à l'action du rouge blanc, se décompose également avec dépôt de charbon; mais ici, comme avec l'électricité, la décomposition demeure toujours incomplète, bien que la proportion de l'acétylène qui subsiste soit moindre.

Cette décomposition ne s'opère pas directement; mais elle présente des degrés successifs et le mécanisme en est des plus intéressants. Pour étudier la réaction dans toute sa netteté, il faut la provoquer à la température la plus basse possible.

4. *Synthèse de la benzine.* — On y parvient en chauffant l'acétylène au rouge sombre, ainsi qu'il a été indiqué plus haut (fig. 5, p. 11). Le gaz doit être renfermé dans une cloche courbe de verre vert, placée sur le mercure et dont l'orifice inférieur est fermé par un bouchon de liège. Au bout de quelques minutes, la cloche se remplit de vapeurs blanches, lesquelles ne tardent pas à se condenser en un liquide, à la surface du mercure contenu dans la cloche. Après une demi-heure environ l'acétylène est transformé. On laisse refroidir la cloche, on la débouche sur le mercure; celui-ci s'y élève aussitôt et la remplit presque entièrement. On introduit une nouvelle proportion d'acétylène et l'on recommence l'opération, et ainsi de suite jusqu'à dix ou douze fois.

Le liquide qui prend naissance est principalement formé par la *benzine*, $C^{12}H^6$. La benzine résulte de la réunion de trois molécules d'acétylène en une seule sous l'influence de la chaleur :

$$3\,C^4H^2 = C^{12}H^6.$$

On peut l'isoler en nature; on peut aussi en constater la formation en la changeant en matière colorante.

Décrivons cette expérience, à cause de la grande importance que présente la synthèse de la benzine. Pour la démontrer, on fait écouler le mercure contenu dans la cloche courbe et l'on y verse quelques gouttes d'acide nitrique fumant, lequel transforme aussitôt la benzine en nitrobenzine. En ajoutant de l'eau dans la cloche, on précipite la nitrobenzine et la liqueur manifeste l'odeur d'amandes amères, qui caractérise ce composé. On agite le tout, sans transvaser, avec de l'éther, qui dissout et rassemble la nitrobenzine; on décante l'éther, on le filtre, et on l'évapore avec précaution dans une petite cornue : la nitrobenzine, moins volatile, reste dans la cornue. On introduit dans celle-ci un peu d'acide acétique ordinaire et de limaille de fer, et l'on distille lentement, de façon à changer la nitrobenzine en aniline. Le liquide distillé et refroidi, est neutralisé avec un peu de chaux éteinte, étendu d'eau, filtré, puis mélangé avec une solution limpide et diluée de chlorure de chaux : il se développe aussitôt une magnifique coloration bleu violacé, caractéristique.

L'acétylène peut donc être changé directement en benzine. La synthèse de la benzine par les éléments est ainsi effectuée en deux opérations successives : dans la première, on unit le carbone et l'hydrogène pour constituer l'acétylène; dans la seconde, on condense l'acétylène pour constituer la benzine.

5. *Synthèse des carbures pyrogénés.* — Non seulement l'acétylène se condense, c'est-à-dire se combine avec lui-même ; mais il peut aussi contracter des combinaisons directes avec les autres carbures d'hydrogène. En effet, l'acétylène chauffé à la température du rouge sombre avec les carbures d'hydrogène, se combine lentement et par voie directe avec un grand nombre de ces composés. Par exemple, il s'unit à volumes gazeux égaux avec l'éthylène, pour constituer l'*éthylacétylène*, C^8H^6 :

$$C^4H^2 + C^4H^4 = C^8H^6;$$

il se combine directement à la benzine pour former d'abord le *styrolène*, $C^{16}H^8$:

$$C^4H^2 + C^{12}H^6 = C^{16}H^8;$$

puis l'*hydrure de naphtaline*, $C^{20}H^{10}$:

$$C^4H^2 + C^{16}H^8 = C^{20}H^{10},$$

et la *naphtaline* elle-même, $C^{20}H^8$:

$$C^4H^2 + C^{16}H^8 = C^{20}H^8 + H^2.$$

L'acétylène se combine encore avec la naphtaline pour constituer l'*acénaphtène*, $C^{24}H^{10}$:

$$C^4H^2 + C^{20}H^8 = C^{24}H^{10},$$

et ainsi de suite. Il se forme par là des carbures de plus en plus condensés, engendrés pour la plupart avec perte d'hydrogène.

Chacun de ces carbures réagit à son tour, tant sur l'acétylène que sur les autres carbures qui en dérivent. Par exemple, la benzine et le styrolène engendrent l'*anthracène*, $C^{28}H^{10}$, toujours par réaction directe :

$$C^{12}H^{6} + C^{16}H^{8} = C^{28}H^{10} + 2H^{2}.$$

La suite indéfinie de ces combinaisons progressives se déroule ainsi, par l'action prolongée de la chaleur sur l'acétylène, et en raison de l'action que ce carbure ne tarde pas à exercer sur la benzine formée tout d'abord et sur les produits successifs de sa condensation. Le charbon, circonstance remarquable, représente le produit final et limite de ces condensations, attendu qu'elles sont accompagnées le plus souvent par une perte progressive et toujours croissante d'hydrogène.

Les mêmes phénomènes président à une multitude de réactions pyrogénées. Ils fournissent des méthodes générales pour former de toutes pièces les principaux carbures qui renferment 4 équivalents de carbone, ou des multiples de ce nombre. Quant aux carbures qui renferment 2 équivalents de carbone, tels que le formène; quant à ceux qui contiennent 6, 10, 14, etc., équivalents de carbone, c'est-à-dire des nombres intermédiaires entre les multiples de 4, ces carbures peuvent aussi être formés par synthèse pyrogénée à partir de l'acétylène libre; mais les mécanismes qui leur donnent naissance sont un peu plus compliqués que les précédents. Nous les exposerons en parlant de l'hydrure d'éthylène, du formène et du toluène.

En résumé, l'action de la chaleur sur l'acétylène libre peut engendrer, directement ou indirectement, la plupart des carbures d'hydrogène.

CHAPITRE III

BIHYDRURE DE CARBONE OU ÉTHYLÈNE

$(C^2H^2)^2$ ou C^4H^4 .... C^2H^4 ou $H^2C = CH^2$.

§ 1er. — Historique.

L'éthylène ou bihydrure de carbone, autrement dit *gaz oléfiant*, *hydrogène bicarboné*, ou *diméthylène*, a été découvert en 1795 par quatre chimistes hollandais : Deimann, van Troostwyk, Bondt et Lauwerenburgh. De Saussure, Thénard, Gay-Lussac et Dumas ont fixé ses relations avec l'alcool et les éthers. Ses substitutions chlorées ont été étudiées par Laurent et V. Regnault. M. Berthelot a fait la synthèse de l'éthylène avec l'acétylène et avec le formène; il a également réalisé la synthèse de l'alcool, au moyen de l'éthylène et de l'eau ; la synthèse des éthers à hydracides, au moyen de l'éthylène et des hydracides libres ; la synthèse de l'aldéhyde et de l'acide acétique, au moyen de l'éthylène libre et de l'oxygène. Wurtz a effectué la synthèse du glycol par l'éthylène.

§ 2. — Synthèse de l'éthylène.

1. L'éthylène se forme par la combinaison de l'hydrogène avec l'acétylène, à volumes gazeux égaux :

$$C^4H^2 + H^2 = C^4H^4.$$

On a décrit plus haut (p. 58) les circonstances de cette combinaison.

2. On peut aussi obtenir l'éthylène par la condensation du formène :

$$2\,C^2H^4 = C^4H^4 + 2\,H^2.$$

Cette condensation a lieu, en effet, sur une portion du formène libre, toutes les fois qu'on dirige ce gaz à travers un tube rouge ; elle se produit aussi sur le formène naissant, dans toutes les conditions où ce carbure se développe à une haute température. Ainsi, par exemple, le formène peut être préparé par la réaction régulière du sulfure de carbone et de l'hydrogène sulfuré sur le cuivre : or le carbure ainsi obtenu renferme une certaine proportion d'éthylène. Il en est de même du formène obtenu dans la distillation du formiate de baryte, et pareillement du formène fabriqué au moyen de l'acétate de soude et des hydrates alcalins.

§ 3. — Formation de l'éthylène par décomposition.

L'éthylène se produit dans la décomposition régulière de divers principes organiques. Par exemple :

1° L'hydrure d'éthylène, C^4H^6, est décomposé en partie par la chaleur rouge, en éthylène et hydrogène (M. Berthelot) :

$$C^4H^6 = C^4H^4 + H^2.$$

2° L'éther chlorhydrique, $C^4H^4(HCl)$, se décompose de même vers 400° à 500° en éthylène et acide chlorhydrique (Thénard) :

$$C^4H^4(HCl) = C^4H^4 + HCl.$$

L'action du sodium à 180° sur l'éther chlorhydrique chloré, C^4H^3Cl,HCl, engendre également de l'éthylène mêlé à d'autres produits (M. Tollens) :

$$C^4H^3Cl,HCl + 2\,Na = C^4H^4 + 2\,NaCl.$$

3° L'alcool, $C^4H^4(H^2O^2)$, peut être séparé en éthylène et eau, soit par la chaleur rouge, soit et mieux par l'influence de l'acide sulfurique vers 170° (Deimann, van Troostwyk, Bondt et Lauwerenburg) :

$$C^4H^4(H^2O^2) = C^4H^4 + H^2O^2.$$

4° On peut encore enlever au bromure d'éthylène, $C^4H^4Br^2$, le brome qu'il renferme, en le chauffant à 275° avec du cuivre, de l'eau et de l'iodure de potassium, dans un tube scellé (M. Berthelot) :

$$C^4H^4Br^2 + 2\,Cu^2 = C^4H^4 + 2\,Cu^2Br.$$

Ce procédé est précieux dans l'analyse, parce qu'il permet de recueillir de petites quantités d'éthylène disséminées dans un mélange gazeux, en les condensant dans le brome; on récolte ainsi jusqu'à des millièmes d'éthylène, puis on le régénère à l'état de pureté.

La même transformation est effectuée par le zinc agissant à la température ordinaire sur la solution alcoolique de bromure d'éthylène (M. Gladstone).

Toutes ces réactions sont générales dans l'étude des carbures éthyléniques, $C^{2n}H^{2n}$.

5° Citons encore l'électrolyse de l'acide succinique, $C^8H^6O^8$, sous la forme de sel de potasse, effectuée par Kolbe. Cette réaction fournit de l'éthylène au pôle positif, par suite d'un phénomène secondaire d'oxydation :

$$\underset{}{C^8H^6O^8} = \underset{\text{Pôle} -}{H^2} + \underset{\text{Pôle} +}{(C^4H^4 + 2C^2O^4)}.$$

6° Enfin l'éthylène prend naissance dans les réactions complexes qui se développent lorsqu'un principe organique quelconque, riche en hydrogène, un corps gras par exemple, est soumis à l'action de la chaleur rouge, ou distillé en présence d'un alcali.

C'est en vertu d'une réaction de cette nature que l'éthylène se rencontre, à la dose de quelques millièmes, dans le gaz de l'éclairage ; on évalue en général trop haut l'éthylène dans ce mélange, parce que l'on confond avec lui d'autres gaz et vapeurs hydrocarbonées analogues.

§ 4. — Préparation et propriétés.

1. *Préparation.* — L'éthylène se prépare par la décomposition de l'alcool. A cet effet, on mélange l'alcool fort avec deux fois son volume d'acide sulfurique très concentré ; on fait le mélange dans une fiole, on y incorpore une certaine quantité de sable pour empêcher la masse de se boursoufler, puis on chauffe avec précaution. Lorsque le liquide atteint la température de 165° à 170°, il dégage en abondance de l'éthylène.

Ce gaz est souillé par une grande quantité de vapeur d'éther, de l'acide sulfureux, un peu d'acide carbonique et d'oxyde de carbone, etc. On le purifie en le faisant barboter dans une série de flacons laveurs contenant de l'eau, de la soude et de l'acide sulfurique concentré. On le recueille sur l'eau ou sur le mercure.

2. *Propriétés.* — L'éthylène est un gaz incolore, doué d'une odeur de marée, lorsqu'il est tout à fait pur; mais, en général, cette odeur est masquée par celle des produits éthérés. Il peut être liquéfié à —1° par une pression de 42 atmosphères 1/2; liquéfié, il bout à —110°, sous la pression normale. Son point critique est voisin de + 13°. L'éthylène liquide, abandonné dans l'atmosphère, bout en abaissant sa température jusque vers —105° (M. Cailletet). Il est peu soluble dans

l'eau, un peu plus soluble dans l'alcool et dans les liquides hydrocarbonés. Il brûle avec une flamme blanche et brillante et un léger dépôt de noir de fumée. Sa densité est égale à 14 fois celle de l'hydrogène, c'est-à-dire qu'elle est la même que celle de l'azote et de l'oxyde de carbone, et représentée par le nombre 0,97. Un équivalent d'éthylène, c'est-à-dire 28 grammes, dégage en brûlant 341 Calories : soit à peu près la même quantité de chaleur que le carbone et l'hydrogène qu'il renferme. Pour préciser davantage, nous dirons que la formation de l'éthylène depuis ses éléments (carbone-diamant et hydrogène), s'effectue en réalité avec une absorption de chaleur égale à 15 Calories, tandis qu'à partir de l'acétylène elle dégage 45,7 Calories.

3. *Composition.* — La composition de l'éthylène peut être établie par l'analyse eudiométrique. En effet, 1 volume d'éthylène exige pour brûler 3 volumes d'oxygène ; il produit 2 volumes d'acide carbonique et 2 volumes de vapeur d'eau :

$$\underset{4\text{ v.}}{C^4H^4} + \underset{12\text{ v.}}{O^{12}} = \underset{8\text{ v.}}{2\,C^2O^4} + \underset{8\text{ v.}}{2\,H^2O^2}.$$

Nous allons étudier successivement les réactions que l'éthylène éprouve de la part de la chaleur, de l'hydrogène, de l'oxygène, du chlore, des acides, etc.

§ 5. — Action de la chaleur.

1. Commençons par l'action de la chaleur, qui a été étudiée avec détail par M. Berthelot. Les résultats, simples en principe, se compliquent par la succession d'une série de réactions qui se superposent : nous croyons cependant utile de les développer, parce qu'on observe une succession semblable dans l'action de la chaleur sur la plupart des principes organiques. Nous examinerons d'abord l'action de la chaleur sur l'éthylène pur, puis sur l'éthylène mélangé avec d'autres carbures, étude que l'on ne saurait séparer de la précédente.

2. *Éthylène pur.* — La chaleur rouge, en agissant sur l'éthylène pur, donne lieu d'abord à une séparation très simple, celle du carbure en hydrogène et acétylène :

$$C^4H^4 = C^4H^2 + H^2.$$

Mais les deux produits de cette réaction provoquent aussitôt de nouveaux phénomènes, assez compliqués, et que l'on peut surtout étudier en opérant dans une cloche courbe, maintenue à la température du rouge sombre (appareil représenté fig. 5, p. 11).

1° D'un côté, l'hydrogène et l'acétylène purs ayant la propriété inverse de régénérer l'éthylène, il tend à s'établir entre les trois gaz un équilibre, analogue à celui qui préside à la dissociation des composés binaires : on conçoit donc que la décomposition de l'éthylène ne tarderait pas à s'arrêter; si l'acétylène n'éprouvait à mesure de nouvelles transformations.

2° Cependant l'hydrogène réagit aussi sur l'éthylène et il en transforme une portion très notable en hydrure d'éthylène, C^4H^6, dont l'analyse permet de constater la formation. Cette réaction est également limitée par la tendance inverse de l'hydrure d'éthylène à se séparer en hydrogène et éthylène.

3° Mais l'hydrure d'éthylène ainsi formé éprouve bientôt une autre réaction très importante ; il se décompose en partie en acétylène et formène :

$$2\,C^4H^6 = 2\,C^2H^4 + C^4H^2 + H^2.$$

Cette réaction se développe suivant une proportion considérable. C'est elle qui engendre le formène signalé par les anciens auteurs dans la décomposition de l'éthylène.

4° L'acétylène éprouve aussi pour son propre compte, au fur et à mesure de sa formation, l'action normale de la chaleur sur ce carbure isolé : il se change en benzine, $C^{12}H^6$; puis il donne naissance successivement au styrolène, $C^{16}H^8$, à la naphtaline, $C^{20}H^8$, etc. Ces divers carbures se produisent, en effet, en quantités notables, lorsqu'on décompose l'éthylène par la chaleur rouge. Il se développe ainsi toute une suite de carbures, de plus en plus condensés et de plus en plus pauvres en hydrogène ; le charbon représente le terme extrême de ces condensations.

Par ce côté, l'action de la chaleur sur l'éthylène se ramène à la même théorie que l'action de la chaleur sur l'acétylène.

3. *Éthylène mélangé avec d'autres carbures.* — En général, l'éthylène réagit à la température rouge sur les mêmes carbures que l'acétylène et il donne naissance aux mêmes combinaisons directes ; avec cette différence toutefois qu'il abandonne 2 équivalents d'hydrogène de plus.

Ainsi, l'éthylène et la benzine engendrent par réaction directe le styrolène, $C^{16}H^8$:

$$C^4H^4 + C^{12}H^6 = C^{16}H^8 + H^2;$$

puis l'anthracène, $C^{28}H^{10}$:

$$C^4H^4 + 2\,C^{12}H^6 = C^{28}H^{10} + 3\,H^2.$$

L'éthylène et le styrolène engendrent par réaction directe la naphtaline, $C^{20}H^8$:

$$C^4H^4 + C^{16}H^8 = C^{20}H^8 + 2H^2.$$

L'éthylène et la naphtaline engendrent, par réaction directe, l'acénaphtène, $C^{24}H^{10}$:

$$C^4H^4 + C^{20}H^8 = C^{24}H^{10} + H^2.$$

Etc., etc.

§ 6. — Action de l'hydrogène.

1. L'hydrogène et l'éthylène libres, chauffés ensemble au rouge sombre, dans une cloche courbe, se combinent lentement (M. Berthelot). La combinaison a lieu à volumes gazeux égaux ; elle donne naissance à l'hydrure d'éthylène, C^4H^6, avec dégagement de 21,1 Calories :

$$C^4H^4 + H^2 = C^4H^6.$$

Cependant, quelle que soit la durée de la réaction, celle-ci ne devient jamais complète ; mais elle s'arrête à un terme qu'elle ne peut dépasser. Ce fait s'explique, si l'on remarque que l'hydrure d'éthylène pur, dans les mêmes circonstances, éprouve un commencement de décomposition en hydrogène et éthylène libre. Il y a donc là deux actions qui tendent à s'exercer en sens inverse : savoir l'union de l'hydrogène avec l'éthylène pour former l'hydrure d'éthylène, et la décomposition réciproque de l'hydrure d'éthylène. Entre les deux actions inverses il s'établit un certain équilibre, comparable à celui qui préside à la dissociation des composés binaires, à celle de l'acide chlorhydrique par exemple.

2. M. Berthelot a aussi changé l'éthylène en hydrure par l'action de l'hydrogène naissant. C'est l'acide iodhydrique qui produit les résultats les plus nets à cet égard, en cédant son hydrogène. En effet, cet hydracide, mis en présence de l'éthylène, le change bientôt en iodhydrate, $C^4H^4(HI)$; puis à une température plus haute, c'est-à-dire vers 280°, l'hydracide libre décompose l'iodhydrate et produit de l'hydrure d'éthylène :

$$C^4H^4(HI) + HI = C^4H^6 + I^2.$$

Ces réactions successives s'accomplissent toutes deux avec dégagement de chaleur.

3. Le chlorure, le bromure et l'iodure d'éthylène sont transformés, par le même réactif et dans les mêmes conditions, en hydrure d'éthylène.

4. En parlant de l'acétylène, nous avons fait observer que les rapports de volumes gazeux qui président à sa combinaison avec l'hydrogène, se retrouvent dans les combinaisons du même gaz avec le chlore, le brome, l'iode, l'oxygène, les hydracides, etc., c'est-à-dire avec les divers corps simples ou composés. La même remarque s'applique à l'éthylène : ce carbure s'unit de même et à volumes gazeux égaux, soit par voie directe, soit par voie indirecte, avec les corps suivants :

L'hydrogène	$C^4H^4(H^2)$,
Le chlore	$C^4H^4(Cl^2)$,
Le brome	$C^4H^4(Br^2)$,
L'iode	$C^4H^4(I^2)$,
L'oxygène	$C^4H^4(O^4)$,
Les hydracides	$C^4H^4(HCl)$, $C^4H^4(HBr)$, $C^4H^4(HI)$,
Les éléments de l'eau	$C^4H^4(H^2O^2)$,
Les divers oxacides	$C^4H^4(C^4H^4O^4)$, $C^4H^4(C^8H^8O^4)$,
L'ammoniaque	$C^4H^4(AzH^3)$, etc.

Ces rapports représentent, dans la plupart des cas, la limite de saturation de l'éthylène (1). Toutes ces réactions ont lieu avec dégagement de chaleur.

§ 7. — Action de l'oxygène.

1. L'oxygène libre n'agit sur l'éthylène que vers le rouge; il se produit alors, en présence d'un excès d'oxygène, de l'eau et de l'acide carbonique :

$$C^4H^4 + O^{12} = 2\,C^2O^4 + 2\,H^2O^2.$$

Si l'oxygène fait défaut, on peut obtenir soit du *trioxyméthylène* $(C^2H^2O^2)^3$, polymère de l'aldéhyde méthylique (M. Schützenberger), soit de l'oxyde de carbone, soit du charbon et de l'acétylène, etc., suivant la température et les proportions relatives des corps agissants.

2. On obtient des composés plus voisins de l'éthylène, en faisant réagir sur l'éthylène libre certains corps capables de lui céder de l'oxygène naissant. Tels sont spécialement l'acide chromique pur et le permanganate de potasse.

L'acide chromique pur, dissous dans une petite quantité d'eau, n'attaque pas sensiblement l'éthylène pur, soit à froid, soit

(1) Éthylène, $H^2 = C = C = H^2$; hydrure d'éthylène, $H^3 \equiv C - C \equiv H^3$; chlorure d'éthylène, $\genfrac{}{}{0pt}{}{H^2}{Cl} \geqslant C - C \leqslant \genfrac{}{}{0pt}{}{H^2}{Cl}$; aldéhyde, $H^3 \equiv C - C \leqslant \genfrac{}{}{0pt}{}{\theta}{H}$; etc.

à 100°; mais à 120° la réaction a lieu, avec formation d'aldéhyde gazeux :

$$C^4H^4 + O^2 = C^4H^4O^2.$$

Elle dégage 65,9 Calories.

Sous l'influence d'un excès de réactif, l'aldéhyde se change à son tour en acide acétique :

$$C^4H^4O^2 + O^2 = C^4H^4O^4,$$

ce qui dégage, tous les corps étant à l'état gazeux, 71 Calories.

3. Le permanganate de potasse produit des réactions plus profondes. Ce réactif, dissous dans l'eau et mis en contact avec l'éthylène, se décolore rapidement, avec production d'oxalate de potasse et de peroxyde de manganèse.

La formation de l'acide oxalique, $C^4H^2O^8$, a donc lieu avec l'éthylène comme avec l'acétylène; avec l'éthylène, elle résulte d'une perte d'hydrogène et d'un gain d'oxygène simultanés :

$$C^4H^4 + 5O^2 = C^4H^2O^8 + H^2O^2,$$

ce qui dégage 212,4 Calories, l'acide oxalique étant dissous.

Une portion de l'acide oxalique se dédouble à l'état naissant, dans cette réaction, pour engendrer de l'acide carbonique et de l'acide formique, $C^2H^2O^4$:

$$C^4H^2O^8 = C^2O^4 + C^2H^2O^4.$$

4. On peut aussi oxyder l'éthylène par voie indirecte, en formant d'abord l'hydrate d'éthylène, $C^4H^4(H^2O^2)$, c'est-à-dire l'alcool, puis en exerçant l'oxydation sur ce dernier corps. On obtient par cette voie les composés que voici :

Éthylène...........................	C^4H^4,
Aldéhyde..........................	$C^4H^4O^2$,
Acide acétique.....................	$C^4H^4O^4$,
Acide glycollique..................	$C^4H^4O^6$, etc.

On exposera ces faits en parlant de l'alcool.

5. Le soufre bouillant agit sur l'éthylène pour produire du *thiophène*, $C^8H^4S^2$ (voy. p. 62).

§ 8. — Action des corps halogènes.

1. *Chlore.* — Le chlore et l'éthylène mélangés, puis enflammés, brûlent avec une flamme fuligineuse et un abondant dépôt de charbon :

$$C^4H^4 + 2Cl^2 = 4HCl + 2C^2.$$

L'action est plus régulière à la température ordinaire. En effet, les deux gaz mélangés sur l'eau à volumes égaux et placés dans une éprouvette (fig. 26) se combinent peu à peu, en formant un composé liquide, oléagineux, insoluble dans l'eau, qui ruisselle sur les parois de l'éprouvette et tombe au fond de l'eau, après avoir quelque temps surnagé ; c'est le *chlorure d'éthylène*, $C^4H^4Cl^2$ (1) :

$$C^4H^4 + Cl^2 = C^4H^4Cl^2,$$

autrement dit *liqueur des Hollandais*. Ce composé a été découvert, en même temps que l'éthylène lui-même, par les quatre chimistes hollandais cités plus haut. C'est en raison de sa formation que l'éthylène avait d'abord reçu le nom de *gaz oléfiant* (*oleum fit*).

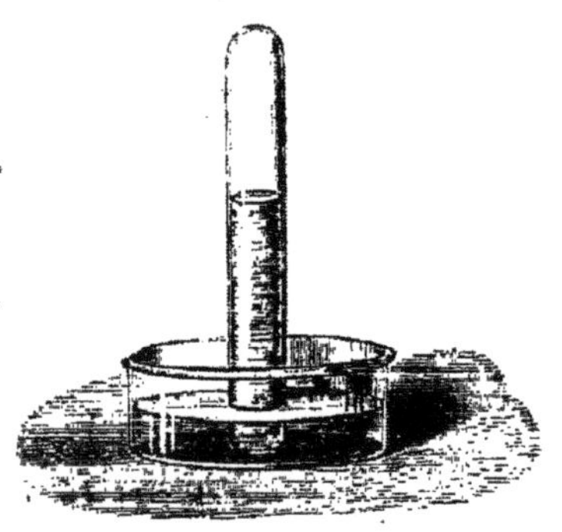
Fig. 26. — Chlorure d'éthylène.

Le chlorure d'éthylène se prépare plus commodément, en dirigeant le chlore mêlé avec un léger excès d'éthylène à travers un ballon bitubulé, exposé au soleil. On agite le produit avec une dissolution de carbonate de soude, on le sèche sur du chlorure de calcium et on le rectifie à deux reprises.

C'est un liquide pesant, doué d'une odeur éthérée et assez agréable, insoluble dans l'eau, soluble dans l'alcool et dans l'éther. Il bout à 85°. L'acide sulfurique concentré et la potasse aqueuse ne l'attaquent pas à la température ordinaire. Il ne précipite pas immédiatement le nitrate d'argent, même lorsque les deux corps sont dissous dans l'alcool. Au contraire, si l'on enflamme le chlorure d'éthylène, le chlore reparaît aussitôt sous forme d'acide chlorhydrique.

2. Le chlorure d'éthylène traité par le chlore, sous l'influence de la lumière solaire, perd son hydrogène par équivalents successifs, lesquels se trouvent remplacés par un même nombre d'équivalents de chlore. Ainsi se forment les composés suivants :

		Point d'ébullition.	Densité à 0°.
Chlorure d'éthylène	$C^4H^4Cl^2$	85°	1,280
— chloré.......	$C^4H^3Cl(Cl^2)$	114°	1,422
— bichloré.....	$C^4H^2Cl^2(Cl^2)$	139°	1,612
— trichloré.....	$C^4HCl^3(Cl^2)$	159°	1,709
— quadrichloré.	$C^4Cl^4(Cl^2)$	188°	2,0 (cristallisé).

(1) $\frac{H^2}{Cl} \geqslant C - C \leqslant \frac{H^2}{Cl}$.

Tous ces corps réduits en vapeur occupent le même volume gazeux. Mais leurs densités et leurs points d'ébullition s'élèvent avec la proportion de chlore.

Le chlorure d'éthylène et ses dérivés chlorés peuvent être changés par substitution inverse en hydrure d'éthylène, C^4H^6. Il suffit de les chauffer à 280° dans des tubes scellés, avec une solution aqueuse d'acide iodhydrique saturée à froid.

On peut aussi éliminer le chlore du chlorure d'éthylène sous forme d'acide chlorhydrique :

1° Soit par degrés successifs et sans substitution, ce qui fournit d'abord l'éthylène chloré, C^4H^3Cl :

$$C^4H^4Cl^2 - HCl = C^4H^3Cl,$$

puis l'acétylène, C^4H^2 :

$$C^4H^4Cl^2 - 2\,HCl = C^4H^2 ;$$

2° Soit avec substitution des éléments de l'eau, ce qui fournit le glycol, $C^4H^6O^4$ (Wurtz) :

$$C^4H^4Cl^2 - 2\,HCl + 2\,H^2O^2 = C^4H^6O^4.$$

Nous verrons plus loin, en effet, que le chlorure d'éthylène est l'éther dichlorhydrique du glycol.

3. Décrivons seulement la première réaction. Elle s'effectue sous l'influence d'une solution alcoolique de potasse. En distillant simplement cette solution avec le chlorure d'éthylène, l'*éthylène chloré* prend naissance :

$$C^4H^4Cl^2 + KO,HO = C^4H^3Cl + KCl + H^2O^2.$$

C'est un gaz facilement liquéfiable et qui brûle avec une flamme verte. Il s'unit au chlore comme l'éthylène, c'est-à-dire à volumes gazeux égaux, en formant du chlorure d'éthylène chloré, $C^4H^3Cl(Cl^2)$.

4. En traitant les dérivés chlorés du chlorure d'éthylène comme le chlorure d'éthylène lui-même, on peut former la série suivante :

		Point d'ébullition.	Densité à 0°.
Éthylène....................	C^4H^4	— 110°	»
— chloré..............	C^4H^3Cl	— 18°	»
— bichloré............	$C^4H^2Cl^2$	+ 37°	1,25
— trichloré............	C^4HCl^3	+ 88°	»
— quadrichloré........	C^4Cl^4	+ 121°	1,659

Ces faits peuvent être regardés comme les types de la réaction du chlore sur les carbures d'hydrogène.

5. *Brome.* — Le brome agit sur l'éthylène à la façon du chlore et donne naissance à des composés analogues, lesquels répondent aux précédents terme pour terme. On décrira seulement le *bromure d'éthylène*, $C^4H^4Br^2$ (Balard).

Dans un flacon d'éthylène gazeux, on introduit un petit tube renfermant du brome liquide et l'on agite; l'éthylène est aussitôt absorbé avec formation de bromure d'éthylène :

$$C^4H^4 + Br^2 = C^4H^4Br^2,$$

ce qui dégage 29,3 Calories, le bromure étant liquide.

En ouvrant le flacon sur l'eau, il se remplit aussitôt. M. Berthelot a tiré parti de cette propriété dans l'analyse des mélanges gazeux qui renferment de l'éthylène.

Pour préparer le bromure d'éthylène, on fait passer un courant d'éthylène dans du brome convenablement refroidi, jusqu'à décoloration du liquide. On lave le produit avec une solution alcaline étendue; on le sèche sur du chlorure de calcium et on le rectifie.

Le bromure d'éthylène se présente sous la forme d'un solide cristallin, jusqu'à 13°; au-dessus de cette température il est liquide, état qu'il peut conserver au-dessous de 13°, soit par surfusion, soit sous l'influence d'une trace d'impureté. Sa densité à 0° est 2,213. Il bout à 131°,5. Il est insoluble dans l'eau, soluble dans l'alcool, l'éther, etc.

Le bromure d'éthylène joue un rôle important dans un grand nombre de transformations; il se prête mieux aux réactions que le chlorure d'éthylène.

L'acide iodhydrique, c'est-à-dire l'hydrogène naissant, le change à 275° en hydrure d'éthylène, C^4H^6.

Le cuivre, en présence de l'eau et de l'iodure de potassium à 275°, en sépare le brome, avec reproduction d'éthylène, C^4H^4.

La potasse alcoolique élimine le brome du bromure d'éthylène, sous forme d'acide bromhydrique et par équivalents successifs, en formant d'abord de l'éthylène bromé, C^4H^3Br, liquide pesant qui bout à 18°, puis de l'acétylène, C^4H^2.

Enfin le bromure d'éthylène chauffé avec une solution alcoolique d'acétate de potasse, échange les éléments de l'acide bromhydrique contre ceux de l'acide acétique, en formant du glycol diacétique, transformable par la potasse en glycol (Wurtz) :

Bromure d'éthylène......	$C^4H^4Br^2$ ou	$C^4H^2(HBr)(HBr)$,
Glycol diacétique....		$C^4H^2(C^4H^4O^4)(C^4H^4O^4)$,
Glycol...........................		$C^4H^2(H^2O^2)(H^2O^2)$.

L'eau chargée de carbonate alcalin ou même l'eau pure, le changent directement en glycol :

$$C^4H^2(HBr)(HBr) + 2H^2O^2 = C^4H^2(H^2O^2)(H^2O^2) + 2HBr.$$

Telles sont les principales réactions du bromure d'éthylène.

6. *Iode.* — L'iode se combine avec l'éthylène, au même titre que le chlore et le brome, quoique l'union soit plus difficile à réaliser. Elle a lieu par l'influence du soleil ou d'une douce chaleur, et elle donne naissance à un beau corps, cristallisé en longues aiguilles blanches, que la lumière altère aussitôt; c'est l'*iodure d'éthylène*, $C^4H^4I^2$.

7. *Acide hypochloreux.* — Signalons encore la réaction de l'acide hypochloreux sur l'éthylène, comme analogue à la réaction des corps halogènes (Carius). L'éthylène, en effet, mis en présence d'une solution étendue d'acide hypochloreux, est absordé rapidement, avec formation d'un composé liquide, représenté par l'addition des éléments de l'acide hypochloreux hydraté, ClO,HO ou $HClO^2$, et de l'éthylène, C^4H^4 :

$$C^4H^4 + HClO^2 = C^4H^5ClO^2.$$

Ce composé n'est autre qu'un éther chlorhydrique du glycol :

$$C^4H^2(HCl)(H^2O^2).$$

L'éthylène est également absorbé par la plupart des perchlorures de métaux ou de métalloïdes.

§ 9. — Action des acides sur l'éthylène. — Éthers.

1. L'éthylène a la propriété de se combiner avec les acides, pour former des composés particuliers, désignés sous le nom d'*éthers*. Indiquons d'abord quelles relations existent entre la formule de l'éthylène et celles des éthers.

L'éthylène pur s'unit directement avec les hydracides, à équivalents égaux, c'est-à-dire à volumes gazeux égaux (M. Berthelot); avec l'acide chlorhydrique, par exemple, il forme l'*éther chlorhydrique* (1) :

$$C^4H^4 + HCl = C^4H^4(HCl),$$

en dégageant 38,4 Calories.

(1) $H^3 \equiv C - C \lessgtr {}^{H^2}_{C}$ ou CH^3-CH^2Cl.

L'éthylène forme de même directement *l'éther bromhydrique* ou bromhydrate d'éthylène, $C^4H^4(HBr)$, en dégageant 39,5 Calories.

La synthèse directe de *l'éther iodhydrique* ou iodhydrate d'éthylène,

$$C^4H^4 + HI = C^4H^4(HI),$$

est surtout facile à réaliser. Il suffit de mettre en contact l'éthylène avec une solution aqueuse d'acide iodhydrique saturée à froid. Dès la température ordinaire, la combinaison s'effectue, mais avec une extrême lenteur. Elle est un peu plus rapide à 100°, en opérant dans un ballon scellé à la lampe. Elle dégage 46,5 Calories.

L'éther iodhydrique ainsi formé est un liquide pesant, volatil à 72°, insoluble dans l'eau. Cet éther sera décrit plus complètement, ainsi que les éthers chlorhydrique et bromhydrique, lorsque nous parlerons de l'alcool ou hydrate d'éthylène. Mais il convient de dire ici comment les éthers des hydracides, directement obtenus, permettent de préparer d'abord les éthers des oxacides, c'est-à-dire les combinaisons des oxacides avec l'éthylène, puis la combinaison de ce même éthylène avec les éléments de l'eau, c'est-à-dire l'alcool ordinaire.

2. A ces fins, on prend l'éther iodhydrique et on le fait réagir sur un sel de l'acide que l'on veut combiner à l'alcool. Les sels d'argent sont les plus convenables pour de telles réactions, bien qu'elles puissent s'effectuer aussi avec les sels alcalins, mais à une température plus élevée. Par exemple, on mettra l'éther iodhydrique en contact avec l'acétate d'argent sec, dans un petit ballon : la réaction commencera d'elle-même et s'achèvera au bain-marie. Elle donnera naissance à de l'iodure d'argent et à de l'acétate d'éthylène, ou *éther acétique* :

$$C^4H^4(HI) + C^4H^3AgO^4 = C^4H^4(C^4H^4O^4) + AgI.$$

3. On peut ainsi obtenir d'une manière générale les combinaisons de l'éthylène avec les oxacides. Ces composés étant préparés, il suffit de les faire bouillir pendant quelques heures avec la potasse aqueuse pour régénérer un sel et de *l'alcool* ou *hydrate d'éthylène*. Soit l'éther acétique :

$$C^4H^4(C^4H^4O^4) + KO, HO = C^4H^4(H^2O^2) + C^4H^3KO^4.$$

Une telle formation d'alcool ne pourrait guère être réalisée d'une manière immédiate avec la potasse et l'iodhydrate d'éthylène; mais elle est très facile, en prenant comme intermédiaire l'acétate d'éthylène ou tout autre composé analogue.

4. Entre les formules des combinaisons que l'éthylène forme avec les acides et celles des combinaisons ammoniacales, il existe un certain parallélisme utile à signaler et sur lequel Dumas a appelé l'attention en 1827. Ainsi le chlorhydrate d'éthylène est formé, comme le chlorhydrate d'ammoniaque, par deux gaz unis à volumes égaux, sans séparation d'aucun élément :

$$C^4H^4 + HCl = C^4H^4,HCl,$$
$$AzH^3 + HCl = AzH^3,HCl.$$

De même l'acétate d'éthylène et l'acétate d'ammoniaque :

$$C^4H^4 + C^4H^4O^4 = C^4H^4O^4,C^4H^4,$$
$$AzH^3 + C^4H^4O^4 = C^4H^4O^4,AzH^3.$$

Ce parallélisme théorique a été réalisé en fait par les expériences synthétiques de M. Berthelot, qui a combiné directement l'éthylène et les carbures analogues avec les hydracides.

5. Cependant les propriétés des éthers ne sont pas exactement comparables à celles des sels ammoniacaux. Tandis que ces derniers reproduisent l'ammoniaque sous l'influence des alcalis, les éthers reproduisent l'hydrate d'éthylène ou alcool, au lieu de l'éthylène lui-même. En outre, les réactions que les éthers éprouvent de la part des alcalis, des acides et des sels, quoique analogues aux réactions salines, s'en distinguent parce qu'elles exigent d'ordinaire, pour se développer, le concours du temps; tandis que le temps, au contraire, ne joue aucun rôle sensible dans les réactions des sels proprement dits. Enfin, les éthers ne sont susceptibles ni d'échange métallique immédiat, ni d'électrolyse. Nous reviendrons sur les caractères des éthers dans un chapitre spécial; mais il a paru utile de les signaler ici brièvement, parce que les propriétés des composés que l'éthylène forme avec les acides se retrouvent dans l'étude des composés analogues que forment les autres carbures d'hydrogène.

§ 10. — **Hydratation de l'éthylène. — Synthèse de l'alcool.**

1. Nous venons de montrer comment la synthèse de l'éther iodhydrique conduit à la synthèse de l'éther acétique et par suite à la synthèse de l'alcool; c'est là une méthode générale pour fixer les éléments de l'eau sur les carbures qui s'unissent aux hydracides. Mais elle est longue et pénible. On peut la simplifier et opérer en deux temps la synthèse de l'alcool, en combinant d'abord l'éthylène avec l'acide sulfurique, puis en décomposant par l'eau le sulfate acide d'éthylène. Entrons dans quelques détails, à cause de l'importance de cette expérience.

2. La combinaison de l'éthylène avec l'acide sulfurique s'opère dans des conditions spéciales et sur lesquelles il a régné pendant longtemps beaucoup d'obscurité. L'éthylène pur, traité par l'acide sulfurique, agit différemment et donne lieu à des composés divers, suivant que l'acide est anhydre ou monohydraté, ou étendu d'eau. C'est l'acide monohydraté qu'il convient d'employer. Ce corps, mis simplement en contact à froid avec l'éthylène, n'éprouve d'abord aucune réaction : le gaz pur n'éprouve aucune diminution sensible de volume. S'il en était autrement, c'est que l'éthylène renfermerait de la vapeur d'éther, substance que l'on ne savait pas autrefois séparer exactement. Cependant, en prolongeant le contact de l'éthylène avec l'acide et en faisant intervenir le concours d'une agitation extrêmement violente et prolongée, l'éthylène s'absorbe peu à peu. On doit opérer sur le mercure, dont la présence paraît exercer une certaine action mécanique, favorable à cette absorption (fig. 27) : on peut ainsi faire absorber 1 litre de gaz oléfiant par 40 grammes d'acide sulfurique, au moyen de 3000 secousses. L'expérience dure trois quarts d'heure. Ce sont là des conditions très curieuses, parce qu'elles manifestent une fois de plus la lenteur avec laquelle entrent en jeu les affinités des corps organiques.

Fig. 27. — Synthèse de l'alcool.

On obtient, en définitive, l'*acide éthylsulfurique* ou *sulfate acide d'éthylène* (1) :

$$C^4H^4 + S^2O^6,H^2O^2 = C^4H^4(S^2O^6,H^2O^2).$$

3. C'est un acide monobasique, dont il est facile d'obtenir les sels et spécialement le sel de baryte :

$$C^4H^4(S^2O^6,BaO,HO),$$

beau corps cristallisé, fort soluble dans l'eau. La solubilité de ce sel atteste que les propriétés de l'acide sulfurique sont devenues latentes par le fait de sa combinaison avec l'éthylène, précisément comme celles de l'acide chlorhydrique dans la formation de l'éther chlorhydrique.

4. C'est avec l'acide éthylsulfurique que l'on prépare le plus aisément l'alcool ou hydrate d'éthylène. Il suffit d'étendre de 8 à 10 vo-

(1) Acide sulfurique $S\Theta^2 < \begin{matrix}\Theta H \\ \Theta H\end{matrix}$; acide éthylsulfurique $S\Theta^2 < \begin{matrix}\Theta(C^2H^5) \\ \Theta H\end{matrix}$.

lumes d'eau la solution d'éthylène dans l'acide sulfurique et de distiller lentement. L'acide sulfurique se régénère peu à peu et l'alcool passe dans le récipient :

$$C^4H^4(S^2O^6,H^2O^2) + H^2O^2 = C^4H^4(H^2O^2) + S^2O^6,H^2O^2.$$

Pour l'isoler, on rectifie de nouveau le liquide distillé, lequel est un mélange d'alcool et d'eau. L'alcool, plus volatil, passe d'abord; on sépare les dernières portions d'eau en ajoutant à la liqueur distillée du carbonate de potasse pur et cristallisé : ce sel s'empare de l'eau et forme une solution sirupeuse, surnagée par une couche d'alcool.

5. La synthèse de l'alcool est ainsi démontrée. Elle donne lieu, à partir de l'eau liquide et de l'éthylène gazeux, à un dégagement de 16,9 Calories. On remarquera que l'alcool est formé ici au moyen de l'éthylène; or l'éthylène lui-même peut être obtenu, comme on l'a vu, par l'union du carbone et de l'hydrogène, soit libres, soit extraits de l'eau et de l'acide carbonique. On a vérifié expérimentalement que l'éthylène formé par synthèse totale se change en alcool, dans les conditions qui viennent d'être décrites.

§ II. — **Sur le trihydrure de carbone ou hydrure d'éthylène.**

Ce serait ici le lieu de présenter l'histoire du trihydrure de carbone, autrement appelé *diméthyle* ou *hydrure d'éthylène*, $(C^2H^3)^2$ ou C^4H^6. Mais ce carbure d'hydrogène peut être classé de deux manières :

1° D'après l'énoncé précédent, qui définit ses relations de formules et de métamorphoses avec les éléments, carbone et hydrogène, ainsi qu'avec les trois composés fondamentaux que ces éléments engendrent par leurs combinaisons;

2° D'après les réactions qu'il développe par substitution, lesquelles sont analogues aux réactions mêmes du formène et des autres carbures saturés.

Comme le formène nous fournit les exemples les plus simples et les plus décisifs de ce dernier ordre de réactions, nous allons en présenter d'abord l'histoire.

CHAPITRE IV

QUADRIHYDRURE DE CARBONE OU FORMÈNE

C^2H^4........ CH^4 ou $C \equiv H^4$.

§ 1er — Historique.

Le formène, ou quadrihydrure de carbone, autrement dit *gaz des marais*, *hydrure de méthyle* ou *méthane*, est le carbure d'hydrogène qui renferme le moins de carbone sous un volume donné. Il a été découvert par Volta en 1778; Persoz l'a préparé méthodiquement par la décomposition des acétates en 1837; M. Berthelot l'a formé synthétiquement, en 1855, au moyen du sulfure de carbone et de l'hydrogène sulfuré, mis en présence du cuivre, ainsi que par la décomposition régulière du formiate de baryte, ce qui en réalise la synthèse à partir de l'eau et de l'oxyde de carbone ou de l'acide carbonique; il a aussi découvert sa transformation en acétylène, éthylène, hydrure d'éthylène par la chaleur, et les réactions inverses. Les produits de substitution ont été étudiés par Regnault en 1834. M. Berthelot a démontré l'identité du formène monochloré avec l'éther chlorhydrique de l'alcool méthylique, et réalisé la synthèse de ce dernier alcool au moyen du formène en 1857. Les relations qui existent entre le formène, l'acide formique et le chloroforme, corps important découvert par Soubeiran, ont été établies par Dumas en 1834.

§ 2. — Synthèse du formène.

1. Le formène peut être obtenu par réduction : soit au moyen de l'eau et de l'acide carbonique, soit au moyen de l'hydrogène sulfuré et du sulfure de carbone. Il prend également naissance dans les transformations pyrogénées d'un mélange d'acétylène et d'hydrogène.

2. Signalons d'abord la formation *au moyen du sulfure de carbone*, plus simple que les autres. Elle consiste à enlever à l'hydrogène sulfuré et au sulfure de carbone, simultanément, le soufre qu'ils renfer-

ment; le carbone et l'hydrogène naissants ainsi mis en présence se combinent :

$$C^2S^4 + 2H^2S^2 = C^2H^4 + 4S^2.$$

On y parvient en faisant agir les deux composés sur le cuivre, à la température du rouge sombre :

$$C^2S^4 + 2H^2S^2 + 8Cu^2 = C^2H^4 + 8Cu^2S.$$

A cette fin, on dirige lentement l'hydrogène sulfuré sec à travers un ballon contenant du sulfure de carbone légèrement chauffé et l'on fait passer ensuite les gaz sur une longue colonne de cuivre, contenue dans un tube de verre vert, légèrement chauffé. On lave les gaz qui se dégagent dans une solution aqueuse d'acétate de plomb pour enlever l'excès d'hydrogène sulfuré, puis dans une solution alcoolique de potasse pour enlever la vapeur de sulfure de carbone, et l'on recueille les gaz sur l'eau ou sur le mercure : ils sont formés par un mélange de formène et d'hydrogène libre.

On peut aussi réduire le sulfure de carbone par le gaz iodhydrique au rouge (M. Berthelot) :

$$C^2S^4 + 4HI = C^2H^4 + 2S^2 + 4I.$$

3. Pour produire le formène *au moyen de l'eau et de l'acide carbonique ou de l'oxyde de carbone*,

$$C^2O^4 + 2H^2O^2 - 4O^2 = C^2H^4,$$

on enlève d'abord la moitié de l'oxygène à l'acide carbonique, à l'aide du fer agissant au rouge, par exemple ; on le change ainsi en oxyde de carbone, C^2O^2 ; puis on combine ce gaz avec les éléments de l'eau, ou plutôt exactement avec ceux de l'hydrate de baryte, en chauffant les deux corps ensemble à 100°, durant une centaine d'heures, dans un ballon scellé (voy. p. 12) ; ce qui produit du formiate de baryte :

$$C^2O^2 + BaO, HO = C^2HBaO^4.$$

Enfin on soumet le formiate de baryte à l'action de la chaleur : l'oxygène passe à l'état d'acide carbonique et de carbonate de baryte, tandis que l'hydrogène s'unit au reste du carbone pour engendrer le formène :

$$4C^2HBaO^4 = C^2H^4 + C^2O^4 + 2(C^2O^4, 2BaO).$$

4. L'acétylène, mêlé d'hydrogène et chauffé au rouge sombre, forme une certaine proportion d'hydrure d'éthylène ou diméthyle,

$(C^2H^3)^2$ ou C^4H^6. Or, l'hydrure d'éthylène, chauffé au rouge, se décompose partiellement avec production de formène, d'acétylène et d'hydrogène :

$$2(C^2H^3)^2 = 2C^2H^4 + (C^2H)^2 + H^2.$$

A un autre point de vue, on peut remarquer que l'hydrure d'éthylène engendre ainsi son homologue inférieur, le formène, avec production simultanée d'acétylène. Cette réaction ainsi envisagée est extrêmement importante ; car elle est le type de la métamorphose des carbures pyrogénés dans leurs homologues inférieurs, métamorphose qui se produit sans cesse sous l'influence de la chaleur rouge.

L'éthylène ou diméthylène se comporte d'ailleurs comme le diméthyle, et il engendre le formène, au rouge, par une réaction pareille :

$$2(C^2H^2)^2 + H^2 = 2C^2H^4 + (C^2H)^2.$$

En résumé, les trois carbures libres, protohydrure de carbone, c'est-à-dire acétylène, bihydrure de carbone, c'est-à-dire diméthylène, trihydrure de carbone, c'est-à-dire diméthyle, chauffés en présence de l'hydrogène, engendrent le formène ou quadrihydrure de carbone.

Réciproquement, le formène libre reproduit ces trois carbures, comme nous l'avons dit précédemment (p. 51 et 74). Les réactions inverses sont donc également possibles deux à deux : suivant les proportions relatives des corps mis en présence, il s'établit entre ces réactions contraires un certain équilibre, en vertu duquel les quatre carbures fondamentaux, acétylène, diméthyle, éthylène et formène, coexistent avec l'hydrogène dans tous les gaz hydrocarburés formés à la température rouge.

§ 3. — **Production du formène aux dépens des composés organiques.**

Le formène se produit par des réactions régulières, aux dépens des composés organiques, dans des conditions que nous allons énumérer, parce qu'elles s'appliquent en général à la formation de tous les carbures homologues du formène.

1° L'*alcool méthylique*, $C^2H^4O^2$, traité par l'acide iodhydrique, se change, à froid, en éther méthyliodhydrique, C^2H^3I, et cet éther, chauffé ensuite à 280° avec une solution aqueuse d'acide iodhydrique, échange son iode contre de l'hydrogène et devient du formène :

$$C^2H^4O^2 + HI = C^2H^3I + H^2O^2,$$
$$C^2H^3I + HI = C^2H^4 + I^2.$$

La même réaction se produit avec tous les composés méthyliques.

2° La *méthylamine*, spécialement, est résolue par l'acide iodhydrique en formène et ammoniaque :

$$C^2H^5Az + 2HI = C^2H^4 + AzH^3 + I^2.$$

3° Indiquons encore, comme réaction générale applicable aux carbures analogues au formène, la métamorphose du *nitrile formique* (acide cyanhydrique), C^2HAz, en formène par l'acide iodhydrique gazeux, c'est-à-dire par l'hydrogène naissant :

$$C^2HAz + 3H^2 = C^2H^4 + AzH^3.$$

4° L'eau suffit pour transformer le *zinc-méthyle*, C^2H^3Zn, en formène :

$$C^2H^3Zn + H^2O^2 = C^2H^4 + ZnO, HO.$$

5° L'*acide acétique*, $C^4H^4O^4$, sous l'influence de la chaleur rouge, donne naissance à du formène et à de l'acide carbonique :

$$C^4H^4O^4 = C^2H^4 + C^2O^4,$$

réaction qui se produit d'une manière plus nette avec le concours d'un alcali (Persoz).

6° Le *diméthyle* ou *hydrure d'éthylène*, $(C^2H^3)^2$ ou C^4H^6, est, ainsi qu'il a été dit plus haut, changé partiellement par la chaleur en formène et acétylène :

$$2(C^2H^3)^2 = 2C^2H^4 + (C^2H)^2 + H^2.$$

7° Enfin, le formène prend naissance, par une suite de réactions plus ou moins compliquées, dans l'action de la chaleur rouge sur toutes les matières organiques riches en hydrogène ; il se forme spécialement lorsqu'on les distille en présence d'un hydrate alcalin.

C'est au même titre que le formène constitue près de la moitié du gaz de l'éclairage, produit par la distillation de la houille.

§ 4. — États naturels.

Le formène se rencontre au sein de la nature, dans des conditions fort diverses et qu'il est essentiel de connaître.

1° Il se dégage en abondance du sein de la terre, pendant les éruptions volcaniques et surtout à leur suite.

2° Il s'échappe souvent des sources de pétrole et constitue les gaz inflammables qui se rencontrent en Dauphiné (fontaine ardente), en Chine, à Bakou sur les bords de la mer Caspienne, en Pensylvanie, etc.

3° Le formène se développe dès la température ordinaire, par la décomposition spontanée des matières végétales enfouies sous l'eau (fig. 28); de là le nom de *gaz des marais*, donné autrefois au formène.

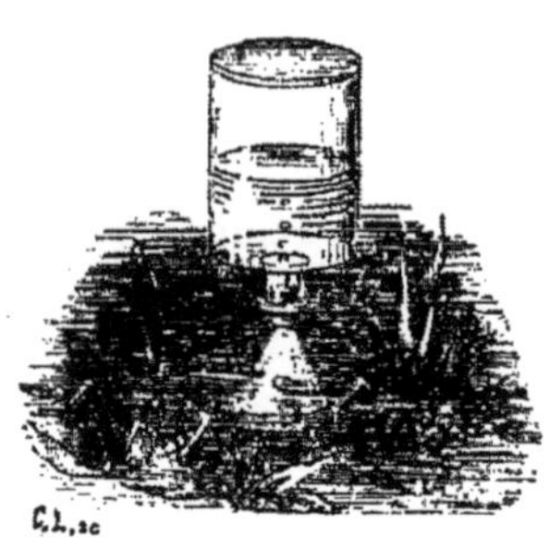

Fig. 28. — Gaz des marais.

4° Il se développe aussi, spontanément et à froid, aux dépens de certaines espèces de houilles, comme on peut le vérifier en les plaçant sous une cloche renversée et pleine d'eau. La production spontanée du formène au fond des mines de houille donne lieu au gaz connu sous le nom de *grisou*, dont le mélange avec l'air fait explosion, lorsqu'on l'enflamme, et cause les plus formidables accidents.

5° Enfin, le formène prend naissance dans le corps des animaux vivants; car il fait partie, avec l'hydrogène et l'azote, l'acide carbonique et l'hydrogène sulfuré, des gaz intestinaux.

§ 5. — Préparation et propriétés.

1. *Préparation.* — On prépare le formène, en mélangeant l'acétate de soude anhydre avec 2 fois son poids de chaux sodée, et en chauffant

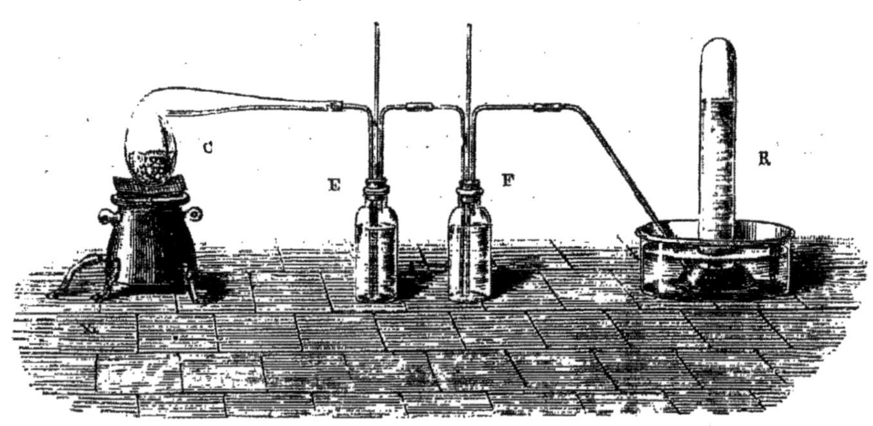

Fig. 29. — Préparation du formène.

le tout dans une cornue de verre vert ou de grès. On recueille le gaz sur l'eau ou sur le mercure, en rejetant les dernières portions. Pour le purifier complètement, il est utile de le laver dans l'eau, puis dans l'acide sulfurique concentré (fig. 29).

2. *Propriétés.* — Le formène est un gaz incolore, faiblement odorant. Il peut être liquéfié sous l'influence du froid produit par la brusque détente du gaz comprimé à 108 atmosphères et préalablement refroidi à + 7°; cette liquéfaction s'effectue au moyen de l'appareil de M. Cailletet (fig. 30). Sa densité (0,56) est égale à 8 fois celle de

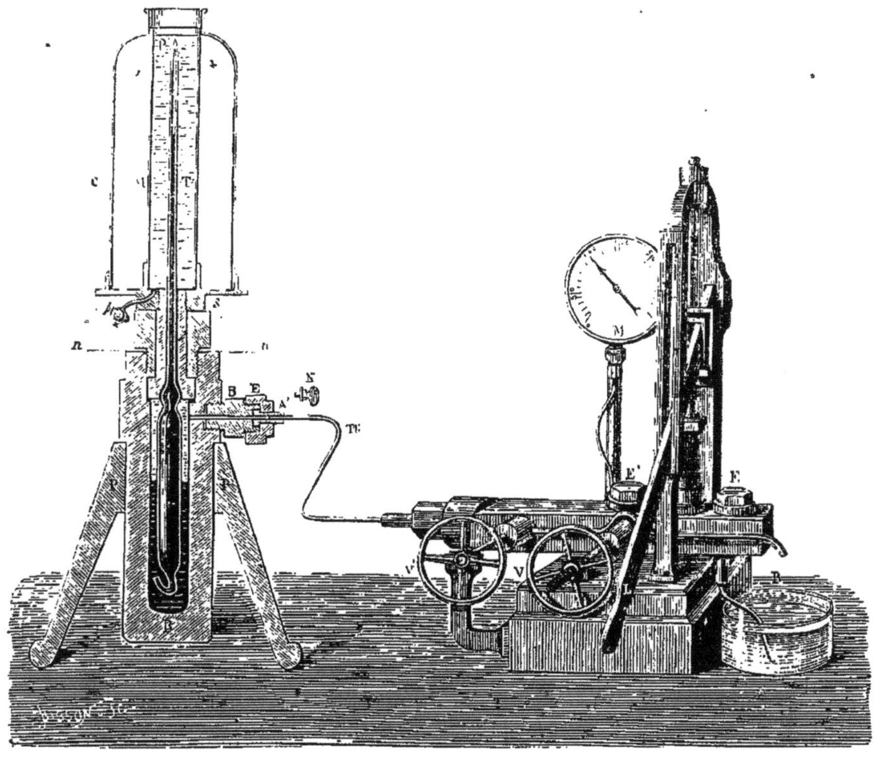

FIG. 30. — Appareil de M. Cailletet pour la liquéfaction des gaz.

l'hydrogène, comme l'indique la formule C^2H^4. L'eau en dissout un vingt-cinquième de son volume; l'alcool absolu, la moitié de son volume.

3. Le formène brûle avec une flamme jaunâtre et peu éclairante: 16 grammes, c'est-à-dire un équivalent, dégagent en brûlant 213,5 Calories: quantité inférieure de 18,5 Calories à la chaleur dégagée par la combustion des éléments du formène, l'hydrogène étant gazeux et le carbone dans l'état de diamant. Cette différence, + 18,5 Calories, représente la chaleur dégagée dans la combinaison du carbone avec l'hydrogène, lors de la production du formène.

4. Le formène n'est absorbé à froid ni par le brome, ni par l'acide

sulfurique fumant ou ordinaire, ni par les hydracides, ni par le permanganate de potasse, ni par les métaux alcalins ou les solutions métalliques, etc.; caractères qui le distinguent de l'éthylène, de l'acétylène et des carbures analogues. On a vu, en effet, que c'est un carbure saturé.

5. Quand on enflamme 1 volume de formène, mêlé avec 2 volumes d'oxygène, il brûle complètement en produisant 1 volume d'acide carbonique et 2 volumes de vapeur d'eau :

$$\underset{4\text{ v.}}{C^2H^4} + \underset{8\text{ v.}}{O^8} = \underset{4\text{ v.}}{C^2O^4} + \underset{8\text{ v.}}{2\,H^2O^2}.$$

Ces nombres établissent la formule du formène.

§ 6. — Action de la chaleur.

1. Le formène, dirigé à travers un tube rouge, résiste beaucoup plus que l'éthylène pur; cependant il donne naissance à de l'acétylène, par condensation du carbone :

$$2\,C^2H^4 = C^4H^2 + 3\,H^2;$$

il se forme simultanément de l'éthylène et de l'hydrure d'éthylène, en quantités appréciables (voy. p. 92).

En même temps que l'acétylène, et comme conséquences de sa formation, on voit apparaître la benzine, $C^{12}H^6$, la naphtaline, $C^{20}H^8$, etc., et finalement le carbone et l'hydrogène.

2. Le formène n'exerce pas d'action sensible au rouge sombre sur les autres carbures d'hydrogène.

3. La combustion incomplète du formène donne naissance à l'acétylène. Mais ce carbure se produit surtout en abondance sous l'influence de l'étincelle électrique, comme il a été dit précédemment (p. 51).

§ 7. — Action des corps simples.

1. L'*hydrogène* ne forme aucun composé avec le formène : ce carbure est donc *saturé* d'hydrogène.

2. L'*oxygène* libre n'agit pas non plus directement sur le formène, si ce n'est au rouge et avec destruction totale.

Par voie indirecte, spécialement par l'intermédiaire des composés chlorés qui vont être décrits, on peut oxyder le formène et obtenir successivement les composés suivants :

Formène................ ...	C^2H^4,
Alcool méthylique..........	$C^2H^4O^2$,
Acide formique.............	$C^2H^2O^4$,
Acide carbonique...........	C^2O^4.

3. L'action des *corps halogènes* et surtout celle du chlore sur le formène vont être exposées avec développement.

En faisant agir le chlore sur le formène au rouge, il y a inflammation et formation de carbone et d'acide chlorhydrique ; mais, en modérant la réaction, on peut obtenir la série des composés que voici :

		Points d'ébullition.	Densités liquides.
Formène................	C^2H^4	Gazeux	»
Formène monochloré......	C^2H^3Cl	$-23°$	»
Formène bichloré.........	$C^2H^2Cl^2$	$+42°$	1,36
Formène trichloré.........	C^2HCl^3	$+61°$	1,49
Formène tétrachloré.......	C^2Cl^4	$+77°$	1,63

Ces composés occupent tous le même volume gazeux; ils sont formés par la substitution successive du chlore à l'hydrogène, à volumes gazeux égaux. La densité et le point d'ébullition s'élèvent avec la proportion du chlore.

On va décrire la préparation et les principales propriétés de ces corps.

§ 8. — Formène monochloré ou éther méthylchlorhydrique.

C^2H^3Cl.............. $\mathcal{C}H^3Cl$ ou $H^3 \equiv \mathcal{C} - Cl$.

1. *Synthèse.* — Ce composé, appelé aussi *chlorure de méthyle*, est fort intéressant, parce qu'il sert à préparer l'alcool méthylique. Pour le produire au moyen du formène, on mélange celui-ci avec le chlore à volumes égaux : les deux gaz ne réagissent ni dans l'obscurité ni à la lumière diffuse, tandis que sous l'influence directe de la lumière solaire le mélange détone avec dépôt de charbon.

Mais, si on l'expose à la lumière solaire, atténuée par une réflexion irrégulière, telle que celle qui se produit à la surface d'un mur blanc, les deux gaz se combinent rapidement, en donnant naissance à de l'acide chlorhydrique et de l'éther méthylchlorhydrique :

$$C^2H^4 + Cl^2 = C^2H^3Cl + HCl.$$

On ouvre alors les flacons sur le mercure; on absorbe l'acide chlorhydrique à l'aide d'un fragment de potasse humide, et l'on agite le gaz qui reste avec l'acide acétique cristallisable, lequel dissout l'éther méthylchlorhydrique. En faisant ensuite bouillir cette dissolution, on régénère l'éther méthylchlorhydrique sous forme gazeuse et à l'état de pureté (M. Berthelot). Ce mode de formation synthétique est très important, parce qu'il s'applique à tous les carbures homologues du formène.

2. *Préparation.* — MM. Dumas et Péligot ont préparé le même composé avec plus de facilité, en mêlant 1 partie en poids d'alcool méthylique et 3 parties d'acide sulfurique concentré; on verse ce mélange dans une fiole renfermant 2 parties de sel marin. On chauffe alors doucement, on lave le gaz qui se dégage dans une eau alcaline, et on le recueille sur du mercure.

Le formène monochloré est préparé en grande quantité dans la décomposition par la chaleur du chlorhydrate de triméthylamine, lequel s'obtient comme produit accessoire dans la fabrication du salin de betterave. La réaction varie un peu avec la température à laquelle on opère. Elle engendre passagèrement du chlorhydrate de monométhylamine, $(C^2H^2)AzH^3,HCl$, et elle donne comme produits finals de la triméthylamine, $(C^2H^2)^3AzH^3$, de l'ammoniaque et du formène monochloré (M. Vincent) :

$$3(C^2H^2)^3AzH^3,HCl = 2(C^2H^2)^3AzH^3 + 2C^2H^3Cl + (C^2H^2)AzH^3,HCl\,;$$
$$(C^2H^2)AzH^3,HCl = C^2H^3Cl + AzH^3.$$

3. *Propriétés.* — Le formène monochloré est un gaz incolore, doué d'une odeur éthérée, assez soluble dans l'eau qui en dissout 4 fois son volume, très soluble dans l'alcool, l'éther, etc. Il n'a pas d'action immédiate sur le tournesol ni sur le nitrate d'argent.

M. Berthelot a liquéfié, pour la première fois, ce composé, en le dirigeant dans un vase entouré d'un mélange intime de glace et de chlorure de calcium cristallisé (fig. 31). Le même résultat est atteint industriellement, en comprimant le gaz à l'aide de pompes dans un récipient refroidi. Le liquide ainsi obtenu bout à — 23°. Il est employé avantageusement pour obtenir de basses températures : sous l'influence d'un courant d'air rapide, ou mieux lorsqu'on provoque sa distillation sous une faible pression, sa température peut s'abaisser jusque vers — 55°, et il détermine alors aisément la congélation du mercure.

SYNTHÈSE DE L'ALCOOL MÉTHYLIQUE.

1. La réaction la plus remarquable de l'éther méthylchlorhydrique

est celle qui donne naissance à l'alcool méthylique, $C^2H^4O^2$, par suite de la substitution des éléments de l'eau à ceux de l'acide chlorhydrique, réaction réalisée en 1857 par M. Berthelot :

$$C^2H^3Cl - HCl + H^2O^2 = C^2H^4O^2.$$

2. Pour opérer cette substitution (1), il suffit de chauffer à 100° la potasse aqueuse et l'éther méthylchlorhydrique contenus dans un ballon scellé (voy. fig. 6 et 7, p. 13) :

$$C^2H^3Cl + KO,HO = C^2H^4O^2 + KCl.$$

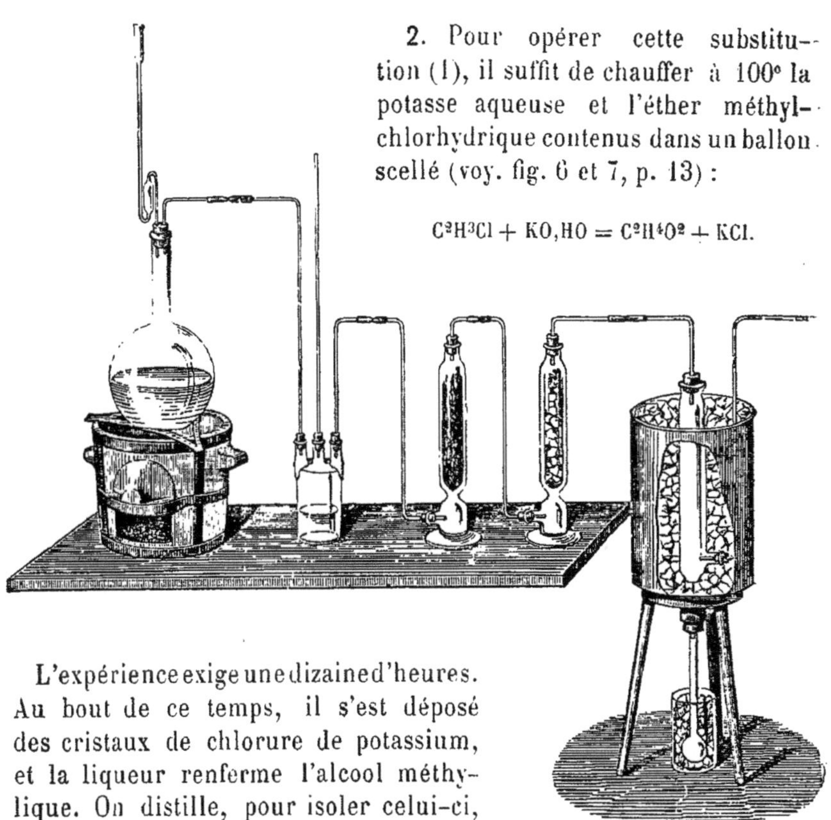

Fig. 31. — Préparation du formène monochloré liquide.

L'expérience exige une dizaine d'heures. Au bout de ce temps, il s'est déposé des cristaux de chlorure de potassium, et la liqueur renferme l'alcool méthylique. On distille, pour isoler celui-ci, et on le sépare complètement de l'eau au moyen du carbonate de potasse cristallisé. L'alcool méthylique surnage, sous la forme d'une couche légère et mobile, qui brûle avec une flamme presque incolore.

3. On peut encore chauffer l'éther méthylchlorhydrique avec l'acétate de potasse sec à 200°, ce qui fournit l'*éther méthylacétique*, $C^2H^2(C^4H^4O^4)$:

$$C^2H^2(HCl) + C^4H^3KO^4 = C^2H^2(C^4H^4O^4) + KCl;$$

(1) $CH^3,Cl + H^2O = CH^3,OH + HCl$.

puis on décompose cet éther par la potasse aqueuse à 100°, ce qui fournit l'alcool méthylique :

$$C^2H^2(C^4H^4O^4) + KO,HO = C^2H^2(H^2O^2) + C^4H^3KO^4.$$

Ce procédé, quoique moins direct, est d'une application plus générale que le premier (voy. p. 86).

4. Ainsi l'alcool méthylique peut être préparé synthétiquement au moyen du formène, obtenu lui-même avec les éléments. Cette expérience représente une oxydation directe du formène :

$$C^2H^4 + O^2 = C^2H^4O^2,$$

ou plutôt une substitution de l'hydrogène par un volume égal de vapeur d'eau dans la molécule de ce carbure :

Carbure.......... $C^2H^2(H^2)$. Alcool.......... $C^2H^2(H^2O^2)$.

Cette substitution et l'emploi d'un composé chloré comme intermédiaire représentent une méthode générale, applicable à tous les carbures forméniques.

§ 9. — Formène bichloré.

$C^2H^2Cl^2$.............. $\mathcal{C}H^2Cl^2$ ou $H^2 = \mathcal{C} = Cl^2$.

Ce composé, qu'on désigne aussi sous le nom de *chlorure de méthylène*, a été obtenu à l'origine par V. Regnault, dans l'action du chlore sur le formène monochloré, en opérant à la lumière solaire. Il se forme également, soit en faisant agir le chlore sur l'éther méthyliodhydrique iodé, $C^2H^2I^2$ (M. Butlerow), soit en décomposant le chloroforme par le zinc au sein de l'alcool ammoniacal (M. Perkin).

C'est un liquide incolore, dont l'odeur rappelle celle du chloroforme. Il bout à 41°,6 ; sa densité est 1,3604 à 0°. Il est légèrement soluble dans l'eau. On lui a attribué des propriétés anesthésiques.

§ 10. — Formène trichloré ou chloroforme.

C^2HCl^3.......... $\mathcal{C}HCl^3$ ou $H - \mathcal{C} \equiv Cl^3$.

1. *Synthèse*. — Le formène trichloré peut être produit par la réaction directe du chlore sur le formène (Dumas) : il suffit, en effet, de mêler 1 volume de formène avec 3 volumes de chlore, en ajoutant plusieurs volumes d'un gaz inerte pour modérer l'action. Le mélange

se décolore sous l'influence de la lumière solaire, en donnant naissance à du formène trichloré :

$$C^2H^4 + 3Cl^2 = C^2HCl^3 + 3HCl.$$

On peut encore traiter par le chlore le formène monochloré obtenu à l'avance (Regnault). La réaction s'opère rapidement quand on fait passer le mélange gazeux sur du noir animal porté à 300° (Damoiseau).

2. *Formation par analyse.* — 1° Le formène trichloré prend naissance dans la décomposition de l'*acide acétique trichloré* par la potasse (Dumas) :

$$C^4HCl^3O^4 = C^2HCl^3 + C^2O^4,$$

réaction semblable à la production du formène au moyen de l'acide acétique.

2° Il se produit, en même temps que le formiate de potasse, dans l'action de la solution aqueuse de potasse sur le *chloral* (Liebig, Dumas) :

$$C^4HCl^3O^2 + KHO^2 = C^2HCl^3 + C^2HKO^4.$$

3° Enfin le formène trichloré se produit lorsqu'on traite par le chlorure de chaux, c'est-à-dire par le chlore naissant et dans une liqueur alcaline, les divers corps susceptibles de fournir de l'acide acétique sous une influence oxydante, tels que l'alcool, l'acétone et une multitude d'autres composés organiques.

3. *Préparation.* — C'est au moyen de l'alcool et du chlorure de chaux que l'on prépare le chloroforme dans l'industrie. A cet effet, on prend 3 parties d'alcool ordinaire, 20 parties de chlorure de chaux, 10 parties de chaux et 80 parties d'eau. On délaye le chlorure de chaux, la chaux préalablement éteinte, l'alcool et l'eau, dans un vase en cuivre C (fig. 32), de grandes dimensions et muni d'un agitateur MA ; puis on chauffe doucement le mélange, en dirigeant par B de la vapeur dans la masse agitée. La réaction se déclare bientôt avec bouillonnement et boursouflement : on arrête le chauffage ; une partie du produit distille spontanément. Quand la réaction est apaisée, on introduit une nouvelle dose du mélange, on provoque sa réaction comme précédemment, et on continue ainsi à plusieurs reprises jusqu'à ce que le vase C soit suffisamment garni. On chauffe alors de manière à terminer la réaction et à provoquer la distillation de tout le chloroforme : on distille tant que le produit précipite par l'eau. On obtient ainsi dans le récipient R un mélange de chloroforme, d'alcool et d'eau. On le rectifie de manière à séparer grossièrement l'al-

cool de l'eau ; puis on agite le chloroforme impur dans des vases métalliques suspendus sur des tourillons, en premier lieu avec de l'acide sulfurique concentré, finalement avec de l'eau.

Dans cette opération, il semble que l'alcool se change d'abord en

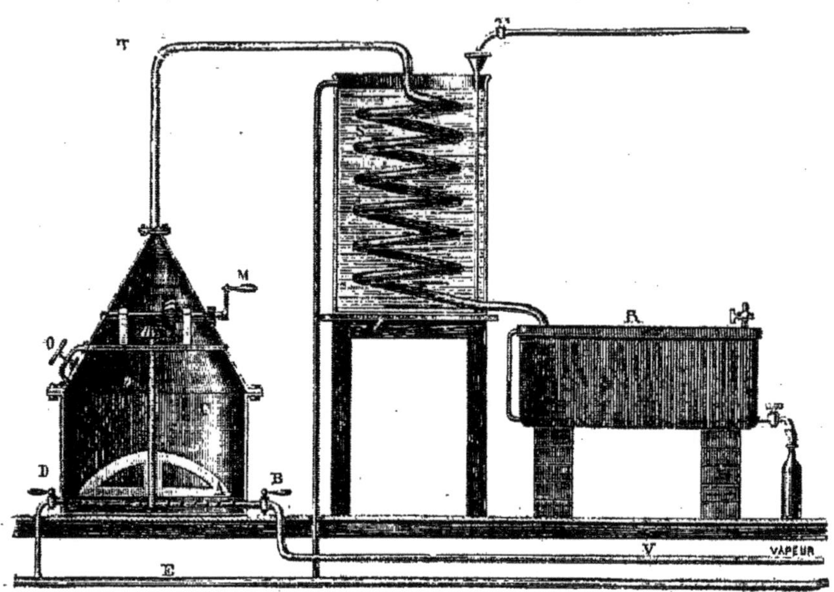

Fig. 32. — Fabrication du chloroforme.

aldéhyde, $C^4H^4O^2$, puis en chloral, $C^4HCl^3O^2$, par la réaction immédiate du chlore :

$$C^4H^6O^2 + Cl^2 = C^4H^4O^2 + 2HCl\,;$$
$$C^4H^4O^2 + 3\,Cl^2 = C^4HCl^3O^2 + 3HCl.$$

Le chloral se détruit à mesure sous l'influence de l'alcali, en engendrant le chloroforme et un formiate :

$$C^4HCl^3O^2 + CaO,HO = C^2HCl^3 + C^2HCaO^4.$$

Une portion du formiate fournit, en s'oxydant, un carbonate et de l'acide carbonique, qui se dégage en produisant un grand boursouflement. C'est ce dernier phénomène qui nécessite l'emploi de vases de grandes dimensions, et même, ainsi qu'il a été dit plus haut, la production de la réaction en plusieurs reprises.

Le chloroforme du commerce peut être purifié par agitation, d'abord avec l'acide sulfurique concentré, puis avec une solution de carbonate de soude, et enfin avec l'eau. Après dessiccation sur du chlorure de calcium, on le rectifie.

4. *Propriétés.* — Le chloroforme est liquide, incolore, mobile, doué d'une odeur suave et pénétrante, d'une saveur piquante et sucrée. Il rubéfie la peau. Sa densité est égale à 1,491 à 17°; il bout à 60°,8.

Un litre d'air saturé de vapeur de chloroforme à 20° contient un peu plus de 1 gramme de cette substance; à 30°, près de 2 grammes : chiffres utiles à connaître, car la vapeur du chloroforme possède au plus haut degré les propriétés anesthésiques. Le chloroforme jouit en outre de propriétés antiseptiques.

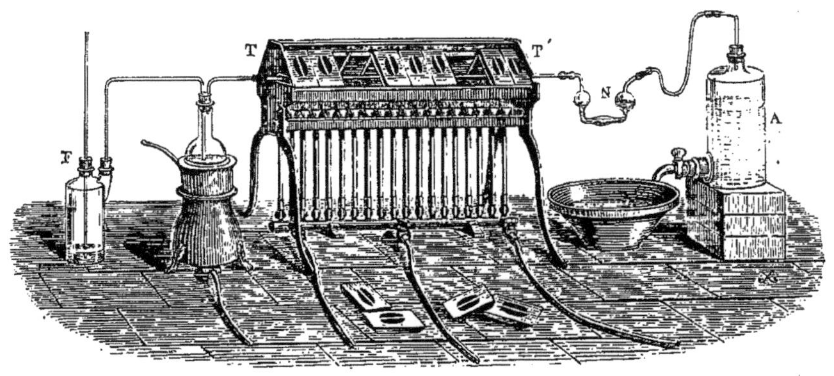

Fig. 33. — Recherche toxicologique du chloroforme.

Il est insoluble dans l'eau et ne doit pas louchir par l'affusion de ce liquide. Il dissout le soufre, le phosphore, l'iode, les corps gras, les résines, beaucoup d'alcalis végétaux. Il est difficile à enflammer, même à chaud, et sans action immédiate sur le nitrate d'argent.

5. Dirigé à travers un tube rouge, le chloroforme reproduit du chlore, de l'acide chlorhydrique et du charbon :

$$C^2HCl^3 = C^2 + HCl + Cl^2,$$

ainsi qu'un peu de benzine perchlorée.

Les premières réactions peuvent être utilisées pour reconnaître la présence du chloroforme dans le sang, ou dans les tissus d'un être empoisonné. A cet effet, on délaye le sang ou les tissus dans l'eau, on fait tiédir et, au moyen d'un aspirateur A, on dirige à travers la liqueur un courant d'air (fig. 33), qui se charge de vapeur de chloroforme, et passe ensuite dans un tube rouge de feu TT' : il y a régénération d'acide chlorhydrique, lequel précipite du nitrate d'argent en solution acide, placé dans un tube à boules N.

6. La vapeur du chloroforme, dirigée sur du cuivre chauffé au rouge, produit de l'acétylène (M. Berthelot) :

$$2C^2HCl^3 + 6Cu^2 = (C^2H)^2 + 6Cu^2Cl.$$

7. Le chlore gazeux le change en *formène perchloré*, C^2Cl^4.

8. Le chloroforme, mélangé avec une solution alcoolique de potasse, développe aussitôt une réaction violente ; la liqueur se prend en masse, par suite de la production du chlorure de potassium et du formiate de potasse (Dumas) :

$$C^2HCl^3 + 4(KO,HO) = C^2HKO^4 + 3KCl + 2H^2O^2.$$

Ainsi le formène, C^2H^4, peut être changé en *acide formique*, $C^2H^2O^4$.

9. Quand on ajoute du chloroforme à une solution d'aniline dans la potasse alcoolique, et qu'on chauffe, on perçoit une odeur forte, caractéristique du nitrile formique de l'aniline. Cette réaction permet de reconnaître le chloroforme ; toutefois le formène perchloré la produit aussi.

§ 11. — Formène perchloré.

C^2Cl^4............... CCl^4.

1. Ce composé, que l'on a appelé autrefois *bichlorure de carbone*, a été découvert par Regnault en faisant agir le chlore sur le chloroforme à la lumière solaire directe :

$$C^2HCl^3 + Cl^2 = C^2Cl^4 + HCl.$$

Il prend naissance dans un assez grand nombre de circonstances où l'on fait agir le chlore en excès sur des dérivés du formène.

2. *Préparation.* — On le prépare en faisant passer un courant de chlore sec dans du sulfure de carbone bouillant et additionné de perchlorure d'antimoine. On distille ensuite le produit, on maintient la partie recueillie au-dessous de 100° en contact avec de la potasse aqueuse en ébullition, dans un appareil muni d'un réfrigérant à reflux, ce qui enlève le soufre et les composés sulfurés, puis on lave à l'eau et on rectifie.

3. *Propriétés.* — C'est un liquide incolore, mobile, bouillant à 76°,7, de densité 1,632 à 0°. Ses vapeurs sont anesthésiques.

Il se change en chloroforme quand on met sa solution alcoolique en contact avec l'amalgame de sodium.

§ 12. — Dérivés bromés et iodés.

1. *Dérivés bromés.* — Le formène donne naissance avec le brome, par voie indirecte, aux composés suivants :

		Point d'ébullition.	Densité.
Formène monobromé.........	C^2H^3Br	4°,5	1,73
— bibromé............	$C^2H^2Br^2$	81°	2,08
— tribromé..........	C^2HBr^3	152°	2,83
tétrabromé..........	C^2Br^4	189°	(cristallisé).

Le *formène tribromé* ou *bromoforme* est analogue au chloroforme. Il peut être obtenu par l'action directe du brome sur le formène, ou par l'action de la potasse sur le bromal. Il cristallise un peu au-dessous de 0° et fond ensuite à + 7°,6.

2. *Dérivés iodés.* — Le formène produit avec l'iode des composés analogues, toujours par voie indirecte :

		Point de fusion.	Point d'ébullition.	Densité.
Formène monoiodé..	C^2H^3I,	liquide,	44°	2,20
— biodé.....	$C^2H^2I^2$,	+ 4°	180°	3,34
— triiodé....	C^2HI^3,	119°	»	»
— tétraiodé..	C^2I^4,	»	»	4,32

3. Le *formène triiodé* ou *iodoforme*, C^2HI^3, a été découvert par Sérullas. Il prend naissance toutes les fois qu'on fait agir l'iode en présence d'un alcali ou d'un carbonate alcalin, sur une foule de composés organiques tels que l'alcool ordinaire et ses éthers, la gomme, l'albumine, etc.

Pour le préparer, on chauffe vers 70° une dissolution de 50 grammes de carbonate de soude et 55 centimètres cubes d'alcool à 92° dans 200 parties d'eau, et l'on y ajoute par petites portions 25 grammes d'iode. On laisse refroidir la liqueur décolorée et de l'iodoforme cristallise. L'eau-mère chauffée de nouveau, additionnée de 80 grammes de carbonate de soude et de 60 centimètres cubes d'alcool, puis soumise à un courant de chlore en agitant continuellement, fournit une nouvelle quantité d'iodoforme en se refroidissant.

La réaction de l'iode sur l'acétone se prête également à la préparation de l'iodoforme : si l'on ajoute à de l'acétone de l'iode en dissolution dans l'iodure de potassium, puis quelques gouttes de lessive alcaline pour décolorer le mélange, de l'iodoforme se précipite en abondance.

C'est un joli corps jaune, cristallisé en tables hexagonales qui affectent l'apparence de paillettes. Il est doué d'une odeur safranée, fusible à 119°, insoluble dans l'eau, soluble dans les liquides organiques. Il ne peut être distillé à feu nu sans éprouver une décomposition partielle, mais il distille avec la vapeur d'eau. C'est un antiseptique puissant.

La potasse alcoolique le change en formiate ; etc.

Si, à très peu de phénol et de lessive de potasse mélangés dans un tube à essais, on ajoute deux ou trois gouttes d'une solution alcoolique d'iodoforme, et si l'on chauffe, il se sépare un précipité rouge que l'alcool dissout en donnant une liqueur rouge carmin (M. Lustgarten). Cette réaction permet de caractériser des traces d'iodoforme.

4. Tels sont les dérivés les plus immédiats obtenus par la réaction du formène sur les éléments : ces dérivés sont produits par un seul genre de réaction, la *substitution*. Ils contrastent par là avec les dérivés de l'*acétylène*, qui sont presque tous obtenus par *addition*, c'est-à-dire par combinaison pure et simple. Quant à l'éthylène, il produit à la fois des *dérivés par substitution*, tels que l'éthylène chloré, des *dérivés par addition*, tels que le chlorure d'éthylène et l'alcool; et aussi des *dérivés par élimination* d'éléments, tels que l'acétylène. Ce sont les trois grandes classes de réactions entre lesquelles se partagent les phénomènes chimiques.

§ 13. — Action des acides sur le formène.

1. Le formène n'est attaqué directement ni par l'acide sulfurique, ni par l'acide nitrique, ni par les acides en général. Cependant il peut être uni avec les acides, mais par voie indirecte et avec séparation des éléments de l'eau. Les plus importants des composés qu'il forme ainsi sont ceux qui résultent de l'union du formène avec l'acide carbonique ; ils sont au nombre de trois, savoir :

1° L'*acide forméno-carbonique* ou acide acétique, $C^4H^4O^4$, monobasique :

$$C^2H^4 + C^2O^4,H^2O^2 - H^2O^2 = C^4H^4O^4;$$

2° L'*acide forméno-dicarbonique* ou acide malonique, $C^6H^4O^8$, bibasique :

$$C^2H^4 + 2(C^2O^4,H^2O^2) - 2H^2O^2 = C^6H^4O^8;$$

3° Le *diforménide carbonique* ou acétone, $C^6H^6O^2$, corps neutre analogue aux aldéhydes :

$$2C^2H^4 + C^2O^4,H^2O^2 - 2H^2O^2 = C^6H^6O^2.$$

2. On obtient l'acide acétique en faisant agir l'acide carbonique libre sur le formène potassé, C^2H^3K, composé que l'on prépare à l'aide du formène iodé, C^2H^3I, et du potassium (M. Wanklyn) :

$$C^2H^3K + C^2O^4 = C^4H^3KO^4.$$

C'est avec l'acide acétique que l'on prépare ensuite l'acétone et l'acide malonique.

3. En général, un acide bibasique quelconque peut être uni au formène, suivant les mêmes rapports de formules que l'acide carbonique, et ces rapports s'étendent également à tous les carbures forméniques, et même à tous les carbures d'hydrogène.

4. Les acides monobasiques se combinent aussi au formène et aux carbures forméniques ou autres. Par exemple, l'acide benzoïque engendre le *forménide benzoïque* ou acétobenzone :

$$C^2H^4 + C^{14}H^6O^4 - H^2O^2 = C^{16}H^8O^2;$$

ce composé s'obtient par la réaction des deux corps naissants, en distillant un benzoate avec un acétate.

Toutes ces réactions expriment des synthèses d'une grande importance.

5. Citons comme provenant d'une réaction de ce genre, le *formène nitré*, $C^2H^3(AzO^4)$, ou *nitrométhane* (M. V. Meyer) ; composé que l'on peut considérer en théorie, soit comme résultant de la combinaison de l'acide nitrique et du formène, avec séparation des éléments de l'eau :

$$C^2H^4 + AzO^5,HO = C^2H^3AzO^4 + H^2O^2;$$

soit comme résultant de la substitution d'une molécule nitreuse (AzO^4) à un équivalent d'hydrogène dans le formène (1).

En réalité, ce composé prend naissance en même temps qu'une petite quantité de son isomère, l'éther méthylnitreux, C^2H^2 (AzO^3,HO), lorsqu'on mélange de l'azotite d'argent avec du formène monoiodé. L'action est violente et donne une huile dense, d'une odeur spéciale, bouillant à 101°.

(1) Nitrométhane : $H^3 \equiv \text{Є} - Az \ll^{\Theta}_{\Theta}$ ou $(\text{Є}H^3)' - (Az\Theta^2)'$.

Le nitro-méthane s'unit aux alcalis et se distingue de son isomère, l'éther méthylnitreux (1), parce qu'il ne régénère pas l'alcool méthylique.

6. Le *formène trichloro-nitré* ou *chloropicrine*, $C^2(AzO^4)Cl^3$, n'est autre chose que du chloroforme, C^2HCl^3, dans lequel l'hydrogène a été remplacé par une molécule nitreuse (AzO^4). C'est une huile dense, incolore, bouillant à 112°, douée d'une odeur irritante, qui prend naissance dans l'action du chlorure de chaux sur un grand nombre de substances nitrées.

(1) Éther méthylnitreux $H^3 \equiv Є - \Theta - Az = \Theta$ ou $(ЄH^3\Theta)' - (Az\Theta)'$.

CHAPITRE V

DIVERS CARBURES FORMÉNIQUES, ÉTHYLÉNIQUES, ACÉTYLÉNIQUES

§ 1er. — Carbures renfermant 4 équivalents de carbone.

1. Le protohydrure de carbone ou acétylène, le bihydrure ou éthylène, le quadrihydrure ou formène, représentent chacun le type général de toute une série de carbures homologues. Le trihydrure de carbone, autrement dit hydrure d'éthylène ou diméthyle, ne fournit pas de série spéciale, parce qu'il rentre lui-même dans le cadre des carbures forméniques, ainsi qu'il va être dit. Nous allons signaler brièvement les plus importants de ces carbures, dans l'ordre graduel de la complication de leurs formules.

2. Le formène est le seul carbure connu qui renferme 2 équivalents de carbone sous un volume égal à celui de 4 équivalents d'oxygène (32 grammes); mais il existe 3 carbures deux fois aussi condensés, c'est-à-dire contenant 4 équivalents de carbone; ce sont :

L'acétylène............................ C^4H^2 ou $(C^2H)^2$,
L'éthylène............................ C^4H^4 ou $(C^2H^2)^2$,
L'hydrure d'éthylène.................... C^4H^6 ou $(C^2H^3)^2$.

Récapitulons leurs propriétés générales.

Ces trois carbures sont gazeux, et la condensation de l'hydrogène va en croissant parmi eux d'une manière uniforme.

Ces trois carbures peuvent être obtenus aisément par la métamorphose réciproque de l'un quelconque d'entre eux. Par exemple, l'acétylène, uni avec l'hydrogène libre ou naissant, engendre l'éthylène; à son tour l'éthylène, combiné avec l'hydrogène libre ou naissant, engendre l'hydrure d'éthylène. Ces deux réactions sont des combinaisons effectuées avec dégagement de chaleur.

Réciproquement, l'hydrure d'éthylène peut être décomposé par la chaleur en hydrogène et éthylène, puis ce dernier carbure en hydrogène et acétylène. Ces deux réactions sont des combinaisons effectuées avec absorption de chaleur.

Les deux systèmes de réactions inverses déterminent des équilibres, variables avec la température et les proportions relatives; équilibres en vertu desquels les trois carbures coexistent dans toute réaction où l'un d'eux prend naissance à la température rouge.

Enfin, les limites de saturation de l'acétylène et de l'éthylène par l'hydrogène s'appliquent aussi à la saturation des mêmes carbures par le chlore et les corps analogues, par les hydracides et les oxacides, par l'eau, etc., toutes réactions accompagnées avec dégagement de chaleur.

Au contraire, l'hydrure d'éthylène représente un carbure saturé, analogue au formène, incapable de s'unir directement avec les éléments ou composés susdits, mais susceptible de substitution.

3. Ce sont là des relations générales, qui existent également entre les carbures renfermant 6 équivalents de carbone, entre ceux qui en renferment 8, etc. En un mot à chaque carbure $C^{2n}H^{2n+2}$, comparable à l'hydrure d'éthylène et au formène, répond un carbure $C^{2n}H^{2n}$, analogue à l'éthylène par son mode de formation et ses réactions. A ce même carbure répond encore un carbure $C^{2n}H^{2n-2}$, analogue à l'acétylène.

Traçons en peu de mots l'histoire de l'hydrure d'éthylène.

HYDRURE D'ÉTHYLÈNE.

C^4H^6...................... C^2H^6 ou $H^3 \equiv C - C \equiv H^3$.

1. *Historique.* — L'hydrure d'éthylène, appelé également *diméthyle*, *trihydrure de carbone*, ou *éthane*, a été découvert par MM. Frankland et Kolbe, qui ont établi ses relations avec le formène. M. Berthelot l'a formé synthétiquement avec l'éthylène, et il l'a aussi obtenu en réduisant par l'acide iodhydrique tous les composés éthyléniques. Les produits de substitution ont été étudiés surtout par Regnault et par M. Schorlemmer.

2. *Formation.* — L'hydrure d'éthylène peut être formé :

1° Par synthèse directe, au moyen de l'éthylène libre et de l'hydrogène libre, chauffés ensemble, ce qui dégage 21,8 Calories;

2° Au moyen de l'hydrogène naissant et des dérivés de l'éthylène : par exemple, en chauffant à 280° avec l'acide iodhydrique :

Le chlorure d'éthylène, $C^4H^4Cl^2$, ou le bromure, $C^4H^4Br^2$;

L'iodhydrate d'éthylène, $C^4H^4(HI)$;

L'hydrate d'éthylène, c'est-à-dire l'alcool, $C^4H^4(H^2O^2)$;

L'aldéhyde, $C^4H^4O^2$, ou l'acide acétique, $C^4H^4O^4$.

L'éthylamine, $C^4H^4(AzH^3)$, l'acétamide, $C^4H^5AzO^2$, sont également changés en hydrure d'éthylène par l'acide iodhydrique à 280°.

Ces faits prouvent que l'hydrure d'éthylène représente le produit normal de la saturation par l'hydrogène des principaux composés renfermant 4 équivalents de carbone.

Cette réaction s'étend plus loin encore : on sait que le cyanogène est représenté par la formule $(C^2Az)^2$, ou plutôt C^4Az^2 si l'on rapporte cette formule à 4 volumes. A ce dernier titre, il doit être et il est en effet changé en hydrure d'éthylène vers 280°, sous l'influence de l'acide iodhydrique concentré :

$$C^4Az^2 + 6H^2 = C^4H^6 + 2AzH^3.$$

Il est un autre dérivé éthylique, le zinc-éthyle, qui fournit immédiatement de l'hydrure d'éthylène quand on le traite par l'eau (M. Frankland) :

$$(C^4H^5Zn)^2 + H^2O^2 = 2C^4H^6 + 2ZnO.$$

Tous ces modes de formation de l'hydrure d'éthylène s'appliquent également aux divers carbures homologues, et permettent d'obtenir chacun d'eux au moyen des principaux composés qui renferment le même nombre d'équivalents de carbone.

3. Ce n'est pas tout : l'hydrure d'éthylène, C^4H^6, peut être préparé au moyen de son *homologue inférieur*, le formène, C^2H^4. Pour obtenir ce résultat, il suffit de remplacer dans le formène la moitié de l'hydrogène qu'il renferme par un volume égal du formène lui-même :

$$C^2H^2(H^2) - H^2 + C^2H^4 = C^2H^2(C^2H^4).$$

Le carbure que l'on obtient, c'est-à-dire le *méthylformène*, est identique avec l'hydrure d'éthylène. Or ce mode de génération indique qu'un tel carbure, obtenu au moyen de formène par substitution équivalente et sans élimination d'aucun élément, doit offrir, au même titre et de la même manière que le formène, les propriétés d'un *carbure saturé*.

La même conclusion s'applique à tous les carbures $C^{2n}H^{2n+2}$, parce que le même mode de génération s'applique de proche en proche à toute la série $C^{2n}H^{2n+2}$.

4. La métamorphose du formène en hydrure d'éthylène peut être développée sous une autre forme, équivalente au fond à la précédente, mais qui fait apercevoir d'une manière plus directe les réactions propres à effectuer cette métamorphose.

Remarquons, en effet, que la formule de l'hydrure d'éthylène, C^4H^6, étant divisée par 2, se ramène à la suivante, C^2H^3, laquelle diffère du formène, C^2H^4, par un seul équivalent d'hydrogène. Or l'expérience prouve qu'il n'existe pas de carbure d'hydrogène renfermant un nombre impair d'équivalents d'hydrogène dans sa formule (cette dernière étant déterminée par les considérations d'équivalence et de volume gazeux). Si donc on enlève au formène, par un procédé quelconque, un seul équivalent d'hydrogène, la formule du composé résultant devra être doublée, c'est-à-dire qu'il dérivera de 2 molécules de formène : ce qui est conforme à la formule de l'hydrure d'éthylène. C'est précisément par les mêmes raisons et de la même manière que le formène, privé par la chaleur ou par le chlore de 3 équivalents d'hydrogène, $C^2H^4-H^3$, fournit un carbure $(C^2H)^2$, de formule doublée, identique avec l'acétylène, C^4H^2 (p. 51). Ce sont là des relations générales dans l'étude des carbures d'hydrogène et des autres composés organiques.

Il s'agit donc d'éliminer un seul équivalent d'hydrogène aux dépens du formène, problème qui se présente dans une multitude d'autres cas en chimie organique.

5. On peut y parvenir par l'action immédiate de la chaleur rouge sur le formène, action qui produit en effet une certaine dose d'hydrure d'éthylène.

6. On arrive au but plus aisément, en remplaçant d'abord l'hydrogène par un corps tel que l'iode, facile à séparer des autres éléments. A cette fin, on change le formène, C^2H^4, en formène chloré, C^2H^3Cl, par l'action directe du chlore ; puis on traite le formène chloré à 100° ou à 150° par l'acide iodhydrique, qui se substitue à l'acide chlorhydrique et produit du formène iodé, C^2H^3I. Il ne reste plus qu'à ôter l'iode à ce dernier.

Pour y parvenir, on chauffe le composé avec du zinc métallique à 150°, dans un tube scellé, et l'on obtient enfin l'hydrure d'éthylène :

$$2C^2H^3I + 2Zn = (C^2H^3)^2 + 2ZnI.$$

7. *Préparation*. — L'électrolyse des acétates alcalins donne lieu à une réaction analogue, opérée par oxydation sur le formène naissant (Kolbe). L'acide acétique est décomposé en hydrogène, gaz carbonique et hydrure d'éthylène (1) :

$$2C^4H^4O^4 = \underbrace{2H}_{\text{Pôle} -} + \underbrace{2C^2O^4 + (C^2H^3)^2}_{\text{Pôle} +};$$

(1) $$\mathit{CH^3,CO^2H} = \underbrace{\mathit{2H}}_{\text{Pôle} -} + \underbrace{\mathit{2CO^2 + (CH^3)^2}}_{\text{Pôle} +}.$$

mais la moitié du gaz carbonique se trouve retenue par l'alcali de l'acétate :

$$2C^4H^3KO^4 + H^2O^2 = C^2O^4,2KO + \underbrace{2H}_{\text{Pôle} -} + \underbrace{C^2O^4 + C^4H^6}_{\text{Pôle} +}.$$

C'est même là le procédé le plus expéditif pour préparer l'hydrure d'éthylène, parce que la réaction a lieu à la température ordinaire, sans autre appareil que 6 à 8 éléments Bunsen et un vase électrolytique, divisé par une cloison en deux compartiments concentriques qui communiquent par la partie inférieure (fig. 34).

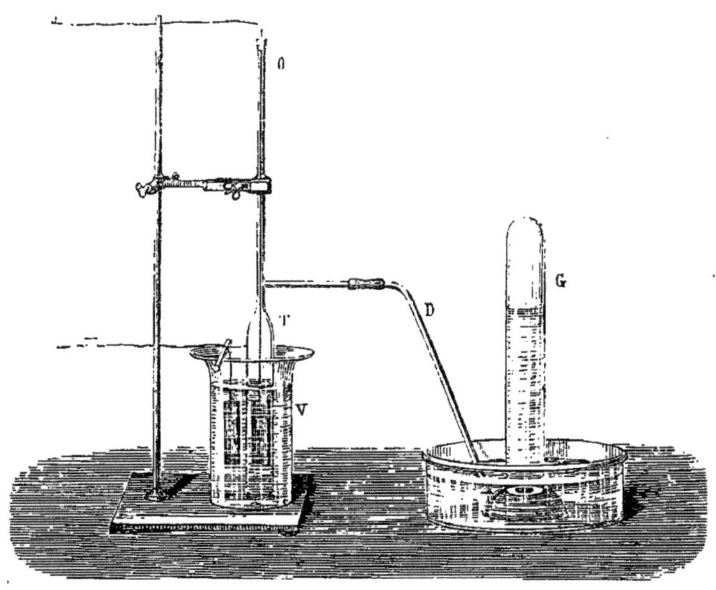

FIG. 34. — Électrolyse de l'acétate de potasse.

L'hydrure d'éthylène se forme aussi par la décomposition des substances organiques très hydrogénées, sous l'influence de la chaleur. Il fait encore partie du gaz qui accompagne certaines huiles de pétrole naturelles, dans les lieux d'extraction.

8. *Propriétés.* — L'hydrure d'éthylène est un gaz incolore, de densité 1,036, doué d'une odeur éthérée, brûlant avec une belle flamme blanche, non absorbable par le brome, l'acide nitrique fumant, l'acide sulfurique fumant, etc. L'eau ne le dissout pas; l'alcool absolu en dissout 1 volume 1/2. Sa combustion dégage 388,8 Calories. Il est formé depuis ses éléments avec dégagement de + 6,5 Calories; depuis

l'éthylène et l'hydrogène, avec dégagement de + 22 Calories. Il se liquéfie à + 4° sous une pression de 46 atmosphères.

Mêlé avec l'oxygène, 1 volume d'hydrure d'éthylène exige pour brûler 3 1/2 volumes de ce gaz et produit 2 volumes d'acide carbonique et 3 volumes de vapeur d'eau :

$$C^4H^6 + 7O^2 = 2C^2O^4 + 3H^2O^2.$$
$$\text{4 v.} \quad \text{14 v.} \quad \text{8 v.} \quad \text{12 v.}$$

9. *Réactions.* — Traité par le chlore gazeux, avec le concours de la lumière et dans des conditions semblables à celles que nous avons décrites en parlant du formène (p. 97), l'hydrure d'éthylène fournit un dérivé chloré, C^4H^5Cl, identique avec l'*éther chlorhydrique* de l'alcool ordinaire. Ce corps sera décrit plus loin; mais il est utile de signaler ici les composés chlorés qui en dérivent, lesquels (à l'exception des deux derniers termes) ne sont pas identiques, mais isomériques avec les dérivés du chlorure d'éthylène (1).

	Point d'ébullition.	Densité à 0°.
Hydrure d'éthylène	Gaz	»
— chloré (éther chlorhydrique).	12,°5	0,921
— bichloré	60°	1,241
— trichloré	75°	1,346
— quadrichloré	102°	1,530
— quintichloré	159°	1,709
— séchloré	188°	2,0 (solide).

L'éther chlorhydrique, C^4H^4,HCl, est l'origine de toute une série de dérivés. En effet, avec cet éther, on engendre d'abord par double décomposition l'éther acétique, $C^4H^4,C^4H^4O^4$, ou tout autre éther analogue, puis l'alcool, $C^4H^4(H^2O^2)$. Ce dernier résulte en définitive de la substitution de l'hydrogène de l'hydrure d'éthylène par un volume égal de vapeur d'eau :

$$C^4H^4(H^2) + H^2O^2 - H^2 = C^4H^4(H^2O^2).$$

C'est là une nouvelle application de la méthode (p. 99) par laquelle

(1) Chlorure d'éthylène, $\frac{H^2}{Cl} > C - C < \frac{H^2}{Cl}$, et hydrure d'éthylène bichloré, $H^3 \equiv C - C \leqslant \frac{H}{Cl^2}$; chlorure d'éthylène chloré, $\frac{H^2}{Cl} > C - C \leqslant \frac{H}{Cl^2}$, et hydrure d'éthylène trichloré, $H^3 \equiv C - C \equiv Cl^3$; etc.

Ce sont là des exemples de métamérie traduite dans les formules par les différences de position des atomes sur lesquels porte la substitution.

nous avons effectué la synthèse de l'alcool méthylique, $C^2H^2(H^2O^2)$, au moyen du formène, $C^2H^2(H^2)$.

10. Nous citerons seulement, parmi ses dérivés, *l'hydrure d'éthylène nitré* ou *nitréthane*, $C^4H^5(AzO^4)$, qui se produit en même temps qu'un peu de son isomère, l'éther azoteux, $C^4H^4(AzO^3,HO)$, quand on mélange de l'azotate d'argent à de l'hydrure d'éthylène monoiodé ou éther iodhydrique, et qu'on distille après que la réaction s'est calmée (1). C'est un liquide éthéré, insoluble dans l'eau, bouillant à 113°, et ayant une densité égale à 1,058 à 13° (M. V. Meyer).

Les autres réactions générales de l'hydrure d'éthylène sont semblables à celles du formène.

§ 2. — Carbures renfermant 6 équivalents de carbone.

1. Les carbures qui renferment 6 équivalents de carbone sont au nombre de trois, savoir :

L'hydrure de propylène....................	C^6H^8,
Le propylène....................	C^6H^6,
L'allylène....................	C^6H^4.

2. Ici se place une remarque importante.

A chacune des formules de carbures à 2 et 4 équivalents de carbone, correspond 1 seul composé. Il n'en est plus de même quand on passe aux carbures contenant un plus grand nombre d'équivalents de carbone; les isoméries vont alors en se multipliant à mesure que la molécule devient plus complexe, c'est-à-dire dérive d'un plus grand nombre de molécules forméniques successivement combinées. Les carbures à 6 équivalents de carbone dont il s'agit plus spécialement ici se trouvent sur la limite : il ne paraît exister qu'un seul composé répondant à la formule C^6H^8, mais on a signalé deux carbures de formule C^6H^6 et C^6H^4. Au delà, et à partir des carbures renfermant 8 équivalents de carbone, l'existence de plusieurs isomères est certaine.

I. — Hydrure de propylène.

C^6H^8.................... C^3H^8 ou $\mathit{C}H^3 - \mathit{C}H^2 - \mathit{C}H^3$.

1. L'hydrure de propylène ou *propane*, est un gaz découvert par M. Berthelot en 1857. Il se forme en général par la réaction de l'hy-

(1) Nitréthane, $(\mathit{C}^2H^5)' - Az\Theta^2$; éther éthylnitreux, $(\mathit{C}^2H^5\Theta)' - Az\Theta$.

drogène naissant, c'est-à-dire de l'acide iodhydrique, vers 280°, sur la plupart des corps renfermant 6 équivalents de carbone, tels que :

Le bromure de propylène, $C^6H^6Br^2$;

L'iodhydrate de propylène, $C^6H^6(HI)$;

L'acétone, $C^6H^6O^2$;

Le nitrile propionique, C^6H^5Az;

L'acide propionique, $C^6H^6O^4$; etc.

2. Signalons spécialement la transformation du nitrile propionique en hydrure de propylène :

$$C^6H^5Az + 3H^2 = C^6H^8 + AzH^3.$$

Or ce nitrile s'obtient par décomposition entre le cyanure de potassium et l'éther chlorhydrique, dérivé lui-même de l'hydrure d'éthylène. Cette chaîne de réactions est capitale, parce qu'elle établit que l'hydrure de propylène peut être regardé comme dérivé de l'hydrure d'éthylène, $C^4H^4(H^2)$, en vertu de la substitution du formène à l'hydrogène à volumes égaux :

$$C^4H^4(H^2) + C^2H^4 - H^2 = C^4H^4(C^2H^4).$$

Elle montre aussi pourquoi l'hydrure de propylène est un carbure saturé (1).

Enfin elle établit expérimentalement la synthèse de l'hydrure de propylène, et par suite celle des composés propyliques, au moyen des composés éthyliques : c'est là une réaction générale pour transformer les composés d'une série dans les composés de la *série homologue supérieure*.

3. Les propriétés et réactions de l'hydrure de propylène sont parallèles de tout point à celles de l'hydrure d'éthylène; ce qui nous dispense d'insister. Bornons-nous à signaler la solubilité de ce gaz dans l'alcool absolu, qui en dissout 6 volumes, et son analyse eudiométrique.

Un volume d'hydrure de propylène, mêlé avec 5 volumes d'oxygène et enflammé, produit 3 volumes d'acide carbonique et 4 volumes d'eau :

$$\underset{4\,v.}{C^6H^8} + \underset{20\,v.}{10O^2} = \underset{12\,v.}{3C^2O^4} + \underset{16\,v.}{4H^2O^2}.$$

Sa combustion dégage 553,5 Calories.

(1)
```
      H   H   H
      |   |   |
  H - C - C - C - H
      |   |   |
      H   H   H
```

II — PROPYLÈNE.

C^6H^6. C^3H^6 ou $CH^3-CH=CH^2$.

1. *Historique.* — Le propylène a été entrevu par M. Reynolds dans la décomposition pyrogénée de l'alcool amylique; mais il n'a été isolé à l'état de pureté que par MM. Berthelot et de Luca. Ses produits de substitution ont été étudiés par M. Cahours. M. Berthelot a établi sa transformation en alcool isopropylique et éther isopropylique, en acétone, en acide propionique et en acide malonique, ainsi que ses relations avec la glycérine.

2. *Formation.* — Le propylène peut être formé régulièrement, en décomposant par la chaleur l'hydrure de propylène, qui existe dissous dans les pétroles d'Amérique; ou le bromure de propylène par l'eau, le cuivre et l'iodure de potassium; ou bien encore l'alcool propylique par l'acide sulfurique.

Il se produit synthétiquement par la condensation du formène libre au rouge, et surtout par la condensation du formène naissant, pendant la distillation des formiates ou des acétates :

$$3(C^2H^4-H^2)=C^6H^6.$$

Le propylène prend naissance par analyse, ainsi que les autres carbures $C^{2n}H^{2n}$, dans la distillation sèche des sels des acides gras et de beaucoup d'autres corps riches en hydrogène.

3. *Préparation.* — On prépare le propylène en chauffant doucement dans une fiole un mélange de 3 parties d'éther allyliodhydrique, $C^6H^4(HI)$, 5 parties d'acide chlorhydrique fumant et 15 parties de mercure :

$$C^6H^4(HI)+HCl+2Hg^2=C^6H^6+Hg^2Cl+Hg^2I.$$

On lave le gaz dans la potasse et on le recueille sur l'eau ou sur le mercure.

On obtient aisément le propylène en projetant quelques lamelles de zinc dans de l'éther allyliodhydrique mélangé de plusieurs fois son volume d'alcool. La réaction est rapide; on la modère en plongeant dans l'eau froide le vase où elle se produit (MM. Gladstone et Tribe).

On peut encore chauffer au bain-marie un mélange d'éther isopropyliodhydrique et de potasse alcoolique.

4. *Propriétés.* — C'est un gaz incolore, doué d'une odeur alliacée; sa densité est 1,498; il peut être liquéfié par une pression d'une quinzaine d'atmosphères; il est peu soluble dans l'eau, fort soluble dans

l'alcool absolu. Il brûle avec une flamme éclairante et un peu fuligineuse. Sa combustion dégage 507 Calories.

Le propylène, mêlé avec 4 volumes 1/2 d'oxygène et enflammé, détone violemment, en produisant 3 volumes d'acide carbonique et 3 volumes de vapeur d'eau :

$$\underset{4\text{ v.}}{C^6H^6} + \underset{18\text{ v.}}{9O^2} = \underset{12\text{ v.}}{3C^2O^4} + \underset{12\text{ v.}}{3H^2O^2}.$$

5. *Hydrogène.* — L'hydrogène naissant le change en hydrure, ce qui dégage 22,8 Calories.

$$C^6H^6 + H^2 = C^6H^8.$$

A cet effet, il suffit de faire agir l'acide iodhydrique à 280° sur le propylène, sur son iodhydrate, ou sur son bromure.

6. *Oxygène.* — L'oxygène naissant, tiré, par exemple, de l'acide chromique pur ou du permanganate de potasse, oxyde à froid le propylène.

Avec l'acide chromique on obtient d'abord et simultanément, par une action brusque, deux corps isomères, l'*aldéhyde propionique* et l'*acétone*, $C^6H^6O^2$, formés avec dégagement de 87,3 et de 83,3 Calories :

$$C^6H^6 + O^2 = C^6H^6O^2,$$

ainsi que les produits ultérieurs de l'oxydation de l'acétone (acides acétique, formique, carbonique, eau).

En ralentissant l'action, on forme l'*acide propionique*, $C^6H^6O^4$, monobasique, dérivé de l'aldéhyde propionique produit tout d'abord :

$$C^6H^6 + O^4 = C^6H^6O^4.$$

Le permanganate de potasse va plus loin; car il engendre en premier lieu un acide bibasique, l'*acide malonique*, $C^6H^4O^8$:

$$C^6H^6 + O^{10} = C^6H^4O^8 + H^2O^2,$$

puis les produits qui en dérivent (acides acétique, oxalique, etc.).

Toutes ces réactions sont semblables aux métamorphoses de l'éthylène en aldéhyde, acide acétique et acide oxalique (p. 80).

7. *Corps halogènes.* — Les corps halogènes, chlore, brome, iode, s'unissent aisément au propylène, en formant un chlorure, $C^6H^6Cl^2$, un *bromure*, $C^6H^6Br^2$, un *iodure*, $C^6H^6I^2$. Ces réactions sont analogues à celles de l'éthylène et même plus faciles à réaliser.

8. *Hydracides.* — Les hydracides s'unissent aussi directement avec le propylène, en formant des éthers isopropyliques, tels que :

Un chlorhydrate.................... $C^6H^6(HCl)$,
Un bromhydrate.................... $C^6H^6(HBr)$,
Un iodhydrate...................... $C^6H^6(HI)$.

9. L'acide sulfurique concentré absorbe très rapidement le propylène, en formant un *acide isopropylsulfurique*, $C^6H^6(S^2O^6,H^2O^2)$. Ledit acide, décomposé par l'eau, engendre l'*hydrate de propylène* ou *alcool isopropylique*, $C^6H^6(H^2O^2)$. On reviendra sur ce fait.

III. — Allylène.

C^6H^4.......... C^3H^4 ou $CH^3-C\equiv CH$.

1. *Historique.* — L'allylène, appelé aussi *méthylacétylène*, a été découvert simultanément par M. Sawitsch et M. Markownikoff. Il a été étudié par M. Berthelot, qui l'a changé en propylène, en oxyde d'allylène et en acides propionique et malonique.

2. *Préparation.* — L'allylène se prépare en déshydrogénant le propylène, par exemple en formant le bromure de propylène, $C^6H^6Br^2$, auquel on enlève ensuite de l'acide bromhydrique par l'action prolongée d'une solution alcoolique de potasse ; on opère à 100° dans un tube scellé (M. Sawitsch) :

$$C^6H^6Br^2 + 2(KO,HO) = C^6H^4 + 2\,KBr + 2\,H^2O^2.$$

On le prépare aussi par la potasse alcoolique, au moyen du propylène chloré, C^6H^5Cl, obtenu dans la réaction du perchlorure de phosphore sur l'acétone.

3. *Propriétés.* — C'est un gaz incolore, d'une odeur alliacée, assez soluble dans l'eau. Sa combustion dégage 465 Calories.

1 volume d'allylène exige pour brûler complètement 4 volumes d'oxygène, et produit 3 volumes d'acide carbonique et 2 volumes de vapeur d'eau :

$$\underset{4\text{ v.}}{C^6H^4} + \underset{16\text{ v.}}{8\,O^2} = \underset{12\text{ v.}}{3\,C^2O^4} + \underset{8\text{ v.}}{2\,H^2O^2}.$$

4. L'*hydrogène* naissant (acide iodhydrique) change d'abord l'allylène en propylène, C^6H^6, puis en hydrure de propylène, C^6H^8.

5. L'*oxygène* naissant (dérivé de l'acide chromique pur) change l'allylène en *oxyde d'allylène*, $C^6H^4O^2$:

$$C^6H^4 + O^2 = C^6H^4O^2 ;$$

puis en *acide propionique*, $C^6H^6O^4$:

$$C^6H^4 + O^2 + H^2O^2 = C^6H^6O^4.$$

Avec la permanganate de potasse, on obtient l'*acide malonique*, $C^6H^4O^8$:

$$C^6H^4 + 2\,O^4 = C^6H^4O^8.$$

6. Le *brome* forme deux bromures :

$$C^6H^4Br^2 \text{ et } C^6H^4Br^4.$$

7. L'*acide iodhydrique* forme deux iodhydrates :

$$C^6H^4(HI) \text{ et } C^6H^4(2\,HI).$$

8. Le *potassium* attaque l'allylène à une douce chaleur et forme de l'acétylure de potassium :

$$C^6H^4 + K^2 = C^4K^2 + C^2 + 2\,H^2.$$

9. L'*acide sulfurique* concentré absorbe immédiatement l'allylène, en formant un *acide allylénosulfurique*, que l'eau décompose avec production d'un *hydrate d'allylène*, $C^6H^4(H^2O^2)$, qui paraît identique avec l'acétone.

10. L'allylène, enfin, précipite en jaune le chlorure cuivreux dissous dans l'ammoniaque, et il précipite en blanc le nitrate d'argent ammoniacal, en formant des corps analogues aux dérivés acétyléniques.

§ 3. — Carbures renfermant 8 équivalents de carbone.

1. Les carbures d'hydrogène qui renferment 8 équivalents de carbone appartiennent à quatre types différents, savoir :

L'hydrure de butylène	C^8H^{10},
Le butylène	C^8H^8,
Le crotonylène	C^8H^6,
Le diacétylène	C^8H^4.

A chacune des formules précédentes correspondent plusieurs isomères. Pour montrer combien les isoméries se multiplient à mesure que le nombre des équivalents de carbone augmente dans la molécule des carbures, nous allons les énumérer.

2. On distingue 2 *hydrures de butylène*, C^8H^{10}.

L'un est normal (1), existe dans les pétroles d'Amérique, est identique avec le *diéthyle*, $(C^4H^5)^2$, et constitue un gaz liquéfiable à $+1°$.

L'autre est secondaire et appelé *isobutane* ou *triméthylformène* (2); il résulte de l'action du zinc et de l'eau sur l'éther iodhydrique de l'alcool butylique tertiaire; il est gazeux et ne se liquéfie qu'à $-17°$.

3. Les *butylènes*, C^8H^8, constituent des gaz liquéfiables au voisinage de 0°. Ils sont au nombre de 3 :

1° Le *butylène normal* (3), fourni par l'action de la potasse alcoolique sur l'éther butyliodhydrique normal ;

2° Le *pseudobutylène*, dit aussi *diméthyléthylène symétrique* (4), produit de la même manière avec l'éther butyliodhydrique secondaire;

3° L'*isobutylène*, dit aussi *diméthyléthylène dissymétrique* (5), engendré encore de la même manière, au moyen de l'éther butyliodhydrique tertiaire. Il constituerait un carbure tertiaire.

4. Enfin on connaît 4 carbures de formule C^8H^6, savoir :

1° L'*éthylacétylène* (6) résultant de l'union de l'éthylène et de l'acétylène, effectuée directement à la température rouge.

2° Le *méthylallylène* (7), formé par l'action de la potasse alcoolique sur un chlorure dérivé du méthyléthylacétone. Il précipite le chlorure de cuivre ammoniacal.

3° La *butine* (8), qui se forme dans diverses réactions pyrogénées et existe dans le gaz de boghead.

4° Le *diméthylacétylène* (9), ou *crotonylène*, engendré par l'action de la potasse alcoolique sur le bromure de butylène.

Ces isoméries s'expliquent en tenant compte des différences de génération des carbures. Mais c'est là un sujet qui mérite d'être développé.

5. Afin d'examiner cette question d'isomérie dans les carbures d'hydrogène à un point de vue général, prenons pour exemple les carbures $C^{10}H^{12}$. Ils peuvent être considérés comme dérivant de 5 molécules forméniques, celles-ci se trouvant réunies de diverses manières.

1° Dans une molécule forménique, H^2 est remplacé par une seconde

(1) $ЄH^3 - ЄH^2 - ЄH^2 - ЄH^3$.
(2) $(ЄH^3)^3 \equiv ЄH$.
(3) $ЄH^3 - ЄH^2 - ЄH = ЄH^2$.
(4) $ЄH^3 - ЄH = ЄH - ЄH^3$.
(5) $(ЄH^3)^2 = Є = ЄH^2$.
(6) $ЄH^3 - ЄH^2 - Є \equiv ЄH$.
(7) $ЄH^3 - ЄH = Є = ЄH^2$.
(8) $ЄH^2 = ЄH - ЄH = ЄH^2$.
(9) $ЄH^3 - Є \equiv Є - ЄH^3$.

molécule forménique, cette dernière s'unissant de même à une troisième, et ainsi de suite :

$$5\,C^2H^4 - 4\,H^2 = C^2H^2, C^2H^2, C^2H^2, C^2H^2, C^2H^4.$$

On désigne sous le nom de *carbures primaires* ou sous celui de *carbures normaux*, ceux dont on a rattaché ainsi la génération à des molécules forméniques n'éprouvant chacune qu'une seule substitution.

2° Dans une même molécule forménique, 2 H^2 sont remplacés à la fois par deux autres molécules forméniques, dans chacune desquelles on opère une substitution analogue, portant seulement sur H^2 :

$$5\,C^2H^4 - 4\,H^2 = C^2 \left\{ \begin{matrix} C^2H^2, C^2H^4 \\ C^2H^2, C^2H^4. \end{matrix} \right.$$

On appelle *carbures secondaires* ceux dans lesquels existerait ainsi une molécule forménique extrême, ayant subi directement deux réactions de substitution.

3° Dans une molécule forménique, H^2 est remplacé par une autre molécule forménique, celle-ci échangeant $2H^2$ contre deux autres molécules forméniques, dont l'une a elle-même subi la substitution de C^2H^4 à H^2 :

$$C^2H^2, C^2 \left\{ \begin{matrix} C^2H^2, C^2H^4 \\ C^2H^4 ; \end{matrix} \right.$$

c'est-à-dire que la molécule centrale est liée avec trois autres molécules forméniques.

En général, les carbures dans lesquels une molécule d'un carbure secondaire se substitue ainsi dans une première molécule forménique, sont nommés *carbures tertiaires*.

On conçoit d'ailleurs que les carbures plus complexes puissent accumuler plusieurs des causes d'isomérie précitées.

6. Dans la notation atomique, un carbure primaire ou normal ne renferme aucun atome de carbone relié directement avec plus de deux autres atomes de carbone :

$$CH^3 - CH^2 - CH^2 - CH^2 - CH^3 ;$$

dans un carbure secondaire, un atome de carbone se trouve relié directement avec trois autres atomes de carbone :

$$\begin{matrix} CH^3 - CH - CH^2 - CH^3 ; \\ | \\ CH^3 \end{matrix}$$

enfin un carbure tertiaire est caractérisé par un atome de carbone relié directement à quatre autres atomes de carbone :

$$\begin{array}{c} CH^3 \\ | \\ CH^3 - C - CH^3. \\ | \\ CH^3 \end{array}$$

7. Nous venons de considérer la génération des carbures aux dépens du plus simple d'entre eux, le formène; mais on peut généraliser cette interprétation. Au lieu de substituer progressivement et de diverses manières le formène à un volume égal d'hydrogène dans une molécule hydrocarburée, on peut varier à volonté la nature des carbures entre lesquels on effectue la réaction. Par exemple, on obtient un carbure $C^{12}H^{14}$ au moyen du formène et de l'hydrure d'amylène :

$$C^2H^4 + C^{10}H^{12} - H^2 = C^{10}H^{10}(C^2H^4).$$

C'est un hydrure de méthylamylène. Mais on obtient aussi des carbures de même composition par des réactions semblables, effectuées, soit entre l'hydrure d'éthylène et l'hydrure de butylène, ce qui donne l'hydrure d'éthylbutylène :

$$C^4H^6 + C^8H^{10} - H^2 = C^8H^8(C^4H^6),$$

soit entre deux molécules d'hydrure de propylène, ce qui fournit un hydrure de dipropylène :

$$C^6H^8 + C^6H^8 - H^2 = C^6H^6(C^6H^8).$$

Tous les carbures ainsi formés possèdent la même composition : ils peuvent être identiques ou différents, selon les cas. C'est ainsi que l'hydrure de méthylamylène a été reconnu différent de l'hydrure de dipropylène. Lorsque la variation des générateurs entraîne l'isomérie des produits engendrés, ces derniers sont appelés *corps métamères.*

Il est facile de concevoir et de réaliser une multitude de carbures métamères; mais il nous suffira d'avoir signalé les principes généraux de leur formation.

§ 4. — **Carbures renfermant 10 équivalents de carbone.**

Les carbures d'hydrogène qui renferment 10 équivalents de carbone répondent comme les précédents à quatre types différents, savoir :

L'hydrure d'amylène (3 isomères).......... $C^{10}H^{12}$,
L'amylène (5 isomères).................... $C^{10}H^{10}$,
Le valérylène (5 isomères)................ $C^{10}H^8$,
Le valylène (2 isomères).................. $C^{10}H^6$.

L'isomérie dans ces composés se rattache aux mêmes principes précédemment exposés. L'attribution de telle ou telle formule rationnelle à un composé déterminé manque de certitude.

Quelques mots sur deux de ces carbures, auxquels leurs réactions donnent plus d'intérêt.

I. — Hydrure d'amylène.

$C^{10}H^{12}$. .... Є^5H^{12}.

1. L'hydrure d'amylène ou *pentane* peut être formé régulièrement par la réaction de l'hydrogène naissant, c'est-à-dire de l'acide iodhydrique à 280°, sur la plupart des composés qui renferment 10 équivalents de carbone (p. 92 et 110). La série camphénique le fournit également. L'hydrure d'amylène ainsi obtenu répond sans nul doute à plusieurs états isomères, correspondants à la constitution des corps soumis à l'hydrogénation. Nous parlerons seulement de l'hydrure d'amylène secondaire, découvert par M. Frankland. Sa formule serait (1) :

$$C^2\left\{\begin{matrix}C^2H^2,C^2H^4\\C^2H^2,C^2H^4.\end{matrix}\right.$$

Ce carbure prend naissance, avec divers autres, dans la distillation sèche des sels des acides gras; enfin il fait partie des huiles de boghead, de cannel-coal et de pétrole américain (MM. Cahours et Pelouze).

2. *Préparation.* — On le prépare en chauffant à 140° l'éther isoamyliodhydrique, en vase clos, avec du zinc et de l'eau (M. Frankland) :

$$C^{10}H^{11}I + Zn^2 + H^2O^2 = C^{10}H^{12} + ZnI + ZnO,HO.$$

3. *Propriétés.* — C'est un liquide très mobile, bouillant à 31°, de densité, 0,6285 à 13°,7, inaltérable à froid par le brome, par l'acide nitrique fumant, l'acide sulfurique fumant, etc.

Sous l'influence de la chaleur, le chlore l'attaque et le change en *éther isoamylchlorhydrique*, $C^{10}H^{11}Cl$.

4. *Action de la chaleur.* — Cette action mérite d'être exposée avec quelque détail, parce qu'elle met en jeu les mécanismes généraux qui changent un carbure d'hydrogène dans la série de ses homologues inférieurs (M. Berthelot). Porté rapidement à la chaleur rouge, l'hydrure d'amylène se décompose, en partie en amylène et hydrogène :

$$C^{10}H^{12} = C^{10}H^{10} + H^2,$$

(1) $(CH^3)^2 = \text{Є}H - \text{Є}H^2 - CH^3$.

en partie en acétylène et hydrure de butylène :

$$2\,C^{10}H^{12} = 2\,C^{8}H^{10} + C^{4}H^{2} + H^{2}.$$

L'hydrure d'amylène, $C^{10}H^{12}$, fournit ainsi son homologue immédiatement inférieur, l'hydrure de butylène, $C^{8}H^{10}$. Mais l'action de la chaleur ne s'arrête pas là : une portion de l'hydrure de butylène, à son tour, éprouve au fur et à mesure de sa formation des décompositions semblables, qui engendrent, d'une part le butylène, $C^{8}H^{8}$, et d'autre part l'acétylène et l'hydrure de propylène, $C^{6}H^{8}$:

$$2\,C^{8}H^{10} = 2\,C^{6}H^{8} + C^{4}H^{2} + H^{2}.$$

Ce dernier fournit à son tour du propylène, $C^{6}H^{6}$, d'une part, et d'autre part de l'acétylène et de l'hydrure d'éthylène, $C^{4}H^{6}$:

$$2\,C^{6}H^{8} = 2\,C^{4}H^{6} + C^{4}H^{2} + H^{2}.$$

Enfin l'hydrure d'éthylène est transformable en partie en éthylène, en partie en formène et acétylène (p. 76), suivant les mêmes mécanismes.

En résumé, l'hydrure d'amylène chauffé au rouge donne naissance à une double série de carbures homologues, $C^{2n}H^{2n}$ et $C^{2n}H^{2n+2}$; en même temps se forme l'acétylène, qui constitue le lien général de ces métamorphoses, et dont la formation entraîne, par une conséquence nécessaire, celle de la série de ses dérivés (p. 72).

Cette décomposition de l'hydrure d'amylène est le type d'une multitude de décompositions analogues.

II. — Amylène ordinaire.

$C^{10}H^{10}$ ou $C^{2}H^{2}[C^{4}(C^{2}H^{4})^{2}]$ ..... $C^{5}H^{10}$ ou $(CH^{3})^{2} = C = CH - CH^{3}$.

1. *Historique.* — Cet amylène dérive de l'alcool amylique de fermentation ; il est encore appelé *triméthyléthylène*. Il a été découvert par Balard, qui a observé aussi la formation simultanée des polymères aux dépens de l'alcool amylique. M. Berthelot l'a combiné directement aux hydracides, et Wurtz a reconnu que les éthers ainsi formés étaient isomères des véritables éthers de l'alcool amylique pris comme point de départ.

C'est un carbure fort important, au point de vue de la théorie comme des applications.

2. *Formation.* — Il se forme :

1° En déshydrogénant l'hydrure d'amylène, $C^{10}H^{12}$;

2° En enlevant le brome au bromure d'amylène, $C^{10}H^{10}Br^2$ (p.75);

3° En décomposant l'alcool amylique par le chlorure de zinc :

$$C^{10}H^{12}O^2 = C^{10}H^{10} + H^2O^2.$$

4° L'amylène peut être produit synthétiquement par l'union du formène naissant et du butylène naissant :

$$C^8H^8 + C^2H^4 - H^2 = C^8H^8(C^2H^2);$$

et plus directement par la condensation du formène naissant :

$$5(C^2H^4 - H^2) = C^{10}H^{10}.$$

Cette dernière condensation se produit, par exemple, dans la distillation sèche des acétates, source ordinaire du formène; mais elle porte seulement sur une petite quantité de matière, et elle est accompagnée par la formation analogue du butylène, du propylène, etc.

3. *Préparation.* — Pour préparer l'amylène, on peut faire tomber goutte à goutte de l'alcool amylique sur du chlorure de zinc maintenu en fusion, et soumettre le produit de la réaction à la distillation fractionnée (Balard).

Mais il est préférable de mettre en contact pendant deux jours, en agitant fréquemment, 1 partie d'alcool amylique avec 1 partie de chlorure de zinc fondu et pulvérisé à l'abri de l'humidité : on distille le mélange, on rectifie au bain-marie les hydrocarbures obtenus, enfin on fractionne par distillation le produit desséché, en recueillant ce qui passe entre 36° et 38°.

4. *Propriétés.* — L'amylène est liquide, mobile, incolore, doué d'une odeur alliacée, insoluble dans l'eau, soluble dans l'alcool. Sa densité est 0,6783 à 0°. Il bout à 36°,8. Il a été employé comme anesthésique.

5. *Polymères.* — L'acide sulfurique concentré dissout d'abord l'amylène avec dégagement de chaleur; presque aussitôt le carbure se sépare. Mais il ne reparaît plus dans son état primitif; il s'est transformé directement en divers carbures condensés (M. Berthelot), tels que :

Le *diamylène* $(C^{10}H^{10})^2$, liquide qui bout à 160°;

Le *triamylène* $(C^{10}H^{10})^3$, qui bout vers 270° ;

Le *tétramylène* $(C^{10}H^{10})^4$, etc.

Ce sont les polymères de l'amylène. La transformation de 2 molécules d'amylène en diamylène dégage 11,8 Calories.

6. *Réactions.* — Les réactions que l'amylène éprouve de l'hydrogène, de l'oxygène, du chlore, du brome, etc., sont semblables à celles de l'éthylène et du propylène (p. 179 et suivantes).

Par une oxydation extrêmement ménagée (carbure agissant à froid sur l'acide chromique en dissolution aqueuse très étendue), l'amylène de l'huile de pommes de terre donne de l'acide valérianique, $C^{10}H^{10}O^4$. Mais dans les conditions ordinaires on obtient les acides homologues moins élevés, tels que l'acide butyrique, l'acide acétique, etc.

Avec les hydracides il forme directement un *chlorhydrate*, un *bromhydrate*, un *iodhydrate* d'amylène, $C^{10}H^{10}(HI)$.

7. *Hydrate d'amylène.* — Ces derniers composés fournissent par double décomposition (p. 86) des éthers, à l'aide desquels il est facile de préparer l'*hydrate d'amylène*, $C^{10}H^{10}(H^2O^2)$.

Ici se présente une circonstance remarquable : l'hydrate d'amylène n'est pas identique avec l'alcool amylique ordinaire, malgré l'identité de composition (Wurtz). En effet, il bout à 102°, tandis que l'alcool amylique de fermentation bout à 131°; de plus, l'hydrate d'amylène se résout bien plus facilement que l'alcool amylique en amylène et en eau, sous l'influence de la chaleur. Les éthers de ces deux alcools ne sont pas non plus identiques. On verra plus loin que l'alcool ainsi engendré par hydratation se range parmi les alcools tertiaires.

Cependant un autre alcool amylique peut être préparé au moyen de l'amylène $C^{10}H^{10}$: il suffit de changer celui-ci en hydrure, puis de former un éther chlorhydrique, $C^{10}H^{11}Cl$, par substitution chlorée, en suivant les méthodes indiquées plus haut (p. 97).

Il résulte de là que les deux carbures $C^{10}H^{12}$ et $C^{10}H^{10}$ fournissent deux alcools isomériques, l'un par substitution des éléments de l'eau :

$$C^{10}H^{10}(H^2) \ldots\ldots C^{10}H^{10}(H^2O^2);$$

l'autre par addition de ces mêmes éléments :

$$C^{10}H^{10} \ldots\ldots C^{10}H^{10} + H^2O^2.$$

Avec l'éthylène et l'hydrure d'éthylène on n'obtient au contraire qu'un seul et même alcool; mais cette identité ne paraît exister que pour la série éthylique. Dans toutes les séries qui dérivent des carbures plus condensés, on observe des isoméries analogues à celle de la série amylique. C'est à cause de cette circonstance que nous nous sommes étendus sur la formation de l'hydrate d'amylène.

§ 5. — Carbures renfermant 12 équivalents de carbone.

On connaît cinq types de carbures d'hydrogène renfermant 12 équivalents de carbone. Ce sont :

L'hydrure d'hexylène (ou de caproylène)...	$C^{12}H^{14}$,
L'hexylène..................................	$C^{12}H^{12}$,
L'adipène..................................	$C^{12}H^{10}$,
Le sorbylène................................	$C^{12}H^{8}$,
La benzine..................................	$C^{12}H^{6}$.

Chacun de ces types comprend un certain nombre de corps isomères, dont les propriétés et les réactions sont très voisines de celles de leurs homologues cités plus haut. Nous ne nous occuperons ici que de deux d'entre eux; un troisième, la benzine, en raison de son importance, sera étudié dans un chapitre séparé.

I. — Hydrure d'hexylène.

$C^{12}H^{14}$.............................. C^6H^{14}.

1. *Formation.* — L'hydrure d'hexylène ou *hexane* peut être formé en traitant les divers composés hexyliques et autres corps renfermant 12 équivalents de carbone par l'hydrogène naissant, c'est-à-dire par l'acide iodhydrique à 280°; par exemple, en hydrogénant au moyen de ce réactif le nitrile caproïque :

$$C^{10}H^{10}(C^2HAz) + 3H^2 = C^{10}H^{10}(C^2H^4) + AzH^3.$$

Cette méthode d'hydrogénation s'applique même à la benzine :

$$C^{12}H^6 + 8HI = C^{12}H^{14} + 4I^2,$$

malgré la grande différence qui existe entre la proportion d'hydrogène dans les deux carbures (M. Berthelot).

Il est clair que divers isomères peuvent être ainsi formés. On en comprendra mieux le caractère en remarquant que l'on produit aussi l'hydrure d'hexylène par la réaction du formène naissant sur l'hydrure d'amylène naissant :

$$C^2H^4 + C^{10}H^{12} = C^{10}H^{10}(C^2H^4) + H^2.$$

Cette réaction est réalisée de diverses manières, par exemple :

1° En attaquant au moyen du sodium un mélange d'éther méthyliodhydrique ou formène iodé, et d'éther amyliodhydrique ou hydrure d'amylène iodé (Wurtz) :

$$C^2H^3I + C^{10}H^{11}I + Na^2 = C^{10}H^{10}(C^2H^4) + 2\,NaI\,;$$

2° Par l'électrolyse d'un mélange d'acétate et de caproate.

Il est donc facile d'effectuer la synthèse de l'hydrure d'hexylène.

2. *Carbures métamères.* — Le principe de cette synthèse conduit à une conséquence fort importante. En effet, au lieu de substituer le formène à l'hydrogène dans l'hydrure d'amylène, ce qui fournit

Un hydrure de méthylamylène....... $C^{10}H^{10}(C^2H^4)$,

on peut substituer, par des procédés analogues, l'hydrure d'éthylène à l'hydrogène dans l'hydrure de butylène ; on obtient ainsi :

Un hydrure d'éthylbutylène............ $C^8H^8(C^4H^6)$

On peut encore substituer l'hydrure de propylène à l'hydrogène dans l'hydrure de propylène lui-même, ce qui fournit

Un hydrure de dipropylène............ $C^6H^6(C^6H^8)$.

Tous les carbures ainsi formés possèdent la même composition ; mais ils sont métamères, conformément à la théorie développée précédemment.

3. *Préparation.* — L'hydrure d'hexylène ordinaire se prépare au moyen des pétroles d'Amérique, qui en renferment une proportion assez notable (MM. Cahours et Pelouze). On extrait la partie la plus volatile de ces pétroles, dite *éther de pétrole;* on l'agite avec de l'acide sulfurique concentré, puis on la soumet à des distillations fractionnées.

4. *Propriétés.* — L'hydrure d'hexylène est un liquide mobile, bouillant à 68°, inaltérable à froid par le brome, les acides sulfurique fumant et nitrique fumant. les métaux alcalins, les corps oxydants, etc.; ses réactions sont les mêmes que celles du formène, de l'hydrure d'éthylène, etc. (p. 96 et 110).

II. — Diallyle.

$C^{12}H^{10}$ ou $(C^6H^5)^2$.... $(\mathit{C}^3H^5)^2$ ou $\mathit{C}H^2 = \mathit{C}H - \mathit{C}H^2 - \mathit{C}H^2 - \mathit{C}H = \mathit{C}H^2$.

1. Le diallyle a été découvert par MM. Berthelot et de Luca. Il est métamère de l'adipène et de divers autres carbures.

2. Il s'obtient en traitant l'éther allyliodhydrique, C^6H^5I, par le sodium :

$$2\,C^6H^5I + 2\,Na = (C^6H^5)^2 + 2\,NaI.$$

3. C'est un liquide à odeur éthérée, bouillant à 59°, ayant une densité égale à 0,684 à 14°.

Il se combine à 4 équivalents de chlore, de brome, ou d'iode :

$$(C^6H^5)^2Br^4,$$

ou à des volumes égaux d'hydracides et de vapeur d'eau :

$$(C^6H^5)^2\,2\,HI, \qquad (C^6H^5)^2\,2\,H^2O^2.$$

III. — Dipropargyle.

$$C^{12}H^6 \text{ ou } (C^6H^3)^2 \ldots\ldots\ldots\ldots (\mathcal{C}^3H^3)^2.$$

1. Ce carbure, appelé aussi *diallylényle*, a été découvert et étudié par M. Henry. Il est isomère de la benzine.

Il prend naissance dans l'action de la potasse caustique sur le tétrabromure de diallyle :

$$(C^6H^5)^2\,Br^4 - 4\,HBr = (C^6H^3)^2.$$

2. C'est un liquide incolore, très réfringent, bouillant vers 85°. Il possède au plus haut point les propriétés d'un corps incomplet et se polymérise aisément. Il se combine au brome pour former un octobromure $(C^6H^3)^2Br^8$. Il se combine même avec les métaux pour former des combinaisons analogues à celles de l'acétylène : il précipite en jaune le chlorure de cuivre ammoniacal, et en blanc le sel d'argent correspondant.

§ 6. — Carbures plus condensés. Pétroles.

1. *Huiles de pétrole.* — Les huiles de pétrole de l'Amérique du Nord, ainsi que celles de Birmanie, fournissent, par des distillations convenablement dirigées, tous les carbures de la série forménique (MM. Pelouze et Cahours), savoir : les carbures saturés d'hydrogène précédents, et de plus leurs homologues plus condensés.

Tous ces carbures se distinguent par une grande résistance aux agents chimiques ; leurs réactions sont semblables à celles des hydrures d'éthylène et d'hexylène.

2. A chacun de ces carbures répondent un carbure éthylénique, qui peut en être dérivé par perte d'hydrogène, H^2, et un carbure acétyléni-

que, qui peut en être dérivé par une perte d'hydrogène double, $2H^2$. Les points d'ébullition des trois carbures renfermant la même proportion de carbone sont très voisins, le carbure le plus hydrogéné étant le plus volatil : il est également le moins dense. Enfin les propriétés chimiques et les réactions de ces carbures dérivés sont parallèles à celles de l'éthylène et de l'acétylène, ou bien encore à celles du propylène et de l'allylène, ce qui nous dispense d'insister.

Ce qui précède permet de se rendre compte de la nature d'un certain nombre de substances aujourd'hui fort employées, telles que les gaz combustibles naturels, les éthers de pétrole, les essences de pétrole, les huiles lampantes, les huiles lourdes de pétrole, leurs goudrons, etc. Entrons dans les détails.

3. Les sources de pétrole américaines fournissent en même temps que le *pétrole brut* liquide, des *gaz combustibles*, qui ne sont autre chose qu'un mélange de formène et de ses homologues immédiatement supérieurs (hydrures d'éthylène, de propylène, etc.). Ces carbures gazeux sont utilisés sur place pour le chauffage et l'éclairage.

Quant au pétrole brut liquide, on le partage par distillation en plusieurs portions de volatilités différentes, savoir :

1° Des gaz et des vapeurs difficilement condensables (hydrures de propylène, de butylène et d'amylène);

2° Des huiles légères bouillant entre 45° et 70°, mélange désigné souvent sous le nom d'*éther de pétrole* (hydrures d'amylène, d'hexylène et d'heptylène). Ce produit inflammable, possédant à la température ordinaire une tension de vapeur considérable, est d'un maniement dangereux;

3° Des huiles légères bouillant entre 70° et 120°, constituant l'*essence de pétrole* ou *ligroïne* du commerce (hydrures d'hexylène, d'heptylène et d'octylène). Ce liquide, fort utilisé pour l'éclairage, émet à la température ordinaire des vapeurs qui forment avec l'air un mélange combustible en produisant une flamme éclairante (*gaz Mill*); il ne peut dès lors être employé qu'avec des précautions spéciales, par exemple en l'emprisonnant dans des matières poreuses (lampes à éponges). L'essence et l'éther de pétrole sont des dissolvants dont l'usage est assez répandu dans les laboratoires;

4° L'*huile lampante*, plus généralement connue sous le nom d'*huile de pétrole rectifiée*, est formée de carbures saturés, bouillant entre 150° et 280° (depuis l'hydrure de nonylène jusqu'à l'hydrure d'hexadécylène). Elle n'émet pas à 35° de vapeur inflammable. On peut y éteindre une allumette enflammée. Elle n'est propre à l'éclairage qu'après avoir été agitée avec l'acide sulfurique concentré, ce qui la débarrasse des carbures éthyléniques et de quelques autres substances;

puis avec de la soude caustique, qui enlève l'acide sulfureux, les acides sulfoconjugués et divers corps oxygénés ; et enfin filtrée ;

5° L'*huile lourde* de pétrole, mélange de carbures liquides plus condensés que les précédents et bouillant jusque vers 400°. On l'emploie pour le chauffage et surtout pour lubrifier les machines ;

6° La *paraffine*, belle substance cireuse, cristalline, fusible entre 55° et 65°. Ce n'est pas d'ailleurs un principe défini ; c'est un mélange d'hydrocarbures très condensés qui se séparent de l'huile lourde de pétrole, sous forme de lamelles brillantes, quand on laisse refroidir le mélange des carbures du pétrole brut distillé entre 280° et 400°. Le point de fusion de quelques-uns d'entre eux peut atteindre 80° et au delà. Ils répondent à une formule très élevée, car ils ne peuvent être distillés sans se décomposer en partie. Ils résistent à un grand nombre de réactifs et notamment à l'acide sulfurique fumant. On décolore la paraffine par le noir animal, après l'avoir purifiée par expression ;

7° Des *goudrons*, constituant le résidu de la distillation du pétrole brut. Soumis à l'action de la chaleur rouge, ils se détruisent en produisant des hydrocarbures volatils, applicables aux mêmes usages que les précédents, et un résidu solide, charbonneux. Parmi les corps engendrés dans cette décomposition pyrogénée, figurent des hydrocarbures extrêmement pauvres en hydrogène, contenant jusqu'à 96 et même 98 pour 100 de carbone (M. Prunier).

8° Lorsque, au lieu de distiller le pétrole d'Amérique tant qu'il fournit des produits volatils, on arrête l'opération quand il reste dans la masse une certaine proportion d'huile lourde, qu'on évapore lentement à l'air libre le résidu jusqu'à ce qu'il ne donne plus de vapeurs âcres, et enfin qu'on le décolore par des traitements à l'acide sulfurique fumant et par des filtrations sur du noir animal, on obtient le mélange hydrocarburé, onctueux et inodore, employé en pharmacie sous le nom de *vaseline*.

4. Le tableau suivant fait connaître les principaux carbures qui composent les pétroles américains, ainsi que leurs propriétés physiques et leur répartition dans les divers mélanges commerciaux.

Carbures forméniques des pétroles d'Amérique.

Formène	C^2H^4		Gazeux		Gaz.
Hydrure d'éthylène	C^4H^6		—		
— de propylène	C^6H^8		—		
— de butylène	C^8H^{10}	bouillant à	0°	D = 0,60	
— d'amylène	$C^{10}H^{12}$	—	31°	0,63	Éther de pétrole, 45°-70°, D = 0,65.
— d'hexylène	$C^{12}H^{14}$	—	68°	0,67	
— d'heptylène	$C^{14}H^{16}$	—	92°-94°	0,69	Essence minérale, 70°-120°, D = 0,70 à 0,74.
— d'octylène	$C^{16}H^{18}$	—	116°-118°	0,73	
— de nonylène	$C^{18}H^{20}$	—	136°-138°	0,74	
— de décylène	$C^{20}H^{22}$	—	158°-162°	0,76	Huile lampante, 150°-280°, D = 0,78 à 0,81.
— d'undécylène	$C^{22}H^{24}$	—	180°-182°	0,77	
— de duodécylène	$C^{24}H^{26}$	—	198°-200°	0,78	
— de tridécylène	$C^{26}H^{28}$	—	218°-220°	0,79	
— de tétradécylène	$C^{28}H^{30}$		236°-240°	0,81	
— de pentadécylène	$C^{30}H^{32}$	—	258°-262°	0,82	
— d'hexadécylène	$C^{32}H^{34}$	—	280°		
....					Huile lourde, 280°-400°, D = 0,83 à 0,92. Paraffine, etc.

5. Les sources de pétrole du Caucase (Bakou) fournissent un liquide d'une autre composition, mais applicable cependant aux mêmes usages. Il est composé de toute une série de carbures homologues, les *paraffènes*, ayant la composition des carbures éthyléniques $C^{2n}H^{2n}$, mais des propriétés très différentes : ces carbures se conduisent, en effet, à certains égards, comme des carbures saturés et ne se combinent directement avec aucun élément ou corps composé ; autrement dit, ils présentent d'une manière générale les réactions des carbures forméniques. Les paraffènes se rattachent à la série des hydrures de la benzine, dont il sera question plus loin.

Les pétroles de Galicie contiennent à la fois des carbures forméniques, des carbures benzéniques et des paraffènes.

L'*ozokérite*, matière minérale que l'on appelle aussi *paraffine naturelle* ou *cire fossile* et que l'on rencontre abondamment en différentes contrées, est composée de carbures appartenant aux mêmes séries que ceux des pétroles, mais plus condensés que ces derniers. Sa composition varie d'ailleurs avec les gisements. On l'utilise de diverses manières, soit en la chauffant jusqu'à 180° avec de l'acide sulfurique concentré, ce qui la décolore et en forme une matière analogue à la cire et employée à peu près aux mêmes usages (*cérésine*), soit en la fractionnant par distillation, ce qui fournit des huiles et des paraffines.

6. La fonte, en se dissolvant dans les acides, donne lieu à divers carbures d'hydrogène, formés en petite quantité aux dépens des carbures de fer qu'elle renferme. Ces hydrogènes carbonés contiennent des corps de la série forménique et de la série éthylénique (Cloez).

§ 7. — Sur l'éclairage au moyen des composés organiques.

1. Les gaz hydrocarbonés constituent la principale source de lumière artificielle dans les sociétés humaines. Tantôt les matières éclairantes affectent naturellement l'état gazeux : tel est le gaz de l'éclairage proprement dit; tantôt elles sont solides ou liquides, mais elles fournissent, par leur décomposition et dans l'acte même de la combustion, des substances gazeuses, qui deviennent le véritable support de la lumière produite : tel est le cas des huiles végétales, des résines, du bois, de la paille, des pétroles, de la chandelle, de la bougie, de la cire, etc. Nous allons chercher à définir les conditions générales auxquelles cette combustion doit satisfaire pour donner un bon éclairage.

2. Les gaz, comme les autres corps, ne deviennent lumineux que s'ils sont portés à une *température suffisamment élevée.* Mais cette condition n'est pas seule nécessaire; les gaz qui ne renferment aucune particule solide, tels que l'hydrogène, peuvent développer par leur combustion une température excessive, capable, par exemple, de fondre le platine (1700° environ), sans cependant émettre autre chose qu'une lueur à peine visible. C'est seulement en augmentant la pression que la flamme de l'hydrogène devient lumineuse. Sous la pression ordinaire, les gaz hydrocarbonés, au contraire, deviennent lumineux par une double cause, à savoir : la *condensation* de leurs éléments combustibles, *préalable* ou *provoquée par la combustion même*, et la *précipitation sous forme solide* d'une partie du *carbone* qu'ils renfermaient en combinaison. Dans l'état naturel du gaz et à la température ordinaire, ce carbone n'est pas visible, parce qu'il est uni à l'hydrogène et constitue avec lui le composé gazeux. Mais au moment de la combustion, deux actions se produisent, qui mettent à nu une partie du carbone : d'une part, le gaz hydrocarboné est porté à une température très élevée, ce qui détermine sa décomposition partielle en carbone, ou vapeurs hydrocarbonées très condensées, et en hydrogène ; d'autre part, le gaz se trouvant en présence d'une quantité d'oxygène insuffisante, son hydrogène brûle le premier et le carbone se sépare en nature.

La répartition du carbone dans la flamme, l'état de condensation du gaz combustible, enfin la température plus ou moins élevée de la flamme, telles sont donc les conditions essentielles qui règlent l'éclairage.

3. Ce n'est pas tout : non seulement il faut que la flamme renferme une proportion de carbone et de carbures condensés, suffisante pour produire une vive lumière et pour subsister en nature pendant quelques instants ; mais il faut aussi que ce carbone et ces corps condensés brûlent complètement à la surface extérieure de la flamme. Les *proportions relatives des éléments* constituant le corps combustible doivent donc avoir également une grande importance.

Si, en effet, le carbone est en proportion insuffisante, il ne réfléchit qu'une quantité de lumière trop faible : c'est ce qui arrive, par exemple, avec l'oxyde de carbone. La couleur bleue de sa flamme paraît due à la présence d'une trace de carbone, produite par un commencement de décomposition. La même chose arrive, mais avec production d'un peu plus de carbone, pour le gaz des marais, C^2H^4, dont la flamme est jaunâtre et peu éclairante.

Au contraire, si le carbone se trouve en excès, il ne brûle pas complètement à la surface extérieure de la flamme : une certaine proportion échappe à la combustion, cesse d'être lumineuse et rend la flamme fuligineuse, c'est-à-dire que le carbone non brûlé s'interpose comme un brouillard entre l'œil et les parties lumineuses de la flamme. Celle-ci devient ainsi moins éclairante, et de plus elle envoie à l'œil une grande quantité de lumière rouge, émise par les parcelles de carbone au moment où elles cessent d'être lumineuses, par suite du refroidissement. Toutes ces circonstances se produisent dans la combustion de la benzine et de l'essence de térébenthine, dans celle des torches de résine, de la paille humide, etc.

4. Ainsi l'expérience a prouvé que les conditions nécessaires pour qu'une flamme hydrocarbonée, brûlant au contact de l'air, soit très éclairante, sont les suivantes :

1° Rapport convenable entre le carbone et l'hydrogène dans le gaz combustible ;

2° Condensation des éléments dans ce même gaz ;

3° Pression suffisante exercée sur le mélange des gaz combustibles et comburants ;

4° Rapport convenable entre le gaz combustible et l'air employé pour le brûler.

Entrons dans des détails plus circonstanciés.

5. *Rapport entre le carbone et l'hydrogène.* — Si l'hydrogène domine, comme il arrive dans le gaz des marais, C^2H^4, la flamme est peu éclairante. Si le carbone l'emporte, comme il arrive dans l'acétylène, C^4H^2, ou la benzine, $C^{12}H^6$, la flamme est fuligineuse.

Le maximum de pouvoir éclairant existe, lorsque les proportions des deux éléments sont rapprochées des rapports équivalents. Ainsi le gaz oléfiant, C^4H^4, donne une flamme très belle et très éclairante. Ce rapport a été regardé pendant longtemps comme l'élément principal de la question, par suite des travaux de Davy. Mais M. Frankland a montré que la condensation joue ici un rôle non moins important.

6. *Condensation des éléments dans les composés pris sous forme gazeuse.* — On peut en vérifier l'importance en comparant la flamme du gaz oléfiant, C^4H^4, à celle du propylène, C^6H^6, et de l'amylène, $C^{10}H^{10}$. Ces trois corps sont formés des mêmes éléments, unis dans les mêmes proportions, mais avec des condensations différentes, comme les formules l'indiquent. Tous trois brûlent avec des flammes fort éclairantes; mais celle du gaz oléfiant ne donne lieu qu'à un dépôt de carbone presque insensible, tandis que les deux autres sont fuligineuses et dès lors moins éclairantes.

De même, la flamme de l'alcool méthylique, $C^2H^2 + H^2O^2$, est presque incolore;

Celle de l'alcool ordinaire, $C^4H^4 + H^2O^2$, est fort pâle et jaunâtre, quoique plus lumineuse;

Celle de l'éther, $C^8H^8 + H^2O^2$, est très brillante;

Enfin celle de l'alcool amylique, $C^{10}H^{10} + H^2O^2$, est brillante, mais déjà légèrement fuligineuse.

Or, tous ces corps peuvent être regardés comme formés par l'association des éléments de l'eau avec des carbures d'hydrogène de même composition, mais diversement condensés.

Il résulte des faits précédents que l'on peut corriger les propriétés fuligineuses d'une flamme, en associant le composé qui la fournit avec un corps moins carboné ou moins condensé, et capable de fournir par lui-même une flamme peu éclairante. C'est ainsi que la flamme de l'hydrogène est incolore et celle de la benzine fuligineuse; or l'hydrogène chargé de vapeur de benzine brûle avec une belle flamme blanche. De même, l'essence de térébenthine, dont la flamme est fuligineuse, associée avec l'alcool dont la flamme est pâle et jaunâtre, produit un liquide désigné autrefois sous le nom de *gaz liquide*, et qui brûle avec une belle flamme blanche très éclairante.

7. *Pression des gaz.* — D'après les faits ci-dessus, on peut prévoir que le pouvoir éclairant d'un même gaz ou d'un même mélange gazeux, variera suivant la pression sous laquelle la combustion s'opère. En effet, une bougie portée au sommet du mont Blanc, dans un air très raréfié, ne donne plus qu'une flamme pâle; et cependant la proportion de bougie brûlée dans le même temps reste sensiblement la même que si l'on opérait en bas de la montagne.

Au contraire, dans l'air comprimé à plusieurs atmosphères, les bougies sont consumées avec rapidité, en même temps que leur flamme devient fuligineuse; au sein de ce même air comprimé, la flamme de l'alcool, si pâle dans les conditions ordinaires, devient d'abord brillante, puis elle se charge de noir de fumée lorsqu'on opère dans un air encore plus condensé. La flamme de l'hydrogène elle-même et celle de l'oxyde de carbone deviennent très éclairantes sous une pression de plusieurs atmosphères.

C'est à la même circonstance que l'on doit attribuer le contraste qui existe entre la flamme pâle de l'alcool méthylique, $C^2H^2 + H^2O^2$, et celle de l'alcool amylique, $C^{10}H^{10} + H^2O^2$, dans lequel le carbone est cinq fois aussi condensé.

8. *Rapport entre le volume du gaz combustible et celui employé pour le brûler.* — Les propriétés éclairantes d'un gaz ou d'une vapeur hydrocarbonée varient suivant la proportion de l'air avec lequel il est mélangé, au moment de la combustion. Il est facile de comprendre qu'il doit en être ainsi, puisque cet air détermine une combustion plus ou moins complète du carbone contenu dans la flamme.

Un gaz très carboné, qui brûlerait avec une flamme fuligineuse dans les conditions ordinaires, peut donner une flamme blanche et très éclairante, lorsqu'on le mélange avec une certaine quantité d'air. La flamme peut même devenir presque incolore sous l'influence d'un excès d'air. Ces faits sont faciles à constater avec le *brûleur de Bunsen*, dont la cheminée est munie d'un dispositif qui permet de faire varier à volonté la proportion d'air introduite dans le gaz combustible.

Une flamme ainsi rendue incolore par l'effet d'une combustion totale possède cependant, au moment où la proportion de ses éléments devient telle qu'elle se décolore, une température plus élevée que la flamme lumineuse produite par une combustion moins complète. En outre, la masse des gaz échauffés que produit un même poids de matière hydrocarburée est nécessairement plus considérable dans le cas d'une combustion totale que dans une combustion incomplète. Aussi a-t-on cherché à utiliser ces circonstances en employant une telle flamme pour chauffer à blanc un cylindre de craie ou de magnésie, lequel remplace le carbone dans son rôle de corps solide incandescent.

Les effets sont encore plus remarquables lorsqu'on supprime l'azote, masse inerte qui s'échauffe sans profit, et que l'on alimente la combustion avec de l'oxygène pur : la flamme élève alors à une température bien plus haute le cylindre de magnésie, en lui communiquant un très grand éclat lumineux, et cela avec une moindre dépense de gaz combustible, le pouvoir calorifique de ce dernier étant utilisé en totalité (*lumière de Drummond*).

Ces faits montrent toute l'importance industrielle des notions théoriques que nous développons ici.

9. *Gaz de l'éclairage.* — Les règles précédentes président à la fabrication et à l'emploi du gaz de l'éclairage, préparé par la distillation de la houille.

Pour le fabriquer, on chauffe la houille dans des cornues de terre réfractaire A et A″ (fig. 35), juxtaposées en un certain nombre dans un

Fig. 35. — Fabrication du gaz de l'éclairage.

four. Sous l'influence de la chaleur, il se forme des composés volatils qui s'échappent par des tubes métalliques *m*H*en*, disposés à cet effet, et il reste un résidu boursouflé qui n'est autre chose que le *coke.*

Les composés volatils se scindent en deux portions, l'une condensable et l'autre gazeuse.

Les produits condensables se déposent tout d'abord en *n*, dans un vase formant fermeture hydraulique, puis, plus complètement, dans des conduits métalliques refroidis, à travers lesquels on dirige la masse gazeuse. Ils sont formés de deux liquides non miscibles que l'on sépare mécaniquement : 1° une liqueur aqueuse contenant en dissolution des *sels ammoniacaux* (carbonate, sulfhydrate, sulfocyanate, etc.), liqueur utilisée pour la fabrication de l'ammoniaque; et 2° un liquide noir, épais, insoluble dans l'eau, connu sous le nom de *goudron de houille*, et constituant la source de composés aussi nombreux qu'importants, tels que la benzine, le toluène, le phénol, la naphtaline, l'anthracène, etc.

Les gaz grossièrement dépouillés des corps condensables, n'ont pas la même composition pendant toute la durée de la distillation. Les premiers produits, obtenus à température relativement basse, sont riches en carbures, tels que benzine, acétylène, gaz oléfiant, carbures forméniques, etc., tous corps très éclairants, voire même fuligineux; tandis que les derniers produits, obtenus au rouge vif, sont formés principalement par du gaz des marais, de l'oxyde de carbone, de l'hydrogène, tous gaz à flamme presque incolore. En mélangeant le tout dans des gazomètres, on obtient un gaz convenablement éclairant. Dans le cas où les premiers produits de distillation ne sont pas assez riches en carbone, on y ajoute des gaz obtenus par la distillation des houilles grasses, ou même par celle des boghead, sorte de schistes qui fournissent des carbures d'hydrogène forméniques, éthyléniques et acétylénique très éclairants.

Avant d'être livré à la consommation, le gaz de l'éclairage doit être privé de l'acide sulfhydrique qu'il renferme, ce corps formant par sa combustion de l'acide sulfureux. A cet effet, on le soumet à l'*épuration chimique*, c'est-à-dire qu'on le fait passer au travers d'une couche d'hydrate de chaux, ou mieux, d'un mélange poreux riche en oxyde de fer. Cette opération ne le dépouille pas du sulfure de carbone. L'ammoniaque doit être aussi éliminée, tant à cause de sa valeur propre, que parce que sa combustion en présence des gaz hydrocarbonés fournit de l'acide cyanhydrique.

Voici la composition donnée par l'analyse d'un gaz de l'éclairage de bonne qualité, qui pourra servir de type :

Formène	35,0
Hydrogène	45,8
Oxyde de carbone	6,6
Éthylène et homologues Acétylène, vapeur de benzine, etc.	6,4
Azote	2,5
Acide carbonique	3,7

Dans le gaz parisien, la vapeur de benzine constitue le principal carbure éclairant (M. Berthelot).

§ 8. — Sur l'analyse des gaz hydrocarbonés.

1. Ce genre d'analyse se présentant souvent dans les études théoriques et pratiques de chimie organique, il a paru utile d'en résumer ici les procédés. Ces procédés sont qualitatifs et quantitatifs; ils reposent sur l'emploi des absorbants, qui fournit des données spécifiques, et sur la combustion eudiométrique, qui fournit 3 données ou équations numériques, savoir : le volume initial du gaz combustible, a; le volume de l'acide carbonique produit par la combustion, b; enfin la diminution de volume totale, c, c'est-à-dire la différence entre les volumes réunis du gaz combustible et de l'oxygène, et le volume du résidu de la combustion après que l'acide carbonique a été enlevé par l'action de la potasse. Ces trois données, caractéristiques pour chaque gaz, sont ce qu'on appelle les *équations eudiométriques* du gaz combustible.

2. Énumérons les principaux gaz que l'on rencontre dans ces analyses.

L'*hydrogène* n'est absorbé par aucun dissolvant et fournit seulement de l'eau par la combustion. Ses équations eudiométriques sont : $4x = a$; $0 = b$; $6x = c$.

L'*oxygène* est absorbé par le pyrogallate de potasse, le phosphore, le chlorure cuivreux.

L'*azote*, insoluble dans tous les absorbants, est mesuré comme résidu final. On peut en contrôler la nature en le mêlant avec un gaz hydrocarboné et le changeant en acide cyanhydrique par l'étincelle électrique (p. 11 et 62).

L'*acide carbonique* est absorbable par la potasse; mais non par le sulfate de cuivre.

L'*oxyde de carbone*, combustible avec formation d'acide carbonique, sans eau, est absorbable par le chlorure cuivreux, acide ou ammoniacal. On a : $4y = a$; $4y = b$; $6y = c$.

Le *formène*, décomposable comme tous les gaz hydrocarbonés, par l'étincelle avec formation d'acétylène, est insoluble dans les absorbants. On a : $4z = a$; $4z = b$; $12z = c$.

Tous les *carbures forméniques*, mêlés avec un excès d'hydrogène, se comportent comme le formène. On peut les séparer par l'action méthodique de l'alcool; mais on n'entrera pas ici dans ce détail.

L'*acétylène* précipite en rouge le chlorure cuivreux ammoniacal.

Le brome l'absorbe facilement; mais cette réaction n'est pas toujours immédiate. L'acide sulfurique concentré et même l'acide bihydraté, $SO^3,2HO$, l'absorbent lentement, avec le concours de l'agitation. L'acide nitrique fumant ne l'attaque pas sensiblement à froid, dans l'espace de deux ou trois minutes. On a : $4v = a$; $8v = b$; $14v = c$.

L'*éthylène* est absorbé par le brome et par le chlorure cuivreux. L'acide sulfurique bihydraté ne l'attaque pas; l'acide monohydraté l'absorbe au bout de 3000 secousses. On a : $4w = a$; $8w = b$; $16w = c$.

Le *propylène* est absorbé immédiatement par le brome et par l'acide sulfurique concentré. On a : $4t = a$; $12t = b$; $22t = c$.

La *vapeur de benzine*, souvent confondue avec l'éthylène, se rencontre dans tous les gaz hydrocarbonés qui ont subi l'action prolongée

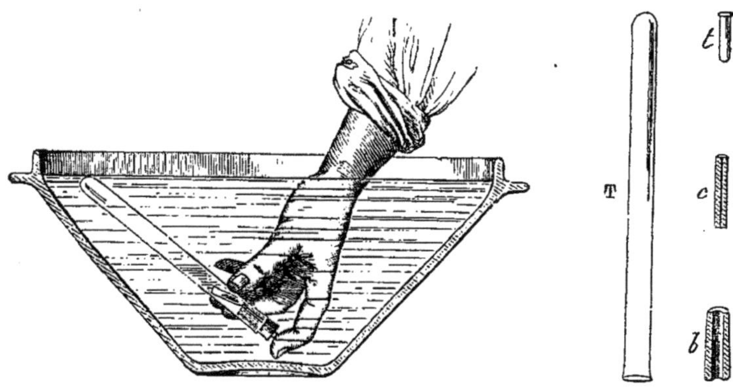

Fig. 36 et 37. — Analyse des gaz par le brome.

du rouge. Elle joue un rôle important dans les propriétés éclairantes des gaz pyrogénés. Elle est insoluble dans le chlorure cuivreux; absorbable peu à peu par le brome, et lentement par l'acide sulfurique monohydraté; absorbable par l'acide nitrique fumant, qui la change en nitrobenzine, douée d'une odeur d'amandes amères, et transformable à son tour en aniline et en matière colorante violette. Cette absorption s'exécute quantitativement, en opérant sur l'eau avec certaines précautions. On a : $4r = a$; $24r = b$; $34r = c$.

Les figures 36 et 37 montrent comment on procède d'ordinaire pour faire agir le brome. T est un tube gradué contenant le gaz sur l'eau, *t* un petit tube à demi rempli de brome placé sous une couche d'eau; *b* le bouchon du tube T, bouchon traversé suivant son axe par un bout de tube capillaire *c*.

Ajoutons, pour compléter cette notice, que le gaz d'éclairage, qui nous servira ici d'exemple, peut contenir de la *vapeur d'eau*, séparable par un morceau de chlorure de calcium fondu; des traces d'*hydrogène sulfuré*, séparable par le sulfate de cuivre humide; du *sulfure de carbone*, séparable par la potasse imbibée d'alcool; de l'*ammoniaque*, reconnaissable à sa réaction alcaline et séparable par l'acide sulfurique étendu.

3. Les propriétés individuelles de chaque gaz étant connues, on procède comme il suit, par les dissolvants, à l'analyse du mélange qui les renferme. Nous ne parlerons pas de l'azote, qui se retrouve et se dose à la fin comme résidu de combustion. Le mélange gazeux est d'abord privé, s'il y a lieu, d'ammoniaque, d'hydrogène sulfuré, d'acide carbonique, de sulfure de carbone, d'oxygène et de vapeur d'eau. Cela fait, on traite le mélange gazeux sur le mercure par 1/20 de son volume d'acide sulfurique bihydraté, SO^4H+HO, lequel absorbe en deux ou trois minutes le propylène et les carbures analogues, puis en vingt-cinq minutes d'agitation, l'acétylène, constaté au préalable par le chlorure cuivreux ammoniacal. On transporte le résidu sur l'eau; on en remplit un petit flacon, et on l'y traite par l'acide nitrique fumant, qui absorbe la benzine, constatable ensuite sous forme de nitrobenzine; on transvase, on traite par le brome, qui absorbe l'éthylène. On transporte le nouveau résidu sur le mercure, et l'on absorbe l'oxyde de carbone par le chlorure cuivreux en solution acide; enfin le dernier mélange (gaz des marais, hydrogène) est soumis à l'analyse eudiométrique. Soit a le volume du gaz soumis à cette analyse, l'azote retrouvé à la fin étant déduit; b le volume de l'acide carbonique produit; c la diminution totale du volume. On aura :

$$4x + 4z = a; \quad 4z = b; \quad 6x + 12z = c.$$

Les proportions relatives du gaz des marais et de l'hydrogène sont ainsi connues.

On peut et l'on doit, dans une étude rigoureuse, faire l'analyse eudiométrique des divers mélanges gazeux, avant et après leur avoir fait subir l'action d'un dissolvant : les différences entre les deux volumes initials soumis chaque fois à l'analyse eudiométrique; entre les deux volumes de l'acide carbonique produit dans chacune des analyses; enfin entre les deux diminutions totales; ces trois différences, dis-je, donnent les 3 équations eudiométriques du gaz absorbé : ce qui fournit une vérification.

Dans la plupart des cas, on s'est borné jusqu'ici à faire l'analyse eudiométrique brute de mélanges complexes tels que le gaz d'éclairage; mais il est clair que le problème ainsi traité reste indéterminé : on n'a que trois données pour un nombre de gaz supérieur à trois.

La détermination de l'oxyde de carbone en fournit une quatrième, qui rend le calcul possible pour un simple mélange d'hydrogène, de gaz des marais, d'oxyde de carbone et d'éthylène :

$$4x + 4y + 4z + 4w = a; \quad 4y + 4z + 8w = b; \quad 6x + 6y + 12z + 18w = c.$$

Mais il est évident qu'il cesse de l'être en présence de l'acétylène, du propylène ou de la benzine. Cette dernière surtout apporte une grande perturbation. Il convient alors de procéder comme ci-dessus.

CHAPITRE VI

SÉRIE BENZÉNIQUE

§ 1er. — Des carbures pyrogénés en général.

1. L'action prolongée de la chaleur sur les carbures d'hydrogène tend à les transformer tous suivant des règles fixes et de façon à produire un certain nombre de carbures nouveaux, dits *carbures pyrogénés*. Ces carbures sont liés entre eux et avec les générateurs primitifs, par des relations générales que nous allons résumer. Elles se ramènent, en effet, à deux mécanismes distincts et aux mécanismes réciproques, savoir :

1° La décomposition d'un carbure en un carbure plus simple et en hydrogène ; par exemple l'éthylène décomposé en acétylène et hydrogène :

$$C^4H^4 = C^4H^2 + H^2;$$

2° Le dédoublement d'un carbure en deux carbures plus simples, tous deux moins riches en carbone ; par exemple, le styrolène décomposé en benzine et acétylène :

$$C^{16}H^8 = C^{12}H^6 + C^4H^2.$$

Ces décompositions absorbent de la chaleur.

Réciproquement, les carbures fixent l'hydrogène libre ; par exemple, l'acétylène et l'éthylène peuvent être changés en hydrure d'éthylène :

$$C^4H^2 + H^4 = C^4H^6 \quad \text{et} \quad C^4H^4 + H^2 = C^4H^6;$$

ou s'unissent avec un autre carbure ; par exemple, l'éthylène et l'acétylène changés en éthylacétylène :

$$C^4H^4 + C^4H^2 = C^8H^6.$$

Dans un cas, comme dans l'autre, il y a dégagement de chaleur.

Les dernières réactions peuvent d'ailleurs s'exercer entre une portion du carbure primitif et l'hydrogène qui dérive d'une autre portion; comme aussi entre le carbure primitif et son dérivé. Insistons sur ceci, qu'il s'agit de réactions réelles, effectives, susceptibles d'être constatées séparément pour chacun des carbures cités comme exemples.

Par suite de la coexistence et de la superposition de ces diverses réactions, il se produit, dans tout gaz hydrocarboné porté à la température rouge, un certain équilibre, dans lequel coexistent, en proportions variables avec les circonstances de l'expérience, un très grand nombre de carbures, engendrés aux dépens des substances primitives par un enchaînement de réactions régulières. Ces transformations et cette génération des carbures, dont nous avons cité déjà plusieurs exemples (p. 70, 77, et 96), ont été établies par M. Berthelot.

2. Les carbures pyrogénés sont les plus importants de tous, après les carbures forméniques et éthyléniques : en effet, ces corps et leurs dérivés sont présents dans un grand nombre de produits industriels, tels que le goudron de houille, les huiles pyrogénées de schistes, de résine, de tourbe, de bois, etc. ; ils servent en outre de point de départ à la fabrication des matières colorantes artificielles dérivées de l'aniline, à celle de l'alizarine, etc. Enfin les huiles essentielles d'amandes amères, de thym, d'anis, la coumarine, la créosote, le phénol, les acides benzoïque et salicylique, bref une grande partie des substances que l'on comprend sous le nom de *corps aromatiques*, se rattachent aux mêmes carbures d'hydrogène, spécialement à la benzine, qui peut être regardée comme leur générateur commun.

3. Les carbures pyrogénés se partagent en deux groupes fondamentaux, savoir :

1° Les *dérivés polymériques de l'acétylène*, tels que :

Le triacétylène ou benzine	$(C^4H^2)^3$	ou	$C^{12}H^6$,
Le tétracétylène ou styrolène	$(C^4H^2)^4$	ou	$C^{16}H^8$,
Le pentacétylène ou hydrure de naphtaline	$(C^4H^2)^5$	ou	$C^{20}H^{10}$,
et son dérivé la naphtaline			$C^{20}H^8$,
L'hexacétylène ou hydrure d'acénaphtène	$(C^4H^2)^6$	ou	$C^{24}H^{12}$,
et son dérivé l'acénaphtène			$C^{24}H^{10}$,
L'heptacétylène ou hydrure d'anthracène	$(C^4H^2)^7$	ou	$C^{28}H^{14}$,
et son dérivé l'anthracène			$C^{28}H^{10}$,
Etc., etc.			

Tous ces carbures peuvent être formés au moyen de l'acétylène libre, avec dégagement de chaleur, par voie de combinaisons successives et en vertu d'une chaîne régulière de réactions directes.

2° Les *dérivés de l'acétylène et du formène associés*, c'est-à-dire les *carbures homologues de la benzine*, lesquels peuvent être produits par l'union indirecte du formène et de la benzine, libres ou naissants. Tels sont :

La benzine........................	$C^{12}H^4(H^2)$	ou	$C^{12}H^6$,
La méthylbenzine ou toluène.........	$C^{12}H^4(C^2H^4)$	ou	$C^{14}H^8$,
La diméthylbenzine ou xylène........	$C^{12}H^4(C^2H^2[C^2H^4])$	ou	$C^{16}H^{10}$,
La triméthylbenzine ou cumolène......................			$C^{18}H^{12}$,
La tétraméthylbenzine ou cymène......................			$C^{20}H^{14}$,

et les carbures métamères avec ces derniers corps.

Nous allons traiter d'abord les carbures benzéniques, dont l'histoire est plus complètement connue que celle des autres carbures polyacétyléniques.

§ 2. — Benzine.

$(C^4H^2)^3$ ou $C^{12}H^6$......... C^6H^6.

1. *Historique.* — La benzine, découverte en 1825 par Faraday, a été préparée simultanément par Mitscherlich et par M. Péligot en décomposant les benzoates. MM. Hofmann et Mansfield l'ont retirée des goudrons de houille dans lesquels sa présence avait été signalée dès 1842 par M. Leigh. Sa synthèse a été faite par M. Berthelot au moyen de l'acétylène. Ses produits de substitution chlorés, nitrés et chloronitrés ont été étudiés surtout par Mitscherlich et par M. Jungfleisch.

2. *Formation synthétique.* — La benzine, pivot fondamental de toute la *série aromatique*, résulte de la condensation directe de l'acétylène, sous l'influence de la chaleur (fig. 38) :

$$3\,C^4H^2 = C^{12}H^6.$$

Nous avons décrit plus haut cette synthèse (p. 71): elle explique la présence de la benzine dans tous les liquides pyrogénés formés à la température rouge. En effet, la formation de l'acétylène est pour ainsi dire universelle, et, dès qu'il prend naissance, la benzine se développe presque aussitôt à ses dépens. C'est ainsi que le formène, l'éthylène, l'alcool, l'acide acétique, etc., chauffés au rouge, donnent naissance à la benzine.

La transformation de l'acétylène en benzine dégage une quantité de chaleur très considérable, soit + 171 Calories, tous les corps étant gazeux.

3. *Formation par analyse.* — On obtient la benzine par la transformation régulière de nombreux composés organiques :

1° Le phénol, $C^{12}H^6O^2$, l'aniline, $C^{12}H^7Az$, et divers autres corps analogues, chauffés à 280° avec l'acide iodhydrique, en proportion ménagée, subissent une action hydrogénante qui les change en benzine (M. Berthelot) :

$$C^{12}H^6O^2 + H^2 = C^{12}H^6 + H^2O^2,$$
$$C^{12}H^7Az + H^2 = C^{12}H^6 + AzH^3.$$

Ces réactions dégagent de la chaleur.

Fig. 38. — Synthèse de la benzine.

2° L'acide benzoïque, $C^{14}H^6O^4$, soumis à l'action de la chaleur rouge, ou chauffé en présence d'un alcali, se décompose en benzine et en acide carbonique (Mitscherlich, M. Péligot) :

$$C^{14}H^6O^4 = C^{12}H^6 + C^2O^4.$$

L'acide phtalique, $C^{16}H^6O^8$ (M. Marignac), et l'acide mellique, $C^{24}H^6O^{24}$ (M. Baeyer), se détruisent par la chaleur et en présence d'un excès de chaux, d'une manière analogue :

$$C^{16}H^6O^8 = C^{12}H^6 + 2C^2O^4,$$
$$C^{24}H^6O^{24} = C^{12}H^6 + 6C^2O^4.$$

3° La styrolène, $C^{16}H^8$, chauffée au rouge, produit de la benzine et de l'acétylène :

$$C^{16}H^8 = C^{12}H^6 + C^4H^2,$$

réaction susceptible de réversibilité, et donnant lieu par conséquent à des équilibres.

4° La benzine se régénère aussi lorsque les carbures polyacétyléniques, tels que la naphtaline ou l'anthracène, sont soumis à l'action de l'hydrogène (M. Berthelot) :

Soit de l'hydrogène libre et en opérant au rouge, ce qui donne lieu à des systèmes réversibles ;

Soit du même corps naissant, c'est-à-dire en opérant, dans des conditions ménagées, avec l'acide iodhydrique à 280°.

5° Elle est également reproduite dans l'action de la chaleur rouge sur les homologues de la benzine.

6° Enfin, ainsi qu'il a été dit plus haut, presque tous les composés organiques et spécialement les dérivés aromatiques, soumis à l'influence de la température rouge, donnent naissance à une certaine proportion de benzine : c'est à ce titre que ledit carbure prend naissance dans la distillation de la houille. Dans ces circonstances générales, la benzine dérive en tout ou en partie de l'acétylène.

4. *Préparation.* — On prépare la benzine au moyen du goudron de houille. Le goudron de houille est une matière complexe, obtenue dans la préparation du gaz de l'éclairage (p. 138). La distillation de ce goudron fournit plusieurs ordres de produits, dont les plus volatils passent au-dessous de 150°, et portent le nom d'*huiles légères*. On agite successivement ces derniers avec l'acide sulfurique étendu, pour enlever les alcalis (aniline, toluidine, etc.) qui y sont renfermés ; puis avec la soude, pour enlever les phénols ; enfin avec l'acide sulfurique concentré, pour séparer le thiophène et surtout pour détruire certains carbures très altérables, tels que le styrolène. On soumet alors le produit à des distillations, de manière à le fractionner en plusieurs portions, dans chacune desquelles s'accumule principalement l'un des hydrocarbures suivants :

1° La benzine	$C^{12}H^6$	qui bout à 80° ;
2° Le toluène.	$C^{14}H^8$	qui bout à 110° ;
3° Le xylène................	$C^{16}H^{10}$	qui bout à 139°.
Quant au cumolène..........	$C^{18}H^{12}$	qui bout à 165°,
Et au cymène...............	$C^{20}H^{14}$	qui bout à 180°,

ces derniers carbures sont peu abondants dans les huiles légères, et ils sont contenus surtout dans les liquides subséquents fournis par la distillation du goudron de houille. Chaque portion est enfin rectifiée au moyen d'appareils particuliers dont le principe est dû à M. Coupier. On la chauffe dans la chaudière M (fig. 39) par un serpentin que traverse un courant de vapeur arrivant en V. Le liquide distillé et ses vapeurs s'échappent à travers une *colonne* PP', dans laquelle s'opère une première purification, par un mécanisme qui sera indiqué plus loin (voy. ALCOOL); elles passent ensuite en EF dans une série de

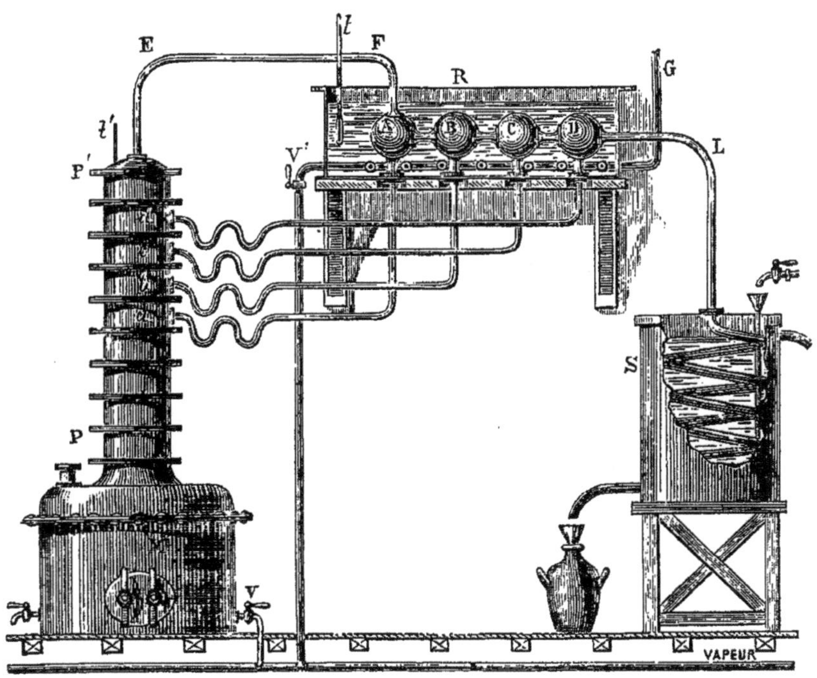

FIG. 39. — Appareil de M. Coupier pour la rectification des hydrocarbures du goudron de houille.

récipients A, B, C et D, plongés en R dans une solution de chlorure de calcium que l'on peut chauffer par un serpentin de vapeur V'G. S'il s'agit d'obtenir la benzine, par exemple, on porte à 80° la température du bain contenu dans le réservoir R, et dès lors les carbures bouillant au-dessus de 80°, se condensent dans les récipients et retournent en *aa'*, *bb'*, *cc'* et *dd'* dans la colonne. Les vapeurs de benzine ainsi purifiées sont condensées en S. On opère de même pour les autres carbures, en variant seulement la température de R.

La benzine, ainsi isolée, doit être soumise à l'action d'un mélange réfrigérant, ce qui en détermine la cristallisation. Après solidification, on la presse, afin d'en séparer les liquides étrangers.

5. *Propriétés*. — La benzine est un liquide incolore, mobile, très réfringent, d'une odeur forte et désagréable. Elle cristallise dans le voisinage de 0° en prismes rhomboïdaux, et fond à $+4°,5$; elle bout à 80°,4. Sa densité à 0° est égale à 0,899. Elle est insoluble dans l'eau, miscible avec l'alcool absolu et avec l'éther, soluble dans l'alcool ordinaire. Elle dissout le soufre, le phosphore, le brome, l'iode, les huiles grasses et les huiles volatiles, la cire, le caoutchouc, la gutta-percha, diverses résines et certains alcaloïdes. La benzine est très inflammable; elle brûle avec une flamme fuligineuse. C'est un corps très stable et qui n'est altéré ni par l'acide sulfurique concentré froid, dans un contact de quelques instants, ni par les métaux alcalins, à l'ébullition. Mais l'acide nitrique fumant la dissout aussitôt, sans dégagement de vapeurs nitreuses, pourvu qu'on ait soin d'éviter toute élévation notable de température. Ces caractères sont spécifiques.

La benzine est formée depuis ses éléments (carbone-diamant et hydrogène) avec une absorption de — 5 Calories. Depuis l'acétylène, il y a dégagement de $+$ 178 Calories, dans la condensation moléculaire qui engendre la benzine liquide (78 gr.). Sa chaleur de combustion est égale à 776 Calories; soit 9949 pour 1 kilogramme.

I. — Hypothèses sur la constitution de la benzine.

1. *Hypothèse de M. Kékulé*. — La benzine, carbure relativement pauvre en hydrogène, se conduit cependant, dans la plupart des cas, comme un carbure relativement saturé et ne subit les réactions d'addition que dans des conditions particulières. Ce fait imprime à son histoire un caractère spécial, qu'on ne retrouve dans aucun des carbures dont nous nous sommes occupés jusqu'ici, du moins lorsque ceux-ci renferment une proportion d'hydrogène inférieure à celle indiquée par la formule $C^{2n}H^{2n+2}$. Une autre particularité fixe encore l'attention dans l'histoire de la benzine, c'est la régularité avec laquelle se produisent les isoméries entre les dérivés de substitution qu'elle fournit. On a cherché à expliquer ces faits par diverses hypothèses sur la constitution de ce carbure; quelques-unes des théories émises ont reçu des développements d'une telle importance qu'il est nécessaire de les faire connaître.

M. Kékulé, se plaçant au point de vue de l'hypothèse atomique, admet que dans la benzine 6 atomes de carbone se saturent en partie réciproquement, en échangeant alternativement 1 ou 2 valences, de manière à former une *chaîne fermée*, les 6 valences restées libres étant saturées par les 6 atomes d'hydrogène. C'est ce qu'on exprime par la notation suivante (*figure hexagonale de la benzine*) :

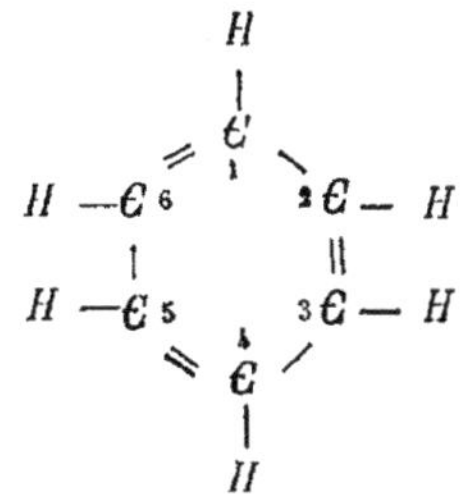

```
            H
            |
            C
         // 1 \
H — C 6         2 C — H
     |             ||
H — C 5         3 C — H
         \\ 4 /
            C
            |
            H
```

Dans cette interprétation, aucune réaction d'addition ne peut se produire sans une dislocation profonde de la molécule.

M. Kékulé admet en outre que les 6 atomes d'hydrogène, d'une part, et les 6 atomes de carbone, d'autre part, jouent dans la benzine un rôle identique, chacun d'eux se rattachant à l'ensemble de la même manière que les autres ; l'atome d'hydrogène sur lequel porterait une première substitution est donc indifférent, et il ne peut exister qu'un seul dérivé monosubstitué, et, ce qui revient au même, qu'un seul dérivé pentasubstitué :

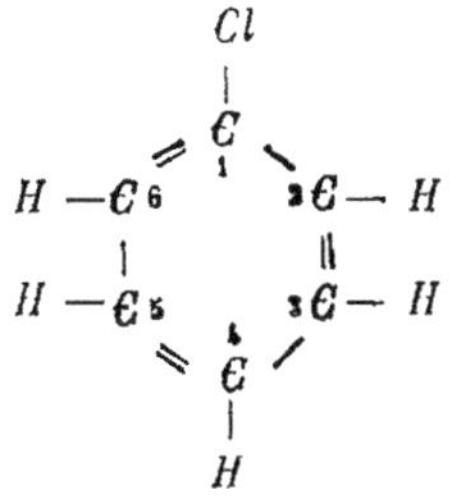

```
            Cl
            |
            C
         // 1 \
H — C 6         2 C — H
     |             ||
H — C 5         3 C — H
         \\ 4 /
            C
            |
            H
```

Benzine monochlorée.

Une première substitution à l'hydrogène ayant été opérée, la symétrie de la molécule se trouve détruite, les 5 atomes d'hydrogène restants n'étant pas tous dans des positions identiques par rapport à l'élément déjà substitué. De là résultent, pour les dérivés disubstitués, 3 isomères que l'on distingue par les préfixes *ortho*, *méta* et *para* (M. Kœrner). Comme le montrent les formules ci-dessous, il n'y a, en effet, que trois positions possibles pour le second atome d'hydrogène remplacé :

```
         Cl                   Cl                   Cl
         |                    |                    |
         Є                    Є                    Є
      // 1 \               // 1 \               // 1 \
H — Є6      2Є — Cl   H — Є6      2Є — H    H — Є6      2Є — H
    |        ||           |        ||           |        ||
H — Є5      3Є — H    H — Є5      3Є — Cl   H — Є5      3Є — H
      \\ 4 /               \\ 4 /               \\ 4 /
         Є                    Є                    Є
         |                    |                    |
         H                    H                    Cl
```

Benzine orthodichlorée. Benzine métadichlorée. Benzine paradichlorée.

On est convenu de nommer *orthodérivés* les corps disubstitués dans lesquels les 2 atomes d'hydrogène remplacés sont réputés appartenir à deux groupes (Є—*H*) voisins, *métadérivés* ceux dans lesquels la substitution atteint deux groupes (Є—*H*) séparés par un autre resté intact, et *paradérivés* ceux dans lesquels elle porte sur des groupes (Є—*H*) séparés par deux autres restés intacts. Il en est de même quand la substitution est due, non pas à un élément, mais à un groupe ou radical monovalent quelconque.

L'isomérie des dérivés trisubstitués se représente de même, trois arrangements différents étant possibles.

```
         Cl                   Cl                   Cl
         |                    |                    |
         Є                    Є                    Є
      // 1 \               // 1 \               // 1 \
H —   Є6      2Є — H  H — Є6      2Є — H    H — Є6      2Є — Cl
Cl—   |        ||         |        ||           |        ||
      Є5      3Є — Cl H — Є5      3Є — Cl   H — Є5      3Є — Cl
      \\ 4 /               \\ 4 /               \\ 4 /
         Є                    Є                    Є
         |                    |                    |
         H                    Cl                   H
```

Benzine trichlorée symétrique. Benzine trichlorée asymétrique. Benzine trichlorée à substitutions voisines.

On distingue les composés trisubstitués : soit par les noms de *symétrique* ou *asymétrique*, soit par les lettres (*s*) et (*a*), quand la substitution porte sur des groupes (Є—*H*) que l'on suppose espacés régulièrement de deux en deux, ou espacés irrégulièrement ; on les dit *à substitutions voisines* et on les désigne par la lettre (*v*), quand la substitution porte sur trois groupes (Є—*H*) contigus.

Il ne peut y avoir également que trois arrangements différents pour les dérivés tétrasubstitués, attendu la réciprocité des arrangements entre les dérivés disubstitués et les dérivés tétrasubstitués :

```
         Cl                     Cl                     Cl
         |                      |                      |
         C                      C                      C
      //  1  \               //  1  \               //  1  \
H — C6       2C — Cl   H — C6       2C — H    H — C6       2C — Cl
    |         ||           |         ||           |         ||
Cl — C5      3C — H    Cl — C5      3C — Cl   H — C5       3C — Cl
      \\  4  /               \\  4  /               \\  4  /
         C                      C                      C
         |                      |                      |
         Cl                     Cl                     Cl
```

Benzine tétrachlorée symétrique. — Benzine tétrachlorée asymétrique. — Benzine tétrachlorée à substitutions voisines.

La nomenclature est analogue à celle indiquée pour les dérivés trisubstitués.

Les choses deviennent beaucoup plus compliquées lorsque les substitutions sont opérées, non plus, d'une manière constante, par un même élément ou par un même groupe univalent, mais bien par des éléments divers, ou par des groupes univalents divers. C'est ainsi que pour 3 substitutions opérées par 2 éléments différents, la théorie algébrique des permutations indique 6 isomères possibles; si les 3 substitutions étaient opérées par 3 éléments différents, il y aurait 10 isomères ; le calcul montre de même qu'en remplaçant les 6 atomes d'hydrogène de la benzine par 6 éléments divers, 60 arrangements sont à prévoir, etc.

Les nomenclatures précédentes deviennent alors d'une application fort confuse; aussi préfère-t-on d'ordinaire indiquer dans une formule écrite sur une seule ligne, par un chiffre placé entre parenthèses et en contre-bas, à la suite de chaque élément ou groupe substitué, le numéro qui correspond à la position occupée dans la formule hexagonale par cet élément ou groupe substitué. Ainsi la benzine bromochloronitrée, que l'on supppose répondre à la figure suivante :

```
          Br
          |
          C
       //  1  \
H — C6        2C — H
    |          ||
H — C5        3C — (AzO²)'
       \\  4  /
          C
          |
          Cl
```

peut être écrite $C^6H^3 Br_{(1)} Cl_{(4)}, (AzO^2)_{(3)}$.

2. Cette théorie ingénieuse est, en général, confirmée par l'expérience dans les réactions de substitution. En effet, les dérivés disubstitués se groupent suivant 3 séries régulières d'isomères ; à chacune de ces séries se rattachent des dérivés parallèles, qui ne se confondent pas d'ordinaire avec ceux des autres séries. Disons cependant que l'on connaît dès à présent un certain nombre de faits en opposition avec l'hypothèse fondamentale. Celle-ci soulève d'ailleurs des objections d'un caractère plus général.

Elle exige, en effet, que la benzine soit un carbure saturé, ne donnant aucune réaction d'addition, puisque l'utilisation de toutes les valences des atomes est le fond même de l'hypothèse. En fait, si les réactions de substitution dominent dans l'histoire de la benzine, il n'en est pas moins certain cependant que ce carbure donne aussi, et avec une grande facilité, des produits d'addition : l'un des plus anciennement connus parmi tous les dérivés de la benzine, l'hexachlorure $Є^6H^6Cl^6$, qui résulte de l'union directe du chlore et de la benzine, sous la simple influence de la lumière, en a été le premier exemple. L'existence de ce chlorure n'a pu être expliquée dans la théorie précédente qu'en supposant que sa formation entraîne la destruction du *noyau aromatique;* or sous l'influence de la potasse, par exemple, ce corps perd $3HCl$ et reproduit une benzine trichlorée, c'est-à-dire un composé à chaîne fermée. Le système se reconstituerait donc immédiatement, les réactions de cet ordre étant comparables à celles fournies par un carbure non saturé tel que l'éthylène.

Une autre objection porte sur l'identité de rôle des 6 atomes d'hydrogène, mais nous n'insisterons pas ici sur ce point.

Nous ne nous arrêterons pas non plus sur diverses interprétations analogues à celle de M. Kékulé, sur la formule dite prismatique, par exemple, la formule hexagonale étant celle à laquelle on se reporte généralement quand on fait usage de la notation atomique.

Nous allons montrer maintenant que les isoméries dites de position, que nous venons d'exposer, peuvent être rattachées également à la théorie plus générale et plus claire de la métamérie.

3. *Hypothèse de M. Berthelot.* — En effet, la production synthétique de la benzine par l'union de trois molécules d'acétylène permet de rendre compte d'une façon très nette des propriétés de ce carbure et des isoméries de ses dérivés. Il suffit d'admettre qu'une des molécules d'acétylène s'associe les deux autres, à peu près comme elle pourrait s'associer l'hydrogène pour se saturer et former l'hydrure d'éthylène :

$$C^4H^2\ (—)\ (—),$$
$$C^4H^2\ (H^2)\ (H^2),$$
$$C^4H^2\ (C^4H^2)\ (C^4H^2).$$

Cette première molécule d'acétylène est donc relativement saturée dans la formation de la benzine. Le composé formé se conduira dès lors, dans un grand nombre de circonstances, comme un carbure saturé : ce qui est l'un des caractères fondamentaux de la benzine. Ce caractère s'accorde en outre avec la grande chaleur dégagée dans la métamorphose de l'acétylène en benzine : les composés chimiques étant, en général, d'autant plus stables et moins aptes à former des combinaisons ultérieures, qu'ils ont été engendrés avec un plus grand dégagement de chaleur. Ceci étant établi, le carbure formé par la condensation de 3 molécules d'acétylène, avec saturation de l'une d'elles, pourra donner naissance à diverses séries de dérivés.

On obtient, en effet, de nouvelles classes de dérivés isomériques de la benzine, toutes les fois qu'on opère sur ce carbure deux ou trois réactions successives. Or, si la benzine dérive de trois molécules acétyléniques, regardées comme absolument identiques entre elles dans la combinaison, une réaction unique effectuée sur ce carbure ne donnera lieu qu'à un seul dérivé. Mais deux réactions successives peuvent atteindre soit une même molécule d'acétylène de la benzine, soit deux molécules différentes ; et ces dernières peuvent être juxtaposées ou séparées l'une de l'autre par la troisième molécule : de là les trois isomères qui ont été observés dans un grand nombre de réactions doubles, etc. Le nombre des dérivés serait d'ailleurs plus grand, si les trois molécules d'acétylène n'étaient pas regardées comme symétriques ; précisément comme il arriverait avec la formule hexagonale si les atomes d'hydrogène ne jouaient pas tous le même rôle.

	Benzines dichlorées.	Acides oxybenzoïques.
Ortho......	$C^4H^2(C^4H^2)(C^4Cl^2)$,	$C^4H^2(C^4H^2)(C^4[C^2(H^2O^2)O^4])$,
Méta......	$C^4H^2(C^4HCl)(C^4HCl)$,	$C^4H^2(C^4[H^2O^2])(C^4[C^2H^2O^4])$,
Para......	$C^4HCl(C^4H^2)(C^4HCl)$,	$C^4[H^2O^2](C^4H^2)(C^4[C^2H^2O^4])$.

Tous les faits peuvent être ainsi exprimés avec netteté, et la constitution de la benzine expliquée d'après son mode même de génération réelle et sans hypothèse arbitraire.

Examinons les principales réactions de la benzine.

II. — Action de la chaleur et des éléments.

1. *Chaleur.* — La benzine, dirigée à travers un tube rouge, se décompose en partie, avec formation de *diphényle* (1), $C^{24}H^{10}$ (M. Berthelot) :

$$2\,C^{12}H^6 = C^{24}H^{10} + H^2.$$

(1) $(\mathcal{C}^6H^5)^2$.

En même temps, la benzine fournit aussi, quoique en moindre proportion, du *triphénylène*, $C^{36}H^{12}$, et surtout son *hydrure*, $C^{36}H^{14}$ (M. Schulze), autres carbures cristallisés qui résultent de la réunion de trois molécules de benzine :

$$3C^{12}H^{6} = C^{36}H^{12} + 3H^{2},$$
$$3C^{12}H^{6} = C^{36}H^{14} + 2H^{2}.$$

On obtient encore divers autres carbures plus condensés.

2. *Hydrogène.* — La benzine, exposée à l'action de l'hydrogène naissant, c'est-à-dire de l'acide iodhydrique agissant à 280°, se sature d'hydrogène; elle fournit une série d'hydrures successifs, $C^{12}H^{8}$, $C^{12}H^{10}$, $C^{12}H^{12}$, et finalement l'*hydrure d'hexylène*, $C^{12}H^{14}$ (M. Berthelot) :

$$C^{12}H^{6} + 4H^{2} = C^{12}H^{14}.$$

Tous ces corps sont liquides; leurs densités et leurs points d'ébullition sont compris entre ceux de la benzine et ceux de l'hydrure d'hexylène.

Le carbure $C^{12}H^{12}$, engendré dans ces circonstances, se forme plus aisément et à une température moins élevée que le dernier terme. Cependant l'acide iodhydrique finit par le changer aussi, par une action réitérée, en un hydrure absolument saturé $C^{12}H^{14}$. On remarquera que cet *hexahydrure de benzine* $C^{12}H^{12}$, spécialement étudié par M. Wreden, présente la composition des carbures éthyléniques $C^{2n}H^{2n}$; il se conduit comme un carbure relativement saturé. On en a fait le type des *paraffènes* (p. 133).

3. *Oxygène.* — L'oxygène se fixe directement sur la benzine, additionnée de chlorure d'aluminium et portée à la température de l'ébullition ; elle donne ainsi du phénol, $C^{12}H^{6}O^{2}$ (MM. Friedel et Crafts):

$$C^{12}H^{6} + O^{2} = C^{12}H^{6}O^{2}.$$

L'oxygène naissant, fourni par le permanganate de potasse, oxyde lentement la benzine. Dans une liqueur acide, il la change en eau et acide carbonique ; en présence d'un alcali, il donne naissance à l'*acide oxalique :*

$$C^{12}H^{6} + 12O^{2} = 3C^{4}H^{2}O^{8},$$

c'est-à-dire au même produit que fournit l'acétylène.

Les agents oxydants transforment ainsi la benzine en acide carbonique. Mais, chose remarquable, une partie de cet acide peut se combiner avec la benzine elle-même à l'état naissant, de façon à former de l'*acide benzoïque* (Carius) :

$$C^{12}H^6 + C^2O^4 = C^{14}H^6O^4,$$

et même de l'*acide phtalique*, $C^{16}H^6O^8$:

$$C^{12}H^6 + 2C^2O^4 = C^{16}H^6O^8.$$

C'est ce qui arrive, par exemple, en opérant avec un mélange d'acide sulfurique et de bioxyde de manganèse.

Enfin l'acide chloreux produit avec la benzine un dérivé de l'acide fumarique, transformable par oxygénation en *acide succinique*, $C^8H^6O^8$.

4. Par voie indirecte, on peut changer la benzine en divers corps oxygénés, renfermant la même proportion de carbone, tels que :

Le phénol	$C^{12}H^6O^2$,
L'oxyphénol et ses isomères, l'hydroquinon et la résorcine	$C^{12}H^6O^4$,
Le pyrogallol et ses isomères	$C^{12}H^6O^6$,
Le quinon	$C^{12}H^4O^4$.

5. *Chlore.* — Le chlore exerce sur la benzine deux actions fort différentes, suivant les conditions.

En agissant directement sur le carbure, il fournit des dérivés d'addition. A la température ordinaire et sous l'influence de la lumière, il produit ainsi un *hexachlorure* cristallisé et fusible à 157° (Mitscherlich) :

$$C^{12}H^6 + 3Cl^2 = C^{12}H^6Cl^6.$$

A la température de l'ébullition, cet hexachlorure est accompagné d'un isomère, dont les cristaux ne fondent qu'à 310° (M. Meunier). Les deux hexachlorures sont décomposés par la chaleur ou par la potasse alcoolique en acide chlorhydrique et benzine trichlorée asymétrique.

Si l'on fait agir le chlore sur la benzine bouillante, en présence d'une petite quantité d'iode (M. H. Müller), c'est-à-dire en définitive le chlorure d'iode, l'élément halogène se substitue progressivement à l'hydrogène. On a obtenu ainsi une série complète de dérivés substitués allant jusqu'à la benzine perchlorée (M. Jungfleisch). D'autres benzines chlorées ont encore été obtenues par l'action de la chaleur ou des alcalis sur divers chlorures de benzines chlorées, analogues aux hexachlorures de benzine (M. Jungfleisch), ainsi que par des méthodes moins directes. Nous allons énumérer ces composés qui fournissent un exemple très net, convenant particulièrement pour l'étude des dérivés de substitution de la benzine. Nous ajouterons à la formule ordinaire de chacun d'eux la formule atomique.

Benzine monochlorée, $C^{12}H^5Cl$ ou $\mathit{C^6H^5Cl}$. — Liquide bouillant à 133°, se solidifiant à — 40°. S'obtient par l'action du chlore sur la benzine en présence de l'iode.

Benzines bichlorées, $C^{12}H^4Cl^2$. — *Dérivé ortho*, $\mathit{C^6H^4Cl^2}_{(1.2)}$: liquide bouillant à 179°; s'obtient par l'action du perchlorure de phosphore sur le phénol orthochloré. — *Dérivé méta*, $\mathit{C^6H^4Cl^2}_{(1.3)}$: liquide bouillant à 172°; s'obtient dans l'action du chlore sur la binitraniline. — *Dérivé para*, $\mathit{C^6H^4Cl^2}_{(1.4)}$: magnifiques cristaux fusibles à 53° en un liquide bouillant à 171°; se forme dans l'action du chlore sur la benzine en présence de l'iode.

Benzines trichlorées, $C^{12}H^3Cl^3$. — *Dérivé asymétrique*, $\mathit{C^6H^3Cl^3}_{(1.2.4)}$: cristaux fusibles à + 17° en un liquide bouillant à 206°; s'obtient dans l'action du chlore sur la benzine en présence de l'iode. — *Dérivé symétrique*, $\mathit{C^6H^3Cl^3}_{(1.3.5)}$: longues aiguilles fusibles à 63°,4; point d'ébullition, 208°; formé dans la décomposition du tétrachlorure de benzine chlorée. — *Dérivé à substitutions voisines*, $\mathit{C^6H^3Cl^3}_{(1.2.3)}$: grandes tables fusibles à 53°; point d'ébullition, 218°; résulte de l'action de l'acide azoteux sur l'aniline trichlorée correspondante.

Benzines quadrichlorées, $C^{12}H^2Cl^4$. — *Dérivé asymétrique*, $\mathit{C^6H^2Cl^4}_{(1.3.4.5)}$: aiguilles fusibles à 35°; point d'ébullition, 253°; formé dans la décomposition de l'hexachlorure de benzine monochlorée. — *Dérivé symétrique*, $\mathit{C^6H^2Cl^4}_{(1.2.4.5)}$: très beaux cristaux fusibles à 139°; point d'ébullition, 240°; obtenu par l'action du chlore sur la benzine en présence de l'iode. — *Dérivé à substitutions voisines*, $\mathit{C^6H^2Cl^4}_{(1.2.3.4)}$: aiguilles fusibles à 45° ; point d'ébullition, 254° ; résulte de l'action du chlore sur l'une des trichloranilines.

Benzines quintichlorées, $C^{12}HCl^5$ ou $\mathit{C^6HCl^5}$. — *Isomère A :* fines aiguilles fusibles à 74°; point d'ébullition, 272°; formé dans l'action du chlore sur la benzine en présence de l'iode. — *Isomère B :* fines aiguilles fusibles à 175°; résulte de la décomposition d'un chlorure de benzine monochlorée.

Benzine perchlorée, $C^{12}Cl^6$ ou $\mathit{C^6Cl^6}$. — Longues aiguilles fusibles à 228° en un liquide bouillant à 330°. On l'obtient dans l'action du chlore sur la benzine en présence de l'iode. Ce chlorure de carbone est identique avec un composé connu sous le nom de *chlorure de Julin*, lequel se produit dans l'action de la chaleur rouge sur le chloroforme, sur le formène perchloré et sur divers autres composés. C'est un corps cristallisé en belles aiguilles. On l'obtient aussi par synthèse en maintenant à 360°, pendant trente heures, le perchlorure d'acétylène (voy. p. 64).

Tous les dérivés chloro substitués de la benzine sont caractérisés par une grande stabilité ; ils ne cèdent leur chlore que sous des influences très énergiques.

De même que la benzine se combine directement au chlore sous l'influence de la lumière solaire, de même les benzines chlorées forment des chlorures par addition : $C^{12}H^5Cl,Cl^2$; $C^{12}H^5Cl,Cl^4$; $C^{12}H^5Cl,Cl^6$; $C^{12}H^4Cl^2,Cl^2$; etc. Tous ces produits d'addition perdent de l'acide chlorhydrique par l'action de la chaleur ou des alcalis,

$$C^{12}H^5Cl,Cl^4 - 2\,HCl = C^{12}H^3Cl^3,$$
$$C^{12}H^5Cl,Cl^6 - 3\,HCl = C^{12}H^2Cl^4, \text{ etc.},$$

et engendrent, comme on l'a vu plus haut, diverses benzines chlorées.

6. *Brome, iode.* — Le *brome* attaque la benzine beaucoup plus lentement que le chlore.

A la lumière solaire, il donne un *hexabromure de benzine*, $C^{12}H^6Br^6$, analogue à l'hexachlorure de Mitscherlich, et cristallisé en fines aiguilles. Il agit mieux en présence d'un peu d'iode, en formant des dérivés bromés analogues aux dérivés chlorés et comportant des isoméries semblables. Voici la liste des benzines bromées :

	Point de fusion.	Point d'ébullition.	Densité.
Benzine monobromée	liquide	155°	1,518 à 0°
— bibromée ortho	— 1°	223°	2,003 —
— — méta	liquide	219°	1,955 à 18°
— — para	89°	219°	2,220 —
— tribromée (*s*)	119°,6	278°	— —
— — (*a*)	44°	275°	— —
— — (*v*)	87°,4	—	— —
— tétrabromée (*s*)	137°	—	— —
— — (*a*)	98°,5	329°	— —
— — (*v*)	160°	—	— —
— pentabromée	260°	—	— —
— perbromée	315°	—	— —

L'*iode* pur n'agit pas sur la benzine, même bouillante. Mais si l'on fait intervenir simultanément l'iode et l'acide iodique (M. Kékulé), on obtient des dérivés de substitution.

Le plus important est la *benzine monoiodée*, liquide bouillant à 188°, de densité 1,69 à 15°, moins stable que les composés chlorés et bromés correspondants.

En outre, les trois éléments halogènes concourent 2 à 2 ou tous ensemble à la production de dérivés substitués mixtes, dont le nombre est très considérable.

III. — Action de l'acide sulfurique. Synthèse des phénols.

1. Les hydracides, employés soit à froid, soit à 200°, sont sans action sur la benzine. Au contraire, l'acide sulfurique fumant et l'acide nitrique fumant donnent lieu directement à des combinaisons remarquables. L'acide hypochloreux s'unit, directement aussi, à la benzine en formant un composé particulier, $C^{12}H^6(ClHO^2)^3$. Enfin, on peut unir par voie indirecte la benzine, tant à l'acide carbonique qu'à la plupart des autres oxacides.

Exposons les combinaisons sulfuriques, carboniques et nitriques de ce carbure d'hydrogène.

2. *Acide sulfurique.* — Les combinaisons de l'acide sulfurique avec la benzine servent de type à toutes les combinaisons du même genre, c'est-à-dire à tous les ***dérivés sulfonés*** ou ***sulfoconjugués*** fournis par les autres carbures aromatiques.

L'acide sulfurique monohydraté et froid est sans action immédiate sur la benzine, qu'il attaque cependant très lentement, surtout à chaud. Mais l'acide sulfurique fumant dissout aisément ce carbure, en donnant lieu, suivant les conditions et les proportions relatives, aux trois composés suivants :

Le benzinosulfuride.......	$2C^{12}H^6 + S^2O^6, H^2O^2 - 2H^2O^2 = C^{12}H^4(C^{12}H^6)S^2O^4,$
L'acide benzinosulfurique..	$C^{12}H^6 + S^2O^6, H^2O^2 - H^2O^2 = C^{12}H^6, S^2O^6,$
L'acide benzinodisulfurique	$C^{12}H^6 + 2(S^2O^6, H^2O^2) - 2H^2O^2 = C^{12}H^6(S^2O^6)^2.$

Le *benzinosulfuride* (1), appelé aussi *sulfobenzide* ou *phénylsulfone*, est un corps cristallisé, fusible à 128°, qui ne s'unit ni aux bases ni aux acides (Mitscherlich).

L'*acide benzinosulfurique*, appelé aussi *acide phénylsulfureux* ou *acide benzolsulfonique* (2), est monobasique (Mitscherlich). On le prépare en disssolvant la benzine à froid dans l'acide sulfurique fumant; on étend d'eau la liqueur, on la sature par le carbonate de chaux, on filtre et l'on évapore : le benzinosulfate de chaux cristallise. Pour isoler l'acide, on décompose le sel de chaux dissous par une quantité proportionnelle d'acide oxalique, et on évapore au bain-marie.

L'*acide benzinodisulfurique*, appelé aussi *acide phénylène-disulfu-*

(1) $(C^6H^5)^2 = SO^2$.
(2) $C^6H^5 - (SO^3H)$.

reux ou *acide benzoldisulfonique*, est bibasique. On en prépare 2 isomères (*para* et plus abondamment *méta*) en réitérant l'action de l'acide sulfurique sur le corps précédent. Un troisième (*ortho*) s'obtient par voie indirecte (1).

En ajoutant de l'anhydride phosphorique à l'acide sulfurique que l'on chauffe avec la benzine, on obtient un quatrième composé, l'*acide benzinotrisulfurique*, $C^{12}H^6,3S^2O^6$, appelé aussi *acide benzoltrisulfonique* (2). C'est un acide tribasique, cristallisé en longues aiguilles, très acide et déliquescent (M. Senhofer).

On voit que, dans ces composés, *l'acide sulfurique perd une partie de sa capacité de saturation, proportionnelle au nombre d'équivalents de carbure combiné avec lui et proportionnelle également à l'eau éliminée* : c'est précisément ce qui arrive dans la formation de l'acide éthylsulfurique $C^4H^4(S^2O^6,H^2O^2)$, également monobasique. En même temps, les propriétés de l'acide sulfurique deviennent en quelque sorte latentes ; car les benzino sulfates de baryte, de chaux, de plomb, sont solubles comme les éthylsulfates, tandis que les sulfates correspondants sont insolubles.

Toutefois, entre l'acide benzinosulfurique et l'acide éthylsulfurique, il existe des différences capitales : la formation du premier s'effectue avec séparation des éléments de l'eau, ce qui n'arrive pas avec le second ; de plus l'acide éthylsulfurique est décomposé facilement par l'eau, en formant un hydrate d'éthylène ou alcool, tandis que l'acide benzinosulfurique est beaucoup plus stable et ne fournit aucun hydrate de benzine.

3. *Synthèse des phénols.* — Cependant, si l'on chauffe l'acide benzinosulfurique avec l'hydrate de potasse, jusque vers 250° à 300°, il se détruit avec formation, non d'un hydrate, mais d'un oxyde de benzine, $C^{12}H^6O^2$. C'est le *phénol*, qui demeure sous la forme de phénol potassé, $C^{12}H^5KO^2$, mêlé avec du sulfite alcalin (Dusart ; Wurtz ; M. Kékulé) :

$$C^{12}H^4K,S^2O^6 + 2(KO,HO) = C^{12}H^5KO^2 + S^2O^4,2\,KO + H^2O^2 ;$$

en même temps, une partie du sulfite de potasse est oxydé par l'hydrate alcalin en excès, ce qui dégage de l'hydrogène et introduit du sulfate de potasse dans le mélange.

(1) Ortho, $C^6H^4=(SO^3H)^2{}_{(1.2)}$; méta, $C^6H^4=(SO^3H)^2{}_{(1.3)}$; para, $C^6H^4=(SO^3H)^2{}_{(1.4)}$

(2) $C^6H^3\equiv(SO^3H)^3$.

Le phénol est une sorte d'alcool, qui joue vis-à-vis de la benzine le même rôle que l'alcool méthylique vis-à-vis du formène :

Formène..............	C^2H^4,	Benzine.............	$C^{12}H^6$,
Alcool méthylique......	$C^2H^4O^2$.	Phénol...............	$C^{12}H^6O^2$.

La formation du phénol et celle de l'alcool, l'un au moyen de la benzine, l'autre au moyen de l'éthylène, dans les conditions qui viennent d'être rappelées, sont des faits d'autant plus remarquables que l'acide éthylsulfurique et l'acide benzinosulfurique représentent deux types généraux, auxquels se rapportent la plupart des corps qui résultent de l'union de l'acide sulfurique avec les principes organiques.

La même réaction peut être exécutée sur les trois acides benzinodisulfuriques : elle donne naissance à trois oxyphénols isomères, $C^{12}H^6O^4$.

IV. — Action de l'acide carbonique. Synthèse de l'acide benzoïque.

1. *Acide carbonique.* — Les combinaisons de l'acide sulfurique et de la benzine sont les types des combinaisons du même carbure avec les acides bibasiques. Voici la liste des composés carboniques en particulier (1), ainsi que l'indication sommaire de leurs modes de formation :

1° *Acide benzinocarbonique* ou *acide benzoïque*, $C^{14}H^6O^4$, monobasique :

$$C^{12}H^6 + C^2O^4, H^2O^2 - H^2O^2 = C^{14}H^6O^4.$$

On l'obtient en faisant agir le sodium sur la benzine bromée, en présence du gaz carbonique (M. Kékulé) :

$$C^{12}H^5Br + C^2O^4 + Na^2 = C^{14}H^5NaO^4 + NaBr ;$$

ou bien en faisant passer un courant d'acide carbonique dans de la benzine bouillante additionnée de chlorure d'aluminium (MM. Friedel et Crafts) ; ou bien encore en oxydant la benzine par le bioxyde de manganèse, une partie du carbure fournissant l'acide carbonique qui s'unit au reste.

(1) Acide benzoïque, $C^6H^5(CO^2H)$,
— phtalique, $C^6H^4(CO^2H)^2$,
— trimellique, $C^6H^3(CO^2H)^3$,
— pyromellique, $C^6H^2(CO^2H)^4$,
— benzinopentacarbonique, $C^6H(CO^2H)^5$,
— mellique, $C^6(CO^2H)^6$.

2° *Benzinocarbonide* ou *benzophénone*, $C^{26}H^{10}O^2$, substance neutre (1) :

$$2\,C^{12}H^6 + (C^2O^4,H^2O^2) - 2\,H^2O^2 = C^{26}H^{10}O^2.$$

Ce beau corps cristallisé se prépare par la distillation du benzoate de chaux (M. Péligot).

3° *Acide benzinodicarbonique* ou *phtalique*, $C^{16}H^6O^8$, et ses isomères, l'*acide isophtalique* et l'*acide téréphtalique*, tous bibasiques :

Le premier se produit, en même temps que l'acide benzoïque, lorsqu'on oxyde la benzine par le bioxyde de manganèse :

$$C^{12}H^6 + 2\,(C^2O^4,H^2O^2) - 2\,H^2O^2 = C^{16}H^6O^8.$$

4° *Acide benzinotricarbonique* ou *trimellique*, $C^{18}H^6O^{12}$ (M. Baeyer), et ses isomères, l'*acide trimésique* (M. Fittig) et l'*acide hémimellique* (M. Baeyer), tous trois tribasiques :

$$C^{12}H^6 + 3\,(C^2O^4,H^2O^2) - 3\,H^2O^2 = C^{18}H^6O^{12}.$$

Deux de ces corps dérivent de l'acide mellique, ainsi que les acides suivants.

5° *Acide benzinotétracarbonique* ou *pyromellique*, $C^{20}H^6O^{16}$ (Erdmann), et ses isomères, l'*acide préhnitique* et l'*acide mellophanique* (M. Baeyer), tous trois tétrabasiques :

$$C^{12}H^6 + 4\,(C^2O^4,H^2O^2) - 4\,H^2O^2 = C^{20}H^6O^{16}.$$

6° *Acide benzinopentacarbonique*, $C^{22}H^6O^{20}$ (MM. Friedel et Crafts), pentabasique :

$$C^{12}H^6 + 5\,(C^2O^4,H^2O^2) - 5\,H^2O^2 = C^{22}H^6O^{20}.$$

7° *Acide benzinohexacarbonique* ou *mellique*, $C^{24}H^6O^{24}$, hexabasique :

$$C^{12}H^6 + 6\,(C^2O^4,H^2O^2) - 6\,H^2O^2 = C^{24}H^6O^{24}.$$

Cet acide peut être obtenu en oxydant par électrolyse certaines variétés de charbon (MM. Bartoli et Papasogli).

2. La benzine et les acides monobasiques peuvent être également combinés : par exemple, l'acide acétique fournit l'*acétobenzone*, $C^{16}H^8O^2$, lorsqu'on distille l'un de ses sels avec un benzoate (M. Friedel) :

$$C^4H^4O^4 + C^{12}H^6 - H^2O^2 = C^{16}H^8O^2.$$

(1) $(C^6H^5)^2 = CO$.

De même l'acide benzoïque fournit le *benzophénone*, $C^{26}H^{10}O^2$, cité plus haut, lorsqu'on traite par le chlorure benzoïque la benzine chaude et additionnée de chlorure d'aluminium (MM. Friedel et Crafts) :

$$C^{12}H^6 + C^{14}H^5O^2Cl = C^{26}H^{10}O^2 + HCl.$$

V. — Action de l'acide nitrique. Nitrobenzines.

1. *Nitrobenzine*. — L'action de l'acide nitrique sur la benzine est extrêmement remarquable à tous les points de vue : soit parce qu'elle est le type de l'action du même acide sur une multitude de carbures d'hydrogène et de substances oxygénées; soit parce que les produits de cette réaction ont donné lieu à de grandes applications industrielles; en effet, ils servent à la production de matières colorantes nombreuses.

En faisant agir à froid l'acide nitrique fumant sur la benzine, il se développe une réaction vive, accompagnée d'un dégagement de chaleur notable. La benzine, ajoutée peu à peu dans 4 à 5 parties d'acide, se dissout entièrement; si les corps sont purs et convenablement refroidis, il n'y a aucun développement de gaz. La dissolution, étant étendue d'eau, laisse séparer une matière huileuse, douée d'une odeur d'amandes amères, découverte par Mitscherlich en 1834. C'est la *nitrobenzine* ou *benzine nitrée*, $C^{12}H^5AzO^4$ (1), que l'on peut représenter comme la benzine dans laquelle 1 équivalent d'hydrogène est remplacé par la vapeur nitreuse, $C^{12}H^5(AzO^4)$. Voici la réaction :

$$C^{12}H^6 + AzO^5, HO = C^{12}H^5(AzO^4) + H^2O^2.$$

Cette réaction dégage 36,6 Calories, nombre qui se retrouve dans toutes les substitutions nitrées de la série aromatique.

En grand, la nitrobenzine se prépare en versant peu à peu un mélange de 2 parties d'acide nitrique et de 1 partie d'acide sulfurique, dans 2 parties de benzine soigneusement agitée et refroidie.

2. La nitrobenzine est liquide. Elle cristallise par le froid en aiguilles jaunes, fusibles à + 3°. Elle est plus lourde que l'eau, car sa densité à 15° est égale à 1,186. Elle est jaunâtre, presque insoluble dans l'eau, mais soluble dans l'alcool et dans l'éther, ainsi que dans l'acide acétique concentré et dans l'acide sulfurique. Elle possède une odeur forte, qui rappelle assez grossièrement celle des amandes amères; cette propriété la fait employer comme parfum sous le nom d'*essence de*

(1) $C^6H^5 - (AzO^2)'$.

mirbane. La nitrobenzine est toxique. Elle bout à 209°,4; sa vapeur détone sous l'influence de la température rouge. Ce dernier phénomène est facile à comprendre, puisque la nitrobenzine renferme à la fois des éléments nitriques, *comburants*, et des éléments hydrocarbures, *combustibles :* il est commun à tous les dérivés organo nitrés.

3. Sous l'influence de l'hydrogène naissant, la nitrobenzine est transformée en une matière azotée et alcaline, l'*aniline*, $C^{12}H^7Az$:

$$C^{12}H^5AzO^4 + 3\,H^2 = C^{12}H^7Az + 2\,H^2O^2.$$

Cette transformation, découverte par Zinin, est l'une des réactions fondamentales de la chimie organique, puisqu'elle réalise la métamorphose d'un carbure d'hydrogène, la benzine, dans une base, l'aniline, laquelle en est le dérivé ammoniacal par substitution :

$$C^{12}H^4(H^2) \;\ldots\ldots\; C^{12}H^4(AzH^3).$$

La réaction est aussi fort importante au point de vue pratique, l'aniline servant à la fabrication de matières colorantes très employées.

4. *Binitrobenzines.* — En réitérant l'action de l'acide nitrique sur la nitrobenzine, et mieux encore en faisant intervenir un mélange d'acide nitrique fumant et d'acide sulfurique concentré, on obtient un autre composé, cristallisé en belles aiguilles, fusible à 85°,5; on le précipite par l'eau de sa solution dans les acides, on le lave à l'eau et on le fait cristalliser dans l'alcool : c'est la *binitrobenzine ordinaire* ou *benzine métabinitrée*, $C^{12}H^4(AzO^4)^2$, laquelle résulte de la fixation de 2 équivalents d'acide nitrique sur la benzine (H. Sainte-Claire Deville) :

$$C^{12}H^6 + 2\,(AzO^5, HO) = C^{12}H^4(AzO^4)^2 + 2\,H^2O^2.$$

Cette réaction est accompagnée par un dégagement de 72,4 Calories ou $36{,}2 \times 2$.

Une *benzine orthobinitrée* et une *benzine parabinitrée* (1) se forment aussi, mais en petite quantité, dans la réaction précédente; elles sont d'autant plus abontantes que la réaction a été opérée à plus haute température.

5. *Trinitrobenzine.* — En faisant agir sur la dinitrobenzine ordinaire, à chaud et pendant longtemps, un mélange d'acide nitrique fumant et d'acide sulfurique fumant, on obtient une *benzine trinitrée* (2), $C^{12}H^3(AzO^4)^3$, engendrée par la fixation de 3 équivalents d'acide

(1) Benzine orthobinitrée, $C^6H^4 = (Az\Theta^2)^2{}_{(1.2)}$; benzine métabinitrée, $C^6H^4 = (Az\Theta^2)^2{}_{(1.3)}$; benzine parabinitrée, $C^6H^4 = (Az\Theta^2)^2{}_{(1.4)}$.

(2) Benzine trinitrée symétrique, $C^6H^3 \equiv (Az\Theta^2)^3{}_{(1.3.5)}$.

nitrique sur la benzine (M. Hepp), en vertu d'une réaction semblable aux précédentes.

6. On a également préparé des composés chloronitrés (M. Jungfleisch), bromonitrés, iodonitrés, en faisant agir l'acide nitrique fumant sur les dérivés chlorés, bromés, iodés de la benzine. Ils donnent lieu à de nombreuses isoméries sur lesquelles nous ne nous étendrons pas.

§ 3. — Toluène.

$C^{12}H^4(C^2H^4)$ ou $C^{14}H^8$........$C^6H^5-CH^3$ ou C^7H^8.

1. *Historique.* — Le toluène ou *méthylbenzine*, découvert en 1838 par Pelletier et Walter, a été étudié d'abord par H. Sainte-Claire Deville, qui l'a retiré du baume de Tolu. Mansfield l'a extrait du goudron de houille. Sa synthèse a été faite par MM. Fittig et Tollens (voie humide) et par M. Berthelot (voie pyrogénée). H. Sainte-Claire Deville l'a changé en acide benzoïque; M. Cannizzaro, en alcool benzylique; MM. Berthelot et Limpricht, en anthracène; Wurtz, en crésylol; MM. Vogt et Henninger, en orcine, etc. Il est fort employé comme générateur de matières colorantes.

2. *Formation par synthèse.* — Le toluène se forme par la réaction de la benzine naissante sur le formène naissant:

$$C^{12}H^6 + C^2H^4 = C^{14}H^8 + H^2.$$

1° En traitant par le sodium un mélange de formène iodé (éther méthyliodhydrique) et de benzine bromée (MM. Fittig et Tollens):

$$C^{12}H^5Br + C^2H^3I + Na^2 = C^{14}H^8 + NaI + NaBr.$$

C'est là une méthode générale d'une grande importance.

2° En distillant ensemble un benzoate et un acétate (M. Berthelot).

3° En dirigeant un courant de formène chloré (éther méthylchlorhydrique) dans de la benzine additionnée de chlorure d'aluminium (MM. Friedel et Crafts):

$$C^{12}H^6 + C^2H^3Cl = C^{14}H^8 + HCl.$$

4° En décomposant par la chaleur rouge un mélange de styrolène et d'hydrogène (M. Berthelot):

$$2\,C^{16}H^8 + H^2 = 2\,C^{14}H^8 + C^4H^2.$$

Cette réaction est intéressante, attendu qu'elle permet de former le toluène de toutes pièces, par de simples métamorphoses pyrogénées; le styrolène dérivant immédiatement de l'acétylène (p. 72), et celui-ci des éléments ; elle explique la présence du toluène dans les produits des décompositions pyrogénées.

3. *Formation par analyse.* — Le toluène se produit encore :

1° Dans la réaction ménagée de l'hydrogène naissant (acide iodhydrique à 280°) sur les corps de la série benzoïque, tels que l'essence d'amandes amères, $C^{14}H^6O^2$, l'acide benzoïque, $C^{14}H^6O^4$, la toluidine, $C^{14}H^9Az$, etc. (M. Berthelot).

2° Dans le dédoublement régulier des acides toluiques sous l'influence d'un alcali (Noad) :

$$C^{16}H^8O^4 = C^{14}H^8 + C^2O^4.$$

4. *Préparation.* — On a signalé plus haut (p. 148) la préparation du toluène au moyen du goudron de houille.

5. *Propriétés.* — Le toluène est un liquide mobile, très réfringent, doué d'une odeur analogue à la benzine, mais plus pénétrante. Sa densité à 15° est 0,872. Il bout à 110°. Ses réactions générales sont les mêmes que celles de la benzine. Traçons-en le résumé.

6. *Action de la chaleur.* — Le toluène, dirigé dans un tube rouge de feu (M. Berthelot), se décompose en perdant de l'hydrogène, et forme des carbures plus condensés, tels que le *ditolyle*, $C^{28}H^{14}$ (1), carbure cristallisé, analogue au diphényle (p. 155) :

$$2\,C^{14}H^8 = C^{28}H^{14} + H^2;$$

et surtout l'*anthracène*, $C^{28}H^{10}$, autre carbure cristallisé sur lequel nous reviendrons :

$$2\,C^{14}H^8 = C^{28}H^{10} + 3\,H^2.$$

Ce n'est pas tout. Une autre portion de toluène régénère de la *benzine*, avec production complémentaire d'acétylène :

$$2\,C^{14}H^8 = 2\,C^{12}H^6 + C^4H^2 + H^2;$$

mais ce dernier carbure s'unit à mesure et presque en totalité avec une partie de la benzine, pour donner de la *naphtaline :*

$$C^{12}H^6 + 2\,C^4H^2 = C^{20}H^8 + H^2.$$

(1) $C^6H^4\text{-}CH^3$.
$\quad |$
$C^6H^4\text{-}CH^3$

Il se forme ainsi beaucoup de benzine et de naphtaline.

7. *Hydrogène.* — Le toluène, chauffé à 280° avec une grande quantité d'acide iodhydrique, se change en une série de carbures plus hydrogénés, parmi lesquels figure un paraffène très stable, l'*hexahydrotoluène*, $C^{14}H^{14}$, et finalement un carbure saturé, plus difficile à obtenir, l'*hydrure d'heptylène*, $C^{14}H^{16}$:

$$C^{14}H^8 + 4\,H^2 = C^{14}H^{16}.$$

8. *Oxygène.* — Le toluène, traité par les agents oxydants, se change lentement en *acide benzoïque* (H. Sainte-Claire Deville) :

$$C^{14}H^8 + 3\,O^2 = C^{14}H^6O^4 + H^2O^2.$$

La réaction se produit à froid, sous l'influence du permanganate de potasse ; ou bien encore à l'ébullition, sous l'influence du bichromate de potasse et de l'acide sulfurique étendu de 1 1/2 partie d'eau, l'acide sulfurique et le bichromate étant employés dans les proportions convenables pour former de l'alun de chrome. La même transformation peut être effectuée par l'action de l'acide nitrique dilué et chaud sur le toluène.

9. On peut encore obtenir avec le toluène les composés oxygénés suivants :

Alcool benzylique et phénols crésyliques (crésylols)..	$C^{14}H^8O^2$,
Aldéhyde benzoïque..................................	$C^{14}H^6O^2$,
Acide benzoïque......................................	$C^{14}H^6O^4$,
Acides salicylique, métaoxybenzoïque et paraoxybenzoïque..................................	$C^{14}H^6O^6$,
Acides dioxybenzoïques..............................	$C^{14}H^6O^8$,
Acide gallique et isomères..........................	$C^{14}H^6O^{10}$.

L'un des *crésylols*, $C^{14}H^8O^2$, peut être formé directement en dirigeant un courant d'oxygène ou d'air dans du toluène bouillant et additionné de chlorure d'aluminium (MM. Friedel et Crafts) :

$$C^{14}H^8 + O^2 = C^{14}H^8O^2 ;$$

mais, en général, les 3 dérivés monosulfuriques du toluène servent d'intermédiaires à la formation des 3 crésylols correspondants.

10. Enfin l'action oxydante étant poussée plus loin, le toluène perd son groupe forménique et se transforme en benzine. C'est ce qui s'observe quand on le chauffe à 250° avec de l'oxyde de mercure (M. de Lalande) :

$$C^{12}H^4(C^2H^4) + 6\,HgO = C^{12}H^6 + C^2O^4 + H^2O^2 + 6\,Hg.$$

I. — Action du chlore.

1. Le chlore et le toluène donnent lieu à des dérivés très remarquables, qui ont été étudiés avec détails, principalement par H. Sainte-Claire Deville et par M. Beilstein. Ces dérivés diffèrent suivant les circonstances.

1° A froid, et avec le concours de la lumière solaire, on obtient un hexachlorure de toluène bichloré, $C^{14}H^6Cl^2,Cl^6$, qui est cristallisé, et des produits ultérieurs de substitution (H. Sainte-Claire Deville, M. Pieper).

2° A froid ou à chaud, mais en présence d'un peu d'iode, on obtient toute une série de toluènes chlorés : $C^{14}H^7Cl$, bouillant vers 160° ;

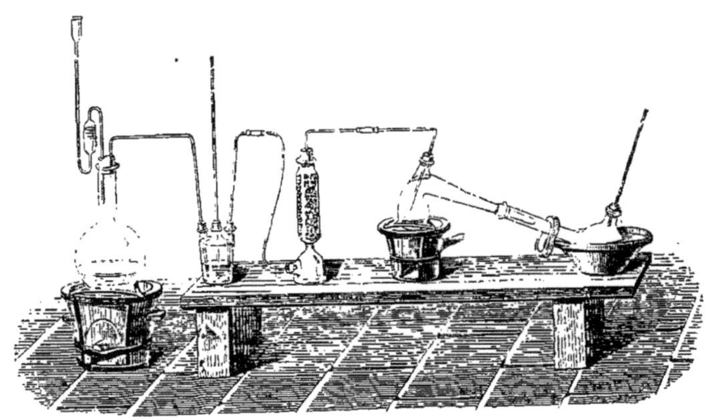

Fig. 40. — Action du chlore sur le toluène bouillant.

$C^{14}H^6Cl^2$, bouillant vers 196°, etc. ; semblables aux dérivés chlorés de la benzine, très stables et indécomposables comme ces derniers par la potasse et par les sels.

3° En opérant à la température d'ébullition du toluène (fig. 40), sans iode, on obtient également des toluènes chlorés, $C^{14}H^7Cl$, $C^{12}H^6Cl^2$, etc. Mais ces composés ne sont pas identiques à ceux que fournit la réaction précédente. Ils sont un peu moins volatils, et ils se distinguent surtout parce qu'ils perdent facilement leur chlore par voie de double décomposition.

2. Par exemple, le toluène monochloré, $C^{14}H^7Cl$, obtenu par cette dernière méthode, bout à 176° et a pour densité 1,107 à 14° ; c'est un véritable éther chlorhydrique, $C^{14}H^6(HCl)$, analogue au formène chloré : on le désigne aussi sous les noms d'*éther benzylchlorhydrique* ou *de chlorure de benzyle* (M. Cannizzaro). Chauffé avec une solution alcoolique d'acétate de potasse, il produit du chlorure de potassium et un *éther benzylacétique* :

$$C^{14}H^{6}(HCl) + C^{4}H^{3}KO^{4} = C^{14}H^{6}(C^{4}H^{4}O^{4}) + KCl.$$

Ce nouvel éther, traité par la potasse, fournit de l'*alcool benzylique*, $C^{14}H^{6}(H^{2}O^{2})$, et de l'acétate de potasse :

$$C^{14}H^{6}(C^{4}H^{4}O^{4}) + KO,HO = C^{14}H^{6}(H^{2}O^{2}) + C^{4}H^{3}KO^{4}.$$

3. De même, le toluène bichloré préparé à chaud est un mélange de plusieurs isomères ; l'un bout vers 206°, a pour densité 1,256 à 14°, et se transforme aisément en *aldéhyde benzylique*, c'est-à-dire en essence d'amandes amères, par l'action de l'oxyde de mercure :

$$C^{14}H^{6}Cl^{2} + 2\,HgO = C^{14}H^{6}O^{2} + 2\,HgCl.$$

L'essence d'amandes amères, traitée par le perchlorure de phosphore, reproduit le même composé chloré à l'état pur.

4. Le toluène trichloré, préparé à chaud, est également un mélange de divers isomères, dont l'un est décomposé par les alcalis comme le formène trichloré ; il donne ainsi naissance au *benzoate* de potasse :

$$C^{14}H^{5}Cl^{3} + 4(KO,HO) = C^{14}H^{5}KO^{4} + 3\,KCl + 2\,H^{2}O^{2}.$$

Cet isomère peut être obtenu isolément au moyen du perchlorure de phosphore et de l'acide benzoïque (ou plutôt de l'oxychlorure benzoïque) : il bout à 213° (M. Limpricht).

5. Enfin on a isolé, toujours dans les produits de l'action du chlore à chaud, deux toluènes quadrichlorés isomères, dont l'un est changé par les alcalis en *acide salicylique*, $C^{14}H^{6}O^{6}$.

6. En résumé, il existe deux séries isomériques de dérivés chlorés du toluène, les uns analogues aux benzines chlorées, les autres comparables aux formènes chlorés : on voit toute la fécondité des réactions auxquelles se prêtent les derniers composés.

On concevra aisément les causes de cette isomérie, si l'on fait attention que le toluène résulte de l'association de deux carbures : le formène et la benzine. Admettons que les restes de ces deux carbures demeurent jusqu'à un certain point distincts dans le composé, au même titre que les restes d'un alcool et d'un acide dans un éther, par exemple, il en résulte la possibilité de substituer le chlore à l'hydrogène :

1° Dans le résidu de la benzine, ce qui fournira des dérivés comparables aux benzines chlorées et susceptibles eux-mêmes de différents genres d'isoméries (1) :

$C^{12}H^4(C^2H^4)$... $C^{12}H^3Cl(C^2H^4)$... $C^{12}H^2Cl^2(C^2H^4)$... $C^{12}HCl^3(C^2H^4)$... etc.

2° Dans le résidu du formène, ce qui fournira des dérivés comparables aux formènes chlorés (2) :

$C^{12}H^4(C^2H^4)$... $C^{12}H^4(C^2H^3Cl)$... $C^{12}H^4(C^2H^2Cl^2)$... $C^{12}H^4(C^2HCl^3)$... $C^{12}H^4(C^2Cl^4)$.

3° On pourra même réaliser des corps mixtes, en opérant les substitutions dans les deux résidus à la fois, en faisant agir le chlore, soit sur les premiers produits bouillants, soit sur les seconds additionnés d'iode :

$C^{12}H^3Cl(C^2H^3Cl)$... $C^{12}H^3Cl(C^2H^2Cl^2)$... $C^{12}H^3Cl(C^2HCl^3)$, etc.
$C^{12}H^3Cl(C^2H^3Cl)$... $C^{12}H^2Cl^2(C^2H^3Cl)$... $C^{12}HCl^3(C^2H^3Cl)$, etc.

L'énumération des corps isomères qui résultent de ces diverses réactions est facile à établir.

Ce sont là des faits d'autant plus importants qu'ils se retrouvent dans l'étude de beaucoup d'autres carbures d'hydrogène.

7. Le brome et l'iode fournissent des dérivés bromés et iodés analogues.

II. — Action de l'acide sulfurique.

L'acide sulfurique fumant forme avec le toluène des dérivés semblables à ceux de la benzine.

Les plus intéressants sont produits par l'union d'une seule molécule d'acide bibasique avec une molécule de toluène ; ces composés, résultant de deux réactions successives opérées sur la benzine, sont au nombre de trois :

Acide orthotoluénosulfurique................. }
Acide métatoluénosulfurique................. } $C^{14}H^8, S^2O^6$ (3).
Acide paratoluénosulfurique................. }

(1) Toluène orthochloré............ $C^6H^4, CH^3_{(1)}, Cl_{(2)}$,
Toluène métachloré............ $C^6H^4, CH^3_{(1)}, Cl_{(3)}$,
Toluène parachloré............ $C^6H^4, CH^3_{(1)}, Cl_{(4)}$,
Toluènes bichlorés asymétriques. $C^6H^3, CH^3_{(1)}, Cl^2_{(3.4)}$,
— — — $C^6H^3, CH^3_{(1)}, Cl^2_{(2.4)}$, etc.

(2) Éther benzylchlorhydrique.......... C^6H^5, CH^2Cl,
Chlorobenzol.................... $C^6H^5, CHCl^2$,
Éther benzylchlorhydrique bichloré. C^6H^5, CCl^3, etc.

(3) Ortho.............. $C^6H^4, CH^3_{(1)}, SO^3H_{(2)}$,
Méta.............. $C^6H^4, CH^3_{(1)}, SO^3H_{(3)}$,
Para.............. $C^6H^4, CH^3_{(1)}, SO^3H_{(4)}$.

Ces trois acides isomères sont cristallisés et forment des sels qui cristallisent également.

Le dérivé para est celui qui se forme le plus abondamment dans l'action de l'acide sur le carbure; il est alors accompagné d'une petite quantité des deux autres isomères. Les trois acides toluénosulfuriques traités par la potasse fondante donnent chacun le crésylol correspondant.

On connaît 3 acides toluénodisulfuriques et 1 acide toluénotrisulfurique.

III. — Action de l'acide nitrique. Nitrotoluènes.

1. *Mononitrotoluènes.* — L'acide nitrique fumant dissout le toluène en donnant trois toluènes mononitrés $C^{14}H^{7}(AzO^{4})$.

Parmi ces produits (1), le *paranitrotoluène* (H. Sainte-Claire Deville) est celui qui se forme en plus grande abondance. Il est cristallisé lorsqu'il est absolument pur de ses isomères, mais en général la présence de ceux-ci lui donne la forme liquide. Il fond à 54° et bout à 238°; il possède une odeur marquée d'amandes amères.

L'*orthonitrotoluène* (M. Rosenstiehl) ne se forme qu'en petites quantités dans les mêmes conditions. C'est un liquide bouillant à 223°.

Quant au *métanitrotoluène* (MM. Monnet, Reverdin et Nölting), il est encore plus rare que le précédent parmi les produits de la réaction directe. On l'obtient plus aisément par l'action de l'acide azoteux sur certaines toluidines nitrées. Il est liquide, mais cristallise au-dessous de 0° et fond ensuite à + 16°. Il bout à 230°.

Ces trois composés sont changés par l'hydrogène naissant en trois alcalis isomériques, les *toluidines* $C^{14}H^{9}Az$, dans les mêmes conditions où la nitrobenzine se transforme en aniline (p. 165).

2. *Dinitrotoluènes.* — Par l'action de l'acide nitrique fumant, prolongée et exercée à chaud, sur le toluène ou sur les toluènes mononitrés, on obtient trois *toluènes dinitrés*, $C^{14}H^{6}(AzO^{4})^{2}$.

Le plus anciennement connu, le *dinitrotoluène ordinaire* (H. Sainte-Claire Deville), se forme en quantité prépondérante (2). Il cristallise en longues aiguilles, fusibles à 70°,5. Un autre dinitrotoluène est liquide. Le troisième est cristallisé et fusible à 60°.

Un quatrième dinitrotoluène (*s*) s'obtient par l'action de l'acide ni-

(1) Ortho............. $C^{6}H^{4}, CH^{3}_{(1)}, AzO^{2}_{(2)}$,
Para............. $C^{6}H^{4}, CH^{3}_{(1)}, AzO^{2}_{(3)}$,
Méta............. $C^{6}H^{4}, CH^{3}_{(1)}, AzO^{2}_{(4)}$.

(2) Dinitrotoluène ordinaire (*α*), $C^{6}H^{3}, CH^{3}_{(1)}, (AzO^{2})^{2}_{(2, 4)}$.

treux sur diverses toluidines nitrées. Il cristallise en fines aiguilles fusibles à 92°.

L'hydrogène naissant transforme les dinitrotoluènes en *nitrotoluidines*, $C^{14}H^{8}(AzO^{4})Az$.

3. Enfin, en faisant intervenir l'acide nitrique fumant mélangé d'acide sulfurique, on a obtenu deux *trinitrotoluènes* cristallisés, fusibles respectivement à 76° et à 82° (M. Wilbrand; MM. Beilstein et Kühlberg).

§ 4. — Carbures méthylbenzéniques.

1. Au moyen de la benzine et du formène, on obtient une série de carbures homologues de la benzine ou *méthylbenzéniques*, par l'union successive de 1, 2, 3, 4, 5, 6 molécules de formène avec une molécule de benzine. C'est ainsi que nous avons formé d'abord le toluène ou méthylbenzine :

$$C^{12}H^{6} + C^{2}H^{4} - H^{2} = C^{12}H^{4}(C^{2}H^{4}).$$

Mais, tandis qu'il n'existe qu'une seule méthylbenzine, c'est-à-dire qu'un seul toluène, des isoméries multiples s'observent pour les termes suivants, conformément à ce qui arrive d'ordinaire pour les produits de plusieurs réactions successives opérées sur la molécule de benzine.

2. *Diméthylbenzines*, $C^{16}H^{10}$. — Ces carbures, qui sont appelés plus souvent *xylènes*, résultent de la fixation de deux molécules forméniques sur la benzine; ils sont au nombre de trois (1). Tous existent dans le goudron de houille (M. Cahours). Ils peuvent être obtenus au moyen du toluène et du formène :

$$C^{14}H^{8} + C^{2}H^{4} - H^{2} = C^{14}H^{6}(C^{2}H^{4}).$$

Il suffit pour cela de faire réagir les deux carbures naissants; par exemple, de traiter par le sodium l'un des toluènes bromés mélangé de formène iodé (M. Fittig) :

$$C^{14}H^{7}Br + C^{2}H^{3}I + Na^{2} = C^{14}H^{6}(C^{2}H^{4}) + NaI + NaBr.$$

D'une manière générale, leurs réactions sont calquées sur celles du toluène, et leurs dérivés chlorés, nitrés, oxydés, sulfuriques, s'obtiennent par des moyens semblables.

L'*orthodiméthylbenzine* ou *orthoxylène* s'obtient par la réaction générale précitée, au moyen du toluène orthobromé, de l'éther méthyl-

(1) Orthodiméthylbenzine, $C^{6}H^{4} = (CH^{3})^{2}{}_{(1.2)}$; métadiméthylbenzine, $C^{6}H^{4} = (CH^{3})^{2}{}_{(1.3)}$; paradiméthylbenzine, $C^{6}H^{4} = (CH^{3})^{2}{}_{(1.4)}$.

iodhydrique et du sodium. C'est un liquide bouillant à 142°. Oxydé par l'acide nitrique ou le permanganate de potasse, il fournit successivement deux acides : l'un monobasique et analogue à l'acide benzoïque; c'est l'*acide orthotoluique*, $C^{16}H^8O^4$ (MM. Fittig et Bieber):

$$C^{16}H^{10} + 3\,O^2 = C^{16}H^8O^4 + H^2O^2;$$

l'autre bibasique, c'est l'*acide orthophtalique*, $C^{16}H^6O^8$:

$$C^{16}H^{10} + 6\,O^2 = C^{16}H^6O^8 + 2\,H^2O^2.$$

La *métadiméthylbenzine*, appelée aussi *métaxylène* ou *isoxylène*, constitue la plus grande partie du xylène du goudron de houille.

Elle s'obtient avec le toluène métabromé, l'éther méthyliodhydrique et le sodium.

On la produit encore en traitant le toluène par l'éther méthylchlorhydrique en présence du chlorure d'aluminium anhydre (MM. Friedel et Crafts):

$$C^{14}H^8 + C^2H^3Cl = C^{16}H^{10} + HCl;$$

elle est alors mélangée d'un peu de paradiméthylbenzine.

Elle est liquide, bout à 139°,8 et a pour densité 0,878 à 0°. Elle se distingue de ses isomères en ce qu'elle est difficilement attaquable par l'acide nitrique étendu. L'acide chromique l'oxyde en donnant les acides métatoluique et métaphtalique.

La *paradiméthylbenzine* ou *paraxylène* peut être isolée du mélange des xylènes du goudron de houille, en agitant ce mélange avec l'acide sulfurique, qui la laisse inattaquée, mais dissout ses deux isomères.

Elle résulte de l'action du sodium sur un mélange de toluène parabromé et d'éther méthyliodhydrique.

Elle constitue un liquide, solidifiable par refroidissement en cristaux fusibles à + 15°. Elle bout à 136° et sa densité à 19° est 0,8621.

L'acide nitrique et l'acide chromique, en l'oxydant, la changent en *acide paratoluique*, puis en *acide paraphtalique* ou *téréphtalique*, remarquable par sa grande insolubilité dans l'eau et dans divers autres liquides.

3. *Triméthylbenzines*, $C^{18}H^{12}$. — Les analogies avec les autres corps dérivés de la benzine par 3 substitutions font prévoir l'existence de 3 triméthylbenzines, auxquelles on donne aussi les noms de *cumènes*, *cumols* ou *cumolènes*. On n'en connaît que deux d'une manière précise : le *mésitylène* et le *pseudocumène*. Ces composés s'obtiennent synthétiquement par des réactions calquées sur celles qui viennent d'être indiquées pour les diméthylbenzines. Par oxydation, ils donnent

chacun 1 acide monobasique, $C^{18}H^{10}O^4$, 1 acide bibasique, $C^{18}H^8O^8$ et 1 acide tribasique, $C^{18}H^6O^{12}$. En rapprochant ces faits de ceux indiqués plus haut pour le toluène, on voit que les dérivés forméniques de la benzine fournissent des acides qui se multiplient en croissant de basicité, à mesure que le nombre des molécules forméniques introduites dans la benzine va en augmentant; cette conclusion est confirmée par l'étude de tous les dérivés forméniques de la benzine. Les réactions des triméthylbenzines sont d'ailleurs fort analogues à celles des méthylbenzines précédentes.

Le *mésitylène* ou *triméthylbenzine symétrique* (1), appelé aussi *triallylène*, se forme à chaud dans l'action de l'acide sulfurique sur l'acétone (Kane) :

$$3\,C^6H^6O^2 = C^{18}H^{12} + 3\,H^2O^2.$$

Il prend aussi naissance dans l'action de l'éther méthylchlorhydrique sur le toluène en présence du chlorure d'aluminium anhydre, mais en moindre quantité que son isomère, le pseudocumène (MM. Ador et Rilliet) :

$$C^{14}H^8 + 2\,C^2H^3Cl = C^{18}H^{12} + 2\,HCl.$$

Il existe dans le goudron de houille. C'est un liquide bouillant à 163°. Par oxydation il fournit l'*acide mésitylinique*, monobasique, l'*acide uvitinique*, bibasique et l'*acide trimésique*, tribasique.

Le *pseudocumène* ou *triméthylbenzine asymétrique* (2) se forme surtout, comme on vient de le dire, dans la réaction opérée entre le toluène, l'éther méthylchlorhydrique et le chlorure d'aluminium. Il se rencontre dans le goudron de houille. Il bout à 169°,8; sa densité à 0° est 0,864.

4. *Tétraméthylbenzines*, $C^{20}H^{14}$. — On connaît deux tétraméthylbenzines isomères, les *durols*. Ce qui a été dit pour les composés précédents suffit pour prévoir leurs propriétés ainsi que leurs modes de production. Le *durol* (α) ou *tétraméthylbenzine symétrique* (3) de MM. Fittig et Jannasch, est cristallisé, fusible à 79°; il bout à 190°.

Le *durol* (β), appelé aussi *isodurol* ou *tétraméthylbenzine asymétrique* (4), est liquide et bout à 196° (M. Jannasch).

5. La *pentaméthylbenzine*, $C^{22}H^{16}$, carbure fusible vers 13°, bouillant vers 215°, ainsi que l'*hexaméthylbenzine*, $C^{24}H^{18}$, carbure cristal-

(1) $\mathcal{C}^6H^3 \equiv (\mathcal{C}H^3)^3{}_{(1.3.5)}$.
(2) $\mathcal{C}^6H^3(\mathcal{C}H^3)^3{}_{(1.3.4)}$.
(3) $\mathcal{C}^6H^2 \equiv (\mathcal{C}H^3)^4{}_{(1.2.4.5)}$.
(4) $\mathcal{C}^6H^2 \equiv (\mathcal{C}H^3)^4{}_{(1.3.4.5)}$.

lisé, fusible à 160°, bouillant à 250°, ont été préparées par MM. Friedel et Crafts, qui ont changé par oxydation la dernière en acide mellique, $C^{24}H^6O^{24}$, hexabasique.

§ 5. — **Autres carbures benzéniques.**

1. Au lieu de faire réagir l'une sur l'autre le formène et la benzine, on peut, à l'aide de cette dernière, opérer des réactions analogues avec les homologues du formène, tels que l'hydrure d'éthylène, C^4H^6, l'hydrure de propylène, C^6H^8, l'hydrure de butylène, C^8H^{10}, etc. On obtient ainsi des séries parallèles à celles des méthylbenzines, séries formées par les *carbures éthylbenzéniques, propylbenzéniques, butylbenzéniques*, etc. Les composés suivants en sont des exemples :

Éthylbenzine.... $C^{12}H^6 + C^4H^6 = H^2 + C^{16}H^{10}$,
Diéthylbenzine.. $C^{12}H^6 + 2C^4H^6 = 2H^2 + C^{20}H^{14}$,
Propylbenzine.... $C^{12}H^6 + C^6H^8 = H^2 + C^{18}H^{12}$,
Butylbenzine..... $C^{12}H^6 + C^8H^{10} = H^2 + C^{20}H^{14}$, etc.

En outre, les homologues du formène se présentant sous plusieurs états isomériques, on voit que les composés qu'ils fournissent ainsi doivent se multiplier de plus en plus, à mesure qu'il s'agit d'hydrures plus condensés. Les premiers termes de ces séries de composés sont isomères avec les méthylbenzines.

Mais ce n'est pas tout : des hydrures différents réagissant simultanément sur une même molécule de benzine, engendrent encore d'autres isomères :

Méthyléthylbenzine... $C^{12}H^6 + C^2H^4 + C^4H^6 = 2H^2 + C^{18}H^{12}$,
Méthylpropylbenzine.. $C^{12}H^6 + C^2H^4 + C^6H^8 = 2H^2 + C^{20}H^{14}$,
Éthylpropylbenzine... $C^{12}H^6 + C^4H^6 + C^6H^8 = 2H^2 + C^{22}H^{16}$, etc.

Le nombre des homologues de la benzine, dont on prévoit ainsi l'existence, est donc considérable ; ce qu'on a appelé l'isomérie de position vient encore l'augmenter dans une forte proportion.

Si nous insistons sur ces théories subtiles, c'est à cause du rôle important qu'elles jouent dans la fabrication des matières colorantes artificielles, dans les réactions pyrogénées et dans la synthèse des principes immédiats naturels.

Quelques mots maintenant sur ceux de ces composés auxquels leurs applications donnent le plus d'intérêt.

2. *Éthylbenzine*, $C^{16}H^{10}$ (M. Fittig). — Ce carbure isomère des xylènes (1), s'obtient en faisant agir le sodium sur un mélange d'éther

(1) $C^6H^5 - C^2H^5$.

éthylbromhydrique, C^4H^5Br, et de benzine bromée, $C^{12}H^5Br$, dissous dans l'éther ordinaire.

L'éthylbenzine bout à 134° et a pour densité 0,8664 à 22°. En lui enlevant de l'hydrogène, par la chaleur ou autrement, on obtient le *styrolène* (M. Berthelot).

3. *Diéthylbenzines*, $C^{20}H^{14}$ (MM. Fittig et Kœnig). — Un carbure de ce genre, isomérique avec les tétraméthylbenzines, avec les éthyldiméthylbenzines et avec les méthylpropylbenzines (carbures métamères), a été préparé en faisant agir le sodium sur un mélange d'éther éthylbromhydrique et d'éthylbenzine parabromé. C'est un liquide bouillant à 178° (1).

4. *Isopropylbenzine*, $C^{18}H^{12}$. — Isomérique avec les triméthylbenzines, ce carbure (2) a été anciennement connu sous le nom de *cumène*. Il se produit dans la décomposition de l'acide cuminique, $C^{20}H^{12}O^4$, par la chaleur en présence des bases terreuses (MM. Gerhardt et Cahours):

$$C^{20}H^{12}O^4 = C^2O^4 + C^{18}H^{12}.$$

Il résulte encore de l'action de l'éther isopropyliodhydrique sur la benzine en présence du chlorure d'aluminium (M. Gustavson):

$$C^{12}H^6 + C^6H^7I = C^{18}H^{12} + HI.$$

C'est un liquide bouillant à 152°,5; sa densité à 0° est 0,879.

5. *Méthylpropylbenzines*, $C^{20}H^{14}$. — Les trois carbures de cette nature (ortho, méta, para) portent le nom générique de *cymènes*.

Le plus intéressant est la *paraméthylpropylbenzine* (3) ou *cymène ordinaire;* elle existe dans les essences de cumin, de thym, de ptychotis ajowan, de ciguë, d'eucalyptus, etc. Elle se produit dans l'action du perchlorure de phosphore ou du chlorure de zinc, ou mieux encore du sulfure de phosphore sur le camphre ordinaire, $C^{20}H^{16}O^2$:

$$C^{20}H^{16}O^2 = C^{20}H^{14} + H^2O^2.$$

Le paracymène se forme fréquemment aux dépens du térébenthène et de plusieurs de ses isomères, sous des influences variées et notamment sous l'action ménagée de l'iode (MM. Kékulé et Bruylants).

C'est un liquide incolore, bouillant à 175°, de densité 0,872 à 0°. Oxydé, il donne l'acide paratoluique, $C^{16}H^8O^4$, et l'acide téréphtalique, $C^{16}H^6O^8$.

(1) Paradiéthylbenzine, $C^6H^4 = (C^2H^5)^2_{(1.4)}$.

(2) $C^6H^5 - C \lesssim {}^{H}_{(CH^3)^2}$.

(3) $C^6H^4, CH^3_{(1)}, C^3H^7_{(4)}$.

6. Non seulement les carbures forméniques, $C^{2n}H^{2n+2}$, mais encore, et d'une manière générale, tous les carbures d'hydrogène, quelle que soit la série à laquelle ils appartiennent, $C^{2n}H^{2m}$, peuvent être substitués à l'hydrogène de la benzine, suivant des lois analogues à celles qui viennent d'être exposées ; ils donnent naissance à de nouveaux carbures complexes :

$$C^{12}H^4(C^{2n}H^{2m}).$$

Tels sont :

Les carbures formés par substitution éthylénique :

Le styrolène.............. $C^{12}H^4(C^4H^4)$;

les carbures formés par substitution acétylénique :

Le phénylacétylène........... $C^{12}H^4(C^4H^2)$,
La naphtaline................ $C^{12}H^4(C^4H^2[C^4H^2])$;

les carbures formés par substitution styrolénique :

L'hydrure d'anthracène... .... $C^{12}H^4(C^{16}H^8)$;

les carbures formés par substitution benzénique :

Le diphényle................. $C^{12}H^4(C^{12}H^6)$;

les carbures formés par double substitution éthylénique et benzénique :

Le diphényléthane (1)........ $C^{12}H^4(C^4H^4[C^{12}H^6])$;

les carbures formés par plusieurs substitutions forméniques et benzéniques successives :

Le diphénylméthane.......... $C^{12}H^4(C^{12}H^4[C^2H^4])$ ou $C^{26}H^{12}$,
Le triphénylméthane.......... $C^{12}H^4(C^{12}H^4[C^{12}H^4(C^2H^4)])$ ou $C^{38}H^{16}$,
Le tolyldiphénylméthane....... $C^{14}H^6[C^{12}H^4(C^{12}H^4[C^2H^4])]$ ou $C^{40}H^{18}$,

et une foule d'autres carbures pyrogénés.

Nous retrouverons les premiers de ces corps dans le chapitre suivant.

Donnons ici quelques renseignements sur les plus importants parmi les derniers qui viennent d'être cités, c'est-à-dire sur le diphényle, le diphénylméthane, le triphénylméthane et le tolyldiphénylméthane.

7. *Diphényle*, $C^{24}H^{10}$ (2). — Ce carbure s'obtient en abondance

(1) $C^6H^5-CH^2-CH^2-C^6H^5$.
(2) $C^6H^5-C^6H^5$.

quand on dirige de la vapeur de benzine dans un tube chauffé au rouge (M. Berthelot):

$$2\,C^{12}H^{6} = C^{24}H^{10} + H^{2}.$$

Il prend également naissance lorsqu'on traite par le sodium la benzine monobromée, ainsi que dans la destruction pyrogénée des benzoates et d'un grand nombre de produits aromatiques.

Il cristallise en grandes lames brillantes, dérivées d'un prisme rhomboïdal oblique ; il fond à 70°,5 et bout à 254°. Il est très soluble à chaud dans l'alcool et dans l'éther, mais non à froid.

Par oxydation, au moyen de l'acide chromique, il fournit de l'acide benzoïque.

8. *Diphénylméthane*, $C^{26}H^{12}$ (1). — Ce composé prend naissance dans l'action du zinc en poussière sur un mélange de benzine et d'éther benzylchlorhydrique (M. Zincke).

Le chlorure d'aluminium provoque la même réaction, avec dégagement d'acide chlorhydrique (MM. Friedel et Balsohn) :

$$C^{14}H^{7}Cl + C^{12}H^{6} = C^{26}H^{12} + HCl.$$

Ce carbure forme de grandes aiguilles prismatiques. Il fond à 27° et bout à 261°. Son odeur rappelle celle de l'orange. Oxydé par l'acide chromique, il donne du *benzophénone*, $C^{26}H^{10}O^{2}$.

9. *Triphénylméthane*, $C^{38}H^{16}$ (2). — Ce produit se forme, en même temps que le diphénylméthane, dans l'action du chlorure d'aluminium anhydre sur un mélange de chloroforme et de benzine (MM. Friedel et Crafts) :

$$3\,C^{12}H^{6} + C^{2}HCl^{3} = C^{38}H^{16} + 3\,HCl.$$

Il bout à 359° et cristallise en lames minces et brillantes, solubles dans la benzine, l'éther et l'alcool chaud.

Ce carbure peut être transformé, par réduction de son dérivé nitré, en pararosaniline (MM. E. et O. Fischer), homologue inférieur de la rosaniline.

Oxydé par l'eau bromée, il se change en *triphénylcarbinol*, $C^{38}H^{16}O^{2}$.

10. *Tolyldiphénylméthane*, $C^{40}H^{18}$ (3). — Ce carbure a été découvert par MM. E. et O. Fischer. Il s'obtient en faisant agir l'acide nitreux sur une base artificielle, la *leucaniline*, $C^{40}H^{21}Az^{3}$,

(1) $\mathit{C}H^{2} = (\mathit{C}^{6}H^{5})^{2}$.
(2) $\mathit{C}H \equiv (\mathit{C}^{6}H^{5})^{3}$.
(3) $(\mathit{C}^{6}H^{5})^{2} = \mathit{C}H - (\mathit{C}^{6}H^{4} - \mathit{C}H^{3})$.

Il cristallise en petites aiguilles groupées en mamelons, fusibles à 59°. Il bout vers 360°. Il est soluble dans la benzine et le pétrole, peu soluble dans l'alcool.

Oxydé, il se change en *tolyldiphénylcarbinol*, $C^{40}H^{18}O^{2}$, alcool tertiaire auquel se rattache la *rosaniline ;* cette dernière est le point de départ d'un grand nombre de matières colorantes, très belles et fort employées sous le nom générique de couleurs d'aniline.

CHAPITRE VII

SÉRIE POLYACÉTYLÉNIQUE

§ 1er. — **Série polyacétylénique.**

Sous le nom de série polyacétylénique, nous comprenons les carbures formés par la réunion de plusieurs molécules d'acétylène, c'est-à-dire les polymères de l'acétylène : tels que la benzine, le styrolène, l'hydrure de naphtaline, etc., et leurs dérivés, c'est-à-dire la naphtaline, l'anthracène, etc. L'existence des relations à la fois théoriques et expérimentales qui constituent cette série, a été établie par M. Berthelot. En effet, ces carbures peuvent être tous formés par des synthèses régulières, directes, opérées successivement à partir de l'acétylène et de la benzine libres, sous la seule influence de la chaleur : nous exposerons ces synthèses en parlant de chaque carbure en particulier. Rappelons d'abord la liste de ces polymères :

Le *diacétylène*............................. $(C^4H^2)^2$ ou C^8H^4,

est un carbure très volatil et très altérable, qui prend naissance par l'action de la chaleur sur l'acétylène : il a été plutôt entrevu qu'étudié.

Le *triacétylène* ou *benzine*.............. $(C^4H^2)^3$ ou $C^{12}H^6$,

a été examiné avec développement dans le chapitre précédent.

Le *tétracétylène* ou *styrolène*............ $(C^4H^2)^4$ ou $C^{16}H^8$,
Le *pentacétylène* ou *hydrure de naphtaline*. $(C^4H^2)^5$ ou $C^{20}H^{10}$,
et son dérivé, la *naphtaline*.................... $C^{20}H^8$,
L'*heptacétylène* ou *hydrure d'anthracene*.. $(C^4H^2)^7$ ou $C^{28}H^{14}$,
et son dérivé, l'*anthracene*.................... $C^{28}H^{10}$,
Etc., etc.,

vont être passés maintenant en revue.

§ 2. **Styrolène.**

$C^4H^2(C^{12}H^6)$ ou $C^{16}H^8$......... *C^8H^8* ou *$C^6H^5 - CH = CH^2$*.

1. *Synthèse.* — Le styrolène, autrement dit *styrol* ou *cinnamène*, a été découvert par Bonastre. Sa synthèse a été faite par M. Berthelot.

Il se forme synthétiquement :

1° Par la condensation de l'acétylène libre sous l'influence de la chaleur ; par exemple, lorsqu'on chauffe ce carbure dans une cloche courbe (fig. 38, p. 147). Mais la réunion des 4 molécules qui constituent le styrolène n'a pas lieu du premier coup. La benzine ou triacétylène prend d'abord naissance, et c'est sa combinaison ultérieure avec l'acétylène qui engendre le styrolène :

$$C^4H^2 + C^{12}H^6 = C^{16}H^8.$$

2° L'éthylène et la benzine, dirigés à travers un tube rouge, forment aussi du styrolène :

$$C^4H^4 + C^{12}H^6 = C^{16}H^8 + H^2.$$

2. *Formation par analyse.* — On obtient encore du styrolène :

1° Par l'action de la chaleur rouge sur l'éthylbenzine :

$$C^{12}H^4(C^4H^6) = C^{12}H^4(C^4H^4) + H^2;$$

2° En décomposant par un alcali, l'éther bromhydrique qui dérive de ce même carbure (M. Berthelot) :

$$C^{12}H^4(C^4H^5Br) + NaO,HO = C^{12}H^4(C^4H^4) + NaBr + H^2O^2.$$

3° Dans la réaction de la benzine libre sur l'acétylène libre, au rouge, ainsi que dans toutes les circonstances où ces deux carbures peuvent se produire à la suite de quelque transformation. La production du styrolène doit donc être aussi générale que celle de la benzine et de l'acétylène. C'est pourquoi le styrolène doit se rencontrer (et il se rencontre en effet) dans tous les carbures formés à la température rouge ; il fait partie du goudron de houille et des produits de la distillation sèche de divers baumes et résines.

4° Le styrolène se forme par la distillation du sel calcaire de l'acide cinnamique, $C^{18}H^8O^4$ (MM. Gerhardt et Cahours) :

$$C^{18}H^8O^4 = C^{16}H^8 + C^2O^4.$$

5° Par l'action de la chaleur rouge sur l'essence de cannelle, c'est-à-dire sur l'aldéhyde cinnamique, $C^{18}H^8O^2$ (M. Mulder) :

$$C^{18}H^8O^2 = C^{16}H^8 + C^2O^2.$$

6° Enfin, le styrolène préexiste dans le styrax liquide, substance végétale fournie par le *Liquidambar orientale.*

3. *Préparation.* — On le prépare :

1° En distillant le styrax avec de l'eau, agitant le produit avec une solution alcaline, et rectifiant rapidement le carbure qui surnage.

2° En faisant passer lentement à travers un tube rouge un mélange d'éthylène et de vapeur de benzine. On rectifie le produit, en recueillant ce qui est volatil jusqu'à 250°. On redistille en mettant à part ce qui passe de 130° à 160°, et l'on distille une dernière fois vers 145°.

3° En distillant l'acide cinnamique avec 2 fois son poids de chaux vive, ou en maintenant cet acide en ébullition pendant longtemps.

4. *Propriétés.* — Le styrolène est un liquide très réfringent, doué d'une odeur forte et aromatique; sa densité est 0,925. Il bout à 144°,5. Le carbure extrait du styrax possède le pouvoir rotatoire, propriété qui manque au carbure pyrogéné.

5. *Polymères.* — Le styrolène se distingue de la benzine par son extrême tendance à être changé en carbures polymères. Lorsqu'on le conserve dans des flacons transparents, il arrive presque toujours qu'il se transforme spontanément, et dès la température ordinaire, au bout de quelques mois ou de quelques années, en une masse incolore, limpide, résineuse et presque solide : c'est le *métastyrolène* (MM. Glénard et Boudault). Le même corps se forme beaucoup plus promptement lorsque le styrolène est soumis à une ébullition prolongée, ou lorsqu'il est porté à une température de 200°. Cependant le métastyrolène, chauffé rapidement vers 320°, distille en régénérant du styrolène, par une métamorphose inverse.

On obtient des polymères doués de propriétés différentes, lorsque le styrolène est mis en contact, soit avec l'acide sulfurique concentré, soit avec l'iode : il se produit presque aussitôt un vif dégagement de chaleur, et le carbure est changé en un corps résineux. Ce dernier polymère peut être distillé sans reproduire le styrolène.

Voici les principales réactions du styrolène :

6. *Chaleur.* — 1° La chaleur le change vers 150 à 200° en métastyrolène, comme il vient d'être dit; puis elle régénère le carbure primitif : double changement qui rappelle ceux que le soufre et le phosphore éprouvent sous l'influence de cet agent.

2° Dirigé à travers un tube rouge, le styrolène se décompose en partie en phénylacétylène et hydrogène :

$$C^{16}H^8 = C^{16}H^6 + H^2.$$

Le *phénylacétylène*, $C^{12}H^4(C^4H^2)$, est un carbure liquide, qui bout vers 140°; il est analogue à l'acétylène par ses réactions, spécialement sur les sels cuivreux et argentiques. On peut le préparer plus aisément par l'action de la potasse alcoolique sur le bromure de styrolène (M. Glaser).

3° Cependant une portion plus considérable du styrolène chauffé au rouge se transforme en benzine et acétylène :

$$C^{16}H^8 = C^{12}H^6 + C^4H^2;$$

mais le changement n'est pas complet, parce que la benzine et l'acétylène ont la propriété de se combiner pour régénérer le styrolène. Il y a deux phénomènes inverses, qui se limitent réciproquement.

4° Enfin, une autre portion du styrolène fournit des carbures polymériques, plus condensés et goudronneux.

7. *Hydrogène.* — 1° Le styrolène et l'hydrogène libre, chauffés au rouge sombre, dans un tube scellé, reproduisent de la benzine et de l'éthylène :

$$C^{16}H^8 + H^2 = C^{12}H^6 + C^4H^4,$$

réaction également inverse de l'une de celles qui engendrent le styrolène, et par conséquent limitée.

2° L'hydrogène naissant, spécialement celui qui dérive de l'acide iodhydrique à 280°, produit les réactions suivantes (M. Berthelot) :

En proportion ménagée, il change le styrolène en un *hydrure*, $C^{16}H^{10}$, identique avec l'éthylbenzine :

$$C^{16}H^8 + H^2 = C^{16}H^{10}.$$

3° En même temps, une portion du carbure se dédouble en benzine et hydrure d'éthylène :

$$C^{16}H^8 + 2H^2 = C^{12}H^6 + C^4H^6.$$

4° Avec l'acide iodhydrique en grand excès, on obtient des hydrures plus avancés, et comme terme ultime les carbures saturés, c'est-à-dire l'hydrure d'octylène, $C^{16}H^{18}$, d'une part; d'autre part, les hydrures d'hexylène, $C^{12}H^{14}$, et d'éthylène, C^4H^6, ces derniers formés par dédoublement.

Toutes ces réactions attestent la constitution complexe du styrolène.

8. La formation de l'hydrure de styrolène, produit par le carbure et l'hydrogène unis à volumes gazeux égaux, marque la limite de la saturation relative de ce même carbure par les divers corps simples et composés. C'est ce que montre le tableau suivant :

Styrolène	$C^{16}H^8(—)$,
Hydrure de styrolène	$C^{16}H^8(H^2)$,
Chlorure	$C^{16}H^8(Cl^2)$,
Bromure	$C^{16}H^8(Br^2)$,
Iodure	$C^{16}H^8(I^2)$,
Chlorhydrate (et éther chlorhydrique isomère)	$C^{16}H^8(HCl)$,
Hydrate (et alcool styrolénique isomère)	$C^{16}H^8(H^2O^2)$

La capacité de saturation relative du styrolène se déduit de sa synthèse. En effet, il résulte de l'addition de la benzine dans l'un des deux vides de la molécule de l'acétylène, carbure incomplet du second ordre :

$$C^4H^2(-)(-) + C^{12}H^6 = C^4H^2(C^{12}H^6)(-).$$

9. *Oxygène.* — Le styrolène oxydé, soit par l'acide chromique, soit par le permanganate de potasse, forme de l'*acide benzoïque*, $C^{14}H^6O^4$:

$$C^{16}H^8 + 5\,O^2 = C^{14}H^6O^4 + C^2O^4 + H^2O^2.$$

10. *Corps halogènes.* — Le chlore et le brome donnent naissance d'abord à un *chlorure* et à un *bromure* cristallisés, dont les formules ont été signalées.

L'iode libre change le styrolène en polymères. Cependant on peut obtenir un *iodure* cristallisé, en agitant le styrolène avec une solution concentrée d'iode dans l'iodure de potassium, puis en étendant d'eau la liqueur. C'est un corps peu stable, qui se change spontanément en iode et polymère résineux, au bout d'une heure ou deux. Sa formation est caractéristique du styrolène.

§ 3. — Naphtaline.

$C^{20}H^8$ ou $C^4H^2(C^4H^2|C^{12}H^4|)$ ou $C^4H^2(C^{16}H^8)$.............. $C^{10}H^8$.

1. *Historique.* — La naphtaline, ou *diacétylophénylène*, a été découverte en 1820 par Garden ; elle a été étudiée d'abord par Faraday et surtout par Laurent. Sa synthèse a été exécutée méthodiquement par M. Berthelot.

2. *Formation.* — Elle se forme au rouge :

1° Par la réaction directe du styrolène sur l'acétylène :

$$C^4H^2 + C^{16}H^8 = C^{20}H^8 + H^2,$$

ou sur l'éthylène :

$$C^4H^4 + C^{16}H^8 = C^{20}H^8 + 2\,H^2.$$

2° Elle prend aussi naissance dans la réaction directe de la benzine sur l'éthylène :

$$2\,C^4H^4 + C^{12}H^6 = C^{20}H^8 + 3\,H^2,$$

réaction qui est une conséquence de la précédente, puisque la benzine et l'éthylène forment d'abord du styrolène.

3° De même l'acétylène seul, par sa condensation, fournit une certaine quantité de naphtaline ; ce qui s'explique par la formation préalable de la benzine.

Dans ces diverses circonstances, la production de la naphtaline est accompagnée par celle de l'*hydrure de naphtaline* ou *pentacétylène*, $C^{20}H^{10}$, carbure liquide, volatil vers 205°, et qui a la propriété de se séparer au rouge en naphtaline et hydrogène :

$$C^{20}H^{10} = C^{20}H^{8} + H^{2}.$$

4° En général, la naphtaline prend naissance aux dépens de presque tous les corps hydrocarbonés exposés à la température rouge, parce que tous les corps hydrocarbonés fournissent dans cette condition de l'acétylène et consécutivement de la benzine. Ces trois formations : acétylène, benzine, naphtaline, sont corrélatives. Soit, par exemple, le formène ; dirigé dans un tube rouge, il fournit :

Acétylène .... $2\,C^{2}H^{4} = C^{4}H^{2} + 3\,H^{2}$,
Benzine .... $3\,C^{4}H^{2} = C^{12}H^{6}$,
Naphtaline .... $C^{12}H^{6} + 2\,C^{4}H^{2} = C^{20}H^{8} + H^{2}$.

De même l'éthylène, par la chaîne semblable des réactions suivantes :

Acétylène .... $C^{4}H^{4} = C^{4}H^{2} + H^{2}$,
Benzine .... $3\,C^{4}H^{2} = C^{12}H^{6}$,
Styrolène .... $C^{12}H^{6} + C^{4}H^{2} = C^{16}H^{8}$,
Naphtaline .... $C^{16}H^{8} + C^{4}H^{2} = C^{20}H^{8} + H^{2}$.

5° La naphtaline se forme encore quand on dirige un courant de vapeur d'isobutylbenzine, $C^{12}H^{4}(C^{8}H^{10})$, sur de l'oxyde de plomb chauffé (MM. Wreden et Znatowicz) :

$$C^{12}H^{4}(C^{8}H^{10}) + 3\,O^{2} = C^{20}H^{8} + 3\,H^{2}O^{2}.$$

3. *Préparation.* — On extrait la naphtaline du goudron de houille, qui en renferme une grande quantité. En distillant ce goudron, il passe entre 180° et 250° des huiles lourdes, lesquelles se prennent par le refroidissement en une masse cristalline. On exprime la naphtaline ainsi déposée ; on la redistille, et enfin on la sublime dans une marmite fermée à sa partie supérieure par une feuille de papier buvard collée sur le pourtour, et surmontée d'un grand cylindre ou d'un grand cône de carton (fig. 41). On chauffe doucement le fond de la marmite. Les vapeurs de naphtaline filtrent à travers le papier buvard, qui retient quelques carbures huileux, et elles se condensent dans le chapeau en magnifiques lamelles cristallisées, d'un éclat argentin. Le produit ainsi obtenu est encore fort impur, si belle que soit son apparence.

Pour purifier la naphtaline, on la fait d'ordinaire cristalliser plusieurs fois dans l'alcool.

Mais on arrive plus sûrement à une purification complète en l'additionnant d'acide sulfurique concentré et de 5 pour 100 de son poids de bioxyde de manganèse en poudre, puis en maintenant le mélange à la température du bain-marie pendant vingt minutes : la plupart des carbures étrangers se trouvent oxydés ou combinés à l'acide sulfurique. On verse dans l'eau froide, on lave à l'eau pure, puis à l'eau

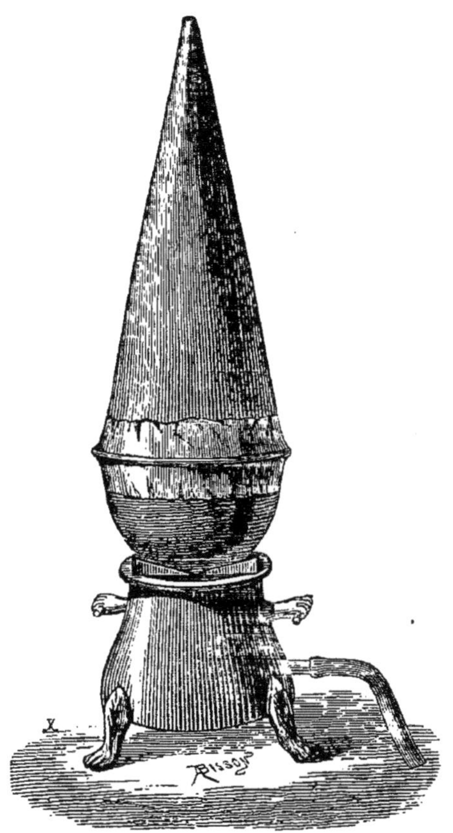

FIG. 41. — Sublimation de la naphtaline.

alcalinisée par de la soude, et on distille la naphtaline dans un courant de vapeur d'eau.

La naphtaline pure ne donne pas de coloration rouge quand on la projette dans du protochlorure d'antimoine liquéfié par la chaleur.

4. *Hypothèses sur sa constitution.* — M. Erlenmeyer, prenant pour point de départ la formule atomique hexagonale proposée par M. Kékulé pour représenter la benzine, a émis l'hypothèse que la naphtaline résulte de la réunion de deux anneaux benzéniques ayant deux

atomes de carbone communs. Il prête à ce carbure la formule bihexagonale suivante :

```
              H          H
              |          |
           // C \      / C \\
H — C β   α     C    α    β C — H
    |           ||          |
H — C β   α     C    α    β C — H
           \\ C /      \ C //
              |          |
              H          H
```

d'après laquelle tous les groupes CH ne sont pas identiques, mais se divisent à ce point de vue en deux classes : d'une part, ceux qui occupent les positions α; d'autre part, ceux qui occupent les positions β. On explique par des *isoméries de position*, dues aux réactions effectuées dans ces deux classes de groupes, l'existence de très nombreux dérivés de substitution que fournit la naphtaline. Cette hypothèse conduit à prévoir, relativement aux dérivés de substitution par un même élément, 2 isomères pour les monosubstitués, 10 pour les disubstitués, 14 pour les trisubstitués, 22 pour les tétrasubstitués, 14 pour les pentasubstitués, 10 pour les hexasubstitués et 2 pour les heptasubstitués, 1 seul dérivé étant engendré par substitution complète aux 8 atomes d'hydrogène.

Nous avons reproduit cette figure parce qu'elle est assez usitée; mais il importe de remarquer qu'elle ne représente pas en fait la constitution de la naphtaline, laquelle n'a jamais pu être obtenue, comme le schéma ci-dessus le donnerait à penser, par l'union de 2 molécules benzéniques. S'il existe plusieurs dérivés isomères pour une même substitution, aucune relation certaine n'en a jusqu'ici défini le nombre.

Au contraire, la synthèse montre que la naphtaline est formée par l'addition successive d'une molécule de benzine et de 2 molécules d'acétylène; de là résulte une formule rationnelle qui répond à tous les faits observés, car elle explique à la fois la capacité de saturation de la naphtaline par le chlore ou l'hydrogène, ainsi que les isoméries des dérivés. En effet, on obtient des dérivés distincts suivant que la substitution a lieu dans la molécule benzénique ou dans les molécules acétyléniques.

5. *Propriétés*. — La naphtaline se présente en minces tables rhomboïdales. Elle fond à 79° et bout à 216°,6. Sa densité à l'état solide est plus grande que celle de l'eau; mais par la fusion, elle surnage. Insoluble dans l'eau, à laquelle elle communique pourtant

son odeur, elle se dissout aisément dans l'alcool bouillant et surtout dans l'éther.

La solution alcoolique de naphtaline précipite une solution d'acide picrique dans l'alcool, en formant de belles aiguilles jaunes (Fritzsche):

$$C^{20}H^8,C^{12}H^3(AzO^4)^3O^2,$$

ce qui est une réaction caractéristique.

On emploie la naphtaline pour écarter les insectes des pelleteries. On l'applique également à la fabrication des matières colorantes. Certains de ses dérivés, les naphtols, sont utilisés en médecine.

Passons en revue les réactions de la naphtaline.

6. *Chaleur.* — La naphtaline résiste extrêmement à l'action de la chaleur. Cependant sa vapeur, dirigée à travers un tube rouge, éprouve une décomposition partielle, avec formation d'un carbure solide et résineux, le *dinaphtyle*, $C^{40}H^{14}$ (1) :

$$2\,C^{20}H^8 = C^{40}H^{14} + H^2.$$

7. *Hydrogène.* — 1° La naphtaline, chauffée au rouge blanc, dans une atmosphère d'hydrogène, reproduit un peu de benzine et d'acétylène :

$$C^{20}H^8 + H^2 = C^{12}H^6 + 2\,C^4H^2.$$

L'hydrogène naissant attaque la napthaline avec plus de facilité.

2° Par exemple, ce carbure chauffé avec le potassium s'y combine rapidement, en formant un *kaliure de naphtaline*, composé noir et amorphe :

$$C^{20}H^8 + K^2 = C^{20}H^8K^2\,;$$

Puis ce kaliure, décomposé par l'eau, produit l'*hydrure de naphtaline* (2) :

$$C^{20}H^8K^2 + 2\,H^2O^2 = C^{20}H^{10} + 2(KO,HO).$$

3° L'acide iodhydrique, à 280°, donne lieu à toute une série d'actions hydrogénantes (M. Berthelot). Il se forme d'abord des carbures nouveaux, par simple addition d'hydrogène :

Hydrure de naphtaline.........	$C^{20}H^8 + H^2 = C^{20}H^{10}$,
2e hydrure.....................	$C^{20}H^8 + 2\,H^2 = C^{20}H^{12}$,
3e hydrure (diéthylbenzine).....	$C^{20}H^8 + 3\,H^2 = C^{20}H^{14}$,
4e hydrure.....................	$C^{20}H^8 + 4\,H^2 = C^{20}H^{16}$,
5e hydrure.....................	$C^{20}H^8 + 5\,H^2 = C^{20}H^{18}$,
6e hydrure.....................	$C^{20}H^8 + 6\,H^2 = C^{20}H^{20}$,
Hydrure de décylène...........	$C^{20}H^8 + 7\,H^2 = C^{20}H^{22}$.

(1) $(\mathcal{C}^{10}H^7)^2$.

(2) $\mathcal{C}^{10}H^{10}$.

En même temps, une partie de la naphtaline se dédouble, en laissant séparer successivement sous forme de carbures saturés les deux dernières molécules d'acétylène qui ont concouru à sa formation. On obtient ainsi :

Hydrure d'éthylène	et éthylbenzine..........	$C^4H^6 + C^{12}H^4(C^4H^6)$,
—	et hydrure d'octylène.....	$C^4H^6 + C^{16}H^{18}$,
—	et benzine..............	$2C^4H^6 + C^{12}H^6$,
—	et hydrure d'hexylène....	$2C^4H^6 + C^{12}H^{14}$.

C'est un bel exemple de l'action de l'hydrogène sur les carbures complexes.

Les 4e, 5e et 6e hydrures ont été découverts par M. Wreden. Le dernier terme ne s'obtient que par une action prolongée et poussée à ses dernières limites. Tous ces corps sont liquides ; l'hydrure de napthaline bout à 204°, l'hydrure de décylène à 158°, et les autres sont intermédiaires.

Les deux premiers hydrures de naphtaline sont surtout caractéristiques : les chlorures, bromures, etc., de naphtaline leur corespondent. L'étude de ces divers composés conduit à admettre que la naphtaline se comporte dans un grand nombre de réactions comme un carbure incomplet du second ordre :

$$C^{20}H^8(-)(-) ;$$
$$C^{20}H^8(H^2)(-), C^{20}H^8(Cl^2)(-) ;$$
$$C^{20}H^8(H^2)(H^2), C^{20}H^8(Cl^2)(Cl^2) ; \text{etc.}$$

Cette constitution pouvait être prévue d'après son mode de synthèse le plus prochain, par l'acétylène et le styrolène :

$$C^4H^2(-)(-) + C^{16}H^8(-) = C^4H^2(C^{16}H^8[-])(-).$$

8. *Oxygène*. — 1° La naphtaline est attaquée par l'oxygène naissant (acide chromique), en donnant lieu, d'une part, à une simple perte d'hydrogène, ce qui fournit le *dinaphtyle*, $C^{40}H^{14}$:

$$2C^{20}H^8 + O^2 = C^{40}H^{14} + H^2O^2 ;$$

et d'autre part, à divers dédoublements analogues à ceux qui résultent de l'hydrogénation. On obtient ainsi les acides *orthophtalique*, $C^{16}H^6O^8$, et carbonique (Laurent) :

$$C^{20}H^8 + 9O^2 = C^{16}H^6O^8 + 2C^2O^4 + H^2O^2.$$

L'acide orthophtalique est l'un des trois acides phtaliques dont on a parlé à l'occasion des xylènes (p. 174).

L'acide phtalique, chauffé à son tour avec de la chaux vers 300°, se transforme en *acide benzoïque*, qui peut être ainsi préparé avec la naphtaline (MM. Depouilly) :

$$C^{16}H^6O^8 = C^{14}H^6O^4 + C^2O^4.$$

La décomposition de ce dernier acide fournit enfin la benzine :

$$C^{14}H^6O^4 = C^{12}H^6 + C^2O^4.$$

2° Par voie indirecte, la naphtaline peut encore fournir :

Les phénols naphtaliques ou naphtylols...	$C^{20}H^8O^2$,
Les oxynaphtylols........................	$C^{20}H^8O^4$,
Le naphtoquinon..........................	$C^{20}H^6O^4$,
L'acide naphtalique......................	$C^{20}H^6O^6$,
L'oxynaphtoquinon........................	$C^{20}H^6O^6$,
Les dioxynaphtoquinons...................	$C^{20}H^6O^8$,
Le trioxynaphtoquinon....................	$C^{20}H^6O^{10}$,

9. *Chlore.* — Le chlore agit aisément sur la naphtaline en donnant des produits d'addition et de substitution ; il forme trois séries de dérivés, presque tous cristallisés et bien définis :

Naphtaline.	Protochlorure de naphtaline.	Perchlorure de naphtaline.
$C^{20}H^8$	$C^{20}H^8,Cl^2$	$C^{20}H^8,Cl^4$
$C^{20}H^7Cl$	$C^{20}H^7Cl,Cl^2$	$C^{20}H^7Cl,Cl^4$
$C^{20}H^6Cl^2$	$C^{20}H^6Cl^2,Cl^2$	$C^{20}H^6Cl^2,Cl^4$
$C^{20}H^5Cl^3$	....	....
....	....	
$C^{20}Cl^8$	$C^{20}Cl^8,Cl^2$	

Nous ne pouvons retracer ici l'histoire individuelle de ces composés, étudiés surtout par Laurent. Bornons-nous à dire qu'on les prépare par des méthodes analogues à celles que nous avons développées en parlant de l'éthylène. Par exemple, le protochlorure de napthaline, chauffé avec la potasse alcoolique, se change en naphtaline chlorée :

$$C^{20}H^8,Cl^2 + KHO^2 = C^{20}H^7Cl + KCl + H^2O^2.$$

De même le perchlorure se change en naphtaline bichlorée :

$$C^{20}H^8,Cl^4 + 2\,KHO^2 = C^{20}H^6Cl^2 + 2\,KCl + 2\,H^2O^2.$$

D'ailleurs chaque série comprend des isomères souvent fort nombreux : on connaît, par exemple, 3 naphtalines monochlorées, 7 naphtalines bichlorées, 6 naphtalines trichlorées, etc. Cette circonstance s'explique par la constitution complexe de la naphtaline, $C^{12}H^4(C^4H^2[C^4H^2])$, c'est-à-dire selon que le chlore est substitué dans l'un ou l'autre des résidus hydrocarburés qui concourent à former ladite naphtaline (p. 188).

10. *Brome.* — Le brome attaque violemment la naphtaline, avec formation d'acide bromhydrique et de dérivés bromés, analogues aux précédents.

Les naphtalines chlorées peuvent encore s'unir au brome, et les naphtalines bromées au chlore.

Enfin les unes et les autres peuvent engendrer des combinaisons nitrées et des combinaisons sulfuriques, comparables à celles dont il va être question pour la naphtaline elle-même. Mais l'étude de ces curieux composés offre un caractère trop marqué de monographie pour nous arrêter.

11. *Acide sulfurique.* — En général, l'action des acides sur la naphtaline est semblable à celle des mêmes composés sur la benzine (p. 160 et suivantes) et fournit des dérivés parallèles.

Nous signalerons seulement la réaction de l'acide sulfurique et celle de l'acide nitrique.

L'acide sulfurique monohydraté et l'acide sulfurique anhydre attaquent aisément la naphtaline, en formant les composés suivants :

1° Le *naphtalosulfuride* (1), $C^{20}H^{6}(S^{2}O^{4}[C^{20}H^{8}])$. Cristallisé, neutre, insoluble dans l'eau, analogue au benzinosulfuride (Berzelius).

2° Les deux *acides naphtalosulfuriques* (α) et (β), $C^{20}H^{8}(S^{2}O^{6})$. Acides monobasiques, appelés aussi *acides naphtylsulfureux* (2), tous deux solubles dans l'eau ainsi que leurs sels (Faraday).

3° Les *acides naphtalodisulfuriques*, $C^{20}H^{8}(S^{2}O^{6})^{2}$, ou *acides naphtalènedisulfureux* (3). Acides bibasiques, solubles dans l'eau ainsi que leurs sels (Berzelius).

Les acides naphtalosulfuriques, chauffés dans un creuset d'argent avec de la potasse fondante, fournissent deux *naphtylols* isomères, $C^{20}H^{8}O^{2}$, ou plutôt les sels potassiques de ces derniers, avec production de sulfite, de sulfate et d'hydrogène. C'est la même action qui change l'acide benzinosulfurique, c'est-à-dire la benzine, $C^{12}H^{6}$, en phénol, $C^{12}H^{6}O^{2}$ (p. 161).

Les acides naphtalodisulfuriques fournissent de même les *oxynaphtylols*, $C^{20}H^{8}O^{4}$ (Dusart). Ces corps, comme les naphtylols, sont cristallisés et appartiennent à la classe des phénols.

12. *Acide nitrique.* — En faisant agir l'acide nitrique sur la naphtaline, soit pendant quelques instants, soit avec le concours d'une

(1) $(C^{10}H^{7})^{2}=SO^{2}$.
(2) $C^{10}H^{7}-SO^{3}H$.
(3) $C^{10}H^{6}=(SO^{3}H)^{2}$.

ébullition prolongée pendant quelques heures, ou pendant plusieurs jours, ou bien enfin avec le concours de l'acide sulfurique concentré, on obtient les composés suivants, tous cristallisés :

1 *naphtaline nitrée*....................	$C^{20}H^7(AzO^4)$,
2 *naphtalines binitrées* (α et β)..........	$C^{20}H^6(AzO^4)^2$,
3 *naphtalines trinitrées* (α, β et γ)......	$C^{20}H^5(AzO^4)^3$,
2 *naphtalines quadrinitrées* (α et β).....	$C^{20}H^4(AzO^4)^4$.

En outre, par des méthodes indirectes, on a préparé une troisième naphtaline binitrée (γ).

La naphtaline nitrée (Laurent) se présente en longs prismes rhomboïdaux, d'un jaune de soufre, fusibles à 61°.

La naphtaline binitrée (α) (Laurent) se montre sous la forme de longs prismes aiguillés, jaunâtres, fusibles à 211°. Son isomère (β) (Darmstaedter) forme des tables rhomboïdales fusibles à 170°. Le troisième isomère (γ) cristallise en aiguilles fusibles à 144° (M. Liebermann).

Les naphtalines trinitrées (α, β et γ) sont cristallisées et fondent à 122°, 213° et 147°.

Les naphtalines quadrinitrées (α et β) (MM. Lautemann et d'Aguiar) cristallisent également ; elles fondent à 259° et à 200°.

Ces divers corps sont de moins en moins solubles dans les dissolvants, à mesure que le nombre d'équivalents d'hydrogène diminue. La formule théorique de la naphtaline permet de prévoir leurs divers états isomériques. Ils donnent naissance à des dérivés chlorés, bromés, sulfuriques, correspondants à ceux de la napthaline.

13. Enfin les mêmes composés nitrés, soumis à l'action des agents réducteurs, peuvent échanger leur oxygène contre de l'hydrogène, et donner naissance à des *alcalis*, savoir :

La naphtylamine................	$C^{20}H^9Az$,
Les naphtylamines nitrées.....	$C^{20}H^8(AzO^4)Az$,
Les naphtylamines dinitrées....	$C^{20}H^7(AzO^4)^2Az$,
Les naphtylène-diamines.......	$C^{20}H^{10}Az^2$, etc.

Tous ces alcalis sont cristallisés et parfaitement définis. Ils peuvent engendrer des matières colorantes, généralement peu stables.

En réduisant par le zinc, vers 200°, le dérivé sulfurique de la binitronaphtaline (α), M. Roussin a obtenu une belle matière colorante, d'un rouge garance, la *naphtazarine* ou *dioxynaphtoquinon*, $C^{20}H^6O^4$.

En réduisant la même binitronaphtaline en présence des alcalis, par certains agents tels que les sulfures, cyanures ou sulfocyanures, il se forme une matière colorante, le *violet de naphtène-diamine* (M. Troost).

14. Divers carbures, en réagissant sur la naphtaline, engendrent d'autres carbures plus compliqués : méthylés, éthylés, etc. Nous nous bornerons à signaler les faits de ce genre, qui présentent des analogies étroites avec ceux développés plus haut pour la benzine.

§ 4. — Acénaphtène.

$C^4H^2(C^{20}H^8)$ ou $C^{24}H^{10}$............ $C^{12}H^{10}$ ou $C^{10}H^6 = (C^2H^4)$.

1. *Formation*. — Ce carbure, découvert et étudié par M. Berthelot, peut être obtenu par la réaction directe de la naphtaline sur l'acétylène ou sur l'éthylène, à la température rouge :

$$C^4H^2 + C^{20}H^8 = C^{24}H^{10};$$
$$C^4H^4 + C^{20}H^8 = C^{24}H^{10} + H^2.$$

Il est isomère du diphényle, $C^{12}H^4(C^{12}H^6)$, carbure qui dérive de la benzine seule (p. 178); mais ses propriétés et ses réactions sont très différentes.

L'acénaphtène existe en quantité notable dans le goudron de houille, et se dépose spontanément dans les huiles lourdes qui bouillent entre 270° et 300°. On le fait recristalliser dans l'alcool.

2. *Propriétés*. — L'acénaphtène est un corps magnifique, cristallisé en longues et belles aiguilles incolores. Il fond à 93° et bout à 285°. Il se sublime lentement dès 100° en aiguilles brillantes. Il se dissout dans 80 parties d'alcool froid. Cette solution précipite une solution alcoolique d'acide picrique, en donnant naissance à de belles aiguilles orangées :

$$C^{24}H^{10},C^{12}H^3(AzO^4)^3O^2.$$

3. *Hydrogène*. — Traité par l'hydrogène naissant, c'est-à-dire par l'acide iodhydrique, l'acénaphtène fournit un hydrure, $C^{24}H^{12}$, dès 100°.

Sous la même influence, à 280°, il se scinde d'abord en hydrure de naphtaline et hydrure d'éthylène :

$$C^{24}H^{10} + 3H^2 = C^{20}H^{10} + C^4H^6,$$

puis il fournit les mêmes produits que la naphtaline (p. 189).

4. *Oxygène*. — Sa vapeur étant dirigée dans un tube garni d'oxyde de plomb et chauffé au rouge, il se change par perte d'hydrogène en un beau carbure cristallisé, l'*acénaphtylène* $C^{24}H^8$, lequel fond à 92° et bout à 265° (MM. Behr et van Dorp).

5. *Corps halogènes.* — Le brome attaque violemment l'acénaphtène. Si l'on opère sur des dissolutions refroidies, on obtient d'abord un *bromure d'acénaphtène*, $C^{24}H^{10}Br^{6}$, puis divers dérivés bromés.

L'iode change ce carbure en un *polymère*, quoique avec plus de difficulté que le styrolène.

6. Le *potassium* attaque l'acénaphtène bouillant, avec dégagement d'hydrogène et formation d'un composé noir, $C^{24}H^{9}K$.

7. *Acides.* — L'acide sulfurique ordinaire ou fumant dissout aisément l'acénaphtène, en formant un acide conjugué. L'acide nitrique fumant produit des dérivés nitrés cristallisés. Etc.

§ 5. — Anthracène.

$$C^4H^2(C^{12}H^4|C^{12}H^4|) \text{ ou } C^{28}H^{10} \ldots \ldots \mathcal{C}^{14}H^{10} \text{ ou } \mathcal{C}^6H^4 < \begin{matrix} \mathcal{C}H \\ \dot{\mathcal{C}}H \end{matrix} > \mathcal{C}^6H^4.$$

1. *Historique.* — L'anthracène ou *acétylodiphénylène* a été découvert en 1832 par Dumas et Laurent. Étudié par M. Anderson et par Fritzsche, produit synthétiquement par M. Berthelot, son histoire s'est principalement développée depuis les travaux de MM. Graebe et Liebermann.

2. *Formation.* — Il se forme :

1° Par la réaction directe du styrolène sur la benzine, à la température rouge :

$$C^{16}H^8 + C^{12}H^6 = C^{28}H^{10} + 2H^2.$$

2° Il prend aussi naissance dans la réaction directe de la benzine sur l'éthylène ou sur l'acétylène :

$$2C^{12}H^6 + C^4H^2 = C^{28}H^{10} + 2H^2,$$

réaction qui est une conséquence de la précédente, puisque la benzine et l'éthylène ou l'acétylène forment d'abord du styrolène.

3° C'est en vertu de la même série de réactions que la condensation directe de l'acétylène au rouge sombre engendre un peu d'anthracène :

$$7C^4H^2 = C^{28}H^{10} + 2H^2.$$

4° Le formène et la benzine produisent aussi de l'anthracène vers le rouge blanc, parce que le formène se change d'abord en acétylène.

5° Le toluène dirigé dans un tube rouge fournit une grande quantité d'anthracène, en vertu d'une simple perte d'hydrogène :

$$2C^{14}H^8 = C^{28}H^{10} + 3H^2.$$

De même le toluène chloré (éther benzylchlorhydrique), décomposé par l'eau vers 200°, dans des tubes scellés (M. Limpricht).

6° On obtient encore l'anthracène par la réaction, au rouge, de la benzine sur la naphtaline :

$$C^{20}H^8 + 3C^{12}H^6 - 3H^2 = 2C^{28}H^{10}.$$

On voit par ces faits que la production de l'anthracène n'est pas moins générale que celle de la naphtaline. Ordinairement on rencontre à la fois ces deux carbures dans les mêmes produits pyrogénés; ce qui s'explique, puisque l'anthracène et la naphtaline sont tous deux des dérivés réguliers de l'acétylène et de la benzine.

Seulement la naphtaline l'emporte, si l'éthylène domine dans les produits générateurs, attendu que l'éthylène change l'anthracène en naphtaline à la température rouge :

$$C^{28}H^{10} + C^4H^4 = C^{20}H^8 + C^{12}H^6.$$

Tandis que l'anthracène l'emporte, si la benzine domine dans les produits générateurs, attendu que la benzine change la naphtaline en anthracène, comme il a été dit plus haut.

7° Signalons enfin la réaction suivante, qui a conduit MM. Graebe et Liebermann à la synthèse de l'alizarine, matière colorante naturelle des plus importantes, qui a été extraite de la garance. L'alizarine répond à la formule $C^{28}H^8O^8$; dirigée en vapeur sur du zinc en poussière que l'on chauffe au rouge sombre, elle fournit de l'anthracène, $C^{28}H^{10}$.

3. *Préparation.* — On prend les carbures solides du goudron de houille qui passent après la naphtaline, vers le point d'ébullition du mercure, et on les fait cristalliser un grand nombre de fois dans les huiles volatiles du goudron de houille. On fait cristalliser une dernière fois le produit dans l'alcool ; puis on le sublime à une température qui ne dépasse pas 220° à 250°.

En grand, on sépare mécaniquement l'anthracène des huiles lourdes verdâtres, au sein desquelles il s'est solidifié ; puis on l'exprime à une température de 40° à 50°, ce qui le débarrasse des carbures plus fusibles qui l'accompagnent. Enfin, après l'avoir lavé à l'huile de houille légère, on le sublime.

4. *Hypothèse sur sa constitution.* — La même différence C^8H^2 existant entre l'anthracène et la naphtaline qu'entre cette dernière et la benzine, on a été conduit à appliquer à l'anthracène des formules fic-

tives du même ordre, et à représenter ce carbure comme résultant de l'union de trois chaînes fermées hexagonales,

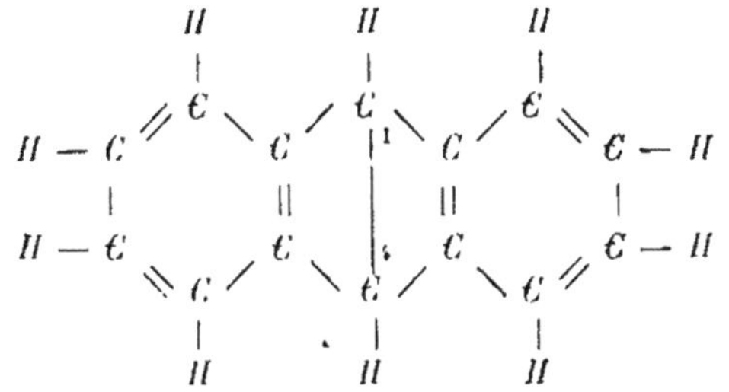

```
            H         H         H
            |         |         |
          // C \   / C \    / C \\
   H — C           C    |1 \   C         C — H
       |           ||   |      ||        |
   H — C           C    |4     C         C — H
          \\ C /   \  C /   \  C //
             |        |        |
             H        H        H
```

les atomes de carbone qui occupent les positions 1 et 4 dans l'hexagone du milieu échangeant entre eux l'une de leurs valences. Les formules écrites en tête de cet article expriment plus simplement cette interprétation. Elles s'accordent d'ailleurs mieux avec ce fait que l'anthracène dérive simplement, non de trois molécules de benzine, mais de deux molécules de toluène, c'est-à-dire de deux molécules benzéniques liées entre elles par un double résidu méthylique (acétylène).

5. *Propriétés.* — L'anthracène se présente en feuillets légers, d'ordinaire mal déterminés, mais qui peuvent affecter l'apparence de tables rhomboïdales presque carrées, lorsque le carbure est tout à fait pur; il présente une fluorescence violette. Il fond vers 210° et bout vers 360°. Son odeur, quoique faible, est très désagréable ; elle s'exalte sous l'influence de la chaleur : l'anthracène fondu, par exemple, répand des vapeurs excessivement irritantes et presque insupportables. A la température de sa fusion, il se sublime aisément en petites lamelles argentées et incolores.

L'anthracène est insoluble dans l'eau, très peu soluble dans l'alcool froid, mais un peu plus soluble à chaud. Ses véritables dissolvants sont le toluène et les huiles légères de houille.

Les réactions les plus remarquables de l'anthracène sont celles qu'il éprouve de la part de l'hydrogène et de l'oxygène.

6. *Hydrogène.* — 1° L'anthracène, chauffé au rouge dans un courant d'hydrogène libre, fournit une petite quantité de benzine et d'acétylène :

$$C^{28}H^{10} + 2H^2 = 2C^{12}H^6 + C^4H^2.$$

2° L'action de l'hydrogène naissant est très remarquable. En effet, l'anthracène, chauffé avec un grand excès d'acide iodhydrique à 280°, donne naissance à une série d'hydrures successifs, dont les deux derniers termes sont l'hydrure d'heptylène formé par dédoublement :

$$C^{28}H^{10} + 11H^2 = 2C^{14}H^{16},$$

et l'hydrure de tétradécylène résultant d'une saturation totale :

$$C^{28}H^{10} + 10H^2 = C^{28}H^{30}.$$

Si l'hydracide est en moindre quantité, on voit reparaître le toluène :

$$C^{28}H^{10} + 3H^2 = 2C^{14}H^8,$$

et même un peu de benzine :

$$C^{28}H^{10} + 4H^2 = 2C^{12}H^6 + C^4H^6.$$

7. *Oxygène.* — L'anthracène, oxydé par l'acide chromique ou par l'acide nitrique, se change d'abord en *oxanthracène* ou *anthraquinon*, $C^{28}H^8O^4$. Celui-ci, fixant par voie indirecte quatre autres équivalents d'oxygène, fournit l'alizarine :

$$C^{28}H^8O^4 + O^4 = C^{28}H^8O^8.$$

8. *Réactions diverses.* — L'anthracène résiste à l'action de la chaleur, encore plus que la naphtaline.

Le chlore et le brome l'attaquent, avec formation de dérivés d'addition et de substitution.

L'acide sulfurique concentré ne l'attaque que difficilement; cependant il le dissout en formant un acide sulfoné, l'*acide anthracénosulfurique*, $C^{28}H^{10},S^2O^6$. Celui-ci, traité par la potasse fondante, donne, par une réaction générale déjà citée plusieurs fois, un phénol correspondant, l'*anthrol*, $C^{28}H^{10}O^2$. Lorsque l'acide sulfurique est pris en grand excès et lorsque son action est prolongée, il engendre deux *acides antracénodisulfuriques*, $C^{28}H^{10},2S^2O^6$; ces derniers, soumis à l'action de la potasse fondante, donnent deux phénols diatomiques correspondants, le *chrysazol* et le *rufol*, $C^{28}H^{10}O^4$ (M. Liebermann).

L'acide nitrique, outre le produit d'oxydation cité plus haut, l'oxanthracène, forme surtout un dérivé dinitré de ce dernier, $C^{28}H^6(AzO^4)^2O^4$.

Le potassium attaque l'anthracène fondu, en formant un *kaliure* noir.

Dissous à l'ébullition dans le toluène, en présence de l'acide picrique, l'anthracène fournit par refroidissement un picrate, cristallisé en belles aiguilles rouges et caractéristiques. Ce picrate est décomposé très aisément par le contact d'un excès d'alcool.

9. *Carbures homologues.* — L'anthracène, de même que la ben-

zine, est le point de départ de toute une série de carbures homologues, cristallisés, qui l'accompagnent dans les produits pyrogénés :

Anthracène	$C^{28}H^{10}$,
Méthylanthracène.	$C^{30}H^{12}$,
Diméthylanthracène	$C^{32}H^{14}$,
....	......
Rétène.....................	$C^{36}H^{18}$.

Ce dernier carbure est un corps magnifique, fusible à 95°, bouillant à 390°; il se rencontre surtout dans le goudron de résine.

§ 6. — **Fluorène.**

$$C^2H^2[C^{12}H^4(C^{12}H^4)] \text{ ou } C^{26}H^{10} \ldots\ldots\ldots\ldots \quad C^{13}H^{10} \text{ ou } \begin{matrix} C^6H^4 \\ C^6H^4 \end{matrix} > CH^2.$$

1. *Historique.* — Le fluorène, appelé aussi *diphénylène-méthane* ou *diphénylméthylène*, a été découvert dans le goudron de houille par M. Berthelot; il a été étudié principalement par M. Barbier et M. Fittig.

2. *Formation.* — Le fluorène peut être obtenu :

1° En soumettant le *diphénylène-carbonyle*, $C^{26}H^8O^2$, à l'action de l'hydrogène, soit par le zinc en poussière à haute température, soit au moyen de l'acide iodhydrique à 160° :

$$C^{26}H^8O^2 + H^4 = C^{26}H^{10} + H^2O^2;$$

2° En faisant passer dans un tube de porcelaine chauffé au rouge, des vapeurs de diphénylméthane, $C^{26}H^{12}$:

$$C^{26}H^{12} - H^2 = C^{26}H^{10}.$$

3. *Préparation.* — Le fluorène accompagne l'anthracène dans le goudron de houille. On l'extrait des huiles lourdes par des distillations fractionnées.

4. *Propriétés.* — Le fluorène constitue des lamelles cristallines incolores, possédant une belle fluorescence violette, fusibles à 113° en un liquide bouillant à 305°, peu solubles dans l'alcool froid, plus solubles à chaud.

5. *Réactions.* — Oxydé par l'acide chromique, le fluorène régénère du diphénylène-carbonyle :

$$C^{26}H^{10} + 2\,O^2 = C^{26}H^8O^2 + H^2O^2.$$

Le brome le transforme en dérivés d'addition et de substitution.

Il se combine à l'acide picrique en formant de belles aiguilles rouges, $C^{26}H^{10} + C^{12}H^{3}(AzO^{4})^{3}O^{2}$.

§ 7. — Carbures pyrogénés divers.

1. Citons encore quelques exemples parmi les carbures pyrogénés formés suivant les mécanismes généraux que nous avons indiqués.

1° Le *phénanthrène*, $C^{28}H^{10}$ (1), isomère de l'anthracène, existe dans le goudron de houille (M. Fittig). Il prend naissance lorsqu'on soumet à l'action de la chaleur le dibenzyle, $(C^{14}H^{7})^{2}$, ou le toluène, $C^{14}H^{8}$ (M. Barbier);

2° Le *fluoranthène*, $C^{30}H^{10}$, cristallisé et fusible à 109°;

3° Le *chrysène*, $C^{36}H^{12}$ (2), cristallisé, fluorescent, fusible à 250°, isomère avec le triphénylène ;

4° Le *pyrène*, $C^{32}H^{10}$, en cristaux tabulaires, fusible à 148°, distillable au-dessus du point d'ébullition du mercure; etc.; etc.

2. Les termes les moins hydrogénés de cette série ont été isolés par M. Prunier dans les produits de l'action de la chaleur rouge sur les portions les plus fixes de l'huile de pétrole. Ces corps, remarquables par leur composition, puisqu'ils renferment jusqu'à 97,67 pour 100 de carbone, correspondent aux formules suivantes :

$$(C^{8}H^{2})^{n},$$
$$(C^{10}H^{2})^{n},$$
$$(C^{12}H^{2})^{n},$$
$$(C^{14}H^{2})^{n}.$$

Ce sont des carbures cristallisés, blancs, presque insolubles dans les véhicules ordinaires, susceptibles de se combiner avec l'acide picrique et même avec la benzine et les autres dissolvants hydrocarbonés.

(1) $C^{6}H^{4}-CH$
$C^{6}H^{4}-CH$.

(2) $C^{6}H^{4}-CH$
$C^{10}H^{6}-CH$.

CHAPITRE VIII

SÉRIE CAMPHÉNIQUE

§ 1er. — Série camphénique.

1. La *série camphénique* comprend les carbures d'hydrogène qui répondent à la formule $C^{20}H^{16}$, leurs polymères et leurs dérivés. Ces carbures sont remarquables par la multitude de leurs états isomériques; ils embrassent la plupart des essences hydrocarbonées naturelles et divers corps artificiels. Par leur composition et leurs propriétés, ils sont intermédiaires entre la série benzénique et la série grasse. Quoique la synthèse des carbures camphéniques n'ait pas encore été complètement réalisée, on peut cependant signaler diverses réactions qui y conduisent, les unes en partant de l'acétylène et de la série éthylénique, les autres en partant de la série aromatique.

2. *Relations avec l'acétylène et la série éthylénique.* — Un carbure de la formule $C^{10}H^8$, un *propylacétylène*, a été formé synthétiquement par l'union du propylène et l'acétylène libres, chauffés ensemble vers le rouge sombre (M. Berthelot) :

$$C^6H^6 + C^4H^2 = C^{10}H^8.$$

M. G. Bouchardat, en polymérisant par la chaleur, soit l'*isoprène*, carbure isomère ou identique avec le propylacétylène, soit un autre isomère, le *valérylène*, a obtenu un carbure identique avec le terpilène et fournissant le même dichlorhydrate :

$$(C^{10}H^8)^2 = C^{20}H^{16}.$$

On peut préparer également, en déshydrogénant le diamylène $(C^{10}H^{10})^2$, un carbure $(C^{10}H^8)^2$, lequel paraît identique au térébène, carbure dérivé de l'essence de térébenthine (M. Bauer).

Ces relations impliquent l'existence de carbures tricondensés $(C^{10}H^8)^3$, quadricondensés $(C^{10}H^8)^4$, etc., existence qui est conforme à l'expérience.

Les résultats synthétiques sont confirmés, d'ailleurs, par le dédoublement suivant : l'essence de térébenthine et ses polymères, chauffés à 280° avec l'acide iodhydrique (M. Berthelot), c'est-à-dire traités par l'hydrogène naissant, produisent une certaine quantité d'hydrure d'amylène, $C^{10}H^{12}$:

$$C^{20}H^{16} + 4H^2 = 2C^{10}H^{12}.$$

L'essence de térébenthine, dirigée en vapeur à travers un tube chauffé au rouge naissant, reproduit en certaines proportions l'isoprène, ou un isomère (Hlasiwetz, M. Tilden).

Ainsi le carbure $C^{20}H^{16}$ et ses polymères sont des carbures complexes, engendrés par le doublement et les condensations multiples d'un certain carbure $C^{10}H^8$, homologue de l'acétylène.

Or il existe divers carbures isomères $C^{10}H^8$; chacun d'eux doit engendrer une série spéciale; plusieurs autres séries encore résultent de l'association d'isomères distincts.

3. *Relations avec la série aromatique.* — Les relations entre les carbures camphéniques et la série aromatique ne sont pas moins nettes.

En effet, l'essence de térébenthine, chauffée au rouge naissant avec l'acide carbonique (H. Sainte-Claire Deville), ou même seule (M. Berthelot), perd de l'hydrogène et produit du cymène ordinaire, $C^{20}H^{14}$, l'un des homologues de la benzine :

$$C^{20}H^{16} = C^{20}H^{14} + H^2.$$

Le cymène se forme également dans l'action de divers réactifs sur l'essence de térébenthine, par exemple, celle de l'acide sulfurique (M. Wright) ou de l'iode (M. Kékulé).

Réciproquement, le cymène, chauffé avec du potassium, s'y combine en formant un kaliure de cymène (M. Berthelot) :

$$C^{20}H^{14} + K^2 = C^{20}H^{14}K^2.$$

On peut admettre que ce composé, traité par l'eau, se changera en un carbure camphénique :

$$C^{20}H^{14}K^2 + 2H^2O^2 = C^{20}H^{16} + 2(KO,HO).$$

A chacun des carbures métamères du cymène (voy. p. 176 et 177) doit répondre un carbure camphénique spécial.

On voit que la synthèse de la série camphéniqne est déjà en partie accomplie.

Les carbures camphéniques se partagent en quatre groupes distincts, suivant la condensation de leurs éléments; nous allons les énumérer.

§ 2. — 1er Groupe. Carbures dimères.

$(C^{10}H^{8})^{2}$ ou $C^{20}H^{16}$ .... $\mathcal{C}^{10}H^{16}$ ou $(\mathcal{C}^{5}H^{8})^{2}$.

1. Ces carbures font partie des essences fournies par les diverses espèces de conifères (genres *Pinus*, *Abies*, *Picea*, *Larix*, etc.); par celles du genre *Citrus* (citron ordinaire, cédrat, bergamote, oranger, mandarine, etc.); par les végétaux du genre *Juniperus* ou genièvre (*J. communis*, *J. sabina*, etc.); par ceux du genre *Lavendula* ou lavande; par le thym, la résine élémi, le baume de Tolu, le poivre noir, le giroflier des Moluques, la coriandre, le gingembre, le houblon, le laurier, le persil, la valériane, la camomille, le *Dryobalanops aromatica*, le basilic, etc., etc.

Bref, presque toutes les essences naturelles renferment ces carbures en proportion plus ou moins considérable; c'est dire qu'un certain nombre de ces carbures étaient connus de toute antiquité; toutefois leur histoire ne s'est développée que depuis les travaux de Dumas (1832) et de Soubeiran et Capitaine (1840), suivis de ceux de M. Berthelot (1853-1863), de M. Riban (1875), de M. Tilden (1878), de M. Flawitzky (1878), et de MM. G. Bouchardat et Lafont (1885).

Une même essence renferme parfois deux ou trois carbures isomères, comme on l'observe dans l'étude de l'essence de térébenthine, de l'essence de citron, etc.

2. Les carbures dont il s'agit répondent tous à la même formule, et sont tels qu'un litre de vapeur pèse $\frac{120 + 16}{2} = 68$ fois autant qu'un litre d'hydrogène. Les propriétés physiques et chimiques sont constantes et définies pour chacun des carbures que nous venons d'énumérer; mais elles ne sont pas exactement les mêmes lorsque l'on compare entre eux deux ou un plus grand nombre de ces carbures.

Les différences de propriétés portent :

1° Sur l'odeur, dont chacun connaît la diversité dans les essences précitées;

2° Sur la densité, caractère constant et spécifique pour chaque carbure défini, mais variable de 0,84 à 0,88, suivant les carbures envisagés;

3° Sur le point d'ébullition, constant pour chaque carbure défini, mais variable de 155° à 200°, suivant les carbures;

4° Sur le pouvoir rotatoire, constant pour chaque carbure défini, mais variable depuis 0° jusqu'à 100°, suivant les carbures; en outre, il est dirigé tantôt vers la droite et tantôt vers la gauche;

5° Sur l'oxydabilité plus ou moins rapide des divers carbures : l'essence de térébenthine, par exemple, s'oxyde plus rapidement que l'essence de citron, et les produits de l'oxydation ne sont pas les mêmes;

6° Sur l'action de l'acide chlorhydrique, lequel fournit des chlorhydrates qui diffèrent par leur composition et par leurs propriétés : $C^{20}H^{16},HCl$; $C^{20}H^{16},2HCl$; etc.;

7° Sur l'action de la chaleur et des acides, agents qui modifient les divers carbures avec une intensité diverse et à partir de températures inégales.

Or on compte aujourd'hui une soixantaine de ces carbures isomères.

3. Ce n'est pas tout. On sait aussi produire avec les carbures naturels divers carbures artificiels, isomériques et comparables aux carbures naturels, quoiqu'ils en soient distincts. Ainsi l'essence de térébenthine engendre, sous l'influence de la chaleur, l'isotérébenthène, carbure analogue à l'essence de citron; sous l'influence de l'acide chlorhydrique, elle produit le camphène et le terpilène, carbures dont la capacité de saturation est inégale, quoique définie pour chacun d'eux; etc.; etc.

§ 3. — 2e Groupe. Carbures trimères.

$(C^{10}H^{8})^{3}$ ou $C^{30}H^{24}$........................ $C^{15}H^{24}$ ou $(C^{5}H^{5})^{3}$.

Un litre de vapeur de ces corps pèse autant que 1 litre 1/2 de vapeur d'essence de térébenthine ou de citron, et ce rapport entre les densités de vapeur s'observe également entre les équivalents indiqués par les réactions. Ainsi l'essence de térébenthine fournit un dichlorhydrate cristallisé, $C^{20}H^{16},2HCl$, tandis que l'essence de cubèbe fournit un dichlorhydrate, également cristallisé, $C^{30}H^{24},2HCl$. Dans ce groupe se rangent l'essence de cubèbe, l'essence de copahu, ainsi qu'un carbure artificiel obtenu en modifiant l'essence de térébenthine par les acides. La densité de ces divers carbures est voisine de 0,92, c'est-à-dire qu'ils sont plus condensés à l'état liquide que les carbures $C^{20}H^{16}$. Ils sont également moins volatils, car ils bouillent les uns vers 260°, comme les essences de cubèbe et de copahu; les autres vers 280° ou même 300°; etc.

§ 4. — 3e Groupe. Carbures tétramères.

$(C^{10}H^8)^4$ ou $C^{40}H^{32}$........................ $\mathcal{C}^{20}H^{32}$ ou $(\mathcal{C}^5H^8)^4$.

Ce groupe comprend divers carbures artificiels, tels que le métatérébenthène, carbure obtenu en modifiant l'essence de térébenthine par la chaleur; le ditérébène, obtenu sous l'influence du fluorure de bore; etc. Ce sont des liquides visqueux, dont la densité est voisine de 0,94 et le point d'ébullition situé vers 400°.

§ 5. — 4e Groupe. Carbures polymères plus élevés.

$(C^{10}H^8)^n$.................................. $(\mathcal{C}^5H^8)^n$.

L'essence de térébenthine, traitée par l'acide sulfurique, fournit en certaine proportion des carbures encore plus condensés que les précédents, moins volatils, amorphes, solides et résineux. Ce qui donne à ces carbures un intérêt spécial, c'est la relation qui existe entre leur composition et celle du caoutchouc et de la gutta-percha. En effet, les deux produits naturels que je viens de nommer, pris dans leur état primitif et tels qu'ils sont contenus dans les sucs végétaux, avant toute réaction de l'air ou de la lumière, paraissent être constitués principalement par des carbures multiples de la formule $C^{10}H^8$.

Ces carbures sont solides, amorphes, résineux. Les acides énergiques et les chlorures acides les modifient moléculairement, de même que le térébenthène, et cette modification paraît jouer un certain rôle dans la vulcanisation du caoutchouc.

Soumis à l'action de la température du rouge sombre, ces carbures polymères sont décomposés et reproduisent en certaine proportion des carbures moins condensés, tels que le carbure monomère générateur, $C^{10}H^8$, corps volatil vers 40°, et un carbure dimère, $C^{20}H^{16}$, désigné sous le nom de *caoutchine* (M. Himly); etc.

Enfin, sous l'influence de l'oxygène de l'air, les carbures polymères s'oxydent lentement en se changeant en produits résineux. C'est le mélange de semblables produits oxydés avec les carbures primitifs qui constitue le caoutchouc et la gutta-percha du commerce.

§ 6. — Térébenthène.

$C^{20}H^{16}$ .... $C^{10}H^{16}$ (1).

1. Parmi ces nombreux carbures, nous choisirons pour type le *térébenthène*, qui forme la principale portion de l'essence de térébenthine, et nous en retracerons l'histoire avec quelque détail.

2. *Historique.* — Déjà connue dans l'antiquité, l'essence de térébenthine a été étudiée avec détails par H. Sainte-Claire Deville, qui a découvert le térébène et le colophène; plus récemment par M. Berthelot, qui l'a transformée en isotérébenthène, en camphène et en camphre ordinaire, et enfin par M. Riban, M. Tilden, M. Flawitzky, MM. Bouchardat et Lafont, etc.

3. *Préparation.* — Le térébenthène se prépare au moyen de la térébenthine.

La *térébenthine* est un suc résineux produit par diverses espèces de conifères. Elle s'écoule par des incisions pratiquées au tronc de l'arbre, dont on a enlevé préalablement une partie de l'écorce. Le suc se rassemble dans des trous pratiqués au pied de l'arbre ou dans des vases fixés au-dessous des incisions.

On distingue :

1° L'essence de térébenthine française, extraite du suc du *Pinus maritima* (lévogyre);

2° L'essence américaine, appelée souvent à tort essence anglaise, extraite du suc du *Pinus australis* (dextrogyre); les carbures de ces deux essences ne sont pas identiques;

3° L'essence allemande, extraite du suc des *Pinus silvestris*, *P. nigra*, *P. abies*, etc. (dextrogyre);

4° L'essence russe, fournie surtout par les térébenthines du *Pinus sylvestris* et du *Pinus ledebourii* (dextrogyre);

5° L'essence de la térébenthine de Venise, extraite du *Larix europæa* ou mélèze;

(1) Formule atomique de quelques auteurs :

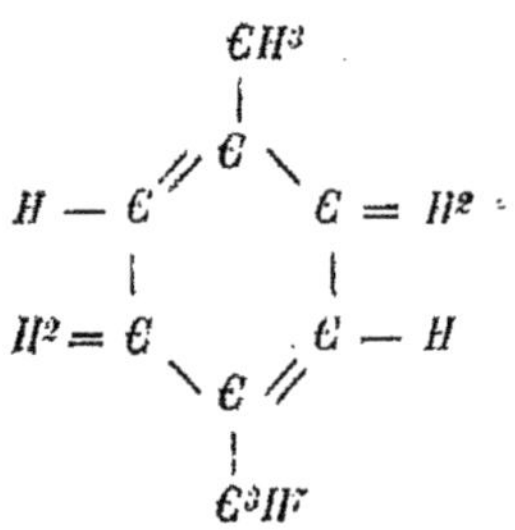

6° L'essence suisse, extraite des pommes provenant du *Pinus pumilio*; etc.

Chaque espèce végétale produit un carbure distinct et défini.

Le *térébenthène* répond au *Pinus maritima*; l'*australène* au *Pinus australis*, etc.

Pour extraire l'essence de térébenthine, on peut soumettre à l'action directe de la chaleur le suc résineux, et recueillir à part les parties les plus volatiles. Mais le liquide ainsi obtenu est fort impur et en partie altéré. Dans l'industrie on distille à une température plus basse, en entraînant l'essence au moyen de la vapeur d'eau. Mais ce procédé ne fournit pas encore un produit absolument inaltéré, à cause de l'action modificatrice que les acides résineux exercent sur l'essence pendant la distillation.

Pour obtenir l'essence naturelle tout à fait pure et inaltérée (M. Berthelot), il faut incorporer la térébenthine brute avec un mélange de carbonate de potasse et de carbonate de chaux, puis distiller la masse dans le vide, en la chauffant seulement au bain-marie vers 60° ou 80°.

En opérant ainsi, on obtient en premier lieu un carbure défini, dont le point d'ébullition est fixe, la densité constante et le pouvoir rotatoire invariable, dans les proportions diverses recueillies séparément pendant le cours de la distillation fractionnée.

Au contraire, l'essence du commerce est un mélange du carbure précédent avec divers carbures isomères, produits par l'influence modificatrice de la chaleur et des acides; la distillation fractionnée les met en évidence, mais sans pouvoir les séparer complètement.

4. *Propriétés.* — Le térébenthène est un liquide incolore, mobile, très réfringent, doué d'une odeur éthérée et pénétrante. Sa densité est 0,864 à 16°. Il bout à 156°,6. Son pouvoir rotatoire est dirigé vers la gauche : $\alpha_D = -40°,32$. Le térébenthène est insoluble dans l'eau miscible avec l'éther et l'alcool absolu; il exige environ 7 parties d'alcool ordinaire pour être dissous. Voici ses principales réactions.

I. — Action de la chaleur.

1. L'essence de térébenthine peut être maintenue en ébullition sous la pression atmosphérique pendant plusieurs jours, sans être modifiée, pourvu que l'on opère dans une atmosphère exempte d'oxygène. Mais, si on la chauffe, vers 280° dans des tubes scellés, elle se modifie en quelques heures (M. Berthelot); le térébenthène disparaît complètement et se change en deux carbures nouveaux de même composition, savoir :

1° L'*isotérébenthène*, $C^{20}H^{16}$, liquide doué d'une odeur citronnée, dont la densité égale 0,858 à 0°, et qui bout à 175°. Il possède un pouvoir rotatoire plus faible que celui du térébenthène dont il dérive ($\alpha_D = -9°,5$). Il se distingue encore du térébenthène par sa densité, son point d'ébullition, et en ce qu'il forme avec l'acide chlorhydrique gazeux des chlorhydrates très différents de ceux engendrés par ce carbure dans les mêmes conditions, spécialement un dichlorhydrate, $C^{20}H^{16},2HCl$.

2° Le *métatérébenthène*, $C^{40}H^{32}$, liquide visqueux, dont la densité égale 0,91, et qui bout vers 400°. Il possède le pouvoir rotatoire. Il résulte de la modification lente de l'isotérébenthène par la chaleur.

2. Sous l'influence d'une température plus haute, le térébenthène éprouve une décomposition proprement dite. Un peu au-dessus de 300°, il dégage lentement de l'hydrogène en formant du cymène :

$$C^{20}H^{16} = C^{20}H^{14} + H^2.$$

3. Au rouge vif, la vapeur de térébenthène produit du charbon, de l'hydrogène, de l'acétylène et divers carbures, entre autres les homologues de la benzine et leurs dérivés (M. Berthelot).

II. — Action des éléments.

1. *Hydrogène.* — Sous l'influence de l'hydrogène naissant, c'est-à-dire de l'acide iodhydrique à 280°, et suivant la proportion ainsi que la concentration de ce réactif, le térébenthène fournit les carbures suivants (M. Berthelot) :

1° L'*hydrure de camphène*, $C^{20}H^{18}$:

$$C^{20}H^{16} + H^2 = C^{20}H^{18},$$

liquide bouillant vers 165°, beaucoup plus stable que le térébenthène, soluble sans réaction violente dans l'acide nitrique fumant et l'acide sulfurique fumant, etc.;

2° L'*hydrure de terpilène*, $C^{20}H^{20}$:

$$C^{20}H^{16} + 2H^2 = C^{20}H^{20},$$

carbure liquide, bouillant vers 170°, d'une grande stabilité;

3° L'*hydrure de décylène*, $C^{20}H^{22}$:

$$C^{20}H^{16} + 3H^2 = C^{20}H^{22},$$

carbure saturé de la série forménique, bouillant vers 155° :

4° Enfin l'*hydrure d'amylène*, $C^{10}H^{12}$, formé par dédoublement :

$$C^{20}H^{16} + 4H^2 = 2C^{10}H^{12}.$$

2. *Oxygène.* — Nous distinguerons l'oxygène libre et l'oxygène naissant.

1° En présence de l'oxygène libre et à une haute température, le térébenthène prend feu et brûle avec une flamme fuligineuse.

2° A la température ordinaire, il absorbe l'oxygène avec rapidité et finit par se convertir en une résine solide. Cette propriété est utilisée dans la préparation des vernis siccatifs.

Divers oxydes métalliques accélèrent cette oxydation, en déterminant la formation de certains acides organiques, auxquels ils demeurent combinés.

Avant de s'oxyder ainsi définitivement, le carbure contracte d'abord avec l'oxygène une combinaison spéciale et transitoire, combinaison dans laquelle l'essence jouit de propriétés oxydantes très remarquables (Schœnbein, M. Berthelot). En effet, l'essence qui a subi l'action de l'oxygène de l'air peut décolorer l'indigo, oxyder diverses matières organiques, transformer le sucre en acide oxalique, etc. Pour constater ces propriétés, il suffit d'agiter l'essence oxydée avec une solution de sulfate d'indigo : on voit celle-ci se décolorer, surtout avec le concours d'une légère chaleur. L'essence de térébenthine reprend alors son état primitif; mais elle peut s'oxyder de nouveau au contact de l'air, être réduite encore par l'indigo ou autrement, et déterminer ainsi l'oxydation progressive de certains corps sur lesquels l'oxygène de l'air serait incapable d'agir directement; ce qui est précisément le cas de l'indigo. Ce sont là des effets très remarquables et comparables à la transformation du bioxyde d'azote en acide hypoazotique, et la réduction de cet acide en bioxyde d'azote par divers corps oxydables. On les observe, non seulement avec le térébenthène, mais aussi avec divers autres carbures, par exemple avec la benzine et ses homologues, quoique à un moindre degré.

Parmi les produits de l'oxydation lente du térébenthène figure le cymène, $C^{20}H^{14}$, résultant d'une perte de H^2. L'acide sulfurique concentré produit la même métamorphose en dégageant du gaz sulfureux (M. Riban).

3° L'oxygène naissant réagit aisément sur l'essence de térébenthine, en fournissant des produits variables avec les agents employés. Avec l'acide nitrique, par exemple, l'action est très violente ; si l'on opère avec un mélange d'acides nitrique et sulfurique, l'essence prend feu avec explosion. L'acide nitrique étendu produit une oxydation plus régulière et fournit, entre autres dérivés, l'acide paratoluique, $C^{16}H^8O^4$, et l'acide téréphtalique, $C^{16}H^6O^8$, composés qui prennent aussi naissance dans l'oxydation du cymène ordinaire. Mêmes effets avec un mélange de bichromate de potasse et d'acide sulfurique étendu de 2 volumes d'eau. Ce sont là de nouveaux points de rapprochement entre la série camphénique et la série benzénique.

4° L'oxydation indirecte du térébenthène peut fournir les corps suivants :

Camphre ou aldéhyde campholique	$C^{20}H^{16}O^2$,
Oxycamphre	$C^{20}H^{16}O^4$,
Acide camphique	$C^{20}H^{16}O^6$,
Acide camphorique	$C^{20}H^{16}O^8$.

3. *Corps halogènes.* — Le *chlore* attaque vivement l'essence de térébenthine, en donnant naissance à des produits de substitution dérivés, les uns du carbure, les autres de son chlorhydrate. Mêmes effets avec le *brome*. Toutefois, quand on opère lentement et à très basse température les réactions du chlore ou du brome, il se forme des dérivés d'addition, $C^{20}H^{16}Cl^2$ et $C^{20}H^{16}Br^2$; ceux-ci perdent de l'acide chlorhydrique ou de l'acide bromhydrique, quand on les traite par l'aniline bouillante, en produisant du cymène ordinaire.

Au contact de l'*iode*, le carbure réagit violemment avec une sorte d'explosion, et en formant à la fois du cymène (M. Kékulé), d'autres carbures benzéniques, des iodures forméniques et surtout de l'hydrure de terpilène (M. G. Bouchardat).

III. — Action de l'acide sulfurique.

Signalons maintenant l'action de l'acide sulfurique et celle des hydracides.

L'*acide sulfurique*, mis en contact avec l'essence de térébenthine, développe aussitôt une réaction violente, avec beaucoup de chaleur. Il se forme par là du cymène et divers carbures nouveaux, tous privés du pouvoir rotatoire (H. Sainte-Claire Deville), savoir :

1° Le *térébène* ou *camphène inactif*, carbure isomère, bouillant à 156°, dont il sera parlé plus loin (p. 212).

2° Le *sesquitérébène* ou *colophène*, $C^{30}H^{24}$, carbure visqueux et dichroïque, volatil vers 300°.

3° Le *ditérébène*, $C^{40}H^{32}$, carbure très visqueux, qui bout seulement vers 400°. Ce polymère se produit presque seul, lorsque l'essence est mise en contact avec le fluorure de bore : 1 centième et même moins encore de fluorure suffit pour transformer complètement l'essence, avec un très grand dégagement de chaleur.

Le térébène et ses polymères représentent les états communs auxquels viennent aboutir tous les carbures camphéniques, lorsqu'on les soumet à une série d'actions modificatrices.

IV. — ACTION DE L'ACIDE CHLORHYDRIQUE. CAMPHÈNES ET TERPILÈNE.

1. L'acide chlorhydrique s'unit directement avec le térébenthène et forme plusieurs combinaisons, suivant les conditions de la réaction, savoir (1) :

Un monochlorhydrate cristallisé............	$C^{20}H^{16},HCl$,
» liquide	
Un dichlorhydrate cristallisé	$C^{20}H^{16},2HCl$,

et les deux composés qui résultent de l'union du dichlorhydrate avec les deux monochlorhydrates :

$$2(C^{20}H^{16},HCl) + C^{20}H^{16},2HCl = 3C^{20}H^{16},4HCl.$$

Indiquons comment ces divers composés peuvent être préparés.

2. *Monochlorhydrates.* — Les deux monochlorhydrates s'obtiennent à l'état de mélange, lorsqu'on dirige un courant de gaz chlorhydrique dans l'essence de térébenthine. Au bout de quelques heures, le produit se prend en une masse cristalline, imprégnée de liquide : le solide et le liquide offrent la même composition et jouissent tous deux du pouvoir rotatoire. Celui du liquide peut même, dans certains cas, l'emporter sur celui du solide, ce qui montre que le premier possède un pouvoir rotatoire propre, caractéristique de l'existence d'un composé spécifique.

Le *monochlorhydrate solide* peut être isolé par expression et purifié par cristallisation dans l'alcool. Il est blanc, cristallisé, doué d'une odeur et de propriétés physiques analogues à celles du camphre : d'où le nom inexact de *camphre artificiel*, qui lui avait été donné autrefois. Il fond à 131° et bout vers 208°. Il se sublime aisément et dès la température ordinaire. Son pouvoir rotatoire est $\alpha = -31°$ (teinte de passage). Il est assez stable.

Cependant, sous l'influence des alcalis ou des sels alcalins, agissant vers 200° à 250°, le monochlorhydrate solide peut être séparé en acide chlorhydrique et carbure régénéré.

3. *Térécamphène.* — Le carbure régénéré offre des propriétés diverses suivant les circonstances dans lesquelles il a été reproduit. Lorsqu'on opère la décomposition du monochlorhydrate dans les con-

(1) $C^{10}H^{16},HCl$ et $C^{10}H^{16},2HCl$.

ditions les mieux ménagées, par exemple au moyen du stéarate de potasse ou du savon sec, en chauffant le mélange dans un ballon à long col que l'on maintient vers 200° ou 220° pendant une vingtaine d'heures, on obtient un carbure d'hydrogène cristallisé et doué du pouvoir rotatoire; c'est le *térécamphène* (M. Berthelot):

$$C^{20}H^{16},HCl + C^{36}H^{35}KO^{4} = C^{20}H^{16} + KCl + C^{36}H^{36}O^{4}.$$

On prépare le même produit en chauffant à 180° en vase clos le monochlorhydrate solide de térébenthène avec de la potasse alcoolique (M. Riban).

Le térécamphène fond à 45° et bout à 157°. Il se sublime à la façon du camphre, dont il rappelle les propriétés physiques. Son pouvoir rotatoire varie avec la dilution; il est voisin de $\alpha_D = -53°$. Il est plus stable et moins oxydable que le térébenthène.

Cependant le térécamphène peut être oxydé, soit par l'oxygène libre avec le concours du noir de platine, soit par l'acide chromique pur, et il donne ainsi naissance à un camphre cristallisé, $C^{20}H^{16}O^{2}$ (M. Berthelot), dont le pouvoir rotatoire est dirigé dans le même sens que celui du térébenthène employé (M. Riban):

$$C^{20}H^{16} + O^{2} = C^{20}H^{16}O^{2}$$

Traité par le gaz chlorhydrique, le térécamphène se change entièrement en *monochlorhydrate de térécamphène* cristallisé, isomérique mais non identique avec le chlorhydrate de térébenthène; en effet, son pouvoir rotatoire est de sens contraire : $\alpha_D = +30°,25$. Le nouveau chlorhydrate, décomposé à son tour par le stéréate de potasse à 200°, reproduit le térécamphène générateur, avec toutes ses propriétés.

Cette succession d'états isomériques, d'abord divers, puis identiques, que le carbure affecte en traversant ses combinaisons, jette beaucoup de jour sur la question délicate de la permanence de l'état des corps dans leurs combinaisons.

4. *Camphène inactif.* — Quand la décomposition du monochlorhydrate de térébenthène est effectuée avec moins de ménagements, on obtient des carbures nouveaux, isomériques avec le térécamphène et qui résultent de sa modification.

Par exemple, en décomposant le monochlorhydrate solide de térébenthène par les sels de l'acide benzoïque, on obtient le *camphène inactif* ou *térébène*, carbure cristallisé, fusible à 47°, analogue au térécamphène, mais privé du pouvoir rotatoire. Ce carbure s'unit au gaz chlorhydrique en formant un *monochlorhydrate de camphène inactif*, $C^{20}H^{16},HCl$ (M. Riban). Il se combine lentement à l'acide acétique cristallisable et froid, en formant de l'*acétate de bornéol inactif*, $C^{20}H^{16},C^4H^4O^4$ (MM. G. Bouchardat et Lafont). Le térébène est plus stable que les carbures naturels et résiste mieux à l'acide sulfurique. Il prend aussi naissance quand on maintient le térébenthène à 100° pendant plusieurs jours, au contact des acides faibles, ou bien à 200° au contact des chlorures terreux.

En traitant le monochlorhydrate de térébenthène par la chaux vive, on obtient un mélange de divers carbures, également privés du pouvoir rotatoire, à savoir, le camphène inactif, le térébène et les polymères du térébène.

Tels sont les faits principaux qui résultent de l'étude du monochlorhydrate de térébenthène ; on a cru devoir les signaler ici, à cause de leur importance dans les théories de mécanique moléculaire. Ils montrent avec quelles précautions doivent être maniés les composés organiques, si l'on veut ne pas modifier leur état.

5. Au camphène actif et au camphène inactif se rattachent les composés suivants, dont la saturation répond à celle du chlorhydrate générateur :

Camphène..................	$C^{20}H^{16}$ ou $C^{20}H^{16}(-)$,
Hydrure de camphène....	$C^{20}H^{16}(H^2)$,
Chlorhydrate de camphène..........	$C^{20}H^{16}(HCl)$,
Bromhydrate de camphène.................	$C^{20}H^{16}(HBr)$,
Hydrate de camphène (alcool).............	$C^{20}H^{16}(H^2O^2)$,
Camphre (aldéhyde)........	$C^{20}H^{16}O^2$.

6. *Dichlorhydrate de térébenthène.* — On peut obtenir un dichlorhydrate, $C^{20}H^{16},2HCl$, avec l'essence de térébenthine (M. Berthelot). Pour y parvenir, on abandonne pendant quelques semaines une couche d'essence, à la surface d'une solution aqueuse saturée à froid d'acide chlorhydrique.

On le prépare le plus facilement en saturant par l'hydracide gazeux une solution alcoolique d'essence : il se forme d'abord un composé liquide, constitué par l'union du dichlorhydrate et du monochlorhydrate liquide :

$$C^{20}H^{16},2HCl + 2(C^{20}H^{16},HCl).$$

Ce composé, abandonné au contact de l'air, perd peu à peu le monochlorhydrate par évaporation et laisse déposer le dichlorhydrate, en belles lamelles cristallines.

On peut aussi obtenir le même corps par l'action de l'acide chlorhydrique sur le dihydrate de térébenthène.

Enfin le dichlorhydrate prend naissance dans l'action du gaz chlorhydrique sur un grand nombre d'hydrocarbures naturels, isomères du térébenthène (essence d'orange, de citron, etc.).

Le dichlorhydrate cristallise en minces tables rhomboïdales, douées d'une odeur fraîche et spéciale, fusibles à 50°. Il est privé du pouvoir rotatoire. La chaleur le décompose. Sous l'influence de l'eau, à l'ébullition, il fournit de l'acide chlorhydrique libre, un *monohydrate de térébenthène*, $C^{20}H^{16},H^2O^2$, et du terpilène $C^{20}H^{16}$ (M. Tilden).

7. *Terpilène.* — Le dichlorhydrate, traité par les métaux alcalins, avec précaution, donne naissance au *terpilène*, $C^{20}H^{16}$ (M. Berthelot). Ce dernier carbure s'obtient encore en traitant le dichlorhydrate par l'aniline à 185°. C'est un liquide d'une odeur citronnée, bouillant vers 160°, privé du pouvoir rotatoire. Le terpilène se distingue parce qu'il reproduit immédiatement le dichlorhydrate sous l'influence de l'acide chlorhydrique.

Au terpilène répondent les composés suivants, dont la saturation est la même que celle du chlorhydrate générateur :

Terpilène........................	$C^{20}H^{16}$ ou $C^{20}H^{16}(-)(-)$,
Hydrure de terpilène........................	$C^{20}H^{16}(H^2)(H^2)$,
Chlorhydrate de terpilène........................	$C^{20}H^{16}(HCl)(HCl)$,
Bromhydrate de terpilène........................	$C^{20}H^{16}(HBr)(HBr)$,
Hydrate de terpilène........................	$C^{20}H^{16}(H^2O^2)(H^2O^2)$.

Le chlorhydrate de terpilène est identique avec le dichlorhydrate de térébenthène.

L'isomérie du terpilène et du camphène s'explique par les théories sur la capacité de saturation relative déjà développées à l'occasion de la benzine, du styrolène et de la naphtaline. Le camphène dérive de 2 molécules de propylacétylène, carbure incomplet du second ordre, dont l'une comble la moitié du vide de l'autre molécule :

Propylacétylène........................	$C^{10}H^8(-)(-)$,
Camphène........................	$C^{10}H^8(C^{10}H^8)(-)$.

Le terpilène résulte d'une saturation analogue, mais dans laquelle la deuxième molécule de carbure monomère conserve une de ses unités propres de saturation :

Terpilène........................	$C^{10}H^8[C^{10}H^8(-)](-)$.

La formule du propylacétylène répondant à de nombreux carbures métamères, on conçoit qu'il existe une multitude d'isomères dans la série camphénique.

V. — Action de l'acide acétique.

1. A froid, l'acide acétique cristallisable modifie lentement l'essence de térébenthine. Le pouvoir rotatoire de cette dernière est augmenté ;

en même temps une fraction du produit est transformée en un *terpilène actif*, bouillant à 175°, possédant le pouvoir rotatoire : $\alpha_D = -44°,9$, donnant directement du dichlorhydrate de térébenthène quand on le traite par le gaz chlorhydrique.

Une dernière fraction de l'essence traitée se combine à l'acide acétique en donnant deux monoacétates $C^{20}H^{16}(C^4H^4O^4)$, l'un lévogyre et l'autre dextrogyre; ces derniers, saponifiés par les alcalis, se changent respectivement en bornéol lévogyre et bornéol dextrogyre, $C^{20}H^{16}(H^2O^2)$ (MM. G. Bouchardat et Lafont).

2. D'ailleurs les terpilènes actifs se combinent directement à l'acide acétique en formant des monoacétates actifs, $C^{20}H^{16}(C^4H^4O^4)$, isomères des monoacétates précédents, et donnant tous deux par saponification un *hydrate de terpilène* ou *terpilénol*, $C^{20}H^{16},H^2O^2$. Ce dernier composé est liquide, isomère avec les bornéols, et caractérisé par ce fait qu'il donne directement du dichlorhydrate de térébenthène, quand on le traite par l'acide chlorhydrique gazeux (MM. G. Bouchardat et Lafont).

VI. — Hydrates.

1. Donnons quelques détails sur les hydrates qui résultent de l'union directe ou indirecte de l'essence de térébenthine avec les éléments de l'eau.

L'*hydrate de camphène* (1), $C^{20}H^{16}(H^2O^2)$, répond au monochlorhydrate. On obtient cet hydrate en décomposant par la chaux le stéarate de camphène, composé qui se produit en petite quantité dans la préparation du térécamphène, au moyen du chlorhydrate de térébenthène et du stéarate de potasse (M. Berthelot).

L'hydrate de camphène est cristallisé, analogue au camphre, et joue le rôle d'un alcool, comme son isomère, le bornéol ou camphre de Bornéo.

2. La *terpine* (2), appelée aussi *dihydrate de térébenthène* ou *hydrate de terpilène*, $C^{20}H^{16}(H^2O^2)(H^2O^2)$, se produit par l'union directe de l'essence de térébenthine avec l'eau (Büchner). En effet, en conservant l'essence humide dans des flacons mal bouchés, il s'y forme, au bout de quelques mois, des cristaux; c'est l'hydrate de terpilène :

$$C^{20}H^{16},2\ H^2O^2 + 2\ Aq.$$

On l'obtient plus facilement (H. Sainte-Claire Deville) en abandonnant, dans un vase ouvert, un mélange de 4 volumes d'essence,

(1) $\mathit{C}^{10}H^{17} - \Theta H$.
(2) $\mathit{C}^{10}H^{16} = (\Theta H)^2$.

3 volumes d'alcool à 80 centièmes, et 1 volume d'acide nitrique : après quelques semaines, on voit se séparer de beaux prismes rhomboïdaux droits. On les essore et on les purifie, en les faisant recristalliser dans l'alcool, avec la précaution d'ajouter à celui-ci quelques gouttes d'alcali pour saturer l'acide nitrique dont ils sont imprégnés.

En opérant de même, à température basse, avec 8 parties d'essence (en poids), 2 parties d'alcool à 90 centièmes et 2 parties d'acide azotique ($D = 1,25$ à $1,30$), le dépôt des cristaux commence après deux ou trois jours et est à peu près terminé au bout d'une semaine (M. Hempel). La liqueur saturée par un alcali laisse déposer aussitôt une nouvelle quantité de cristaux d'hydrate.

Enfin on obtient encore l'hydrate de terpilène en abandonnant le dichlorhydrate de térébenthène en solution dans l'alcool aqueux (M. Flawitzky).

Il existe plusieurs variétés isomériques de terpine, correspondant aux divers carbures $C^{20}H^{16}$.

La terpine est inodore à froid et privée du pouvoir rotatoire. Sa densité égale 1,099. Elle se dissout dans 200 parties environ d'eau froide et dans 22 parties d'eau bouillante.

La terpine est soluble dans presque tous les liquides connus, et ses solutions offrent au plus haut degré les phénomènes de la sursaturation.

A 100° elle perd son eau de cristallisation et offre la formule $C^{20}H^{20}O^4$. Elle fond à 116°, quand on la chauffe rapidement, puis elle perd son eau de cristallisation et bout alors à 258°.

L'acide chlorhydrique se combine directement à la terpine avec élimination d'eau, et la change en dichlorhydrate (H. Sainte-Claire Deville) :

$$C^{20}H^{16}(H^2O^2)^2 + 2\,HCl = C^{20}H^{16}(HCl)^2 + 2\,H^2O^2.$$

Chauffée à 150° avec les acides organiques, elle fournit des éthers (M. Oppenheim).

Ces réactions montrent nettement que l'hydrate de terpilène se rattache au dichlorhydrate ; il joue par rapport à celui-ci le rôle d'un alcool diatomique.

Par ébullition en présence de l'eau pure ou acidulée par les acides sulfurique et chlorhydrique, la terpine se détruit et donne un liquide huileux et volatil, qu'on a désigné sous le nom de *terpinol*. Ce liquide est un mélange ; il renferme du terpilène, des polymères $(C^{20}H^{16})^n$ en petite quantité, et un *monohydrate de térébenthène*, $C^{20}H^{16},H^2O^2$ (M. Tilden). Ce dernier composé se forme aussi dans la décomposition par l'eau du dichlorhydrate de térébenthène (p. 214) ; il paraît identique à un monohydrate de térébenthène, liquide et bouillant vers 215° (Deville, M. Berthelot), lequel prend naissance en même temps que la terpine quand on abandonne un mélange d'essence de térébenthine, d'alcool et d'acide nitrique.

§ 7. — Caoutchouc et gutta-percha.

1. *Caoutchouc.* — Le caoutchouc existe dans un assez grand nombre de sèves qu'il rend laiteuses. On le recueille de certaines plantes où il abonde particulièrement (*Siphonia elastica*, *S. brasiliensis*, *Ficus elastica*, *F. indica*, *Vahea gummifera*, etc.). On le recueille de diverses manières et principalement en étalant la sève laiteuse sur un moule en terre, qu'on expose à l'air chaud jusqu'à dessiccation ; en déposant de même une deuxième couche de matière sur la première, et en continuant ainsi, on obtient finalement, après destruction du moule, les masses de formes variées que fournissent les divers pays d'origine.

Le caoutchouc est composé presque exclusivement par un ou plusieurs carbures camphéniques $(C^{20}H^{16})^n$, à poids moléculaire élevé. C'est une matière extrêmement élastique, incolore, fort adhésive, insoluble dans l'eau et l'alcool, soluble dans l'essence de térébenthine, le pétrole lourd, l'huile de houille légère, le sulfure de carbone, etc. Sa densité varie entre 0,91 et 0,94. Au voisinage de 0°, il perd son élasticité, mais la reprend lorsqu'on le réchauffe.

2. Chauffé fortement, il devient fluide vers 170°, puis il se détruit en donnant un mélange d'hydrocarbures, parmi lesquels figurent l'*isoprène*, $C^{10}H^8$, et son polymère la *caoutchine* (p. 205).

Par fixation d'hydrogène, par exemple sous l'influence de l'acide iodhydrique à 280°, il se change en carbures saturés $C^{2n}H^{2n+2}$ (M. Berthelot).

Exposé à l'air, il en absorbe l'oxygène, avec une rapidité d'autant plus grande qu'il présente une plus large surface (M. Spiller). Il perd ainsi son élasticité, se change en matières résineuses, et devient impropre aux usages pour lesquels on l'emploie d'ordinaire.

Le soufre exerce sur lui une action remarquable. Il s'y combine peu à peu à partir de 110° ou 120°, en modifiant profondément ses propriétés : à mesure que la proportion de soufre combiné augmente, le caoutchouc perd la faculté qu'il possédait de s'accoler à lui-même, devient moins fusible et moins soluble, acquiert la propriété de conserver son élasticité à plus basse température. Ces modifications, qui paraissent répondre à un phénomène de polymérisation, sont la base de la *vulcanisation* (voy. plus loin). Quand la proportion de soufre atteint 30 pour 100, le produit devient dur.

Le contact prolongé de l'acide sulfurique et même de l'acide chlorhydrique rend le caoutchouc ordinaire et le caoutchouc vulcanisé durs et cassants.

3. Le caoutchouc brut retient les substances qui l'accompagnaient dans la sève du végétal. Pour l'utiliser, on commence par le purifier. On le ramollit dans l'eau chaude et on le lamine à plusieurs reprises sous l'action de ce liquide. Les feuilles minces que l'on obtient ainsi sont ensuite déchirées entre des cylindres garnis de dents, qui divisent et pétrissent la matière. Celle-ci s'échauffe et s'agglomère; en la comprimant à la presse hydraulique, on en forme des pains homogènes de grandes dimensions. Au moyen d'une lame tranchante mue mécaniquement, on détache sur les blocs de caoutchouc purifié des feuilles d'épaisseur régulière (feuille anglaise), avec lesquelles on confectionne une foule d'objets. Découpées en bandes étroites, ces feuilles forment les fils que l'on introduit dans les tissus élastiques; taillées en bandes de largeurs régulières, dont on applique et on comprime fortement l'un sur l'autre les deux bords, elles donnent les tubes de caoutchouc, les deux surfaces nettement tranchées s'accolant solidement; etc. Lors du façonnage des objets, l'emploi d'une dissolution de caoutchouc dans du sulfure de carbone additionné de 5 pour 100 d'alcool, permet d'assurer la réunion des surfaces qu'on a préalablement imprégnées de cette liqueur. Le caoutchouc peut également être moulé après avoir été ramolli par la chaleur.

Tous les objets ainsi obtenus ont les propriétés du caoutchouc pur. Leurs usages seraient restreints si l'on ne modifiait la substance qui les forme, en la combinant avec une certaine quantité de soufre, autrement dit en la *vulcanisant* (Godyear). Pour opérer la *vulcanisation*, tantôt on façonne le caoutchouc préalablement mélangé de 7 à 10 pour 100 de soufre, et l'on porte les objets à 140° pendant quelques heures; tantôt on maintient les pièces, façonnées avec du caoutchouc pur, dans du soufre fondu et porté à 130°; tantôt encore on les plonge dans un mélange de chlorure de soufre et de sulfure de carbone; parfois on incorpore dans la masse du sulfure d'antimoine précipité; etc.

On charge souvent le caoutchouc de matières minérales; la présence de ces dernières n'est avantageuse que dans un petit nombre de circonstances; elle nuit d'ordinaire à la qualité et à la conservation dans l'air.

4. Le *caoutchouc durci*, appelé aussi *ébonite* ou *vulcanite*, n'est autre chose que du caoutchouc chargé d'une très forte proportion de soufre, de 30 à 35 pour 100. On obtient cette matière en mélangeant

le caoutchouc trituré avec de la fleur de soufre, en façonnant les objets, et en les chauffant à 135° pendant quelques heures; elle est noire, dure, se polit facilement, ne conduit pas l'électricité, et conserve une faible élasticité.

5. *Gutta-percha*. — La gutta-percha est moins généralement répandue dans le règne végétal que le caoutchouc, dont elle se rapproche d'ailleurs beaucoup. Elle est fournie par certaines sapotées (*Palaquium oblongifolium*, etc.).

C'est une matière incolore, de densité 0,97 ou 0,98, peu élastique mais très tenace à la température ordinaire, s'amollissant à partir de 50°, en devenant plastique et adhésive, pour reprendre sa solidité par refroidissement.

La gutta-percha est un mélange (Payen). Elle contient : la gutta proprement dite, carbure $(C^{20}H^{16})^n$ dur et corné à froid, insoluble dans l'alcool bouillant; l'*albane*, substance oxygénée, résineuse, soluble dans l'alcool chaud; et la *flavile*, résine jaunâtre, soluble dans l'alcool froid.

Exposée à l'air, la gutta-percha absorbe l'oxygène en perdant ses propriétés caractéristiques et en devenant cassante.

Le soufre se combine à la gutta-percha en modifiant cette substance comme il le fait pour le caoutchouc.

Dans l'industrie, on purifie la gutta-percha en la râpant, en la lavant à l'eau froide, puis en la laminant plusieurs fois au sein de l'eau chaude.

Les propriétés plastiques qu'elle acquiert à chaud permettent de l'employer à la production d'une foule d'objets et notamment à celle des moules de galvanoplastie. La gutta-percha est mauvaise conductrice de l'électricité, et elle trouve l'un de ses principaux usages dans la confection des enveloppes destinées à isoler les conducteurs électriques.

LIVRE III

ALCOOLS

CHAPITRE PREMIER

ALCOOLS EN GÉNÉRAL

§ 1er. — **Des alcools et des éthers.**

1. Dans l'ordre de la synthèse, l'étude des composés binaires, formés de carbone et d'hydrogène, doit être suivie par celle des composés ternaires, formés de carbone, d'hydrogène et d'oxygène. Nous allons donc apprendre à former les composés ternaires du carbone au moyen des carbures d'hydrogène. Les corps qui se présentent ainsi à nous en première ligne sont les alcools ; engendrés au moyen des carbures d'hydrogène, ils servent à produire tous les autres principes : éthers, alcalis, aldéhydes, acides. Ils représentent une fonction propre à la chimie organique, où ils ont une importance égale à celle des bases et des oxydes dans la chimie minérale.

2. La connaissance des relations précises qui existent entre l'alcool et ses éthers, et la généralisation des propriétés de l'alcool ordinaire, c'est-à-dire la caractéristique de la fonction alcool, représentent l'un des ensembles de découvertes les plus importants ; elles ont joué le plus grand rôle dans les développements de la chimie organique. Elles sont dues principalement à Dumas.

3. *Définition.* — Les *alcools* sont des principes neutres, composés de carbone, d'hydrogène et d'oxygène, capables de s'unir directement avec les acides et de les neutraliser en formant des *éthers ;* cette union est accompagnée par la séparation des éléments de l'eau. Soit l'éther acétique :

$$C^4H^6O^2 + C^4H^4O^4 = C^4H^4(C^4H^4O^4) + H^2O^2.$$

Réciproquement, les éthers peuvent fixer les éléments de l'eau, en reproduisant l'acide et l'alcool qui leur ont donné naissance.

Un alcool peut s'unir, en général, avec tous les acides et produire une série d'éthers correspondants; exactement comme un oxyde métallique produit avec les mêmes acides toute une série de sels.

4. *Différences entre les éthers et les sels.* — Cependant les alcools ne doivent pas être confondus avec les bases minérales, pas plus que les éthers ne doivent être confondus avec les sels. Entre les éthers et les sels, il existe des différences capitales, qui ne permettent pas d'assimiler entièrement les alcools à des bases minérales, ni les éthers à des sels véritables. Ces différences se manifestent dans les propriétés physiques des éthers, dans leur formation et dans leur décomposition.

Soit l'éther chlorhydrique, par exemple : c'est un composé liquide, parfaitement neutre, insoluble dans l'eau qui ne le décompose pas dans les conditions ordinaires, volatil à 12°, doué d'une odeur agréable et pénétrante, etc. Ce sont là des propriétés physiques absolument différentes de celles des chlorures salins de la chimie minérale, du chlorure de potassium par exemple.

Les propriétés chimiques ne diffèrent pas moins. Pour nous borner à une seule, le chlore contenu dans l'éther chlorhydrique ne peut pas être mis en évidence immédiate par les réactifs applicables aux chlorures. Il n'est pas précipité par le nitrate d'argent, ni par l'acétate de plomb, même en opérant sur des solutions alcooliques des deux substances, c'est-à-dire sur des solutions capables d'être mélangées. Cependant le chlore existe toujours dans le composé et peut reparaître : en effet, approchons une flamme du vase qui le contient, l'éther prend feu, et sa flamme possède une coloration verte caractéristique. En même temps, le nitrate d'argent contenu dans le verre se trouble peu à peu et donne lieu à un précipité de chlorure d'argent.

En général, les éthers n'obéissent pas immédiatement aux lois de Berthollet. L'acide qu'ils renferment n'est pas déplacé tout de suite par un autre acide; l'alcool qui les a formés n'est déplacé immédiatement ni par un autre alcool ni par une base. Les éthers ne sont pas davantage susceptibles de donner lieu à des doubles décompositions immédiates, soit avec des sels, soit avec d'autres éthers.

5. *Rôle du temps.* — Bref, les propriétés de l'alcool et de l'acide sont en quelque sorte devenues latentes dans les éthers. Pour se manifester, elles exigent le concours du temps, c'est-à-dire une condition propre à la chimie organique et qui intervient rarement dans les réactions salines de la chimie minérale. Ce fait a été reconnu par M. Berthelot.

La même condition, c'est-à-dire le concours du temps, préside à la combinaison des acides avec les alcools. Tandis que l'acide acétique et la potasse se saturent à l'instant, dès qu'ils sont mis en contact, et quelle que soit la proportion d'eau dans laquelle ils sont dissous, l'acide acétique et l'alcool mélangés à équivalents égaux ne réagissent pas immédiatement l'un sur l'autre. A la température ordinaire, on n'observe pas encore d'action sensible entre ces deux corps au bout de quelques heures. Cependant la réaction s'opère peu à peu: après une semaine, 7 à 8 centièmes d'acide se trouvent changés en éther acétique. La combinaison continue ainsi à s'effectuer progressivement pendant plusieurs années; elle continue, mais en se ralentissant toujours. Cette lenteur des réactions est d'autant plus remarquable que l'acide acétique et l'alcool, ainsi que l'eau et l'éther acétique produits par leur réaction, se dissolvent les uns les autres et forment un ensemble parfaitement homogène.

6. *Électrolyse.* — Achevons de définir les alcools et les éthers par un nouveau caractère, qui semble lié avec les précédents. On sait que les sels dissous dans l'eau, ou bien encore les sels fondus, conduisent régulièrement le courant électrique; ils sont décomposés par lui, de telle façon que le métal se rend à l'un des pôles et le reste des éléments à l'autre pôle. Toute décomposition opérée par le courant se propage ainsi immédiatement dans l'intervalle qui sépare les deux pôles : c'est ce qu'on appelle la conductibilité électrolytique. Or les éthers ne conduisent pas le courant électrique; ils ne sont pas susceptibles d'une électrolyse régulière; en un mot, l'équilibre, troublé sur un point, ne peut pas se rétablir aussitôt dans toute la masse du liquide, par la propagation instantanée des actions électriques. C'est là sans doute ce qui explique le rôle du temps dans les réactions éthérées, et les différences capitales qui existent entre les éthers et les sels.

Nous avons déjà dû nous étendre sur ces faits, parce qu'ils présentent une haute importance: ils montrent tout d'abord dans quelle limite il est permis d'assimiler les composés organiques aux composés minéraux; ils montrent aussi quels sont les caractères essentiels qui donnent aux substances de la chimie organique leur cachet original de neutralité apparente, à l'égard des sels comme des autres réactifs.

§ 2. — **Classification des alcools.**

Nous partagerons les alcools en cinq classes générales, savoir :

1re classe : les *alcools proprements dits* ou *alcools primaires;*
2e classe : les *alcools secondaires ;*
3e classe : les *alcools tertiaires;*

4e classe : les *alcools à fonction mixte;*
5e classe : les *phénols;*
6e classe : les *phénols à fonction mixte.*

La distinction des phénols ainsi que celle des alcools et des phénols à fonction mixte, en tant que classes générales d'alcools, a été faite par M. Berthelot (1857-1860). Wurtz, le premier, sépara des alcools proprement dits, certains alcools qu'il désigna sous les noms d'*isoalcools* et de *pseudoalcools*. Ces derniers furent partagés depuis par Kolbe en *alcools secondaires* et *alcools tertiaires*, partage démontré par les travaux de M. Boutlerow.

Définissons chacune de ces classes.

§ 3. — 1re classe : Alcools primaires ou alcools proprement dits.

1. Ces alcools ont pour types l'alcool méthylique et l'alcool ordinaire. Ils dérivent des carbures d'hydrogène par addition d'oxygène. Cette addition n'a pas lieu directement; mais elle résulte de la substitution des éléments de l'eau à un volume égal d'hydrogène dans un carbure. Soit en effet le formène, C^2H^4; en remplaçant l'hydrogène, H^2, par un volume égal de vapeur d'eau, H^2O^2, on aura l'alcool méthylique, $C^2H^4O^2$:

Formène........ $C^2H^2(H^2)$, Alcool méthylique......... $C^2H^2(H^2O^2)$.

De même l'alcool ordinaire :

Hydrure d'éthylène........ $C^2H^2(C^2H^4)$, Alcool... ... $C^2H^2[C^2H^2(H^2O^2)]$.

2. *Formation.* — Cette substitution s'opère par voie indirecte; en général, il faut former d'abord un composé chloré :

$$C^2H^4 + Cl^2 = HCl + C^2H^3Cl;$$

ce qui revient à remplacer l'hydrogène, H^2, par l'acide chlorhydrique, HCl :

Formène...... $C^2H^2(H^2)$, Éther méthylchlorhydrique...... $C^2H^2(HCl)$;

puis on remplace, par voie directe ou indirecte, les éléments de l'acide chlorhydrique par les éléments de l'eau :

Éther méthylchlorhydrique..... $C^2H^2(HCl)$, Alcool...... $C^2H^2(H^2O^2)$.

Nous avons exposé cette méthode en parlant du formène (p. 99). Elle est applicable en principe à tous les carbures d'hydrogène.

3. *Dérivés.* — Les alcools proprement dits sont caractérisés par

leurs réactions. Ainsi l'alcool ordinaire, $C^4H^4(H^2O^2)$, et ses congénères produisent régulièrement les dérivés suivants :

1° En s'unissant avec les acides, ils forment des *éthers*, par substitution des éléments d'un acide à ceux de l'eau dans l'alcool :

Alcool	$C^4H^4(H^2O^2)$,
Éther chlorhydrique	$C^4H^4(HCl)$,
Éther acétique	$C^4H^4(C^4H^4O^4)$.

2° En s'unissant à l'ammoniaque, ils forment des *alcalis*, par substitution des éléments de l'ammoniaque à ceux de l'eau dans l'alcool

Alcool	$C^4H^4(H^2O^2)$,
Éthylamine	$C^4H^4(AzH^3)$.

3° En perdant les éléments de l'eau, ils forment des *carbures d'hydrogène :*

Alcool	$C^4H^4(H^2O^2)$,
Éthylène	$C^4H^4(-)$.

4° En perdant de l'hydrogène, ils forment des *aldéhydes :*

Alcool	$C^4H^6O^2$,
Aldéhyde	$C^4H^4O^2(-)$.

5° En échangeant les éléments de l'eau contre un volume égal d'oxygène, ils forment des *acides :*

Alcool	$C^4H^4(H^2O^2)$,
Acide acétique	$C^4H^4(O^4)$.

6° Traités par le chlore, ces mêmes alcools perdent d'abord de l'hydrogène sans substitution, puis fournissent des dérivés substitués de l'aldehyde.

L'acide nitrique ne les change pas directement en dérivés nitrés proprement dits. Etc.

On voit, par ces faits, comment les alcools deviennent le point de départ de la formation des autres composés organiques.

4. *Diagnose.* — Pratiquement on peut distinguer les alcools primaires des alcools secondaires et des alcools tertiaires dont il sera parlé plus loin, par une réaction basée sur leur transformation en dérivés tels que le nitréthane (p. 115). Si l'on distille l'éther iodhydrique d'un alcool sur de l'azotite d'argent et qu'on traite le produit obtenu par l'azotite de potasse et la potasse caustique, puis qu'on sursature par l'acide sulfurique dilué, il se développe une coloration

rouge dans le cas d'un alcool primaire, et une coloration bleue quand il s'agit d'un alcool secondaire. Le mélange reste incolore lorsque l'alcool traité est tertiaire (MM. Meyer et Locher).

5. *Formule atomique.* — Dans la notation atomique on représente les alcools comme les *dérivés hydroxylés* des carbures, c'est-à-dire comme des carbures dans lesquels H est remplacé par le groupe monovalent $(\Theta H)'$, appelé *hydroxyle* ou *oxhydryle.* Soit l'alcool ordinaire; on le représente comme dérivé de l'hydrure d'éthylène par remplacement de H par ΘH:

$$\begin{matrix} & H & & H & \\ & | & & | & \\ H - & C & - & C & - H \\ & | & & | & \\ & H & & H & \end{matrix}$$

Hydrure d'éthylène.

$$\begin{matrix} & H & & H & \\ & | & & | & \\ H - & C & - & C & - \Theta - H \\ & | & & | & \\ & H & & H & \end{matrix}$$

Alcool éthylique.

On l'écrit aussi :

$$C^2H^5 - \Theta H \quad \text{ou} \quad CH^3 - CH^2 - \Theta H.$$

Quand un alcool est éthérifié, le radical d'alcool prend la place de l'hydrogène basique dans l'acide pour former l'éther, tandis que l'hydrogène déplacé et l'hydroxyle produisent de l'eau :

$$\underset{\text{Alcool éthyl.}}{C^2H^5.\Theta H} + \underset{\text{Ac. acét.}}{C^2H^4\Theta^2} = \underset{\text{Éther acét.}}{C^2H^3\Theta^2, C^2H^5} + \underset{\text{Eau.}}{H^2\Theta.}$$

Les *alcools primaires*, en particulier, sont ceux dans lesquels l'hydroxyle est supposé relié à un atome de carbone ayant deux valences saturées par deux atomes d'hydrogène, ou, ce qui est identique, ayant une seule de ses valences saturée par un radical monovalent; c'est ce que montre la formule de l'alcool ordinaire écrite ci-dessus. On remarquera qu'un alcool primaire ne dérive pas nécessairement d'un carbure primaire; il est caractérisé exclusivement par le mode de saturation de l'atome de carbone auquel est relié l'hydroxyle.

I. — Leurs ordres rangés par atomicité.

1. La classe des alcools proprement dits, telle que nous venons de la définir, comprend un grand nombre de principes divers. Non seulement à chaque carbure correspond un alcool distinct; mais on conçoit que l'on puisse déduire plusieurs alcools d'un même carbure, par des substitutions successives. Ainsi, par exemple, l'hydrure de propylène, C^6H^8, pourra fournir trois alcools distincts, selon que l'on

remplacera dans ce carbure 4 ou 8 ou 12 volumes d'hydrogène (H^2, $2H^2$, $3H^2$) par 4 ou 8 ou 12 volumes de vapeur d'eau (H^2O^2, $2H^2O^2$, $3H^2O^2$). Ces alcools existent en effet; en voici la liste :

Hydrure de propylène..................	C^6H^8,
Alcool propylique.......................	$C^6H^6(H^2O^2)$,
Propylglycol...........................	$C^6H^4(H^2O^2)(H^2O^2)$,
Glycérine..............................	$C^6H^2(H^2O^2)(H^2O^2)(H^2O^2)$.

Chacune des molécules d'eau, ainsi introduites dans le principe hydrocarboné, peut être à son tour remplacée par un volume égal de vapeur d'un acide quelconque, ou d'ammoniaque, ou d'oxygène, etc.

2. La découverte de la *polyatomicité* dans les alcools est due à M. Berthelot, qui, en 1854, a assigné, par de nombreuses expériences, le caractère d'alcool polyatomique à la glycérine d'abord (alcool triatomique), puis à la mannite, aux corps congénères (alcools hexatomiques) et aux sucres. Deux ans après, Wurtz a découvert les glycols (alcools diatomiques) et donné un nouveau développement à la théorie.

3. Les alcools proprement dits se partagent en divers ordres, savoir :

1er ORDRE. — Les *alcools monoatomiques :*

$$C^{2n}H^{2p}O^2 \quad \text{ou} \quad C^{2n}H^{2p-2}(H^2O^2).$$

Ils sont engendrés par la substitution d'une molécule d'eau à un volume égal d'hydrogène : nous avons retracé plus haut le tableau de leurs dérivés : l'alcool ordinaire, $C^4H^6O^2$ ou $C^4H^4(H^2O^2)$, est le type de ces alcools.

2e ORDRE. — Les *alcools diatomiques :*

$$C^{2n}H^{2p}O^4 \quad \text{ou} \quad C^{2n}H^{2p-4}(H^2O^2)(H^2O^2).$$

Ils sont engendrés par la substitution de deux molécules d'eau à un volume égal d'hydrogène : le glycol, $C^4H^6O^4$ ou $C^4H^2(H^2O^2)(H^2O^2)$, est le type de ces alcools.

Ils sont susceptibles de reproduire une fois et deux fois chacune des réactions d'un alcool monoatomique ; ou bien encore d'éprouver successivement deux de ces mêmes réactions.

3e ORDRE. — Les *alcools triatomiques :*

$$C^{2n}H^{2p}O^6 \quad \text{ou} \quad C^{2n}H^{2p-6}(H^2O^2)(H^2O^2)(H^2O^2).$$

Ils sont engendrés par la substitution de trois molécules d'eau à un volume égal d'hydrogène; la glycérine, $C^6H^8O^6$ ou $C^6H^2(H^2O^2)(H^2O^2)(H^2O^2)$, est le type de ces alcools.

Ils sont susceptibles, soit d'éprouver trois fois chacune des réactions d'un alcool monoatomique, soit d'éprouver successivement trois de ces mêmes réactions. De là une multitude de dérivés distincts et très importants, lesquels comprennent les corps gras naturels.

4e ORDRE. — Les *alcools tétratomiques*, $C^{2n}H^{2p}O^8$.

5e ORDRE. — Les *alcools pentatomiques*, $C^{2n}H^{2p}O^{10}$.

6e ORDRE. — Les *alcools hexatomiques*, $C^{2n}H^{2p}O^{12}$. La mannite, $C^{12}H^{14}O^{12}$, est le type de ces alcools : les sucres appartiennent aussi aux dérivés du même groupe.

Nous reviendrons dans une suite de chapitres distincts sur les *alcools polyatomiques*, nous bornant à parler ici des alcools monoatomiques.

II. — Familles des alcools primaires monoatomiques.

Chaque ordre formé par ces alcools se subdivise à son tour en familles, suivant le rapport entre le carbone et l'hydrogène.

1re *famille : Alcools éthyliques*, $C^{2n}H^{2n}(H^2O^2)$ ou $C^{2n}H^{2n+2}O^2$.

Elle comprend les espèces suivantes :

Alcool méthylique	$C^2H^2(H^2O^2)$	ou	$C^2H^4O^2$,
Alcool ordinaire ou éthylique	$C^4H^4(H^2O^2)$	ou	$C^4H^6O^2$,
Alcool propylique et isomère	$C^6H^6(H^2O^2)$	ou	$C^6H^8O^2$,
Alcool butylique et isomères	$C^8H^8(H^2O^2)$	ou	$C^8H^{10}O^2$,
Alcool amylique et isomères	$C^{10}H^{10}(H^2O^2)$	ou	$C^{10}H^{12}O^2$,
Alcool caproïque ou hexylique	$C^{12}H^{12}(H^2O^2)$	ou	$C^{12}H^{14}O^2$,
Alcool œnanthylique ou heptylique	$C^{14}H^{14}(H^2O^2)$	ou	$C^{14}H^{16}O^2$,
Alcool caprylique ou octylique	$C^{16}H^{16}(H^2O^2)$	ou	$C^{16}H^{18}O^2$,
Alcool nonylique	$C^{18}H^{18}(H^2O^2)$	ou	$C^{18}H^{20}O^2$,
Alcool caprique ou décylique	$C^{20}H^{20}(H^2O^2)$	ou	$C^{20}H^{22}O^2$,
.....			
Alcool éthalique ou éthal	$C^{32}H^{32}(H^2O^2)$	ou	$C^{32}H^{34}O^2$,
.....			
Alcool cérotique	$C^{54}H^{54}(H^2O^2)$	ou	$C^{54}H^{56}O^2$,
.....			
Alcool mélissique	$C^{60}H^{60}(H^2O^2)$	ou	$C^{60}H^{62}O^2$.

La progression régulière qui existe entre les formules de ces alcools se retrouve jusqu'à un certain point dans leurs propriétés.

En effet, les alcools méthylique, ordinaire et propylique sont liquides et mobiles ; ils se mêlent avec l'eau en toutes proportions.

L'alcool butylique, déjà moins mobile, est fort soluble dans l'eau, mais il ne se mêle plus avec elle en toutes proportions.

L'alcool amylique est oléagineux et peu soluble dans l'eau ; mais il se mêle avec l'alcool.

L'alcool caprylique, insoluble dans l'eau, se mêle à l'alcool.

Nous arrivons ainsi, par une variation graduelle, jusqu'à l'alcool éthalique, solide, cristallisé, insoluble dans l'eau, peu soluble dans l'alcool; et enfin jusqu'à l'alcool mélissique, corps cireux, insoluble dans l'eau et fort peu soluble dans l'alcool.

La volatilité décroît aussi d'une manière progressive ; en effet :

L'alcool méthylique................	bout à	66°,
L'alcool ordinaire......................	à	73°,
L'alcool propylique.....................	à	98°,
L'alcool butylique......................	à	116°,
L'alcool amylique.......................	à	137°,
L'alcool hexylique......................	à	158°,
L'alcool heptylique.....................	à	175°,
L'alcool caprylique.....................	à	191°,
....		
L'alcool éthalique......................	vers	360°.

En général, pour chaque C^2H^2 ajouté à la formule d'un alcool, le point d'ébullition monte en moyenne de 19° ; c'est à peu près le même chiffre que dans la série des carbures homologues (p. 47).

Ajoutons enfin que la formule de chacun des alcools monoatomiques primaires peut représenter autant de corps isomères qu'il existe de carbures isomères, représentés par la même formule que le générateur dudit alcool : ainsi, par exemple, il existe deux alcools butyliques proprement dits :

L'alcool propylméthylique..................	$C^6H^6[C^2H^2(H^2O^2)]$,
et l'alcool diéthylique......................	$C^4H^4[C^4H^4(H^2O^2)]$.

On appelle spécialement *alcools normaux*, les alcools formés à partir de l'alcool méthylique par une chaîne de substitutions forméniques, effectuées chacune dans la molécule forménique précédemment combinée :

$$C^2H^2(H^2O^2); \quad C^2H^2(C^2H^2[H^2O^2]); \quad C^2H^2(C^2H^2[C^2H^2\{H^2O^2\}]).$$

Autrement dit un alcool primaire normal dérive d'un carbure normal

(p. 122), tandis qu'un alcool primaire peut n'être pas normal et dériver d'un carbure secondaire ou tertiaire (1).

2e *famille : Alcools acétyliques*, $C^{2n}H^{2n-2}(H^2O^2)$ ou $C^{2n}H^{2n}O^2$.

Ils diffèrent des précédents par 2 équivalents d'hydrogène en moins :

Alcool allylique........................ $C^6H^4(H^2O^2)$ ou $C^6H^6O^2$;
Alcool crotonylique.................... $C^8H^6(H^2O^2)$ ou $C^8H^8O^2$.

3e *famille : Alcools camphéniques*, $C^{2n}H^{2n-4}(H^2O^2)$ ou $C^{2n}H^{2n-2}O^2$.

Tous les alcools connus de cette famille répondent à une même formule, avec de nombreux cas d'isomérie ; de telle manière que plusieurs de ces cas d'isomérie doivent être rangés dans des classes différentes.

Alcool campholique et isomères...... $C^{20}H^{16}(H^2O^2)$ ou $C^{20}H^{18}O^2$.

4e *famille : Alcools* $C^{2n}H^{2n-6}(H^2O^2)$ ou $C^{2n}H^{2n-4}O^2$.

5e *famille : Alcools benzéniques*, $C^{2n}H^{2n-8}(H^2O^2)$ ou $C^{2n}H^{2n-6}O^2$.

Ces alcools se forment au moyen du toluène, $C^{14}H^8$, et des carbures homologues (p. 173), par substitution dans le formène, ou dans les carbures forméniques combinés avec la benzine :

Alcool benzylique.................... $C^{14}H^6(H^2O^2)$ ou $C^{14}H^8O^2$,
Alcool toluylique.................... $C^{16}H^8(H^2O^2)$ ou $C^{16}H^{10}O^2$,
Alcool cumolique..................... $C^{18}H^{10}(H^2O^2)$ ou $C^{18}H^{12}O^2$,
Alcool cyménique..................... $C^{20}H^{12}(H^2O^2)$ ou $C^{20}H^{14}O^2$,
....
Alcool sycocérylique................. $C^{36}H^{28}(H^2O^2)$ ou $C^{36}H^{30}O^2$.

6e *famille : Alcools cinnaméniques*, $C^{2n}H^{2n-10}(H^2O^2)$ ou $C^{2n}H^{2n-8}O^2$:

Alcool cinnamique.................... $C^{18}H^8(H^2O^2)$ ou $C^{18}H^{10}O^2$,
....
Alcools cholestériques ou cholestérines. $C^{52}H^{42}(H^2O^2)$ ou $C^{52}H^{44}O^2$.
Etc., etc.

Tels sont les alcools monoatomiques proprement dits.

(1) Alcool butylique primaire normal, $CH^3-CH^2-CH^2-CH^2-OH$;
Alcool butylique primaire non normal $(CH^3)^2=CH-CH^2-OH$.

§ 4. — 2e classe : Alcools secondaires.

1. Les alcools secondaires sont isomériques avec ceux de la première classe; mais leur mode de formation et leur préparation sont différents.

En effet, ces alcools peuvent être obtenus par la méthode suivante qui les caractérise. Étant donné un aldéhyde primaire, on peut fixer sur ce corps de l'hydrogène, de façon à reproduire l'alcool primaire correspondant. Mais on peut aussi remplacer dans ces aldéhydes l'hydrogène par le formène, pris sous le même volume gazeux, ce qui fournit un aldéhyde secondaire, puis hydrogéner ce dernier. On engendre ainsi un alcool secondaire :

Aldéhyde primaire...................	$C^4H^4O^2(-)$,
Alcool primaire.....................	$C^4H^4O^2(H^2)$ ou $C^4H^4(O^2H^2)$,
Aldéhyde secondaire.................	$C^4H^2(C^2H^4)O^2[-]$,
Alcool secondaire...................	$C^4H^2(C^2H^4)(O^2H^2)$.

Ces réactions ne s'effectuent pas directement, mais par voie de double décomposition :

L'aldéhyde primaire chloré et le zinc-méthyle produisent d'abord l'aldéhyde secondaire, l'acétone (MM. Pebal et Freund) :

$$C^4H^3ClO^2 + C^2H^3Zn = C^4H^2(C^2H^4)O^2 + ZnCl.$$

Puis on fixe de l'hydrogène sur l'aldéhyde secondaire, ce qui donne l'alcool secondaire. Cette dernière transformation a été découverte par M. Friedel.

2. On avait obtenu en premier lieu les alcools secondaires par un autre procédé plus général et qui s'applique aussi aux alcools tertiaires : c'est par voie d'addition, en ajoutant à un carbure incomplet les éléments de l'eau, sans qu'il y ait élimination d'hydrogène. Telle est la formation de l'hydrate de propylène ou alcool isopropylique :

$$C^6H^6 + H^2O^2 = C^6H^6(H^2O^2).$$

En général, cette fixation des éléments de l'eau ne s'effectue pas directement, si ce n'est peut-être sur le térébenthène et ses isomères; mais elle a lieu par une suite de réactions intermédiaires. Par exemple, le carbure est uni directement avec un hydracide, l'acide iodhydrique spécialement :

$$C^6H^6 + HI = C^6H^6(HI);$$

puis on remplace l'hydracide par un oxacide, à l'aide d'une double décomposition :

$$C^6H^6(HI) + C^4H^3AgO^4 = C^6H^6(C^4H^4O^4) + AgI;$$

on remplace enfin l'oxacide par les éléments de l'eau, au moyen d'un alcali :

$$C^6H^6(C^4H^4O^4) + KHO^2 = C^6H^6(H^2O^2) + C^4H^3KO^4.$$

On peut encore unir le carbure directement avec l'acide sulfurique :

$$C^6H^6 + S^2H^2O^8 = C^6H^6(S^2H^2O^8);$$

puis décomposer par l'eau l'éther-acide ainsi obtenu :

$$C^6H^6(S^2H^2O^8) + H^2O^2 = C^6H^6(H^2O^2) + S^2H^2O^8.$$

Nous avons décrit ces réactions synthétiques (p. 88 et 119). Elles ont été découvertes par M. Berthelot en 1854. La distinction entre les alcools proprement dits et les alcools secondaires a été faite quelques années après par Wurtz (1862).

3. Les alcools obtenus ainsi par hydratation retiennent certains caractères de leur origine. Ainsi on peut dire que les éléments de l'eau y sont contenus dans un état de combinaison moins intime que dans les alcools obtenus par substitution : cette eau abandonne très aisément le carbure auquel elle est unie ; en d'autres termes, ces alcools se scindent facilement en leurs générateurs. Cette scission a lieu sous l'action d'une température de 200° à 300°, sous l'influence de l'acide sulfurique, dans le cours des doubles décompositions, etc.

4. *Dérivés.* — Les alcools secondaires forment régulièrement les dérivés suivants :

1° Des éthers......................	$C^6H^6(HCl)$ et $C^6H^6(C^4H^4O^4)$,
2° Des alcalis......................	$C^6H^6(AzH^3)$,
3° Des carbures....................	$C^6H^6(—)$,
4° Des aldéhydes..................	$C^6H^6O^2(—)$.

Ils se conduisent à cet égard comme les alcools primaires. Mais voici ce qui les en distingue. Les alcools secondaires ne sauraient engendrer un acide monobasique correspondant à l'acide acétique, parce que l'oxygène qui se fixe sur un seul et même carbure d'hydrogène, dans la formation d'un acide au moyen d'un alcool primaire, se porte sur deux carbures différents dans le cas d'un alcool secondaire ; chacun de ces carbures s'oxyde pour son propre compte, d'où résultent deux acides distincts :

$$C^4H^4(C^2H^4)O^2 + 4O^2 = C^4H^4O^4 + C^2H^2O^4 + H^2O^2.$$

5. La classe des *alcools secondaires* se partage en plusieurs ordres, selon le nombre de molécules d'eau ajoutées aux carbures générateurs :

Alcools monoatomiques....................	$C^{2n}H^{2m} + H^2O^2$,
Alcools diatomiques......................	$C^{2n}H^{2m} + 2\,H^2O^2$,
Alcools triatomiques.....................	$C^{2n}H^{2m} + 3\,H^2O^2$, etc.

6. Chaque ordre des alcools secondaires se subdivise à son tour en familles, suivant le rapport qui existe entre le carbone et l'hydrogène. Les termes de ces familles sont isomériques avec les alcools d'oxydation. Nous avons signalé plusieurs de ces termes en parlant du propylène (p. 119), de l'amylène (p. 127), du térébenthène (p. 216). L'importance de ces alcools est bien moindre que celle des alcools proprement dits.

7. *Formules atomiques.* — Dans ces formules, les alcools secondaires sont caractérisés par ce fait que l'atome de carbone, auquel est lié le groupe hydroxyle, a une seule de ses valences saturées par un seul atome d'hydrogène, ou, ce qui est la même chose, deux valences saturées par des radicaux monovalents :

Alcool propylique secondaire.... $\mathit{CH^3 - \underset{\displaystyle CH^3}{\underset{|}{CH}} - \Theta H}$,

Ou bien :

$$(CH^3)^2 = CH - \Theta H.$$

§ 5. — 3ᵉ classe : Alcools tertiaires.

1. De même que les aldéhydes primaires, les aldéhydes secondaires, l'acétone par exemple, sont des composés incomplets. A ce titre ils peuvent fixer, soit de l'hydrogène, ce qui reproduit un alcool secondaire; soit un carbure d'hydrogène, ce qui engendre un *alcool tertiaire.*

Aldéhyde secondaire......................	$C^4H^2(C^2H^4)(O^2[-])$,
Alcool secondaire........................	$C^4H^2(C^2H^4)(H^2O^2)$,
Alcool tertiaire.........................	$C^4H^2(C^2H^4)(O^2[C^2H^4])$.

On les forme (M. Boutlerow) par l'action du zinc-méthyle employé en excès sur les aldéhydes primaires chlorés. Il se forme ainsi une combinaison d'alcool tertiaire zincé et de chlorure de zinc, combinaison que l'eau décompose en produisant l'alcool cherché :

$$C^4H^3ClO^2 + 2\,C^2H^3Zn = C^4H^2(C^2H^4)(C^2H^3ZnO^2),ZnCl;$$
$$C^4H^2(C^2H^4)(C^2H^3ZnO^2),ZnCl + H^2O^2 = C^4H^2(C^2H^4)(C^2H^4O^2) + ZnO,HO + ZnCl.$$

2. *Dérivés.* — Les alcools tertiaires forment régulièrement :

1° Des éthers .... $C^8H^8(C^4H^4O^4)$,
2° Des alcalis .... $C^8H^8(AzH^3)$,
3° Des carbures .... $C^8H^8(—)$.

Ils se distinguent en théorie parce qu'ils ne peuvent fournir par oxydation ni aldéhydes, ni acides normaux. Mais ils tendent à se dédoubler en reproduisant les dérivés du carbure et de l'aldéhyde secondaire qui les ont engendrés. Ils ne donnent pas de combinaisons avec la baryte, laquelle s'unit aux alcools primaires et secondaires (M. Menschutkin).

La découverte des alcools tertiaires est due à M. Boutlerow.

3. Il existe divers ordres d'alcools secondaires et tertiaires polyatomiques, au même titre que les ordres correspondants d'alcool normaux.

Il existe également des alcools polyatomiques, qui sont à la fois primaires par l'un de leurs ordres de substitution et secondaires ou tertiaires par un autre ; de même des alcools à la fois secondaires et tertiaires ; ou bien encore des alcools associant les trois ordres de caractères dans leurs dérivés, etc.

4. *Formules atomiques.* — Les alcools tertiaires sont caractérisés dans ces formules par l'absence de toute valence, que sature un atome d'hydrogène, dans l'atome de carbone auquel est relié l'hydroxyle qui indique la fonction alcoolique ; ou bien, ce qui est la même chose, par ce fait que trois valences de cet atome de carbone sont saturées par trois radicaux monovalents. On a vu que, dans les alcools primaires, l'atome de carbone en question a deux valences saturées par l'hydrogène et que, dans les alcools secondaires, la saturation par l'hydrogène porte sur une seule valence seulement :

Alcool butylique primaire .... $CH^3 - CH^2 - CH^2 - CH^2 — OH$,
— — secondaire .... $CH^3 - CH^2 - CH(CH^3) - OH$,
— — tertiaire .... $CH^3 - C(CH^3)(CH^3) - OH$.

L'alcool tertiaire s'écrit encore :

$$(CH^3)^3 \equiv C - OH.$$

§ 6. — 4e classe : Alcools à fonction mixte.

Ce sont les dérivés des alcools polyatomiques, modifiés par des réactions ne portant pas sur la totalité des fonctions alcooliques

(M. Berthelot : 1854-1860). Toute fonction alcoolique subsistante pourrait encore être ici d'ordre primaire, secondaire ou tertiaire. Parmi ces corps, on distingue :

1° Les *alcools-éthers*. — Ainsi la glycérine, alcool triatomique, en s'unissant avec 1 seul équivalent d'acide stéarique, engendre la monostéarine, qui est à la fois un *éther monoacide* et un *alcool diatomique :*

Glycérine...................... $C^6H^2(H^2O^2)(H^2O^2)(H^2O^2)$,
Monostéarine................. $C^6H^2(C^{36}H^{36}O^4)(H^2O^2)(H^2O^2)$.

2° Les *alcools-aldéhydes*. — Ainsi le glycol, alcool diatomique, engendre par perte d'hydrogène l'aldéhyde glycollique, alcool-aldéhyde :

Glycol................................ $C^4H^2(H^2O^2)(H^2O^2)$,
Aldéhyde glycollique................... $C^4H^2(H^2O^2)(O^2[-])$.

3° Les *alcools-acides*. — Tel est l'acide lactique, dérivé du propylglycol :

Propylglycol.......................... $C^6H^4(H^2O^2)(H^2O^2)$,
Acide lactique........................ $C^6H^4(H^2O^2)(O^4)$.

4° Les *alcools-alcalis :*

Glycol................................ $C^4H^2(H^2H^2)(H^2O^2)$,
Alcali................................ $C^4H^2(H^2O^2)(AzH^3)$.

Toutes ces fonctions mixtes jouent un rôle important dans la nature. Leur histoire ne formera pas un chapitre spécial, mais elle sera présentée à l'occasion de la fonction simple qui est associée avec la fonction alcoolique.

§ 7. — 5e classe : **Phénols**.

1. La classe des phénols est d'une grande importance, soit dans l'industrie, soit dans la physiologie végétale. Les phénols sont des dérivés des carbures polyacétyléniques et analogues. On obtient les phénols au moyen des carbures polyacétyléniques tels que la benzine, en remplaçant l'hydrogène, H^2, par un volume égal de vapeur d'eau, H^2O^2 :

Benzine......... $C^{12}H^4(H^2)$, Phénol........ $C^{12}H^4(H^2O^2)$.

On voit par cette génération qu'ils ne dérivent pas du formène comme les autres alcools, mais qu'ils se rattachent directement à l'acétylène. De là des propriétés toutes spéciales.

2. *Formation.* — La substitution des éléments de l'eau à l'hydrogène s'opère d'ordinaire par l'intermédiaire d'un composé sulfurique ou carbonique du carbure.

1° Par exemple, la benzine peut être combinée d'abord avec l'acide sulfurique fumant, ce qui donne l'acide benzinosulfurique :

$$C^{12}H^6 + S^2O^6 = C^{12}H^6,S^2O^6;$$

puis, le sel de potasse de l'acide benzinosulfurique sera chauffé avec l'hydrate de potasse, ce qui fournit un phénol potassique et du sulfite de potasse. Nous avons signalé (p. 161) cette réaction due à MM. Dusart, Kékulé et Wurtz.

2° On peut aussi former l'acide benzinocarbonique $C^{12}H^6 + C^2O^4$, en faisant agir le sodium sur l'acide carbonique et la benzine bromée simultanément (M. Kékulé) ; puis on y substitue les éléments de l'eau, H^2O^2, à l'hydrogène, H^2, ce qui fournit un acide oxybenzoïque, $C^{14}H^6O^6$; enfin on décompose ce dernier par un alcali, en acide carbonique et phénol :

$$C^{14}H^6O^6 = C^{12}H^6O^2 + C^2O^4.$$

3° Une autre méthode générale de formation des phénols a pour intermédiaire les alcalis dérivés des carbures aromatiques. Ces alcalis, traités par l'acide nitreux en présence de l'eau, donnent lieu à des produits successifs parmi lesquels le phénol et l'azote (M. Hunt ; M. Griess). Le résultat total pourrait se résumer par la formule suivante :

$$\underset{\text{Aniline.}}{C^{12}H^7Az} + AzO^4H = \underset{\text{Phénol.}}{C^{12}H^6O^2} + 2\,Az + H^2O^2.$$

4° En présence du chlorure d'aluminium, les carbures aromatiques fixent directement l'oxygène pour former les phénols (MM. Friedel et Crafts) :

$$\underset{\text{Benzine.}}{C^{12}H^6} + O^2 = \underset{\text{Phénol.}}{C^{12}H^6O^2}.$$

3. Les phénols forment régulièrement :

1° Des sels.............................. $C^{12}H^5KO^2$,
2° Des éthers.............................. $C^{12}H^4(C^4H^4O^4)$,
3° Des alcalis.............................. $C^{12}H^4(AzH^3)$.

Mais ils ne fournissent par oxydation, ni aldéhydes normaux, ni acides, ce qui a conduit à les rapprocher des alcools tertiaires ; ils s'en distinguent pourtant, parce qu'ils ne produisent point de carbures simples par déshydratation, mais des composés complexes et polymérisés.

D'ailleurs, les phénols donnent naissance à des substitutions chlorées et nitrées régulières; ce qui n'arrive point avec les alcools primaires, secondaires ou tertiaires, dérivés des carbures forméniques, éthyléniques, etc. :

Phénols chlorés......	$C^{12}H^5ClO^2$.........	$C^{12}H^3Cl^3O^2$,
Phénols nitrés..... ..	$C^{12}H^5(AzO^4)O^2$.....	$C^{12}H^3(AzO^4)^3O^2$.

Ils ne peuvent donc pas être confondus avec les alcools tertiaires, ainsi qu'ils l'ont été quelquefois.

La classe des phénols a été instituée par M. Berthelot en 1860.

4. Les phénols se partagent en divers ordres, savoir:

1° Les *phénols monoatomiques*, $C^{2n}H^{2p}O^2$;

2° Les *phénols diatomiques*, $C^{2n}H^{2p}O^4$;

3° Les *phénols triatomiques*, $C^{2n}H^{2p}O^6$; etc.

5. Soit le premier ordre, celui des phénols monoatomiques:

$$C^{2n}H^{2p}O^2 \text{ ou } C^{2n}H^{2p-2}(H^2O^2), \text{ dérivés de } C^{2n}H^{2p-2}(H^2).$$

Cet ordre, à son tour, se partage en familles, suivant la proportion entre le carbone et l'hydrogène.

Première famille. — Les phénols les plus hydrogénés qui soient connus, dérivent des carbures benzéniques. Ils constituent la famille des *phénols benzéniques*, $C^{2n}H^{2n-8}(H^2O^2)$:

Phénol proprement dit.........................	$C^{12}H^6O^2$,
Phénol crésylique ou crésylol, et isomères.......	$C^{14}H^8O^2$,
Phénol phlorylique et isomères.................	$C^{16}H^{10}O^2$,
Phénol mésitylique et isomères.................	$C^{18}H^{12}O^2$,
Phénol thymolique ou thymol, et isomères.......	$C^{20}H^{14}O^2$.

A chaque carbure benzénique isomère répondent souvent plusieurs phénols qui en dérivent, conformément aux théories développées plus haut (p. 150 et 154).

Les phénols sont également isomériques avec certains alcools proprement dits, dérivés des mêmes carbures par des réactions différentes (p. 168), et spécialement par la substitution de l'eau dans le résidu forménique, au lieu du résidu benzénique.

Autres familles. — On connaît divers autres phénols, par exemple ceux de la famille naphtalénique, $C^{2n}H^{2n-14}(H^2O^2)$:

Naphtylol et isomère...........................	$C^{20}H^8O^2$.

Les phénols polyatomiques sont des phénols dont la molécule accumule plusieurs fonctions phénoliques : les types de leurs formules sont faciles à concevoir.

6. *Formules atomiques.* — Les phénols sont distingués des alcools dans cette notation par le rattachement d'un ou plusieurs hydroxyles à un ou plusieurs atomes de carbone faisant partie de la chaîne fermée d'un carbure aromatique :

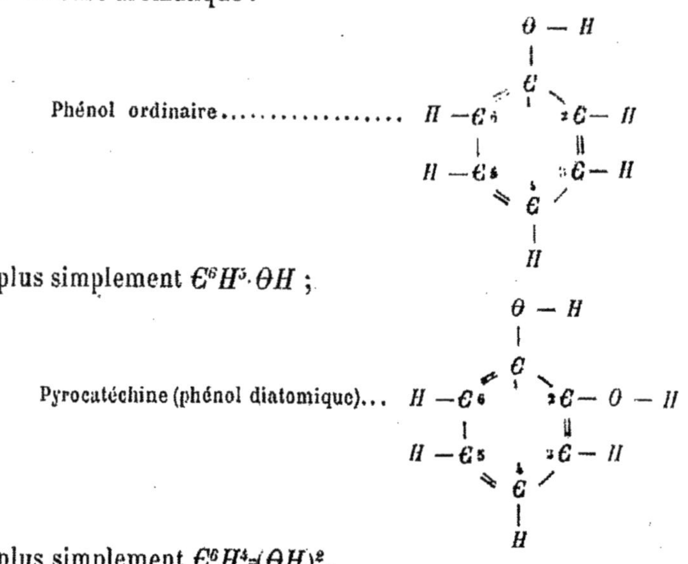

ou plus simplement $C^6H^5.\Theta H$;

ou plus simplement $C^6H^4=(\Theta H)^2$.

§ 8. — 6e classe : Phénols à fonction mixte.

1. Les phénols polyatomiques, de même que les alcools polyatomiques, engendrent des dérivés à fonction mixte.

C'est ainsi que la pyrocatéchine, phénol diatomique, en s'unissant à une seule molécule d'alcool méthylique, engendre le *gaïacol* ou *méthylpyrocatéchine*, qui est à la fois *éther monoatomique* et *phénol monoatomique :*

Pyrocatéchine..........................	$C^{12}H^4(H^2O^2)(H^2O^2)$,
Gaïacol................................	$C^{12}H^4(C^2H^4O^2)(H^2O^2)$.

D'une manière générale, on conçoit ainsi l'existence de composés dans lesquels se retrouvent, avec une ou plusieurs fonctions phénoliques, toutes les fonctions auxquelles la fonction phénol peut donner naissance.

2. Ce n'est pas tout. Une même molécule hydrocarburée peut, en subissant les réactions productrices des alcools et des phénols, accumuler ces deux fonctions et même acquérir chacune d'elles une ou

plusieurs fois. De là résultent des *alcools-phénols* d'atomicités diverses. C'est ainsi que la saligénine, $C^{14}H^4(H^2O^2)(H^2O^2)$, est un alcool-phénol dérivé du toluène. Or les corps de ce genre peuvent se transformer en d'autres dérivés possédant les fonctions qu'engendrent la fonction alcool et la fonction phénol. Tel est l'aldéhyde salicylique, aldéhyde-phénol que fournit la saligénine lorsqu'on lui enlève H^2 par oxydation :

Saligénine.............................. $C^{14}H^4(H^2O^2)(H^2O^2)$,
Aldéhyde salicylique...................... $C^{14}H^4(H^2O^2)(O^2[-])$;
Etc., etc.

Un certain nombre de principes naturels, tels que la vanilline, l'essence de reine des prés, la salicine, sont des phénols à fonction mixte. On étudiera d'abord, à la suite des phénols proprement dits, les phénols-alcools et les phénols-éthers. Quant à ceux qui possèdent quelque autre fonction, on les décrira dans les livres consacrés à cette dernière.

CHAPITRE II

ALCOOL ORDINAIRE

$C^4H^4(H^2O^2)$ ou $C^4H^6O^2$.......... $C^2H^5\text{-}OH$ ou $CH^3\text{-}CH^2\text{-}OH$.

§ 1er. — Historique.

L'alcool ordinaire est le plus anciennement connu et le plus répandu dans les usages domestiques ou industriels ; il est dit aussi *alcool vinique*, à cause de sa provenance ; *alcool éthylique*, pour marquer sa relation étroite avec l'éthylène ; ou encore *hydrate d'oxyde d'éthyle* et *hydrate d'éthylène*. C'est le type des alcools. A ce titre nous présenterons son histoire avec quelques détails.

L'esprit-de-vin a été signalé par les Arabes au moyen âge. Il a été décrit vers la fin du douzième siècle par Arnauld de Villeneuve. Transformé en éthers dès le seizième siècle par Basile Valentin et Valerius Cordus, sa composition n'a été fixée que par Th. de Saussure. C'est seulement par les travaux de Scheele et de Gehlen d'abord, puis par ceux de Thénard et surtout par ceux de Dumas et Boullay en 1827, que sa fonction spéciale a été connue. Sa synthèse a été faite en 1854 par M. Berthelot.

§ 2. — Synthèse de l'alcool.

1. La synthèse de l'alcool peut être effectuée par l'union de l'éthylène avec les éléments de l'eau. On forme d'abord, soit un éther d'hydracide (p. 86) :

C^4H^4	+	HI	=	$C^4H^4(HI)$;
Éthylène.		Acide iodhydrique.		Éther iodhydrique.

soit un éther sulfurique (p. 88) :

C^4H^4	+	$S^2H^2O^8$	=	$C^4H^4(S^2H^2O^8)$.
Éthylène.		Acide sulfurique.		Acide éthylsulfurique.

Puis on remplace dans ces éthers les éléments de l'acide par les éléments de l'eau, de façon à obtenir l'alcool, $C^4H^4(H^2O^2)$.

2. On peut encore substituer l'acide chlorhydrique, HCl, à l'hydrogène, H^2, dans l'hydrure d'éthylène, C^4H^6 ; ce qui fournit l'éther chlorhydrique, $C^4H^4(HCl)$; puis on change ce chlorhydrate en acétate et l'acétate en hydrate, c'est-à-dire en alcool, $C^4H^4(H^2O^2)$. Nous avons exposé, à propos des dérivés méthyliques correspondants, comment on réalise ces diverses synthèses (p. 98).

§ 3. — Formation de l'alcool par analyse.

Un grand nombre de composés organiques peuvent donner naissance à l'alcool, lorsqu'on les traite convenablement.

1° Tels sont les éthers de l'alcool : bouillis avec une solution alcaline, ils reproduisent l'alcool (Scheele, Thénard) ; soit l'éther acétique :

$$C^4H^4(C^4H^4O^4) + KO,HO = C^4H^4(H^2O^2) + C^4H^3KO^4.$$

2° L'aldéhyde, $C^4H^4O^2$, régénère l'alcool sous l'influence de l'hydrogène naissant (Wurtz) :

$$C^4H^4O^2 + H^2 = C^4H^6O^2.$$

3° L'éthylamine, C^4H^7Az, traitée par l'acide nitreux, fournit de l'éther nitreux, puis de l'alcool (M. W. Hofmann) :

$$C^4H^4(AzH^3) + 2\,(AzO^3, HO) = C^4H^4(AzO^3, HO) + Az^2 + 2\,H^2O^2.$$
$$C^4H^4(AzO^3, HO) + H^2O^2 = C^4H^6O^2 + AzO^3, HO.$$

4° L'acide acétique, $C^4H^4O^4$, chauffé à 280° avec l'acide iodhydrique, c'est-à-dire traité par l'hydrogène naissant, se change entièrement en hydrure d'éthylène, C^4H^6 (M. Berthelot) :

$$C^4H^4O^4 + 3\,H^2 = C^4H^6 + 2\,H^2O^2,$$

et ce carbure peut être transformé ensuite en alcool, comme il a été dit plus haut.

L'acide iodhydrique agit de la même manière sur la plupart des composés qui renferment 4 équivalents de carbone : acétylène, aldéhyde, éthylamine, dérivés chlorés et bromés de l'éthylène, acétamide, et même cyanogène ; c'est-à-dire qu'il les transforme pareillement en hydrure d'éthylène. Tous ces composés peuvent donc reproduire l'alcool.

Les réactions précédentes présentent un caractère de généralité dans l'étude des alcools. La suivante est plus spéciale.

5° On obtient de l'alcool en soumettant un sucre, $C^{12}H^{12}O^{12}$, à l'action de la levure de bière ou d'autres organismes analogues. Ces êtres vivants déterminent la production de l'alcool et de l'acide carbonique :

$$C^{12}H^{12}O^{12} = 2\ C^4H^6O^2 + 2\ C^2O^4.$$

On peut également obtenir de l'alcool, mais en petite quantité, en électrolysant le sucre dans des conditions spéciales de polarisation alternant incessamment (M. Berthelot).

§ 1. — Fermentation alcoolique.

1. Dans les arts, l'alcool n'a jamais été préparé jusqu'ici que par une seule voie, je veux dire en distillant les liqueurs fermentées, et celles-ci doivent en grande partie leurs propriétés enivrantes à l'alcool

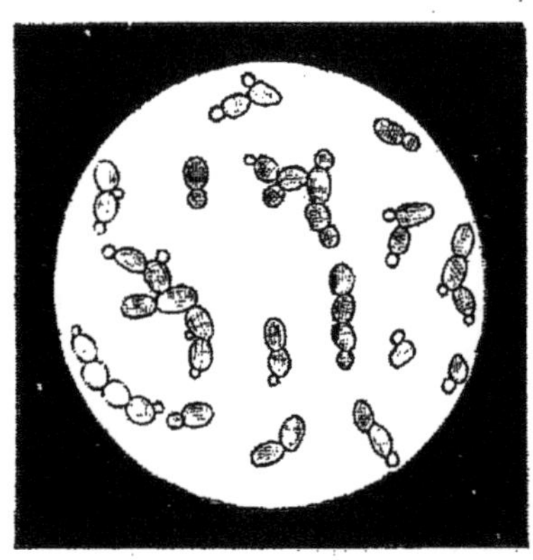

Fig. 42. — Levure de bière.

qu'elles renferment. Le vin, la bière, le cidre, le poiré, les vins d'érable, de dattes, de palmier, l'hydromel, etc., résultent de la fermentation de certains jus sucrés ou d'autres produits naturels, fermentation connue de toute antiquité.

Or toutes ces liqueurs peuvent être représentées par des proportions variables d'alcool, d'eau et de principes divers, lesquels communiquent à ces différents liquides leur odeur et leur saveur caractéristiques.

L'industrie détermine également, par des procédés qui lui sont propres, la fermentation des jus de betterave, de sorgho, etc.; elle change en sucre certains produits végétaux riches en matière amylacée et les fait fermenter, dans le but d'en extraire ensuite l'alcool.

Toutes ces fermentations ont lieu soit aux dépens des glucoses, soit aux dépens des sucres analogues, soit enfin aux dépens des substances transformables en glucose. Entrons dans plus de détails.

2. Pour prendre d'abord le cas le plus simple, soit du sucre de raisin, $C^{12}H^{12}O^{12}$; ajoutons à ce sucre dissous dans l'eau une petite quantité de levure de bière, c'est-à-dire une matière spéciale, constituée par des cellules organisées (fig. 42), qui représentent un végétal cryptogame (*Saccharomyces cerevisiæ*). Cette levure détermine la décomposition du sucre, en vertu d'une action qui n'est pas bien connue. Un gaz se dégage en abondance, c'est de l'acide carbonique, en même temps que la température de la liqueur s'élève jusqu'à 35° et même 40° (fig. 43). Au bout de quelques jours la fermentation est

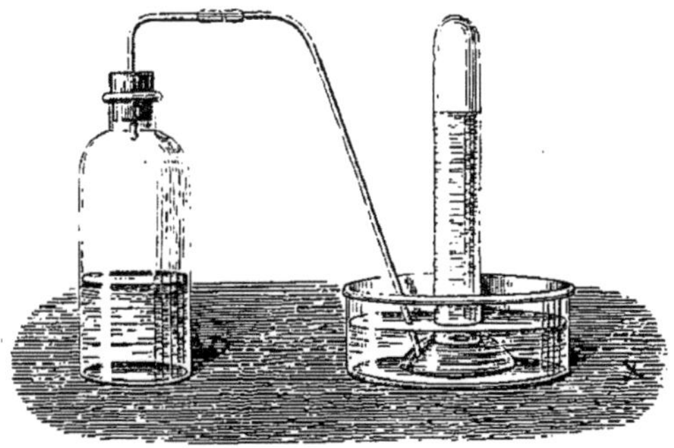

Fig. 43. — Fermentation alcoolique.

terminée ; on trouve alors de l'alcool dans la liqueur et le sucre a disparu.

La principale métamorphose qui s'est produite répond, ainsi qu'il a été dit, à la formule suivante :

$$C^{12}H^{12}O^{12} = 2C^4H^6O^2 + 2C^2O^4.$$

L'équivalent du sucre de raisin étant 180 et celui de l'alcool 46, on voit que pour 180 parties de ce sucre, il doit se produire à peu près 92 parties d'alcool, c'est-à-dire un peu plus de la moitié en poids du sucre. Mais cette équation n'est qu'approximative, divers produits accessoires, tels que la glycérine et l'acide succinique, se formant en petite quantité (M. Pasteur).

3. Si, au lieu du sucre de raisin, on fait fermenter le sucre de canne, il fixe d'abord les éléments de l'eau et se transforme en un mélange de glucose et de lévulose, deux sucres isomères entre eux M. Dubrunfaut) :

$$C^{24}H^{22}O^{22} + H^2O^2 = C^{12}H^{12}O^{12} + C^{12}H^{12}O^{12};$$

puis ces deux sucres éprouvent la même décomposition dans le phénomène de la fermentation alcoolique.

Cette première transformation du sucre de canne a lieu sous l'influence d'un ferment particulier, le *ferment inversif* ou *invertine*, contenu dans les cellules de la levure, soluble dans l'eau et non organisé (M. Berthelot). Elle précède toujours la métamorphose alcoolique du sucre de canne.

4. Ajoutons enfin que la levure de bière, en sa qualité d'être organisé, peut se multiplier, si elle rencontre dans le jus sucré des aliments convenables, tels que des matières azotées et des phosphates : c'est ce qui arrive notamment pendant la fermentation de la bière. Sinon la levure se détruit, en subissant certaines transformations, qui la rendent impropre à provoquer de nouveau la fermentation. Toutes ces questions ont été de la part de M. Pasteur l'objet d'une étude approfondie.

5. La production des liqueurs alcooliques au moyen des matières amylacées ou des produits végétaux qui en renferment, le blé, la pomme de terre, le maïs, le riz ou l'orge, par exemple, exige la transformation préalable de l'amidon en une matière sucrée fermentescible. On y arrive en soumettant ce corps à l'action de l'eau bouillante aiguisée d'acide sulfurique, ce qui produit de la glucose : ou à celle d'un ferment non figuré, la *diastase*, qui se développe dans les grains d'orge pendant la germination et qui change l'amidon en un sucre fermentescible, le *maltose* (M. Dubrunfaut).

Cette dernière action est fréquemment utilisée par l'industrie, notamment dans la fabrication de la bière et dans celle de l'alcool de grains. C'est elle que l'on emploi de préférence pour fabriquer l'alcool avec les matières amylacées citées plus haut. A cet effet, on commence par soumettre ces matières à l'ébullition avec de l'eau, de manière à gonfler les grains d'amidon et à les désorganiser. On laisse refroidir jusque vers 50°, et on délaye dans la masse une certaine proportion d'orge germée, préalablement broyée (*malt*), qui cède à la liqueur la diastase qu'elle contient. Sous l'influence de ce principe, et après quelques heures de contact à la température indiquée, l'amidon est changé en maltose fermentescible. Il ne reste plus qu'à ensemencer le mélange avec de la levure de bière, qui transforme le maltose en alcool et acide carbonique.

Dans tous les cas, la fermentation alcoolique des matières sucrées est la phase capitale de la préparation de l'alcool.

§ 5. — **Distillation des liqueurs alcooliques.**

1. Disons maintenant comment on peut obtenir l'alcool pur, en le séparant de l'eau et des autres principes auxquels il est mélangé dans les liqueurs fermentées.

A cet effet on a recours à la distillation. L'alcool bout à 78°, l'eau à 100°. Si donc on distille une liqueur alcoolique, l'alcool doit se volatiliser le premier et l'eau ensuite.

Cependant les choses ne se passent pas tout à fait ainsi. L'alcool distille bien en premier lieu; mais il est mêlé d'eau, parce que l'eau possède à la température de l'ébullition de l'alcool une tension de vapeur assez considérable. A mesure que le départ de l'alcool s'opère, le point d'ébullition du mélange s'élève et il distille un alcool de moins en moins concentré.

Pour séparer de l'alcool une plus grande quantité d'eau, il faut répéter la distillation des premiers produits obtenus : on obtiendra ainsi un alcool plus fort et dont le titre, par une suite de distillations, pourra monter jusqu'à 92 ou 93 centièmes; mais cette richesse alcoolique de la liqueur ne peut être dépassée par la voie des distillations ordinaires, attendu qu'elle est déterminée par le rapport des tensions des deux vapeurs mélangées. Ce rapport ne saurait être nul et il ne diffère pas beaucoup du rapport des tensions des deux vapeurs envisagées séparément.

2. Pour obtenir un alcool plus concentré, il convient donc de diminuer le rapport qui existe, dans le mélange, entre la tension de vapeur de l'eau et celle de l'alcool; or les théories physiques montrent que ce résultat peut être atteint en abaissant la température à laquelle se forment lesdites vapeurs. On peut donc y parvenir en distillant le mélange sous une pression inférieure à la pression atmosphérique.

3. Dans l'industrie, on opère généralement en deux opérations la préparation de l'alcool concentré, à l'aide d'appareils dont les effets, assez compliqués, comme il arrive souvent dans la pratique, équivalent à ceux d'une série de distillations.

Un premier appareil distillatoire, le *déflegmateur*, sert à préparer les *eaux-de-vie* ou *flegmes*, c'est-à-dire des liqueurs alcooliques contenant environ la moitié de leur volume d'alcool pur, et aussi certaines matières étrangères volatiles. Il consiste (fig. 44) en un grand nombre de récipients ou *plateaux*, superposés *en colonne distillatoire aa*, et placés au-dessus d'une chaudière *v* : ces récipients communiquent entre eux et avec la chaudière, de telle manière que les vapeurs qui s'échappent de celle-ci, doivent, pour gagner le haut de la colonne,

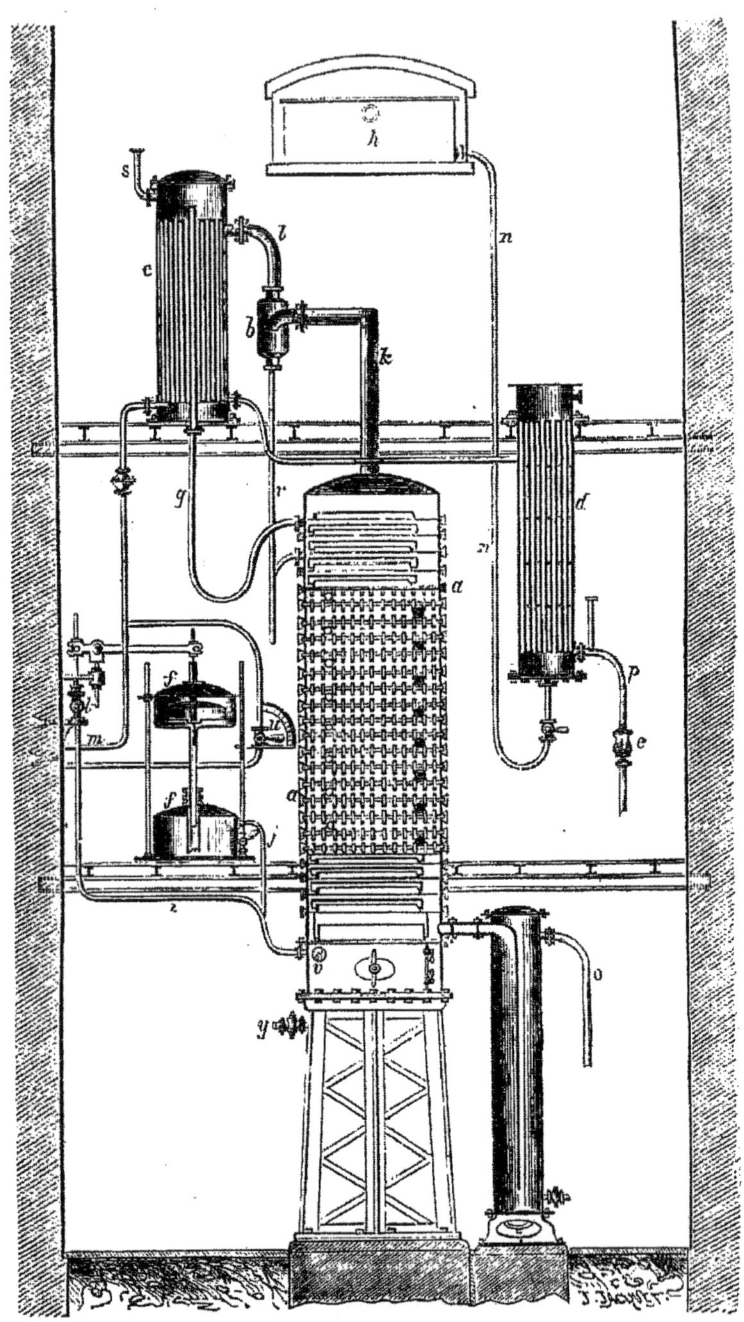

Fig. 44. — Déflegmateur (système Savalle).

traverser successivement tous les récipients, en barbotant dans une couche de liquide maintenue au fond de chacun d'eux par un trop-plein formant fermeture hydraulique. Les figures 45 et 46 montrent la disposition de plateaux de ce genre. Le système fonctionne d'une manière continue : la liqueur fermentée, préalablement échauffée dans le chauffe-vin *c*, arrive en *q* sur le plateau supérieur, et descend de plateau en plateau jusque dans la chaudière, en s'échauffant de plus en plus; en même temps, le liquide chauffé dans la chaudière par de la vapeur d'eau arrivant en *i* d'un générateur, émet des vapeurs alcooliques qui suivent une marche inverse en se refroidissant graduellement. Ces vapeurs, s'élèvent dans l'appareil, barbotent sur chaque plateau à travers le liquide descendant, et laissent dès lors condenser leurs portions les moins volatiles, c'est-à-dire les plus

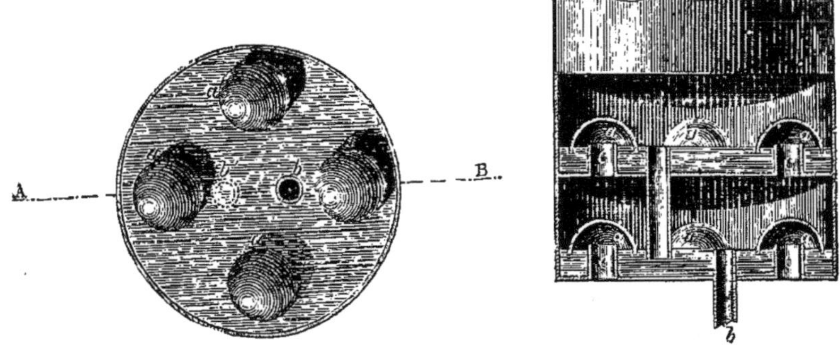

Fig. 45 et 46. — Plateaux d'un appareil distillatoire à colonne (plan et coupe).

aqueuses, tandis que la liqueur fermentée, qui chemine en sens contraire, leur abandonne ses parties les plus volatiles, c'est-à-dire l'alcool. En fonctionnement régulier, le résidu, autrement dit la *vinasse*, parvient à la chaudière dépourvu d'alcool, celui-ci ayant distillé dans la colonne; ce résidu s'écoule continuellement en *o* par un trop-plein. A l'autre extrémité de l'appareil, les plateaux supérieurs se trouvant sans cesse refroidis par l'air ambiant et par l'afflux de la liqueur fermentée, ne laissent sortir en *kbl* que les portions les plus volatiles, et par suite déjà riches en alcool. Celles-ci sont condensées dans le chauffe-vin *c*, où leur refroidissement s'opère au moyen de la liqueur à distiller elle-même. Cette dernière est amenée par le tube *m*; elle s'échauffe en *c* et arrive, comme il a été dit, déjà chaude à l'appareil. Les flegmes, condensés en *c*, vont enfin se refroidir complètement dans un second réfrigérant *d*, et sont recueillis en *e*. En *ffuj* est un instrument destiné à régler le chauffage par la vapeur d'eau, de la chaudière placée au bas de la colonne : il intercepte l'arrivée de cette vapeur dès qu'une pression notable s'établit dans la chaudière.

4. Les eaux-de-vie ainsi obtenues contiennent avec l'alcool et l'eau, des éthers, de l'aldéhyde et d'autres principes volatils, alcools amylique, butylique, etc.; on les transforme en alcool à peu près pur, ne contenant que quelques centièmes d'eau, au moyen du *rectificateur*.

Ce second appareil (fig. 47) est analogue au premier, mais comme il fonctionne d'une manière intermittente, sa chaudière *ypu* est plus volumineuse. On introduit dans cette chaudière une certaine quantité d'eau-de-vie, que l'on chauffe au moyen d'un serpentin *pu*, dans lequel arrive de la vapeur par le tube *qp;* la distillation s'établit, la température de la colonne *cc* s'élève peu à peu, et il passe des produits de moins en moins volatils à mesure que se poursuit l'opération. Les vapeurs se rendent par le tube *l* dans un condenseur *d*, et enfin le liquide produit, après s'être refroidi dans le réfrigérant *ng*, s'écoule en *g*. Les premières portions recueillies, les plus volatiles, sont très chargées d'aldéhyde, d'éthers et de produits odorants; on les met à part. L'alcool qui arrive ensuite contient moins de 4 centièmes d'eau, puis baissse peu à peu en richesse. Finalement on recueille des alcools de richesse toujours décroissante, mais de plus en plus souillés par certaines substances peu volatiles, et surtout par les homologues supérieurs de l'alcool ordinaire.

Parmi les procédés employés pour enlever à l'alcool les principes odorants qu'il contient, l'un des plus usités consiste à le soumettre à des filtrations répétées sur le charbon.

§ 6. — Préparation de l'alcool anhydre.

1. Pour obtenir l'alcool tout à fait privé d'eau, il faut recourir à des agents chimiques. Les moyens les plus efficaces consistent dans l'emploi de la chaux, de la baryte ou de la potasse récemment fondue, et surtout des deux dernières. Cependant, en général, on a recours à la chaux, qui est meilleur marché.

On verse de l'alcool pris aussi concentré que possible sur de la chaux vive concassée (250 grammes par litre d'alcool à 95 centièmes), et on laisse en contact pendant vingt-quatre heures, ou mieux encore on maintient le mélange en ébullition pendant une heure ou deux dans un vase muni d'un réfrigérant à reflux : la chaux absorbe l'eau et se délite. En distillant ensuite au bain-marie, dans une cornue ou dans un alambic adapté à un serpentin, on obtient l'alcool dans un grand état de pureté. Cependant, lorsqu'on opère sur des quantités considérables, ce mode de procéder entraîne quelque perte,

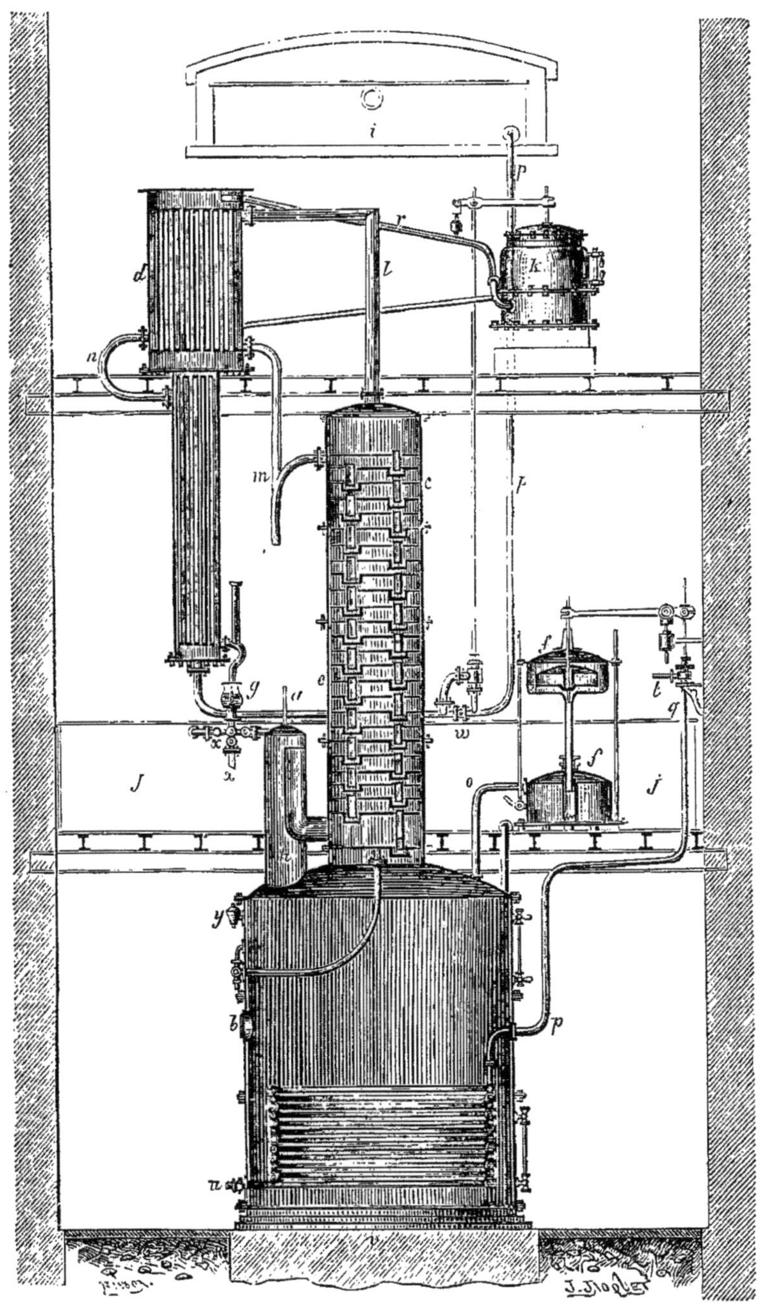

FIG. 47 — Rectificateur (système Savalle).

parce que l'alcool forme avec la chaux une combinaison fixe (alcoolate de chaux). En chauffant ensuite la masse à feu nu, on peut en effet recueillir encore une assez grande quantité d'alcool ; mais il faut se garder de réunir ce produit au premier, car il renferme des matières empyreumatiques. Dans tous les cas, l'alcool rectifié une seule fois sur la chaux n'est pas absolument anhydre : il retient encore un ou deux centièmes d'eau. Le traitement doit être réitéré.

2. Quand on veut avoir l'alcool parfaitement absolu, on a recours à la potasse récemment fondue dans un vase d'argent ; on la fait digérer avec l'alcool déjà concentré, jusqu'à ce qu'elle soit dissoute ; puis on distille à feu nu, ce qui exige une température un peu élevée. Cependant il faut avoir soin que cette température demeure toujours inférieure à 200°, sans quoi, la potasse attaquant l'alcool auquel elle est en partie combinée, fournirait de l'hydrogène et de l'acétate de potasse. On obtient ainsi l'*alcool absolu*. Quant à l'alcool retenu par la potasse, on le retire en ajoutant de l'eau et en distillant : la liqueur aqueuse, concentrée ensuite dans un vase d'argent, fournit la potasse dite à l'alcool, lorsqu'on a séparé les matières insolubles de la liqueur primitive.

Un procédé assez économique et fréquemment usité aujourd'hui, consiste à ajouter à de l'alcool concentré du sodium, non conservé dans l'huile de naphte et employé en quantité proportionnée à celle de l'eau mélangée à l'alcool ; on laisse réagir et l'on distille la liqueur chargée de soude et d'alcoolate de soude. L'alcool ainsi obtenu retient encore quelque trace d'eau.

3. Pour opérer avec une certitude complète la séparation des moindres traces d'eau contenues dans l'alcool, au lieu d'employer la potasse, il est préférable d'avoir recours à la baryte, dont l'emploi porte avec lui son contrôle. En effet, la baryte forme avec l'alcool un alcoolate, $C^4H^5BaO^2$, très soluble dans l'alcool anhydre, mais que la moindre trace d'eau précipite. On fait donc digérer l'alcool, déjà très concentré, sur la baryte, jusqu'à ce qu'elle se dissolve abondamment, ce qui est accusé par la teinte jaunâtre acquise par la liqueur, puis on distille au bain-marie la dissolution et l'on obtient de l'alcool absolument anhydre.

La distillation précédente doit être effectuée avec précaution et au bain-marie, pour éviter les soubresauts. En effet, la chaleur précipite dans la liqueur, sous la forme d'une poudre grenue et cristalline, l'alcoolate de baryte, qui est beaucoup moins soluble à chaud qu'à froid.

Tel est le moyen le plus assuré pour préparer l'alcool tout à fait anhydre.

4. Pour reconnaître la présence de l'eau dans l'alcool, on ajoute à celui-ci une solution alcoolique d'alcoolate de baryte, laquelle donne lieu à un trouble immédiat si l'alcool contient de l'eau. Cette méthode est fort sensible. Le réactif se prépare en mettant de la baryte caustique pulvérisée en contact avec de l'alcool absolu, en laissant reposer, et décantant la liqueur limpide mais colorée.

En laissant tomber quelques gouttes d'alcool dans de la benzine, le mélange reste limpide si l'alcool ne contient pas au delà de 3 centièmes d'eau.

§ 7. — **Propriétés physiques.**

1. L'alcool est liquide, incolore et très fluide. Le froid ne le solidifie pas, mais il devient visqueux à — 80°. Il entre en ébullition à 78°,4. Sa densité est 0,8095 à 0°; 0,7947 à 15°, l'eau à 0° étant prise pour unité. Sa tension de vapeur est 0m,044 à 20°. Sa chaleur spécifique à 20° est 0,60. 46 grammes d'alcool absorbent 9,8 Calories pour se réduire en vapeur à 78°,4.

2. L'alcool brûle avec une flamme jaunâtre. Un équivalent d'alcool (46 grammes) dégage en brûlant 324,5 Calories.

La formation d'un équivalent d'alcool avec les éléments (carbone-diamant) :

$$C^4 + H^6 + O^2 = C^4H^6O^2,$$

dégage 70,5 Calories. La formation de l'alcool par l'union de l'éthylène et de l'eau produit + 16,9 Calories. Enfin, dans la fermentation alcoolique, il se dégage pour un équivalent de glucose, $C^{12}H^{12}O^{12}$, 67 Calories. Telles sont les quantités de chaleur qui répondent à la formation de l'alcool dans diverses circonstances.

3. *Action de l'eau.* — L'alcool se mêle à l'eau en toutes proportions. Si le mélange est fait dans les proportions de 52,3 volumes d'alcool et de 47,7 d'eau, à 15°, il en résulte 96,35 volumes, au lieu de 100, c'est-à-dire qu'il y a contraction ; ce mélange correspond à 6 équivalents d'eau pour 1 d'alcool environ.

Pour faire cette expérience, on superpose dans un long tube bouché à une extrémité, les deux liquides, pris suivant les rapports de volumes précités ; on marque le point d'affleurement. En agitant le tube fermé, l'eau et l'alcool se mélangent et l'on observe une diminution très apparente du volume total, diminution d'autant plus frappante qu'elle est accompagnée d'un dégagement de chaleur très sensible ayant pour effet de dilater la liqueur. Cette contraction joue un rôle important dans l'alcoométrie.

Au moment du mélange des deux liquides apparaissent des bulles gazeuses : elles sont dues au dégagement des gaz, dissous séparément dans l'eau et dans l'alcool, gaz qui sont moins solubles dans le mélange de ces deux liquides. C'est là un phénomène général pour les gaz solubles dans l'eau et dans l'alcool.

En raison d'une diminution analogue dans la solubilité moyenne des corps, l'addition de l'eau à l'alcool fait apparaître certaines substances dissoutes dans l'alcool ; c'est ainsi que les huiles contenues dans les alcools de mauvais goût peuvent être reconnues par le louche permanent des liqueurs. Pour manifester certaines huiles essentielles, on peut verser l'alcool dans la main : l'alcool s'évapore d'abord, l'huile essentielle se concentre et son odeur s'exalte. Au moyen de ces deux épreuves (addition d'eau, évaporation à froid) on peut reconnaître l'origine de l'alcool, s'il provient, par exemple, de la fermentation des betteraves, des grains, etc.

Exposé à l'air, l'alcool absolu en attire l'humidité.

Quoique l'alcool soit très soluble dans l'eau, il peut être séparé de ce menstrue à froid, sous la forme d'une couche liquide, par certaines substances très avides d'eau, telles que le carbonate de potasse, le sulfate de manganèse, etc. Le carbonate de potasse est surtout efficace. Au contraire, le chlorure de calcium n'opère pas de séparation entre l'alcool et l'eau.

4. *Rôle de l'alcool comme dissolvant.* — Les propriétés dissolvantes de l'alcool sont souvent utilisées dans l'analyse immédiate. Voici quelques généralités à cet égard.

1° L'alcool ne dissout pas les sels à oxacides minéraux, par exemple les sulfates, les borates, les silicates, les phosphates; mais il dissout en général les sels haloïdes, chlorures, bromures, iodures, ainsi que les azotates, formés par les métaux proprement dits, par les oxydes terreux, et même par certains oxydes alcalins.

2° Il arrive souvent que deux corps, dont les réactions ont une grande analogie, peuvent être distingués et séparés en les transformant en sels de même genre, et en traitant le mélange de ces sels par l'alcool. C'est ainsi que l'on peut séparer le chlorure de strontium soluble dans l'alcool absolu, du chlorure de baryum qui y est insoluble.

3° Certains sels forment avec l'alcool des composés analogues aux hydrates salins. Tels sont :

Le chlorure de calcium, qui donne.........	$CaCl + 2C^4H^6O^2$,
Le chlorure de zinc	$ZnCl + C^4H^6O^2$,
Le nitrate de magnésie	$AzO^5,MgO + 3C^4H^6O^2$.

Etc., etc.

4° La potasse, la soude, la baryte sont fort solubles dans l'alcool absolu ; mais l'alcool ordinaire ne dissout que les deux premières bases.

L'alcool dissout aussi les acides en général. L'iode et le brome sont très solubles dans l'alcool ; le phosphore et le soufre ne le sont que fort peu.

5° Les actions dissolvantes propres de l'alcool s'exercent surtout à l'égard des substances organiques. C'est ainsi que l'alcool se mêle avec l'éther, avec les essences, et avec divers carbures, s'il est absolu. L'alcool ordinaire, c'est-à-dire contenant une certaine proportion d'eau, dissout les essences et les résines en grande quantité.

Il agit également sur les alcalis organiques et sur les corps gras, surtout sur les corps gras acides ; les corps gras neutres et les huiles grasses sont bien moins solubles dans l'alcool, à l'exception de l'huile de ricin qui se dissout dans l'alcool en toutes proportions.

6° Signalons enfin l'action dissolvante que l'alcool exerce à l'égard des gaz. Cette action est généralement plus marquée que celle de l'eau. Ainsi un litre d'alcool absolu dissout à 10° : 123 centimètres cubes d'azote, 284 centimètres cubes d'oxygène, 68 centimètres cubes d'hydrogène, 3500 centimètres cubes d'acide carbonique, etc.

§ 8. — **Alcoométrie.**

1. L'alcool étant employé fréquemment et sous divers degrés de concentration dans l'industrie et dans les usages domestiques, il est très important de savoir titrer les liqueurs alcooliques. Diverses méthodes peuvent être employées à cet objet : les unes sont fondées sur la séparation directe de l'alcool et de l'eau à la température ordinaire; d'autres sur la détermination de certaines propriétés physiques, telles que la densité, le point d'ébullition, la tension de vapeur, la capillarité, etc.

2. Nous avons déjà indiqué comment on peut séparer à froid l'alcool de l'eau à laquelle il est mélangé, par l'addition du carbonate de potasse cristallisé (p. 252). Mais ce procédé n'est pas d'une grande exactitude quantitative, et en outre il ne s'applique pas commodément à des liqueurs très compliquées, telles que le vin. Il faut donc recourir à un procédé plus précis.

3. Le plus usité est celui qui repose sur la mesure des densités. Il est fondé sur ce principe que l'eau ayant une densité supérieure à celle de l'alcool, un mélange des deux liquides présente une densité comprise entre celles de ces corps pris isolément.

On peut mesurer ladite densité par la méthode du flacon et comparer le nombre obtenu avec une table dressée à l'avance et à l'aide d'expériences directes, pour tous les mélanges possibles d'eau et d'alcool. Mais il est plus expéditif d'employer un aréomètre particulier, nommé *alcoomètre centésimal*, lequel donne immédiatement et en centièmes le volume d'alcool que renferme le mélange (Gay-Lussac).

Le point 0° correspond à l'eau pure et se trouve à la naissance de la tige ; le point 100° correspond à l'alcool absolu et se trouve à la partie supérieure. Les divisions intermédiaires ont été fixées directement, en déterminant les points d'affleurement dans diverses liqueurs de composition connue : la graduation est donc empirique. Dans ce but, on a fait des mélanges avec 90 centimètres cubes d'alcool absolu, 80 centimètres cubes, 70 centimètres cubes, etc., et une quantité d'eau suffisante pour former 100 centimètres cubes de liqueur alcoolique refroidie à 15°, puis on y a plongé l'instrument. Quant aux divisions intermédiaires, elles ont été données par interpolation.

Il est nécessaire de procéder ainsi par expérience et non par calcul, en raison de la contraction variable que produisent les divers mélanges d'alcool et d'eau. Ce phénomène se traduit par une longueur inégale des degrés de l'instrument. La graduation ainsi obtenue est telle, qu'un mélange d'alcool et d'eau, dans lequel l'instrument s'enfonce jusqu'à la 60e division, par exemple, contient 60 volumes d'alcool pur dans 100 volumes.

La graduation doit être faite à la température de 15°. Il est donc nécessaire, dans l'emploi de l'alcoomètre, pour éviter des erreurs que la grande dilatabilité de l'alcool rend parfois considérables, soit de ramener à ce point la température du liquide mis en expérience, soit de faire une correction donnée par des tables dressées par Gay-Lussac.

Les indications de l'alcoomètre exprimant le volume de l'alcool contenu dans 100 volumes du mélange, pour avoir la composition en poids, il faut multiplier le volume de l'alcool trouvé par 0,7955 et diviser le produit par la densité du liquide analysé.

4. La méthode qui vient d'être décrite est applicable directement à tout mélange d'alcool et d'eau purs. Mais elle ne l'est immédiatement ni au vin, ni à des alcools rendus impurs par d'autres substances que l'eau. Le vin, en effet, est un mélange fort complexe : il renferme non seulement de l'eau et de l'alcool, matières principales, mais aussi des substances colorantes, du bitartrate de potasse, des phosphates, de la glycérine, divers sels, divers éthers, du sucre, etc. Parmi ces substances, les unes sont plus denses que l'eau ; les autres sont moins denses ; enfin leurs proportions respectives sont extrêmement variables.

5. Cependant, dans un mélange alcoolique, tel que le vin, les liquides analogues, l'eau-de-vie, etc., l'alcool et l'eau peuvent être regardés comme les seuls corps volatils qui existent en proportion sensible.

Pour doser l'alcool, il suffit donc de distiller le liquide : l'alcool passe d'abord, mêlé avec une certaine quantité d'eau ; le reste de l'eau et les substances fixes demeurent dans l'alambic.

Voici comment on opère :

Dans un petit alambic C (fig. 48) on introduit 300 centimètres cubes de la liqueur à essayer et l'on distille. Le liquide qui se condense dans le serpentin S est reçu par une éprouvette E graduée en centimètres cubes. On arrête la distillation lorsqu'on a recueilli 100 centimètres cubes, c'est-à-dire le tiers du volume employé. Ce tiers renferme tout l'alcool quand on opère sur du vin ou sur un liquide de richesse

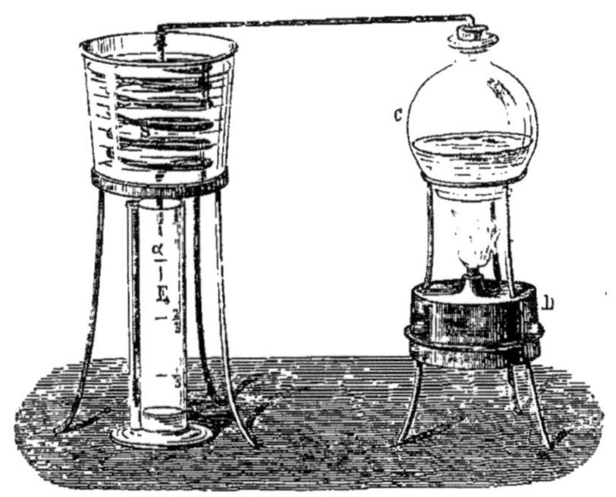

Fig. 48. — Dosage de l'alcool dans les vins.

alcoolique analogue. On ramène alors la liqueur à 15°, puis on y plonge l'alcoomètre pour déterminer sa teneur en alcool. Le tiers du titre trouvé représente la richesse en alcool de la liqueur soumise à l'essai.

Si la liqueur était très riche en alcool, il faudrait en distiller la moitié ou les deux tiers, et prendre ensuite la moitié ou les deux tiers du titre trouvé.

6. On emploie encore fréquemment aujourd'hui l'*ébullioscope* pour déterminer la richesse alcoolique des vins. Cet instrument (Brossard-Vidal) est fondé sur ce fait que la température d'ébullition d'une liqueur alcoolique est d'autant moins élevée que la proportion d'alcool est plus considérable. On place le vin dans une petite chaudière F (fig. 49) que l'on peut chauffer au moyen d'une lampe L placée sous un thermo-siphon S; cette chaudière est munie d'un réfrigérant à reflux R, qui ramène dans l'appareil les portions du liquide volatilisées et maintient ainsi la constance de composition de la liqueur à essayer. Un thermomètre T indique la température d'ébullition ; il porte une échelle graduée empiriquement, qui donne les richesses alcooliques correspondantes aux températures. Cette échelle est mobile parallèlement à la tige du thermomètre, ce qui permet de corriger l'action variable de la pression atmosphérique, en faisant un expérience préalable avec de l'eau pure, et en ramenant le point 0° de l'échelle en coïncidence avec le niveau atteint par le mercure. Le principe de cette correction n'est pas tout à fait exact, parce que les tensions de vapeur de l'eau pure, de l'alcool et de leurs mélanges ne suivent pas exactement les mêmes lois.

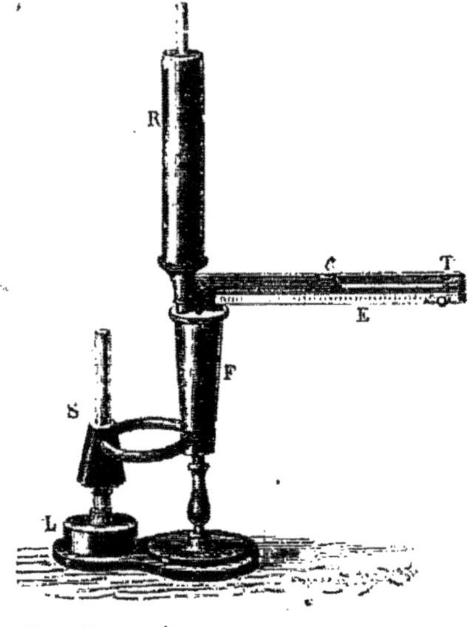

FIG. 49. — Ébullioscope de MM. Brossard-Vidal et Malligand.

Examinons maintenant les réactions que l'alcool éprouve de la part de la chaleur et des principaux corps simples ou composés.

§ 9. — Action de la chaleur.

1. L'alcool, soumis à l'action de la chaleur, n'éprouve point de décomposition, jusqu'au rouge sombre et même au delà. Cependant, à une température qui n'atteint pas encore celle du ramollissement du verre, c'est-à-dire vers 500° à 600°, il commence à se décomposer.

En opérant dans un tube rouge de feu, on obtient une série de produits, d'abord simples, puis dérivés les uns des autres, suivant la progression ordinaire des actions pyrogénées. Voici le résumé de ces réactions :

2. *Premiers produits.* — Une partie de l'alcool se résout en eau et éthylène :

$$C^4H^6O^2 = C^4H^4 + H^2O^2.$$

Une autre partie fournit de l'aldéhyde et de l'hydrogène :

$$C^4H^6O^2 = C^4H^4O^2 + H^2.$$

3. *Produits dérivés.* — 1° L'*éthylène*, à son tour, se décompose presque aussitôt en acétylène et hydrogène :

$$C^4H^4 = C^4H^2 + H^2.$$

L'acétylène, d'une part, fournit de la benzine, $C^{12}H^6$, et les autres carbures qui résultent de sa condensation progressive, entre autres la naphtaline, $C^{20}H^8$ (p. 181); ce sont des produits de 4e et de 5e ordre, par rapport à l'alcool.

L'hydrogène, d'autre part, agit sur une partie de l'éthylène pour former de l'hydrure d'éthylène :

$$C^4H^4 + H^2 = C^4H^6,$$

lequel se résout partiellement, et pour son propre compte, en formène, acétylène et hydrogène :

$$2\,C^4H^6 = 2\,C^2H^4 + C^4H^2 + H^2.$$

Etc., etc.

2° L'*aldéhyde* fournit aussi, d'une part, de l'acétylène et de l'eau :

$$C^4H^4O^2 = C^4H^2 + H^2O^2;$$

d'autre part, du formène et de l'oxyde de carbone :

$$C^4H^4O^2 = C^2H^4 + C^2O^2.$$

Cet oxyde de carbone change enfin une partie de l'eau en acide carbonique et hydrogène :

$$C^2O^2 + H^2O^2 = C^2O^4 + H^2.$$

On voit comment l'alcool fournit, en définitive, sous l'influence de la chaleur, un grand nombre de composés distincts. Mais, quelle que soit leur multiplicité, tous ces corps sont produits par des chaînes régulières de réactions simples.

§ 10. — **Action de l'hydrogène.**

L'alcool peut être privé de son oxygène par l'hydrogène naissant, et changé en *hydrure d'éthylène :*

$$C^4H^6O^2 - O^2 = C^4H^6.$$

Il suffit de le chauffer à 280° avec une solution aqueuse d'acide iodhydrique saturée à froid. Sous cette influence, l'alcool produit d'abord, et dès la température ordinaire, de l'éther iodhydrique, C^4H^5I, lequel se transforme ensuite en hydrure d'éthylène, C^4H^6 (M. Berthelot) :

$$C^4H^6O^2 + HI = C^4H^5I + H^2O^2.$$
$$C^4H^5I + HI = C^4H^6 + I^2.$$

§ 11. — Action de l'oxygène libre.

1. A une haute température, l'alcool est brûlé complètement par l'oxygène libre, avec une flamme peu éclairante : il y a production de vapeur d'eau et d'acide carbonique.

2. Si l'on fait intervenir l'oxygène libre à une température plus basse, il peut agir sur l'alcool, mais seulement dans des conditions spéciales, telles que la présence du platine ou de certains ferments. Il donne d'abord naissance à l'*aldéhyde*, $C^4H^4O^2$, par simple perte d'hydrogène :

$$C^4H^6O^2 + O^2 = C^4H^4O^2 + H^2O^2 ;$$

puis à l'*acide acétique*, $C^4H^4O^4$, par addition ultérieure d'oxygène :

$$C^4H^4O^2 + O^2 = C^4H^4O^4.$$

Ce sont là les produits primitifs; mais chacun d'eux est susceptible de s'unir directement à l'alcool pour son propre compte. On observe donc simultanément les produits de cette union, c'est-à-dire l'*éther de l'aldéhyde* (*acétal*) :

$$C^4H^4O^2 + 2\,C^4H^6O^2 - H^2O^2 = C^{12}H^{14}O^4 = C^4H^4(C^4H^4O^2[C^4H^6O^2]),$$

et l'*éther acétique :*

$$C^4H^4O^4 + C^4H^4(H^2O^2) = C^4H^4(C^4H^4O^4) + H^2O^2.$$

Il y a là un enchaînement de réactions, analogue à celui des phénomènes pyrogénés :

Tels sont les produits normaux de l'oxydation de l'alcool à basse température, soit par l'oxygène libre, soit, comme nous le verrons bientôt, par l'oxygène naissant.

3. Entrons maintenant dans quelques détails sur la réaction de l'oxygène libre.

Si l'on chauffe au rouge une spirale de platine, de façon à la purifier des poussières organiques adhérentes, et qu'on la suspende ensuite encore chaude dans l'atmosphère supérieure d'un verre contenant de l'alcool, la vapeur d'alcool s'oxyde régulièrement, et la chaleur se développe en quantité assez considérable pour maintenir le platine incandescent. On réalise encore cette expérience avec une lampe à alcool, dont la mèche est surmontée d'une spirale en platine (*Lampe sans flamme* de Davy). Si l'on opère dans l'obscurité, on voit le platine entouré d'une auréole bleuâtre et phosphorescente.

On peut régulariser l'expérience et accumuler ses produits en opérant au moyen du noir de platine. Le noir de platine donne même lieu à une réaction si vive, que l'alcool versé sur cette substance (fig. 50) s'enflamme aussitôt. Mais en l'humectant d'avance légèrement avec de l'eau, l'oxydation s'opère sans incandescence. Elle donne naissance à de l'aldéhyde et à de l'acide acétique; ce dernier corps est prédominant quand l'oxydation se prolonge. Si l'on opère en outre en présence d'une grande quantité d'eau, les composés éthérés ne se produisent qu'en très petite proportion.

FIG. 50. — Oxydation de l'alcool en présence du noir de platine.

§ 12. — Fermentation acétique.

C'est en vertu d'une réaction semblable que l'acide acétique prend naissance dans la fabrication du vinaigre. Le changement du vin en vinaigre est dû à un phénomène d'oxydation produit sur l'alcool par

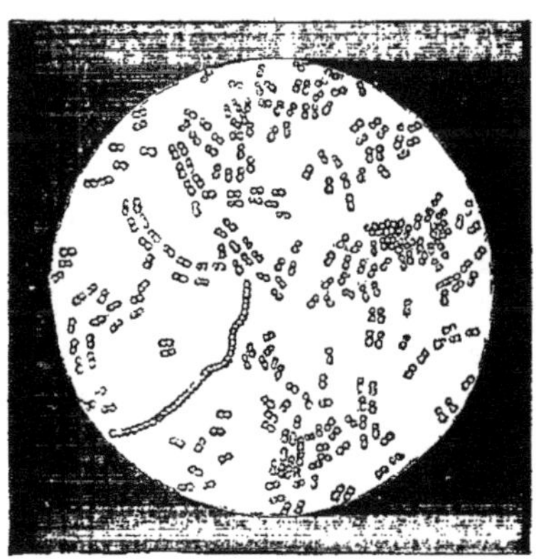

FIG. 51. — *Mycoderma aceti.*

l'oxygène de l'air, cet oxygène étant condensé avec l'intermédiaire d'un cryptogame particulier. En effet, pendant l'acétification, on aperçoit une pellicule organisée (fig. 51) se propager à la surface du liquide (mère du vinaigre, *Mycoderma aceti*). La présence de ce cryptogame est indispensable pour que l'acétification se produise : il fixe d'abord l'oxygène de l'air et le transmet à mesure à l'alcool.

§ 13. — Action des corps oxydants.

1. Au lieu d'employer l'oxygène libre, pour oxyder l'alcool, on peut se servir de l'oxygène naissant, c'est-à-dire employer les composés oxydants, tels que les peroxydes métalliques, ou les acides suroxygénés.

2. Soit, par exemple, l'*acide chromique*. Verse-t-on l'alcool sur cet acide cristallisé, l'action est si violente, que l'alcool peut prendre feu. En modérant l'action, il se produit de l'aldéhyde, de l'acide acétique, etc.

Au lieu de faire agir l'acide chromique, on peut employer un mélange de bichromate de potasse, d'acide sulfurique et d'eau : les phénomènes se passent plus régulièrement et l'on obtient l'aldéhyde et l'acide acétique, ainsi que leurs éthers (Dœbereiner).

3. Le *permanganate de potasse* en solution acide fournit les mêmes produits que l'acide chromique. En solution alcaline, il exerce une action plus puissante et forme non seulement de l'acide acétique, mais aussi de l'acide oxalique, $C^4H^2O^8$.

4. Les produits de l'oxydation de l'alcool énumérés plus haut sont déjà assez nombreux, et cependant les acides et les oxydes métalliques n'interviennent que par leur oxygène. Il en serait autrement si les autres éléments des corps oxydants pouvaient entrer en réaction. L'*acide azotique* va nous offrir un exemple de cette espèce.

Si l'on mélange de l'alcool et de l'acide azotique fumant, la réaction est instantanée et extrêmement violente, à moins de prendre des précautions spéciales.

Dans le cas où l'acide est étendu, l'action se fait avec plus de lenteur, mais elle devient bientôt énergique, et le dégagement de vapeur nitreuse est assez brusque et assez abondant pour occasionner des explosions, si l'on opère dans des vases à orifices étroits.

Les produits de l'oxydation sont :

1° D'une part l'aldéhyde, $C^4H^4O^2$, l'acide acétique, $C^4H^4O^4$, et divers acides plus oxygénés que l'acide acétique et qui résultent de l'addition croissante de l'oxygène, tels que l'*acide glycollique*, $C^4H^4O^6$, l'*acide oxyglycollique*, $C^4H^2O^6$, l'*acide oxalique*, $C^4H^2O^8$; enfin l'*acide formique*, $C^2H^2O^4$, et l'*acide carbonique*, C^2O^4 ; sans préjudice des *éthers* de la plupart de ces acides. Il se forme aussi de l'*aldéhyde glycollique* $C^4H^4O^4$, isomère de l'acide acétique, et du *glyoxal*, $C^4H^2O^4$.

Tous ces corps résultent uniquement de l'action de l'oxygène sur l'alcool et des réactions consécutives qui en résultent.

2° D'autre part, l'éther nitreux prend naissance en abondance, par suite de la réduction de l'acide nitrique :

$$2\,C^4H^6O^2 + (AzO^5,HO) = C^4H^4O^2 + C^4H^4(AzO^3,HO) + 2\,H^2O^2.$$

Cette réduction, portée plus loin encore avec le concours du carbone de l'alcool, engendre même une petite quantité d'acide cyanhydrique :

$$C^4H^6O^2 + 2(AzO^5,HO) = C^2AzH + C^2O^4 + 3\,H^2O^2 + AzO^3,HO.$$

5. L'intervention des éléments nitriques est encore plus frappante lorsqu'on oxyde l'alcool par l'acide nitrique, en présence du nitrate d'argent ou du nitrate de mercure, circonstance dans laquelle prennent naissance, en même temps que les produits d'oxydation directe, le *fulminate d'argent*, $C^2(AzO^4)Ag^2Cy$, ou le *fulminate de mercure*, $C^2(AzO^4)Hg^2Cy$, composés insolubles et détonants, dont le maniement est très dangereux.

6. L'*hydrate de soude* et l'*hydrate de potasse* jouent aussi le rôle d'agents d'oxydation à l'égard de l'alcool. Ils sont oxydants par l'eau qu'ils renferment et parce qu'ils tendent à amener la formation des acides. D'ailleurs les alcalis hydratés oxydent en général les matières organiques avec dégagement d'hydrogène.

En faisant passer des vapeurs d'alcool sur l'hydrate de soude légèrement chauffé, on obtient en effet de l'*acétate* de soude (MM. Dumas et Stas) :

$$C^4H^6O^2 + NaO,HO = C^4H^3NaO^4 + 2\,H^2.$$

Cette réaction s'opère vers 250°. Elle est typique pour les alcools en général.

Au lieu d'employer l'hydrate de potasse ou de soude pur, substance qui fond et qui attaque le verre, on fait usage ordinairement de *chaux sodée* ou *potassée* (p. 22).

§ 14. — Action des corps halogènes.

1. *Chlore.* — Le chlore sec attaque très énergiquement l'alcool absolu sous l'influence de la lumière solaire ; il peut même donner lieu à une inflammation.

En modérant la réaction, on obtient de l'aldéhyde et de l'acide chlorhydrique :

$$C^4H^6O^2 + Cl^2 = C^4H^4O^2 + 2\,HCl.$$

Telle est l'action primitive. Mais elle est suivie de nouvelles transformations.

1° Une partie de l'hydracide formé s'unit avec l'excès d'alcool, en produisant de l'éther chlorhydrique :

$$C^4H^4(H^2O^2) + HCl = C^4H^4(HCl) + H^2O^2.$$

2° L'aldéhyde contracte combinaison avec l'alcool, pour former une sorte d'éther, désigné sous le nom d'*acétal* (p. 258).

3° En même temps les éléments de l'eau, mis à nu par la production de l'éther chlorhydrique, interviennent pour oxyder une partie de l'alcool, avec formation d'acide acétique et de divers autres produits, qui résultent aussi de l'action du chlore humide.

4° Cependant l'action du chlore se poursuit sur chacun des corps qui viennent d'être signalés, en fournissant des dérivés par substitution. On voit par là combien est complexe l'action du chlore sur l'alcool.

Les produits extrêmes de cette réaction, traités par l'acide sulfurique concentré, fournissent en abondance le *choral*, $C^4HCl^3O^2$.

2. *Brome.* — Le brome agit sur l'alcool à la façon du chlore et donne naissance à des composés semblables. Le bromal, $C^4HBr^3O^2$, représente un des produits ultimes.

3. *Iode.* — L'iode peut être dissous dans l'alcool, sans exercer d'abord d'action sensible. Cette dissolution est souvent employée, soit en chimie, soit en pharmacie. Cependant, sous l'influence de la lumière, elle s'altère lentement, en développant de l'acide iodhydrique et divers produits peu étudiés. En présence d'un alcali, l'iode donne naissance à l'iodoforme, C^2HI^3 (p. 105).

§ 15. — Action des métaux alcalins et des alcalis.

1. *Sodium et potassium.* — Ces métaux agissent sur l'alcool comme sur l'eau, c'est-à-dire en se substituant à 1 équivalent d'hydrogène (Liebig) :

$$C^4H^6O^2 + Na = C^4H^5NaO^2 + H.$$

La réaction s'opère avec production de gaz et dégagement d'une chaleur suffisante pour fondre le métal, qui cristallise par le refroidissement. Ce dégagement de chaleur est égal à 32,13 Calories pour le sodium, c'est-à-dire sensiblement égal à celui que dégage l'action du même métal sur l'eau (33,3 Cal.).

Les alcoolates forment avec l'alcool en excès de beaux composés cristallisés.

2. *Alcalis.* — Les mêmes corps s'obtiennent par la réaction directe des alcalis sur l'alcool, comme nous l'avons indiqué plus haut. Avec la baryte anhydre, on prépare notamment un alcoolate défini, $C^4H^5BaO^2$ (p. 250).

Les alcoolates alcalins, chauffés au-dessus de 200°, se décomposen avec production d'acétates et de divers autres produits.

L'action des hydrates alcalins sur l'alcool, à 250°, est plus simple, comme on l'a vu ci-dessus (p. 261); car elle engendre principalement un acétate.

§ 16. — **Action des acides.**

L'action des acides sur l'alcool se réduit en général à une combinaison directe des deux corps : d'où résulte un éther et de l'eau. Nous développerons cette réaction dans le chapitre suivant.

CHAPITRE III

ÉTHERS EN GÉNÉRAL

§ 1er. — Dérivés éthérés de l'alcool.

L'alcool a la propriété de se combiner à un grand nombre de corps, avec séparation des éléments de l'eau. Six grandes classes de composés prennent ainsi naissance.

1° Une première classe de composés est formée par l'union d'un alcool et d'un acide, moins les éléments de l'eau ; ce sont les *éthers composés :*

$$C^4H^6O^2 + C^4H^4O^4 - H^2O^2 = C^8H^8O^4 = C^4H^4(C^4H^4O^4).$$

2° Une deuxième classe résulte de l'union réciproque des alcools, avec séparation d'eau ; ce sont les *éthers mixtes :*

$$C^4H^6O^2 + C^2H^4O^2 - H^2O^2 = C^6H^8O^2 = C^4H^4(C^2H^4O^2).$$

3° On peut combiner l'alcool aux aldéhydes, avec séparation des éléments de l'eau. On obtient encore des composés éthérés, tels que l'*acétal :*

$$2C^4H^6O^2 + C^4H^4O^2 - H^2O^2 = C^{12}H^{14}O^4 = C^4H^4(C^4H^4O^2[C^4H^6O^2]).$$

4° L'alcool peut être combiné à l'ammoniaque, avec séparation des éléments de l'eau ; il forme ainsi les *éthers ammoniacaux* ou *alcalis alcooliques :*

$$C^4H^6O^2 + AzH^3 - H^2O^2 = C^4H^7Az = C^4H^4(AzH^3).$$

5° L'alcool peut encore être combiné aux hydrures métalliques, avec séparation des éléments de l'eau ; il forme des corps qui jouent le rôle de *radicaux métalliques composés :*

$$C^4H^6O^2 + HTe - H^2O^2 = C^4H^5Te.$$

6° Enfin l'alcool peut être combiné aux carbures d'hydrogène, avec séparation des éléments de l'eau ; de là résultent des *carbures mixtes* ou complexes :

$$C^4H^6O^2 + C^{10}H^{12} - H^2O^2 = C^{14}H^{16} = C^4H^4(C^{10}H^{12}).$$

Voilà les six principales classes de combinaisons que l'on peut réaliser par l'action de l'alcool, libre ou naissant, sur diverses substances; toutes ces combinaisons s'effectuent suivant une même formule générale et avec séparation des éléments de l'eau. Nous étudierons d'abord les éthers composés.

§ 2. — Éthers composés. Formules.

1. En général, l'alcool s'unit avec un acide monobasique quelconque, à volumes gazeux égaux, avec formation de volumes gazeux égaux d'un éther neutre et de vapeur d'eau : tels sont l'éther acétique :

$$\underset{4\text{ v.}}{C^4H^6O^2} + \underset{4\text{ v.}}{C^4H^4O^4} = \underset{4\text{ v.}}{C^8H^8O^4} + \underset{4\text{ v.}}{H^2O^2},$$

et l'éther chlorhydrique :

$$\underset{4\text{ v.}}{C^4H^6O^4} + \underset{4\text{ v.}}{HCl} = \underset{4\text{ v.}}{C^4H^5Cl} + \underset{4\text{ v.}}{H^2O^2}.$$

2. Nous représenterons ces éthers en écrivant la substitution des éléments de l'acide aux éléments de l'eau dans la formule de l'alcool envisagé comme un type ou système complet :

$C^4H^4(H^2O^2)$.	$C^4H^4(C^4H^4O^4)$.	$C^4H^4(HCl)$.
Alcool.	Éther acétique.	Éther chlorhydrique.

3. On peut aussi les assimiler aux sels, en comparant l'alcool à une base hydratée :

C^4H^5O,HO.	$C^4H^5O,C^4H^3O^3$.	$(C^4H^5)Cl$.
Hydrate d'oxyde d'éthyle.	Acétate d'oxyde d'éthyle.	Chlorure d'éthyle.

4. En notation atomique, on formule les éthers en remplaçant l'hydrogène basique de l'acide par le radical de l'alcool, c'est-à-dire par le groupe hydrocarboné que l'on suppose combiné à l'hydroxyle θH dans cet alcool :

$$\underset{\text{Alcool.}}{C^2H^5 - \theta H} + \underset{\text{Acide acétique.}}{CH^3 - C\theta^2H} = \underset{\text{Éther acétique.}}{CH^3 - C\theta^2 - C^2H^5} + \underset{\text{Eau.}}{H^2\theta};$$

$$\underset{\text{Alcool.}}{C^2H^5 - \theta H} + \underset{\text{Ac. chlorhydrique.}}{HCl} = \underset{\text{Éther chlorhydrique.}}{Cl - C^2H^5} + \underset{\text{Eau.}}{H^2\theta}.$$

Les éthers sont ainsi rapprochés des sels, le radical d'alcool jouant dans les premiers le même rôle que le métal dans le second.

Étudions maintenant comment on peut former les éthers, et comment on peut les décomposer.

§ 3. — **Formation des éthers.**

Pour former les éthers, il faut faire agir l'alcool sur un acide, les deux corps étant soit à l'état libre, soit à l'état naissant.

Développons ces réactions.

I. — Action directe d'un acide libre sur l'alcool libre.

1. Les conditions de l'action directe d'un acide libre sur l'alcool, celles de l'action inverse de l'eau sur les éthers, et en général les conditions de l'éthérification directe, ont été étudiées surtout par MM. Berthelot et Péan de Saint-Gilles. Nous allons les résumer.

2. A la température ordinaire, la combinaison s'effectue en général par simple contact ou mélange.

Elle a lieu assez vite lorsqu'on opère avec un acide énergique, tel qu'un acide minéral, et que l'on fait intervenir la chaleur. En mêlant l'alcool et l'acide chlorhydrique, il n'y a pas de réaction immédiate, mais en distillant on obtient l'éther chlorhydrique, qui se condense dans un récipient entouré de glace. C'est un liquide neutre, très volatil, et qui brûle avec une flamme verte.

3. Les acides organiques exercent une réaction bien plus lente, même à chaud. Mélangeons l'acide acétique et l'alcool à équivalents égaux. Tout d'abord les deux corps demeurent sans action sensible à la température ordinaire, quoiqu'ils soient intimement mélangés. Cependant la réaction s'effectue peu à peu, même à froid : au bout d'un jour, on trouve qu'un centième environ de l'acide et de l'alcool sont entrés en combinaison. Après une semaine, cette proportion s'élève à 6 centièmes. L'action continue ainsi, mais en se ralentissant toujours, de telle façon qu'elle atteint son terme seulement au bout de trois ou quatre ans de contact.

Ce sont là des phénomènes d'autant plus intéressants qu'ils s'observent en général dans les réactions des composés éthérés, tels que les corps gras neutres, renfermés au sein des tissus des êtres vivants; comme aussi dans les changements successifs éprouvés par le vin, lequel contient à la fois de l'alcool et des acides.

4. On peut activer les réactions par la chaleur, par exemple en chauffant le mélange d'acide et d'alcool dans un matras scellé, à une température de 100°. Cependant, même à cette température, la réac-

tion est encore fort lente. Avec équivalents égaux d'acide acétique et d'alcool, la combinaison n'atteindrait sa limite qu'au bout de 150 heures.

Au lieu d'opérer dans un matras scellé, on peut aussi avoir recours à la distillation. Mais cette dernière opération a l'inconvénient de ne pas permettre le mélange permanent des corps employés, pour peu que leur point de volatilité ne coïncide pas. Dans l'exemple que nous avons choisi, l'alcool distillerait d'abord, l'acide acétique resterait dans la cornue, et il faudrait cohober un très grand nombre de fois pour effectuer la combinaison. Cependant c'est ainsi que l'éther acétique a été préparé d'abord au dix-huitième siècle.

On facilite la réaction et on l'effectue dans un temps suffisamment court, en chauffant en vase clos (fig. 22, 23 et 24, p. 59 et 60) les deux corps, à une température de 180° à 200°; l'éther acétique, dans ces conditions, se forme en quelques heures. Cette formation directe des éthers réussit d'ordinaire, toutes les fois que l'acide, pris isolément, ne s'altère pas à la température de l'expérience. Ainsi, l'éther stéarique ne se formerait pour ainsi dire pas à température basse; à 100°, on n'aurait en quelques heures que des traces d'éther stéarique; mais à 200° la combinaison se fait assez facilement.

5. Précisons davantage la vitesse relative avec laquelle se forment les divers éthers. En général, les acides de la formule $C^{2n}H^{2n}O^4$ se combinent directement aux alcools, mais avec d'autant plus de lenteur que leur équivalent est plus élevé. L'acide formique, $C^2H^2O^4$, se combine plus vite que l'acide acétique, $C^4H^4O^4$; celui-ci plus vite que l'acide butyrique, $C^8H^8O^4$, et ce dernier plus vite encore que l'acide stéarique, $C^{36}H^{36}O^4$.

Réciproquement la décomposition des éthers par l'eau et par les agents d'hydratation, s'effectue d'autant plus rapidement que l'équivalent de l'acide est moins élevé; c'est-à-dire qu'un éther se décompose d'autant plus lentement qu'il a mis plus de temps à se former.

6. Les alcools primaires d'une même série homologue, $C^{2n}H^{2n+2}O^2$, contrastent sous ce rapport avec les acides $C^{2n}H^{2n}O^4$. En effet, l'union directe de ces divers alcools avec un même acide, tel que l'acide acétique, soit à froid, soit à 100°, s'opère très sensiblement avec la même rapidité, qu'il s'agisse de l'alcool ordinaire, $C^4H^6O^2$, de l'alcool amylique, $C^{10}H^{12}O^2$, ou de l'alcool éthalique, $C^{32}H^{34}O^2$.

Les alcools secondaires s'éthérifient beaucoup moins rapidement que les alcools primaires. Quant aux alcools tertiaires, leur éthérification directe ne porte que sur une très faible proportion. Les différences sont assez marquées pour qu'il soit possible de les utiliser à la distinction des diverses classes d'alcools (M. Menschutkin).

7. La vitesse avec laquelle se forme un même éther dépend encore des proportions relatives des corps réagissants : elle est accélérée par la présence d'un excès d'acide ou d'alcool.

8. Enfin les éthers se forment même lorsque l'acide et l'alcool sont étendus d'eau ; mais, dans ce cas, la proportion éthérifiée diminue, en raison de la quantité d'eau mise en expérience. Nous reviendrons sur ce point lorsque nous parlerons de la décomposition des éthers par l'eau.

Telles sont les circonstances essentielles qui accompagnent la combinaison directe des acides et des alcools.

9. La combinaison des acides organiques avec les alcools s'effectue, en général, avec absorption de chaleur :

Éther éthylacétique....................	— 2,0 Calories,
Éther éthylformique....................	— 13,9 Calories,
Éther éthyloxalique....................	— 3,8 Calories,
Éther méthylformique....................	— 8,2 Calories, etc.

La formation des éthers à acides minéraux est au contraire productrice de chaleur :

Éther éthylazotique....................	+ 6,2 Calories,
Éther éthylchlorhydrique................	+ 21,0 Calories,
Éther éthylsulfurique acide.............	+ 14,7 Calories,
Éther méthyliodhydrique.................	+ 28,4 Calories, etc.

Le rapprochement de ces chiffres suffit à expliquer pourquoi l'éthérification par les acides organiques ne s'accomplit qu'avec une grande lenteur, tandis qu'elle est rapide par les acides minéraux.

10. *Acides auxiliaires.* — Ainsi réalisée, cette méthode est extrêmement générale ; mais elle exige l'emploi de vases scellés. C'est pourquoi, dans la plupart des cas on lui substitue la méthode suivante, qui repose sur une action spéciale, en vertu de laquelle les acides minéraux facilitent la combinaison des acides faibles avec l'alcool.

Dans une solution alcoolique d'acide stéarique, par exemple, faisons passer un courant de gaz chlorhydrique : cet acide minéral détermine l'union à peu près intégrale de l'acide stéarique avec ce même alcool.

De même, pour préparer l'éther acétique, au lieu d'opérer sur l'acide acétique seul, on peut soumettre cet acide à l'action d'un mélange d'alcool et d'acide sulfurique, et distiller ; la production de l'éther acétique sera beaucoup plus rapide. Des traces d'acide sulfurique suffisent pour que la réaction s'accomplisse.

L'éthérification produite par l'acide chlorhydrique est accompagnée par la combinaison de cet acide et de l'eau, lesquels forment un hydrate particulier. L'acide organique prend donc l'alcool, tandis que l'acide minéral s'unit à l'eau; et la dernière réaction s'effectue de préférence parce qu'elle dégage environ 12 Calories de plus que l'union inverse de l'acide minéral avec l'alcool. La même théorie s'applique à l'action auxiliaire de l'acide sulfurique.

II. — Action des acides naissants sur l'alcool libre.

1. Au lieu de recourir aux acides libres, on peut faire intervenir les acides à l'état naissant, c'est-à-dire employer une réaction susceptible par elle-même de produire les acides avec dégagement de chaleur : l'énergie ainsi mise en jeu concourt à la formation des éthers.

Ainsi l'éther iodhydrique pourrait s'obtenir avec l'acide iodhydrique libre; mais il se forme plus facilement quand on produit cet acide à l'état naissant en présence de l'alcool. Il suffit, par exemple, de faire agir l'alcool sur l'iodure de phosphore. Cet iodure agit sur les éléments de l'eau latente dans l'alcool, comme sur l'eau libre.

On peut même, et tel est le procédé le plus usité, faire réagir à la fois l'iode et le phosphore en présence de l'alcool.

En général, on détermine aisément la formation d'un éther par la réaction d'un chlorure acide sur l'alcool; le chlorure silicique produit ainsi l'éther silicique; le chlorure de bore, l'éther borique; le chlorure acétique, l'éther acétique; etc.

2. Ce fait est expliqué par la thermochimie. Le chlorure acétique, par exemple, est formé à partir de l'acide acétique et de l'acide chlorhydrique avec absorption de chaleur, — 5,5 Calories; il dégage donc + 5,5 Calories en reproduisant ses générateurs, lors de sa réaction sur l'alcool. Comme d'autre part la formation de l'éther acétique absorbe — 2,0 Calories, la différence + 3,5 Calories représente le dégagement de chaleur complémentaire qui détermine la réaction.

3. Citons encore une autre application du même principe. L'éther acétique se prépare le plus souvent en distillant l'acétate de soude avec un mélange d'alcool et d'acide sulfurique. L'acide sulfurique met ici en liberté l'acide acétique, avec dégagement de chaleur, et il en détermine au même moment l'éthérification.

III. — Action entre les acides et l'alcool naissants.

1. On peut aussi faire réagir les deux corps, acide et alcool, l'un sur l'autre à l'état naissant. Ces procédés sont très importants, car ils

s'appliquent à une multitude de réactions fort diverses et en général à la combinaison de deux principes organiques quelconques.

2. En faisant réagir l'alcoolate de soude sur le chlorure acétique, une réaction des plus énergiques se manifeste à l'instant, et l'on obtient de l'éther acétique et du chlorure de sodium :

$$C^4H^3ClO^2 + C^4H^5NaO^2 = NaCl + C^4H^4(C^4H^4O^4).$$

C'est ici l'énergie due à la formation du chlorure de sodium qui concourt à la formation de l'éther acétique.

3. On peut substituer au chlorure acide un sel de l'acide qu'on veut éthérifier, et à l'alcool un éther à hydracide. Par exemple, on prépare aisément l'éther sulfhydrique en faisant réagir l'éther iodhydrique ou l'éther chlorhydrique sur un sulfure alcalin.

Les réactions de ce genre s'effectuent le plus facilement au moyen des sels d'argent :

$$C^4H^4(HI) + C^4H^3AgO^4 = C^4H^4(C^4H^4O^4) + AgI.$$

Elles commencent à froid et se complètent par l'intervention d'une température de 100°.

4. On peut encore obtenir les éthers composés par double décomposition, en ayant recours à un autre procédé, qui consiste à traiter un dérivé sulfurique de l'alcool par un sel de l'acide que l'on veut faire éthérifier; avec l'éthylsulfate de baryte et le benzoate de potasse, $C^{14}H^5KO^4$, par exemple, on obtient l'éther benzoïque :

$$C^4H^4(S^2O^6, KO, HO) + C^{14}H^5KO^4 = S^2O^6, 2\,KO + C^4H^4(C^{14}H^6O^4).$$

On opère le mélange dans une petite cornue, que l'on chauffe dans un bain d'huile, à une température voisine de 200°.

Telles sont les méthodes générales qui sont mises en œuvre par les chimistes pour former les éthers composés. Examinons maintenant les principaux modes de décomposition de ces éthers.

§ 4. — Décomposition des éthers par l'eau et les alcalis.

On peut dire d'une manière générale que les éthers en se décomposant fixent les éléments de l'eau et donnent naissance à deux groupes caractéristiques : l'un constitue l'alcool, ou les produits de sa transformation; l'autre constitue l'acide, ou les produits de sa métamorphose.

Nous examinerons d'abord les réactions dans lesquelles l'alcool et l'acide sont régénérés en nature, c'est-à-dire les réactions de l'eau, des alcalis et des acides. Puis nous passerons aux réactions qui produisent les altérations plus profondes, telles que celles des corps simples sur les éthers.

I. — Action de l'eau sur les éthers.

1. La réaction de l'eau est la plus simple de toutes. Elle a été surtout étudiée par M. Berthelot (1853). L'eau en effet décompose les éthers, en reproduisant l'acide et l'alcool. Soit l'éther acétique (1) :

$$C^4H^4(C^4H^4O^4) + H^2O^2 = C^4H^4(H^2O^2) + C^4H^4O^4.$$

Pour effectuer cette réaction, il suffit de faire agir sur l'éther l'eau prise en masse suffisante.

2. Tantôt la décomposition de l'éther s'opère déjà à froid et rapidement, comme lorsqu'il s'agit des éthers borique et silicique ; tantôt elle ne peut s'effectuer rapidement que dans des conditions favorables de temps et de température. Ainsi l'éther oxalique, chauffé à l'ébullition avec de l'eau, reproduit au bout de peu de temps l'acide oxalique et l'alcool. C'est à la même réaction qu'est due l'apparition de cristaux d'acide oxalique dans la plupart des échantillons d'éther oxalique ; elle résulte alors, soit d'une dessiccation incomplète de l'éther, soit de l'action de l'humidité atmosphérique.

3. Avec les éthers acétiques et analogues, l'action de l'eau est encore plus lente et elle ne s'exerce que d'une façon à peine appréciable, même à l'ébullition. Mais elle devient très rapide vers 200° à 250°, dans des tubes scellés. Cependant, même à froid, elle se produit à la longue, dans tous les cas, et constitue l'une des causes d'altération les plus graves des éthers.

Ainsi quand un éther renferme une trace d'eau, cette eau finit par le décomposer, soit lentement à froid, soit rapidement à 200° : les poids d'alcool et d'acide régénérés sont à peu près équivalents au poids de l'eau, lorsque celle-ci représente seulement quelques millièmes du poids de l'éther.

4. Cette réaction de l'eau sur les éthers donne lieu à une remarque intéressante. En effet, nous avons vu que les acides agissent d'ordinaire directement sur l'alcool pour former un éther, avec production d'eau.

Ici, au contraire, l'eau agit sur les éthers pour les décomposer en acide et alcool : il y a là une contradiction apparente. Elle s'explique parce que les deux actions inverses résultent d'une différence dans les

(1) $\mathcal{C}H^3\text{-}\mathcal{C}\Theta^2\text{-}\mathcal{C}^2H^5 + H^2\Theta = \mathcal{C}^2H^5\text{-}\Theta H + \mathcal{C}H^3\text{-}\mathcal{C}\Theta^2H.$

proportions. Dans tous les cas, l'alcool et l'acide organique se combinent, quelles que soient leurs proportions relatives et celles de l'eau mise en présence. Seulement plus il y a d'eau, moins il se forme d'éther neutre ; en présence d'une grande quantité d'eau, il ne se forme que des traces d'éther. Réciproquement un éther neutre, mis en présence de l'eau, donne toujours naissance à de l'acide et à de l'alcool. Mais la décomposition est toujours partielle, si l'alcool et l'acide demeurent en présence. Elle est d'autant plus grande, que la masse de l'eau est plus considérable. Tout ceci est facile à comprendre. Les phénomènes de cet ordre jouent un très grand rôle dans les réactions de la chimie organique.

5. Il résulte de ces faits que la réaction de l'alcool sur un acide libre est limitée, parce qu'elle donne lieu à la formation de l'eau. Cette limite répond à peu près à l'éthérification des deux tiers de l'acide organique et de l'alcool, lorsque l'on opère à équivalents égaux. Elle est d'ailleurs presque indépendante de la température, de la nature spéciale de l'acide et même de la nature spéciale des alcools mis en présence, du moins avec les alcools primaires.

6. Si l'on accroît la proportion de l'acide ou celle de l'alcool, on diminue l'influence de l'eau et l'on augmente la quantité d'éther formée.

7. Au contraire, la présence d'un excès d'éther ou d'eau tend à diminuer la quantité d'acide éthérifiée.

Il y a là toute une statique des réactions éthérées, fort curieuse au point de vue de l'étude des affinités, et fort importante au point de vue des changements lents qui s'effectuent dans les liqueurs vineuses et analogues.

II. — Action des alcalis hydratés sur les éthers.

1. Les alcalis, substitués à l'eau, attaquent les éthers d'une manière analogue, mais plus complète, parce que l'acide se trouve saturé à mesure et changé en sel. L'action inverse cesse alors d'être possible. L'action directe, c'est-à-dire la décomposition de l'éther, est d'ailleurs activée en raison de la chaleur dégagée par l'union de l'acide et de la base. Ainsi l'éther acétique et la potasse fournissent de l'alcool et de l'acétate de potasse (1) :

$$C^4H^4(C^4H^4O^4) + KO,HO = C^4H^4(H^2O^2) + C^4H^3KO^4.$$

Cette réaction n'est cependant pas immédiate : car il est nécessaire

(1) $CH^3\text{-}CO^2\text{-}C^2H^5 + KHO = C^2H^5\text{-}OH + CH^3\text{-}CO^2K.$

de faire bouillir pendant quelques heures l'éther acétique avec l'eau et la potasse pour régénérer la totalité de l'alcool.

Avec l'éther oxalique le résultat est bien plus rapide : la potasse concentrée, mise en contact avec cet éther, s'échauffe aussitôt ; l'alcool distille et il se forme des cristaux d'oxalate de potasse.

2. La réaction des alcalis ne s'opère nettement que sur les éthers dérivés des oxacides. Avec l'éther chlorhydrique et les corps analogues, la réaction est extrêmement lente, et elle produit de l'éther ordinaire et divers autres corps.

III. — Action des alcalis anhydres sur les éthers.

Nous avons employé dans ces expériences un hydrate alcalin dissous dans l'eau : qu'arrivera-t-il avec un alcali anhydre, tel que la chaux ou la baryte? A priori, il semble que l'on devrait obtenir de l'éther ordinaire, $(C^4H^5O)^2$, tandis que l'acide serait régénéré sous la forme de sel. Mais en réalité, on obtient à la fois un sel et un alcoolate alcalin (M. Berthelot) :

$$C^4H^4(C^4H^4O^4) + 2\,BaO = C^4H^5BaO^2 + C^4H^3BaO^4.$$

Cette réaction est beaucoup plus difficile à réaliser que celle des alcalis hydratés. Elle s'effectue seulement en faisant agir l'alcali sur l'éther dans des tubes scellés, vers 200°.

IV. — Action oxydante des alcalis sur les éthers.

Les réactions qui viennent d'être exposées, soit avec les alcalis anhydres, soit avec les hydrates alcalins, exigent pour se produire que l'on ne dépasse pas une température de 200° à 250°. Au delà de ce terme, les hydrates alcalins déterminent une réaction toute différente : l'acide est régénéré et l'alcool s'oxyde, conformément à ce qui a été dit de l'action des alcalis hydratés sur l'alcool (p. 261). Soit l'éther benzoïque, il fournit du benzoate et de l'acétate de potasse :

$$C^4H^4(C^{14}H^6O^4) + 2\,KHO^2 = C^{14}H^5KO^4 + C^4H^3KO^4 + 2\,H^2.$$

5. — Action de l'ammoniaque sur les éthers.

1. Tout ce que nous venons de dire s'applique à l'action des alcalis proprement dits, mais sans comprendre l'ammoniaque, laquelle exerce des actions toutes spéciales et extrêmement remarquables. Le rôle spécial de l'ammoniaque résulte de la présence de l'hydrogène et de l'absence de l'oxygène parmi ses éléments, ce qui constitue des conditions toutes particulières, car les éléments de l'eau font défaut à la réaction normale des oxybases sur les éthers. Deux cas principaux se présentent ici, selon que l'on opère avec un éther formé par un acide minéral et énergique, ou avec un éther formé par un acide organique.

2. *Formation des alcalis.* — Mettons en présence de l'ammoniaque un éther dérivé d'un acide énergique, comme l'éther chlorhydrique, l'éther iodhydrique ou l'éther nitrique.

Il n'y a pas d'abord d'action apparente. Mais, si on laisse le contact se prolonger, ou si l'on fait intervenir la chaleur, la réaction se produit peu à peu et une matière cristallisée apparaît. Le composé qui prend naissance résulte de l'union intégrale de l'ammoniaque avec l'éther (M. Hofmann) :

$$C^4H^5I + AzH^3 = C^4H^8AzI,$$

c'est-à-dire (1) :

$$C^4H^4(HI) + AzH^3 = C^4H^4(AzH^3),HI.$$

En effet, le corps ainsi obtenu n'est plus un éther; l'acide, latent dans l'éther, a reparu dans la nouvelle combinaison. Bref, nous avons ici l'iodhydrate, C^4H^7Az,HI, d'une base particulière, l'éthylamine, ou ammoniaque éthylique, C^4H^7Az. Ce corps est un éther ammoniacal; on peut le regarder comme formé par l'addition de l'alcool et de l'ammoniaque, avec séparation d'eau :

$$C^4H^6O^2 + AzH^3 - H^2O^2 = C^4H^7Az.$$

La réaction est la même avec l'éther nitrique (M. Juncadella) :

$$C^4H^4(AzO^5,HO) + AzH^3 = C^4H^4(AzH^3)(AzO^5,HO).$$

Elle est aussi la même avec l'éther acide qui résulte de l'union de l'alcool et de l'acide sulfurique (M. Berthelot).

3. *Formation des amides.* — L'ammoniaque, en agissant sur l'éther d'un acide organique, donne naissance à l'alcool et à un nouveau composé, lequel résulte de l'union des éléments de l'acide avec ceux de l'ammoniaque. Ce corps n'est pas un sel ammoniacal : il n'en possède pas les propriétés, car il ne manifeste immédiatement ni les réactions de l'acide, ni celles de la base. Il diffère, en effet, du sel ammoniacal par les éléments de l'eau : c'est un *amide*. Avec l'éther

(1) $\mathit{C^2H^5\text{-}I + AzH^3 = C^2H^5\text{-}AzH^2\text{-}HI}$.

acétique, on obtient ainsi l'*acétamide* (1), $C^4H^5AzO^2$ (Dumas, Malaguti et Le Blanc) :

$$C^4H^4(C^4H^4O^4) + AzH^3 = C^4H^6O^2 + C^4H^5AzO^2.$$

On peut remarquer que l'acétamide se formule facilement en prenant la formule de l'acétate d'ammoniaque dont on retranche H^2O^2 :

$$C^4H^4O^4, AzH^3 - H^2O^2 = C^4H^5AzO^2.$$

Cette remarque pouvait être prévue à priori, dès qu'on savait qu'il y a de l'alcool formé. En effet, l'éther acétique est représenté par de l'acide acétique et de l'alcool, moins 2 équivalents d'eau. Si donc l'ammoniaque régénère l'alcool, il faut que le produit complémentaire renferme les éléments de l'acide et ceux de l'ammoniaque, diminués précisément de 2 équivalents d'eau.

Ajoutons enfin que l'amide ainsi obtenu, chauffé longtemps avec de l'eau ou avec un alcali, reproduit l'ammoniaque et l'acide en fixant de l'eau.

4. La réaction de l'ammoniaque sur les éthers est lente en général ; cependant l'éther oxalique la manifeste immédiatement, ce qui permet de la mettre en évidence par une expérience de courte durée. On dissout l'éther oxalique dans l'alcool, pour que la réaction ait plus de netteté, et l'on verse de l'ammoniaque ; bientôt la liqueur louchit, blanchit, et il se forme un précipité abondant, surtout si l'on agite la liqueur avec une baguette. Ce précipité n'est autre chose que l'amide de l'éther oxalique, ou l'*oxamide* (Bauhof).

§ 6. — **Action des acides sur les éthers.**

1. Examinons maintenant l'action des acides en général sur les éthers.

Si les acides sont concentrés, ils tendent à partager l'alcool avec l'acide combiné dans l'éther, et une partie dudit acide se trouve bientôt régénérée. Ainsi l'éther acétique et l'acide sulfurique concentré, par leur décomposition réciproque, fournissent de l'acide éthylsulfurique et de l'acide acétique. Mais la décomposition n'est pas complète en général.

De même à 100°, l'acide chlorhydrique en excès et l'éther acétique donnent de l'éther chlorhydrique et de l'acide acétique :

$$C^4H^4(C^4H^4O^4) + HCl = C^4H^4O^4 + C^4H^4(HCl).$$

(1) $\mathit{C}H^3 - \mathit{C}\Theta^2 - \mathit{C}^2H^5 + AzH^3 = \mathit{C}H^3 - \mathit{C}\Theta - AzH^2 + \mathit{C}^2H^5 - \Theta H.$

En présence d'un excès d'alcool, l'acide organique demeure éthérifié.

2. Le partage est plus net encore, s'il s'agit d'un acide organique. Par exemple, en chauffant l'acide benzoïque et l'éther acétique, ou l'éther benzoïque avec l'acide acétique, il y a partage dans les deux cas et formation simultanée de deux éthers et de deux acides.

3. Ces réactions et ces partages ont lieu également avec les acides étendus ; mais la proportion totale de l'alcol éthérifié dépend de la masse de l'eau mise en présence, précisément comme dans le cas d'un acide unique.

§ 7. — Action des corps simples sur les éthers.

1. *Hydrogène.* — La seule réaction exercée par l'hydrogène sur les éthers, en général, est celle qui résulte de l'hydrogène naissant, engendré par l'acide iodhydrique. A 280°, cet agent décompose les éthers en donnant naissance à deux carbures forméniques, correspondant l'un à l'acide, l'autre à l'alcool générateur.

Avec l'éther butyrique, par exemple, on obtient l'hydrure d'éthylène et l'hydrure de butylène (M. Berthelot) :

$$C^4H^4(C^8H^8O^4) + 4\,H^2 = C^8H^{10} + C^4H^6 + 2\,H^2O^2.$$

Cette réaction est précédée par le dédoublement de l'éther en acide et éther iodhydrique, conformément à la réaction générale exercée par un excès d'hydracide.

Avec les éthers des hydracides on n'obtient évidemment qu'un seul carbure. Soit l'éther iodhydrique :

$$C^4H^4(HI) + HI = C^4H^6 + I^2.$$

2. *Oxygène.* — L'oxygène libre ou naissant agit sur les éthers, en général, comme sur l'alcool et dans des conditions semblables ; avec cette différence, toutefois, que l'élément acide peut aussi s'oxyder pour son propre compte. On obtient donc en même temps les produits d'oxydation de l'acide et de l'alcool.

On détermine d'ailleurs l'oxydation par les mêmes agents que ceux que nous avons employés pour l'alcool (acide chromique, acide nitrique, permanganate de potasse, bioxyde de manganèse et acide sulfurique, chlore humide, hydrates alcalins, etc.).

Avec l'éther valérianique, par exemple, et l'acide chromique, on obtient de l'aldéhyde, de l'acide acétique et de l'acide valérianique :

$$C^4H^4(C^{10}H^{10}O^4) + O^2 = C^4H^4O^2 + C^{10}H^{10}O^4,$$
$$C^4H^4(C^{10}H^{10}O^4) + 2\,O^2 = C^4H^4O^4 + C^{10}H^{10}O^4.$$

3. *Chlore.* — Le chlore donne naissance à des phénomènes de substitution. On peut les ranger sous deux catégories, selon qu'il s'agit des éthers à oxacides ou des éthers à hydracides.

1° Prenons l'éther chlorhydrique ; le chlore, agissant sur ce corps, formera successivement une série de composés équivalents, dans lesquels il y aura augmentation de chlore et diminution d'hydrogène :

$$C^4H^5Cl + Cl^2 = C^4H^4Cl^2 + HCl.$$

On obtient ensuite $C^4H^3Cl^3$, $C^4H^2Cl^4$, C^4HCl^5, et enfin on arrive à C^4Cl^6, qui est du sesquichlorure de carbone cristallisé (Regnault), identique au chlorure d'éthylène perchloré (p. 82).

2° En agissant sur les éthers bromhydrique ou iodhydrique, le chlore forme de l'éther chlorhydrique en commençant par déplacer le brome ou l'iode; l'action est ensuite la même que ci-dessus.

3° L'action du chlore sur les éthers à oxacides est analogue en principe. En effet, le chlore déplace l'hydrogène, équivalent par équivalent, et donne des composés chlorurés, dans lesquels la somme du chlore et de l'hydrogène demeure constante.

Les corps ainsi formés sont analogues aux éthers dont ils dérivent; c'est-à-dire que, traités par les alcalis, ils donnent des composés de deux sortes, les uns dérivés de l'alcool, les autres de l'acide primitif.

Une remarque très intéressante peut être faite dans l'étude de ces composés. En effet les éthers renferment le carbone sous deux formes et il en est de même de leurs dérivés chlorurés. La substitution chlorée peut donc s'exercer sur l'un ou l'autre de ces deux groupes, ou bien sur les deux à la fois. De là résultent des corps métamères, très distincts par leurs réactions, tels que les suivants :

Éther de l'acide chloracétique........	$C^4H^4(C^4H^3ClO^4)$,
Éther chloré de l'acide acétique........	$C^4H^3Cl(C^4H^4O^4)$,
Éther de l'acide acétique bichloré......	$C^4H^4(C^4H^2Cl^2O^4)$,
Éther bichloré de l'acide acétique.... .	$C^4H^2Cl^2(C^4H^4O^4)$,
Éther chloré de l'acide chloracétique...	$C^4H^3Cl(C^4H^3ClO^4)$.

Cette théorie est pareille à celle que nous avons développée pour les carbures méthylbenzéniques (p. 176).

4. *Métaux.* — Un grand nombre de métaux attaquent les éthers d'hydracides. Il se produit ainsi trois réactions distinctes (M. Frankland), toutes trois fort importantes, savoir :

1° Une élimination de l'élément halogène, avec formation de deux carbures correspondant à l'éther :

$$2\,C^4H^4(HI) + Zn^2 = C^4H^4 + C^4H^6 + 2\,ZnI;$$

2° Une formation d'un carbure éthéré unique :

$$2\,C^4H^4(HI) + Zn^2 = C^4H^4(C^4H^6) + 2\,ZnI.$$

3° Une substitution de l'élément métallique à l'iode, avec production d'un radical composé :

$$2\,C^4H^4(HI) \quad + \quad 2\,KTe \quad = \quad \left.\begin{matrix} C^4H^4 \\ C^4H^4 \end{matrix}\right\} H^2Te^2 + 2\,KI;$$

Telluréthyle.

$$2\,C^4H^4(HI) \quad + \quad 2\,Zn^2 \quad = \quad \left.\begin{matrix} C^4H^4 \\ C^4H^4 \end{matrix}\right\} H^2Zn^2 + 2\,ZnI.$$

Zinc-éthyle.

5. Quant aux éthers à oxacides, ils sont attaqués par les métaux alcalins, avec substitution du métal à l'hydrogène. Dans les composés ainsi formés, il s'opère souvent (et avec le concours de conditions spéciales) une fusion plus intime entre le carbone de l'acide et celui de l'alcool; ce qui donne naissance à divers composés, et entre autres à un acide isomérique avec l'éther. L'éther acétique, $C^4H^4(C^4H^4O^4)$, se change ainsi, par des réactions successives, en acide isobutyrique, $C^8H^8O^4$ (MM. Frankland et Duppa).

§ 8. — Propriétés physiques des éthers.

1. Terminons par quelques remarques générales sur les propriétés physiques des éthers. Ces propriétés, de même que les réactions chimiques, peuvent être prévues, dans une certaine mesure, par la connaissance des propriétés de l'alcool et de l'acide. En effet, les affinités des deux composants étant faibles et les dégagements de chaleur produits au moment de la combinaison peu considérables, il en résulte que les propriétés des deux composants subsistent à peine modifiées dans le composé (M. Berthelot). Précisons cette déduction par l'examen de diverses propriétés.

2. *Densité.* — Soit la densité. D'après l'observation, le volume V de l'acide s'ajoute à celui v de l'alcool, et leur somme est, à peu de chose près, égale aux volumes réunis, V' et v', de l'éther et de l'eau qui résultent de leur réaction : $V+v=V'+v'$.

Prenons en effet l'éther acétique; sa formation est exprimée par l'équation :

$$C^4H^6O^2 + C^4H^4O^4 = C^8H^8O^4 + H^2O^2;$$

ce qui, traduit en poids, signifie que 46 grammes d'alcool, unis à 60 grammes d'acide acétique, produisent 88 grammes d'éther acétique et 18 grammes d'eau.

Or les 46 grammes d'alcool occupent un volume exprimé par 46 divisé par la densité ; déterminons cette dernière à la température d'ébullition, pour avoir des données physiques comparables, et nous trouverons 62,2 pour le quotient en question, soit $v = 62{,}2$.

De même 60 grammes d'acide acétique occupent, à la température d'ébullition, un volume V égal à $63^{cc},3$; la somme $125^{cc},5 = V + v$.

Retranchons $18^{cc},8 = v'$, volume de l'eau à 100°, et nous aurons $V' = 106^{cc},7$, qui exprime le volume théorique de l'éther acétique à son point d'ébullition.

Or l'expérience donne précisément $106^{cc},7$. L'équivalent 88 divisé par ce volume théorique fournit la densité. Un calcul semblable, appliqué aux éthers, donne en général des résultats assez approximatifs.

On peut calculer de même toutes les propriétés qui dépendent des masses relatives des corps réagissants.

3. *Chaleur de combustion.* — Ainsi la chaleur de combustion d'un éther est voisine de la somme des chaleurs de combustion de l'alcool et de l'acide, l'eau, corps entièrement brûlé, n'intervenant pas dans le calcul.

4. *Chaleur spécifique.* — La chaleur spécifique se calcule de même approximativement. En effet, la chaleur spécifique de l'alcool étant 0,617 vers la température ordinaire, il faudra $0{,}617 \times 46 = 28{,}3$ Calories, pour élever de 1 degré 1 équivalent d'alcool ; il faudra $0{,}509 \times 60 = 30{,}5$ Calories, pour élever de 1 degré 1 équivalent d'acide acétique, en tout 58,8 Calories.

Retranchons 18 Calories pour l'eau éliminée, il reste 40,8 Calories pour 1 équivalent d'éther acétique. Or l'expérience donne $0{,}474 \times 88 = 41{,}7$. On a donc en général :

$$Pc + P'c' = P_1c_1 + P'_1c'_1.$$

Observons que ces relations ne peuvent être qu'approchées, les chaleurs spécifiques variant avec la température.

5. *Indice de réfraction.* — L'indice de réfraction se calcule par des notions analogues, en admettant que le *pouvoir réfringent spécifique* (1) d'un éther est égal à la somme de ceux de l'alcool et de l'acide, diminuée de celui de l'eau éliminée.

(1) On appelle ainsi le produit : $(n-1)\frac{E}{D}$, dans lequel n est l'indice de réfraction, E l'équivalent, D la densité (M. Gladstone).

6. *Point d'ébullition.* — Enfin pour les points d'ébullition, M. H. Kopp a remarqué des relations très régulières, qui paraissent se rattacher à des notions analogues.

1° En général, le point d'ébullition d'un éther (fig. 52) formé par l'alcool ordinaire est situé 40° à 45° plus bas que celui de l'acide organique dont il dérive :

L'acide acétique bout à........	119°
L'éther acétique bout à..	74°
Différence.........	45°

Le point d'ébullition d'un éther méthylique est situé 60° à 65° plus bas que celui de l'acide générateur. Celui d'un éther amylique est supérieur de 15° à 20° à celui de l'acide, etc. Ces différences entre les points d'ébullition des éthers éthyliques, méthyliques, amyliques, etc., sont la conséquence d'une autre relation générale.

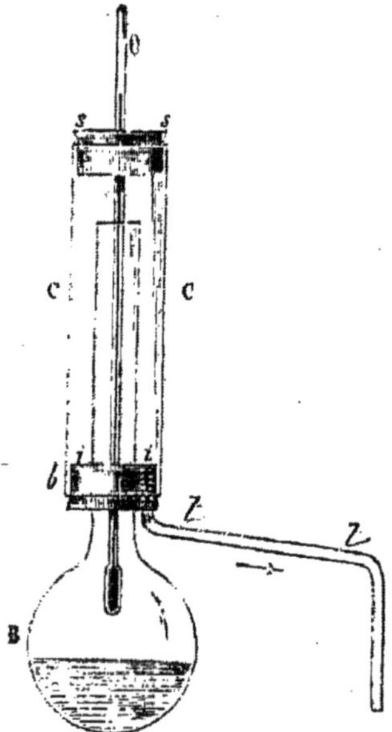

Fig. 52. — Appareil pour la détermination des points d'ébullition.

2° En effet, on peut comparer entre eux les éthers formés par l'union des divers alcools avec un même acide. On trouve ainsi qu'à une différence de nC^2H^2 entre les alcools homologues répond une différence de $19° \times n$ environ, dans les points d'ébullition des éthers formés par un même acide uni à ces divers alcools.

3. Une différence semblable existe entre les points d'ébullition des éthers formés par un même alcool, uni à des acides qui diffèrent de nC^2H^2. Ces différences rappellent celles qui existent entre les points d'ébullition des carbures homologues (p. 47) et des alcools homologues (p. 229); elles en sont même la conséquence.

Elles sont surtout approchées pour les corps réellement homologues; par exemple, lorsqu'on compare entre eux les alcools normaux, ainsi que les acides et les éthers qui en dérivent; ou bien encore les alcools secondaires engendrés par un même système de réactions; etc.

En passant, au contraire, d'un alcool primaire à un alcool secondaire de même formule, le point d'ébullition s'abaisse, et il est le plus bas possible pour l'alcool tertiaire. Des variations semblables se retrouvent entre leurs dérivés, et spécialement entre leurs éthers.

Les relations précédentes permettent de calculer approximativement le point d'ébullition d'un éther, pourvu que l'on connaisse : soit les points d'ébullition de l'acide et de l'alcool dont il dérive, soit même ceux d'un alcool homologue et d'un acide homologue.

CHAPITRE IV

ÉTHERS DE L'ALCOOL ORDINAIRE

§ 1er. — Types de formules.

1. Nous allons maintenant retracer l'histoire des principaux éthers. Distinguons d'abord les divers composés qui résultent de l'union de l'alcool avec les acides monobasiques, bibasiques, tribasiques.

2. Avec les *acides monobasiques*, l'alcool ne forme qu'un seul éther, lequel est neutre. Soit l'acide acétique, $C^4H^4O^4$ (1) :

Éther acétique.. $C^4H^6O^2 + C^4H^4O^4 - H^2O^2 = C^8H^8O^4$ ou $C^4H^4(C^4H^4O^4)$.

3. Avec les *acides bibasiques*, l'alcool forme deux composés distincts, l'un acide et monobasique, l'autre neutre. Soit l'acide oxalique, $C^4H^2O^8$ (2) :

Acide éthyloxalique.. $C^4H^6O^2 + C^4H^2O^8 - H^2O^2 = C^8H^6O^8$ ou $C^4H^4(C^4H^2O^8)$,

Éther oxalique....... $2\,C^4H^6O^2 + C^4H^2O^8 - 2\,H^2O^2 = C^{12}H^{10}O^8$ ou $\left.\begin{matrix}C^4H^4\\C^4H^4\end{matrix}\right\}(C^4H^2O^8)$.

Il existe aussi des éthers d'un caractère mixte, dérivés d'un acide bibasique, et simultanément de l'alcool et de l'ammoniaque, ou de l'alcool et d'un autre acide : on en citera des exemples en parlant des éthers carboniques.

4. Avec les *acides tribasiques*, l'alcool forme trois composés dis-

(1) $C^2H^5\text{-}\Theta H + CH^3\text{-}C\Theta^2H = CH^3\text{-}C\Theta^2\text{-}C^2H^5 + H^2\Theta$.

(2) $C^2H^5\text{-}\Theta H + C^2\Theta^4 = H^2 = H^2\Theta + C^2\Theta^4 < \begin{matrix}(C^2H^5)\\H\end{matrix}$ (acide éthyloxalique) ;

$2\,(C^2H^5\text{-}\Theta H) + C^2\Theta^4 = H^2 = 2\,H^2\Theta + C^2\Theta^4 = (C^2H^5)^2$ (éther oxalique).

tincts, deux sont acides, le troisième neutre. Soit l'acide citrique $C^{12}H^8O^{14}$ (1) :

Acide éthylcitrique (bibasique)......	$C^4H^4(C^{12}H^8O^{14})$,	$C^4H^4(C^{12}H^6K^2O^{14})$;
Acide diéthylcitrique (monobasique).	$\left.\begin{matrix}C^4H^4\\C^4H^4\end{matrix}\right\rbrace(C^{12}H^8O^{14}$,	$\left.\begin{matrix}C^4H^4\\C^4H^4\end{matrix}\right\rbrace(C^{12}H^7KO^{14})$;
Éther citrique neutre..............	$\left.\begin{matrix}C^4H^4\\C^4H^4\\C^4H^4\end{matrix}\right\rbrace(C^{12}H^8O^{14})$.	

Tels sont les types des formules des éthers composés.

Nous allons retracer l'histoire des éthers minéraux et organiques en commençant par les éthers des hydracides.

§ 2. — Éther chlorhydrique.

$C^4H^4(HCl)$ ou C^4H^5Cl........................ $C^2H^5\text{-}Cl$.

1. *Formation.* — L'éther chlorhydrique était connu des alchimistes du seizième siècle. Il peut être formé :

1° Par l'acide chlorhydrique et l'éthylène (M. Berthelot) :

$$C^4H^4 + HCl = C^4H^4(HCl);$$

2° Par le chlore et l'hydrure d'éthylène (M. Schorlemmer) :

$$C^4H^6 + Cl^2 = C^4H^4(HCl) + HCl;$$

3° Par la réaction de l'acide chlorhydrique, libre (Basse, 1801) ou naissant, sur l'alcool :

$$C^4H^4(H^2O^2) + HCl = C^4H^4(HCl) + H^2O^2.$$

2. *Préparation.* — Pour le préparer on se sert de l'appareil représenté dans la figure 31 (p. 99). On introduit dans un ballon 2 parties de sel marin et l'on verse sur cette substance un mélange de 1 partie d'alcool et 1 partie d'acide sulfurique (Gehlen). On chauffe doucement : l'éther se dégage sous forme gazeuse; on le lave dans un vase renfermant de l'eau tiède, on le sèche à l'aide de tubes ren-

(1) $C^2H^5\text{-}\Theta\dot{H} + C^6H^5\Theta^7 \equiv H^3 = H^2\Theta + C^6H^5\Theta^7 \lessgtr^{(C^2H^5)}_{H^2}$ (acide éthylcitrique);

$2(C^2H^5\text{-}\Theta H) + C^6H^5\Theta^7 \equiv H^3 = 2\,H^2\Theta + C^6H^5\Theta^7 \lessgtr^{(C^2H^5)^2}_{H^2}$ (ac. diéthylcitrique);

$3(C^2H^5\text{-}\Theta H) + C^6H^5\Theta^7 \equiv H^3 = 3\,H^2\Theta + C^6H^5\Theta^7 \equiv (C^2H^5)^3$ (éther citrique neutre).

fermant du chlorure de calcium; enfin on le condense dans un vase entouré d'un mélange réfrigérant. On le conserve dans des matras scellés à la lampe, précaution qui s'applique fréquemment aux corps très volatils et aux corps altérables par l'oxygène ou par l'humidité atmosphérique.

3. *Propriétés.* — L'éther chlorhydrique est un liquide neutre, très mobile, doué d'une odeur agréable et pénétrante. Sa densité à 0° est 0,921. Il bout à 12°,5. Il est peu soluble dans l'eau, très soluble dans l'alcool. Sa formation au moyen de l'éthylène et du gaz chlorhydrique dégage + 38,4 Calories; au moyen de l'alcool et du gaz chlorhydrique, + 21,4 Calories.

Il ne précipite pas les sels d'argent, même en solution alcoolique. Sa vapeur enflammée brûle avec une flamme verte et production d'acide chlorhydrique.

4. Chauffé vers 400°, il commence à se décomposer en acide chlorhydrique et éthylène (Thénard). Au rouge, il fournit les mêmes produits, et consécutivement l'acétylène et ses dérivés.

5. L'action des éléments: hydrogène, oxygène, chlore, etc., a été signalée dans le chapitre précédent (p. 276).

La potasse dissoute dans l'eau n'attaque guère l'éther chlorhydrique; dissoute dans l'alcool, elle le décompose rapidement, mais avec formation d'éther hydrique et intervention des éléments de l'alcool:

$$C^4H^4(HCl) + C^4H^6O^2 + KO,HO = C^4H^4(C^4H^6O^2) + KCl + H^2O^2.$$

§ 3. — Éther bromhydrique.

$C^4H^4(HBr)$ ou C^4H^5Br.................... $C^2H^5 - Br$.

1. L'éther bromhydrique a été découvert par Sérullas en 1827.

2. *Formation.* — 1° Par l'éthylène et l'acide bromhydrique:

$$C^4H^4 + HBr = C^4H^4(HBr);$$

2° Par l'alcool et le même hydracide, libre ou naissant.

3. *Préparation.* — On introduit dans une cornue entourée d'eau froide 20 grammes de phosphore rouge (ou une quantité excédante) et 200 grammes d'alcool très concentré. On ajoute peu à peu 200 grammes de brome; l'acide bromhydrique, qui tend à se former, réagit à mesure sur l'alcool. On laisse digérer, puis on distille et l'on ajoute de l'eau au produit distillé. L'éther bromhydrique se sépare et se rassemble au fond. On le décante, on le fait digérer sur du chlorure de calcium pour le dessécher et on le rectifie (Sérullas, Personne).

4. *Propriétés.* — L'éther bromhydrique est un liquide neutre, incolore, très réfringent, d'une odeur alliacée. Sa densité est 1,468 à 13°,5. Il bout à 38°,5. Sa formation au moyen de l'éthylène et du gaz bromhydrique dégage +30 Calories ; au moyen de l'alcool +22,3 Calories.

Il est insoluble dans l'eau, très soluble dans l'alcool, l'éther, etc.

5. La potasse aqueuse le décompose très lentement vers 120° avec formation d'éther hydrique, $C^4H^4(C^4H^6O^2)$, et d'un peu d'éthylène, C^4H^4 (M. Berthelot).

6. L'éther bromhydrique, chauffé avec les sels à 200°, donne lieu à des doubles décompositions, avec formation d'éthers correspondants ; soit l'éther benzoïque :

$$C^4H^4(HBr) + C^{14}H^5KO^4 = C^4H^4(C^{14}H^6O^4) + KBr.$$

Les sels d'argent produisent le même effet dès 100°.

§ 4. — Éther iodhydrique.

$C^4H^4(HI)$ ou C^4H^5I .... $C^2H^5 - I$.

1. L'éther iodhydrique a été préparé pour la première fois par Gay-Lussac en 1815.

2. *Formation.* — 1° Par l'éthylène et l'acide iodhydrique (M. Berthelot) :

$$C^4H^4 + HI = C^4H^4(HI);$$

2° Par l'alcool et l'hydracide, libre ou naissant.

3. *Préparation.* — On introduit dans un ballon 1 partie d'alcool avec 5 parties d'iode, et l'on ajoute par petites portions 10 parties de phosphore rouge. On laisse en contact pendant vingt-quatre heures, puis on distille (Sérullas, Personne).

On mélange le produit distillé avec de l'eau ; l'éther se précipite sous forme huileuse ; on l'agite avec une solution d'acide sulfureux qui le décolore, puis avec de l'eau alcaline ; on le déshydrate par digestion sur du chlorure de calcium, et enfin on le rectifie.

Dans l'industrie, on le prépare en ajoutant peu à peu 6 à 7 parties seulement de phosphore rouge au mélange d'alcool et d'iode, et l'on distille.

4. *Propriétés physiques.* — L'éther iodhydrique est un liquide neutre, incolore lorsqu'il est récemment préparé. Mais il se décompose rapidement, même à la lumière diffuse, et se colore en rose par l'iode rendu libre. Exposé à l'action de la lumière solaire directe, il

rougit en quelques minutes. Cette instabilité est commune à presque tous les composés de la chimie organique qui renferment l'iode au nombre de leurs éléments. Aussi l'éther iodhydrique doit-il être conservé à l'abri de la lumière, même diffuse. Il est doué d'une odeur éthérée et alliacée, insoluble dans l'eau, miscible avec l'alcool absolu et l'éther. Sa densité à 0° est 1,975. Il bout à 72°.

5. *Réactions.* — Les réactions de l'hydrogène naissant, du chlore, des métaux, de l'ammoniaque, etc., sur cet éther, ont été signalées plus haut (p. 276). Le brome et l'acide nitrique fumant en précipitent l'iode instantanément.

Les sels d'argent sont attaqués à froid par l'éther iodhydrique. L'oxyde d'argent ou la potasse alcoolique le décomposent en donnant naissance à de l'éther ordinaire :

$$2\,C^4H^4(HI) + 2\,AgO = C^4H^4(C^4H^6O^2) + 2\,AgI.$$

La facilité avec laquelle l'éther iodhydrique agit sur les sels d'argent fait de ce corps un réactif fort usité.

§ 5. — **Éthers sulfhydriques.**

1. L'acide sulfhydrique, représenté par 4 volumes, répond à la formule H^2S^2. Il fournit plusieurs ordres de sels, savoir :

1° Des sels neutres ou sulfures proprement dits :

$$K^2S^2;\ Na^2S^2;\ \text{etc.};$$

2° Des sels acides ou sulfhydrates de sulfures :

$$KS,HS \text{ ou } KHS^2;\ NaS,HS \text{ ou } NaHS^2;\ \text{etc.}$$

3° Enfin on peut combiner les sulfures neutres avec un excès de soufre, de façon à obtenir des polysulfures :

$$K^2S^4;\ K^2S^6;\ K^2S^{10};\ \text{etc.}$$

A ces divers composés répondent des éthers, comme le montrent les formules suivantes :

		(Form. atom.)
Éther sulfhydrique neutre	$C^4H^4(C^4H^6S^2)$ ou $\left.\begin{matrix}C^4H^4\\C^4H^4\end{matrix}\right\}(H^2S^2)$	$(C^2H^5)^2{=}S$.
Acide éthylsulfhydrique (mercaptan).	$C^4H^4(H^2S^2)$	$C^2H^5\text{-}HS$;
ses sels	$C^4H^4(KHS^2)$	$C^2H^5\text{-}KS$.
Éther sulfhydrique bisulfuré	$\left.\begin{matrix}C^4H^4\\C^4H^4\end{matrix}\right\}(H^2S^4)$	$(C^2H^5)^2S^2$;
— trisulfuré........	$\left.\begin{matrix}C^4H^4\\C^4H^4\end{matrix}\right\}(H^2S^6)$	$(C^2H^5)^2S^3$;
— pentasulfuré.....	$\left.\begin{matrix}C^4H^4\\C^4H^4\end{matrix}\right\}(H^2S^{10})$	$(C^2H^5)^2S^5$.

2. Tous ces corps se préparent par double décomposition, en faisant agir les sulfures ou sulfhydrates alcalins, dissous dans l'alcool, sur l'éther chlorhydrique ou sur l'éther iodhydrique (V. Regnault). Soit l'éther sulfhydrique neutre :

$$2\,C^4H^4(HCl) + K^2S^2 = C^4H^4(C^4H^6S^2) + 2\,KCl;$$

de même l'acide éthylsulfhydrique :

$$C^4H^4(HCl) + KHS^2 = C^4H^4(H^2S^2) + KCl.$$

3. L'*acide éthylsulfhydrique*, $C^4H^4(H^2S^2)$, autrement dit *mercaptan* ou *alcool sulfuré*, a été découvert par Zeise. C'est un liquide incolore, fétide ; sa densité à 21° est 0,835. Il bout à 36°. Il est peu soluble dans l'eau. Il se combine avec la plupart des sulfures, en donnant des sels, $C^4H^5MS^2$.

Le sel mercuriel, notamment, se forme immédiatement avec une vive effervescence, lorsqu'on verse l'acide éthylsulfhydrique sur l'oxyde de mercure.

Traité par l'acide nitrique fumant, le mercaptan s'oxyde et se change en un acide spécial, $C^4H^4(S^2H^2O^6)$, l'*acide éthylsulfureux* ou *hydréthylsulfurique*, composé très stable, qui se produit aussi par l'oxydation des autres éthers sulfurés.

4. L'*éther sulfhydrique neutre*, $(C^4H^4)^2(H^2S^2)$, a été découvert par Dœbereiner et étudié surtout par V. Regnault. Il est liquide, doué d'une odeur alliacée, forte et très persistante. Sa densité à 0° est 0,837. Il bout à 91°. Il est insoluble dans l'eau, soluble dans l'alcool, etc.

Il forme avec divers chlorures et sels métalliques des composés cristallisables, tels que le suivant :

$$(C^4H^4)^2(H^2S^2) + 2\,HgCl.$$

Des composés analogues se produisent avec la plupart des éthers sulfurés.

§ 6. — Éther cyanhydrique. Ses isomères.

$C^4H^4(C^2HAz)$ ou C^6H^5Az . . . . $C^2H^5\text{-}CAz$.

1. L'éther cyanhydrique se présente à la suite des autres éthers d'hydracides. En réalité, on ne connaît point jusqu'ici le véritable éther cyanhydrique, c'est-à-dire le corps qui serait décomposé par les alcalis en alcool et acide cyanhydrique ; mais, par l'application

des méthodes générales d'éthérification, on a obtenu deux corps isomères, doués de propriétés très intéressantes.

L'un d'eux est le *nitrile formique de l'éthylamine* (M. A. Gautier):

$$C^2H^2O^4 + C^4H^7Az - 2\,H^2O^2 = C^6H^5Az.$$

L'autre est le *nitrile propionique de l'ammoniaque* (Dumas, Malaguti et Le Blanc):

$$C^6H^6O^4 + AzH^3 - 2\,H^2O^2 = C^6H^5Az.$$

Les constitutions de ces composés sont établies par les dédoublements réguliers qu'ils éprouvent sous l'influence de la potasse bouillante ou des acides concentrés.

Le nitrile éthylamiformique est le plus volatil : il bout à 82°, tandis que le nitrile propionique bout seulement à 97°.

Ces deux corps se produisent simultanément et dans les mêmes conditions, mais en proportions inégales, suivant les réactions employées. Ils seront décrits plus loin dans le livre des amides; mais nous avons dû les signaler ici, à cause de leur mode de formation qui les rapproche des éthers.

2. *Synthèse des composés propioniques.* — Les réactions du nitrile propionique sont très remarquables. En effet, ce corps ne se partage point dans les réactions comme le font les autres éthers, en donnant naissance à deux composés distincts, identiques ou correspondant à ses générateurs : alcool et acide cyanhydrique. Au contraire, le carbone des deux générateurs demeure en général uni dans une seule et même molécule organique, c'est-à-dire à l'état de composés propyliques, renfermant 6 équivalents de carbone : tels sont l'hydrure de propylène, C^6H^8; la propylamine, C^6H^9Az; l'acide propionique, $C^6H^6O^4$. Bref, le pseudo-éther cyanhydrique permet de transformer l'alcool ordinaire, principe qui renferme 4 équivalents de carbone, dans les composés propyliques qui en renferment 6 et appartiennent à la série homologue supérieure.

Ce fait est susceptible de généralisation et acquiert par là une grande importance. Nous y reviendrons.

§ 7. — **Éther nitrique.**

$C^4H^4(AzO^5,HO)$ .... $C^2H^5\text{-}AzO^3$.

1. L'éther nitrique a été préparé pour la première fois par Millon en 1843.

2. *Préparation.* — Lorsque l'on fait réagir l'acide nitrique fumant sur l'alcool sans précautions spéciales, il s'établit immédiatement une violente réaction, avec formation de produits complexes, au nombre desquels se trouve l'éther nitreux; mais on n'obtient point d'éther nitrique.

Pour obtenir ce dernier, il faut éviter avec le plus grand soin la présence ou la formation de l'acide nitreux, laquelle est l'origine de ces réactions secondaires. On peut y parvenir en employant de l'acide nitrique monohydraté, privé d'acide nitreux par le passage d'un courant d'air et soigneusement refroidi : on y fait tomber l'alcool absolu par gouttelettes excessivement fines que l'on mélange aussitôt dans toute la masse, afin de prévenir un échauffement local. Dès que l'on a ajouté à l'acide 10 à 15 centièmes de son poids d'alcool, on verse rapidement le tout dans une grande quantité d'eau : l'éther nitrique tombe au fond sous la forme d'une huile pesante.

Ce mode de production est assez intéressant dans la théorie; mais en pratique il est d'une application difficile et, de plus, dangereux.

Il est préférable d'opérer avec l'acide nitrique ordinaire, auquel on ajoute à l'avance de l'urée, laquelle détruit l'acide nitreux avec formation d'azote. On suit pour cela la méthode de Millon modifiée par M. W. Lossen.

On fait bouillir de l'acide nitrique pur ($D = 1,36$) additionné préalablement de 15 grammes de nitrate d'urée par litre. Après refroidissement, on introduit dans une cornue tubulée 400 grammes de cet acide, 100 grammes de nitrate d'urée et 300 grammes d'alcool très concentré, puis on distille. Quand la moitié du mélange a distillé, on verse dans la cornue une nouvelle quantité d'acide et d'alcool, mélangés dans les mêmes proportions, et l'on continue à distiller, en remplaçant de temps en temps le mélange qui a réagi. Dans ces conditions, les 100 grammes de nitrate d'urée suffisent pour la préparation de 6 à 7 kilogrammes d'éther nitrique.

Cela fait, on ajoute de l'eau au liquide distillé pour séparer tout l'éther; on lave celui-ci avec une solution alcaline étendue; on le sèche sur du nitrate de chaux anhydre et on le redistille avec précaution.

On peut encore mélanger 2 volumes d'acide sulfurique concentré avec 1 volume d'acide nitrique ($D = 1,36$) préalablement dépouillé de vapeurs nitreuses, ajouter au mélange quelques grammes de nitrate d'urée, et, après l'avoir refroidi à 0°, y introduire, en agitant et en évitant toute élévation de température, le tiers de son poids d'alcool. L'éther nitrique se sépare sous forme d'un liquide insoluble qui surnage (MM. Chapmann et Smith).

3. *Propriétés.* — L'éther nitrique est liquide, d'une odeur douce et agréable. Sa densité à 0° est 1,132. Il bout à 86°. Il est insoluble dans l'eau.

Il se décompose avec explosion, à une température de 140° environ. On met en évidence la facilité avec laquelle il détone, en surchauffant quelques gouttes de ce liquide dans un petit tube fermé par un bout; l'explosion serait extrêmement violente et dangereuse si l'on opérait sur une quantité un peu notable. On explique cette propriété détonante de l'éther nitrique, en remarquant que, comme la poudre de guerre, ce corps est formé d'une matière combustible et d'une matière comburante; en outre, sa décomposition en produits gazeux dégage 64,6 Calories, nombre très notablement supérieur à celui qui exprime sa chaleur de formation, soit 49,3 Calories.

4. L'action des alcalis mérite quelque détail. Quand ils sont très étendus, l'éther nitrique est décomposé lentement à 100°, en formant du nitrate de potasse et de l'alcool :

$$C^4H^4(AzO^5,HO) + KO,HO = C^4H^4(H^2O^2) + AzO^5,KO.$$

Mais, si la potasse est concentrée, on obtient de l'éther ordinaire (M. Berthelot) :

$$2\,C^4H^4(AzO^5,HO) + 2(KO,HO) = C^4H^4(C^4H^6O^2) + 2(AzO^5,KO) + H^2O^2.$$

La potasse dissoute dans l'alcool produit également de l'éther ordinaire.

Avec l'ammoniaque dissoute dans l'eau ou dans l'alcool, l'éther nitrique forme à 100° du nitrate d'éthylamine (M. Juncadella) :

$$C^4H^4(AzO^5,HO) + AzH^3 = C^4H^4(AzH^3),AzO^5,HO.$$

Signalons enfin la réaction suivante, bien qu'elle se rapporte à l'acide nitrique plutôt qu'à l'alcool. L'éther nitrique traité par l'étain et l'acide chlorhydrique, c'est-à-dire par l'hydrogène naissant, se réduit avec formation d'alcool et d'*oxyammoniaque*, AzH^3O^2 (M. W. Lossen) :

$$C^4H^4(AzO^5,HO) + 3\,H^2 = C^4H^4(H^2O^2) + AzH^3O^2 + H^2O^2.$$

§ 8. — Éther nitreux.

$C^4H^4(AzO^3,HO)$........................ $\mathcal{C}^2H^5\text{-}Az\Theta^2$.

1. *Formation.* — L'éther nitreux, découvert en 1742 par Navier et Geoffroy, se forme toutes les fois qu'on fait agir l'acide nitrique ou

'acide nitreux sur l'alcool, sur les éthers, enfin sur les alcalis éthyliques, par exemple sur l'éthylamine prise à l'état de sel :

$$C^4H^4(AzH^3) + 2(AzO^3) = C^4H^4(AzO^3, HO) + Az^2 + H^2O^2.$$

2. *Préparation.* — On le prépare par l'action de l'acide nitrique (90 centimètres cubes, D = 1,36) sur l'alcool à 90 centièmes (151 centimètres cubes), en présence de la tournure de cuivre, ou mieux du sulfate ferreux (45 grammes); on condense les produits dans des récipients bien refroidis. La réaction devient facilement explosive. L'éther nitreux ainsi obtenu est toujours souillé d'aldéhyde. On le purifie, autant que possible, par des lavages avec des solutions alcalines faibles et par des rectifications à point fixe.

Il vaut mieux dissoudre 500 grammes d'azotite de potasse dans 1 litre d'alcool à 45 centièmes et faire arriver peu à peu dans la liqueur bien refroidie avec de la glace, 1500 grammes d'un mélange à poids égaux d'acide sulfurique, d'alcool et d'eau.

3. *Propriétés.* — L'éther nitreux est un liquide incolore, doué d'une odeur de pomme de reinette. Il se dissout dans 48 parties d'eau, et se mêle avec l'alcool en toutes proportions. Sa densité à 15° est 0,90. Il bout à 18°.

Abandonné à lui-même, surtout s'il est humide, il se décompose peu à peu avec dégagement de gaz. Les alcalis, l'eau bouillante, le détruisent immédiatement, avec formation d'alcool. L'hydrogène sulfuré régénère également l'alcool, en formant de l'ammoniaque :

$$C^4H^4(AzO^3, HO) + 3\,H^2S^2 = C^4H^4(H^2O^2) + AzH^3 + H^2O^2 + 3\,S^2.$$

4. *Isomère de l'éther nitreux.* — Lorsqu'on met en contact de l'azotite d'argent avec de l'éther iodhydrique, une réaction se déclare dès la température ordinaire. Si on la termine au bain-marie, et qu'on distille ensuite le produit, il passe un peu d'éther nitreux formé de la manière suivante :

$$C^4H^4(HI) + AzO^3, AgO = AgI + C^4H^4(AzO^3, HO);$$

mais cet éther est accompagné d'un liquide isomère avec lui (M. V. Meyer), l'*hydrure d'éthylène nitré* ou *nitréthane*, $C^4H^5(AzO^4)$, qui prédomine dans le mélange (voy. p. 115). Observons seulement ici que cet isomère bout à 113° au lieu de 18°; que sa densité est 1,058 au lieu de 0,90; enfin, qu'il est plus stable et ne régénère pas l'alcool sous l'influence de la potasse.

§ 9. — Éthers sulfuriques.

1. *Théorie.* — L'acide sulfurique joue le rôle d'un acide bibasique. A ce titre, il doit fournir deux éthers, l'un neutre, l'autre acide :

Éther sulfurique neutre............ $\left.\begin{matrix}C^4H^4\\C^4H^4\end{matrix}\right\}(S^2O^6, H^2O^2)$,

Acide éthylsulfurique (monobasique).... $C^4H^4(S^2O^6, H^2O^2)$,

Éthylsulfates........................ $C^4H^4(S^2O^6, HO,MO)$.

2. *Action de l'acide sulfurique sur l'alcool.* — L'action de l'acide sulfurique concentré sur l'alcool donne lieu à des phénomènes divers, qu'il importe d'abord d'énumérer :

1° L'acide et l'alcool, mélangés à volumes égaux et sans précaution spéciale, donnent lieu à un vif dégagement de chaleur et à la production de l'*acide éthylsulfurique*. Cependant la formation de cet acide n'est pas terminée immédiatement dans ces conditions, à moins que l'on ne chauffe le mélange au bain-marie pendant quelque temps. En opérant avec équivalents égaux : $S^2H^2O^8+C^4H^6O^2$, ce qui répond à peu près à volumes égaux, les deux tiers de l'acide sulfurique se changent en acide éthylsulfurique. C'est la présence de l'eau formée dans la réaction qui empêche la combinaison de devenir complète (p. 271). En même temps que l'acide éthylsulfurique, il se produit toujours une certaine dose d'éther sulfurique neutre, $(C^4H^4)^2(S^2O^6,H^2O^2)$ (M. Villiers).

2° Si l'on élève la température de ce mélange jusque vers 100° et mieux encore vers 145°, il donne lieu à un dégagement d'*éther ordinaire* (voy. p. 310).

3° Enfin, double-t-on la dose d'acide, la formation de l'éther ne s'observe plus ; mais vers 170° on obtient un dégagement d'*éthylène*. Au-dessus de 170° le mélange noircit, avec dégagement d'acide sulfureux, d'oxyde de carbone et formation d'un acide conjugué, noir et humique.

Parmi ces divers produits nous ne nous occuperons maintenant que des deux éthers de l'acide sulfurique.

I. — Acide éthylsulfurique.

$C^4H^4(S^2O^6, H^2O^2)$...................... *C^2H^5-SO^4-H.*

1. *Historique.* — L'acide éthylsulfurique, ou *acide sulfovinique*, a été entrevu par Dabit en 1808, isolé par Sertuerner quelques années après, puis étudié par Hennel.

2. *Préparation.* — La préparation de ce corps est basée sur les faits qui viennent d'être exposés.

Après avoir mêlé l'acide sulfurique et l'alcool à volumes égaux, et chauffé le mélange à 100° pendant quelque temps, on le laisse refroidir; puis on verse goutte à goutte ce mélange dans 30 à 40 fois son poids d'eau, en évitant autant que possible toute élévation de température. On sature la liqueur par du carbonate de baryte en poudre fine, jusqu'à ce que la masse présente une légère réaction alcaline. On filtre alors : l'excès d'acide sulfurique demeure insoluble sous la forme de sulfate de baryte, tandis que l'éthylsulfate de baryte, sel soluble, se trouve dans la liqueur. On évapore celle-ci au bain-marie et en présence d'une petite quantité de carbonate de baryte. Quand la liqueur est assez concentrée, on la filtre chaude et on l'évapore de nouveau au bain-marie jusqu'à cristallisation.

On obtient ainsi l'éthylsulfate de baryte. Pour avoir l'acide éthylsulfurique lui-même, on décompose exactement par l'acide sulfurique une solution aqueuse d'éthylsulfate de baryte. On filtre et l'on évapore dans le vide.

3. *Propriétés.* — L'acide éthylsulfurique se présente sous la forme d'un sirop épais et incristallisable, de densité 1,316 à 16°. Sa formation dégage 14,7 Calories.

Bouilli avec 15 à 20 fois son poids d'eau, il se décompose en alcool, qui distille, et en acide sulfurique, qui demeure dans la cornue :

$$\underset{\text{Acide éthylsulfurique.}}{C^4H^4(S^2O^6, H^2O^2)} + H^2O^2 = \underset{\text{Alcool.}}{C^4H^4(H^2O^2)} + S^2O^6,H^2O^2.$$

Si l'on ajoute à cet acide le quart ou le cinquième de son poids d'eau seulement, il fournit de l'éther ordinaire.

Enfin, chauffé à l'état isolé, il se décompose avec production d'éthylène, de polyéthylènes (*huile de vin pesante*), d'eau, d'acide sulfurique, d'acide sulfureux, etc.

Les agents oxydants agissent sur l'acide éthylsulfurique comme sur l'alcool.

4. *Sels.* — L'*éthylsulfate de baryte*, $C^4H^4(S^2O^6,HO,BaO) + 2\,Aq$, ou *sulfovinate de baryte*, cristallise en beaux prismes rectangulaires obliques, qui se présentent sous forme de tables blanches, d'un aspect gras tout particulier. La dissolution de ce sel peut être portée à 100° sans se décomposer rapidement, lorsqu'il a été préparé conformément au procédé indiqué ci-dessus.

L'*éthylsulfate de soude*, $C^4H^4(S^2O^6,HO,NaO) + 2\,Aq$, ou *sulfovinate de soude*, se prépare en mélangeant volumes égaux d'alcool et d'acide sulfurique concentré, laissant en contact pendant longtemps à une douce température, et saturant la liqueur diluée par du carbonate de soude. On évapore; il cristallise en premier lieu du sulfate de soude qu'on sépare, et après plusieurs évaporations et cristallisations successives, on obtient une eau mère contenant l'éthylsulfate de soude mélangé de sulfate. On précipite exactement le sulfate par une solution d'éthylsulfate de baryte, on filtre et l'on fait cristalliser.

C'est un sel peu stable sous l'influence de l'humidité, quand il est dans un milieu acide; s'il est neutre, ou même en présence d'un peu d'alcali, il ne s'altère que lentement.

L'*éthylsulfate de potasse* se prépare de même.

5. *Isomères.* — Il existe divers isomères de l'acide éthylsulfurique ordinaire, avec lequel ils avaient été confondus à l'origine.

Le plus important, désigné sous le nom d'*acide iséthionique* ou *éthylénosulfurique*, résulte de l'action de l'acide sulfurique fumant sur l'alcool, l'éther ou l'éthylène (Magnus). Il se forme avec dégagement de + 16 Calories, c'est-à-dire d'une quantité de chaleur supérieure à celle qui accompagne la production de l'acide éthylsulfurique.

Cet acide et ses sels sont très stables; ni l'eau ni les alcalis hydratés ne les décomposent à 100°, et l'on ne sait pas en régénérer l'alcool. C'est un acide comparable à l'acide benzinosulfurique (p. 160).

L'iséthionate de potasse, chauffé avec la potasse fondante, donne naissance à l'acétylène (M. Berthelot) :

$$2\,C^4H^5KS^2O^8 + 2\,KHO^2 = 2\,C^4H^2 + S^2O^4, K^2O^2 + S^2O^6, K^2O^2 + 3\,H^2O^2 + H^2.$$

II. — Éther sulfurique neutre.

$(C^4H^4)^2(S^2O^6, H^2O^2)$ .... $(C^2H^5)^2 = SO^4$.

1. *Préparation.* — L'éther sulfurique neutre n'est bien connu que depuis les recherches de M. Claesson et de M. Villiers. Il s'obtient de diverses manières :

1° En distillant dans le vide un mélange à volumes égaux d'acide sulfurique concentré et d'alcool absolu. Il se condense un liquide aqueux, au fond duquel se sépare une liqueur huileuse que l'on décante et que l'on rectifie à 208°; c'est l'éther sulfurique neutre (M. Villiers).

2° En mélangeant équivalents égaux d'alcool absolu et d'acide sulfurique, refroidissant à 0° le liquide obtenu, le versant peu à peu dans l'eau froide, et épuisant le mélange par agitation avec du chloroforme. Ce dernier dissout l'éther sulfurique et l'abandonne par évaporation (M. Claesson).

3° En faisant agir l'alcool sur l'*éther chlorosulfurique*, $C^4H^4(S^2HClO^6)$ (M. Claesson) :

$$C^4H^4(S^2HClO^6) + C^4H^4, H^2O^2 = (C^4H^4)^2(S^2O^6, H^2O^2) + HCl.$$

L'éther chlorosulfurique lui-même est le produit de l'action du chlorure sulfurique sur l'alcool :

$$S^2Cl^2O^4 + C^4H^4, H^2O^2 = C^4H^4(S^2HClO^6) + HCl.$$

2. *Propriétés.* — L'éther sulfurique neutre est un liquide incolore, huileux, insoluble dans l'eau, et possédant une odeur piquante. Il bout à 208°; sa densité est 1,184 à 19°. L'eau froide ledissout peu et ne l'altère que très lentement.

Chauffé avec l'alcool, il donne de l'éther ordinaire et de l'acide éthylsulfurique :

$$(C^4H^4)^2(S^2O^6, H^2O^2) + C^4H^6O^2 = C^4H^4(S^2O^6, H^2O^2) + C^4H^4(C^4H^6O^2).$$

Associé avec des polyéthylènes, il constitue, pour une grande partie, le liquide appelé autrefois *huile douce de vin*, liquide qui prend naissance, comme produit secondaire, dans la préparation de l'éther ordinaire.

3. *Isomère.* — L'acide iséthionique, dont il a été question plus haut, forme un éther qui est isomère avec l'éther sulfurique neutre, et qui a été découvert par M. Wetherill.

Pour obtenir l'*éther iséthionique*, il faut diriger des vapeurs d'acide sulfurique anhydre dans l'alcool absolu, ou dans l'éther ordinaire soigneusement refroidi. Le produit est agité avec un peu d'éther ordinaire bien purifié ; puis on ajoute de l'eau avec précaution. La couche surnageante renferme l'éther iséthionique, dissous dans l'éther ordinaire. On l'agite encore avec un lait de chaux, pour achever d'enlever les acides libres. On filtre et on élimine le dissolvant par évaporation.

On obtient un liquide incolore, oléagineux. Il ne peut être distillé et se décompose vers 150°.

§ 10. — **Éthers sulfureux.**

1. L'acide sulfureux étant bibasique, forme deux éthers, l'un neutre, l'autre acide :

Acide éthylsulfureux (1)................ $C^4H^4(S^2O^4, H^2O^2)$.

Éther sulfureux neutre (2)............. $\left.\begin{matrix}C^4H^4\\C^4H^4\end{matrix}\right\}(S^2O^4, H^2O^2)$.

(1) $C^2H^5 - SO^3 - H$.
(2) $(C^2H^5)^2 = SO^3$.

2. *Éther sulfureux neutre.* — L'éther neutre, découvert par Ebelmen, se prépare en faisant agir le protochlorure de soufre sur l'alcool. Il bout à 150°. Sa densité à 0° est 1,106.

3. *Acide éthylsulfureux.* — Ce corps est peu connu. Il paraît se produire dans la réaction ménagée des alcalis sur l'éther neutre. Les alcalis le résolvent très facilement en sulfite et alcool (M. Warlitz).

4. *Isomère.* — MM. Lœwig et Weidmann ont fait connaître un acide isomérique, très stable, l'*acide pseudoéthylsulfureux* ou *acide hydréthylsulfurique*, ou encore *acide éthylsulfonique* (1), qui répond à la combinaison de l'hydrure d'éthylène avec l'acide sulfurique : C^4H^6,S^2O^6. Ce composé se prépare :

1° En faisant agir l'éther chlorhydrique ou l'éther iodhydrique sur un sulfite alcalin, vers 150° (M. Bender) :

$$C^4H^5Cl + S^2O^4,Na^2O^2 = C^4H^5NaS^2O^6 + NaCl,$$

réaction fort importante, car elle est le type d'une réaction générale des corps chlorés, bromés, iodés, mis en présence des sulfites alcalins.

2° En oxydant les éthers sulfhydriques (p. 286) et l'éther sulfocyanique.

Les hydréthylsulfates ne sont décomposés ni par l'eau, ni par les alcalis à 100°. Mais si on les fait fondre avec la potasse, ils produisent de l'éthylène (M. Berthelot) :

$$2\,C^4H^5KS^2O^6 + 2\,KHO^2 = 2\,C^4H^4 + S^2O^4,K^2O^2 + S^2O^6,K^2O^2 + H^2O^2 + H^2.$$

§ 11. — Éthers phosphoriques et phosphoreux.

1. L'acide phosphorique, tribasique, fournit les éthers suivants :

1° Éther phosphorique neutre (2)............ $\left.\begin{matrix}C^4H^4\\C^4H^4\\C^4H^4\end{matrix}\right\}(PO^5,3\,HO)$,

liquide soluble dans l'eau et dans l'éther (M. Wœgeli), formé par la réaction du phosphate d'argent sur l'éther iodhydrique (M. de Clermont).

2° Acide diéthylphosphorique monobasique (3). $\left.\begin{matrix}C^4H^4\\C^4H^4\end{matrix}\right\}(PO^5,3\,HO)$,

(1) $C^2H^5\text{-}SO^2\text{-}OH$.
(2) $(C^2H^5)^3 \equiv PO^4$.
(3) $(C^2H^5)^2 = PO^4\text{-}H$.

obtenu en abandonnant l'acide phosphorique vitreux dans une atmosphère saturée de vapeurs d'alcool absolu (M. Wœgeli).

3° Acide éthylphosphorique bibasique (1).... $C^4H^4(PO^5, 3 HO)$,

obtenu en chauffant l'acide phosphorique vitreux à la température de 80° avec de l'alcool à 95 centièmes. On sature par le carbonate de baryte, etc.

2. L'*éther phosphoreux neutre*, $(C^4H^4)^3(PO^3,3HO)$, se prépare en traitant une solution éthérée d'alcoolate de soude par le protochlorure de phosphore ajouté goutte à goutte (M. Railton).

Il bout à 191°; il se dissout dans l'eau, l'alcool et l'éther. Sa densité est 1,075 à 15°.

§ 12. — Éther borique neutre.

$(C^4H^4)^3(BO^3, 3 HO)$.................... $(C^2H^5)^3 \equiv BO^3$.

1. Ce corps se prépare en dirigeant la vapeur du chlorure de bore, BCl^3, dans l'alcool absolu refroidi. On l'obtient aussi en distillant un mélange de borate de soude et d'éthylsulfate de potasse (MM. Ebelmen et Bouquet).

2. C'est un liquide incolore, bouillant à 119°, d'une densité égale à 0,885 à 0°.

Il se dissout dans l'eau, mais se décompose rapidement, en laissant séparer de l'acide borique.

Ce corps possède une flamme verte caractéristique, dont la production se manifeste chaque fois qu'on met un composé du bore en contact avec l'alcool et l'acide sulfurique.

§ 13. — Éther silicique.

$(C^4H^4)^4(SiO^4,4 HO)$ .... $(C^2H^5)^4 \equiv SiO^4$.

1. Ce corps, découvert par Ebelmen, dérive de l'hydrate silicique : $SiO^4,4 HO$: sa formule représente 4 volumes de vapeur.

2. *Préparation.* — On le prépare de la manière suivante : dans un vase contenant du chlorure de silicium refroidi, $SiCl^4$, on ajoute goutte à goutte de l'alcool, jusqu'à ce qu'on ait employé un léger excès de ce dernier. On distille alors et l'on recueille ce qui passe entre 165° et 168°. La réaction est celle-ci :

$$SiCl^4 + 4 C^4H^4(H^2O^2) = 4 HCl + (C^4H^4)^4(SiO^4, 4 HO).$$

(1) $C^2H^5 - PO^4H^2$.

3. *Propriétés.* — L'éther silicique est un liquide incolore, d'une odeur éthérée. Il bout vers 166°; sa densité à 0° est 0,967. Il se dissout dans l'alcool et dans l'éther. Il est insoluble dans l'eau, qui le décompose lentement en alcool et acide silicique hydraté. Si l'action est lente, comme il arrive lorsque les vases qui le contiennent sont mal bouchés, on obtient un dépôt de silice, lequel va s'agglomérant avec le temps et donne lieu à des masses transparentes, comparables par leur aspect à l'hydrophane.

§ 14. — Éthers carboniques et dérivés.

1. Signalons enfin les éthers carboniques, lesquels peuvent être rangés à volonté parmi les éthers minéraux ou parmi les éthers organiques.

On considère souvent l'acide carbonique comme jouant le rôle d'acide bibasique. A ce titre, il formerait deux éthers, l'un neutre, l'autre acide. Les formules de ces éthers doivent être rapportées, non à l'acide anhydre, mais à l'acide supposé hydraté, c'est-à-dire à la formule des carbonates, $C^2O^4.^2MO$:

Éther carbonique neutre....................	$\left.\begin{matrix}C^4H^4\\C^4H^4\end{matrix}\right\}(C^2O^4,2HO)$.
Acide éthylcarbonique (monobasique).........	$C^4H^4(C^2O^4,2HO)$.

Si l'on considère l'acide carbonique comme un acide-alcool, ce qui est plus conforme aux faits observés, l'éther carbonique neutre est à la fois un éther composé et un éther mixte (voy. p. 308), tandis que les éthylcarbonates sont des éthers composés en même temps que des alcoolates métalliques (voy. p. 262).

Quelle que soit l'interprétation admise, à ces deux éthers s'en rattachent divers autres, qui en représentent les chlorures acides et les amides.

2. *Éther carbonique neutre.* — L'éther carbonique neutre (1) peut se préparer au moyen du carbonate d'argent et de l'éther iodhydrique. Mais on l'obtient de préférence par l'action des métaux alcalins sur l'éther oxalique (M. Loewig).

C'est un liquide incolore, d'une odeur éthérée. Il bout à 126°. Sa densité à 0° est égale à celle de l'eau ; mais il est plus dilatable, car à 20° sa densité est devenue 0,978. Il est insoluble dans l'eau, soluble dans l'alcool et l'éther.

Les alcalis hydratés le décomposent à la manière ordinaire.

(1) $(C^2H^5)^2=CO^3$.

L'ammoniaque, chauffée à 100° avec ce corps, le change en *urée* ou *amide carbonique*, $C^2H^4Az^2O^2$ (M. Nanson) :

$$\left.\begin{matrix} C^4H^4 \\ C^4H^4 \end{matrix}\right\} (C^2H^2O^6) + 2\,AzH^3 = 2\,(C^4H^4,H^2O^2) + C^2H^4Az^2O^2.$$

A froid, la réaction s'arrête à moitié chemin (Dumas), en formant de l'*uréthane* ou *éther carbamique*, $C^4H^4(C^2AzH^3O^4)$:

$$\left.\begin{matrix} C^4H^4 \\ C^4H^4 \end{matrix}\right\} (C^2H^2O^6) + AzH^3 = C^4H^4,H^2O^2 + C^4H^4(C^2AzH^3O^4).$$

3. *Acide éthylcarbonique.* — Cet acide (1), appelé aussi *acide carbovinique*, n'a pas été isolé. Son sel de potasse s'obtient en dirigeant un courant de gaz carbonique dans une solution alcoolique de potasse. L'éthylcarbonate de potasse, $C^4H^4(C^2KHO^6)$, demeure dissous dans l'alcool et en est précipité par l'éther, sous la forme de paillettes brillantes. L'eau décompose ce sel en bicarbonate et alcool (MM. Dumas et Péligot).

4. *Chlorure éthylcarbonique.* — A l'acide éthylcarbonique, comme aux acides monobasiques en général, répond un chlorure acide, $C^4H^4(C^2O^4HCl)$, qui se prépare par la réaction de l'oxychlorure carbonique sur l'alcool absolu (Dumas). Il bout à 94°. Sa densité à 15° égale 1,319. L'eau le décompose à chaud. L'ammoniaque le change en éther carbamique.

5. *Éthers amidés.* — Enfin, à l'acide carbonique se rattachent deux éthers amidés, savoir :

L'éther carbamique....................	$C^4H^4(C^2AzH^3O^4)$,
et l'éther cyanique...................	$C^4H^4(C^2AzHO^2)$,

qui diffère du précédent par H^2O^2. Ce dernier offre quelque intérêt.

6. *Éther cyanique.* — L'éther cyanique (2) a été découvert par Cloez, qui l'a obtenu en faisant agir le chlorure de cyanogène sur l'alcool sodé :

$$C^4H^4(NaHO^2) + C^2AzCl = NaCl + C^4H^4(C^2AzHO^2).$$

C'est un liquide huileux, incolore, bouillant vers 195° en s'altérant. Sa densité à 15° est 1,127. Soumis à l'action de la potasse, il régénère de l'alcool et donne du cyanate et du cyanurate de potasse, ce dernier par action secondaire.

7. *Isomères.* — Wurtz a préparé deux corps isomériques avec le précédent, en distillant au bain d'huile un mélange de 2 parties

(1) $(C^2H^5)\text{-}CO^3\text{-}H$.
(2) $C^2H^5\text{-}CAzO$.

d'éthylsulfate de potasse et 1 partie de cyanate de potasse récemment fabriqué et sec. Le produit condensé dans un récipient refroidi est un mélange de deux composés : l'un, liquide, est l'éthylcarbimide ; l'autre, solide, est polymérique.

L'*éthylcarbimide* (1) est incolore, doué d'une odeur très irritante et excitant le larmoiement. Sa densité est 0,898. Il bout à 60°. Il se distingue de l'éther cyanique par ses réactions.

Au contact de l'eau, il se décompose en acide carbonique et *diéthylurée :*

$$2\,C^6H^5AzO^2 + H^2O^2 = C^2O^4 + (C^4H^4)^2C^2H^4Az^2O^2.$$

L'ammoniaque le dissout en formant de l'*éthylurée :*

$$C^6H^5AzO^2 + AzH^3 = (C^4H^4)C^2H^4Az^2O^2.$$

La réaction la plus remarquable de l'éthylcarbimide est celle qu'il éprouve de la part de la potasse, laquelle le dédouble en éthylamine et carbonate (Wurtz), réaction qui en établit la constitution :

$$C^6H^5AzO^2 + 2\,KHO^2 = C^4H^4(AzH^3) + C^2O^4, 2\,KO.$$

§ 15. — **Éthers des acides organiques.**

Nous allons nous occuper maintenant des éthers formés par les acides organiques. Leur histoire présente plus d'uniformité que celle des éthers formés par les acides minéraux.

Nous commencerons par les éthers des acides monobasiques appartenant à la série $C^{2n}H^{2n}O^4$, c'est-à-dire par les éthers acétique, formique, butyrique, valérianique, stéarique, etc. ; puis nous examinerons l'éther benzoïque, qui appartient à une autre série ; nous parlerons ensuite des éthers oxalique, succinique, etc., dérivés des acides bibasiques.

§ 16. — **Éther acétique.**

$C^4H^4(C^4H^4O^4)$ .... $C^2H^5\text{-}C^2H^3O^2$.

1. L'éther acétique, appelé aussi *acétate d'éthyle*, a été découvert par Lauraguais en 1759.

2. *Préparation.* — On prend 600 grammes d'acétate de soude fondu et divisé, on les introduit dans une cornue, et l'on verse dessus, par petites parties, un mélange, fait à l'avance et refroidi, de 360 grammes

(1) $C^2H^5O\text{-}CAz$.

d'alcool à 95 centièmes avec 900 grammes d'acide sulfurique concentré. On laisse reposer pendant un jour, puis on distille tant qu'il passe de l'éther acétique (fig. 53). On agite le produit avec une solution concentrée de chlorure de calcium, renfermant une petite quantité de chaux éteinte, afin d'éliminer à la fois l'acide libre et l'alcool non combiné. On décante. On fait ensuite digérer sur un peu de chlorure de calcium sec, dans la cornue même destinée à la rectification, et l'on distille.

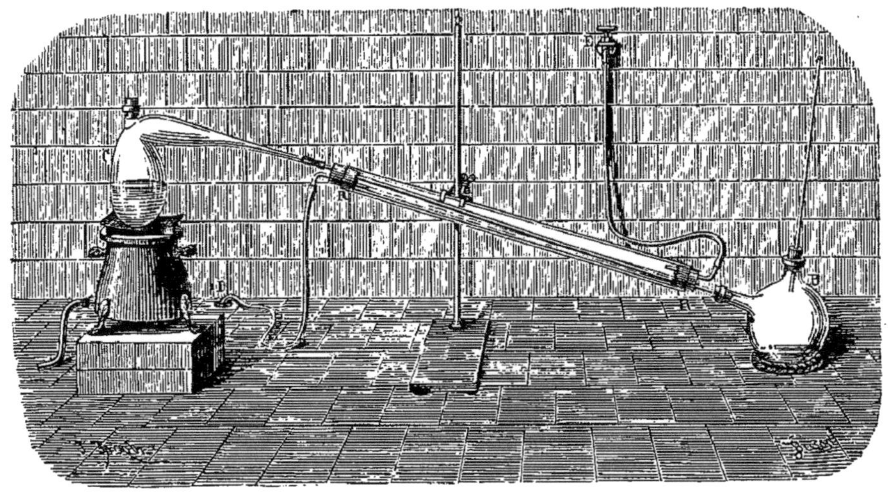

FIG. 53. — Préparation de l'éther acétique.

On obtient encore l'éther acétique en chauffant, dans un appareil distillatoire muni d'un thermomètre, un mélange à volumes égaux d'acide sulfurique concentré et d'alcool à 95 centièmes, et en faisant arriver dans le liquide, dès que la température de celui-ci a atteint 140°, un mélange à volumes égaux d'acide acétique cristallisable et d'alcool à 95 centièmes; on règle l'écoulement de ce mélange de manière à maintenir constante la température de 140°. Il distille de l'éther acétique, qu'on purifie comme il a été dit plus haut. Les premières parties, étant souillées d'un peu d'éther ordinaire, sont mises à part.

3. *Propriétés.* — L'éther acétique est un liquide mobile et incolore, doué d'une odeur propre fort agréable. Sa densité est 0,924 à 0°. Il bout à 74°. Sa formation par l'acide et l'alcool absorbe — 2,0 Calories. L'eau en dissout le onzième de son volume à 19°; mais elle ne se mêle pas à lui en toutes proportions, à moins qu'il ne contienne de l'alcool, ce qui est le cas ordinaire. On conçoit aisément la cause de cette

impureté, d'après le mode de préparation de l'éther acétique et la presque identité des points d'ébullition de l'alcool et de l'éther acétique.

Ce rapprochement des points d'ébullition est un fait général dans l'étude des éthers acétiques ; leur point d'ébullition diffère à peine de celui de l'alcool dont ils dérivent.

Le chlorure de calcium sépare l'éther acétique de ses solutions aqueuses. Ce même chlorure de calcium sec et l'éther acétique forment un composé défini, cristallisé, lequel se dédouble à 100°.

L'alcool et l'éther se mêlent en toutes proportions avec l'éther acétique. Les réactions de l'éther acétique ont été indiquées avec détail dans l'histoire générale des éthers (p. 270 et suiv.).

L'éther acétique est attaqué par le sodium en produisant de l'alcoolate de soude, de l'hydrogène et de l'éthyldiacétate de soude (M. Geuther) :

$$2\,C^4H^4(C^4H^4O^4) + Na^2 = C^4H^5NaO^2 + H^2 + C^4H^4(C^8H^5NaO^6).$$

Ce dernier corps est le point de départ d'une série de réactions et de synthèses très importantes. On y reviendra.

§ 17. — Éther formique et isomères.

$C^4H^4(C^2H^2O^4)$.................................... $C^2H^5\text{-}CHO^2$.

1. L'éther formique a été découvert en 1777 par Arvidson (d'Upsal).

2. *Préparation.* — On le prépare en distillant 7 parties de formiate de soude sec avec 6 parties d'alcool et 10 parties d'acide sulfurique préalablement mélangées.

3. *Propriétés.* — C'est un liquide doué d'une odeur de rhum. Sa densité est 0,935 à 0°. Il bout à 55°. Il se dissout dans 9 parties d'eau à 18°. Les alcalis le décomposent très rapidement, ce qui s'explique si l'on ajoute que sa formation entraîne une absorption de — 13,9 Calories.

4. *Isomères.* — Il existe deux composés isomériques avec l'éther formique, lesquels peuvent être également obtenus au moyen de l'alcool.

1° L'un est l'*acide propionique*, $C^6H^6O^4$, qui se forme par la réaction des alcalis sur le nitrile propionique (p. 288) :

$$C^4H^4(C^2HAz) + 2\,H^2O^2 = C^6H^6O^4 + AzH^3.$$

C'est un corps fort stable ; il ne reproduit ni alcool ni acide formique sous l'influence des alcalis.

2° L'autre est l'*acide éthylformique*, dont le sel de baryte peut être obtenu en faisant absorber l'oxyde de carbone par une solution de baryte anhydre dans l'alcool absolu (M. Berthelot). Cette action est très lente; elle doit être effectuée à la température ordinaire. Elle donne naissance à un composé cristallisé, $C^2O^2(C^4H^5BaO^2)$, et à une petite quantité de propionate.

L'éthylformiate de baryte, traité par l'eau, se décompose immédiatement en alcool et formiate de baryte :

$$C^2O^2(C^4H^5BaO^2) + H^2O^2 = C^2HBaO^4 + C^4H^6O^2.$$

Les éthylformiates se produisent également dans la réaction des métaux alcalins sur l'éther formique.

§ 18. — Éther butyrique.

$C^4H^4(C^8H^8O^4)$........................ $C^2H^5\text{-}C^4H^7O^2$.

1. *Préparation.* — Cet éther (Pelouze et Gélis) se forme rapidement lorsqu'on fait réagir l'acide butyrique et l'alcool en présence d'un peu d'acide sulfurique. On distille; on lave le produit avec une solution alcaline étendue; on le dessèche sur du chlorure de calcium, puis on le rectifie.

2. *Propriétés.* — L'éther butyrique est un liquide assez mobile, quoique plus oléagineux que l'éther acétique, plus léger que l'eau et insoluble dans ce menstrue, mais fort soluble dans l'éther et dans l'alcool. Il a une odeur d'ananas. Sa densité à 0° est 0,899. Il bout à 119°.

3. On emploie fréquemment l'éther butyrique pour aromatiser les bonbons et les gelées; on l'emploie mêlé d'alcool, et son odeur est assez agréable, quoique un peu grossière. Mais il ne tarde pas, sous l'influence de l'humidité, à éprouver un dédoublement partiel : ce qui fait apparaître l'odeur fétide de l'acide butyrique.

4. L'*éther valérianique*, $C^4H^4(C^{10}H^{10}O^4)$, se prépare comme l'éther butyrique. Il a pour densité à 0° : 0,888. Il bout à 134°.

§ 19. — Éther stéarique et analogues.

$C^4H^4(C^{36}H^{36}O^4)$..................... $C^2H^5\text{-}C^{18}H^{35}O^2$.

1. *Préparation.* — On dissout l'acide stéarique dans l'alcool et l'on fait arriver dans la dissolution un courant de gaz acide chlorhydrique, desséché par lavage dans l'acide sulfurique (fig. 54). Lorsque la saturation est atteinte, on chauffe doucement le mélange pendant quelque temps. Après refroidissement, on ajoute de l'eau;

l'éther se précipite complètement et se solidifie; on fait digérer sa solution éthérée avec de la chaux éteinte, qui fixe l'acide stéarique libre, puis on le fait cristalliser par évaporation (Lassaigne).

2. *Propriétés.* — L'éther stéarique est solide et cristallisé à la température ordinaire. Il a l'aspect d'un corps gras et fond à 33°. C'est à peine s'il peut être distillé sans décomposition. Il est insoluble dans l'eau et peu soluble dans l'alcool ordinaire; mais l'éther ordinaire le dissout abondamment. Lorsqu'on prépare l'éther stéarique

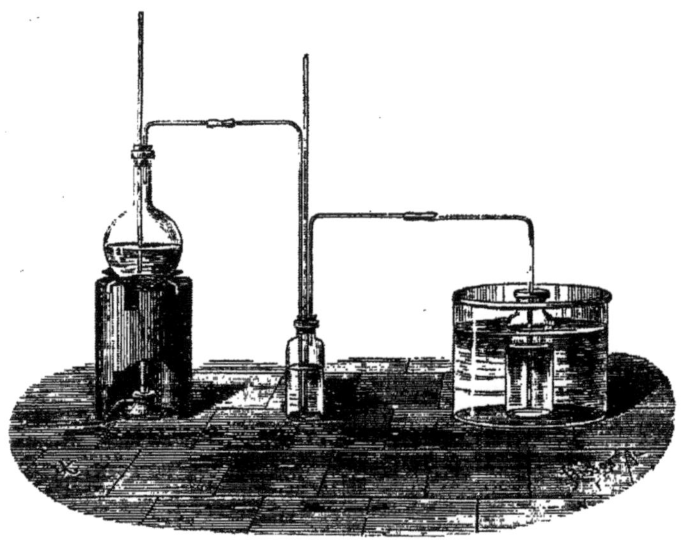

Fig. 51. — Préparation de l'éther stéarique.

avec un acide qui n'est pas absolument pur, il fond à une température inférieure à 33°, ce qui tient à la présence de l'éther palmitique, corps fusible à 24°.

3. *Remarque sur les points de fusion des éthers à acides gras.* — A mesure que l'équivalent d'un acide gras s'élève, le point de fusion de son éther éthylique monte également, comme le montrent les chiffres suivants :

Éther laurique................	$C^4H^4(C^{24}H^{24}O^4)$	fond à	— 10°,
Éther palmitique..............	$C^4H^4(C^{32}H^{32}O^4)$	—	+ 24°,
Éther stéarique...............	$C^4H^4(C^{36}H^{36}O^4)$	—	+ 33°,
Éther arachique...............	$C^4H^4(C^{40}H^{40}O^4)$	—	+ 50°,
Éther cérotique...............	$C^4H^4(C^{54}H^{54}O^4)$	—	+ 60°.

Dans la série des éthers formés par l'union de l'acide stéarique avec les divers alcools, la progression des points de fusion est d'abord inverse, pour se relever ensuite :

Éther méthylstéarique........	$C^2H^2(C^{36}H^{36}O^4)$	fond à	+ 37°,
Éther éthylstéarique.........	$C^4H^4(C^{36}H^{36}O^4)$	—	+ 33°,
Éther amylstéarique..........	$C^{10}H^{10}(C^{36}H^{36}O^4)$	—	+ 11°,
....			
Éther éthalstéarique.......	$C^{32}H^{32}(C^{36}H^{36}O^4)$	—	+ 55°.

§ 20. — Éther benzoïque.

$C^4H^4(C^{14}H^6O^4)$..................... $\mathcal{C}^2H^5\text{-}\mathcal{C}^7H^5\Theta^2$.

1. *Préparation.* — Cet éther, découvert par Scheele, appartient à une autre série d'acides, monobasiqnes comme les précédents.

Pour le préparer, on opère avec l'acide benzoïque (2 part.), l'alcool (4 part.) et l'acide chlorhydrique concentré (1 part.); on fait bouillir pendant quelques heures; on sépare l'éther par une addition d'eau. On le lave avec une solution étendue de carbonate de soude, pour enlever l'excès d'acide benzoïque; puis on le rectifie et on le met digérer sur du chlorure de calcium; enfin on le distille à point fixe.

2. *Propriétés.* — C'est un liquide oléagineux, doué d'une odeur aromatique fort tenace. Il est insoluble dans l'eau.

Sa densité à 0° est 1,066; à 14°, 1,052. Il bout à 213°. Son indice de réfraction égale 1,515.

3. L'*éther cinnamique*, $C^4H^4(C^{18}H^8O^4)$, corps analogue au précédent, a pour densité à 0° : 1,066. Il bout à 271°.

§ 21. — Éther oxalique neutre.

$(C^4H^4)^2(C^4H^2O^8)$..................... $(\mathcal{C}^2H^5)^2\text{=}\mathcal{C}^2\Theta^4$.

1. L'acide oxalique étant bibasique forme deux éthers, l'un neutre, l'autre acide :

Éther oxalique neutre............ $\left.\begin{matrix}C^4H^4\\C^4H^4\end{matrix}\right\}(C^4H^2O^8)$,

Acide éthyloxalique(monobasique).. $C^4H^4(C^4H^2O^8)$.

L'éther oxalique neutre a été découvert par Bergmann.

2. *Préparation.* — Il se prépare au moyen de l'alcool pris aussi concentré que possible et de l'acide oxalique sec. Ce dernier s'obtient en fondant l'acide cristallisé dans une capsule de porcelaine, et en le

chauffant jusqu'à ce que sa température atteigne 155°, puis laissant refroidir. On distille en cohobant plusieurs fois un mélange d'alcool (2 parties) et d'acide oxalique sec (3 parties). Un peu d'éther formique se produit au commencement de l'opération.

On peut encore distiller 1 partie de bioxalate de potasse avec un mélange de 1 partie d'alcool et 2 parties d'acide sulfurique concentré ; mais ce procédé, quoique d'une exécution plus rapide, fournit un produit moins abondant et moins pur que le précédent.

Un procédé avantageux consiste à dissoudre de l'acide oxalique exactement desséché dans 2 fois son poids d'alcool absolu, et à saturer le mélange par du gaz chlorhydrique (M. Kékulé).

Dans tous les cas, on ajoute de l'eau au produit : l'éther se précipite ; on le sépare, on l'agite avec une solution étendue de carbonate de soude, puis avec du chlorure de calcium sec. On ne doit pas prolonger trop longtemps le contact avec ce dernier sel, qui finirait par décomposer l'éther. On décante enfin l'éther et on le rectifie sur de la litharge pulvérisée.

3. *Propriétés.* — L'éther oxalique est un liquide incolore, oléagineux, d'une odeur agréable, plus dense que l'eau, à peine soluble dans ce liquide. Il s'altère très facilement à l'humidité.

Sa densité à 0° est 1,102. Il bout à 186°. Sa formule représente 4 volumes de vapeur.

Cet éther est décomposé facilement par la potasse, avec production d'oxalate et d'alcool :

$$\left.\begin{matrix}C^4H^4\\C^4H^4\end{matrix}\right\}(C^4H^2O^8) + 2\,KHO^2 = 2\,C^4H^4(H^2O^2) + C^4K^2O^8.$$

4. *Réactions.* — Si l'on dissout l'éther oxalique dans une solution alcoolique de potasse, suivant la proportion exacte d'un équivalent de potasse pour un équivalent d'éther, on obtient l'*éthyloxalate de potasse*, sous la forme de paillettes cristallisées (Mitscherlich) :

$$\left.\begin{matrix}C^4H^4\\C^4H^4\end{matrix}\right\}(C^4H^2O^8) + KHO^2 = C^4H^4(H^2O^2) + C^4H^4(C^4HKO^8).$$

L'ammoniaque aqueuse change l'éther oxalique en *oxamide* (Bauhof) :

$$\left.\begin{matrix}C^4H^4\\C^4H^4\end{matrix}\right\}(C^4H^2O^8) + 2\,AzH^3 = 2\,C^4H^4(H^2O^2) + C^4H^4Az^2O^4.$$

Cette réaction est immédiate et très facile à manifester à cause de l'insolubilité de l'amide.

Avec l'ammoniaque alcoolique, la réaction s'arrête à moitié

route (Dumas), en formant de l'*éther oxamique* ou *oxaméthane*, $C^4H^4(C^4H^3AzO^6)$:

$$\left.\begin{matrix} C^4H^4 \\ C^4H^4 \end{matrix}\right\} (C^4H^2O^8) + AzH^3 = C^4H^4(H^2O^2) + C^4H^4(C^4H^3AzO^6).$$

L'amalgame de sodium le change en *éther désoxalique*, $(C^4H^4)^3C^{10}H^6O^{16}$ (M. Lœwig).

5. L'*acide éthyloxalique* ou *oxalovinique* (1) est un liquide fort instable. On l'obtient en décomposant par l'acide sulfurique dilué l'éthyloxalate de baryte. Ce dernier s'obtient au moyen du sel de potasse correspondant, lequel se prépare comme il vient d'être dit.

§ 22. — Éther succinique neutre.

$(C^4H^4)^2(C^8H^6O^8)$ .... $(C^2H^5)^2 = C^4H^4O^4$.

Cet éther se prépare en faisant passer un courant d'acide chlorhydrique dans une solution alcoolique d'acide succinique.

Il bout à 217°; sa densité à 0° est 1,072.

§ 23. — Éther tartrique.

$(C^4H^4)^2(C^8H^6O^{12})$ .... $(C^2H^5)^2 = C^4H^4O^6$.

1. L'acide tartrique étant bibasique forme deux éthers, l'un neutre et l'autre acide. L'éther neutre a été découvert par M. Demondésir.

2. *Préparation.* — On le prépare en dirigeant un courant de gaz chlorhydrique dans une solution alcoolique d'acide tartrique. On neutralise ensuite la liqueur par un carbonate alcalin, et on l'agite à plusieurs reprises avec de l'éther. Celui-ci dissout l'éther tartrique neutre et l'abandonne ensuite comme résidu par l'évaporation.

3. *Propriétés.* — Il constitue un liquide huileux, de densité 1,199, miscible avec l'eau, assez altérable par la chaleur pour qu'on ne puisse le distiller.

4. L'*éther malique neutre* et l'*éther citrique neutre* se préparent de la même manière et présentent des propriétés analogues.

(1) $C^2H^5 - C^2O^4 - H$.

CHAPITRE V

ÉTHERS FORMÉS PAR L'UNION DE DEUX ALCOOLS

§ 1er. — Théorie générale.

1. *Formules.* — Il existe une classe générale de composés formés par l'union de deux alcools, soit *l'éther éthylméthylique* (1) :

$$C^2H^4O^2 + C^4H^6O^2 - H^2O^2 = C^2H^2(C^4H^6O^2).$$

Ces composés, désignés sous le nom d'*éthers mixtes*, comprennent comme cas particulier l'ancien *éther simple* ou *éther ordinaire*, formé par la réunion de deux molécules du même alcool, l'alcool ordinaire, c'est-à-dire *l'éther éthyléthylique* (2) :

$$C^4H^6O^2 + C^4H^6O^2 - H^2O^2 = C^4H^4(C^4H^6O^2).$$

L'éther simple avait été représenté d'abord par une formule moitié plus petite, C^4H^5O, et regardé comme formé par la déshydratation d'une seule molécule d'alcool. Comme cette formule ne répondait qu'à 2 volumes gazeux, par opposition aux autres formules organiques, on avait conçu des doutes sur son exactitude; or la découverte des éthers mixtes, dérivés de deux alcools, découverte due à M. Williamson, a établi la véritable constitution de l'ancien éther simple, lequel représente un cas particulier dans cette classe générale, à savoir le cas où les deux molécules alcooliques génératrices sont identiques.

2. *Formation des éthers mixtes.* — On forme les éthers mixtes par double décomposition, en faisant réagir un alcoolate alcalin sur un éther iodhydrique :

$$C^4H^4(HI) + C^2H^3NaO^2 = C^4H^4(C^2H^4O^2) + NaI.$$

On peut encore les obtenir par la réaction de l'acide sulfurique sur les deux alcools mélangés. Soient, par exemple, les alcools mé-

(1) $CH^3\text{-}OH + C^2H^5\text{-}OH - H^2O = CH^3\text{-}O\text{-}C^2H^5.$

(2) $C^2H^5\text{-}OH + C^2H^5\text{-}OH - H^2O = C^2H^5\text{-}O\text{-}C^2H^5.$

thylique et éthylique. On sait que l'alcool éthylique et l'acide sulfurique produisent l'acide éthylsulfurique : $C^4H^4(S^2O^6,H^2O^2)$. En faisant arriver l'alcool méthylique goutte à goutte au contact de ce dernier acide, une partie de l'alcool ordinaire est déplacée par le nouvel alcool, en formant de l'acide méthylsulfurique. Mais l'alcool éthylique ainsi déplacé s'unit à mesure et à l'état naissant avec une portion de l'alcool méthylique, pour constituer l'éther mixte éthylméthylique :

$$C^4H^4(S^2O^6,H^2O^2) + 2C^2H^4O^2 = C^2H^2(S^2O^6,H^2O^2) + C^4H^4(C^2H^4O^2) + H^2O^2.$$

3. *Réactions.* — Les éthers mixtes sont neutres et indécomposables par l'eau ou les alcalis étendus. Traités par l'acide sulfurique concentré, ils reproduisent les deux acides sulfuriques éthérés correspondant à leurs générateurs.

Traités par l'acide iodhydrique à 100°, ils régénèrent deux éthers iodhydriques :

$$C^2H^2(C^4H^6O^2) + 2HI = C^2H^2(HI) + C^4H^4(HI) + H^2O^2.$$

Vers 280°, avec le même réactif, on obtient les deux carbures d'hydrogène correspondants :

$$C^2H^2(C^4H^6O^2) + 4HI = C^2H^4 + C^4H^6 + H^2O^2 + 2I^2.$$

Le perchlorure de phosphore les transforme en deux éthers chlorhydriques :

$$C^2H^2(C^4H^6O^2) + PCl^5 = C^2H^2(HCl) + C^4H^4(HCl) + PCl^3O^2.$$

Les agents oxydants reproduisent les deux mêmes ordres de composés que s'ils agissaient séparément sur les deux alcools générateurs. Etc.

Abordons maintenant l'histoire de l'éther ordinaire ou éther hydrique, type des éthers résultant de l'union de deux molécules alcooliques.

§ 2. — Éther ordinaire.

$C^4H^4(C^4H^6O^2)$ ou $C^8H^{10}O^2$............. $(C^2H^5)^2O$ ou $C^2H^5\text{-}O\text{-}C^2H^5$.

1. *Historique.* — Valerius Cordus a décrit en 1540, sous le nom d'*oleum vini dulce*, ce composé, qui a été étudié par Scheele et beaucoup d'autres savants; c'est à Dumas et P. Boullay d'abord, puis à M. Williamson, que l'on doit les parties les plus importantes de son histoire théorique.

Il est souvent désigné sous le nom d'*éther sulfurique*, lequel convient à une autre combinaison (p. 292). Ce nom est d'ailleurs fort impropre, car, si le corps en question est préparé dans l'industrie par l'intermède de l'acide sulfurique, il ne conserve cependant aucun des éléments de cet acide dans sa composition. On l'appelle encore *oxyde d'éthyle*.

2. *Formation.* — L'éther ordinaire se forme :

1° Au moyen de l'alcoolate de soude et de l'éther iodhydrique (M. Williamson) :

$$C^4H^5NaO^2 + C^4H^4(HI) = C^4H^4(C^4H^6O^2) + NaI.$$

2° On peut aussi faire agir la potasse ou la soude, simplement dissoutes dans l'alcool, sur les éthers chlorhydrique, bromhydrique, iodhydrique. La réaction est la même. La proportion d'éther formé renferme deux fois autant de carbone que l'éther à hydracide employé, ce qui démontre que les éléments de l'alcool qui a servi de dissolvant interviennent dans la réaction :

$$C^4H^4(HBr) + C^4H^6O^2 + KO,HO = C^4H^4(C^4H^6O^2) + KBr + H^2O^2.$$

3° La réaction des alcalis ou des oxydes sur certains éthers composés forme aussi de l'éther ordinaire, même sans le concours de l'alcool. La potasse aqueuse décompose très lentement à 120° l'éther bromhydrique avec production d'éther ordinaire (M. Berthelot) :

$$2\,C^4H^4(HBr) + 2(KO,HO) = C^4H^4(C^4H^6O^2) + 2\,KBr + H^2O^2.$$

On peut admettre que cette réaction rentre dans la précédente, l'alcool se formant d'abord et réagissant à mesure sur le reste de l'éther bromhydrique, avec le concours de l'alcali.

La potasse et l'éther nitrique fournissent à 100°, soit de l'alcool, soit de l'éther, suivant que la potasse est diluée ou concentrée (p. 290).

L'oxyde d'argent et l'éther iodhydrique à 100° fournissent assez rapidement de l'éther ordinaire et de l'iodure d'argent.

4° On obtient encore l'éther ordinaire en faisant agir sur l'alcool : les acides sulfurique, phosphorique, arsénique ou chlorhydrique, le chlorure de zinc ou divers autres chlorures métalliques (Kuhlmann); enfin le chlorure de calcium, le chlorure de strontium ou le chlorhydrate d'ammoniaque vers 400° (M. Berthelot); etc.

3. La théorie de ces réactions est fondée sur une suite de doubles décompositions, analogues à celles qui ont été signalées plus haut.

Avec l'acide sulfurique, par exemple, il se forme d'abord de l'acide éthylsulfurique et de l'eau (voy. p. 292) :

$$C^4H^4(H^2O^2) + S^2O^6,H^2O^2 = C^4H^4(S^2O^6,H^2O^2) + H^2O^2.$$

Puis une nouvelle quantité d'alcool réagissant sur l'acide éthylsulfurique donne de l'éther et de l'acide sulfurique :

$$C^4H^4(S^2O^6,H^2O^2) + C^4H^6O^2 = C^4H^4(C^4H^6O^2) + S^2O^6,H^2O^2.$$

L'acide sulfurique régénéré peut produire un nouveau cycle de réactions ; de telle sorte que, théoriquement, une quantité limitée de ce réactif peut éthérifier une quantité illimitée d'alcool (M. Williamson).

4. La thermochimie donne la raison de ces réactions successives. En effet, à la température ordinaire, la réaction de l'acide sulfurique et de l'alcool, pour former de l'acide éthylsulfurique et de l'eau, est limitée parce que l'eau décompose en sens inverse l'acide éthylsulfurique et régénère l'acide sulfurique, ou plutôt un de ses hydrates :

$$C^4H^4(S^2H^2O^8) + nH^2O^2 = C^4H^4(H^2O^2) + S^2H^2O^8 \text{ (hydraté)}.$$

Il ne se forme alors aucune trace d'éther ordinaire. Celui-ci apparaît au contraire dès que la température atteint 100°, parce que, la réaction changeant de nature, l'acide éthylsulfurique agit sur une nouvelle dose d'alcool pour donner de l'éther et de l'acide sulfurique. Ces deux derniers corps étant susceptibles de réagir l'un sur l'autre pour former de l'acide éthylsulfurique et de l'eau,

$$C^4H^4(C^4H^6O^2) + 2\,S^2H^2O^8 + 2\,[C^4H^4(S^2H^2O^8)] + H^2O^2,$$

la réaction productrice de l'éther se trouve par là limitée, quand on opère en vase clos. Toutefois, l'eau engendrée par cette dernière réaction comme par la réaction primitive hydrate l'acide sulfurique; il en résulte que l'action de ce dernier sur l'éther ne s'effectue qu'à cause de la dissociation propre de l'hydrate sulfurique, ce qui modifie notablement les termes de l'équilibre.

Si l'on opère dans un appareil distillatoire, il n'en est plus de même : l'éther et l'eau sont éliminés par distillation, avec une partie de l'alcool, et il ne reste dans le vase chauffé que de l'acide sulfurique et de l'acide éthylsulfurique, susceptibles de recommencer sur l'alcool qu'on ajoute un nouveau cycle de transformations.

Vers 160° la réaction de l'acide sulfurique sur l'alcool change encore de caractère, l'acide éthylsulfurique commençant alors à se partager en éthylène et acide sulfurique. En même temps interviennent des phénomènes plus complexes, engendrant de l'acide sulfureux, de l'eau, de l'oxyde de carbone et du gaz carbonique.

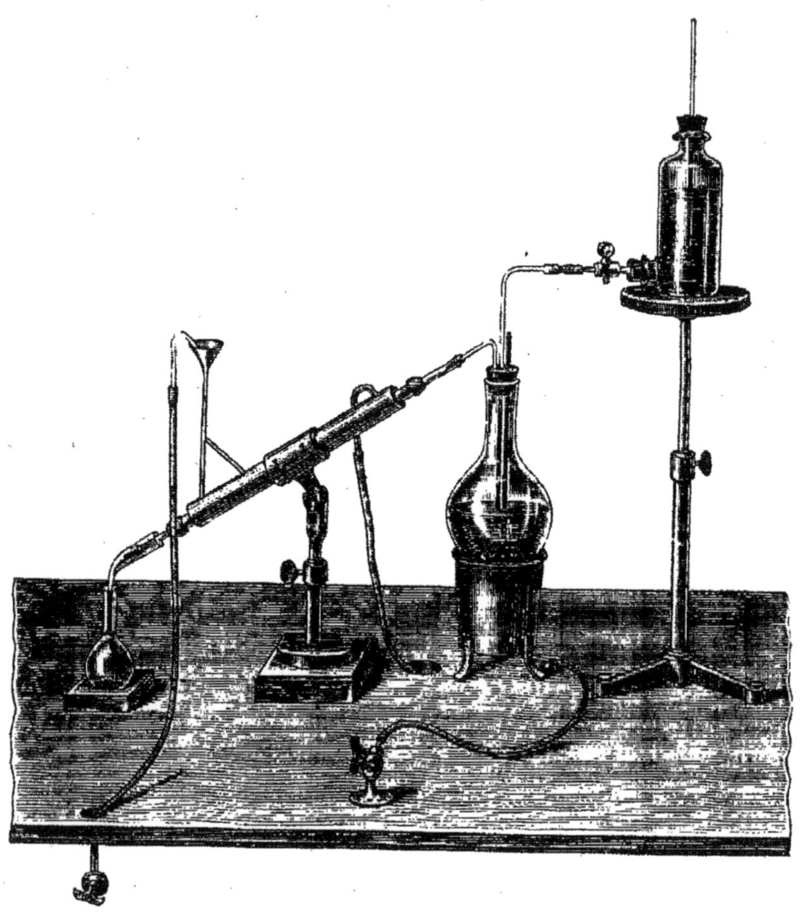

FIG. 55. — Préparation de l'éther.

§ 3. — Préparation et propriétés de l'éther.

1. *Préparation.* — On fait réagir l'acide sulfurique concentré sur l'alcool. On mélange 7 parties d'alcool ordinaire avec 10 parties d'acide sulfurique concentré et l'on chauffe le tout dans un ballon (fig. 55) jusqu'à 140° environ. On laisse alors tomber lentement dans le mélange de l'alcool à 95 centièmes, pendant qu'on maintient à peu près constante la température indiquée. L'alcool se décompose à mesure en eau et en éther, et le tout passe à la dis-

tillation. On le condense dans un réfrigérant bien refroidi. L'acide sulfurique peut, en théorie, éthérifier des quantités illimitées d'alcool; cependant il finit par s'altérer et noircir. En pratique, il éthérifie de 25 à 30 fois son poids d'alcool.

Le produit distillé est un mélange d'éther, d'eau, d'acide sulfureux, d'alcool, etc. On l'agite avec son volume d'eau, qui dissout l'alcool, l'éther surnage. On le décante, on le met en contact avec un lait de chaux, qui fixe l'acide sulfureux, et l'on distille au bain-marie. Si

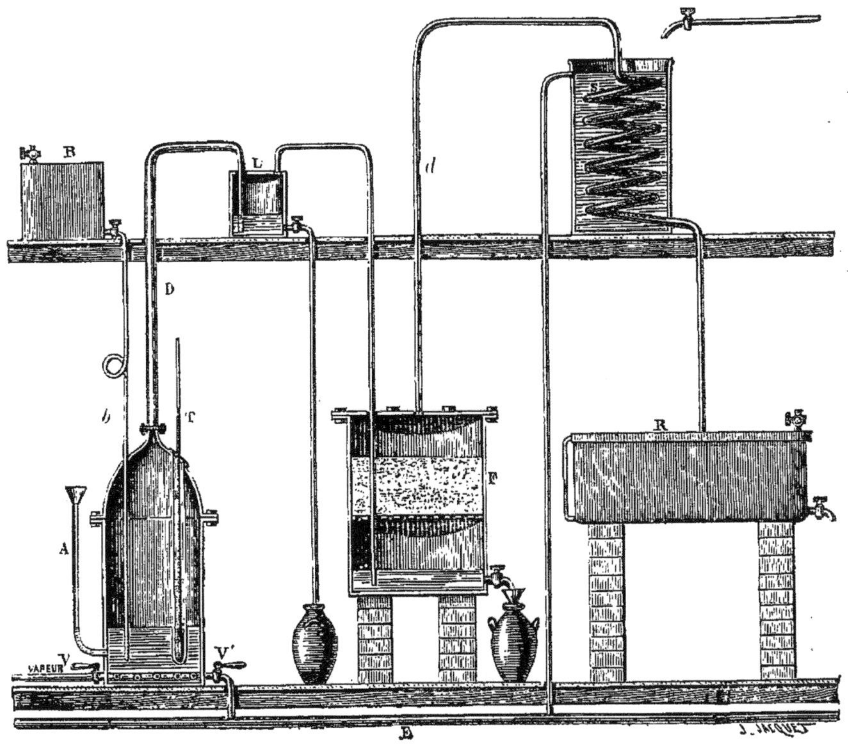

FIG. 56. — Fabrication de l'éther.

l'on veut enlever toute trace d'eau et d'alcool, on doit rectifier sur du chlorure de calcium et finalement sur du sodium.

2. Le mode opératoire précédent ne s'applique en réalité qu'à la démonstration. Dans l'industrie, la réaction se fait dans un vase cylindrique en plomb VTV′ (fig. 56). Ce vase, que l'on peut chauffer au moyen d'un serpentin VV′ traversé par un courant de vapeur d'eau, porte quatre tubes différents : le premier tube A, muni d'un entonnoir, est destiné à l'introduction de l'acide sulfurique; le second *b* est replié sur lui-même, de manière à produire fermeture hydraulique, et sert à amener dans le vase à réaction l'alcool contenu dans un réservoir B; le troisième, fermé à la partie inférieure, pénètre jusque vers le fond de l'appareil, et contient un thermomètre T qui permet de surveiller la réaction; enfin le quatrième D, de grande dimension, donne passage aux vapeurs d'éther formées, et les conduit en L dans un vase en plomb, où se condensent les produits peu volatils entraînés à la distillation. On règle la marche de l'opération comme il a été dit. La vapeur d'éther passe du vase L dans un autre F, beaucoup plus grand, où elle abandonne une certaine proportion d'alcool qui se condense, et où elle traverse une couche d'hydrate de chaux, lequel arrête l'acide sulfureux; elle va ensuite par un tube *d* se condenser elle-même dans un serpentin exactement refroidi S. L'éther brut est recueilli dans un réservoir clos R. On le débarrasse de l'alcool et des autres impuretés qu'il contient, en le rectifiant dans un appareil à colonne, analogue à celui qui est employé pour purifier l'alcool (fig. 47, p. 249).

3. *Propriétés physiques.* — L'éther est un liquide très mobile et très volatil, doué d'une saveur à la fois brûlante et fraîche; sa vapeur répand une odeur très pénétrante et caractéristique. La densité de l'éther à 0° est 0,736. Il bout à 35°. Refroidi vers — 129°, il cristallise en lames incolores, fusibles à — 114°,4. Son coefficient de dilatation est considérable. Sa formation, à l'état liquide et en partant de l'alcool, entraîne une absorption de chaleur de — 0,3 Calories. Sa combustion dégage 649 Calories.

L'éther est soluble dans 10 parties d'eau environ; il dissout un soixantième de son volume d'eau.

Il se mêle avec l'alcool. Il dissout en petite quantité le soufre et le phosphore, mais abondamment l'iode, le brome et les chlorures ferrique, aurique, mercurique, platinique. Agité avec les solutions aqueuses de ces chlorures, il en enlève une partie à l'eau. Il dissout abondamment les matières grasses, les résines, les carbures, certains alcalis : cette propriété le rend souvent très utile en analyse organique. La plupart des sels inorganiques à oxacides sont insolubles dans l'éther.

L'éther du commerce est toujours mélangé d'alcool, ce qui en modifie les propriétés dissolvantes. Par exemple, il dissout le tanin et le collodion, corps insolubles dans l'éther pur.

4. Quelques remarques sur les propriétés de la vapeur d'éther. Elle est extrêmement inflammable; d'ailleurs elle est lourde et gagne le fond des vases à la manière du gaz carbonique; elle s'écoule ainsi à la surface du sol et se répand au loin en ne se mêlant à l'air qu'avec une

certaine lenteur, pour former un mélange détonant. On peut mettre de l'éther dans un verre et l'enflammer à distance, en plaçant une allumette dans le courant d'air qui emporte la vapeur. Aussi l'éther est-il souvent la cause d'accidents redoutables. Il ne doit jamais être manié au voisinage d'une lumière ou d'un foyer.

L'eau n'éteint pas la flamme de l'éther, car l'éther surnage et prend presque aussitôt l'état gazeux. Cependant l'éther est moins inflammable que certains autres liquides volatils, tels que le sulfure de carbone. En effet, un charbon rouge de feu n'enflamme pas l'éther, tandis qu'il allume immédiatement le sulfure de carbone. On peut même rouler un charbon rouge de feu dans l'éther, de façon à en éteindre la surface, puis s'en servir encore pour enflammer le sulfure de carbone; c'est une jolie expérience de cours.

5. L'éther est doué de propriétés anesthésiques assez fréquemment utilisées.

§ 4. — Réactions de l'éther.

1. *Chaleur*. — L'éther ne commence à se décomposer que vers 450°. Au rouge sombre, il fournit de l'aldéhyde, de l'éthylène, de l'eau et de l'oxyde de carbone.

Au rouge vif, on obtient de l'eau, de l'oxyde de carbone, de l'éthylène, de l'acétylène, du gaz des marais, du charbon, etc. La progression de ces réactions est la même qu'avec l'alcool (p. 256).

2. *Hydrogène*. — L'hydrogène naissant, c'est-à-dire l'acide iodhydrique à 280°, change l'éther en hydrure d'éthylène :

$$C^4H^4(C^4H^6O^2) + 2\,H^2 = 2\,C^4H^6 + H^2O^2.$$

3. *Oxygène*. — 1° Si l'on enflamme un mélange de vapeur d'éther avec un excès d'oxygène, il y a production d'eau et d'acide carbonique avec une violente explosion :

$$C^8H^{10}O^2 + 12\,O^2 = 4\,C^2O^4 + 5\,H^2O^2.$$

2° Cette même vapeur, enflammée dans une éprouvette au contact de l'air, donne naissance à une grande quantité d'acétylène.

3° L'oxydation de l'éther par l'oxygène libre ou par l'air est singulièrement activée par la présence du platine. L'expérience de la lampe sans flamme se réalise plus facilement encore avec l'éther qu'avec l'alcool (p. 258).

L'éther qui a éprouvé un commencement d'oxydation jouit d'une façon très marquée de la propriété de servir d'intermédiaire à certaines oxydations, comme le fait l'essence de térébenthine (p. 209). Cette circonstance et la présence de l'acide acétique rendent incommode et même dangereux, dans les applications médicales, l'éther qui a subi un commencement d'altération.

4° A froid, l'ozone s'unit avec l'éther anhydre; le composé ainsi formé est le *peroxyde d'éthyle* $(2C^4H^5 + O^3)^2$ ou $C^{16}H^{20}O^6$, liquide dense, sirupeux, miscible à l'eau, distillant en partie, puis détonant lorsqu'on le chauffe. Au contact de l'eau, qui le dissout, le peroxyde d'éthyle se décompose en alcool et eau oxygénée; la liqueur fournit dès lors les réactions caractéristiques de cette dernière (M. Berthelot); elle forme lentement de l'aldéhyde, de l'éther acétique, de l'acide acétique, etc.

5° Les acides suroxygénés et les peroxydes agissent sur l'éther comme sur l'alcool.

4. *Chlore*. — Le chlore attaque l'éther avec une grande violence. En refroidissant à l'avance ce liquide, on obtient une série de produits de substitution étudiés surtout par Malaguti. Tels sont :

1° L'*éther monochloré*, $C^8H^9ClO^2$, liquide, bouillant à 97° ;

2° L'*éther bichloré*, $C^8H^8Cl^2O^2$. Ce corps bout entre 140° et 145°. Les alcalis le décomposent en alcool et acide acétique :

$$C^8H^8Cl^2O^2 + 3KHO^2 = C^4H^4(H^2O^2) + C^4H^3KO^4 + 2KCl + H^2O^2 ;$$

3° L'*éther quadrichloré*, $C^8H^6Cl^4O^2$;

4° L'*éther perchloré*, $C^8Cl^{10}O^2$. Ce corps cristallise en octaèdres à base carrée; il est fusible à 69°. La chaleur le dédouble en chlorure d'éthylène perchloré et aldéhyde perchloré :

$$C^8Cl^{10}O^2 = C^4Cl^6 + C^4Cl^4O^2.$$

Chauffé avec une solution alcoolique de monosulfure de potassium, il perd 4 équivalents de chlore et se change en *chloroxéthose :* $C^8Cl^6O^2$, corps oléagineux qui bout à 210°, et régénère l'éther perchloré sous l'influence du chlore.

5. *Métaux alcalins.* — Ces métaux n'attaquent l'éther que lentement et avec difficulté; l'action s'arrête bientôt.

Les alcalis hydratés sont sans action sur l'éther, même à 100°. Vers 250°, ils le changent en acétate, comme l'alcool.

6. *Acides.* — L'acide sulfurique monohydraté absorbe l'éther; si

l'on échauffe légèrement la solution, on obtient de l'acide éthylsulfurique.

De même l'acide chlorhydrique produit à 100° de l'éther chlorhydrique ; l'acide iodhydrique produit de l'éther iodhydrique, etc. Les acides organiques agissent de la même manière, mais seulement au-dessus de 300° : l'acide acétique, par exemple, donne ainsi naissance à l'éther acétique (M. Berthelot).

CHAPITRE VI

ALCOOLS MONOATOMIQUES DIVERS

La théorie générale des alcools monoatomiques et leur liste ont été exposées dans le livre III, chapitre Ier (p. 221 et suiv.); nous avons développé l'histoire de l'alcool ordinaire, envisagé comme type de ces composés. Nous allons résumer maintenant l'histoire des principaux alcools monoatomiques, en commençant par la série éthylique, $C^{2n}H^{2n+2}O^2$.

A. — Série éthylique : alcools $C^{2n}H^{2n+2}O^2$.

§ Ier. — Alcool méthylique.

$C^2H^2(H^2O^2)$ ou $C^2H^4O^2$........................ *CH^3-OH.*

1. L'alcool méthylique, appelé aussi *esprit de bois* ou *méthylène*, est le plus simple de tous. Entrevu par Boyle dès le dix-septième siècle, il a été découvert par Taylor en 1812, mais il n'a été étudié et caractérisé qu'en 1835, par MM. Dumas et Péligot. Sa synthèse a été réalisée en 1857 par M. Berthelot.

Il diffère de l'alcool ordinaire par C^2H^2 ; il peut être regardé comme l'hydrate d'un carbure C^2H^2, inconnu jusqu'à ce jour.

2. *Formation.* — 1° L'alcool méthylique peut être préparé synthétiquement au moyen de formène, C^2H^4, comme nous l'avons indiqué (p. 98). En effet, la réaction du chlore sur le formène produit l'éther méthylchlorhydrique, et celui-ci, décomposé par la potasse aqueuse, fournit l'alcool méthylique :

$$C^2H^2(H^2) + Cl^2 = C^2H^2(HCl) + HCl,$$
$$C^2H^2(HCl) + KHO^2 = C^2H^2(H^2O^2) + KCl.$$

La transformation du formène en alcool méthylique dégage 43,5 Calories.

2° Les éthers méthyliques, décomposés par les alcalis, reproduisent l'alcool méthylique; c'est ce qui arrive, par exemple, à l'essence de *Gaultheria procumbens,* laquelle est formée pour la plus grande partie d'éther méthylsalicylique (M. Cahours).

3° La méthylamine, traitée par l'acide nitreux, fournit de l'éther méthylnitreux (M. Hofmann) :

$$C^2H^2(AzH^3) + 2\,AzHO^4 = C^2H^2(AzHO^4) + Az^2 + 2\,H^2O^2.$$

Une réaction analogue fournit de l'éther méthylnitreux, et par suite de l'alcool méthylique, avec divers alcalis organiques naturels, avec la brucine par exemple.

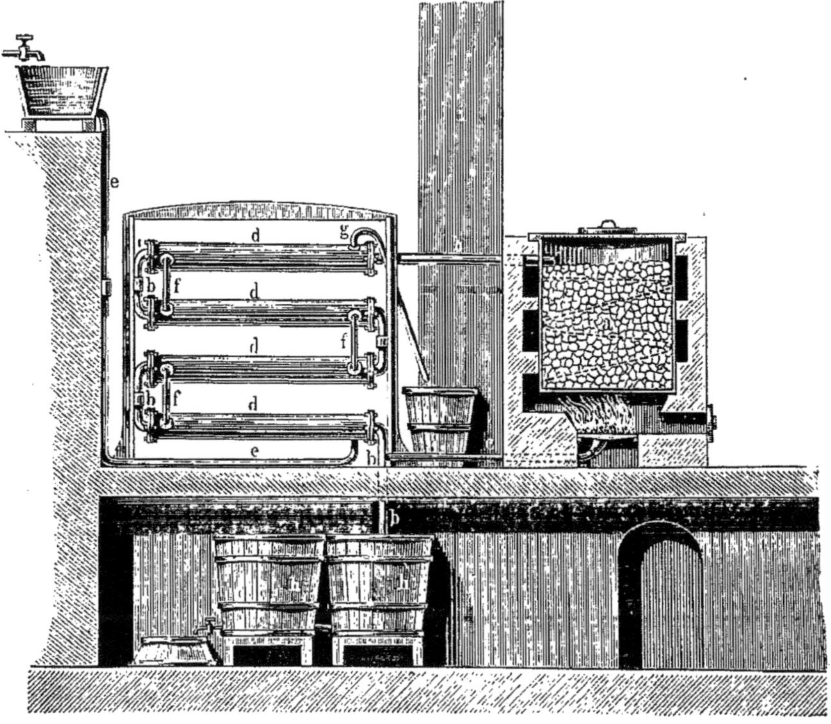

Fig. 57. — Distillation du bois.

4° Enfin l'alcool méthylique se produit, en même temps que certains de ses éthers, dans la distillation du bois et dans celle des vinasses de betteraves.

3. *Préparation.* — C'est des produits de la distillation du bois que l'on extrait surtout l'alcool méthylique. Pour effectuer cette distillation, on chauffe le bois jusqu'au rouge dans des vases de tôle *a* (fig. 57). Le bois se trouve transformé en charbon, tandis que les produits volatilisés se rendent par le tube *b* dans un réfrigérant *ddd*. Les liquides condensés s'écoulent dans des réservoirs *hh*, et les gaz sont conduits par le tube *c* dans les foyers, où l'on utilise la chaleur produite par leur combustion. Les matières recueillies en *h* renferment de l'alcool méthylique à la dose de trois centièmes environ. La purification de cet alcool est difficile, parce qu'il est associé à des composés pyrogénés divers.

1° Après avoir séparé par décantation les produits goudronneux des liqueurs aqueuses, on distille celles-ci de manière à recueillir environ un dixième de leur volume. Le produit, très chargé d'acide acétique, est alors neutralisé par de la chaux, puis distillé et enfin rectifié dans un appareil à colonne semblable à celui en usage pour la rectification de l'alcool ordinaire (fig. 47, p. 249). On peut avoir ainsi de l'alcool méthylique ne renfermant plus que fort peu d'acétone, d'éther méthylacétique et de carbures.

2° Pour en compléter la purification, on peut le changer en *éther méthyloxalique*, composé cristallisé et bien défini. A cet effet, on opère comme il a été dit plus haut (p. 305) pour l'éther oxalique de l'alcool ordinaire, mais avec des poids égaux d'acide oxalique desséché et d'alcool méthylique bien privé d'eau. L'éther cristallise après distillation; on l'égoutte, on l'exprime, puis on le décompose, en le distillant avec l'eau et la chaux éteinte. On déshydrate le produit final au moyen de la chaux vive et d'une dernière rectification.

4. *Propriétés.* — L'alcool méthylique est un liquide mobile, doué d'une odeur spiritueuse très franche, lorsqu'il est exempt de produits empyreumatiques. Sa densité à 0° est 0,814. Il bout à 64°,8, avec des soubresauts. Il brûle avec une flamme pâle et peu éclairante. Sa formation à partir des éléments dégage + 62 Calories; sa combustion produit + 170 Calories.

Il se mêle à l'eau en toutes proportions et avec contraction ; mais il est précipité de cette solution par le carbonate de potasse. Le chlorure de calcium ne précipite pas l'alcool méthylique, non plus que l'alcool ordinaire, de ses dissolutions aqueuses.

Les actions dissolvantes de l'alcool méthylique sont en général intermédiaires entre celles de l'eau et celles de l'alcool ordinaire.

5. *Action de la chaleur.* — L'alcool méthylique commence à se décomposer vers 400°, c'est-à-dire à une température plus basse que l'alcool ordinaire.

Au rouge, il fournit de l'oxyde de carbone :

$$C^2H^4O^2 = C^2O^2 + 2\,H^2,$$

du formène :

$$2\,C^2H^4O^2 = C^2H^4 + C^2O^4 + 2\,H^2,$$

de l'acétylène :

$$2\,C^2H^4O^2 = C^4H^2 + H^2 + 2\,H^2O^2,$$

et ses dérivés (éthylène, benzine, etc.).

6. *Hydrogène*. — L'alcool méthylique, traité par l'acide iodhydrique, se change d'abord en éther méthyliodhydrique, qui, sous l'influence d'un excès de réactif, se change lui-même en formène vers 200°; mais la réaction ne devient complète qu'à 270° :

$$C^2H^2(H^2O^2) + HI = C^2H^2(HI) + H^2O^2,$$
$$C^2H^2(HI) + HI = C^2H^4 + I^2.$$

7. *Oxygène*. — 1° L'oxygène libre et la vapeur d'alcool méthylique brûlent au rouge, avec formation d'eau et d'acide carbonique :

$$C^2H^4O^2 + 3\,O^2 = C^2O^4 + 2\,H^2O^2.$$

2° En présence du noir de platine, l'oxydation se produit dès la température ordinaire. Elle est moins nette que celle de l'alcool ordinaire. Elle donne naissance à l'*acide formique* :

$$C^2H^4O^2 + 2\,O^2 = C^2H^2O^4 + H^2O^2.$$

On observe aussi l'*aldéhyde méthylique*, $C^2H^2O^2$, ou plutôt un polymère, l'*oxyméthylène*, $(C^2H^2O^2)^3$ ou $C^6H^6O^6$.

3° Les acides suroxygénés et les peroxydes métalliques, additionnés d'acide sulfurique, transforment aussi l'alcool méthylique en acide formique, puis en acide carbonique. En même temps, on observe l'*aldéhyde méthylique* et l'*éther diméthylaldéhydique* ou *méthylal diméthylique*, $C^2H^2(C^2H^2O^2[C^2H^4O^2])$, liquide éthéré qui bout à 42°.

4° Enfin la vapeur d'alcool méthylique, dirigée sur la chaux sodée chauffée vers 250°, donne également naissance à l'acide formique :

$$C^2H^4O^2 + KHO^2 = C^2HKO^4 + 2\,H^2.$$

8. *Chlore*. — Le chlore attaque énergiquement l'alcool méthylique : le produit final est un corps cristallisé, $C^2HCl^3O^2$ (Cloez).

9. *Métaux*. — Les métaux alcalins se dissolvent dans l'alcool méthylique, avec dégagement d'hydrogène et formation de méthylates cristallisables, $C^2H^3NaO^2$.

Il forme également avec la baryte un méthylate cristallisé, $C^2H^3BaO^2$.

Certains chlorures métalliques se combinent à l'alcool méthylique. Le chlorure de calcium donne ainsi avec lui un composé cristallisé, $CaCl,2\,C^2H^4O^2$.

10. *Acides*. — Les acides donnent naissance à des éthers, suivant des réactions toutes pareilles à celles qu'ils exercent sur l'alcool ordinaire.

Nous allons décrire quelques-uns de ces composés.

§ 2. — Éthers méthyliques.

I. — ÉTHERS FORMÉS PAR LES ACIDES MINÉRAUX.

1. *Éther méthylchlorhydrique* : $C^2H^2(HCl)$. — Voy. *Formène monochloré*, p. 97.

2. *Éther méthylbromhydrique* (1) : $C^2H^2(HBr)$. — Densité à 0° : 1,732. Bout à 4°,5. Se prépare comme l'éther éthylbromhydrique (p. 284), avec 13,3 parties de phosphore rouge, 80 parties d'alcool méthylique et 80 parties de brome.

3. *Éther méthyliodhydrique* (2) : $C^2H^2(HI)$. — Densité à 0° : 2,119. Bout à 43°. Se prépare comme l'éther éthyliodhydrique (p. 285).

4. *Éthers méthylsulfhydriques*. — Ces éthers sont au nombre de trois (3) :

1° Éther neutre : $\left.\begin{matrix}C^2H^2\\C^2H^2\end{matrix}\right\}(H^2S^2)$. — Densité à 22° : 0,845. Bout à 41°.

2° Éther acide : $C^2H^2(H^2S^2)$. — Bout à 21°. Acide monobasique. Sel de potasse $C^2H^2(KHS^2)$.

3° Éther bisulfuré : $\left.\begin{matrix}C^2H^2\\C^2H^2\end{matrix}\right\}(H^2S^4)$. — Densité à 0° : 1,064. Bout à 112°.

5. *Éther méthylnitrique* : $C^2H^2(AzO^5,HO)$. — Cet éther (4), découvert par MM. Dumas et Péligot, est plus facile à préparer que l'éther éthylnitrique. On mélange 2 parties d'acide nitrique avec 1 partie d'alcool méthylique, et l'on fait agir ce mélange sur 1 partie de nitrate de potasse en poudre. La réaction s'accomplit d'elle-même On verse le produit dans l'eau, on lave avec le même véhicule le liquide qui se sépare, et on le rectifie en évitant de surchauffer.

On l'obtient encore en versant peu à peu de l'alcool méthylique pur dans un mélange d'acide sulfurique et d'acide azotique, agité et refroidi avec soin, et précipitant par l'eau.

Après avoir rectifié plusieurs fois sur du massicot, on obtient un liquide neutre, peu soluble dans l'eau, doué d'une odeur aromatique. Il détone par la chaleur, à une température supérieure à 150°.

Sa densité à 20° est 1,182. Il bout à 66°.

Sa décomposition par la potasse en solution aqueuse concentrée produit de l'*éther méthylique*, conformément à ce qui a été dit à l'oc-

(1) $\mathit{CH^3-Br}$.
(2) $\mathit{CH^3-I}$.
(3) Éther neutre, $(CH^3)^2=S$; éther acide, CH^3-S-H; éther bisulfuré, $(CH^3)^2=S^2$.
(4) CH^3-AzO^3.

casion de l'éther nitrique ordinaire (p. 290). Mais cette réaction se manifeste ici d'une manière plus frappante. Comme l'éther méthylique est gazeux à la température ordinaire, on peut faire l'expérience en mettant sous une éprouvette pleine de mercure un peu d'éther méthylnitrique et de potasse; au bout de quelques jours, l'éprouvette est pleine d'éther méthylique gazeux (M. Berthelot):

$$2\,C^2H^2(AzO^5,HO) + 2\,(KO,HO) = C^2H^2(C^2H^4O^2) + 2\,(AzO^5,KO) + H^2O^2.$$

L'ammoniaque change l'éther méthylnitrique en nitrate de *méthylamine* (M. Juncadella):

$$C^2H^2(AzO^5,HO) + AzH^3 = C^2H^2(AzH^3)AzO^5,HO.$$

6. *Éther méthylnitreux* : $C^2H^2(AzO^3,HO)$. — Cet éther (1), découvert par Strecker, se prépare en chauffant l'alcool méthylique avec de l'acide azotique et un réducteur tel que le cuivre métallique ou l'acide arsénieux. On condense les produits dans un mélange réfrigérant.

Sa densité à + 15° est 0,99. Il bout à — 12°.

7. *Éthers méthylsulfuriques*. — Ces éthers (2) ont été préparés pour la première fois par MM. Dumas et Péligot.

1° L'*éther neutre* : $\left.\begin{matrix}C^2H^2\\C^2H^2\end{matrix}\right\}(S^2O^6,H^2O^2)$, se prépare en distillant très lentement un mélange de 1 partie d'alcool méthylique et de 8 à 10 parties d'acide sulfurique concentré. On agite le liquide distillé avec une solution concentrée de chlorure de calcium, puis on le rectifie sur la baryte anhydre.

C'est un liquide oléagineux, peu soluble dans l'eau, d'une densité égale à 1,324 à 22°. Il bout à 188°.

L'eau le décompose, surtout à chaud, en alcool méthylique et acide méthylsulfurique; ce dernier peut être complètement dédoublé par une action prolongée de l'eau.

2° L'*éther acide* : $C^2H^2(S^2O^6,H^2O^2)$, ou *acide méthylsulfurique*, se prépare comme l'acide éthylsulfurique (p. 293). L'acide méthylsulfurique est cristallisable. Ses sels sont solubles et bien cristallisés : $C^2H^2(S^2O^6,MO,HO)$.

8. *Éther méthylcyanhydrique* : C^4H^3Az. — Lorsqu'on cherche à préparer cet éther, les produits obtenus présentent des phénomènes d'isomérie tout pareils à ceux dont il a été question à propos de l'éther cyanhydrique ordinaire (p. 287). Suivant les réactions em-

(1) CH^3-AzO^2.

(2) Éther neutre, $(C^2H^3)^2 = SO^4$; éther acide, CH^3-SO^4-H.

ployées, on obtient soit le *nitrile méthylamiformique*, soit le *nitrile acétique*, soit enfin les deux nitriles mélangés (voy. aux *amides*).

9. *Éther méthylcyanique* (1) : $C^2H^2(C^2AzHO^2)$. — Se détruit avant de bouillir, lorsqu'on le chauffe. Sa densité à 15° est 1,175.

Son isomère, la *méthylcarbimide* (voy. *Éther éthylcyanique*, p. 299), bout à 40°.

II. — Éthers formés par les acides organiques.

1. *Éther méthylformique* : $C^2H^2(C^2H^2O^4)$. — Ce corps (2) se prépare exactement comme l'éther éthylformique (voy. p. 302).

Sa densité à 0° est 0,998. Son point d'ébullition est 33°,4.

2. *Éther méthylacétique* : $C^2H^2(C^4H^4O^4)$. — Cet éther (3), découvert par MM. Dumas et Péligot, se prépare comme l'éther éthylacétique, en distillant un mélange d'acétate de soude sec, d'alcool et d'acide sulfurique (p. 300). Il existe dans l'esprit de bois brut.

C'est un liquide neutre, assez soluble dans l'eau, bouillant à 56°. Sa densité à 0° est 0,956.

La composition de ce corps donne lieu à une remarque très importante : elle est la même que celle de l'éther éthylformique :

$$C^2H^4O^2 + C^4H^4O^4 - H^2O^2 = C^6H^6O^4 = C^2H^2(C^4H^4O^4).$$
$$C^4H^6O^2 + C^2H^2O^4 - H^2O^2 = C^6H^6O^4 = C^4H^4(C^2H^2O^4).$$

Non seulement les formules sont les mêmes; mais les propriétés physiques sont à eu près identiques; car les deux éthers ont la même densité à l'état gazeux comme à l'état liquide, le même point d'ébullition, le même coefficient de dilatation, le même indice de réfraction. Les différences qu'on peut signaler entre eux ne surpassent guère les erreurs d'observation.

Cependant ces deux corps ne sont pas identiques : il suffit de les traiter par la potasse pour les distinguer. L'éther méthylacétique reproduit l'alcool méthylique et l'acide acétique, tandis que l'éther éthylformique régénère l'acide formique et l'alcool ordinaire.

Rappelons que les corps de cette nature sont appelés *métamères* (p. 123); ils sont tels que l'un des générateurs d'un corps métamère présente avec le générateur correspondant du second, la même

(1) $C^3H - CAz\Theta$.
(2) $CH^3 - CO^2H$.
(3) $CH^3 - C^2H^3\Theta^2$

différence qui distingue en sens inverse les deux autres générateurs.

3. *Éther méthylbutyrique :* $C^2H^2(C^8H^8O^4)$. — Sa densité à 0° est 0,919. Il bout à 102° (1).

4. *Éther méthylbenzoïque :* $C^2H^2(C^{14}H^6O^4)$. — Sa densité à 0° est 1,103. Il bout à 199° (2).

5. *Éther méthylsalicylique :* $C^2H^2(C^{14}H^6O^6)$. — Cet éther (3) a pour densité à 0° : 1,197. Il bout à 223°. Il constitue pour la plus grande partie l'essence de *Gaultheria procumbens* (M. Cahours).

6. *Éther méthyloxalique neutre :* $\left.\begin{matrix}C^2H^2\\C^2H^2\end{matrix}\right\}(C^4H^2O^8)$. — On a indiqué (p. 320) la préparation de cet éther (4), remarquable par sa cristallisation. Il fond à 51°. Il bout à 163°.

III. — Éthers mixtes.

1. *Éther méthylique :* $C^2H^2(C^2H^4O^2)$. — La réaction de l'acide sulfurique concentré sur l'alcool méthylique donne lieu à trois phénomènes successifs, suivant les proportions relatives et la température.

1° Mélange-t-on l'acide et l'alcool à la température ordinaire, il se produit de la chaleur et il y a formation d'*acide méthylsulfurique* (p. 323).

2° Si l'on chauffe les deux corps, mélangés dans le rapport de 1 partie d'alcool pour 2 parties d'acide, il ne tarde pas à se dégager un gaz, l'*éther méthylique* (MM. Dumas et Péligot). On lave ce gaz dans une solution de potasse concentrée et on le recueille sur le mercure.

3° En opérant lentement, avec un grand excès d'acide et en évitant que la température ne s'élève trop, on obtient l'*éther méthylsulfurique neutre* (p. 323).

4° Si l'on élève rapidement la température, il se dégage de l'acide sulfureux, de l'acide carbonique, de l'oxyde de carbone, etc.; en même temps la masse se carbonise.

Soit donc l'éther méthylique (5); on remarquera que sa formule brute est la même que celle de l'alcool ordinaire :

$$C^2H^2(C^2H^4O^2) = C^4H^6O^2.$$

(1) $\mathcal{C}H^3 - \mathcal{C}^4H^7\Theta^2$.
(2) $\mathcal{C}H^3 - \mathcal{C}^7H^5\Theta^2$.
(3) $\mathcal{C}H^3 - \mathcal{C}^7H^5\Theta^3$.
(4) $(\mathcal{C}H^3)^2 = \mathcal{C}^2\Theta^4$.
(5) $\mathcal{C}H^3 - \Theta - \mathcal{C}H^3$.

L'éther méthylique est gazeux, doué d'une odeur éthérée. Il se liquéfie par le froid (M. Berthelot) et bout à —23°,6. Sa formation à l'état gazeux dégage 50,8 Calories. Sa chaleur de combustion est égale à 344,2 Calories.

Il est très soluble dans l'eau (37 volumes à 18°), dans l'alcool et dans l'éther.

La chaleur que ce corps liquéfié absorbe pour se volatiliser a été utilisée comme source de froid.

2. *Éther éthylméthylique* : $C^2H^2(C^4H^6O^2)$. — Ce composé (1) se produit par l'action de l'éther méthyliodhydrique sur l'alcool sodé (M. Williamson) :

$$C^2H^2(HI) + C^4H^5NaO^2 = C^2H^2(C^4H^6O^2) + NaI.$$

C'est un gaz condensable par le froid en un liquide bouillant à $+11°$.

§ 3. — Alcools propyliques.

I. — Alcool propylique normal.

$C^6H^6(H^2O^2)$ ou $C^6H^8O^2$............ C^3H^7,OH ou $CH^3-CH^2-CH^2-OH$.

1. L'*alcool propylique primaire et normal* appelé aussi *alcool tritylique* ou *éthylcarbinol*, a été découvert par M. Chancel dans les résidus de la rectification des esprits de marc, en 1853. Son étude a été développée par MM. I. Pierre et Puchot.

2. Il a été formé en partant de l'hydrure de propylène, C^6H^8 (M. Schorlemmer), de l'aldéhyde propylique, $C^6H^6O^2$ (M. Rossi), de l'acide propionique normal, $C^6H^6O^4$ (M. Linnemann), etc.

La chaleur de formation, à partir des éléments, est sensiblement la même pour les deux alcools propyliques isomères; elle égale 67 Calories (M. Berthelot).

3. C'est un liquide mobile, soluble dans l'eau en toutes proportions, bouillant à 98°,5. Sa densité à 0° est 0,820. Ses réactions sont analogues à celles de l'alcool ordinaire.

Oxydé, il fournit de l'*aldéhyde propionique*, $C^6H^6O^2$, et de l'*acide propionique*, $C^6H^6O^4$.

II. — Alcool propylique secondaire.

$C^4H^2(C^2H^4)(H^2O^2)$...................... $CH^3-CH(OH)-CH^3$.

1. Cet alcool propylique, désigné le plus souvent sous le nom d'*al-*

(1) $CH^3-O-C^2H^5$.

cool isopropylique, est appelé aussi *hydrate de propylène* ou *diméthylcarbinol*. Il a été découvert par M. Berthelot en 1855, puis reproduit au moyen de l'acétone en 1862, par M. Friedel.

Il se forme dans l'hydratation du propylène (p. 119).

2. *Préparation*. — On le prépare : 1° en faisant réagir l'amalgame de sodium sur l'acétone (1 vol.) en présence de l'eau (5 vol.) :

$$C^6H^6O^2 + H^2 = C^6H^8O^2.$$

On ajoute peu à peu l'amalgame, de manière à prolonger l'action pendant plusieurs jours. On sépare ensuite l'alcool en chargeant le liquide de carbonate de potasse, puis on le purifie par distillation.

2° On décompose l'éther isopropyliodhydrique par l'oxyde de plomb, en présence de l'eau bouillante (M. Flawitzky) :

$$C^6H^6(HI) + PbO,HO = PbI + C^6H^6(H^2O^2).$$

3. *Propriétés*. — L'alcool isopropylique est liquide, soluble dans l'eau en toutes proportions. Il bout à 83°. Sa densité à 15° est 0,791.

Il donne par oxydation un aldéhyde secondaire, l'*acétone ordinaire*, $C^6H^6O^2$.

§ 4. — Alcools butyliques.

$C^8H^8(H^2O^2)$ ou $C^8H^{10}O^2$ .... $\mathit{C}^4H^9\text{-}\mathit{O}H$.

1. *Alcool butylique normal*. — Cet alcool (1), appelé aussi *propylcarbinol*, a été découvert par MM. Lieben et Rossi, qui l'ont obtenu en fixant l'hydrogène sur l'aldéhyde butylique, $C^8H^8O^2$, dérivé lui-même de l'acide butyrique normal, $C^8H^8O^4$.

Il se forme en quantité importante dans la fermentation que fait subir à la glycérine diluée un microbe particulier, le *Bacillus butylicus* (Fitz).

C'est un liquide réfringent, soluble dans 12 fois son poids d'eau froide, bouillant à 116°; sa densité à 0° est 0,824.

Oxydé, il fournit de l'acide butyrique $C^8H^8O^4$.

On connaît trois isomères de l'alcool butylique normal.

2. *Alcool isobutylique*. — Cet alcool primaire (2) a été découvert par Wurtz en 1854, dans l'alcool amylique brut du commerce. Il est appelé aussi *isopropylcarbinol*.

C'est un liquide incolore, bouillant à 108°,5; de densité 0,800 à 18°; soluble dans 10 fois son poids d'eau.

(1) $CH^3\text{-}CH^2\text{-}CH^2\text{-}CH^2\text{-}OH$.

(2) $(CH^3)^2{=}CH\text{-}CH^2\text{-}OH$.

Par oxydation, il se change en acide isobutyrique, isomère de l'acide butyrique.

3. *Hydrate de butylène.* — Cet alcool butylique secondaire est appelé aussi *méthyléthylcarbinol* (1). Il a été obtenu par M. de Luynes en fixant les éléments de l'eau sur le butylène. Son iodhydrate prend naissance dans l'action de l'acide iodhydrique sur l'érythrite, $C^8H^{10}O^8$, et peut ensuite être saponifié.

C'est un liquide bouillant à 99°, de densité 0,827 à 0°. Par oxydation, il donne un acétone particulier, de formule $C^8H^8O^2$.

4. *Alcool butylique tertiaire.* — Ce corps, que l'on appelle aussi *triméthylcarbinol* (2), a été le premier alcool tertiaire connu. Il a été découvert en 1863 par M. Boutlerow, qui l'a obtenu au moyen de réactions déjà indiquées (p. 233). Il prend naissance dans un assez grand nombre de circonstances. Les suivantes permettent de le préparer aisément :

1° L'éther isobutyliodhydrique, traité par la potasse en solution alcoolique, donne de l'isobutylène, carbure facilement liquéfiable. Celui-ci, étant combiné à l'acide sulfurique étendu d'un tiers de son poids d'eau, fournit un éther sulfurique, lequel donne l'alcool butylique tertiaire quand on le fait bouillir avec un grand excès d'eau (M. Boutlerow). Cette réaction est semblable à celle par laquelle on transforme l'éthylène en alcool.

2° L'alcool isobutylique, saturé d'acide chlorhydrique gazeux, puis chauffé avec 10 fois son poids d'acide chlorhydrique fumant, produit un mélange d'éther butylchlorhydrique secondaire et d'éther butylchlorhydrique tertiaire. Le dernier est seul saponifié quand on chauffe le mélange à 100° et en vase clos, avec 6 fois son poids d'eau (M. Freund). L'alcool se sépare de la liqueur aqueuse par addition de carbonate de potasse.

L'alcool butylique tertiaire est cristallisé. Il est fusible à 25° et bout à 83° ; sa densité est 0,779 à 30° (fondu).

Oxydé, il donne de l'acide isobutyrique, de l'acétone, du gaz carbonique et de l'acide acétique.

5. La chaleur de formation des divers alcools butyliques est sensiblement la même, ainsi que leur chaleur de combustion, laquelle s'élève à 635 Calories (M. Louguinine).

(1) $CH^3-CH(OH)-CH^2-CH^3$.
(2) $(CH^3)^3 \equiv C-OH$.

§ 5. — Alcools amyliques.

$C^{10}H^{10}(H^2O^2)$ ou $C^{10}H^{12}O^2$.................. $C^5H^{11}-OH$.

On connaît actuellement 7 alcools amyliques : 3 primaires, 3 secondaires et 1 tertiaire. Ce dernier a été désigné autrefois sous le nom d'*hydrate d'amylène* (p. 127). Nous ne parlerons ici que des deux alcools primaires, qui composent par leur mélange l'alcool amylique commercial.

I. — Alcool amylique ordinaire.

1. L'alcool amylique ordinaire, signalé d'abord par Scheele, a été caractérisé comme alcool par M. Cahours en 1839, puis étudié par Balard en 1844.

2. *Préparation.* — Il se produit en petite quantité dans la fabrication de l'alcool au moyen de diverses substances, telles que les pommes de terre, le blé, la betterave, etc. Vers la fin de la rectification (p. 248), on observe un corps oléagineux, formé par un mélange des alcools amylique, butylique, etc., et de leurs éthers. On agite cette huile (*huile de pomme de terre*) avec de l'eau, pour éliminer les parties solubles; on décante la couche qui surnage et on la soumet à des distillations fractionnées. En prenant ce qui se passe de 120° à 135°, on obtient l'alcool amylique brut.

On lave encore ce produit avec de l'eau, on le sèche sur du chlorure de calcium, on le fait digérer avec de la potasse, puis on le rectifie et l'on recueillle ce qui passe de 125° à 135°.

Le produit obtenu est un mélange de plusieurs alcools amyliques isomères, différant entre eux par leur action sur la lumière polarisée.

L'un, le plus abondant, est optiquement inactif; on le nomme *alcool isoamylique* (1) ou *alcool amylique de fermentation*. Il bout à 131°,6; sa densité à 0° est 0,825.

L'autre, l'*alcool amylique actif*, appelé aussi *méthyléthylcarbinecarbinol*, dévie à gauche le plan de la lumière polarisée : $\alpha_D = -4°,38$. Il bout à 128°.

3. *Séparation.* — Les deux corps précédents peuvent être séparés grossièrement par distillation fractionnée. On les isole plus exactement en traitant leur mélange par l'acide sulfurique pour former deux acides amylsulfuriques. Le sel de baryte donné par l'alcool actif étant beaucoup plus soluble que son isomère fourni par l'alcool inactif, ces sels peuvent être isolés par des cristallisations répétées;

(1) $(CH^3)^2=CH-CH^2-CH^2-OH$.

par ébullition avec un alcali, ils régénèrent ensuite l'alcool actif et l'alcool inactif.

Comme les deux isomères donnent, en général, des réactions semblables, nous rapporterons ici les propriétés de leur mélange.

4. *Propriétés communes.* — L'alcool amylique commercial, purifié comme il a été dit, est moins fluide que les alcools homologues inférieurs : sa consistance est oléagineuse. Il a une odeur forte et désagréable, qui prend à la gorge. Il cristallise vers — 20°. Sa densité à 0° diffère peu de celle de l'alcool inactif.

Il est peu soluble dans l'eau, mais il se mêle avec l'alcool et l'éther.

Il brûle avec une flamme éclairante et fuligineuse.

5. *Action de la chaleur.* — L'alcool amylique, dirigé à travers un tube rouge, se décompose en fournissant de l'eau, de l'amylène, $C^{10}H^{10}$, des carbures homologues inférieurs, de l'acétylène, etc.

6. *Oxygène.* — L'alcool amylique absorbe l'oxygène sous l'influence du noir de platine, et se change en *aldéhyde amylique*, $C^{10}H^{10}O^2$, et en *acide valérianique*, $C^{10}H^{10}O^4$.

Les mêmes effets se produisent sous l'influence des acides et oxydes suroxygénés tels, par exemple, que l'acide chromique ou le mélange de bichromate de potasse et d'acide sulfurique étendu.

7. *Métaux alcalins.* — Ils se dissolvent dans l'alcool amylique, avec dégagement d'hydrogène et formation d'*amylates* cristallisables, toujours inactifs sur la lumière polarisée :

$$\underset{\text{Alcool amylique.}}{C^{10}H^{12}O^2} + Na = \underset{\text{Amylate de sodium.}}{C^{10}H^{11}NaO^2} + H.$$

8. *Acides.* — Les acides en général se combinent à l'alcool amylique pour former des éthers, dont il sera question tout à l'heure.

Signalons seulement l'action spéciale de l'acide sulfurique. A froid, il forme un *acide amylsulfurique*, $C^{10}H^{10}(S^2H^2O^8)$. Mais, si l'on élève la température du mélange, on obtient du *diamylène* $(C^{10}H^{10})^2$, et des polymères plus élevés; mais on n'observe point d'amylène dans ces circonstances (Balard) ; ce qui s'explique parce que l'acide sulfurique change l'amylène en polymères.

Pour obtenir l'amylène, $C^{10}H^{10}$, il faut avoir recours au chlorure de zinc (p. 126).

II. — Éthers dérivés des acides minéraux.

1. *Éther amylchlorhydrique :* $C^{10}H^{10}(HCl)$. — Ce corps (1) se pré-

(1) C^5H^{11}-Cl.

pare en distillant l'alcool amylique avec le perchlorure de phosphore (M. Cahours) :

$$C^{10}H^{10}(H^2O^2) + PCl^5 = C^{10}H^{10}(HCl) + PCl^3O^2 + HCl.$$

On l'obtient également en distillant l'alcool à plusieurs reprises avec l'acide chlorhydrique concentré. On agite le produit distillé avec de l'acide chlorhydrique concentré, pour dissoudre l'excès d'alcool amylique; on le lave, on le sèche sur du chlorure de calcium, et on le distille de nouveau, en recueillant ce qui passe entre 100° et 102°.

L'éther amylchlorhydrique a pour densité à 0° : 0,886. Il bout à 101°. Il est insoluble dans l'eau.

2. *Éther amylbromhydrique* : $C^{10}H^{10}(HBr)$. — Densité à 0° : 1,166. Bout à 119°.

3. *Éther amyliodhydrique* : $C^{10}H^{10}(HI)$. — Densité à 0° : 1,468. Bout à 147°.

4. *Éther amylsulfhydrique acide* : $C^{10}H^{10}(H^2S^2)$. — Densité à 0° : 0,855. Bout à 120°.

5. *Éther amylnitrique* : $C^{10}H^{10}(AzHO^6)$. — Densité à 10° : 0,994. Bout à 148°.

6. *Éther amylnitreux* : $C^{10}H^{10}(AzHO^4)$. — Densité à 0° : 0,877. Bout à 95°.

III. — ÉTHERS DÉRIVÉS DES ACIDES ORGANIQUES.

1. *Éther amylformique* : $C^{10}H^{10}(C^2H^2O^4)$. — Densité à 20° : 0,874. Bout à 116°. Possède une odeur de fruit marquée (1).

2. *Éther amylacétique* : $C^{10}H^{10}(C^4H^4O^4)$. — Densité à 0° : 0,884. Bout à 138°. Ce corps est doué d'une odeur de poire assez agréable.

3. *Éther amylvalérianique* : $C^{10}H^{10}(C^{10}H^{10}O^4)$. — Densité à 0° : 0,879. Bout à 188°.

4. *Éther amylbenzoïque* : $C^{10}H^{10}(C^{14}H^6O^4)$. — Densité à 0° : 1,004; à 14° : 0,992. Bout à 261°.

5. *Éther amylcyanhydrique* : $C^{10}H^{10}(C^2HAz)$ ou $C^{12}H^{11}Az$. — C'est le *capronitrile*. Il bout à 146°. Chauffé avec la potasse, il se change en acide caproïque :

$$C^{12}H^{11}Az + 2\,H^2O^2 = C^{12}H^{12}O^4 + AzH^3.$$

IV. — ÉTHERS MIXTES.

1. *Éther amylique* : $C^{10}H^{10}(C^{10}H^{12}O^2)$. — Ce corps (2) se prépare

(1) $C^5H^{11}-CHO^2$.
(2) $C^5H^{11}-O-C^5H^{11}$.

au moyen de l'éther amyliodhydrique et de l'amylate de soude :

$$C^{10}H^{10}(HI) + C^{10}H^{11}NaO^2 = C^{10}H^{10}(C^{10}H^{12}O^2) + NaI.$$

Il bout à 176°.

2. *Éther éthylamylique :* $C^{10}H^{10}(C^4H^6O^2)$. — Ce corps (1) se prépare au moyen de l'éther amyliodhydrique et de l'alcoolate de soude, ce dernier pouvant être remplacé par une solution alcoolique de potasse :

$$C^{10}H^{10}(HI) + C^4H^5NaO^2 = C^{10}H^{10}(C^4H^6O^2) + NaI.$$

Il bout à 112°.

§ 6. — Alcool caprylique.

$C^{16}H^{16}(H^2O^2)$ ou $C^{16}H^{18}O^2$.................. *C^8H^{17}-OH.*

1. L'alcool caprylique, appelé aussi *alcool octylique* ou *méthylhexylcarbinol*, a été découvert par M. Bouis en 1851.

2. *Préparation.* — Ce corps se prépare en distillant rapidement 2 parties d'huile de ricin avec 1 partie de potasse solide. On rectifie deux ou trois fois sur la potasse solide, puis on recueille ce qui passe de 178° à 180°.

La formation de l'alcool caprylique est fondée sur la décomposition de l'*acide ricinolique*, $C^{36}H^{34}O^6$, contenu dans l'huile de ricin sous forme de glycéride; ce composé se dédouble en *acide sébacique*, $C^{20}H^{18}O^8$, et alcool caprylique :

$$C^{36}H^{34}O^6 + 2\,KHO^2 = C^{20}H^{16}K^2O^8 + C^{16}H^{18}O^2 + H^2.$$

3. *Propriétés.* — L'alcool caprylique est un liquide incolore, d'une odeur aromatique, insoluble dans l'eau ; miscible à l'alcool et à l'éther. Il bout à 178°. Sa densité est 0,823 à 17°.

4. *Éthers.* — Signalons les éthers suivants de l'alcool caprylique :

L'éther chlorhydrique.........	$C^{16}H^{16}(HCl)$	bout	à 175°,
L'éther bromhydrique,.........	$C^{16}H^{16}(HBr)$		à 190°,
L'éther iodhydrique...........	$C^{16}H^{16}(HI)$		vers 200°,
L'éther nitrique..............	$C^{16}H^{16}(AzHO^6)$		vers 180°.

5. *Isomères.* — L'alcool dont il vient d'être question est un alcool secondaire (Kolbe). L'essence d'*Heracleum spondylium* est formée, pour la plus grande partie, par l'éther acétique de l'*alcool octylique*

(1) *C^2H^5-O-C^5H^{11}.*

primaire (M. Zincke). On connaît en outre quatre alcools secondaires, parmi lesquels l'*hydrate d'octylène* (M. de Clermont), deux alcools primaires dont un normal, et enfin deux alcools tertiaires (M. Boutlerow).

§ 7. — **Alcool éthalique.**

$C^{32}H^{32}(H^2O^2)$ ou $C^{32}H^{34}O^2$................. $C^{16}H^{33}\text{-}OH$.

1. L'alcool éthalique, appelé aussi *éthal* et *alcool cétylique*, a été découvert par M. Chevreul (1823), et caractérisé comme alcool par MM. Dumas et Péligot (1836).

2. *Préparation.* — On prépare l'éthal au moyen du *blanc de baleine*, substance cristalline qui se dépose dans l'huile de cachalot. On purifie le blanc de baleine par des cristallisations répétées dans l'alcool. C'est alors un corps nacré, lamelleux, fusible à 49°. Il est formé par un mélange de plusieurs éthers, qui résultent de l'union des acides gras, et principalement de l'acide palmitique, avec l'alcool éthalique. Pour obtenir l'alcool éthalique, il faut saponifier ces composés.

La saponification du blanc de baleine par l'hydrate de potasse, dans les conditions ordinaires, est fort difficile. Au contraire, on réussit aisément par le procédé suivant. On dissout à chaud 2 parties de potasse et 4 parties de blanc de baleine dans 5 parties d'alcool. Le tout forme un liquide homogène, qu'on maintient au bain-marie pendant quarante-huit heures; la saponification est alors complète (MM. Berthelot et Péan de Saint-Gilles). Le blanc de baleine se trouve remplacé par l'éthal et les sels de potasse des acides gras.

On transforme ces derniers sels en sels de chaux, en versant la liqueur alcoolique dans une solution aqueuse et tiède de chlorure de calcium. On recueille la masse insoluble qui se précipite, on la lave et on la dessèche.

L'éthal étant soluble dans l'éther, tandis que les sels de chaux des acides gras y sont insolubles, on isole facilement l'éthal en traitant par l'éther la masse desséchée, dans un appareil à épuisement. On évapore l'éther et on purifie l'alcool éthalique par des cristallisations dans l'éther ou dans l'alcool ordinaire, en présence d'un peu de noir animal.

3. *Propriétés.* — L'alcool éthalique constitue un corps solide, blanc, gras, cristallisé en belles lamelles brillantes, inodore, insipide, fusible à 49°. Il bout à 344°. Il est insoluble dans l'eau, mais très soluble dans l'alcool bouillant et surtout dans l'éther. Lorsqu'on l'enflamme, après l'avoir fortement chauffé, il brûle avec une flamme très éclairante.

Par oxydation il se change en acide palmitique, $C^{32}H^{32}O^4$.

4. *Éthers.* — Parmi les éthers de cet alcool, signalons seulement *l'éthal stéarique*, $C^{32}H^{32}(C^{36}H^{36}O^4)$. C'est une substance neutre, cristallisée en lamelles brillantes, fusible à 55°, insoluble dans l'eau, presque insoluble dans l'alcool même bouillant, mais soluble dans l'éther.

On le prépare en chauffant ensemble l'éthal et l'acide stéarique, à 200°, durant quelques heures. On fond ensuite la masse; on la fait digérer pendant quelques minutes avec un peu d'éther et de chaux éteinte, pour séparer l'excès d'acide stéarique : puis on reprend par l'éther bouillant, dans lequel le stéarate de chaux est insoluble.

L'éthal stéarique se dissout en même temps que l'excès d'éthal. On évapore l'éther; on fait bouillir le résidu, à plusieurs reprises, avec l'alcool : l'éthal se dissout, tandis que l'éther éthalstéarique demeure indissous. On termine en le faisant cristalliser dans l'éther.

Cette formation correspond à la synthèse du blanc de baleine (M. Berthelot).

§ 8. — Alcool mélissique.

$C^{60}H^{60}(H^2O^2)$ ou $C^{60}H^{62}O^2$................ $C^{30}H^{61}\text{-}OH$.

1. La cire d'abeilles, blanchie par l'action de la lumière, fond à 62°. Elle est insoluble dans l'eau, très soluble dans les huiles, les graisses et les essences. L'alcool bouillant la sépare en divers principes, parmi lesquels on distingue la *céroléine*, matière beaucoup plus fusible que la cire; l'*acide cérotique*, $C^{54}H^{54}O^4$, appelé autrefois *cérine*, et l'*éther mélissipalmitique*, $C^{60}H^{60}(C^{32}H^{32}O^4)$, appelé autrefois *myricine*, corps presque insoluble dans l'alcool même bouillant.

Purifié par des cristallisations dans l'éther, ce dernier composé fond à 72°.

Décomposé par une solution alcoolique de potasse, il fournit de l'alcool mélissique et du palmitate de potasse. Le second reste dissous, tandis que le premier se dépose pendant le refroidissement. On fait recristalliser le produit dans la benzine.

2. L'alcool mélissique, découvert par M. Brodie, est appelé encore *alcool myricique*. Il est blanc, solide, nacré, fusible à 85°. Il ne peut être distillé sans éprouver un commencement de décomposition. La chaux potassée le change en *acide mélissique*, $C^{60}H^{60}O^4$.

L'alcool mélissique, libre ou éthérifié par divers acides, mélangé d'un peu d'alcool éthalique, constitue la cire du *Copernicia cerifera*, substance très usitée sous le nom de *cire de Carnauba*.

Tels sont les plus importants parmi les alcools homologues de l'alcool ordinaire, représentés par la formule $C^{2n}H^{2n+2}O^2$. Venons aux autres séries.

B. — Série acétylique : alcools $C^{2n}H^{2n}O^2$.

§ 9. — **Alcool allylique.**

$C^6H^4(H^2O^2)$ ou $C^6H^6O^2$.......... C^3H^5-OH ou $CH^2=CH-CH^2-OH$.

1. L'existence de la série allylique a été signalée en 1844 par Wertheim, d'après l'étude des essences d'ail et de moutarde. MM. Berthelot et de Luca ont découvert en 1855 le composé qui sert à produire toute la série, l'éther allyliodhydrique, formé au moyen de la glycérine, et ils ont exécuté avec ce corps la synthèse de l'essence de moutarde et celle des divers éthers allyliques. MM. Cahours et Hoffmann ont complété cette étude par celle de l'alcool allylique.

2. *Formation.* — Tous les composés allyliques peuvent être formés avec le propylène iodé ou *éther allyliodhydrique*, C^6H^5I. En traitant cet éther par l'acétate d'argent, ou par tout autre sel d'argent, on le change en éther à oxacide correspondant :

$$C^6H^4(HI) + C^4H^3AgO^4 = AgI + C^6H^4(C^4H^4O^4).$$

Ce nouvel éther, décomposé par un alcali, produit l'alcool allylique :

$$C^6H^4(C^4H^4O^4) + KHO^2 = C^4H^3KO^4 + C^6H^4(H^2O^2).$$

Certains éthers allyliques constituent, comme il a été dit, les essences d'ail et de moutarde.

3. *Préparation.* — On chauffe un mélange de 4 parties de glycérine avec 1 partie d'acide oxalique cristallisé. Jusqu'à 190°, il distille de l'acide formique et il se dégage de l'oxyde de carbone (voy. *Préparation de l'acide formique*). Entre 195° et 260°, il passe un liquide formé surtout d'alcool allylique et d'éther allylformique : on le rectifie, on le débarrasse au moyen du carbonate de potasse de la plus grande partie de l'eau qu'il contient, on le fait digérer avec de la potasse caustique, et on le distille de nouveau sur de la potasse caustique, puis sur de la baryte anhydre (MM. Tollens et Henninger).

L'alcool allylique prend naissance dans ces conditions par la destruction d'un éther formique de la glycérine.

4. *Propriétés.* — L'alcool allylique est un liquide mobile, doué d'une odeur alliacée, spiritueuse et irritante. Il bout à 95°,6; sa densité à 0° est 0,871. Il se mêle en toutes proportions avec l'eau, l'alcool et l'éther.

5. *Réactions.* — L'hydrogène naissant, c'est-à-dire le zinc en présence de l'acide sulfurique et de l'eau, le change en alcool propylique normal :

$$C^6H^6O^2 + H^2 = C^6H^8O^2.$$

Sous l'influence de la potasse, vers 150°, il donne, avec d'autres produits, le même alcool propylique.

L'oxygène, avec le concours du noir de platine, ou bien encore les agents oxydants, transforment l'alcool allylique en *aldéhyde allylique*, $C^6H^4O^2$, puis en *acide acrylique*, $C^6H^4O^4$, suivant les mêmes relations qui engendrent l'aldéhyde et l'acide acétique avec l'alcool ordinaire.

6. Enfin aux éthers éthyliques correspondent, terme pour terme, les éthers allyliques, qui n'en diffèrent que par l'additon de 2 équivalents de carbone et par une élévation de 20 à 25° dans les points d'ébullition.

Éthers allyliques.

1. Citons les plus importants parmi les éthers allyliques. La connaissance en est due aux travaux de MM. Wertheim, Berthelot et de Luca, Zinin, Cahours et Hofmann.

2. *Éther allyliodhydrique :* $C^6H^4(HI)$. — Cet éther (1) se prépare au moyen de la glycérine. On mélange dans une cornue 100 grammes de glycérine et 100 grammes d'iodure de phosphore, PI^2. Bientôt une vive réaction se déclare; on l'achève par une douce chaleur, et l'on trouve dans le récipient 60 grammes d'éther allyliodhydrique que l'on rectifie.

La réaction est la suivante :

$$C^6H^8O^6 + PI^2 = C^6H^5I + I + H^2O^2 + PO^3,HO.$$

On produit quelquefois l'iodure de phosphore en présence même de la glycérine sur laquelle il doit réagir. On mélange dans une cornue 10 parties d'iode, 15 parties de glycérine bien sèche ; on déplace l'air de la cornue par un courant de gaz carbonique et l'on ajoute peu à peu, la réaction étant fort énergique, 3 parties de phosphore blanc.

(1) $CH^2=CH-CH^2-I$.

Il est avantageux de distiller le produit dans un courant de gaz carbonique.

On peut encore le préparer au moyen de l'alcool allylique en suivant la méthode indiquée pour la préparation de l'éther éthyliodhydrique (p. 285). On emploie 160 parties d'alcool, 254 parties d'iode et 20 parties de phosphore rouge.

On obtient ainsi un liquide doué d'une odeur irritante, très altérable par la lumière, d'une densité égale à 1,843 à 0°, bouillant à 101°.

Les oxydes d'argent et de mercure le décomposent, avec formation d'*éther allylique*, $C^6H^4(C^6H^6O^2)$, liquide volatil à 85°.

Les sels en général, et surtout ceux d'argent, opèrent avec lui une double décomposition, d'où résultent les autres éthers allyliques.

L'hydrogène naissant le change en *propylène*, C^6H^6 (voy. p. 117).

Le sodium lui enlève l'iode, avec production d'*allyle*, $C^6H^4(C^6H^6)$:

$$2\,C^6H^4(HI) + Na^2 = C^6H^4(C^6H^6) + 2\,NaI.$$

Le brome en déplace l'iode, avec formation d'*isotribromhydrine*, $C^6H^5Br^3$, l'un des éthers de la glycérine (Wurtz).

3. *Éther allylchlorhydrique :* $C^6H^4(HCl)$, et *éther allylbromhydrique :* $C^6H^4(HBr)$. — Ces éthers (MM. Cahours et Hofmann) sont isomériques, mais non identiques, avec le propylène chloré et le propylène bromé.

4. *Éther allylsulfhydrique neutre :* $(C^6H^4)^2(H^2S^2)$. — Ce corps, qui n'est autre chose que l'*essence d'ail* (Wertheim), est appelé aussi *sulfure d'allyle* (1). Il se prépare synthétiquement en faisant agir l'éther allyliodhydrique sur une solution alcoolique de monosulfure de potassium (MM. Hofmann et Cahours) :

$$\underset{\text{Éther allyliodhydrique.}}{2\,C^6H^4(HI)} + K^2S^2 = \underset{\text{Éther allylsulfhydrique.}}{(C^6H^4)^2(H^2S^2)} + 2\,KI.$$

On distille le tout après quelques heures de digestion ; on précipite par l'eau le produit distillé. On le dessèche sur du chlorure de calcium et on le rectifie, en recueillant ce qui passe à 140°.

On peut aussi préparer l'éther allylsulfhydrique au moyen de l'ail, qui lui doit son odeur spéciale : 50 kilogrammes d'ail, distillés avec de l'eau, fournissent 100 à 120 grammes d'une huile dense et fétide. On la rectifie dans un bain d'eau salée; les 2/3 du produit passent sous la forme d'un liquide plus léger que l'eau. On distille de nouveau celui-ci sur un fragment de sodium.

5. *Éther allylcyanique sulfuré :* $C^6H^4(C^2AzHS^2)$. — Ce composé

(1) $(\mathcal{C}^3H^5)^2 = \mathcal{S}$.

s'obtient en ajoutant de l'éther allylbromhydrique à une solution de sulfocyanate d'ammoniaque (1 partie) dans l'alcool (3 parties), constamment maintenue au voisinage de 0°, et précipitant par l'eau après quelque temps (M. Gerlich). Il constitue un liquide à odeur alliacée, bouillant à 161°, de densité 1,071 à 0°.

Chauffé avec la potasse alcoolique, il se dédouble immédiatement en produisant du sulfocyanate alcalin. C'est donc un éther d'un acide amidé :

$$C^6H^4(H^2O^2) + C^2HAzS^2 - H^2O^2.$$

Il se change spontanément, mais avec lenteur, à la température ordinaire, en un isomère, c'est-à-dire en un imide d'un acide éthéré, l'*acide allylcarbonique sulfuré* :

$$C^2(C^6H^6O^2)S^4 + AzH^3 - H^2O^2 - H^2S^2.$$

La même transformation s'opère rapidement quand on le maintient en ébullition.

6. L'isomère ainsi formé n'est autre chose que l'*allyl-sulfocarbimide* (1). De même, en effet, qu'il existe 2 corps présentant la composition de l'éther éthylcyanique (p. 299), de même aussi il existe deux isomères qui correspondent à la formule de l'éther allylcyanique sulfuré : l'un présente les réactions d'un éther sulfocyanique, c'est le premier dont nous avons parlé ; l'autre appartient à la classe des amides, mais se produit dans des réactions tout à fait analogues à celles qui engendrent d'ordinaire des éthers.

7. L'allylsulfocarbimide présente plus d'intérêt que son isomère ; il constitue l'*essence de moutarde ;* on l'appelle encore *isosulfocyanate d'allyle.*

La production artificielle de cette essence a été réalisée en chauffant ensemble l'éther allyliodhydrique et le sulfocyanate de potassium dissous dans l'alcool ; il se forme de l'iodure de potassium et de l'essence de moutarde (MM. Berthelot et de Luca) :

$$C^6H^4(HI) + C^2AzKS^2 = KI + C^6H^4(C^2AzHS^2).$$

On précipite l'essence par l'eau, puis on la distillle vers 150°.

On a vu plus haut que l'essence de moutarde se produit aussi par transformation de son isomère.

On peut enfin la préparer avec la graine de moutarde noire. Elle n'y préexiste pas ; mais elle s'y développe, comme chacun sait, sous l'influence de l'eau. La graine renferme, en effet, un sel de potasse

(1) $C^3H^5 - AzCS$.

fermentescible, le *myronate de potasse*, $C^{20}H^{18}AzKS^4O^{20}$, et un ferment non figuré albuminoïde, la *myrosine:* ces deux substances paraissent être contenues séparément dans des cellules particulières. En présence de l'eau froide qui les dissout, les deux matières viennent en contact, la fermentation s'établit et il se développe de l'essence de moutarde, en même temps que de la glucose et du bisulfate de potasse (Bussy) :

$$\underset{\text{Myronate de potasse.}}{C^{20}H^{18}AzKS^4O^{20}} = \underset{\text{Glucose.}}{C^{12}H^{12}O^{12}} + \underset{\text{Essence de moutarde.}}{C^6H^4(C^2AzHS^2)} + \underset{\text{Bisulfate de potasse.}}{S^2HKO^8}.$$

Après quelques heures de contact, on chauffe et on distille pour recueillir l'essence.

On peut obtenir la myrosine et le myronate séparément. En effet la graine de moutarde blanche contenant de la myrosine et pas de myronate, on extrait facilement cette substance en traitant par l'eau la graine broyée, puis en précipitant par l'alcool l'extrait aqueux, évaporé à une température inférieure à 40° ; la myrosine se sépare. La myrosine, substance analogue à l'albumine, se coagule quand on la soumet à l'action de la chaleur ; elle perd ainsi son activité sur le myronate, ce qui explique la nécessité de ne faire intervenir d'abord que de l'eau froide dans la production de l'essence.

Quant au myronate de potasse, on l'isole en traitant la poudre de graine de moutarde noire par l'alcool chaud ; la myrosine se coagule. On épuise ensuite par l'eau tiède le tourteau, afin de dissoudre le myronate de potasse, on évapore et l'on fait cristalliser.

L'essence de moutarde naturelle contient toujours une petite quantité de cyanure d'allyle formé par une réaction secondaire.

L'essence de moutarde pure est liquide, très réfringente, douée d'une odeur fort irritante et qui excite le larmoiement. Mise en contact avec la peau, elle produit des effets vésicants. C'est le principe actif des sinapismes. Elle est insoluble dans l'eau, très soluble dans l'alcool et dans l'éther. Sa densité à 0° est 1,028. Elle bout à 151°.

Mise en digestion avec l'ammoniaque, elle s'y combine peu à peu, en formant une *urée allylsulfurée* cristallisée, la *thiosinamine* (Dumas et Pelouze) :

$$C^6H^4(C^2AzHS^2) + AzH^3 = C^6H^4(C^2H^4Az^2S^2).$$

Chauffée avec du sulfure de potassium, l'essence de moutarde produit de l'essence d'ail et du sulfocyanate de potasse (Wertheim) :

$$2\,C^6H^4(C^2AzHS^2) + K^2S^2 = (C^6H^4)^2H^2S^2 + 2\,C^2AzKS^2.$$

§ 10. — Alcool mentholique.

$C^{20}H^{18}(H^2O^2)$ ou $C^{20}H^{20}O^2$.................... $C^{10}H^{19}-OH$.

1. La composition de l'alcool mentholique ou *menthol* a été établie par Dumas. Oppenheim a regardé ce corps comme un alcool secondaire.

2. *Préparation.* — Cet alcool se dépose sous forme cristallisée, lorsqu'on refroidit l'essence de menthe poivrée. L'essence de menthe concrète du Japon est formée par de l'alcool mentholique à peu près pur.

3. *Propriétés.* — Il se présente en beaux prismes transparents, brillants, semblables à du sulfate de magnésie. Il fond à 42° et bout à 212°. Il est peu soluble dans l'eau, très soluble dans l'alcool, l'éther, les huiles grasses et volatiles. Il dévie à gauche le plan de polarisation : $\alpha_D = -59°,6$.

4. Cet alcool se combine directement aux acides en formant des éthers.

Le chlorure de zinc lui enlève les éléments de l'eau et forme du *menthène*, $C^{20}H^{18}$, carbure liquide, dont la densité à 21° est 0,851, et qui bout à 163° (Walter).

C. — Série camphénique : alcools $C^{2n}H^{2n-2}O^2$.

§ 11. — Alcool propargylique.

$C^6H^2(H^2O^2)$ ou $C^6H^4O^2$.............. C^3H^3-OH ou $CH \equiv C-CH^2-OH$.

1. L'alcool propargylique a été découvert et étudié par M. Henry. Il est remarquable par les propriétés qu'il tient de sa nature de corps non saturé.

2. *Préparation.* — On l'obtient en ajoutant à de l'alcool allylique monobromé un peu d'eau et de potasse caustique, et chauffant : après avoir saturé d'acide carbonique la potasse en excès, on distille. L'alcool propargylique passe mélangé d'eau. On le sépare de celle-ci par addition de carbonate de potasse.

3. *Propriétés.* — C'est un liquide incolore, mobile, doué d'une odeur agréable, bouillant à 115°, de densité 0,963 à 21°.

Il précipite, ainsi que ses combinaisons, le protochlorure de cuivre ammoniacal en jaune, et le nitrate d'argent ammoniacal en blanc.

4. L'*éther éthylpropargylique*, $C^6H^2(C^4H^6O^2)$, s'obtient en traitant

par la potasse alcoolique le bromure de propylène bromé, C^6H^5Br,Br^2 (M. Liebermann).

C'est un liquide bouillant à 80°. Il précipite les réactifs cuivreux et argentique.

§ 12. — Alcool campholique.

$C^{20}H^{16}(H^2O^2)$ ou $C^{20}H^{18}O^2$ .... $CH^3-C^6H^7(C^3H^7)-OH$.

1. *État naturel.* — Cet alcool a d'abord été désigné sous le nom de *camphre de Bornéo;* il est produit par le *Dryobalanops aromatica*, arbre des îles de la Sonde. Ce composé, appelé aussi *bornéol*, a été étudié en premier lieu par Pelouze, qui n'en avait pas reconnu la fonction. Celle-ci a été découverte par M. Berthelot, qui a en outre réalisé la synthèse de l'alcool campholique.

2. *Formations.* — 1° On produit synthétiquement l'alcool campholique, en fixant 2 équivalents d'hydrogène sur le camphre ordinaire :

$$C^{20}H^{16}O^2 + H^2 = C^{20}H^{18}O^2.$$

On y parvient en chauffant le camphre à 180°, dans des tubes scellés, avec une solution alcoolique de potasse. Il se forme ainsi de l'alcool campholique et du *camphate de potasse* (M. Berthelot) :

$$2\,C^{20}H^{16}O^2 + KO,HO = C^{20}H^{18}O^2 + C^{20}H^{15}KO^4.$$

Le camphre pouvant d'ailleurs être formé par l'oxydation directe du camphène, on voit que ce dernier engendre en définitive l'alcool campholique.

On peut encore arriver au même résultat par une autre méthode. On dissout le camphre ordinaire dans du toluène et on le traite par le sodium; il se forme du *camphre monosodé*, $C^{20}H^{15}NaO^2$, et de l'hydrogène. Ce dernier se fixe sur une autre molécule de camphre en même temps que du sodium, pour produire du *bornéol sodé*, $C^{20}H^{17}NaO^2$:

$$2\,C^{20}H^{16}O^2 + 2\,Na = C^{20}H^{15}NaO^2 + C^{20}H^{17}NaO^2.$$

On détruit par l'eau le bornéol sodé, qui donne ainsi de la soude et du bornéol (M. Baubigny).

2° Le bornéol prend encore naissance en hydratant l'essence de térébenthine par voie indirecte :

$$C^{20}H^{16} + H^2O^2 = C^{20}H^{18}O^2 ;$$

ce qui se réalise en combinant l'hydrocarbure à un acide tel que l'acide acétique, par contact prolongé à froid, et saponifiant par un alcali l'éther acétique formé, $C^{20}H^{16},C^4H^4O^4$ (MM. G. Bouchardat et Lafont). La même réaction se produit également par l'intermédiaire de la combinaison picrique du térébenthène (M. Lextreit).

3. *Préparation.* — On se procure d'ordinaire le bornéol par la méthode de M. Baubigny. Toutefois, il est plus avantageux d'opérer l'action du sodium sur un mélange d'alcool et de camphre, la production de l'alcool sodé dégageant alors l'hydrogène qui se fixe sur le camphre (MM. Jackson et Menke). Dans un ballon, muni d'un réfrigérant à reflux, et contenant 50 grammes de camphre dissous dans 500 grammes d'alcool à 96 centièmes, on projette, par petits fragments et très lentement, 60 grammes de sodium. La réaction étant terminée, on ajoute 50 centimètres cubes d'eau pour dissoudre le sodium restant, puis on verse le tout dans 4 litres d'eau : le bornéol se précipite. On le recueille sur une toile, on le lave à l'eau, on le sèche et on le purifie par cristallisation dans l'éther de pétrole.

4. *Propriétés.* — L'alcool campholique se présente en petits cristaux transparents et friables. Il possède une odeur camphrée, avec une nuance poivrée toute spéciale. Il fond à 206° et bout vers 220°. Il est insoluble dans l'eau, très soluble dans l'alcool et dans l'éther.

5. *Réactions.* — L'alcool campholique oxydé régénère le *camphre ordinaire*, lequel représente l'*aldéhyde campholique :*

$$\underset{\text{Alcool campholique.}}{C^{20}H^{16}(H^2O^2)} + O^2 = \underset{\text{Aldéhyde campholique.}}{C^{20}H^{16}O^2} + H^2O^2.$$

Une oxydation très prolongée donne naissance à l'acide camphorique, $C^{20}H^{16}O^8$.

6. L'acide chlorhydrique concentré change l'alcool campholique en *éther campholchlorhydrique*, $C^{20}H^{16}(HCl)$, isomérique avec le chlorhydrate de térébenthène et doué de propriétés analogues (p. 211). Avec les acides stéarique, benzoïque, butyrique, etc., et l'alcool campholique, on obtient à 200° les éthers campholiques correspondants.

L'*éther campholique*, $C^{20}H^{16}(C^{20}H^{18}O^2)$, se rencontre dans l'essence de valériane officinale. C'est un liquide bouillant vers 285°.

7. *Variétés optiques.* — Le bornéol du *Dryobalanops aromatica* est dextrogyre : $\alpha_D = +37°$. La garance et le succin renferment aussi du bornéol, mais celui-ci diffère du précédent en ce qu'il est lévogyre; le camphre du *Blumea balsamifera*, usité en Chine, est aussi formé par du bornéol gauche. Enfin l'essence de romarin contient un bornéol dépourvu d'action sur la lumière polarisée. Le camphre droit

fournit par hydrogénation le bornéol dextrogyre; les camphres gauches ou inactifs de diverses origines fournissent de même des bornéols doués de propriétés optiques correspondantes; il en est aussi de même des divers térébenthènes que l'on transforme en bornéols.

D. — 4e SÉRIE : ALCOOLS $C^{2n}H^{2n-4}O^2$.

Cette série ne renferme aucun alcool nettement caractérisé.

E. — SÉRIE BENZÉNIQUE : ALCOOLS $C^{2n}H^{2n-6}O^2$.

Au contraire la série benzénique comprend divers termes importants, désignés sous le nom d'*alcools aromatiques*.

§ 13. — Alcool benzylique.

$C^{14}H^6(H^2O^2)$ ou $C^{14}H^8O^2$.......... $C^7H^7\text{-}OH$ ou $C^6H^5\text{-}CH^2\text{-}OH$.

1. Cet alcool a été découvert par M. Cannizzaro, qui l'a formé synthétiquement au moyen du toluène et au moyen de l'essence d'amandes amères. Il paraît préexister en petite quantité dans certaines amandes amères naturelles, ainsi que dans le baume du Pérou.

2. *Préparation.* — Une préparation de l'alcool benzylique au moyen du toluène et de l'éther benzylchlorhydrique a été indiquée à la page 170.

L'éther benzylchlorhydrique peut encore être transformé avantageusement en alcool benzylique par ébullition avec de l'eau et de l'oxyde de plomb hydraté (MM. Lauth et Grimaux), ou avec de l'eau et de l'hydrate de chaux (Dusart) : l'éther est saponifié au bout de quelques heures. On purifie l'alcool par distillation.

Décrivons la métamorphose de l'essence d'amandes amères, c'est-à-dire de l'*aldéhyde benzylique*, en alcool correspondant.

Cette essence, traitée par la potasse alcoolique, se dédouble en alcool benzylique et benzoate (M. Cannizzaro) :

$$2\,C^{14}H^6O^2 + KHO^2 = C^{14}H^8O^2 + C^{14}H^5KO^4.$$

A cet effet, on mêle 1 volume d'essence d'amandes amères avec 3 volumes d'alcool et 5 à 6 volumes d'une solution alcoolique saturée de potasse. Le mélange s'échauffe et laisse déposer du benzoate de potasse. On fait digérer, puis on ajoute de l'eau et l'on distille au bain-marie, afin de séparer l'alcool. Le résidu est agité avec de l'éther, qui dissout l'alcool benzylique. On distille la solution éthérée et l'on recueille séparément l'alcool benzylique, dont le point d'ébullition est beaucoup plus élevé.

3. *Propriétés.* — L'alcool benzylique est un liquide oléagineux, incolore, très réfringent, doué d'une odeur agréable, analogue à celle des amandes amères, mais plus faible. Sa densité à 0° est 1,063. Il bout à 207°.

4. Les agents oxydants (acide chromique, acide nitrique dilué, etc.) le changent en *aldéhyde benzoïque*, $C^{14}H^{6}O^{2}$; puis en *acide benzoïque*, $C^{14}H^{6}O^{4}$.

Les acides forment des *éthers benzyliques*, comparables aux éthers éthyliques, mais dont le point d'ébullition est situé 130° à 140° plus haut. La *cinnaméine*, principe cristallisé du baume de Tolu (M. Fremy), est l'*éther benzylcinnamique* (M. Scharling).

F. — Série cinnaménique : alcools $C^{2n}H^{2n-8}O^{2}$.

La série cinnaménique comprend deux alcools intéressants.

§ 14. — Alcool cinnamylique.

$C^{18}H^{8}(H^{2}O^{2})$ ou $C^{18}H^{10}O^{2}$.... $C^{9}H^{9}\text{-}OH$ ou $C^{6}H^{5}\text{-}CH=CH\text{-}CH^{2}\text{-}OH$.

1. Ce corps, découvert par Simon, est appelé aussi *alcool cinnamique* ou *styrone*.

Il se forme par la réaction de la potasse alcoolique sur l'aldéhyde cinnamique (essence de cannelle), quoique avec difficulté :

$$2\,C^{18}H^{8}O^{2} + H^{2}O^{2} = C^{18}H^{10}O^{2} + C^{18}H^{8}O^{4}.$$

2. *Préparation.* — On le prépare en faisant bouillir l'*éther cinnamylcinnamique* avec une solution concentrée de potasse :

$$C^{18}H^{8}(C^{18}H^{8}O^{4}) + KHO^{2} = C^{18}H^{8}(H^{2}O^{2}) + C^{18}H^{7}KO^{4}.$$

L'alcool cinnamylique distille avec les vapeurs d'eau. On le sépare et on le rectifie : on l'obtient très pur du premier coup. Il demeure parfois longtemps liquide, mais il finit en général par se concréter.

3. *Propriétés.* — L'alcool cinnamylique cristallise en longues

aiguilles et fond à 33°, en une huile très réfringente. Il bout à 262°. Il possède une odeur agréable, avec une nuance vineuse.

4. L'oxygène de l'air, aidé du concours du noir de platine, le change en *aldéhyde cinnamique*, $C^{18}H^8O^2$, puis en *acide cinnamique*, $C^{18}H^8O^4$:

$$\underset{\text{Alcool cinnamique.}}{C^{18}H^8(H^2O^2)} + O^2 = \underset{\text{Aldéhyde cinnamique.}}{C^{18}H^8O^2} + H^2O^2.$$

Bouilli avec l'acide nitrique, il fournit de l'*aldéhyde benzoïque* et de l'*acide acétique :*

$$C^{18}H^{10}O^2 + 2\,O^2 = C^{14}H^6O^2 + C^4H^4O^4.$$

5. L'*éther cinnamylcinnamique*, $C^{18}H^8(C^{18}H^8O^4)$, ou *styracine* (Bonastre), existe dans le styrax liquide et dans le baume du Pérou. Pour le préparer, on distille le styrax liquide avec de l'eau, ce qui enlève le styrolène. On agite, à diverses reprises, le résidu froid avec une solution de soude, pour enlever l'acide cinnamique libre. On fait macérer ce qui reste insoluble avec l'alcool froid, qui laisse la styracine. Enfin on fait cristalliser cette dernière dans l'alcool bouillant.

C'est un corps solide, cristallisé en aiguilles fasciées, fusible à 44°, inodore.

§ 15. — Alcool cholestérique.

$C^{52}H^{42}(H^2O^2)$ ou $C^{52}H^{44}O^2$.............. ... $C^{26}H^{43}\text{-}OH$.

1. Terminons par l'*alcool cholestérique* ou *cholestérine*, substance fort répandue dans l'économie animale et découverte par Conradi en 1775, mais connue surtout depuis les travaux de M. Chevreul. Elle a été caractérisée comme alcool par M. Berthelot. C'est l'un des principes immédiats de la bile. Elle existe dans le sang; elle existe aussi dans les matières nerveuses et dans les liquides des kystes, etc.; mais elle se trouve spécialement concentrée dans certains calculs biliaires. On la rencontre également dans les végétaux.

2. *Préparation.* — On la prépare en faisant bouillir les calculs biliaires pulvérisés avec de l'eau et un alcali, tel que la chaux, afin de séparer les corps gras proprement dits, et en faisant cristalliser dans l'alcool ou l'éther le résidu insoluble dans l'eau.

3. *Propriétés.* — La cholestérine cristallise en prismes rectangulaires obliques, très aplatis, d'un aspect brillant et micacé. Ses propriétés physiques rappellent celles des cires. Elle fond à 145°; sa densité est 1,067 à 15°. Elle ne peut être distillée sous la pression normale sans décomposition. Elle se dissout dans 9 parties d'alcool ordinaire bouillant. Elle retient à la température ordinaire 2 équivalents d'eau de cristallisation. Elle possède le pouvoir rotatoire : $\alpha_D = -34°$.

4. La cholestérine se combine directement avec les acides sous l'influence de la chaleur, avec séparation d'eau et formation d'éthers.

Les acides de la bile paraissent dériver de la cholestérine par oxydation.

5. *Isomères.* — Le suin qui imprègne la laine de mouton contient un isomère de la cholestérine, l'*isocholestérine*, qui est douée également des propriétés d'un alcool. Ce corps cristallise en fines aiguilles, fond à 138° et est dextrogyre (M. Schulze).

Un second alcool isomère, la *paracholestérine*, existe dans l'*Œthalium septicum*, cryptogame qui se développe dans les fosses de tannerie. Il cristallise avec une molécule d'eau, fond à 134° et est lévogyre (MM. Reinke et Rodewald).

G. — 13e SÉRIE : ALCOOLS $C^{2n}H^{2n-22}O^2$.

Les alcools des 9e, 10e, 11e et 12e séries actuellement connus sont tous des alcools secondaires obtenus par l'hydrogénation d'aldéhydes secondaires aromatiques. Ils sont peu importants.

La 13e série renferme des alcools qui présentent au contraire un certain intérêt, à cause de leurs relations avec des matières colorantes fort usitées et notamment avec la rosaniline.

§ 16. — Triphénylcarbinol.

$C^{38}H^{16}O^2$ ou $C^{38}H^{14}(H^2O^2)$ ou $C^{12}H^4[C^{12}H^4(C^{12}H^4[C^2H^4O^2])]$ … $(C^6H^5)^3 \equiv C{-}OH$.

1. *Formations.* — Cet alcool tertiaire, découvert par M. Hemilian, prend naissance :

1° En oxydant le *triphénylméthane*, $C^{38}H^{16}$ (voy. p. 179) par l'acide chromique ou par l'eau bromée :

$$C^{38}H^{16} + O^2 = C^{38}H^{16}O^2.$$

2° En faisant agir l'eau sur le triphénylméthane bromé, lequel joue le rôle d'éther bromhydrique du triphénylcarbinol :

$$C^{38}H^{15}Br + H^2O^2 = C^{38}H^{16}O^2 + HBr.$$

2. *Préparation.* — On le prépare par la première des réactions indiquées plus haut, en dissolvant le carbure dans 5 fois son poids d'acide acétique cristallisable, ajoutant peu à peu de l'acide chro-

mique, et chauffant jusqu'à ce que, dans un essai fait sur une petite partie de la matière, les cristaux que l'eau précipite cessent de fondre dans l'eau bouillante; on précipite alors le produit par l'eau et on le purifie par cristallisation dans l'eau bouillante.

3. *Propriétés.* — Il constitue des prismes rhomboïdaux, fusibles à 159°. Il distille sans altération. L'alcool, l'éther et la benzine le dissolvent. C'est un corps extrêmement stable.

Ses éthers se saponifient aisément; l'éther chlorhydrique, par exemple, qui s'obtient par l'action du perchlorure de phosphore sur le triphénylcarbinol, se saponifie déjà par ébullition avec l'eau.

4. Le *triphénylcarbinol trinitré*, $C^{38}H^{11}(AzO^4)^3(H^2O^2)$, s'obtient en oxydant le triphénylméthane trinitré par l'acide chromique. C'est un corps cristallisé, fusible à 171°, soluble dans la benzine et l'acide acétique cristallisable.

Les réducteurs, en particulier le zinc en poussière et l'acide acétique, le changent en une triamine, la *pararosaniline*, homologue inférieur de la rosaniline (MM. E. et O. Fischer) :

$$\underset{\text{Triphénylcarbinol trinitré.}}{C^{38}H^{11}(AzO^4)^3(H^2O^2)} + 9\,H^2 = \underset{\text{Pararosaniline.}}{C^{38}H^{19}Az^3O^2} + 6\,H^2O^2.$$

Une belle matière colorante, le *vert malachite*, est un dérivé du triphénylcarbinol. Il en sera parlé ailleurs.

§ 17. — **Tolyldiphénylcarbinol.**

$$C^{40}H^{18}O^2 \text{ ou } C^{40}H^{16}(H^2O^2) \text{ ou } C^{14}H^6[C^{12}H^4(C^{12}H^4[C^2H^4O^2])] \ldots \quad \begin{matrix}(C^6H^5)^2\\ C^7H^7\end{matrix} > C\text{-}OH.$$

1. Cet alcool tertiaire présente avec le *tolyldiphénylméthane* (voy. p. 179) les mêmes relations que l'alcool précédent avec le triphénylméthane. Il a été découvert et étudié par MM. E. et O. Fischer.

2. Il se produit en oxydant par l'acide chromique le tolyldiphénylméthane, $C^{40}H^{18}$, tenu en dissolution dans l'acide acétique cristallisable; on le purifie par cristallisation dans le pétrole léger.

3. Il cristallise en prismes hexagonaux, fusibles à 150°, et distille sans s'altérer. Peu soluble dans le pétrole froid, il se dissout aisément dans l'alcool, l'éther et la benzine.

La rosaniline, base dont les sels et certains dérivés constituent de très belles matières colorantes qui seront étudiées plus loin, présente avec le tolyldiphénylcarbinol les mêmes relations que celles indiquées ci-dessus entre son homologue inférieur, la pararosaniline, et le triphénylcarbinol.

CHAPITRE VII

ALCOOLS POLYATOMIQUES EN GÉNÉRAL

§ 1er. — Définitions.

1. La théorie des corps gras neutres, la théorie des sucres et celle de leurs dérivés reposent aujourd'hui sur la notion des alcools polyatomiques. Ce nom et cette notion ont été introduits dans la science en 1854 par M. Berthelot, à l'occasion des corps gras neutres, c'est-à-dire des éthers de la glycérine, et étendus aussitôt par lui à la mannite et aux principes sucrés. Wurtz a découvert deux ans après les glycols et donné une nouvelle extension à la théorie.

Rappelons d'abord ce que signifient les expressions *alcool* et *alcool polyatomique*.

Un *alcool*, avons-nous dit (p. 221), est un corps neutre, composé de carbone, d'hydrogène et d'oxygène, susceptible de s'unir directement aux acides, avec élimination d'eau, pour former des combinaisons neutres appelées *éthers*.

L'alcool ordinaire et les corps analogues s'unissent aux acides monobasiques dans une seule proportion et à équivalents égaux. Tel est le caractère essentiel d'un *alcool monoatomique*.

Au contraire, un *alcool polyatomique* s'unit aux acides monobasiques, suivant plusieurs rapports, pour donner plusieurs composés neutres. La glycérine, par exemple, s'unit avec 1, 2, 3 équivalents d'acide acétique et forme avec cet acide trois combinaisons neutres, trois éthers acétiques. C'est là un fait général, une relation commune entre la glycérine et tous les acides monobasiques. Pour l'exprimer, nous disons que la glycérine est un *alcool triatomique*, c'est-à-dire qu'un seul équivalent de glycérine peut jouer dans les réactions le même rôle que trois équivalents d'alcool ordinaire : *elle représente trois équivalents d'alcool monoatomique, intimement unis et inséparables*.

2. Tout le système de ses réactions est compris dans cette définition. Énumérons en effet les conséquences qui en découlent.

1° Nous avons d'abord à envisager les réactions que présente un équivalent d'alcool monoatomique, considéré isolément. Un alcool polyatomique, un alcool triatomique, si l'on veut préciser davantage, offrira les mêmes réactions.

Or, l'alcool ordinaire se combine aux acides à équivalents égaux, pour former des éthers composés, tels que l'éther acétique :

$$C^4H^4(H^2O^2) + C^4H^4O^4 = C^4H^4(C^4H^4O^4) + H^2O^2;$$

aux alcools, pour former des éthers mixtes, tels que l'éther éthylméthylique :

$$C^4H^4(H^2O^2) + C^2H^4O^2 = C^4H^4(C^2H^4O^2) + H^2O^2;$$

à l'ammoniaque et aux alcalis hydrogénés, pour former des alcalis, tels que l'éthylamine :

$$C^4H^4(H^2O^2) + AzH^3 = C^4H^4(AzH^3) + H^2O^2.$$

Un alcool triatomique, la glycérine par exemple, $C^6H^8O^6$ ou $C^6H^6O^4(H^2O^2)$, se combine de même aux acides, à équivalents égaux, pour former des éthers, tels que l'*acétine :*

$$C^6H^6O^4(H^2O^2) + C^4H^4O^4 = C^6H^6O^4(C^4H^4O^4) + H^2O^2;$$

aux alcools, pour former des éthers mixtes, tels que l'*éthyline :*

$$C^6H^6O^4(H^2O^2) + C^4H^6O^2 = C^6H^6O^4(C^4H^6O^2) + H^2O^2;$$

à l'ammoniaque, pour former des alcalis, tels que la *glycéramine :*

$$C^6H^6O^4(H^2O^2) + AzH^3 = C^6H^6O^4(AzH^3) + H^2O^2.$$

L'alcool ordinaire peut aussi perdre 2 équivalents d'eau. Il peut encore perdre soit de l'oxygène, soit de l'hydrogène séparément. Il peut enfin à la fois perdre de l'hydrogène et gagner de l'oxygène, le tout suivant des relations de formules simples et nettement définies.

Un alcool triatomique sera susceptible des mêmes phénomènes de déshydratation, de réduction, de déshydrogénation, d'oxygénation, précisément suivant les mêmes relations de formules.

Toutes ces réactions d'un alcool triatomique, effectuées suivant les mêmes formules que celles d'un alcool monoatomique, peuvent être attribuées à la mise en activité d'un seul des trois équivalents d'alcool monoatomique, dont l'union, la fusion intime, représenterait en quelque sorte un alcool triatomique : un seul entre en réaction, les deux autres demeurant inactifs.

Voilà le premier système des corps dérivés d'un alcool triatomique.

2° Un second système de dérivés est produit par les transformations qui représentent la somme de deux réactions, exercées sur 2 équivalents distincts d'un alcool monoatomique.

Le système équivalent formé par l'alcool polyatomique peut d'ailleurs éprouver deux fois la même réaction, s'unir, par exemple, avec 2 équivalents du même acide, ou du même alcool, etc., s'oxyder, se réduire, se déshydrater, suivant une réaction deux fois répétée.

Il peut, au contraire, éprouver simultanément deux réactions distinctes : par exemple, le système s'unit à deux acides distincts ; ou bien il s'unit d'une part avec un acide et d'autre part il s'oxyde, se réduit, se déshydrate, etc. Dans tous les cas, on doit concevoir que le système ainsi modifié représente 2 équivalents d'alcool monoatomique, qui demeureraient, après leur modification, unis l'un avec l'autre et avec le troisième équivalent, lequel n'aurait éprouvé aucun changement.

3° Enfin, le dernier système des réactions d'un alcool triatomique peut être assimilé à celles qu'éprouveraient à la fois 3 équivalents d'un alcool monoatomique, intimement unis et inséparables.

Tantôt ces 3 équivalents associés pourront subir simultanément la même réaction, s'unir au même acide, au même alcool, etc.

Tantôt deux d'entre eux éprouveront une même réaction, et le troisième une réaction dissemblable.

Tantôt enfin tous les trois éprouveront trois réactions différentes : ils s'uniront à trois acides distincts, à trois alcools distincts ; deux s'uniront à des acides, l'autre à un alcool : l'un s'unira à un acide, le deuxième à un alcool, tandis que le troisième équivalent éprouvera une oxydation, une déshydratation, etc.

En définitive, c'est par la superposition des réactions connues de l'alcool ordinaire, monoatomique, ces réactions se rapportant soit à 1 seul équivalent, soit à 2, soit à 3 équivalents, que nous pourrons prévoir toutes les réactions des alcools triatomiques. C'est là une notion très nette, et qu'il est facile d'exprimer avec clarté dans le langage ordinaire, indépendamment de tout système plus ou moins obscur de formules particulières.

3. Voici un tableau des combinaisons de la glycérine avec les acides acétique, bromhydrique et chlorhydrique ; ce tableau comprend tous les cas que l'on vient d'énumérer :

PREMIÈRE SÉRIE.

Monacétine.................	$C^6H^8O^6$	$+ C^4H^4O^4$	$- H^2O^2$,
Monochlorhydrine............	$C^6H^8O^6$	$+ HCl$	$- H^2O^2$,
Monobromhydrine............	$C^6H^8O^6$	$+ HBr$	$- H^2O^2$.

DEUXIÈME SÉRIE.

Diacétine	$C^6H^8O^6$	$+ 2\,C^4H^4O^4$	$- 2\,H^2O^2$,
Dichlorhydrine	$C^6H^8O^6$	$+ 2\,HCl$	$- 2\,H^2O^2$,
Dibromhydrine	$C^6H^8O^6$	$+ 2\,HBr$	$- 2\,H^2O^2$,
Acétochlorhydrine	$C^6H^8O^6$	$+ C^4H^4O^4 + HCl$	$- 2\,H^2O^2$,
Acétobromhydrine	$C^6H^8O^6$	$+ C^4H^4O^4 + HBr$	$- 2\,H^2O^2$,
Chlorhydrobromhydrine	$C^6H^8O^6$	$+ HCl + HBr$	$- 2\,H^2O^2$.

TROISIÈME SÉRIE.

Triacétine	$C^6H^8O^6 + 3\,C^4H^4O^4$		$- 3\,H^2O^2$,
Trichlorhydrine	$C^6H^8O^6 + 3\,HCl$		$- 3\,H^2O^2$,
Tribromhydrine	$C^6H^8O^6 + 3\,HBr$		$- 3\,H^2O^2$,
Diacétochlorhydrine	$C^6H^8O^6 + 2\,C^4H^4O^4$	$+ HCl$	$- 3\,H^2O^2$,
Acétodichlorhydrine	$C^6H^8O^6 + C^4H^4O^4$	$+ 2\,HCl$	$- 3\,H^2O^2$,
Diacétobromhydrine	$C^6H^8O^6 + 2\,C^4H^4O^4$	$+ HBr$	$- 3\,H^2O^2$,
Acétodibromhydrine	$C^6H^8O^6 + C^4H^4O^4$	$+ 2\,HBr$	$- 3\,H^2O^2$,
Chlorhydrodibromhydrine	$C^6H^8O^6 + HCl$	$+ 2\,HBr$	$- 3\,H^2O^2$,
Bromhydrodichlorhydrine	$C^6H^8O^6 + HBr$	$+ 2\,HCl$	$- 3\,H^2O^2$,
Acétochlorhydrobromhydrine	$C^6H^8O^6 + C^4H^4O^4$	$+ HCl + HBr$	$- 3\,H^2O^2$.

4. *Notations.* — Nous formulerons les alcools polyatomiques d'après les mêmes principes que nous avons adoptés pour les alcools monoatomiques. Nous avons représenté les alcools monoatomiques comme résultant du remplacement de H^2 dans un carbure par un volume égal de vapeur d'eau (H^2O^2); le remplacement par (H^2O^2), à volume égal, portera sur $2H^2$ dans les alcools diatomiques, sur $3H^2$ dans les alcools triatomiques, etc. :

Glycol	$C^4H^2(H^2O^2)(H^2O^2)$,
Glycérine	$C^6H^2(H^2O^2)(H^2O^2)(H^2O^2)$,
Érythrite	$C^8H^2(H^2O^2)(H^2O^2)(H^2O^2)(H^2O^2)$.

En notation atomique on suit également pour les alcools polyatomiques les mêmes règles que pour les alcools monoatomiques. Les formules de tous ces alcools dérivent de celles des carbures par l'échange d'un atome d'hydrogène *H*, contre un groupe hydroxyle (ΘH), échange répété un nombre de fois égal à celui des atomicités de l'alcool :

Glycol	$\mathcal{C}^2H^4 = (\Theta H)^2$,
Glycérine	$\mathcal{C}^3H^5 \equiv (\Theta H)^3$,
Érythrite	$\mathcal{C}^4H^6 \equiv (\Theta H)^4$.

§ 2. — Fonctions mixtes.

1. Les réactions fondées sur les phénomènes de déshydratation ne sont pas, comme nous venons de le dire en général, les seules qui puissent être appliquées aux alcools polyatomiques. En effet, il existe encore diverses réactions des alcools monoatomiques, fondées sur les phénomènes d'oxydation, de réduction, etc. Attachons-nous à quelques-unes de ces réactions en particulier, pour montrer comment s'applique la définition formulée ci-dessus, à savoir, qu'un alcool triatomique peut être envisagé comme résultant de l'union intime de trois alcools monoatomiques.

Il s'agit d'une théorie très générale et très importante, celle des fonctions mixtes, établie dans toute sa généralité en 1857-1860 par M. Berthelot.

2. Soit l'alcool ordinaire $C^4H^6O^2 = C^4H^4(H^2O^2)$:

Par oxydation, on obtient un composé, $C^4H^4(O^4)$; c'est l'acide acétique, monobasique, dans lequel toute aptitude à jouer le rôle d'alcool a disparu.

Considérons maintenant, par hypothèse, un corps formé par la réunion de deux molécules d'alcool $\left\{ \begin{matrix} C^4H^6O^2 \\ C^4H^6O^2 \end{matrix} \right.$; on conçoit que l'on puisse modifier par oxydation la première molécule, tout en laissant la deuxième intacte : le composé ainsi obtenu jouera ainsi le rôle d'un acide monobasique et le rôle d'un alcool monoatomique, à la manière d'un alcool ordinaire. Or ces conditions peuvent se réaliser avec les alcools polyatomiques.

Soit en effet le glycol (1), $C^4H^6O^4 = C^4H^2(H^2O^2)(H^2O^2)$.

Modifions une molécule d'eau par oxydation, $C^4H^2(H^2O^2)(O^4)$; nous obtiendrons ainsi l'acide glycollique (2) : c'est un dérivé qui ne possédera plus, en quelque sorte, que la moitié des propriétés alcooliques de son générateur. Ce sera à la fois un alcool monoatomique et un acide monobasique.

Remplace-t-on à son tour la deuxième molécule d'eau par l'oxygène, $C^4H^2(O^4)(O^4)$, on a un acide bibasique, l'acide oxalique (3), dépourvu de toute propriété alcoolique.

(1) CH^2-OH
$|$
$CH^2-OH.$

(2) CH^2-OH
$|$
$CO^2H.$

(3) CO^2H
$|$
$CO^2H.$

En général, on peut ainsi obtenir des corps doués de deux fonctions à la fois, au moyen des alcools diatomiques.

3. On conçoit même la possibilité de superposer trois fonctions. Ainsi la *salicine*, principe extrait de l'écorce de saule, peut être envisagée comme une combinaison de glucose, $C^{12}H^{12}O^{12}$, alcool pentatomique, et de saligénine, $C^{14}H^{8}O^{4}$, alcool monoatomique et phénol monoatomique :

Salicine.................. $C^{12}H^{10}O^{10}(C^{14}H^{8}O^{4})$.

C'est donc un éther mixte et un phénol, mais c'est aussi un alcool polyatomique, attendu que lacapacité de réaction de la glucose, alcool générateur, n'est évidemment pas épuisée dans sa formation. A ce titre, la salicine peut se combiner directement aux acides, ce que l'expérience a vérifié.

La *populine*, principe immédiat de l'écorce de peuplier, représente l'éther benzoïque de la salicine :

Populine........... $C^{12}H^{8}O^{8}(C^{14}H^{6}O^{4})(C^{14}H^{8}O^{4})$.

La salicine peut aussi s'oxyder à la façon d'un alcool, en fournissant divers aldéhydes complexes, dérivés soit de la glucose, soitde la saligénine. Un de ces dérivés saligéniques a reçu le nom d'*hélicine :*

$$C^{12}H^{10}O^{10}(C^{14}H^{6}O^{4}[-])$$

Enfin l'hélicine, à son tour, tout en ayant la fonction d'aldéhyde, peut aussi jouer le rôle d'un alcool, attendu que la capacité de réaction de la glucose n'est pas épuisée lors de sa formation. De là résulte, par exemple, un éther benzoïque, désigné sous le nom de *benzo-hélicine :*

$$C^{12}H^{8}O^{8}(C^{14}H^{6}O^{4})(C^{14}H^{6}O^{4}[-]).$$

Ce corps est à la fois un éther, un aldéhyde, un phénol et un alcool polyatomique.

4. Tels sont les principes généraux qui président à la formation des fonctions mixtes. Énumérons maintenant les fonctions elles-mêmes d'une façon plus précise. Nous distinguerons :

1° Les *alcools-éthers.* — Ils résultent de l'union d'un alcool polyatomique avec un nombre d'équivalents d'acides ou d'alcools insuffisant pour le saturer. Le corps résultant sera encore susceptible d'éprouver l'une des réactions d'un alcool monoatomique.

Telle est la diacétine :

$$C^6H^2(C^4H^4O^4)(C^4H^4O^4)(H^2O^2),$$

qui joue le rôle d'alcool monoatomique.

Le glycol monochlorhydrique :

$$C^4H^5ClO^2 \text{ ou } C^4H^2(H^2O^2)(HCl),$$

est un éther qui joue également le rôle d'alcool monoatomique.

2° Les *alcools-aldéhydes*. — Un alcool diatomique peut fournir par oxydation deux aldéhydes distincts, selon qu'il perd 2 ou 4 équivalents d'hydrogène.

Ainsi au glycol :

$$C^4H^2(H^2O^2)(H^2O^2),$$

répondent l'*aldéhyde glycollique*, formé par une seule oxydation :

$$C^4H^2(H^2O^2)(O^2[—]),$$

et le *glyoxal*, formé par deux oxydations :

$$C^4H^2(O^2[—])(O^2[—]) \text{ ou } C^4H^2O^4[—][—].$$

Dans la formation de ce dernier aldéhyde, l'aptitude aux réactions alcooliques est épuisée, puisque le glycol a éprouvé deux des réactions d'un alcool monoatomique. Mais il n'en est pas de même de l'aldéhyde glycollique. Non seulement ce corps est un aldéhyde ; mais il devra jouer, et joue en effet, le rôle d'un alcool monoatomique. Il se combinera en général aux acides, en formant des éthers, doués en même temps de certains caractères d'aldéhyde :

$$C^4H^4(C^4H^4O^4)(O^2[—]).$$

3° Les *alcools-acides*. — Nous avons cité tout à l'heure (p. 352) la formation de l'acide glycollique,

$$C^4H^2(H^2O^2)(O^4),$$

par une première oxydation du glycol, $C^4H^2(H^2O^2)(H^2O^2)$, et nous avons montré comment ce corps joue à la fois le rôle d'un alcool monoatomique et d'un acide monobasique.

4° Les *alcools-alcalis*. — Ces corps dérivent des alcools polyatomiques qui ont perdu une partie de leurs fonctions alcooliques, par combinaison avec une ou plusieurs molécules d'ammoniaque.

Ainsi, l'alcool diatomique :

$$C^4H^2(H^2O^2)(H^2O^2),$$

forme deux dérivés ammoniacaux, savoir :

$$C^4H^2(H^2O^2)(AzH^3),\ 1^{er}\ \text{alcali},$$
$$C^4H^2(AzH^3)(AzH^3),\ 2^{e}\ \text{alcali}.$$

Le premier alcali pourra jouer encore le rôle d'un alcool monoatomique ; le second, au contraire, sera dépourvu de cette propriété, parce que son aptitude aux réactions alcooliques est épuisée.

§ 3. — Algorithme général.

1. Résumons par une formule algébrique les notions qui précèdent.

Soit A, un alcool monoatomique, et soit une réaction quelconque de cet alcool monoatomique : nous pouvons l'exprimer d'une manière générale en disant que nous combinons à ce corps un second corps B, et qu'il s'en sépare un troisième corps C. La formule

$$A + B - C$$

exprime tout corps produit par une réaction chimique à trois termes. Elle comprend en particulier tous les dérivés d'un alcool ordinaire, dans lesquels la proportion de carbone n'est pas diminuée.

2. Appliquons cette notation aux dérivés d'un alcool triatomique. Soit T la formule de cet alcool : elle équivaut à 3 équivalents d'un alcool monoatomique A, de façon que l'on peut écrire symboliquement :

$$(1)\qquad T = (A + A + A).$$

Le premier système des dérivés d'un alcool triatomique répond à la formule :

$$T + B - C,$$

B et C étant les mêmes substances qui figurent dans une réaction quelconque d'un alcool monoatomique.

Tous ces dérivés sont de l'ordre des alcools diatomiques.

Exerçons maintenant deux réactions successives, identiques ou dissemblables. L'alcool monoatomique A donne naissance à deux produits indépendants :

$$A + B - C,$$
$$A + B' - C' ;$$

tandis qu'avec un alcool triatomique on obtiendra un seul et même corps, résultant de la superposition des deux réactions :

$$(2) \qquad T + (B - C) + (B' - C').$$

Tous ces dérivés sont de l'ordre des alcools monoatomiques.

Si maintenant nous répétons trois fois, soit la même réaction, soit une réaction différente, l'alcool monoatomique A donnera lieu à trois produits indépendants :

$$A + B - C,$$
$$A + B' - C',$$
$$A + B'' - C'',$$

tandis que la glycérine donnera naissance à un seul et même corps, résultant de la superposition des trois réactions,

$$(3) \qquad T + (B - C) + (B' - C') + (B'' - C'').$$

Cette formule nous représente le troisième système des dérivés d'un alcool triatomique. Dans ces corps, la capacité de saturation de l'alcool triatomique se trouve épuisée.

§ 4. — Classification.

Les alcools polyatomiques se partagent en classes, conformément aux notions que nous avons exposées dans l'étude générale des alcools (p. 223). On distinguera donc :

1° Les alcools polyatomiques proprement dits ou primaires ;

2° Les alcools polyatomiques secondaires ;

3° Les alcools polyatomiques tertiaires ;

4° Les alcools polyatomiques à fonction mixte.

De plus, un même alcool polyatomique peut appartenir à plusieurs de ces classes ; être, par exemple, primaire par rapport à l'une de ses fonctions alcooliques, et secondaire par rapport à une autre. Etc.

Les classes se partagent en ordres, suivant l'atomicité ; enfin chaque ordre se divise en familles, d'après le rapport qui existe entre le carbone et l'hydrogène. Sans insister sur ces distinctions, nous laisserons provisoirement de côté les alcools polyatomiques à fonction mixte, et nous donnerons le tableau des principaux alcools polyatomiques étudiés jusqu'ici.

I. — 1er ordre : Alcools diatomiques.

Cet ordre d'alcools a été découvert et formé synthétiquement par Wurtz en 1856.

1re *famille* : $C^{2n}H^{2n+2}O^4$.

Glycol...................... $C^4H^6O^4$ ou $C^4H^2(H^2O^2)(H^2O^2)$,
Propylglycol (2 isomères).... $C^6H^8O^4$,
Butylglycol (3 isomères)...... $C^8H^{10}O^4$,
Amylglycol (4 isomères)...... $C^{10}H^{12}O^4$,
Hexylglycol (3 isomères)...... $C^{12}H^{14}O^4$.
....

2e *famille* : $C^{2n}H^{2n}O^4$.

Acétylglycol (?).............. $C^4H^4O^4$,
Allylglycol (2 isomères)...... $C^6H^6O^4$,
Crotonylglycol .... $C^8H^8O^4$,
....
Hexoylglycol................ $C^{12}H^{12}O^4$,
....
Terpine.................... $C^{20}H^{20}O^4$.
....

II. — 2e ordre : Alcools triatomiques.

1re *famille* : $C^{2n}H^{2n+2}O^6$.

Glycérine.................. $C^6H^8O^6$ ou $C^6H^2(H^2O^2)(H^2O^2)(H^2O^2)$,
Butylglycérine (2 isomères)... $C^8H^{10}O^6$,
Amylglycérine .... $C^{10}H^{12}O^6$,
Hexylglycérine (3 isomères) .. $C^{12}H^{14}O^6$.
....

III. — 3e ordre : Alcools tétratomiques.

1re *famille* : $C^{2n}H^{2n+2}O^8$.

Érythrite .... $C^8H^{10}O^8$ ou $C^8H^2(H^2O^2)^4$.
....

IV. — 4e ordre : Alcools pentatomiques.

1re *famille* : $C^{2n}H^{2n+2}O^{10}$.

....

2e *famille* : $C^{2n}H^{2n}O^{10}$.

Pinite et quercite............ $C^{12}H^{12}O^{10}$.

V. — 5e ordre : Alcools hexatomiques.

1re *famille* : $C^{2n}H^{2n+2}O^{12}$.

Mannite et isomères......... $C^{12}H^{14}O^{12}$ ou $C^{12}H^{2}(H^{2}O^{2})^{6}$.

....

2e *famille* : $C^{2n}H^{2n}O^{12}$.

Inosine et isomères......... $C^{12}H^{12}O^{12}$ ou $C^{12}(H^{2}O^{2})^{6}$.

....

CHAPITRE VIII

GLYCÉRINE ET CORPS GRAS NEUTRES EN GÉNÉRAL

§ 1er. — Des corps gras naturels.

1. Les êtres organisés, végétaux et animaux, renferment trois sortes de composés fondamentaux, savoir : des corps gras proprement dits, des composés hydrocarbonés analogues au sucre, à la glucose, à l'amidon, etc.; enfin des corps azotés analogues à l'albumine, à la fibrine, etc. On arrive toujours à cette même classification, quand on compare les principes immédiats organiques, soit au point de vue de leur disposition anatomique, de leurs sièges spéciaux, soit au point de vue de leur composition et de leur fonction chimique, soit enfin au point de vue de leur rôle théorique dans la nutrition et de leurs emplois dans l'alimentation et les usages économiques.

Nous allons nous occuper maintenant des corps gras neutres.

2. Les corps gras naturels se séparent facilement des autres principes, à cause de leur insolubilité dans l'eau et de leur facile fusibilité; ils sont d'ailleurs contenus dans des cellules particulières. Les substances ainsi isolées ne sont pas des espèces uniques, mais des mélanges en proportion indéfinie de divers principes immédiats, tels que la stéarine, la palmitine, l'oléine, la butyrine, etc. Ce fait si important a été établi, dès 1815, par M. Chevreul. Le même savant a également fait connaître la composition et le dédoublement par les alcalis de chacun de ces composés. Ces principes, en effet, mis en contact avec un alcali dissous dans l'eau, s'émulsionnent, puis se décomposent peu à peu, surtout avec le concours de la chaleur; ils donnent ainsi naissance à des sels, formés respectivement par les acides stéarique, palmitique, oléique, butyrique, etc., et à une substance nouvelle, la glycérine. C'est le mélange des stéarate, palmitate et oléate de potasse ou de soude, ainsi produits par la décomposition des huiles ou des graisses, qui constitue le *savon*.

L'examen de ces faits conduit, d'après M. Chevreul, à deux hypothèses distinctes, relativement à la constitution des corps gras naturels, hypothèses entre lesquelles la science est demeurée longtemps incertaine. D'après l'une, les corps gras neutres seraient comparables aux éthers et aux sels, c'est-à-dire formés par l'association de la glycérine et d'un corps gras. D'après l'autre hypothèse, les corps gras sont formés « d'oxygène, de carbone, d'hydrogène dans des propor- » tions telles qu'une partie de leurs éléments représente un acide gras » fixe ou volatil, tandis que l'autre portion, plus de l'eau, représente » la glycérine ».

En un mot, d'après la seconde hypothèse, les corps gras neutres, sous l'influence des réactifs, donnent naissance à de nouveaux groupements, déterminés par des conditions nouvelles d'équilibre, et qui n'offrent aucune relation nécessaire avec la constitution des corps décomposés.

3. Entre ces deux hypothèses longtemps controversées, la synthèse a maintenant décidé, et elle a établi la constitution des corps gras naturels. La glycérine et les acides gras y préexistent, au moins virtuellement; ce ne sont point les produits d'une destruction radicale. En effet, M. Berthelot a montré qu'il suffit de combiner la glycérine avec les divers acides gras, pour former artificiellement la stéarine, la palmitine, l'oléine, la butyrine, etc., en un mot les principes immédiats de tous les corps gras naturels. Ces principes, ainsi obtenus purs pour la première fois, puis mélangés ensemble dans des proportions convenables, reproduisent les graisses des animaux et les huiles fixes des végétaux. En définitive, la synthèse remonte par là jusqu'au point de départ de l'analyse.

4. Les méthodes qui conduisent à combiner la glycérine avec les acides gras proprement dits ont été appliquées également par M. Berthelot à la combinaison du même principe avec les autres acides, soit organiques, soit minéraux. D'où résultent une multitude de composés analogues aux corps gras naturels, formés suivant les mêmes lois, et dont l'existence est un nouveau contrôle de l'exactitude des relations qui président à la reconstitution des premières substances.

5. Entrons dans quelques détails.

En mettant en contact, pendant plusieurs mois, l'acide stéarique et la glycérine à la température ordinaire, il y a un commencement de combinaison. Mais l'action est trop lente ; elle l'est encore à 100°. Pour opérer la réaction convenablement, il faut agir en vase clos et à 200°; à cette température, la combinaison s'effectue en quelques heures et on fabrique facilement et en grande quantité un corps gras véritable, analogue à la stéarine par son aspect, sa fusibilité, ses propriétés physiques, neutre comme elle, reproduisant également par saponification de l'acide stéarique et de la glycérine.

Cependant, en analysant ce corps, on trouve une différence réelle.

Car la stéarine naturelle contient 76,6 pour 100 de carbone; saponifiée, elle fournit 10 centièmes de glycérine, tandis que la première stéarine artificielle ne renferme que 70 pour 100 de carbone; en outre, sa décomposition produit 25 pour 100 de glycérine.

Ces résultats prouvent d'ailleurs que le nouveau composé résulte de la combinaison d'un équivalent d'acide stéarique et d'un équivalent de glycérine, avec séparation de deux équivalents d'eau. C'est la *monostéarine :*

$$C^{36}H^{36}O^{4} + C^{6}H^{8}O^{6} - H^{2}O^{2} = C^{42}H^{42}O^{8} = C^{6}H^{6}O^{4}(C^{36}H^{36}O^{4}).$$

6. En résumé, la stéarine naturelle est plus carburée et donne moins de glycérine que le 1er composé artificiel ; on est donc conduit à faire agir de nouveau l'acide stéarique sur la monostéarine. Il y a, en effet, combinaison pour la deuxième fois et nous formons la *distéarine :*

$$C^{42}H^{42}O^{8} + C^{36}H^{36}O^{4} - H^{2}O^{2} = C^{78}H^{76}O^{10} = C^{6}H^{4}O^{2}(C^{36}H^{36}O^{4})(C^{36}H^{36}O^{4}).$$

La distéarine représente la combinaison de 1 équivalent de glycérine et de 2 équivalents d'acide stéarique.

C'est encore un principe neutre, de nature éthérée. Il contient 75 pour 100 de carbone; saponifié, il fournit 15 pour 100 de glycérine. Nous nous sommes rapprochés de la stéarine naturelle, mais nous ne l'avons pas encore reproduite.

7. Poursuivons donc ; mettons en contact la distéarine et l'acide stéarique à 200° : une troisième combinaison s'effectue et nous obtenons cette fois la *tristéarine*, corps formé par l'union de 3 équivalents d'acide stéarique et de 1 équivalent de glycérine, combinés avec élimination de 6 équivalents d'eau :

$$C^{78}H^{76}O^{10} + C^{36}H^{36}O^{4} - H^{2}O^{2} = C^{114}H^{110}O^{12} = C^{6}H^{2}(C^{36}H^{36}O^{4})(C^{36}H^{36}O^{4})(C^{36}H^{36}O^{4}).$$

Or la tristéarine est neutre; elle possède également les mêmes propriétés et la même composition que la stéarine naturelle; elle fournit par la saponification les mêmes quantités de glycérine et d'acide stéarique. En un mot, ces deux corps sont tout à fait identiques.

Nous avons donc réalisé, par une série systématique de réactions, la synthèse de la stéarine naturelle. Les mêmes résultats sont applicables à la synthèse de tous les corps gras naturels : ils en ont fixé sans retour la constitution et la formule véritables.

§ 2. — Glycérine.

$C^6H^8O^6$ ou $C^6H^2(H^2O^2)(H^2O^2)(H^2O^2)$.... $C^3H^5\equiv(OH)^3$ ou $CH^2(OH)-CH(OH)-CH^2(OH)$.

1. *Historique.* — La glycérine a été découverte par Scheele en 1779, dans les produits de la préparation de l'emplâtre simple, et nommée par lui *principe doux des huiles*. Elle a été étudiée d'abord par M. Chevreul et par Pelouze, mais c'est surtout aux travaux de M. Berthelot que l'on doit le développement de son histoire chimique.

La glycérine se conduit comme un alcool 2 fois primaire et 1 fois secondaire.

2. *Formations.* — 1° La glycérine peut être formée au moyen de l'éther allyliodhydrique (p. 336). Ce composé, traité par le brome, donne l'*isotribromhydrine*, $C^6H^5Br^3$:

$$C^6H^5I + 3\,Br = C^6H^5Br^3 + I;$$

celle-ci, étant un éther de la glycérine, fournit cet alcool par transformation en éther acétique au moyen de l'acétate d'argent, et saponification de l'éther acétique par les alcalis (Wurtz).

2° La trichlorhydrine, $C^6H^5Cl^3$, est un éther de la glycérine qui correspond à la tribromhydrine dont il vient d'être parlé, et qui est susceptible comme cette dernière de fournir de la glycérine par saponification. Or la trichlorhydrine peut être obtenue par l'action du chlorure d'iode sur le chlorure de propylène, $C^6H^6Cl^2$. Le chlorure de propylène lui-même pouvant être formé avec du propylène dérivé de l'acétone, cet ensemble de réactions constitue une synthèse de la glycérine (MM. Friedel et Silva).

3° La glycérine prend naissance en petite proportion dans la fermentation alcoolique des matières sucrées (M. Pasteur).

3. *Préparation.* — La glycérine s'obtient en décomposant les corps gras neutres en présence de l'eau. Voici quelques détails sur sa préparation et sur sa purification.

Sa production est corrélative de la fabrication des bougies stéariques; cette dernière industrie fournit, comme produit secondaire, les quantités considérables de glycérine employées aujourd'hui.

En général, les fabricants traitent les corps gras par 2 ou 3 pour 100 de leur poids de chaux en présence de l'eau (de Milly) : ils chauffent le mélange dans un autoclave jusqu'à 172°, et maintiennent cette température pendant quelques heures. Les corps gras sont alors transformés en acides gras, partiellement saturés par la chaux, et en glycérine. Cette dernière est seule en solution dans l'eau. On évapore la liqueur aqueuse séparée des acides gras, et l'on obtient la glycérine brute industrielle.

On produit encore la glycérine en saponifiant les graisses par l'eau non additionnée d'alcali, mais à une température voisine de 300°. Pour cela, on soumet les corps gras à l'action d'un courant de vapeur d'eau surchauffée : les acides gras et la glycérine provenant de la saponification, distillent avec la vapeur. La solution aqueuse ainsi obtenue donne de la glycérine par évaporation. Ce procédé n'est avantageusement applicable qu'à certaines graisses facilement saponifiables, à l'huile de palme par exemple.

La glycérine brute, simplement décolorée par le noir animal, c'est-à-dire telle que la livre ordinairement le commerce, est encore fort impure : elle renferme notamment une forte proportion de chaux. On la purifie en grand par distillation dans un courant de vapeur d'eau surchauffée et concentration de la solution. Quelques fabricants préfèrent la distiller à l'état de concentration, en faisant intervenir simultanément l'entraînement par la vapeur surchauffée vers 190° et la distillation dans le vide.

Dans les laboratoires on l'obtient facilement pure par distillation dans le vide, en ménageant une très faible rentrée d'air dans l'appareil, afin d'entraîner sa vapeur vers le réfrigérant. Enfin on la fait cristalliser.

On peut également se procurer la glycérine dans un état de pureté convenable, en saponifiant, en présence de l'eau, l'huile d'olive ou une autre matière grasse, par l'oxyde de plomb finement pulvérisé ; cette opération se pratique dans les pharmacies pour la préparation de l'emplâtre simple. Quand la saponification est terminée, on reprend par l'eau, on précipite par l'hydrogène sulfuré l'oxyde de plomb dissous, et l'on obtient la glycérine à l'aide d'une dernière évaporation.

4. *Propriétés.* — La glycérine est une matière neutre, liquide, très sirupeuse, déliquescente ; sa densité est 1,264 à 15° ; elle bout vers 285°. Son goût est sucré. Elle est inodore à froid, douée d'une odeur propre à chaud.

Purifiée par distillation dans le vide et convenablement refroidie, elle se prend parfois en une masse de cristaux durs et volumineux, mais reste le plus généralement en surfusion, même à une température de — 20°. Elle est alors assez peu fluide pour qu'on puisse, sans qu'elle s'écoule, renverser les vases qui la contiennent. Si l'on vient à y introduire un cristal de glycérine, la sursaturation cesse et on l'obtient en prismes rhomboïdaux droits, volumineux, fusibles à 20° et ayant pour densité 1,261. La cristallisation s'opère mieux quand on agit sur la glycérine pure, simplement refroidie à quelques degrés au-dessus de 0°, la viscosité étant alors moindre qu'à une température plus basse.

Elle se mêle en toutes proportions avec l'eau et l'alcool absolu. L'éther n'en dissout que des traces. Elle est à peu près insoluble dans les huiles grasses et dans les essences. Elle dissout un grand nombre des sels solubles dans l'eau ou dans l'alcool. Elle attire l'humidité de l'air. Sa vapeur brûle à l'air avec une flamme claire. Sa combustion dégage 392,5 Calories; sa chaleur de formation est égale à 165,5 Calories.

§ 3. — Action des réactifs sur la glycérine.

1. *Chaleur.* — La glycérine distille vers 285°; mais cette opération ne peut être exécutée que sur de petites quantités de matière, à moins d'opérer dans le vide (c'est-à-dire vers 200°), ou bien encore dans un courant de vapeur d'eau.

Dans les conditions ordinaires, la glycérine se décompose en partie pendant la distillation, en perdant les éléments de l'eau et en donnant lieu à la formation de composés moins volatils, tels que la *diglycérine* ou *diglycéride :*

$$(C^6H^7O^5)^2 \text{ ou } C^6H^2(H^2O^2)(H^2O^2)(C^6H^8O^6),$$

et des *polyglycérides* plus condensés. Puis viennent l'*acroléine*, $C^6H^4O^2$, et des gaz combustibles. L'*acroléine* ou *aldéhyde allylique* diffère de la glycérine par les éléments de 2 H^2O^2.

2. *Hydrogène.* — La théorie indique que la glycérine doit fournir :

1° *Par réduction simple* (substitution de H^2 à H^2O^2), les corps suivants :

Glycérine	$C^6H^2(H^2O^2)(H^2O^2)(H^2O^2)$,
Propylglycol	$C^6H^2(H^2)(H^2O^2)(H^2O^2)$,
Alcool propylique	$C^6H^2(H^2)(H^2)(H^2O^2)$,
Hydrure de propylène	$C^6H^2(H^2)(H^2)(H^2)$.

En effet, la glycérine chauffée à 280° avec l'acide iodhydrique se change entièrement en *hydrure de propylène*, C^6H^8 (p. 116).

Si l'on opère à 120° seulement, on obtient un *éther propyliodhydrique*, C^6H^7I, dérivé de l'*alcool isopropylique*, $C^6H^8O^2$ (M. Erlenmeyer).

Enfin la monochlorhydrine, $C^6H^2(H^2O^2)(H^2O^2)(HCl)$, traitée par l'amalgame de sodium en présence de l'eau, se change en *propylglycol*, $C^6H^8O^4$ (M. Lourenço).

La théorie est donc complètement vérifiée.

2° *Par réduction accompagnée de déshydratation*, les corps suivants :

Glycérine	$C^6H^2(H^2O^2)\ (H^2O^2)\ (H^2O^2)$,
Alcool allylique	$C^6H^2\ (H^2)\ (H^2O^2)\ (—)$,
Allylène	$C^6H^2\ (H^2)\ (—)\ (—)$,
Propylène	$C^6H^2\ (H^2)\ (H^2)\ (—)$.

En effet, la glycérine, bien desséchée et traitée par l'iodure de phosphore (acide iodhydrique naissant), est attaquée aussitôt et changée en *éther allyliodhydrique*, C^6H^5I, correspondant à l'*alcool allylique*, $C^6H^6O^2$ (voy. p. 335).

En déshydratant ce dernier, on obtient l'*allylène*, C^4H^4.

Enfin l'éther allyliodhydrique, sous l'influence de l'hydrogène naissant (métaux et acides, voy. p. 117), se change en *propylène*, C^6H^6.

3. *Oxygène*. — La théorie indique que la glycérine doit fournir les composés suivants :

1° *Par simple déshydrogénation*, elle donnera *trois aldéhydes :*

$C^6H^6O^6 = C^6H^2(H^2O^2)\ (H^2O^2)\ (O^2)$	Aldéhyde monoatomique et alcool diatomique,
$C^6H^4O^6 = C^6H^2(H^2O^2)\ (O^2)\ (O^2)$	Aldéhyde diatomique et alcool monoatomique,
$C^6H^2O^6 = C^6H^2\ (O^2)\ (O^2)\ (O^2)$	Aldéhyde triatomique.

Aucun de ces corps n'a été isolé, sauf peut-être le second (propylphycite ?). Mais il n'est pas douteux que l'oxydation ménagée de la glycérine donne lieu à des composés doués de propriétés réductrices très énergiques. Ces composés sont probablement les aldéhydes en question.

Quand on électrolyse la glycérine aiguisée d'acide sulfurique, on obtient, entre autres produits, un isomère du premier aldéhyde ; c'est le *trioxyméthylène*, $C^6H^6O^6$, polymère de l'aldéhyde méthylique $(C^2H^2O^2)^3$ (M. Renard).

Dans certaines conditions de fermentation (au contact du tissu testiculaire et de végétaux microscopiques particuliers agissant en présence de l'air), la glycérine fournit une *glucose* fermentescible, qui semble être polymère du premier aldéhyde (M. Berthelot) :

$$2(C^6H^8O^6) - 2H^2 = C^{12}H^{12}O^{12}.$$

2° Par *déshydrogénation et déshydratation simultanées*, on doit former trois autres aldéhydes inconnus :

$$C^6H^4O^4;\ C^6H^2O^4;\ C^6H^2O^2.$$

3° Par *déshydrogénation et oxydation simultanées*, elle donne des *acides à fonction mixte :*

$C^6H^6O^8$ ou $C^6H^2(H^2O^2)(H^2O^2)(O^4)$	Acide glycérique (acide monobasique, alcool diatomique),
$C^6H^4O^{10}$ ou $C^6H^2(H^2O^2)(O^4)(O^4)$	Acide tartronique (acide bibasique, alcool monoatomique),
$C^6H^4O^8$	(Acide monobasique, alcool, aldéhyde),
$C^6H^2O^8$	(Acide monobasique, aldéhyde diatomique),
$C^6H^2O^{10}$	Acide mésoxalique? (acide bibasique, aldéhyde).

L'acide glycérique s'obtient en effet en traitant la glycérine étendue d'eau par l'acide nitrique, à la température ordinaire (M. Debus et M. Socoloff). L'acide tartronique peut ensuite être obtenu par oxydation de l'acide glycérique. Les autres acides n'ont pas été formés avec la glycérine jusqu'à présent.

4° Par *déshydrogénation, oxydation et déshydratation*, elle fournit des *acides de basicités diverses* et des *acides à fonction mixte :*

$C^6H^4O^6$ ou $C^6H^2(H^2O^2)(O^4)(-)$.	Acide monobasique, alcool monoatomique,
$C^6H^2O^6$ ou $C^6H^2(O^2)(O^4)(-)$.	Acide monobasique, aldéhyde,
$C^6H^2O^8$ ou $C^6H^2(O^4)(O^4)(-)$.	Acide bibasique,
$C^6H^2O^4$ ou $C^6H^2(O^4)(-)(-)$.	Acide monobasique.

5° Ce n'est pas tout. Dans l'oxydation de la glycérine, il arrive souvent que l'oxygène se porte sur le carbone lui-même et détermine des dédoublements : les acides carbonique, formique, acétique, et surtout oxalique prennent ainsi naissance.

6° Enfin, lorsqu'on oxyde la glycérine par l'acide nitrique étendu, on observe la formation d'une certaine quantité d'*acide tartrique*, engendré par fixation d'acide carbonique sur l'acide glycérique naissant (M. Heintz) :

$$C^6H^8O^6 + O^4 = C^6H^6O^8 + H^2O^2,$$
$$C^6H^6O^8 + C^2O^4 = C^8H^6O^{12}.$$

4. *Chlore, brome, iode.* — L'action de ces corps sur la glycérine est mal connue. Les premiers donnent lieu à des déshydrogénations et à des substitutions, sans doute analogues à celles de l'alcool, mais qui se compliquent, en raison de la combinaison des hydracides avec les composés organiques formés simultanément. En présence de l'eau, le chlore et le brome donnent surtout des produits d'oxydation.

5. *Acides.* — On développera tout à l'heure l'étude des combinaisons que la glycérine forme avec les acides.

6. *Métaux alcalins et alcalis.* — 1° Les métaux alcalins se dissolvent lentement dans la glycérine, avec dégagement d'hydrogène :

$$C^6H^8O^6 + Na = C^6H^7NaO^6 + H.$$

Il faut élever la température pour compléter la dissolution du métal. La théorie indique trois composés :

$$C^6H^7NaO^6;\quad C^6H^6Na^2O^6;\quad C^6H^5Na^3O^6.$$

2° Les alcalis proprement dits, les terres alcalines, l'oxyde de plomb se dissolvent dans la glycérine, en formant des composés analogues, lesquels sont cristallisés, mais décomposables par l'eau.

3° La glycérine possède la propriété, commune à la plupart des matières sucrées, d'empêcher la précipitation de plusieurs oxydes métalliques par la potasse dans leurs solutions aqueuses ; ce qui résulte sans doute de la formation de certains glycérinates solubles et composés analogues.

4° Chauffée à 200° avec l'hydrate de potasse, la glycérine produit du formiate et de l'acétate (MM. Dumas et Stas) :

$$C^6H^8O^6 + 2\,KHO^2 = C^2HKO^4 + C^4H^3KO^4 + H^2O^2 + 2\,H^2.$$

7. *Ferments.* — La glycérine, abandonnée avec du carbonate de chaux et une matière azotée d'origine animale, à la température de 40°, pendant quelques semaines, se décompose en partie, avec développement d'*alcool ordinaire*, d'*acide butyrique*, et probablement d'acide lactique (M. Berthelot). Quelle que soit la théorie adoptée pour l'action des ferments, cette formation de l'alcool aux dépens de la glycérine peut être exprimée par l'équation suivante :

$$C^6H^8O^6 = C^4H^6O^2 + C^2O^4 + H^2.$$

Cette aptitude à fermenter, en donnant naissance à l'alcool et à l'acide butyrique, rapproche tout à fait la glycérine des sucres proprement dits. Seulement les propriétés fermentescibles de la glycérine sont plus difficiles à mettre en jeu que celles des sucres, ce qui est conforme avec la résistance plus grande que la glycérine manifeste en général vis-à-vis de la chaleur et des réactifs.

Le *Bacillus butylicus* la transforme en *alcool butylique normal* (Fitz). Il se produit en même temps de l'alcool ordinaire, de l'alcool propylique normal, divers acides, etc.

La glycérine fournit aussi de l'*acide propionique*, $C^6H^6O^4$, par fermentation (Redtenbacher).

Dans d'autres circonstances de fermentation, il se produit du *glycol propylénique normal* (M. Freund).

Enfin, au contact de certains tissus, spécialement de celui du testicule et des végétaux qui s'y développent, la glycérine donne naissance à un *sucre fermentescible*, dont il a été question plus haut en parlant de son oxydation (p. 365).

8. *Caractères analytiques.* — Quand on chauffe vers 120° deux gouttes de glycérine avec une quantité égale de phénol et autant d'acide sulfurique concentré, qu'après refroidissement on reprend par l'eau, et qu'on ajoute à la liqueur quelques gouttes d'ammoniaque, il se développe une coloration rouge carmin (M. Reichel). La présence du sucre masque cette réaction.

§ 4. — Combinaisons de la glycérine avec les acides.

1. *Formules.* — Voici les types des formules de ces combinaisons. Soit d'abord un *acide monobasique*.

Première série. — Les corps de cette série sont neutres et résultent, comme les éthers de l'alcool ordinaire, de l'union de 1 équivalent d'acide et de 1 équivalent de glycérine, avec perte de 2 équivalents d'eau :

Monochlorhydrine (1)......... $C^6H^8O^6 + HCl - H^2O^2 = C^6H^7ClO^4$,
Monobutyrine (2)............ $C^6H^8O^6 + C^8H^8O^4 - H^2O^2 = C^{14}H^{14}O^8$.

2. *Deuxième série.* — Les corps de cette série sont neutres et résultent de l'union de 2 équivalents d'acide et de 1 équivalent de glycérine, avec séparation de 4 équivalents d'eau :

Dichlorhydrine (3)............ $C^6H^8O^6 + 2\,HCl - 2\,H^2O^2 = C^6H^6Cl^2O^2$,
Diacétine (4)................. $C^6H^8O^6 + 2\,C^4H^4O^4 - 2\,H^2O^2 = C^{14}H^{12}O^{10}$.

Au lieu de 2 équivalents d'un même acide, on peut unir à la glycérine deux acides différents :

Acétochlorhydrine (5)....... $C^6H^8O^6 + HCl + C^4H^4O^4 - 2\,H^2O^2 = C^{10}H^9ClO^6$.

(1) $CH^2(OH) - CH(OH) - CH^2Cl$.
(2) $CH^2(OH) - CH(OH) - CH^2(C^4H^7O^2)$.
(3) $CH^2Cl - CH(OH) - CH^2Cl$.
(4) $CH^2(C^2H^3O^2) - CH(OH) - CH^2(C^2H^3O^2)$.
(5) $CH^2(C^2H^3O^2) - CH(OH) - CH^2Cl$.

Comme l'union des 2 équivalents d'acide est successive, il en résulte que les corps de la première série jouent le rôle d'alcool par rapport à ceux de la seconde.

3. *Troisième série.* — Les corps de cette série sont neutres et résultent de l'union de 3 équivalents d'acide et de 1 équivalent de glycérine, avec séparation de 6 équivalents d'eau :

Trichlorhydrine (1)........ $C^6H^8O^6 + 3\,HCl - 3\,H^2O^2 = C^6H^5Cl^3$,
Tristéarine (2)............ $C^6H^8O^6 + 3\,C^{36}H^{36}O^4 - 3\,H^2O^2 = C^{114}H^{110}O^{12}$.

Les 3 équivalents d'acide peuvent être identiques ; ou bien 2 acides distincts peuvent entrer en combinaison, voire même 3 acides distincts :

Acétochlorhydrobromhydrine (3).......... $C^6H^8O^6 + HCl + HBr + C^4H^4O^4 - 3\,H^2O^2 = C^{10}H^8ClBrO^4$.

Les corps de la deuxième série jouent le rôle d'alcools monoatomiques par rapport à ceux de la troisième, et même d'une manière générale ; par suite, les corps de la première série jouent le rôle d'alcools diatomiques.

A la troisième série appartiennent la plupart des corps gras naturels, formés soit par un acide unique : stéarine, palmitine, oléine, etc., soit par 2 ou 3 acides simultanément : oléopalmitine, stéaropalmitine, oléostéaropalmitine, etc.

On peut représenter ces formules d'une manière plus courte, en mettant en évidence dans la formule de la glycérine les éléments de l'eau successivement éliminés.

Glycérine	$C^6H^2(H^2O^2)(H^2O^2)(H^2O^2)$,
Monochlorhydrine	$C^6H^2(H^2O^2)(H^2O^2)(HCl)$,
Monacétine	$C^6H^2(H^2O^2)(H^2O^2)(C^4H^4O^4)$,
Dichlorhydrine	$C^6H^2(H^2O^2)(HCl)(HCl)$,
Diacétine	$C^6H^2(H^2O^2)(C^4H^4O^4)(C^4H^4O^4)$,
Acétochlorhydrine	$C^6H^2(H^2O^2)(C^4H^4O^4)(HCl)$,
Trichlorhydrine	$C^6H^2(HCl)(HCl)(HCl)$,
Tristéarine	$C^6H^2(C^{36}H^{36}O^4)(C^{36}H^{36}O^4)(C^{36}H^{36}O^4)$,
Acétodichlorhydrine	$C^6H^2(C^4H^4O^4)(HCl)(HCl)$,
Acétochlorhydrobromhydrine	$C^6H^2(C^4H^4O^4)(HCl)(HBr)$,

Il existe encore d'autres séries, moins importantes, formées suivant des rapports différents. Telles sont les suivantes :

(1) $CH^2Cl-CHCl-CH^2Cl$.
(2) $CH^2(C^{18}H^{35}O^2)-CH(C^{18}H^{35}O^2)-CH^2(C^{18}H^{35}O^2)$.
(3) $CH^2(C^2H^3O^2)-CHBr-CH^2Cl$.

4. *Série des glycérides monoacides de la 2e espèce.* — Combinaisons à équivalents égaux, formées avec séparation de 4 équivalents d'eau :

Épichlorhydrine... $C^6H^8O^6 + HCl - 2H^2O^2 = C^6H^5ClO^2 = C^6H^2(H^2O^2)(HCl)(-)$.

5. *Série des glycérides diacides de la 3e espèce.* — Composés formés par 1 équivalent de glycérine et 2 équivalents d'acide avec séparation de 6 équivalents d'eau :

Épidichlorhydrine... $C^6H^8O^6 + 2HCl - 3H^2O^2 = C^6H^4Cl^2 = C^6H^2(HCl)(HCl)(-)$.

6. *Glycérides acides, dérivés des acides monobasiques.* — Soit l'acide glycéributyrique, et les autres combinaisons acides formées par un acide monobasique et la glycérine. Ces composés ont été observés, mais leur formule n'est pas connue.

7. *Polyglycérides.* — Ce sont les composés formés par l'union de 2, 3, 6 équivalents de glycérine avec 1 ou plusieurs équivalents d'acide. Ils sont engendrés par l'union des monoglycérides, envisagés comme alcools, avec un ou plusieurs équivalents de glycérine, qui complètent la saturation desdits alcools. On n'insistera pas sur ces composés.

8. *Acides bibasiques.* — Les combinaisons formées par les acides monobasiques et la glycérine sont les types de toutes les autres. Soit en effet un acide bibasique; cet acide représente dans les réactions 2 molécules monobasiques, intimement unies et inséparables. A ce titre, il formera d'abord trois composés neutres, obtenus par l'union de 2 équivalents de glycérine avec 1, 2, 3 équivalents d'acide bibasique. Le deuxième et le troisième équivalent bibasique pourront d'ailleurs être remplacés chacun, soit par 1 ou 2 équivalents d'un autre acide bibasique, soit par 2 ou 4 équivalents d'un acide monobasique.

Dibutyrosulfurine .... $\left.\begin{matrix} C^6H^2(C^8H^8O^4)(C^8H^8O^4) \\ C^6H^2(C^8H^8O^4)(C^8H^8O^4) \end{matrix}\right\} (S^2H^2O^8)$.

Un acide bibasique, uni avec 1 seul équivalent de glycérine, engendre des composés acides, monobasiques, bibasiques ou tribasiques, suivant les proportions d'acide combiné :

Acide glycérisulfurique..... $C^6H^2(H^2O^2)(H^2O^2)(S^2H^2O^8)$, monobasique.
Acide glycériditartrique..... $C^6H^2(H^2O^2)(C^8H^6O^{12})(C^8H^6O^{12})$, bibasique,
Acide glycéritritartrique.... $C^6H^2(C^8H^6O^{12})(C^8H^6O^{12})(C^8H^6O^{12})$, tribasique.

Les corps de ces diverses séries jouent encore le rôle d'alcools, quand la saturation de la glycérine est incomplète : à ce titre, ils peuvent s'associer entre eux et donner lieu à une multitude indéfinie de combinaisons complexes.

9. Les acides tribasiques, quadribasiques, etc., engendrent des glycérides analogues, dont la théorie indique la complication croissante.

§ 5. — Formation des glycérides.

1. Les combinaisons de la glycérine avec les acides s'obtiennent par l'union directe de leurs deux principes composants, acide et glycérine; cette union s'accomplit sous l'influence d'un contact prolongé en vases clos, avec le concours d'une température plus ou moins élevée. L'éthérification de la glycérine a été étudiée surtout par M. Berthelot.

L'union a déjà lieu à froid, mais avec une lenteur extrême. Plus rapide à 100°, elle s'effectue surtout vers 200°.

En présence d'un excès de glycérine et d'un acide monobasique, on obtient surtout les corps de la première série : monostéarine, monobenzoycine, etc. Une nouvelle réaction de ceux-ci sur les acides fournit surtout les corps de la deuxième série. Enfin ces derniers, traités à 200° par un grand excès d'acide, engendrent les corps de la troisième série.

2. Les éthers chlorhydriques de la glycérine doivent être préparés à une température plus basse, parce que les hydracides changent la glycérine en composés condensés vers 200°. On obtient mieux encore ces éthers chlorhydriques au moyen du perchlorure de phosphore ; soit la dichlorhydrine :

$$C^6H^8O^6 + 2\,PCl^5 = C^6H^6Cl^2O^2 + 2\,PCl^3O^2 + 2\,HCl.$$

3. Les glycérides formés par 2 acides se produisent toutes les fois que l'on fait agir sur la glycérine deux acides à la fois. Ainsi la butyrochlorhydrine se produit par la réaction de l'acide chlorhydrique sur un mélange de glycérine et d'acide butyrique ; la dibutyrosulfurine, par la réaction du même mélange sur l'acide sulfurique, etc. Les acides chlorhydrique et sulfurique ne peuvent donc pas être employés comme auxiliaires dans la préparation des glycérides, ainsi qu'ils l'ont été dans la préparation des éthers des alcools proprement dits (p. 268).

4. On obtient également des composés complexes, en faisant agir sur la glycérine les chlorures acides. Par exemple le chlorure acétique fournit l'*acétodichlorhydrine* :

$$C^6H^2(H^2O^2)(H^2O^2)(H^2O^2) + 2\,C^4H^3ClO^2 = C^6H^2(HCl)(HCl)(C^4H^4O^4) + C^4H^4O^4 + H^2O^2.$$

5. Entre les éthers ordinaires et la glycérine, on peut opérer un double échange, par réaction directe. L'éther benzoïque et la glycérine produisent ainsi de la *monobenzoycine* :

$$C^4H^4(C^{14}H^6O^4) + C^6H^2(H^2O^2)(H^2O^2)(H^2O^2) = C^6H^2(H^2O^2)(H^2O^2)(C^{14}H^6O^4) + C^4H^6O^2.$$

Mais la réaction ne va pas jusqu'au bout, parce que l'alcool décompose en sens inverse la benzoycine, avec production d'éther benzoïque et de glycérine : entre les deux actions contraires, il se produit un équilibre.

§ 6. — Décomposition des glycérides.

1. *Saponification.* — Les combinaisons glycériques, produites par voie de synthèse, se dédoublent dans les circonstances les plus variées en acide et glycérine, avec fixation des éléments de l'eau. La décomposition peut être effectuée :

1° Par l'eau pure, dès 100° avec les corps gras à acide volatil, et à 220° avec tous les autres; soit la stéarine :

$$C^6H^2(C^{36}H^{36}O^4)^3 + 3\,H^2O^2 = 3\,C^{36}H^{36}O^4 + C^6H^2(H^2O^2)^3;$$

2° Par les alcalis libres ou carbonatés et par les oxydes métalliques (plomb, zinc, argent, etc.) en présence de l'eau, opération qui porte plus spécialement le nom de *saponification*. Elle s'effectue peu à peu à 100°, en produisant un sel de l'acide primitif et la glycérine, avec fixation des éléments de l'eau. En présence de la potasse ou de la soude, la saponification est précédée par la formation d'une émulsion ou mélange intime entre l'eau, l'alcool et les corps gras. Voici les formules qui répondent aux séries fondamentales :

Monostéarine. $C^6H^2(H^2O^2)(H^2O^2)(C^{36}H^{36}O^4) + KO,HO = C^{36}H^{35}KO^4 + C^6H^2(H^2O^2)^3;$
Diacétine..... $C^6H^2(H^2O^2)(C^4H^4O^4)(C^4H^4O^4) + 2(KO,HO) = 2\,C^4H^3KO^4 + C^6H^2(H^2O^2)^3;$
Tristéarine... $C^6H^2(C^{36}H^{36}O^4)^3 + 3(KO,HO) = 3\,C^{36}H^{35}KO^4 + C^6H^2(H^2O^2)^3.$

C'est le sel formé par l'alcali ou l'oxyde métallique avec l'acide gras, qui porte le nom de *savon*.

3° La réaction de l'eau et celle des alcalis, employées de concert, permettent de réduire ces derniers à une proportion beaucoup moindre, à la seule condition d'opérer à une température plus haute. En employant seulement 2,5 parties de chaux pour 100 parties de glycéride, il faut chauffer en présence de l'eau à 172° (de Milly).

2. Les acides sulfurique, chlorhydrique, etc., peuvent déterminer, comme les alcalis, le dédoublement des corps gras neutres. L'acide sulfurique concentré s'unit immédiatement aux huiles; en décomposant par l'eau le produit formé et en chauffant, on obtient les acides gras libres : c'est ce que l'on appelle la *saponification sulfurique* (M. Fremy). Dans ces conditions, la glycérine est détruite par une action secondaire.

3. Certains ferments, agissant avec le concours de l'air humide, déterminent aussi la décomposition lente des corps gras neutres, avec mise en liberté d'acide gras et de glycérine; c'est ainsi que se produit la *rancidité* du suif, du beurre et des huiles. Dans ce dernier cas, les phénomènes se compliquent de l'oxydation de l'acide oléique et même de celle de la glycérine.

Le *suc pancréatique* produit en quelques heures et avec plus de netteté la séparation des corps gras neutres en acides gras et glycérine (Cl. Bernard).

4. L'alcool opère à la longue et à une haute température une décomposition partielle des corps gras, avec formation d'éthers, comme il a été dit plus haut; mais cette réaction est limitée par l'action inverse de la glycérine (M. Berthelot).

En faisant intervenir l'acide chlorhydrique, le déplacement de la glycérine par l'alcool est plus facile (Rochleder).

Opère-t-on en présence d'un alcali, employé en proportion insuffisante, la glycérine est encore mise en liberté, avec formation simultanée d'un sel et d'un éther (M. Bouis) :

$$C^6H^2(C^{36}H^{36}O^4)^3 + 2\,C^4H^4(H^2O^2) + KO,HO = C^{36}H^{35}KO^4 + 2\,C^4H^4(C^{36}H^{36}O^4) + C^6H^2(H^2O^2)^3.$$

5. L'action de l'ammoniaque sur les corps gras neutres est comparable à celle qu'elle exerce sur les éthers. Il se forme un amide, avec régénération de glycérine; soit la benzoycine, qui donne le benzamide, $C^{14}H^7AzO^2$:

$$C^6H^2(H^2O^2)(H^2O^2)(C^{14}H^6O^4) + AzH^3 = C^{14}H^7AzO^2 + C^6H^2(H^2O^2)^3.$$

Quelques mots maintenant sur les réactions des glycérides, dans lesquelles la glycérine est détruite : telles sont l'action de la chaleur et celles des agents oxydants ou réducteurs.

6. *Chaleur.* — Un certain nombre de glycérides, tels que les chlorhydrines, les bromhydrines, les acétines, peuvent être distillés sans altération, dans les conditions ordinaires. On peut même volatiliser sans altération la plupart des corps gras naturels, en opérant dans le vide barométrique et sur de très petites quantités.

Mais c'est là un résultat exceptionnel. En effet, si l'on soumet les combinaisons glycériques à l'action de la chaleur, sous la pression atmosphérique, et si l'on dépasse une température de 300° à 320°, la plupart de ces combinaisons se décomposent, avec formation d'acroléine, $C^6H^4O^2$, d'acides gras libres et de divers produits empyreumatiques, dérivés soit de la glycérine, soit des acides gras. Ceux-là seuls résistent, qui peuvent être distillés au-dessous de cette température. Il y a plus : les combinaisons chlorhydriques et bromhydriques ne peuvent guère être portées au-dessus de 250° sans se détruire.

7. *Chaleur et alcalis.* — Si l'on fait concourir l'action des alcalis avec celle de la chaleur, en opérant à une température supérieure à 200°, deux cas sont à considérer : ou l'alcali employé est hydraté, ou bien il est anhydre. S'il est hydraté, on rentre dans l'action de l'hydrate de potasse sur l'acide gras d'une part, sur la glycérine de l'autre. S'il est anhydre, son premier effet se borne à décomposer le corps gras neutre, en formant un sel avec l'acide gras. Quant à la glycérine, elle ne rencontre pas les éléments de l'eau nécessaires à sa manifestation ; une portion se forme cependant, mais aux dépens du reste, qui éprouve une destruction complète.

8. *Oxydants et réducteurs.* — L'action des agents oxydants sur les corps gras neutres n'a été étudiée que vis-à-vis des composés formés par les acides gras fixes. Dans ce cas, on obtient les produits d'oxydation de ces acides, avec lesquels viennent se confondre les produits les plus simples de l'oxydation de la glycérine, tels que les acides glycérique, oxalique, formique, etc.

Quant aux autres métamorphoses des corps gras, et spécialement à l'action des agents réducteurs, elles se réduisent en principe à l'action des réactifs sur les deux générateurs des corps gras neutres.

CHAPITRE IX

ÉTHERS DE LA GLYCÉRINE

§ 1er. — **Division.**

Nous allons exposer l'histoire des principaux éthers de la glycérine, savoir : les éthers formés par les acides minéraux, les éthers formés par les acides organiques, les éthers formés par les alcools; nous terminerons par quelques généralités sur les huiles et autres corps gras naturels.

§ 2. — **Chlorhydrines.**

M. Berthelot a fait connaître cinq composés formés par l'union d'un équivalent de glycérine avec l'acide chlorhydrique. Trois d'entre eux sont les éthers normaux de la glycérine, les autres dérivent des précédents par élimination d'eau.

I. — MONOCHLORHYDRINE.

$C^6H^7ClO^4$ ou $C^6H^2(H^2O^2)(H^2O^2)(HCl)$... $\mathit{C}^3H^5 \leqslant {Cl \atop (\theta H)^2}$ ou $\mathit{C}H^2(\theta H)-\mathit{C}H(\theta H)-\mathit{C}H^2Cl$.

1. *Préparation.* — On la prépare en saturant de gaz chlorhydrique la glycérine légèrement chauffée. On maintient la dissolution à 100° pendant trente-six heures; on sature alors l'excès d'acide par le carbonate de potasse; on agite la masse avec de l'éther, qui dissout la chlorhydrine. On évapore l'éther et l'on distille le résidu, en recueillant ce qui passe de 215° à 240°. On redistille à 227° (M. Berthelot).

Il est avantageux d'employer de la glycérine contenant une petite proportion d'eau, qui dissout une plus forte quantité d'hydracide. On peut, après avoir chauffé le mélange pendant un temps suffisant à 100°, le soumettre à la distillation fractionnée dans le vide (M. Hanriot).

2. *Propriétés.* — La monochlorhydrine est une huile neutre, d'une odeur fraîche et éthérée, d'un goût sucré, puis piquant, miscible à l'eau, à l'alcool et à l'éther. Sa densité est 1,31; elle bout à 227°. Elle ne précipite pas le nitrate d'argent, du moins immédiatement.

3. L'oxyde de plomb et l'eau la saponifient lentement à 100°, avec reproduction de glycérine.

4. L'ammoniaque la change en *chlorhydrate de glycéramine* (MM. Berthelot et de Luca):

$$C^6H^7ClO^4 + AzH^3 = C^6H^9AzO^4, HCl.$$

5. L'amalgame de sodium, en présence de l'eau, produit du *propylglycol* (M. Lourenço):

$$C^6H^7ClO^4 + H^2 = C^6H^8O^4 + HCl.$$

II. — Dichlorhydrine.

$$C^6H^6Cl^2O^2 \text{ ou } C^6H^2(H^2O^2)(HCl)(HCl)\ldots\ldots \quad C^3H^5 \begin{cases} Cl^2 \\ (OH) \end{cases} \text{ ou } CH^2Cl\text{-}CH(OH)\text{-}CH^2Cl.$$

1. *Préparation.* — Ce corps s'obtient en traitant la glycérine par le perchlorure de phosphore. On réussit mieux en saturant de gaz chlorhydrique la glycérine mêlée avec son volume d'acide acétique cristallisable; à la fin de l'opération, on chauffe le mélange pendant quelque temps. On distille; on recueille ce qui passe entre 160° et 180°: c'est la dichlorhydrine presque pure. On achève de la purifier en l'agitant avec une solution alcaline, et en la séchant sur du chlorure de calcium; enfin on la redistille à 178°.

On peut encore la préparer facilement en faisant réagir à chaud le chlorure de soufre sur la glycérine (Carius).

2. *Propriétés.* — La dichlorhydrine est une huile neutre, d'une odeur douce et éthérée; elle se mêle avec l'éther. Elle dissout près du dixième de son volume d'eau et elle se dissout dans cinquante volumes de ce même liquide. Sa densité est 1,396 à 16°; elle bout à 178°.

3. La potasse la décompose en formant d'abord de l'*épichlorhydrine* :

$$C^6H^2(H^2O^2)(HCl)(HCl) + KO,HO = C^6H^2(H^2O^2)(HCl)(-) + KCl + H^2O^2.$$

Puis elle forme de la glycérine, par une action plus complète.

L'amalgame de sodium, en présence de l'eau, la change en *alcool isopropylique* (M. Lourenço):

$$C^6H^2(H^2O^2)(HCl)(HCl) + 2\,H^2 = C^6H^6(H^2O^2) + 2\,HCl.$$

Oxydée par un mélange d'acide sulfurique et de bichromate de potasse, la dichlorhydrine se change en aldéhyde correspondant (MM. Glütz et Fischer) :

$$C^6H^7(H^2O^2)(HCl)(HCl) + O^2 = C^6H^2(O^2)(HCl)(HCl) + H^2O^2.$$

Le produit ainsi obtenu aux dépens de la fonction alcoolique secondaire de la glycérine est un aldéhyde secondaire à fonction mixte : une fois aldéhyde, deux fois éther chlorhydrique. On admet souvent, ce qui n'est pas établi, que ce corps est l'*acétone bichloré* (voy. ce mot) et on le nomme *acétone bichloré symétrique*. Il constitue des tables rhomboïdales, fusibles à 43° ; il bout à 172°,5.

III. — Trichlorhydrine.

$C^6H^5Cl^3$ ou $C^6H^2(HCl)(HCl)(HCl)$.... $C^3H^5{\equiv}Cl^3$ ou $CH^2Cl-CHCl-CH^2Cl$.

1. *Préparation*. — On la prépare en traitant la dichlorhydrine par le perchlorure de phosphore :

$$C^6H^6Cl^2O^2 + PCl^5 = C^6H^5Cl^3 + PCl^3O^2 + HCl.$$

On distille le mélange de ces deux corps ; on agite le produit distillé d'abord avec de l'eau pure, puis avec une solution alcaline étendue. On le dessèche sur du chlorure de calcium et on le redistille vers 158°.

2. *Propriétés*. — La trichlorhydrine est un liquide neutre, très stable, doué d'une odeur analogue à celle du chloroforme. Elle bout à 158°.

3. Chauffée avec l'eau vers 160° à 170°, pendant trente à quarante heures, elle reproduit la glycérine et l'acide chlorhydrique.

4. La potasse la transforme, par distillation, en *épidichlorhydrine* :

$$C^6H^5Cl^3 + KO,HO = C^6H^4Cl^2 + KCl + H^2O^2.$$

5. L'alcoolate de soude et la trichlorhydrine donnent naissance à la *triéthyline* :

$$C^6H^2(HCl)^3 + 3\,C^4H^5NaO^2 = C^6H^2(C^4H^6O^2)^3 + 3\,NaCl.$$

6. La trichlorhydrine et le cyanure de potassium engendrent un corps ayant la composition de la *tricyanhydrine*, $C^6H^2(C^2HAz)^3$ (M. Maxwell Simpson). Ce produit est en réalité le *nitrile carballylique*, décomposable par les alcalis avec formation d'*acide carballylique* tribasique, $C^6H^2(C^2H^2O^4)^3$ ou $C^{12}H^8O^{12}$.

7. Venons aux actions réductrices.

Traitée par l'acide iodhydrique à 280°, la trichlorhydrine échange tout son chlore contre de l'hydrogène, avec formation d'*hydrure de propylène :*

$$C^6H^5Cl^3 + 3\,H^2 = C^6H^8 + 3\,HCl.$$

Opère-t-on avec l'iodure de potassium, le cuivre et l'eau, la réduction s'arrête au *propylène :*

$$C^6H^5Cl^3 + 2\,H^2 = C^6H^6 + 3\,HCl.$$

Enfin on peut éliminer le chlore sans substitution, au moyen du sodium, ce qui fournit le *diallyle :*

$$2\,C^6H^5Cl^3 + 3\,Na^2 = (C^6H^5)^2 + 6\,NaCl.$$

IV. — ÉPICHLORHYDRINE.

$C^6H^5ClO^2$ ou $C^6H^2(H^2O^2)(HCl)(—)$ ... C^3H^5ClO ou $CH^2(OH)-CH=CHCl$.

1. *Préparation.* — Ce corps est un produit de déshydratation en même temps qu'un éther. Il a été découvert par M. Berthelot et étudié par M. Reboul. On le prépare en chauffant doucement la dichlorhydrine avec une solution concentrée de potasse; on rectifie et l'on isole le produit, en recueillant ce qui distille vers 120°.

2. *Propriétés.* — L'épichlorhydrine est un liquide mobile, éthéré, d'une densité égale à 1,194 à 11°; elle bout à 117°. Elle est insoluble dans l'eau, mais miscible avec l'alcool et l'éther.

3. La potasse la transforme lentement à 100° en glycérine et chlorure de potassium.

L'épichlorhydrine offre les propriétés d'un composé incomplet. A ce titre, elle s'unit à l'eau, pour former la monochlorhydrine :

$$C^6H^2(HCl)(H^2O^2)(—) + H^2O^2 = C^6H^2(HCl)(H^2O^2)(H^2O^2);$$

A l'acide chlorhydrique, pour former la dichlorhydrine :

$$C^6H^2(H^2O^2)(HCl)(—) + HCl = C^6H^2(H^2O^2)(HCl)(HCl);$$

A l'acide acétique, pour former l'acétochlorhydrine; etc.

V. — Épidichlorhydrine.

$C^6H^4Cl^2$ ou $C^6H^2(HCl)(HCl)(-)$.... $C^3H^4 = Cl^2$ ou $CH^2Cl - CH = CHCl$.

1. *Préparation.* — Ce corps, qui est comme le précédent un dérivé de déshydratation, a été découvert par M. Berthelot et étudié par M. Reboul. Il se prépare par l'action de la potasse sur la trichlorhydrine.

2. *Propriétés.* — Il est neutre, liquide, insoluble dans l'eau. Il bout à 106°. Sa densité est 1,250 à 0°.

3. *Réactions.* — En tant que composé incomplet, il se combine :

Avec l'acide chlorhydrique à 100°, en reproduisant la trichlorhydrine :

$$C^6H^2(HCl)(HCl)(-) + HCl = C^6H^2(HCl)(HCl)(HCl);$$

Avec le chlore à froid, en formant un chlorure :

$$C^6H^2(HCl)(HCl)(-) + Cl^2 = C^6H^2(HCl)(HCl)(Cl^2);$$

Avec le brome, en formant un bromure : $C^6H^2(HCl)(HCl)(Br^2)$; etc.

L'épichlorhydrine et l'épidichlorhydrine doivent être regardées comme les éthers du glycide.

4. *Glycide :* $C^6H^2(H^2O^2)(H^2O^2)(-)$ ou $C^6H^6O^4$. — Ce corps (1) a été découvert par M. von Gegerfeld. Il peut être obtenu en soumettant à l'ébullition un mélange d'épichlorhydrine et d'acétate de potasse. Par distillation de la liqueur, on isole vers 168° un liquide mobile, à odeur éthérée, qui est l'*acétate de glycide.* Le produit, mis en solution dans l'éther et traité par la soude caustique en poudre, donne de l'acétate de soude et du glycide. Ce dernier est un liquide mobile, miscible à l'eau, l'alcool et l'éther, bouillant à 162°, de densité 1,165 à 0°; il se combine directement à l'eau pour former de la glycérine.

On peut rattacher au glycide toute une série d'éthers monacides et biacides, analogues aux deux épichlorhydrines et qui diffèrent des éthers de la glycérine par les éléments de l'eau. La plupart de ces corps ont été préparés par M. Reboul, qui a développé en 1860 la théorie du glycide, dont M. Berthelot avait signalé deux ans auparavant le principe.

(1) $\Theta < \begin{matrix} CH - CH^2(\Theta H). \\ | \\ CH^2 \end{matrix}$

§ 3. — Bromhydrines.

1. Les bromhydrines correspondent terme pour terme avec les chlorhydrines. Elles ont été obtenues par MM. Berthelot et de Luca. On les prépare au moyen des bromures de phosphore, et on les isole par des distillations fractionnées, lesquelles doivent être opérées dans le vide pour les produits les moins volatils.

2. *Monobromhydrine* (1) : $C^6H^2(H^2O^2)(H^2O^2)(HBr)$ ou $C^6H^7BrO^4$. — Liquide neutre qui distille vers 180°, sous une pression de 0m,01 à 0m,02.

3. *Dibromhydrine* (2) : $C^6H^2(H^2O^2)(HBr)(HBr)$ ou $C^6H^6Br^2O^2$. — Liquide neutre, bouillant à 219°. Sa densité est 2,11 à 18°.

4. *Tribromhydrine* (3) : $C^6H^2(HBr)(HBr)(HBr)$ ou $C^6H^5Br^3$. — Liquide que l'on obtient par l'action du bromure de phosphore sur le précédent.

On obtient un corps qui paraît identique au précédent, et qui est capable, comme lui, de reproduire la glycérine, en attaquant l'éther allyliodhydrique par le brome (Wurtz) :

$$C^6H^5I + Br^3 = C^6H^5Br^3 + I.$$

La tribromhydrine bout à 220°, cristallise par le froid et fond ensuite à + 17° ; sa densité est 2,407 à 10°.

Le sodium la change en diallyle, l'acide iodhydrique en hydrure de propylène, etc.

5. *Épibromhydrine* : $C^6H^2(H^2O^2)(HBr)(—)$ ou $C^6H^5BrO^2$ (4). — Bout à 138°. Sa densité est 1,615 à 14°.

§ 4. — Glycérides dérivés de deux hydracides.

1. Les acides chlorhydrique et bromhydrique peuvent s'unir simultanément avec la glycérine. De là résultent les corps suivants :

2. *Chlorhydrobromhydrine* : $C^6H^2(H^2O^2)(HCl)(HBr)$. — Obtenue au moyen de l'épichlorhydrine et de l'acide bromhydrique.

3. *Bromhydrodichlorhydrine* : $C^6H^2(HBr)(HCl)(HCl)$. — Obtenue au moyen de la dichlorhydrine et du perbromure de phosphore. Bout vers 176°.

(1) $CH^2(OH) - CH(OH) - CH^2Br$.
(2) $CH^2Br - CH(OH) - CH^2Br$.
(3) $CH^2Br - CHBr - CH^2Br$.
(4) $CH^2(OH) - CH = CHBr$.

4. *Chlorhydrodibromhydrine :* $C^6H^2(HCl)(HBr)(HBr)$. — Obtenue au moyen de la dibromhydrine et du perchlorure de phosphore. Bout vers 200°.

5. *Épichlorhydrobromhydrine :* $C^6H^2(HBr)(HCl)(—)$.

§ 5. — Trinitrine.

$C^6H^2(AzHO^6)(AzHO^6)(AzHO^6)$ .... $CH^2(Az\Theta^3)-CH(Az\Theta^3)-CH^2(Az\Theta^3)$.

1. Parmi les éthers nitriques, signalons seulement la *trinitrine*, ou *nitroglycérine*, devenue célèbre par son emploi à la place de la poudre de mines, et par les effets de dislocation extraordinaires ainsi que par les terribles accidents qu'elle a déterminés. La nitroglycérine a été découverte par M. Sobrero; elle a été étudiée par M. Williamson, par M. Nobel et par M. Berthelot, puis, dans ces derniers temps, par MM. Sarrau, Roux et Vieille.

2. *Préparation.* — A l'origine, on la préparait comme il suit. On faisait tomber goutte à goutte de la glycérine sirupeuse dans 5 à 6 parties d'un mélange à volumes égaux d'acide nitrique fumant et d'acide sulfurique. On agitait continuellement, à l'aide d'un courant d'air injecté dans le liquide, et l'on refroidissait de façon à éviter que la température du mélange dépassât 25°, même au point où tombait la glycérine. Au bout de quelque temps de contact, on versait le tout dans une grande quantité d'eau : la trinitrine se précipitait, sous forme d'une huile pesante. On l'agitait avec une solution alcaline étendue, puis on la séchait.

Aujourd'hui, ce procédé, qui exposait à des inflammations et à des explosions, est remplacé par le suivant, dans lequel on fait agir l'acide azotique, non plus sur la glycérine libre, mais sur sa combinaison avec l'acide sulfurique : on mélange, d'une part, la glycérine avec trois fois son poids d'acide sulfurique concentré, et, d'autre part, l'acide nitrique fumant avec son poids d'acide sulfurique concentré; on laisse refroidir les liquides, puis on les fait réagir l'un sur l'autre en abandonnant la masse à elle-même. Après quelques heures, la nitroglycérine s'est séparée au fond du vase, et il ne reste plus qu'à la laver (MM. Boutmy et Faucher).

3. *Propriétés.* — C'est un corps huileux, doué d'une odeur faible, éthérée et aromatique, laquelle produit des maux de tête; il est toxique. La nitroglycérine est peu soluble dans l'eau, miscible avec l'alcool absolu et l'éther. Sa densité est 1,60. Elle cristallise lentement au voisinage de 0°, et demeure solide jusqu'à +8°.

4. La réaction entre l'acide nitrique monohydraté et la glycérine, avec formation de nitroglycérine :

$$C^6H^8O^6 + 3\,AzHO^6 = C^6H^2(AzHO^6)^3 + 3\,H^2O^2,$$

dégage + 14,1 Calories (M. Berthelot).

5. Traitée par la potasse, la nitroglycérine ne se décompose que lentement à froid ; mais à chaud, avec un alcali étendu, elle fixe les éléments de l'eau et régénère l'acide nitrique et la glycérine.

Elle peut être abandonnée au contact de l'eau pendant plusieurs années, sans éprouver une décomposition complète.

6. La trinitrine se comporte, en effet, comme une substance assez stable, toutes les fois qu'on ne la soumet pas à l'action de la chaleur ou des actions mécaniques.

Sous l'influence d'un choc ou d'une brusque élévation de température, la trinitrine détone avec une extrême violence. La chute à terre d'un flacon ou d'une tourie renfermant la nitroglycérine suffit parfois pour en déterminer l'explosion.

De tous les corps ou mélanges explosifs usités, c'est celui qui fournit le plus grand volume gazeux, lors de son explosion. En effet, la trinitrine renferme une quantité d'oxygène supérieure à celle qui est nécessaire pour la changer complètement en eau, acide carbonique et azote purs :

$$C^6H^2(AzHO^6)(AzHO^6)(AzHO^6) = 3\,C^2O^4 + 5\,HO + 3\,Az + O,$$

relation qui n'existe pour presque aucun autre corps.

1 gramme de nitroglycérine produit ainsi 710 centimètres cubes de gaz (volume réduit à 0° et à 0m,760), en développant 1600 petites calories (MM. Sarrau et Vieille).

7. L'industrie a utilisé les propriétés explosives de la trinitrine dans les travaux des mines ; son emploi est surtout avantageux parce que cette substance peut être introduite très facilement dans les cavités des rochers, en raison de son état liquide. Elle fait explosion sous l'eau, et produit, même sans bourrage, des effets très puissants. Mais le transport de ce liquide explosif a donné lieu plusieurs fois à d'effroyables accidents, à cause de sa grande sensibilité aux chocs.

8. Aussi a-t-on cherché à atténuer cette sensibilité, en mélangeant la nitroglycérine avec des matières poreuses inertes, et spécialement avec certaines variétés de silice ou d'alumine, qui en absorbent de très grandes quantités sans que la masse cesse d'être divisée et pulvérulente (M. Nobel). Ce mélange constitue la *dynamite*, laquelle renferme en général les deux tiers de son poids de nitroglycérine. On fabrique

également des *dynamites*, dites *à base active*, en tirant parti de l'excès d'oxygène fourni par la combustion de la nitroglycérine pour brûler diverses variétés de *cellulose nitrée*, mélangées à dose convenable avec la nitroglycérine. La dynamite peut être enflammée en petites masses, ou choquée modérément, sans danger. Elle ne détone que par l'explosion brusque d'une amorce fortement chargée de fulminate de mercure.

§ 6. — Acide glycérisulfurique.

$C^6H^2(H^2O^2)(H^2O^2)(S^2H^2O^8)$ .... $CH^2(OH)-CH(OH)-CH^2(SHO^4)$.

1. Cet acide, découvert par Pelouze, est appelé aussi *acide sulfoglycérique*. Pour le préparer, on mélange 1 partie de glycérine avec 2 parties d'acide sulfurique concentré ; au bout de quelque temps, on étend d'eau le mélange refroidi, et on le sature par du carbonate de chaux. On filtre, on concentre la liqueur en consistance de sirop : le *glycérisulfate de chaux* cristallise : $C^6H^2(H^2O^2)(H^2O^2)(S^2HCaO^8)$.

Précipité exactement par l'acide oxalique, il fournit l'acide glycérisulfurique. Les glycérisulfates d'argent et de plomb sont solubles dans l'eau.

2. Les alcalis, l'eau même, décomposent les glycérisulfates, avec formation d'acide sulfurique et de glycérine.

Il existe aussi un *acide glycéridisulfurique* et un *acide glycéritrisulfurique*.

§ 7. — Acide glycériphosphorique.

$C^6H^2(H^2O^2)(H^2O^2)(PH^3O^8)$ ..... $CH^2(OH)-CH(OH)-CH^2(PH^2O^4)$.

1. Ce composé, appelé aussi *acide phosphoglycérique*, a été découvert par Pelouze. Il est bibasique.

Pour l'obtenir, on mélange la glycérine avec l'acide phosphorique solide (anhydre ou vitreux), ce qui détermine un dégagement de chaleur considérable. On étend d'eau le mélange, on le sature par le carbonate de baryte, et l'on termine la neutralisation avec l'eau de baryte. On obtient un précipité de phosphate de baryte et une liqueur renfermant le glycériphosphate ainsi que l'excès de glycérine. On précipite le sel par l'alcool.

Le glycériphosphate de baryte, redissous dans l'eau et précipité exactement par l'acide sulfurique, produit l'acide glycériphosphorique.

L'acide glycériphosphorique, ou plus exactement son sel de baryte, prend naissance dans l'action de l'eau de baryte bouillante sur la lécithine, dont il sera parlé plus loin.

2. Les glycériphosphates sont solubles dans l'eau et à peu près insolubles dans l'alcool. Ils peuvent être séchés à 150° sans se décomposer.

Le sel de baryte renferme... $PO^5,C^6H^7O^5,2\,BaO$ ou $C^6H^2(H^2O^2)(H^2O^2)(PHBa^2O^8)$;
Le sel calcaire renferme.... $PO^5,C^6H^7O^5,2\,CaO$ ou $C^6H^2(H^2O^2)(H^2O^2)(PHCa^2O^8)$.

Les *lécithines*, principes complexes qui jouent un rôle important dans l'organisme animal et végétal, sont des dérivés de l'acide glycériphosphorique : les deux fonctions alcooliques de la glycérine, restées libres dans ce dernier, y sont éthérifiées par les acides des graisses, tandis que l'une des 2 fonctions acides, restées libres dans l'acide phosphorique, éthérifie un alcali-alcool, la névrine (voy. *Névrine*).

§ 8. — Acétines.

L'acide acétique forme, avec la glycérine, trois combinaisons neutres : la monacétine, la diacétine et la triacétine (M. Berthelot).

I. — Monacétine.

$C^6H^2(H^2O^2)(H^2O^2)(C^4H^4O^4)$ ..... $CH^2(OH)-CH(OH)-CH^2(C^2H^3O^2)$.

1. *Préparation.* — La monacétine s'obtient en chauffant à 100°, pendant cent quatorze heures, un mélange à volumes égaux de glycérine et d'acide acétique cristallisable. Il s'en produit des quantités considérables, dès la température ordinaire, après six mois de contact.

Après réaction à chaud, on sature le mélange avec une solution de carbonate de potasse : on change ainsi l'acide acétique libre en acétate de potasse. On ajoute un fragment de potasse caustique, pour compléter la saturation ; puis, sans attendre trop longtemps, on agite le tout avec son volume d'éther. On décante ce menstrue, on le fait digérer sur du noir animal ; on filtre, on évapore au bain-marie et l'on dessèche le produit dans le vide, sur un bain de sable légèrement chauffé.

2. *Propriétés.* — La monacétine est un liquide neutre, doué d'une odeur légèrement éthérée ; elle se mêle avec l'éther. La densité de la monacétine est égale à 1,20. Elle forme avec un demi-volume d'eau un mélange limpide, qui se trouble par l'addition de 2 nouveaux volumes d'eau ; cependant l'acétine ne se sépare pas. Malgré l'addition d'une grande quantité d'eau, l'émulsion demeure opaline.

3. Traitée par l'alcool et l'acide chlorhydrique, la monacétine fournit de la glycérine et de l'éther acétique.

II. — Diacétine.

$C^6H^2(H^2O^2)(C^4H^4O^4)(C^4H^4O^4)$ ... $CH^2(C^2H^3O^2)-CH(OH)-CH^2(C^2H^3O^2)$.

1. *Préparation.* — La diacétine s'obtient en chauffant l'acide acétique cristallisable en excès avec la glycérine à 200° ou à 275°, pendant quelques heures.

On purifie la diacétine comme la monacétine ; on termine en distillant le produit.

2. *Propriétés.* — La diacétine est un liquide neutre, incolore, odorant, doué d'une saveur piquante. Elle est miscible avec l'éther, soluble dans la benzine, peu ou point soluble dans le sulfure de carbone.

La diacétine distillée possède, à 16°,5, une densité égale à 1,184. Soumise à l'action ménagée de la chaleur, la diacétine bout et distille à 280°, sans altération. Refroidie à —40°, elle prend une consistance pareille à celle de l'huile d'olive sur le point de se figer.

La diacétine forme, avec un égal volume d'eau, un mélange limpide ; 2 nouveaux volumes d'eau ajoutés au mélange déterminent un louche ; 5 volumes d'eau rendent la liqueur très opaline ; 200 volumes produisent une solution ou émulsion transparente.

3. Traitée par la baryte hydratée, la diacétine se décompose en glycérine et acétate de baryte :

$$\underset{\text{Diacétine.}}{C^6H^2(H^2O^2)(C^4H^4O^4)(C^4H^4O^4)} + 2(BaHO^2) = \underset{\text{Glycérine.}}{C^6H^2(H^2O^2)(H^2O^2)(H^2O^2)} + \underset{\text{Acétate.}}{2\,C^4H^3BaO^4}.$$

4. La diacétine, de même que l'éther acétique, devient légèrement acide au contact de l'atmosphère.

III. — Triacétine.

$C^6H^2(C^4H^4O^4)^3$....... $CH^2(C^2H^3O^2)-CH(C^2H^3O^2)-CH^2(C^2H^3O^2)$.

1. *Préparation.* — La triacétine s'obtient en chauffant la diacétine à 250°, pendant quatre heures, avec 15 ou 20 fois son poids d'acide acétique cristallisable. On la purifie comme la monoacétine.

2. *Propriétés.* — C'est un liquide neutre, odorant, d'une saveur piquante et légèrement amère, volatil sans résidu, insoluble dans l'eau et ne se mêlant pas à ce liquide, fort soluble dans l'alcool dilué.

La densité de la triacétine est égale à 1,174 à 8°.

3. Traitée à froid par l'alcool et l'acide chlorhydrique, la triacétine se change en éther acétique et glycérine.

Traitée par la baryte, elle fournit de la glycérine et de l'acétate de baryte.

4. L'huile de fusain (*Evonymus europæus*) renferme une quantité notable de triacétine.

IV. — ACÉTODICHLORHYDRINE.

$C^6H^2(HCl)(HCl)(C^4H^4O^4)$....... $CH^2Cl - CHCl - CH^2(C^2H^3O^2)$.

1. Signalons maintenant les composés formés par l'acide acétique et l'acide chlorhydrique unis simultanément à la glycérine. Ces combinaisons ont été étudiées par MM. Berthelot et de Luca.

2. *Préparation.* — L'acétodichlorhydrine est le produit principal de la réaction du chlorure acétique sur la glycérine. La réaction est immédiate et extrêmement violente, alors même que l'on opère à froid. Voici comment on l'effectue :

Dans une cornue tubulée et entourée d'eau froide, on verse 250 grammes de glycérine, puis on ajoute, par petites parties, du chlorure acétique, jusqu'à ce qu'une nouvelle addition ne donne plus lieu à un dégagement de chaleur ; ceci exige l'emploi d'une très grande quantité de chlorure acétique. La réaction terminée, on distille et l'on recueille séparément ce qui passe depuis 180° jusqu'à 260° environ.

On agite le liquide distillé avec de l'eau, puis avec une solution alcaline. On le fait digérer pendant l'espace d'un jour sur un mélange de chlorure de calcium et de chaux vive, ou même de potasse en morceaux, enfin on le distille. Les premières portions, les plus abondantes, renferment l'acétodichlorhydrine, volatile vers 205° ; on purifie cette dernière par une série de distillations systématiques.

3. *Propriétés.* — L'acétodichlorhydrine est une huile limpide, neutre, douée d'une odeur fraîche et éthérée, qui rappelle celle de l'éther acétique ; elle est peu soluble dans l'eau. Elle bout et distille à 205°.

4. Traitée à 100° par une solution aqueuse de baryte, elle se décompose, avec régénération de glycérine et d'acides chlorhydrique et acétique. Mélangée à froid avec l'alcool absolu et l'acide chlorhydrique, elle forme, au bout de quelque temps, de l'éther acétique.

V. — ACÉTOCHLORHYDRINE.

$C^6H^2(H^2O^2)(HCl)(C^4H^4O^4)$..... $CH^2Cl - CH(OH) - CH^2(C^2H^3O^2)$.

1. En même temps que l'acétodichlorhydrine, et comme produit secondaire, on obtient l'acétochlorhydrine.

2. C'est un composé neutre, liquide, incolore, doué d'une odeur analogue au précédent, mais plus faible. Il est volatil aux environs de 250°.

VI. — DIACÉTOCHLORHYDRINE.

$C^6H^2(HCl)(C^4H^4O^4)(C^4H^4O^4)$....... $CH^2(C^2H^3O^2)-CHCl-CH^2(C^2H^3O^2)$.

1. Elle prend naissance lorsque l'on fait agir le chlorure acétique sur un mélange à volumes égaux de glycérine et d'acide acétique cristallisable. On distille le produit de la réaction et l'on recueille séparément les substances volatiles entre 230° et 260° ; puis on les soumet à une série de rectifications fractionnées. On finit par isoler ainsi la diacétochlorhydrine.

2. C'est un composé neutre, liquide, doué d'une odeur faible. Il est volatil vers 245°.

VII. — ACÉTOCHLORHYDROBROMHYDRINE.

$C^6H^2(HCl)(HBr)(C^4H^4O^4)$......... $CH^2Cl-CHBr-CH^2(C^2H^3O^2)$.

Ce corps s'obtient en traitant la glycérine par un mélange à équivalents égaux de chlorure acétique et de bromure acétique :

$$\underset{\text{Glycérine.}}{C^6H^2(H^2O^2)(H^2O^2)(H^2O^2)} + \underset{\text{Chlorure acétique.}}{C^4H^2O^2(HCl)} + \underset{\text{Bromure acétique.}}{C^4H^2O^2(HBr)}$$

$$= \underset{\text{Acétochlorhydrobromhydrine.}}{C^6H^2(HCl)(HBr)(C^4H^4O^4)} + \underset{\text{Acide acétique.}}{C^4H^4O^4} + H^2O^2.$$

On opère exactement comme dans la préparation de l'acétodichlorhydrine et l'on purifie de la même manière.

L'acétochlorhydrobromhydrine est neutre, limpide et incolore ; elle jaunit très facilement sous l'influence de la lumière. Elle est douée d'une odeur faible, qui rappelle à la fois l'éther acétique et le bromure d'éthylène.

Ce corps bout vers 228° et distille sans décomposition sensible.

§ 9. — **Butyrines.**

L'acide butyrique forme avec la glycérine trois combinaisons neutres : la monobutyrine, la dibutyrine et la tributyrine.

Il paraît encore donner naissance à une combinaison acide.

Il existe en outre des butyrochlorhydrines, formées dans la réaction de l'acide chlorhydrique sur un mélange d'acide butyrique et de glycérine. Ces composés avaient été pris d'abord par Pelouze pour une butyrine ; mais leur constitution véritable a été établie par M. Berthelot.

I. — Monobutyrine.

$C^6H^2(H^2O^2)(H^2O^2)(C^8H^8O^4)$...... $CH^2(OH)-CH(OH)-CH^2(C^4H^7O^2)$.

1. *Préparation*. — La monobutyrine, découverte par M. Berthelot, s'obtient en chauffant à 200°, pendant trois heures, l'acide butyrique, en présence d'un excès de glycérine. La température de 200° ne doit pas être dépassée. Le composé se forme dès la température ordinaire, mais très lentement.

On purifie la monobutyrine en suivant la même marche que pour la monacétine.

2. *Propriétés*. — C'est un liquide neutre, huileux, odorant, d'une saveur aromatique et amère, mais sans arrière-goût désagréable. Pour peu qu'il ait le contact de l'air, il ne tarde pas à acquérir une réaction acide, d'ailleurs extrêmement faible.

La densité de la monobutyrine est égale à 1,088 à 17°.

Elle forme avec l'eau une émulsion stable dans des proportions quelconques.

II. — Dibutyrine.

$C^6H^2(H^2O^2)(C^8H^8O^4)(C^8H^8O^4)$....... $CH^2(C^4H^7O^2)-CH(OH)-CH^2(C^4H^7O^2)$.

Ce corps se prépare comme la diacétine. C'est un liquide neutre, huileux, odorant. Sa densité est 1,081 à 17°. Soumise à l'action très ménagée de la chaleur, la dibutyrine distille vers 320°; toutefois elle fournit aisément de l'acroléine dans cette opération. Elle dissout son volume d'eau; mais elle se sépare par l'addition d'un excès d'eau, puis s'émulsionne en présence d'un très grand volume d'eau. Exposée à l'air, elle prend très vite une réaction acide.

III. — Tributyrine.

$C^6H^2(C^8H^8O^4)(C^8H^8O^4)(C^8H^8O^4)$... $CH^2(C^4H^7O^2)-CH(C^4H^7O^2)-CH^2(C^4H^7O^2)$.

1. *Préparation*. — La tributyrine s'obtient en chauffant à 240°, pendant quatre heures, la dibutyrine avec dix ou quinze fois son poids d'acide butyrique (M. Berthelot). On la purifie comme la monacétine.

2. *Propriétés*. — C'est un liquide neutre, huileux, d'une odeur analogue à celles des autres butyrines, d'un goût piquant, puis amer. Il est fort soluble dans l'alcool et dans l'éther, mais insoluble dans l'eau ; il est peu soluble dans l'alcool dilué froid.

La densité de la tributyrine est égale à 1,056 à 8°.

3. Traitée à froid par l'alcool et l'acide chlorhydrique, la tributyrine fournit de l'éther butyrique et de la glycérine.

Elle s'acidifie promptement à l'air.

Elle doit être regardée comme identique avec la butyrine naturelle, un des principes immédiats retirés du beurre par M. Chevreul.

§ 10. — **Valérines.**

Bornons-nous à donner ici les formules des combinaisons formées par la glycérine et l'acide valérianique (1) :

Monovalérine.................... $C^6H^2(H^2O^2)(H^2O^2)(C^{10}H^{10}O^4)$;

Liquide; densité à 16° : 1,100.

Divalérine.................... $C^6H^2(H^2O^2)(C^{10}H^{10}O^4)(C^{10}H^{10}O^4)$;

Liquide; densité à 16° : 1,059; se fige à — 40°.

Trivalérine.............. $C^6H^2(C^{10}H^{10}O^4)(C^{10}H^{10}O^4)(C^{10}H^{10}O^4)$;

Ce corps est identique avec la *phocénine* ou valérine naturelle, principe immédiat contenu dans les huiles de dauphin.

§ 11. — **Benzoycines.**

I. — Monobenzoycine.

$C^6H^2(H^2O^2)(H^2O^2)(C^{14}H^6O^4)$........ $CH^2(OH)-CH(OH)-CH^2(C^7H^5O^2)$.

1. On la prépare et on la purifie comme la monacétine (M. Berthelot).

2. *Propriétés.* — C'est une huile neutre, blonde, très visqueuse, inoxydable à froid par l'oxygène libre, d'un goût amer et aromatique, douée, à chaud, d'une légère odeur balsamique, extrêmement soluble dans l'éther, dans la benzine et dans l'alcool, peu ou point soluble dans le sulfure de carbone.

La densité de la monobenzoycine est égale à 1,228 à 16°,5.

(1) Monovalérine.......... $CH^2(OH)-CH(OH)-CH^2(C^5H^9O^2)$,
Divalérine............ $CH^2(C^5H^9O^2)-CH(OH)-CH^2(C^5H^9O^2)$,
Trivalérine........... $CH^2(C^5H^9O^2)-CH(C^5H^9O^2)-CH^2(C^5H^9O^2)$.

Refroidie à — 40°, elle forme une masse transparente, presque solide, résineuse et susceptible de s'étirer en longs fils.

3. *Réactions.* — Soumise à l'action de la chaleur, elle commence à bouillir à 320° en se décomposant, et fournit de l'acroléine et de l'acide benzoïque en abondance.

Traitée par la potasse à chaud, la monobenzoycine reproduit l'acide benzoïque.

Traitée par l'ammoniaque, elle se change en benzamide :

$$C^6H^2(H^2O^2)(H^2O^2)(C^{14}H^6O^4) + AzH^3 = C^{14}H^7AzO^2 + C^6H^2(H^2O^2)(H^2O^2)(H^2O^2).$$

Traitée par l'alcool, seul ou mêlé d'acide chlorhydrique, elle se change en glycérine et éther benzoïque.

Cette décomposition peut être renversée en changeant les conditions de masse relative. Ainsi l'éther benzoïque chauffé à 100°, pendant cent deux heures, avec la glycérine, subit une double décomposition partielle, avec formation de benzoycine.

II. — Tribenzoycine.

$C^6H^2(C^{14}H^6O^4)(C^{14}H^6O^4)(C^{14}H^6O^4)$... $CH^2(C^7H^5O^2) - CH(C^7H^5O^2) - CH^2(C^7H^5O^2)$.

Belles aiguilles blanches, assez fusibles, grasses au toucher.

§ 12. — Stéarines.

L'acide stéarique forme avec la glycérine trois combinaisons neutres : la monostéarine, la distéarine et la tristéarine (M. Berthelot). Cette dernière est identique avec la stéarine naturelle, trouvée par M. Chevreul dans beaucoup de graisses animales ou végétales.

I. — Monostéarine.

$C^6H^2(H^2O^2)(H^2O^2)(C^{36}H^{36}O^4)$...... $CH^2(OH) - CH(OH) - CH^2(C^{18}H^{35}O^2)$.

1. *Préparation.* — La monostéarine s'obtient en chauffant à 200° pendant trente-six heures, dans un tube fermé à la lampe, parties égales de glycérine et d'acide stéarique. Après refroidissement, on ouvre le tube et l'on sépare la couche solide qui surnage l'excès de glycérine. Cette couche solide renferme le composé neutre et l'excès d'acide gras non combiné.

On introduit la matière dans un ballon ; on la fond, on y ajoute un peu d'éther, puis de la chaux éteinte, et l'on maintient le tout à 100° pendant un quart d'heure. L'excès d'acide stéarique s'unit complètement à la chaux dans ces conditions, tandis que la stéarine est respectée. Cela fait, on épuise par l'éther bouillant, et l'on évapore ce dissolvant, qui laisse comme résidu la monostéarine.

2. *Propriétés.* — La monostéarine est une substance neutre vis-à-vis du tournesol dissous dans l'alcool bouillant. Elle est blanche, très peu soluble dans l'éther froid, très soluble dans l'éther bouillant; elle cristallise en très petites aiguilles biréfringentes, lesquelles se groupent d'ordinaire en grains arrondis.

La monostéarine fond à 61° et se solidifie à 60°, en formant une masse dure et cassante, semblable à de la cire.

3. L'oxyde de plomb et les alcalis la saponifient à 100°.

Maintenue pendant cent six heures à 100° dans un tube scellé, au contact de l'acide chlorhydrique en solution aqueuse concentrée, la monostéarine se dédouble presque entièrement en glycérine et en acide stéarique.

L'acide acétique mêlé d'alcool ne décompose pas la monostéarine à 100°, même au bout de vingt-six heures de réaction; tandis qu'il fait éprouver aux palmitines un dédoublement partiel.

II. — Distéarine.

$C^6H^2(H^2O^2)(C^{36}H^{36}O^4)(C^{36}H^{36}O^4)$ . . . $CH^2(C^{18}H^{35}O^2)-CH(OH)-CH^2(C^{18}H^{35}O^2)$.

La distéarine s'obtient en chauffant l'acide stéarique avec la monostéarine, ou la tristéarine avec la glycérine. On la purifie en la traitant par la chaux éteinte et l'éther, puis on la fait recristalliser à plusieurs reprises dans ce menstrue. C'est un corps blanc, cristallisé en aiguilles microscopiques. Elle fond à 58° et se solidifie à 55°.

III. — Tristéarine.

$C^6H^2(C^{36}H^{36}O^4)^3$ . . . . . $CH^2(C^{18}H^{35}O^2)-CH(C^{18}H^{35}O^2)-CH^2(C^{18}H^{35}O^2)$.

1. *Préparation.* — La tristéarine s'obtient en chauffant la monostéarine à 270° pendant trois heures, dans un tube scellé, avec quinze ou vingt fois son poids d'acide stéarique. La combinaison ne se produit pas par simple fusion; elle exige le concours du temps. Ce corps, purifié par la chaux et l'éther, comme les autres stéarines, est neutre et semblable à la stéarine naturelle.

2. *Propriétés.* — La tristéarine fond à 71° et se solidifie à 55°. Elle est peu soluble dans l'éther, même bouillant, et moins encore dans l'alcool.

Ce corps est identique avec la stéarine naturelle. Le suif et la graisse de mouton en renferment des quantités notables. Pour l'extraire du suif, on fond celui-ci dans une capsule, on le passe à travers un linge pour séparer les membranes, et on le mélange avec son volume d'éther. On chauffe au bain-marie, le suif se dissout. Par refroidissement, la liqueur se prend en masse. On l'exprime sur un linge, d'abord doucement, puis en soumettant le produit à la presse. On redissout la partie solide dans l'éther bouillant, on laisse refroidir et l'on comprime de nouveau. On répète ces traitements jusqu'à ce que le point de fusion du produit ne varie plus (M. Le Canu). Mais en opérant ainsi, même au bout de 32 cristallisations, on ne réussit jamais à obtenir la stéarine naturelle dans un état de pureté absolue; car l'acide gras fourni par la saponification du produit fond tout au plus à 66°, au lieu de 70°, température de fusion de l'acide stéarique pur.

§ 13. — **Palmitines.**

1. L'acide palmitique, autrement dit margarique (voy. *Acide palmitique*), forme avec la glycérine trois composés neutres, correspondant aux stéarines :

La monopalmitine................ $C^6H^2(H^2O^2)(H^2O^2)(C^{32}H^{32}O^4)$,

fond à 58° et se solidifie à 45°;

La dipalmitine............... $C^6H^2(H^2O^2)(C^{32}H^{32}O^4)(C^{32}H^{32}O^4)$,

fond à 59° et se solidifie à 46°;

La tripalmitine............ $C^6H^2(C^{32}H^{32}O^4)(C^{32}H^{32}O^4)(C^{32}H^{32}O^4)$,

fond à 62° et se solidifie à 46°.

Les préparations et les propriétés générales de ces corps sont exactement les mêmes que celles des stéarines.

2. *Tripalmitine* : $C^6H^2(C^{32}H^{32}O^4)^3$. — La tripalmitine (1), qui a été appelée d'abord *trimargarine*, se trouve contenue dans la plupart des graisses ou des huiles.

Elle peut être extraite de l'huile de palmes, en exprimant cette huile concrète, en la traitant à plusieurs reprises par l'alcool bouillant, puis en faisant cristalliser à plusieurs reprises dans l'éther la partie insoluble dans l'alcool (Pelouze et Boudet).

On peut aussi l'extraire de la graisse humaine; mais elle est alors plus difficile à purifier.

(1) $ƐH^2(Ɛ^{16}H^{31}Θ^2)-ƐH(Ɛ^{16}H^{31}Θ^2)-ƐH^2(Ɛ^{16}H^{31}Θ^2)$.

Ce corps fond à 62°; il est un peu plus soluble dans les dissolvants que la tristéarine ; toutefois il est médiocrement soluble dans l'éther, même bouillant.

La cire du Japon, fournie par le *Stillingia sebifera*, est presque exclusivement formée de tripalmitine (M. Sthamer).

3. La *trimyristine*, $C^6H^2(C^{28}H^{28}O^4)^3$, est fusible à 31°; elle peut être extraite du beurre de muscade par le procédé ci-dessus (M. Playfair).

4. La *trilaurine*, $C^6H^2(C^{24}H^{24}O^4)^3$, est solidifiable à 23°; elle se retire des baies de laurier et des fèves pichurim.

5. La *triarachine*, $C^6H^2(C^{40}H^{40}O^4)^3$, est fusible à 75°, c'est-à-dire moins fusible que la stéarine; elle existe dans l'huile d'arachide et même dans le beurre.

§ 14. — **Oléines.**

L'acide oléique forme avec la glycérine trois combinaisons neutres qui ont été préparées synthétiquement par M. Berthelot. M. Chevreul avait reconnu antérieurement la présence de la trioléine dans certains corps gras, notamment dans la partie liquide des huiles.

I. — Monoléine.

$C^6H^2(H^2O^2)(H^2O^2)(C^{36}H^{34}O^4)$ .... $CH^2(OH) - CH(OH) - CH^2(C^{18}H^{33}O^2)$.

1. *Préparation.* — La monoléine s'obtient en chauffant à 200°, pendant dix-huit heures, dans un tube scellé, un mélange d'acide oléique pur et de glycérine en excès. Le tube doit être rempli au préalable d'acide carbonique, pour prévenir l'action de l'oxygène sur l'acide oléique et sur l'oléine. On purifie le corps gras neutre comme précédemment, mais en évitant le contact de l'air.

2. *Propriétés.* — On obtient ainsi un liquide neutre, huileux, jaunâtre, inodore, d'un goût presque nul, d'une densité égale à 0,947 à 21°. La monoléine se fige lentement entre 15° et 20° en produisant une masse molle, mêlée de grains cristallins. Une fois fondue, si on la refroidit brusquement jusque vers 0°, elle se solidifie; mais elle fond de nouveau avant que la température soit remontée jusqu'à 10°. A la suite d'un repos prolongé à cette dernière température, elle cristallise spontanément et reprend dès lors son point de fusion normal.

3. Soumise à l'action de la chaleur, elle peut distiller dans le vide barométrique. Chauffée à l'air libre, elle se décompose avec production d'acroléine.

II. — Dioléine.

$C^6H^2(H^2O^2)(C^{36}H^{34}O^4)(C^{36}H^{34}O^4)$ ... $CH^2(C^{18}H^{33}O^2)-CH(OH)-CH^2(C^{18}H^{33}O^2)$.

La dioléine s'obtient en chauffant la monoléine pendant quelques heures à 250°, avec cinq à six fois son poids d'acide oléique; ou bien encore en faisant réagir à 200° la glycérine sur l'oléine naturelle. C'est un liquide neutre. Sa densité à 21° est 0,921. Elle cristallise entre 10° et 15°.

III. — Trioléine.

$C^6H^2(C^{36}H^{34}O^4)^3$... ... $CH^2(C^{18}H^{33}O^2)-CH(C^{18}H^{33}O^2)-CH^2(C^{18}H^{33}O^2)$.

1. *Préparation.* — Ce corps se prépare comme la tristéarine. Après réaction à 240° pendant quatre heures, on extrait la matière neutre par la chaux et l'éther; on traite la dissolution éthérée par le noir animal, on la concentre et on la mêle avec huit ou dix fois son volume d'alcool ordinaire : la trioléine se précipite. On la recueille sur un filtre, et on la dessèche dans le vide.

2. *Propriétés.* — La trioléine est neutre; elle demeure liquide à 10° et même au-dessous. Elle est inodore, insipide. Sa densité est 0,92 à 0°, et 0,85 à 100°. Elle est insoluble dans l'eau, peu soluble dans l'alcool, miscible avec l'éther et le sulfure de carbone.

3. Chauffée à feu nu, elle se détruit avec production d'acroléine, d'acides gras volatils, d'acide sébacique et de carbures gazeux. 1 gramme de trioléine dégage en brûlant 9 Calories, soit, pour 1 équivalent, 8,718 Calories.

4. On désigne sous le nom d'*oléine naturelle* la partie liquide de l'huile d'olive, séparée par la compression et les dissolvants. C'est évidemment un produit impur.

L'oléine exposée à l'air s'oxyde peu à peu; elle devient acide et prend une odeur rance. En même temps elle acquiert des propriétés oxydantes, analogues à celles de l'essence de térébenthine (p. 209). L'absorption de l'oxygène, lente au début, s'accélère peu à peu et donne lieu à l'acide carbonique et à divers produits. Ces phénomènes sont dus à l'acide oléique : car l'acide isolé les manifeste d'une manière plus marquée que l'oléine elle-même. Les huiles qui renferment de l'oléine les présentent à un haut degré.

5. *Élaïdine.* — L'oléine mise en contact avec l'acide hyponitrique, ou avec le nitrate acide de mercure, se change en un composé isomérique, l'*élaïdine*, substance cristalline, fusible à 38° et moins soluble dans les dissolvants que l'oléine (M. Poutet). L'élaïdine est un éther

glycérique de l'*acide élaïdique*, acide cristallisé, isomérique avec l'acide oléique (M. Boudet).

6. L'acide nitrique concentré attaque violemment l'oléine. L'acide étendu et bouillant l'oxyde, en formant les acides monobasiques et volatils, $C^{2n}H^{2n}O^4$, et les acides fixes et bibasiques, $C^{2n}H^{2n-2}O^8$. Ces phénomènes sont dus à l'oxydation de l'acide oléique. Ils se retrouvent dans l'oxydation des autres corps gras, neutres ou acides.

§ 15. — Corps gras naturels.

1. *États.* — Les corps gras naturels, désignés suivant leur consistance et leur origine sous les noms d'*huiles*, de *beurres*, de *graisses*, sont, en général, formés par le mélange des corps gras neutres que nous venons d'énumérer, associés avec quelques autres analogues. Leur composition véritable a été éclaircie par M. Chevreul, qui a reconnu (1814-1821) que la variété indéfinie des corps gras naturels peut être représentée par le mélange d'un certain nombre d'espèces chimiques définies, douées de propriétés fixes, telles que la stéarine, la margarine, l'oléine, la butyrine, etc.

La théorie proprement dite de ces corps a été précisée par M. Berthelot, qui a fait leur synthèse en 1854, ainsi qu'on l'a dit plus haut.

Non seulement on trouve dans la nature des corps gras formés par l'union d'un acide gras déterminé avec la glycérine, mais il s'y rencontre aussi des corps gras neutres formés par l'association des acides gras fondamentaux, pris deux à deux et trois à trois, conformément aux lois de la théorie générale des alcools triatomiques. Ainsi s'explique l'immense variété des corps gras naturels. On croit utile de résumer brièvement ici les propriétés des plus importants parmi les corps gras végétaux ou animaux.

2. *Extraction.* — Les huiles végétales sont obtenues par expression des graines ou des fruits qui les renferment (fig. 58). On opère d'abord à froid sur la matière placée dans des sacs superposés et séparés par des plaques métalliques, ce qui fournit l'huile la plus pure; on exprime ensuite entre des plaques chaudes. Enfin on fait bouillir quelquefois les tourteaux avec de l'eau chaude.

Les graisses animales sont séparées par voie de fusion et d'expression du tissu cellulaire qui les contient ; parfois on facilite cette séparation en les chauffant avec de l'eau aiguisée d'acide sulfurique, lequel désagrège les membranes.

Dans les laboratoires, on extrait les corps gras au moyen de l'éther ou du sulfure de carbone, que l'on chasse ensuite par distillation.

Les huiles destinées à l'éclairage doivent être clarifiées (*épurées*) en les battant avec 2 ou 5 centièmes d'acide sulfurique concentré. L'acide carbonise les matières mucilagineuses demeurées en suspension. Après 24 heures de contact, on ajoute au mélange 2/3 de son volume d'eau à 75°, et l'on agite. Par le repos les substances carbonisées se rassemblent avec l'acide et l'eau à la partie inférieure.

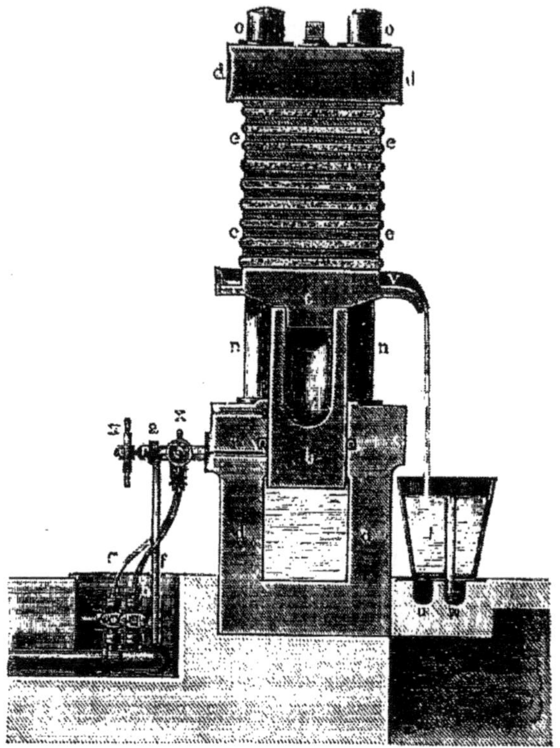

FIG. 58. — Extraction des huiles par la presse hydraulique.

3. *Réactions.* — L'action de la chaleur sur les corps gras, celle des alcalis, celle des acides ont été signalées précédemment (p. 372 et 373); on ne juge pas utile d'y revenir. On parlera des savons dans une autre partie de ce livre, à l'occasion des acides gras. Mais il est nécessaire de dire ici quelques mots de l'action de l'air sur les huiles.

Les huiles grasses, exposées à l'air, s'altèrent peu à peu en absorbant l'oxygène : les caractères de cette réaction sont bien différents suivant la nature des huiles. Tantôt les huiles s'épaississent et se changent peu à peu en une masse transparente, jaune, un peu élastique, ayant l'apparence d'un vernis : ce sont les *huiles siccatives*. Leur altération est accélérée par la présence de l'oxyde de plomb et de divers oxydes ou sels métalliques; elle est due à l'existence d'oléines spéciales, correspondant à divers *acides oléiques* et encore mal connues : telles sont les huiles de lin, de noix, de chènevis, d'œillette, de ricin.

Au contraire, les *huiles grasses* ou *non siccatives* demeurent liquides en s'oxydant : elles rancissent et dégagent de l'acide carbonique et divers acides gras odorants : telles sont les huiles d'olive, d'amandes douces, de faîne, de navette, de noisette.

4. *Principaux corps gras d'origine végétale.* — Quelques mots maintenant sur les huiles végétales les plus répandues.

Huile d'amandes douces. — Extraite des semences de l'*Amygdalus vulgaris ;* très fluide, inodore, insipide. Sa densité à 15° est 0,918; elle se fige à —25°.

Huile d'arachide. — Extraite des semences de l'*Arachis hypogæa ;* contient les glycérides de l'acide arachique, $C^{40}H^{40}O^4$, et de l'acide hypogéique, $C^{32}H^{30}O^4$; se solidifie à —3°.

Huile de colza. — Extraite des graines du *Brassica napellus ;* densité, 0,913 à 15° ; sert à l'éclairage.

Huile de lin. — Extraite des graines du lin (*Linum usitatissimum*); densité, 0,939 à 12° ; se concrète à — 16°; rancit aisément lorsqu'elle a été exprimée à chaud. Elle se dissout dans 40 parties d'alcool froid, 5 parties d'alcool bouillant, 5 parties d'éther. C'est le type des huiles siccatives.

Huile de navette. — Extraite des semences du *Brassica campestris oleifera ;* densité, 0,914 à 15°; se solidifie à —6°.

Huile d'œillette. — Extraite des graines du pavot (*Papaver somniferum*) ; densité, 0,925 à 15°; se solidifie à — 18°; se dissout dans 25 parties d'alcool froid et 6 parties d'alcool bouillant.

Huile d'olive. — Extraite des fruits de l'*Olea europæa ;* densité, 0,919 à 12°, et 0,911 à 25° ; se fige un peu au-dessous de 0°.

Huile de palme. — Extraite des fruits du *Cocos butyracea;* solide, colorée en jaune orangé; fond entre 27° et 35°.

Huile de ricin. — Extraite des semences du *Ricinus communis ;* incolore et visqueuse ; densité, 0,926 à 12°. Elle se dissout aisément dans son volume d'alcool absolu. Elle renferme des acides spéciaux, tels que l'*acide ricinolique*, $C^{36}H^{34}O^6$. Distillée, elle fournit de l'*aldéhyde œnanthylique* et des acides gras. Chauffée avec la potasse, elle se décompose en alcool caprylique et acide sébacique (p. 332).

Beurre de muscade. — Extrait des fruits du *Myristica moschata ;* fusible entre 41° et 51° ; soluble dans l'alcool chaud ; incomplètement saponifiable par la potasse.

Beurre de cacao. — Extrait des fruits du *Theobroma cacao ;* fusible vers 30° ; soluble à chaud dans l'alcool.

5. *Principaux corps gras d'origine animale.* — La composition des graisses animales est, en général, peu différente de celles des huiles végétales. Quelques-unes se distinguent cependant par la présence des éthers glycériques de certains acides gras à équivalent peu élevé. Les graisses fournies par un même animal ont une composition et des propriétés différentes suivant l'organe qui les a fournies. Les graisses de ruminants sont, en général, relativement peu fusibles.

Graisse humaine. — La graisse de l'homme est surtout riche en palmitine ou margarine. Cependant elle contient assez d'oléine pour rester encore fluide vers 15°. Elle est colorée en jaune.

Graisse de bœuf. — Le *suif* de bœuf fond entre 41° et 50°; il contient une proportion assez grande de stéarine.

Suif de mouton. — Fusible entre 41° et 52°,5. Doit son odeur à un glycéride de l'*acide hircique.*

Graisse de porc. — Fusible entre 42°,5 et 48°.

Graisse de cheval. — Liquide à la température ordinaire.

Beurre de vache. — Contient 30 parties d'oléine, 60 parties de margarine et 2 parties de butyrine ; se concrète vers 26°,5.

Huile de baleine. — Contient un homologue de l'acide oléique, l'acide *dæglique,* $C^{38}H^{36}O^4$. Se concrète à 0°. Sa densité est 0,927 à 20°.

Huile de dauphin. — Contient de la trivalérine. Soluble dans l'alcool. Sa densité à 20° est 0,918.

Huile de foie de morue. — Soluble dans l'alcool. Sa densité à 17° est 0,924.

Graisse d'oie. — Fusible entre 24° et 26°. Contient des glycérides butyrique et caproïque.

§ 16. — **Combinaisons de la glycérine avec les alcools.**

Comme types des combinaisons entre la glycérine et les alcools monoatomiques, nous prendrons la monoéthyline, la diéthyline et la triéthyline.

Il existe aussi des combinaisons plus complexes, dérivées à la fois d'un acide et d'un alcool.

I. — MONOÉTHYLINE.

$C^6H^2(H^2O^2)(H^2O^2)(C^4H^6O^2)$.............. $CH^2(OH)-CH(OH)-CH^2(OC^2H^5)$.

1. La monoéthyline, découverte par M. Reboul, se forme par l'action de la monochlorhydrine sur l'éthylate de soude.

2. C'est un liquide oléagineux, soluble dans l'eau, dont on peut la séparer au moyen du carbonate de potasse. Elle bout entre 225° et 230°.

II. — Diéthyline.

$C^6H^2(H^2O^2)(C^4H^6O^2)(C^4H^6O^2)$..... $CH^2(\Theta C^2H^5)-CH(\Theta H)-CH^2(\Theta C^2H^5)$.

1. *Préparation.* — La diéthyline se prépare en chauffant de la glycérine, de l'éther bromhydrique et de la potasse en excès, dans un tube scellé, à 100°, pendant quatre-vingts heures. Dans le tube, après la réaction, on trouve deux couches liquides. La couche inférieure renferme de la glycérine demeurée libre, et du bromure de potassium, en partie cristallisé; la couche supérieure est un mélange d'éther bromhydrique non décomposé et de diéthyline. Si l'on distille cette dernière couche, l'éther bromhydrique se sépare à 40°, et la température s'élève presque aussitôt à 191°, point auquel elle se fixe (M. Berthelot).

La diéthyline se prépare encore par l'action de l'alcool sodé sur la dichlorhydrine (M. Reboul) :

$$C^6H^2(H^2O^2)(HCl)^2 + 2C^4H^5NaO^2 = C^6H^2(H^2O^2)(C^4H^6O^2)^2 + 2NaCl.$$

2. *Propriétés.* — On obtient ainsi une huile limpide et incolore, assez mobile, douée d'une odeur éthérée légère, avec une nuance poivrée. Sa densité est égale à 0,92. Elle bout à 191°. Refroidie à —40°, sa fluidité n'est pas modifiée. Elle est peu ou point soluble dans l'eau.

III. — Triéthyline.

$C^6H^2(C^4H^6O^2)(C^4H^6O^2)(C^4H^6O^2)$......... $CH^2(\Theta C^2H^5)-CH(\Theta C^2H^5)-CH^2(\Theta C^2H^5)$.

La triéthyline se prépare au moyen de la trichlorhydrine et de l'éthylate de soude (MM. Reboul et Lourenço) :

$$\underset{\text{Trichlorhydrine.}}{C^6H^2(HCl)(HCl)(HCl)} + \underset{\text{Éthylate de soude.}}{3C^4H^5NaO^2} = \underset{\text{Triéthyline.}}{C^6H^2(C^4H^6O^2)(C^4H^6O^2)(C^4H^6O^2)} + 3NaCl.$$

C'est un liquide éthéré, bouillant à 185°.

IV. — Triallyline.

$C^6H^2(C^6H^6O^2)(C^6H^6O^2)(C^6H^6O^2)$...... $CH^2(\Theta C^3H^5)-CH(\Theta C^3H^5)-CH^2(\Theta C^3H^5)$.

La triallyline se prépare en chauffant à 100°, dans des vases scellés, un mélange de potasse, de glycérine et d'éther allyliodhydrique (M. Berthelot).

C'est un liquide oléagineux, soluble dans l'éther, doué d'une odeur vireuse et désagréable, analogue à celle de certaines ombellifères. Il bout vers 232°.

CHAPITRE X

ALCOOLS DIATOMIQUES, TÉTRATOMIQUES, PENTATOMIQUES

§ Ier. — Alcools diatomiques. Méthodes de formation.

1. Les alcools diatomiques ont été découverts par Wurtz.

On les dérive d'un carbure incomplet du premier ordre, tel que l'*éthylène*.

1° Par fixation de chlore, de brome ou d'iode, ce qui forme un éther d'hydracide :

$$C^4H^4 + I^2 = C^4H^2(HI)(HI),$$

transformable en éther diacétique par l'acétate d'argent :

$$C^4H^2(HI)^2 + 2\,C^4H^3AgO^4 = C^4H^2(C^4H^4O^4)^2 + 2\,AgI.$$

et ultérieurement en alcool diatomique ou glycol (Wurtz) :

$$C^4H^2(C^4H^4O^4)^2 + 2\,KHO^2 = C^4H^2(H^2O^2)(H^2O^2) + 2\,C^4H^3KO^4.$$

2° Par fixation d'acide hypochloreux, ce qui forme un éther monochlorhydrique :

$$C^4H^4 + HClO^2 = C^4H^2(HCl)(H^2O^2),$$

décomposable ultérieurement par les alcalis (Carius).

3° Par fixation d'acétide hypochloreux, ce qui forme un éther acétochlorhydrique (M. Schützenberger) :

$$C^4H^4 + C^4H^2O^2(HClO^2) = C^4H^2(HCl)(C^4H^4O^4).$$

2. On peut encore partir d'un carbure incomplet du deuxième ordre, tel que l'acétylène, sur lequel on fixe 2 équivalents d'hydracide (M. Berthelot) :

$$C^4H^2 + 2\,HI = C^4H^2(HI)(HI).$$

De même l'essence de térébenthine, $C^{20}H^{16}$, fournit un éther $C^{20}H^{16}(HCl)(HCl)$ et un alcool $C^{20}H^{16}(H^2O^2)(H^2O^2)$.

3. Enfin les aldéhydes diatomiques à 4 équivalents d'oxygène, traités par les agents réducteurs, se changent en alcools diatomiques.

4 Les alcools diatomiques peuvent être primaires, secondaires ou tertiaires; ils peuvent même appartenir à deux classes différentes, être à la fois primaires et secondaires, primaires et tertiaires ou enfin secondaires et tertiaires.

§ 2. — **Glycol.**

$C^4H^6O^4$ ou $C^4H^2(H^2O^2)(H^2O^2)$.... $\mathcal{C}^2H^4=(H\theta)^2$ ou $\theta H-\mathcal{C}H^2-\mathcal{C}H^2-\theta H$.

1. *Préparation.*—Le glycol, autrement dit *glycol éthylénique*, a été découvert et étudié par Wurtz. On le prépare par divers procédés.

1° On dissout dans l'alcool à 80 centièmes 2 équivalents d'acétate de potasse et 1 équivalent de bromure d'éthylène; on fait bouillir la liqueur, dans un ballon muni d'un condenseur ascendant, de façon à faire refluer les vapeurs d'alcool. Le bromure d'éthylène se change ainsi en *glycol monoacétique* :

$$C^4H^2(HBr)(HBr) + 2\,C^4H^3KO^4 + H^2O^2 = C^4H^2(H^2O^2)(C^4H^4O^4) + C^4H^4O^4 + 2\,KBr.$$

Quand le dépôt de bromure de potassium qui se forme d'abord cesse d'augmenter, on décante la liqueur; on distille l'alcool au bain-marie, puis on distille le résidu au bain d'huile vers 250°. Ce qui passe au-dessus de 140° est formé principalement par du glycol monoacétique. On y ajoute de l'eau et de l'hydrate de baryte, en excès sensible, et l'on chauffe à 100° pendant quelques heures. Le glycol est mis en liberté:

$$C^4H^2(H^2O^2)(C^4H^4O^4) + BaHO^2 = C^4H^2(H^2O^2)(H^2O^2) + C^4H^3BaO^4.$$

On filtre la liqueur, on précipite la baryte en excès par l'acide carbonique, on filtre de nouveau, on évapore au bain marie, sans pousser jusqu'à siccité. L'acétate de baryte se dépose en grande partie; on verse le résidu dans l'alcool absolu, de façon à achever la précipitation de ce sel. On distille alors la solution alcoolique au bain-marie, pour chasser l'alcool; puis au bain d'huile, pour distiller le glycol. On recueille ce qui passe au-dessus de 140° et l'on rectifie le produit : le glycol passe définitivement au-dessus de 190° (M. Atkinson).

2° On l'obtient plus facilement en faisant bouillir pendant seize ou ou dix-huit heures, dans un ballon muni d'un réfrigérant à reflux, 195 grammes de bromure d'éthylène, avec 102 grammes d'acétate de potasse sec et 200 grammes d'alcool à 91 centièmes (exactement). Après avoir séparé le bromure alcalin formé, on soumet le liquide à la distillation fractionnée : il donne avec l'alcool, du glycol libre, de l'éther acétique et du bromure d'éthylène ayant échappé à la réaction (M. Demole).

3° Le procédé le plus rapide consiste à traiter le bromure d'éthylène par le carbonate de potasse. On maintient en ébullition un mélange de 188 grammes de bromure d'éthylène, de 138 grammes de carbonate de potasse et de 1000 grammes d'eau, jusqu'à ce que le bromure ait disparu. Après concentration de la solution, on précipite par l'alcool absolu le bromure alcalin formé; le fractionnement de la liqueur donne alors du glycol libre (MM. Hüfner et Zeller).

2. *Propriétés*. — Le glycol est un liquide incolore, inodore, un peu visqueux, doué d'une saveur sucrée. Sa densité à 0° est 1,125. Il cristallise par le froid, et fond ensuite à 11°,5. Il bout à 197°,5. Son indice de réfraction est égal à 1,431. Il se mêle en toutes proportions avec l'eau et l'alcool. Il est à peine soluble dans l'éther. Il dissout la potasse, le sel marin, le bichlorure de mercure, mais non les sulfates.

Sa formation à partir des éléments dégage 111,7 Calories.

3. *Action de la chaleur*. — Le glycol, dirigé dans un tube rouge, se décompose à la façon de l'alcool ordinaire. Parmi les produits de sa destruction, on rencontre une certaine quantité d'acétylène :

$$\underset{\text{Glycol.}}{C^4H^2(H^2O^2)(H^2O^2)} = \underset{\text{Acétylène.}}{C^4H^2} + 2\,H^2O^2.$$

4. *Hydrogène*. — L'acide iodhydrique change d'abord le glycol en son éther diiodhydrique, à froid :

$$C^4H^2(H^2O^2)(H^2O^2) + 2\,HI = C^4H^2(HI)(HI) + 2\,H^2O^2;$$

puis en éther iodhydrique ordinaire, vers 200° ;

$$C^4H^2(HI)(HI) + HI = C^4H^2(H^2)(HI) + I^2.$$

Enfin ce dernier corps devient de l'hydrure d'éthylène à 280° :

$$C^4H^2(H^2)(HI) + HI = C^4H^2(H^2)(H^2) + I^2.$$

Ces réactions sont les types généraux de l'action de l'hydrogène sur un alcool diatomique (M. Berthelot).

On peut aussi changer le glycol en alcool, en formant d'abord le glycol monochlorhydrique : $C^4H^2(H^2O^2)(HCl)$; puis en le traitant par l'amalgame de sodium en présence de l'eau (M. Lourenço) :

$$C^4H^2(H^2O^2)(HCl) + H^2 = C^4H^2(H^2)(H^2O^2) + HCl.$$

5. *Oxygène*. — 1° L'oxygène de l'air n'altère pas le glycol ; mais en

présence du noir de platine et de l'eau, le glycol s'oxyde rapidement et se change en *acide glycollique*, $C^4H^4O^6$ (Wurtz) :

$$C^4H^2(H^2O^2)(H^2O^2) + O^4 = C^4H^2(H^2O^2)(O^4) + H^2O^2.$$

L'acide glycollique est un acide-alcool, acide monobasique et alcool monoatomique.

2° Une oxydation plus énergique, telle que la réaction de l'acide nitrique, change le glycol en *acide oxalique*, bibasique :

$$C^4H^2(H^2O^2)(H^2O^2) + 2\,O^4 = C^4H^2(O^4)(O^4) + 2\,H^2O^2.$$

L'hydrate de potasse en fusion produit le même résultat (Wurtz) :

$$C^4H^2(H^2O^2)(H^2O^2) + 2\,KHO^2 = C^4K^2(O^4)(O^4) + 4\,H^2.$$

La théorie indique encore deux autres produits d'oxydation du glycol, jouant le rôle d'aldéhyde, savoir :

3° L'*aldéhyde glycollique*, $C^4H^2(H^2O^2)(O^2)$, aldéhyde-alcool ;

4° L'*aldéhyde oxalique*, $C^4H^2(O^2)(O^2)$, aldéhyde diatomique.

L'*aldéhyde glycollique* n'a pas été obtenu au moyen du glycol ; mais on l'observe dans la réduction de l'acide oxalique par le zinc.

L'*aldéhyde oxalique* se forme par l'action lente de l'acide nitrique sur l'alcool ordinaire et est connu sous le nom de *glyoxal* (M. Debus).

5° Enfin la théorie signale un cinquième dérivé de l'oxydation normale du glycol, intermédiaire entre l'acide oxalique et l'aldéhyde diatomique, c'est l'*acide oxyglycollique*, $C^4H^2(O^4)(O^2)$, aldéhyde-acide monobasique. Cet acide, appelé aussi *glyoxylique* (M. Debus), se forme dans la réaction lente de l'acide nitrique sur l'alcool ordinaire.

Le glycol additionné d'un peu d'acide sulfurique et électrolysé, donne, avec quelques-uns des produits d'oxydation précédents, de l'acide formique et un polymère de l'aldéhyde méthylique, le *trioxyméthylène* $C^6H^6O^6$ ou $(C^2H^2O^2)^3$ (M. Renard).

6. *Métaux.* — Le sodium se dissout dans le glycol en formant successivement deux composés, d'abord le *glycol sodé*, $C^4H^5NaO^4$, et, sous l'influence de la chaleur (180°), le *glycol disodé*, $C^4H^4Na^2O^4$.

§ 3. — **Éthers du glycol.**

Les acides se combinent directement au glycol pour former des éthers. Par exemple, un acide monobasique forme :

1° Des éthers monoacides, en même temps alcools monoatomiques, comme le *glycol monacétique*, $C^4H^2(C^4H^4O^4)(H^2O^2)$;

2° Des éthers diacides, dérivés d'un même acide, comme le *glycol diacétique*, $C^4H^2(C^4H^4O^4)(C^4H^4O^4)$;

3° Des éthers dérivés de deux acides distincts, comme le *glycol acétochlorhydrique*, $C^4H^2(C^4H^4O^4)(HCl)$.

4° Il doit exister en outre des éthers dérivés par déshydratation des éthers normaux de la 1re série, tels que : $C^4H^2(C^4H^4O^4)(—)$.

Décrivons les plus importants des éthers du glycol.

I. — Éthers chlorhydriques.

1. *Glycol monochlorhydrique :* $C^4H^2(H^2O^2)(HCl)$. — Il a été découvert par Wurtz (1).

Pour le préparer, on sature à froid le glycol de gaz chlorhydrique ; on fait digérer sur du carbonate de potasse, puis on distille. Le glycol monochlorhydrique passe de 128° à 130° (Wurtz).

Ce corps s'obtient plus facilement en faisant réagir le chlorure de soufre en petit excès sur le glycol. Après réaction, on sépare le soufre libre, on neutralise le liquide par du carbonate de potasse, puis on évapore et l'on distille (Carius).

C'est un liquide incolore, soluble dans l'eau, dans l'alcool et dans l'éther. Il bout à 128°. Sa densité est 1,2233 à 0°.

Chauffé légèrement avec la potasse caustique, il se décompose en chlorure de potassium et *éther glycollique*, $C^4H^2(H^2O^2)$:

$$C^4H^2(H^2O^2)(HCl) + KHO^2 = C^4H^2(H^2O^2) + KCl + H^2O^2.$$

Il se combine directement à la triméthylamine pour donner le chlorure d'un ammonium composé, dont l'oxyde hydraté constitue la *névrine* (Wurtz) :

$$(C^2H^2)^3AzH^3 + C^4H^2(H^2O^2)(HCl) = (C^2H^2)^3\,C^4H^2(H^2O^2)AzH^4,\ Cl.$$

Chauffé à 180° avec du sulfite de potasse, il donne de l'iséthionate de potasse (M. Collmann) :

$$C^4H^5O^2Cl + S^2K^2O^6 = C^4H^5O^2,\ S^2KO^6 + KCl.$$

2. *Glycol dichlorhydrique :* $C^4H^2(HCl)(HCl)$. — C'est le chlorure d'éthylène (p. 82). On l'obtient aussi par la réaction du perchlorure de phosphore sur le glycol (2).

(1) *OH - CH² - CH²-Cl.*
(2) *Cl - CH² - CH² - Cl.*

3. *Glycol épichlorhydrique* : $C^4H^2(HCl)(—)$. — C'est l'éthylène chloré (p. 83).

II. — Éthers sulfuriques.

1. *Acide glycolsulfurique* : $C^4H^2(H^2O^2)(S^2H^2O^8)$. — Cet éther-acide (1), appelé aussi *acide éthylénosulfurique*, est monobasique. Il peut être préparé en chauffant ensemble l'acide et le glycol vers 150°. On obtient son sel de baryte comme l'éthylsulfate (M. Simpson).

2. *Acide glycoldisulfurique* : $C^4H^2(S^2H^2O^8)(S^2H^2O^8)$. — Cet éther-acide bibasique (2) s'obtient en faisant agir à 100° le bromure d'éthylène sur le sulfate d'argent mêlé d'acide sulfurique (M. Berthelot). Après réaction, on traite par le carbonate de baryte; on filtre; on achève de précipiter l'oxyde d'argent par la baryte; etc.

III. — Éthers acétiques.

1. *Glycol monacétique* : $C^4H^2(H^2O^2)(C^4H^4O^4)$. — Il a été obtenu par M. Atkinson (3). On a indiqué plus haut sa préparation, au moyen du bromure d'éthylène et d'une solution alcoolique d'acétate de potasse (p. 401). Il se forme aussi au moyen du glycol et de l'acide acétique. C'est un liquide incolore, oléagineux, plus dense que l'eau, soluble dans l'eau et dans l'alcool, bouillant à 182°. Les alcalis hydratés le dédoublent en glycol et acétate.

2. *Glycol diacétique* : $C^4H^2(C^4H^4O^4)(C^4H^4O^4)$. — Il a été découvert par Wurtz (4). On mêle dans un mortier 2 parties d'acétate d'argent, délayé dans l'éther sec, et 1 partie d'iodure d'éthylène; on introduit le tout dans un ballon et l'on distille. La réaction s'accomplit aussitôt. L'éther passe d'abord. On chauffe alors au bain d'huile, en recueillant ce qui distille jusqu'à 200°. On rectifie et l'on recueille séparément vers 185°.

Le glycol diacétique est un liquide incolore. Sa densité à 0° est 1,128. Il bout à 187°. Il se dissout dans 7 parties d'eau à 22° et il se mêle en toutes proportions avec l'alcool et l'éther.

3. *Glycol acétochlorhydrique* : $C^4H^2(HCl)(C^4H^4O^4)$. — On sature de gaz chlorhydrique un mélange de glycol et d'acide acétique cristallisable, et l'on chauffe le tout dans des tubes scellés. On précipite par

(1) $\Theta H - CH^2 - CH^2 - SH\Theta^4$.
(2) $SH\Theta^4 - CH^2 - CH^2 - SH\Theta^4$.
(3) $\Theta H - CH^2 - CH^2 - C^2H^3\Theta^2$.
(4) $C^2H^3\Theta^2 - CH^2 - CH^2 - C^2H^3\Theta^2$.

l'eau, on sépare la couche oléagineuse qui tombe au fond, on la sèche sur du chlorure de calcium et l'on distille (M. Maxwell Simpson).

Ce corps (1) se forme aussi par l'action de l'acide chlorhydrique sur le glycol monacétique ou par la réaction du chlorure acétique sur le glycol.

C'est un liquide incolore, de densité 1,178 à 0°, bouillant à 145°. La potasse le décompose en chlorure, acétate et éther glycolique :

$$C^4H^2(HCl)(C^4H^4O^4) + 2\,KHO^2 = C^4H^2(H^2O^2) + KCl + C^4H^3KO^4 + H^2O^2.$$

Chauffé avec les sels d'argent, il forme des éthers doubles à deux acides différents ; tel est le *glycol acétobutyrique :*

$$C^4H^2(HCl)(C^4H^4O^4) + C^8H^7AgO^4 = C^4H^2(C^8H^8O^4)(C^4H^4O^4) + AgCl.$$

Les autres éthers du glycol se préparent par les mêmes procédés que les corps précédents.

IV. — Éthers cyanhydriques.

1. *Glycol dicyanhydrique :* $C^4H^2(C^2HAz)(C^2HAz)$. — Le corps formé dans la réaction de l'iodure ou du bromure d'éthylène sur le cyanure de potassium dissous dans l'alcool présente cette composition (M. Maxwell Simpson). C'est un liquide oléagineux, peu volatil, soluble dans l'éther ; la potasse bouillante ou l'acide azotique étendu le transforment en *acide succinique :*

$$C^4H^2(C^2HAz)(C^2HAz) + 2\,KHO^2 + 2\,H^2O^2 = C^8H^4K^2O^8 + 2\,AzH^3.$$

Ce n'est donc pas, à proprement parler, un éther, mais un nitrile.

2. *Glycol monocyanhydrique :* $C^4H^2(H^2O^2)(C^2HAz)$. — Il en est de même du produit obtenu au moyen du glycol monochlorhydrique et du cyanure de potassium. Les alcalis le transforment en *acide hydracrylique*, accompagné d'un peu d'acide lactique ordinaire, son isomère (M. Wislicenus, M. Erlenmeyer) :

$$C^4H^2(H^2O^2)(C^2HAz) + KHO^2 + H^2O^2 = C^6H^5KO^6 + AzH^3.$$

3. On voit par ces réactions que les composés précédents, de même que ceux qui présentent la composition des éthers cyanhydriques

(1) $Cl - CH^2 - CH^2 - C^2H^3O^2$.

des autres alcools (p. 287), appartiennent à la classe des nitriles. On y reviendra.

V. — ÉTHERS ALCOOLIQUES DU GLYCOL.

1. Le glycol s'unit aux alcools monoatomiques en deux proportions, comme le montrent les formules suivantes (1) :

Glycol éthylique........................ $C^4H^2(H^2O^2)(C^4H^6O^2)$.
Glycol diéthylique...................... $C^4H^2(C^4H^6O^2)(C^4H^6O^2)$.

2. *Glycol éthylique.* — Le premier de ces éthers mixtes se prépare au moyen du glycol monosodé et de l'éther iodhydrique, d'après la méthode générale. C'est un liquide éthéré, bouillant à 134°, de densité 0,926 à 13° (Wurtz). Traité par le potassium, il fournit un dérivé potassique, lequel, chauffé avec l'éther iodhydrique, produit le *glycol diéthylique.*

3. *Glycol diéthylique.* — Ce composé constitue un liquide éthéré, de densité 0,799 à 0°, bouillant à 123° (Wurtz).

VI. — ÉTHERS PROPREMENT DITS DU GLYCOL.

Éther glycollique : $C^4H^2(H^2O^2)$. — Ce composé, appelé aussi *oxyde d'éthylène* (2), a été découvert et étudié par Wurtz.

Pour le préparer, on introduit, dans un ballon muni d'un entonnoir, du glycol monochlorhydrique, et l'on y ajoute peu à peu une solution concentrée de potasse. Aussitôt se produit une vive effervescence, due au dégagement des vapeurs de l'éther glycollique :

$$C^4H^2(H^2O^2)(HCl) + KHO^2 = C^4H^2(H^2O^2) + KCl + H^2O^2.$$

On dirige ces vapeurs à travers un tube rempli de fragments de chlorure de calcium et suivi d'un récipient entouré d'un mélange réfrigérant : l'éther glycollique se condense. On termine l'opération en chauffant doucement le ballon où s'opère la réaction.

L'éther glycollique est un liquide incolore, très soluble dans l'eau, d'une odeur éthérée. Sa densité à 0° est 0,984. Il bout à 13°,5. Il se mêle avec l'eau, l'alcool, l'éther. Sa chaleur de formation est égale à 17,7 Calories dans l'état gazeux, à 23,8 dans l'état liquide (M. Berthelot).

(1) Glycol éthylique : $\theta H - \mathcal{C}H^2 - \mathcal{C}H^2 - \theta(\mathcal{C}^2H^5)$,
Glycol diéthylique : $(\mathcal{C}^2H^5)\theta - \mathcal{C}H^2 - \mathcal{C}H^2 - \theta(\mathcal{C}^2H^5)$.

(2) $\begin{matrix}\mathcal{C}H^2 \\ | \\ \mathcal{C}H^2\end{matrix} > \theta.$

Il est isomérique avec l'aldéhyde, dont il se distingue parce qu'il ne forme pas un composé ammoniacal cristallisable. Il s'unit au bisulfite de soude, comme l'aldéhyde, mais pour donner de l'iséthionate de soude, $C^4H^5NaS^2O^8$, corps très différent de la combinaison aldéhydique isomère. Comme l'aldéhyde, il réduit les sels d'argent.

Ses réactions sont très caractérisées : ce sont celles d'un composé incomplet, qui se combine immédiatement avec une multitude de corps. Par exemple :

1° En présence de l'eau et de l'amalgame de sodium, l'éther glycolique se change en *alcool* :

$$C^4H^2(H^2O^2) + H^2 = C^4H^4(H^2O^2).$$

2° Il absorbe l'oxygène, sous l'influence du noir de platine, et se convertit en *acide glycollique* :

$$C^4H^2(H^2O^2) + O^4 = C^4H^2(H^2O^2)(O^4).$$

3° Mêlé avec le brome et refroidi, il fournit un bromure :

$$C^4H^2(H^2O^2)(-) + Br^2 = C^4H^2(H^2O^2)(Br^2).$$

Ce bromure est décomposé par le mercure, en formant un polymère de l'éther glycollique, le *diglycolide de la deuxième espèce* (*dioxyéthylène*), $C^4H^2(H^2O^2)(C^4H^4O^2)$, liquide qui bout à 102° et cristallise à 9°.

4° L'éther glycollique réagit directement sur l'eau, soit à la température ordinaire avec le concours du temps, soit plus vite, lorsqu'on élève la température ; il forme ainsi du *glycol* :

$$C^4H^2(H^2O^2)(-) + H^2O^2 = C^4H^2(H^2O^2)(H^2O^2).$$

Cette réaction dégage 18,9 Calories, soit à peu près la même quantité de chaleur que la transformation de l'éthylène en alcool.

Il se forme en même temps des *polyglycolides* (M. Lourenço), tels que le suivant :

$$C^4H^2(H^2O^2)(-) + C^4H^6O^4 = C^4H^2(H^2O^2)(C^4H^6O^4).$$

Ces derniers corps se produisent d'ailleurs directement par la réaction du glycol sur son éther.

5° L'ammoniaque s'unit directement à l'éther glycollique, en plusieurs proportions et en produisant des alcalis. Le plus simple est formé à volumes gazeux égaux (*oxyéthylamine*) :

$$C^4H^2(H^2O^2)(-) + AzH^3 = C^4H^2(H^2O^2)(AzH^3).$$

6° L'acide chlorhydrique, liquide ou gazeux, se combine immédiatement à l'éther glycollique, avec dégagement de chaleur et en reproduisant le *glycol monochlorhydrique* :

$$C^4H^2(H^2O^2)(-) + HCl = C^4H^2(H^2O^2)(HCl).$$

7° Le perchlorure de phosphore change l'éther glycollique en *glycol dichlorhydrique* :

$$C^4H^2(H^2O^2)(-) + PCl^5 = C^4H^2(HCl)(HCl) + PCl^3O^2.$$

8° L'acide sulfurique absorbe l'éther glycollique avec dégagement de chaleur.

9° Les acides organiques se combinent avec ce même éther et reproduisent des éthers normaux du glycol, etc. :

$$C^4H^2(H^2O^2)(-) + 2\,C^4H^4O^4 = C^4H^2(C^4H^4O^4)(C^4H^4O^4) + H^2O^2.$$

10° L'éther glycollique ne se combine pas seulement aux acides libres; il peut encore déplacer certains oxydes métalliques de leurs combinaisons salines, déjà en partie dissociées par l'eau. Avec le chlorure de magnésium, par exemple, sel que l'eau tend à décomposer en acide libre et base, l'oxyde d'éthylène donne la réaction suivante :

$$C^4H^2(H^2O^2)(-) + MgCl + H^2O^2 = C^4H^2(H^2O^2)(HCl) + MgO, HO.$$

C'est une circonstance digne de remarque que la formation de l'éther glycollique ne peut pas être réalisée directement au moyen du glycol. En traitant le glycol par les agents déshydratants, tels que le chlorure de zinc, on obtient un corps isomère, l'aldéhyde $C^4H^4O^2$, ainsi que le dialdéhyde $(C^4H^4O^2)^2$, qui bout à 110°, et divers autres corps.

§ 4. — **Autres alcools diatomiques.**

I. — Glycols proprement dits.

On a vu que les alcools diatomiques donnent lieu à des isoméries du même genre que celles que nous avons signalées pour les alcools monoatomiques : glycols normaux, glycols primaires, glycols secondaires, glycols tertiaires, glycols participant à la fois de deux des caractères précédents, etc. Les glycols ayant une constitution plus complexe que celle des alcools monoatomiques, le nombre des isomères qu'on peut observer pour eux est plus considérable. L'étude de ces glycols étant peu avancée, nous nous bornerons à énumérer les plus importants :

1. *Glycols propyléniques :* $C^6H^4(H^2O^2)(H^2O^2)$ ou $C^6H^8O^4$. — On connaît deux isomères :

1° Le *glycol propylénique normal* ou *glycol triméthylénique* (1), qui s'obtient en partant du bromure de triméthylène, isomère du bromure de propylène (M. Géromont). C'est un liquide très épais, bouillant à 216°. Sa densité à 0° est 1,065.

Il prend naissance dans certaines fermentations de la glycérine,

2° Le *glycol isopropylénique* ou *glycol propylénique ordinaire* (2), qui dérive du bromure de propylène et donne par ses transformations des dérivés isopropyliques (Wurtz). Il bout à 189°. Sa densité à 0° est 1,1051. Partiellement détruit par certains ferments, il devient lévogyre (M. Lebel).

2. *Glycols butyléniques :* $C^8H^6(H^2O^2)(H^2O^2)$ ou $C^8H^{10}O^4$. — On connaît quatre isomères :

1° Un *glycol butylénique* (3), qui dérive du butylène obtenu dans l'action du zinc-éthyle sur l'éthylène monobromé. Il bout à 192°. Sa densité à 0° est 1,019. Il donne par oxydation de l'acide glycollique (MM. Grabowsky et Saytzeff).

2° Un *glycol diéthylénique* (4), dérivé, par hydrogénation et polymérisation, de l'aldéhyde ordinaire (M. Kékulé), ou bien de l'aldol (Wurtz). Il bout à 204° et donne de l'aldéhyde butylique par oxydation.

3° Un glycol secondaire (5), dérivé du bromure d'isobutylène (M. Névolé). Il bout à 177°, et a pour densité 1,013 à 0°.

4° Un glycol (6) engendré par l'action de l'eau, à chaud, sur l'oxyde de diméthyléthylène, $C^8H^8O^2$ (M. Eltekow). Il bout à 183°.

5° Un glycol dérivé du bromure de pseudobutylène, bouillant à 184° et ayant pour densité 1,048 à 0° (Wurtz).

3. *Glycols amyléniques :* $C^{10}H^8(H^2O^2)(H^2O^2)$ ou $C^{10}H^{12}O^4$. — On connaît quatre isomères.

4. *Glycols hexyléniques :* $C^{12}H^{10}(H^2O^2)(H^2O^2)$ ou $C^{12}H^{14}O^4$. — On connaît six isomères.

Le plus intéressant est la *pinacone*, qui prend naissance en même temps que l'alcool isopropylique dans l'action du sodium sur l'acétone

(1) $OH - CH^2 - CH^2 - CH^2 - OH$.
(2) $CH^3 - CH(OH) - CH^2 - OH$.
(3) $CH^3 - CH^2 - CH(OH) - CH^2 - OH$.
(4) $CH^3 - CH(OH) - CH^2 - CH^2 - OH$.
(5) $(CH^3)^2 = C(OH) - CH^2 - OH$.
(6) $CH^3 - CH(OH) - CH(OH) - CH^3$.

(M. Sittig). C'est un glycol tertiaire (1), cristallisé, fusible à 38°, bouillant à 171°, s'unissant à l'eau pour former un hydrate cristallisé. Par oxydation, il donne de l'acétone.

5. *Glycol octylénique :* $C^{14}H^{14}(H^2O^2)(H^2O^2)$ ou $C^{16}H^{18}O^4$.

Etc.

6. Les glycols peuvent dériver non seulement des carbures éthyléniques, mais encore des autres carbures moins riches en hydrogène. Tel est le *glycol pyrotartrique* ou *acétylcarbinol*, $C^6H^6O^4$ ou $C^6H^2(H^2O^2)(H^2O^2)$. Tel est encore le *glycide*, isomère du précédent (voy. p. 379). Citons enfin l'*hydrate de terpilène*, $C^{20}H^{16}(H^2O^2)(H^2O^2)$, qui fournit un exemple d'alcool diatomique incomplet (voy. p. 215).

II. — Glycols aromatiques.

1. Dans la série benzénique, il existe, outre les phénols dont nous n'avons pas à nous occuper ici, des alcools d'atomicités diverses. On conçoit, en effet, que tous les carbures aromatiques, qui dérivent en même temps d'un ou plusieurs carbures de la série grasse, puissent, comme ces derniers eux-mêmes, donner naissance à des alcools polyatomiques. On connaît un certain nombre de glycols de ce genre. Toutefois l'étude de cette classe de composés est encore peu développée. Nous n'en citerons que quelques exemples.

2. *Glycol orthophtalylique*, $C^{16}H^{10}O^4$ ou $C^{16}H^6(H^2O^2)(H^2O^2)$. — Cet alcool diatomique (2) s'obtient en faisant agir l'amalgame de sodium sur le chlorure phtalique en solution dans l'acide acétique cristallisable (M. Hessert) :

$$C^{16}H^4O^4Cl^2 + 4\,H^2 = C^{16}H^{10}O^4 + 2\,HCl.$$

Il est cristallisé et fusible vers 60°. L'eau le dissout. Par oxydation il donne l'acide orthophtalique :

$$C^{16}H^6(H^2O^2)(H^2O^2) + 4O^2 = C^{16}H^6(O^4)(O^4) + 2\,H^2O^2.$$

Cet alcool dérive de la diméthylbenzine (ortho).

3. *Glycol paraphtalylique.* — Ce glycol, isomère du précédent, est appelé aussi *glycol tolylénique* (3). Il dérive de la paradiméthylbenzine, $C^{12}H^4[C^2H^2(C^2H^4)]$, et s'obtient en traitant par la potasse un dérivé

(1) $(\mathcal{C}H^3)^2 = \mathcal{C}(\theta H) - \mathcal{C}(\theta H) = (\mathcal{C}H^3)^2$.

(2) $\mathcal{C}^6H^4 = (\mathcal{C}H^2 - \theta H)^2$ (1. 2).

(3) $\mathcal{C}^6H^4 = (\mathcal{C}H^3 - \theta H)^2$ (1. 4).

bichloré de ce carbure, $C^{12}H^4[C^2H^2(C^2H^2Cl^2)]$, qui constitue son éther chlorhydrique et se trouve saponifié (M. Grimaux) :

$$C^{16}H^8Cl^2 + 2\,H^2O^2 = C^{16}H^{10}O^4 + 2\,HCl.$$

Le glycol paraphtalylique forme des cristaux fusibles à 113°. Oxydé il donne de l'acide paraphtalique ou téréphtalique.

Le glycol métaphtalylique n'a pas été décrit.

4. *Glycol styrolénique.* — Ce composé est isomérique avec les glycols phtalyliques (1), parce qu'il dérive de l'éthylbenzine. Il s'obtient du bromure de styrolène, $C^{16}H^8Br^2$, comme le glycol ordinaire s'obtient du bromure d'éthylène (M. Zincke). Il est cristallisé, sublimable et fusible à 68°.

5. *Hydrobenzoïne*, $C^{28}H^{14}O^4$ ou $C^{28}H^{10}(H^2O^2)(H^2O^2)$. — Ce composé (2), découvert par Zinin, résulte de l'hydrogénation de l'aldéhyde benzoïque; on le produit lorsqu'on traite cet aldéhyde par le zinc et l'acide chlorhydrique, en liqueur alcoolique :

$$2\,C^{14}H^6O^2 + H^2 = C^{28}H^{14}O^4.$$

Il se forme en même temps que lui de l'alcool benzylique et un autre glycol isomérique, l'*isohydrobenzoïne*. Il constitue des lamelles brillantes, fusibles à 134°. L'isohydrobenzoïne cristallise en prismes obliques, fusibles à 95°.

6. *Pinacones diverses.* — On remarquera l'analogie qui existe entre la formation de l'hydrobenzoïne et de l'isohydrobenzoïne au moyen de l'aldéhyde benzoïque, et la formation de la pinacone aux dépens de l'acétone. D'autres acétones ou aldéhydes fournissent de même des glycols particuliers quand on les soumet à l'hydrogénation. C'est ainsi que l'*acétophénone*, $C^{16}H^8O^2$, engendre l'*acétophénonepinacone*, $C^{32}H^{18}O^4$; l'*aldéhyde cuminique*, $C^{20}H^{12}O^2$, l'*hydrocuminoïne*, $C^{40}H^{26}O^4$; le *benzophénone*, $C^{26}H^{10}O^2$, la *benzopinacone*, $C^{52}H^{22}O^4$; etc.

§ 5. — Alcools tétratomiques.

ÉRYTHRITE.

$C^8H^2(H^2O^2)^4$ ou $C^8H^{10}O^8$.... $C^4H^6{\equiv}(OH)^4$ ou $CH^2(OH)-CH(OH-CH(OH)-CH^2(OH)$.

1. Le seul alcool tétratomique nettement défini est l'érythrite, appelée aussi *érythromannite*, *phycite* et *érythroglucine*. Ce corps a

(1) $C^6H^5-CH(OH)-CH^2(OH)$.
(2) $C^6H^5-CH(OH)-CH(OH)-C^6H^5$.

été découvert par Stenhouse; sa fonction chimique a été établie par M. Berthelot. Il est surtout connu par les travaux de M. de Luynes, qui en a fixé la formule.

L'érythrite s'obtient par la métamorphose de l'*érythrite diorsellique*, $C^4H^2(H^2O^2)^2(C^{16}H^8O^8)^2$, principe contenu dans les lichens tinctoriaux et notamment dans le *Roccella montagnei*. On l'extrait aussi de diverses algues et surtout du *Protococcus vulgaris*.

On pourra sans doute la former synthétiquement avec le bromure de crotonylène, $C^8H^6Br^4$, ou avec quelques-uns de ses isomères.

2. *Préparation.* — Pour la préparer, on épuise à froid le lichen avec un lait de chaux, on filtre, on fait passer aussitôt dans la liqueur un courant d'acide carbonique, qui précipite l'érythrite diorsellique. On reprend le précipité tout humide et on le décompose à 150° par la chaux éteinte, dans une chaudière fermée hermétiquement (fig. 59). Il se forme d'abord de l'érythrite et de l'*acide orsellique* :

$$C^8H^2(H^2O^2)^2(C^{16}H^8O^8)^2 + 2\,H^2O^2 =$$
$$C^8H^2(H^2O^2)^4 + 2\,C^{16}H^8O^8.$$

Mais dans les mêmes conditions l'acide orsellique est lui-même décomposé en *orcine* et acide carbonique :

$$C^{16}H^8O^8 = C^{14}H^8O^4 + C^2O^4.$$

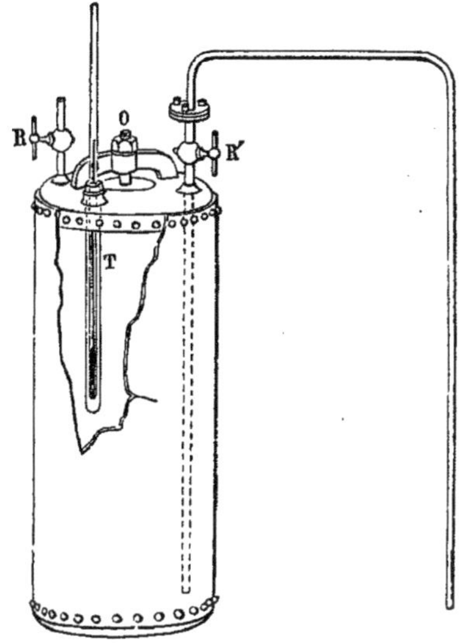

Fig. 59. — Autoclave de M. de Luynes pour la préparation de l'érythrite.

On filtre la liqueur tiède, on la sature d'acide carbonique, on filtre encore et on laisse refroidir. L'orcine cristallise la première.

On évapore les eaux mères, ce qui fournit un mélange d'orcine et d'érythrite. On reprend ce mélange par l'éther, qui dissout l'orcine et laisse l'érythrite. On redissout celle-ci dans une petite quantité d'eau bouillante, et l'on ajoute à la liqueur le tiers de son volume d'alcool. Par le refroidissement, l'érythrite cristallise. On la fait recristalliser après traitement au noir animal.

3. *Propriétés.* — L'érythrite cristallise en beaux prismes à base carrée; elle est faiblement sucrée, très soluble dans l'eau, peu soluble dans l'alcool. Sa densité est 1,59. Elle n'a pas de pouvoir rotatoire. Elle fond à 120° et résiste à l'action d'une température da 250°.

4. *Réactions.* — Chauffée avec une solution concentrée d'acide iodhydrique, elle est réduite et changée en *iodhydrate de butylène*, C^8H^9I (M. de Luynes) :

$$C^8H^2(H^2O^2)(H^2O^2)(H^2O^2)(H^2O^2) + 7\,HI = C^8H^2(H^2)(H^2)(H^2)(HI) + 4\,H^2O^2 + 3I^2.$$

Elle absorbe l'oxygène sous l'influence du noir de platine, en formant un acide, $C^8H^8O^{10}$ (M. de Luynes).

Sous l'action de l'acide formique, à 230°, l'érythrite se transforme en un glycol non saturé, $C^8H^4(H^2O^2)^2$, en *éthylacétylène*, $C^4H^4(C^4H^2)$ ou C^8H^6, et en son oxyde $C^8H^6O^2$ (M. Henninger), corps comparable à l'oxyde d'allylène (p. 119).

Les solutions aqueuses d'érythrite dissolvent la chaux en proportion notable. Elles ne sont pas précipitées par l'acétate de plomb ammoniacal. Elles ne réduisent point le tartrate cupropotassique, même après avoir bouilli avec les acides dilués.

5. *Éthers.* — L'érythrite s'unit aux acides dans les mêmes circonstances que la glycérine, en formant des éthers.

Les combinaisons de l'érythrite avec les acides, ou *érythrides*, se rattachent aux mêmes types généraux de formules que les glycérides, sauf les variantes qui correspondent au caractère tétratomique du nouvel alcoól. Il doit donc exister quatre formules fondamentales d'érythrides, engendrées par la substitution successive de 4 molécules acides à 4 molécules d'eau.

En faisant agir sur l'érythrite les acides organiques à 250°, on obtient tout d'abord des composés neutres, formés par un mélange des corps de la première et de la seconde série.

Ces composés, repris par un grand excès d'acide, fournissent les corps de la quatrième série.

Les propriétés des érythrides sont analogues à celles des glycérides. Ils se décomposent sous l'influence des alcalis hydratés, en reproduisant l'érythrite et l'acide générateur.

Citons seulement les corps suivants :

Érythrite tétrabenzoïque.......	$C^8H^2(C^{14}H^6O^4)^4$,
Érythrite tétranitrique.........	$C^8H^2(AzHO^6)^4$,
Érythrite monorsellique.......	$C^8H^2(H^2O^2)(H^2O^2)(H^2O^2)(C^{16}H^8O^8)$,
Érythrite diorsellique.........	$C^8H^2(H^2O^2)(H^2O^2)(C^{16}H^8O^8)(C^{16}H^8O^8)$.

6. *Éthers orselliques.* — Dans la plupart des lichens tinctoriaux, il existe un principe particulier, l'*érythrite diorsellique*, qui a été désigné tour à tour sous les noms d'*érythrine* et d'*acide érythrique*, et joue un rôle essentiel dans la formation de la matière colorante.

L'érythrine a été découverte par Heeren, et étudiée principalement par M. de Luynes.

On extrait ce principe en traitant à froid le lichen par un lait de chaux; on filtre et l'on précipite aussitôt par l'acide carbonique. Le précipité est exprimé dans des linges et repris à l'alcool chaud. On décolore le liquide par le noir animal, on filtre et l'on ajoute de l'eau chaude, jusqu'à ce qu'il se forme un trouble permanent. L'érythrite diorsellique se dépose pendant le refroidissement.

Elle se présente en masses blanches, mamelonnées, solubles dans 240 parties d'eau bouillante. Elle est très soluble dans l'alcool, peu soluble dans l'éther. Elle renferme 3 équivalents d'eau de cristallisation, qu'elle perd à 100°. Elle fond à 127°.

L'érythrite diorsellique se dédouble sous l'influence des bases, ou même de l'eau bouillante, en *érythrite monorsellique* et *acide orsellique :*

$$\underset{\text{Érythrite diorsellique.}}{C^8H^2(H^2O^2)^2(C^{16}H^8O^8)^2} + H^2O^2 = \underset{\text{Érythrite monorsellique.}}{C^8H^2(H^2O^2)^3(C^{16}H^8O^8)} + \underset{\text{Acide orsellique.}}{C^{16}H^8O^8}.$$

L'*érythrite monorsellique* ou *picroérythrine* cristallise en aiguilles contenant 6 équivalents d'eau, fusibles à 150°, solubles dans l'eau et l'alcool, à saveur fort amère. Bouillie avec l'eau de baryte, elle se décompose à son tour en érythrite et acide orsellique :

$$C^8H^2(H^2O^2)^3(C^{16}H^8O^8) + H^2O^2 = C^8H^2(H^2O^2)^4 + C^{16}H^8O^8.$$

Enfin ce dernier acide se résout presque en même temps en *orcine* et acide carbonique.

7. Un lichen voisin de ceux qui fournissent les éthers précédents, la *Roccella fuciformis*, contient un homologue de l'érythrine, la (β) *érythrine*. C'est un éther formé par l'érythrite avec une molécule d'acide orsellique et une molécule de l'acide homologue immédiatement supérieur, l'*acide* (β) *orsellique :* $C^8H^2(H^2O^2)(H^2O^2)(C^{16}H^8O^8)(C^{18}H^{10}O^8)$. L'acide ($\beta$) orsellique se dédouble comme l'acide orsellique sous l'influence de la chaleur; mais il donne, avec l'acide carbonique, un homologue supérieur de l'orcine, la (β) *orcine*, $C^{16}H^{10}O^4$ (M. Menschutkin).

§ 6. — **Alcools pentatomiques.**

On peut regarder comme des alcools pentatomiques la pinite et la quercite, principes sucrés, représentés tous deux par la formule $C^{12}H^{12}O^{10}$, c'est-à-dire

$$C^{12}H^2(H^2O^2)(H^2O^2)(H^2O^2)(H^2O^2)(H^2O^2) \text{ ou } C^{12}H^2(H^2O^2)^5.$$

Ces corps diffèrent de la mannite par les éléments de l'eau.

I. — PINITE.

$C^{12}H^{2}(H^{2}O^{2})^{5}$ ou $C^{12}H^{12}O^{10}$......... $C^{6}H^{7}(OH)^{5}$.

1. La pinite est un principe naturel, sécrété par le *Pinus lambertiana*. Elle a été découverte par M. Berthelot.

2. *Préparation.* — On l'isole en traitant par l'eau tiède et par le noir animal certaines concrétions du *Pinus lambertiana*, qui renferment ce principe, et en abandonnant la dissolution à l'évaporation spontanée. Quand la masse est arrivée à l'état sirupeux, les cristaux de pinite s'y développent lentement; ils sont assemblés en mamelons demi-sphériques et radiés, très durs, croquant sous la dent, très adhérents aux cristallisoirs.

3. *Propriétés.* — La pinite possède un goût franchement sucré et presque aussi prononcé que celui du sucre candi. Elle est extrêmement soluble dans l'eau, peu soluble dans l'alcool. Sa densité est 1,52. Son pouvoir rotatoire pour la teinte de passage est $\alpha = +58°,6$; il n'est pas modifié par les acides étendus.

4. La pinite n'est altérée ni par les alcalis, même à 100°; ni par l'acide chlorhydrique concentré; ni par l'acide sulfurique dilué et bouillant; ni par la levure de bière; ni par le tartrate cupropotassique. Elle réduit à chaud le nitrate d'argent ammoniacal; elle précipite l'acétate de plomb ammoniacal, en formant un composé de formule $C^{12}H^{12}O^{10}, 4PbO$.

Elle s'unit aux acides organiques vers 200°, et forme des dérivés semblables à ceux de la mannite et de la glycérine.

II. — QUERCITE.

$C^{12}H^{2}(H^{2}O^{2})^{5}$ ou $C^{12}H^{12}O^{10}$......... $C^{6}H^{7}(OH)^{5}$.

1. La quercite est un principe sucré, contenu dans le gland et dans les jeunes pousses du chêne. Elle a été découverte par Braconnot et étudiée d'abord par Dessaignes. Sa fonction chimique a été fixée par M. Berthelot. Enfin M. Prunier, reprenant l'étude de la quercite, a montré ses relations avec les composés benzéniques et en a préparé les principaux éthers.

2. *Préparation.* — On l'obtient en soumettant à la fermentation l'extrait aqueux de glands de chêne, précipitant ensuite la liqueur par l'acétate basique de plomb en léger excès, filtrant, enlevant le plomb de la liqueur par l'hydrogène sulfuré et évaporant au bain-marie. La

quercite cristallise par refroidissement du produit concentré. On la purifie par des cristallisations dans l'alcool faible (M. Prunier).

3. *Propriétés.* — La quercite cristallise en beaux prismes rhomboïdaux obliques, hémièdres, inaltérables à l'air, durs et croquant sous la dent, légèrement sucrés, fort solubles dans l'eau, presque insolubles dans l'alcool absolu. Sa densité à $+13°$ est 1,584. Son pouvoir rotatoire est $\alpha_D = +24°,17$. Elle fond à 223°. On peut la chauffer jusque vers 235°, sans l'altérer sensiblement.

4. *Réactions.* — Au-dessus de cette dernière température, elle perd les éléments de l'eau en quantités croissantes et se transforme d'abord en *éther de la quercite :*

$$C^{12}H^{12}O^{10} + C^{12}H^{12}O^{10} = C^{12}H^{10}O^{8}(C^{12}H^{12}O^{10}) + H^{2}O^{2};$$

puis en *quercitane :*

$$C^{12}H^{12}O^{10} - H^{2}O^{2} = C^{12}H^{10}O^{8};$$

et enfin vers 280° en *hydroquinon :*

$$C^{12}H^{12}O^{10} - 3\,H^{2}O^{2} = C^{12}H^{6}O^{4}.$$

Ce dernier dédoublement rattache nettement la quercite aux composés aromatiques (M. Prunier). Il rapproche beaucoup la quercite de l'acide quinique.

L'action de l'acide iodhydrique sur la quercite à 127° confirme ce résultat. Sous l'influence de l'hydrogène fourni par l'acide iodhydrique, la quercite se transforme en benzine et en quelques dérivés oxygénés de la benzine (M. Prunier) :

$$C^{12}H^{12}O^{10} + 2\,H^{2} = C^{12}H^{6} + 5\,H^{2}O^{2}.$$

5. Les acides chlorhydrique et sulfurique concentrés ne la carbonisent point à froid. Les mêmes acides dilués ne lui font pas acquérir la propriété de fermenter sous l'influence de la levure de bière.

6. Les alcalis puissants ne l'altèrent pas à 100° ; mais vers 200° ils l'attaquent en donnant de l'hydroquinon et du quinon, accompagnés d'acide oxalique, d'acide malonique et de pyrogallol.

Les solutions aqueuses de quercite dissolvent la chaux et surtout la baryte ; cette dernière forme un composé défini : $C^{12}H^{12}O^{10},BaO + 2\,Aq$. Elles sont précipitées à l'état concentré par l'acétate de plomb ammoniacal.

7. La quercite ne réduit le tartrate cupropotassique, ni directement, ni après avoir bouilli avec les acides.

Oxydée par l'acide nitrique, elle ne produit pas d'acide mucique, mais surtout de l'acide oxalique.

8. *Éthers.*— La quercite, chauffée vers 200° ou 250° avec les acides stéarique, benzoïque et analogues, s'y combine et forme des composés neutres, comparables aux corps gras. L'existence des éthers pentacétique, pentabutyrique et pentachlorhydrique établit sa fonction d'alcool pentatomique.

Elle s'unit aux acides sulfurique et nitrique, dès la température ordinaire, et à l'acide tartrique, à 100°.

CHAPITRE XI

ALCOOLS HEXATOMIQUES

§ 1er. — Relations générales entre les principes sucrés.

1. L'étude des principes sucrés se présente immédiatement après celle de la glycérine et des corps gras neutres : ce sont aussi des alcools polyatomiques, renfermant tous 12 équivalents de carbone ou un multiple de ce nombre. Leur caractère général sous ce rapport a été établi par M. Berthelot. A première vue, ils se partagent en trois catégories, savoir :

1° Les principes sucrés qui contiennent un excès d'hydrogène sur les proportions de l'eau :

Mannite, dulcite, isodulcite, sorbite et perséite...... $C^{12}H^{14}O^{12}$,
Pinite et quercite.................................. $C^{12}H^{12}O^{10}$.

2° Les *glucoses*, principes sucrés qui renferment l'hydrogène et l'oxygène dans les proportions de l'eau, sont tous isomériques et représentés par la formule $C^{12}H^{12}O^{12}$:

Glucose ordinaire ou sucre de raisin,
Lévulose,
Galactose,
Eucalyne,
Sorbine,
Inosine,
Dambose.

3° Les *saccharoses*, représentées par la formule $C^{24}H^{22}O^{22}$:

Saccharose proprement dite ou sucre de canne,
Mélitose,
Mélézitose,
Tréhalose ou mycose,
Lactose ou sucre de lait,
Maltose.

Tous ces corps appartiennent à une même famille : ils sont analogues par leur formule, leur constitution chimique, ainsi que par le caractère des composés auxquels ils donnent naissance.

Examinons, en effet, leurs propriétés générales.

2. Les principes sucrés sont très solubles dans l'eau et forment avec ce menstrue des liqueurs sirupeuses. Ils sont sucrés, comme l'indique la désignation générale qui domine ce chapitre. Leur volatilité est faible ou nulle, et varie suivant une progression qui décroît avec la proportion d'hydrogène. La mannite, qui est le plus hydrogéné de ces principes, est aussi le plus volatil; quoique la distillation l'altère, on peut cependant la sublimer en petite quantité. Les glucoses, moins riches en hydrogène, ne peuvent en aucune manière être distillées ou sublimées sans se détruire.

3. Les métamorphoses que ces corps éprouvent, soit sous l'influence des agents d'oxydation, soit sous l'influence des acides concentrés et des alcalis, sont également semblables, à la stabilité près : celle-ci va en décroissant de la mannite à la glucose. Entrons dans les détails.

4. *Action des alcalis.* — Les principes sucrés se combinent avec les bases, en formant des composés particuliers, analogues aux alcoolates alcalins.

L'action des alcalis ne se borne pas d'ailleurs à des phénomènes de combinaison pure et simple. Si l'on élève la température, les matières sucrées se détruisent entre 150° et 200°, avec dégagement d'hydrogène et formation d'acide oxalique. Avant d'éprouver cette destruction finale, elles se changent en matières brunes et humoïdes; la production de ces dernières ne précède que d'un faible intervalle celle de divers acides et notamment de l'acide oxalique, lorsqu'on opère avec la mannite et les corps à excès d'hydrogène, tandis qu'elle a lieu dès 100°, et même en présence de l'eau, avec les glucoses. Les saccharoses résistent un peu mieux, mais elles brunissent également entre 100° et 120°.

5. *Action des acides forts et concentrés.* — L'acide sulfurique, chauffé avec les divers principes sucrés, les carbonise à une température plus ou moins élevée. La mannite résiste à 100° ; les glucoses sont détruites à cette même température, les saccharoses dès la température ordinaire. Bref, sous l'influence de l'acide sulfurique concentré, les divers sucres finissent par se changer en matières humoïdes.

L'acide chlorhydrique, quand il est concentré, exerce des actions analogues sur les glucoses dès la température ordinaire; il agit sur la mannite vers 200° seulement.

La production de ces *matières humoïdes* ou *caraméliques* aux dépens des sucres, et la déshydratation desdits sucres, sous l'influence de la chaleur, des bases ou des acides, est très caractéristique. Elle est liée avec leur richesse en oxygène et résulte des phénomènes de déshydratation et de condensation simultanées. Signalons d'ailleurs les analogies de ces matières avec celles qui se trouvent dans l'humus et dans la terre végétale et qui résultent précisément de métamorphoses analogues.

6. *Action des ferments.* — Les phénomènes de fermentation concourent encore à rapprocher les principes sucrés; tous ces principes, placés dans des conditions convenables, peuvent fournir de l'alcool et de l'acide carbonique. En opérant avec la mannite, l'hydrogène libre s'ajoute à ces deux composés. On peut même, par voie de fermentation, transformer les saccharoses en glucoses, les glucoses en mannite, et revenir en sens inverse de la mannite aux glucoses.

En un mot, sous l'influence de cryptogames divers, les matières sucrées peuvent, en général, subir des réactions très variées.

7. *Fonction chimique.* — Ces analogies sont couronnées, pour ainsi dire, par une propriété fondamentale, commune à la glycérine, à la mannite et aux glucoses.

En effet, tous ces corps mis en présence des acides organiques s'y combinent, à la façon des alcools : ils forment avec chacun d'eux plusieurs classes de composés. Bref, ce sont des alcools polyatomiques, susceptibles d'être partagés dans les catégories suivantes (M. Berthelot) :

1° La mannite et la dulcite sont des alcools hexatomiques :

$$C^{12}H^{14}O^{12} \text{ ou } C^{12}H^{2}(H^{2}O^{2})(H^{2}O^{2})(H^{2}O^{2})(H^{2}O^{2})(H^{2}O^{2})(H^{2}O^{2}).$$

2° La pinite et la quercite sont des alcools pentatomiques (p. 415).

3° Les glucoses, composés moins stables, répondent à la formule $C^{12}H^{12}O^{12}$, et sont représentées par du carbone uni aux éléments de l'eau. Certaines d'entre elles, telles que l'inosine, peuvent être envisagées aussi comme des alcools hexatomiques :

$$C^{12}H^{2}(H^{2}O^{2})(H^{2}O^{2})(H^{2}O^{2})(H^{2}O^{2})(H^{2}O^{2})(H^{2}O^{2});$$

d'autres, telles que la glucose ordinaire, sont des alcools à fonction mixte : cinq fois alcool, une fois aldéhyde.

Entre les premiers de ces corps et ceux du groupe de la mannite, les relations sont comparables à celles qui existent entre l'alcool propylique et l'alcool allylique, tous deux de même atomicité :

{ Alcool propylique...........	$C^{6}H^{8}O^{2}$,	{ Mannite..................	$C^{12}H^{14}O^{12}$,
{ Alcool allylique.............	$C^{6}H^{6}O^{2}$.	{ Inosine..................	$C^{12}H^{12}O^{12}$.

4° Enfin les saccharoses représentent les éthers formés par l'association de 2 molécules de glucose :

$$C^{12}H^{10}O^{10}(C^{12}H^{12}O^{12}).$$

8. *Formation artificielle.* — Les principes sucrés ont été jusqu'ici soit rencontrés dans la nature, soit obtenus par la transformation de composés naturels plus complexes, ou tout au plus par la métamorphose des autres principes sucrés. Cependant il est probable qu'ils pourront être engendrés au moyen des hydrures d'hexylène, $C^{12}H^{14}$, dont la mannite représente un dérivé normal.

Il y a plus : les principes sucrés semblent dériver des composés propyliques doublés, car ils renferment $12 = 6 \times 2$ équivalents de carbone. Ce qui porte à le croire, c'est l'action exercée par l'amalgame de sodium sur les glucoses, laquelle fournit en même temps que la mannite, produit dominant, l'*alcool isopropylique*, $C^6H^8O^2$, en quantité appréciable (M. G. Bouchardat). Cette formation de l'alcool isopropylique, lequel dérive aussi de la glycérine, constitue un lien commun entre les principes sucrés et la série propylique. La transformation de la glycérine en un sucre cristallisable (p. 365) vient aussi à l'appui de ces relations.

Abordons maintenant l'histoire spéciale des divers principes sucrés, en commençant par la mannite.

§ 2. — Mannite.

$C^{12}H^2(H^2O^2)^6$ ou $C^{12}H^{14}O^{12}$... $C^6H^8(OH)^6$ ou $CH^2(OH)-(CH-OH)^4-CH^2(OH)$.

1. La mannite a été découverte par Proust. Sa fonction chimique a été établie par M. Berthelot, et approfondie depuis par M. G. Bouchardat. Elle constitue pour la plus grande partie la *manne*, exsudation fournie par diverses espèces de frênes.

2. *Formation.* — La mannite peut être formée en fixant de l'hydrogène sur la lévulose ou sur la glucose (M. Linnemann) :

$$\underset{\text{Lévulose.}}{C^{12}H^{12}O^{12}} + H^2 = \underset{\text{Mannite.}}{C^{12}H^{14}O^{12}}.$$

Cette fixation s'effectue au moyen de l'eau et de l'amalgame de sodium.

La mannite se rattache à l'hydrure d'hexylène, $C^{12}H^{14}$; mais elle n'a point été formée jusqu'ici au moyen de ce carbure d'hydrogène.

Elle se produit sous l'influence de la végétation dans un grand nombre de plantes (frênes, oliviers, champignons, algues, etc.). Certains champignons en contiennent des quantités considérables.

Elle prend aussi naissance dans la fermentation visqueuse des sucres, par quelque réaction hydrogénante, semblable à celle de l'amalgame de sodium. Cette fermentation s'effectue surtout dans les milieux acides, sous l'influence d'un microbe particulier (fig. 60); elle engendre en même temps que la mannite une matière analogue aux gommes.

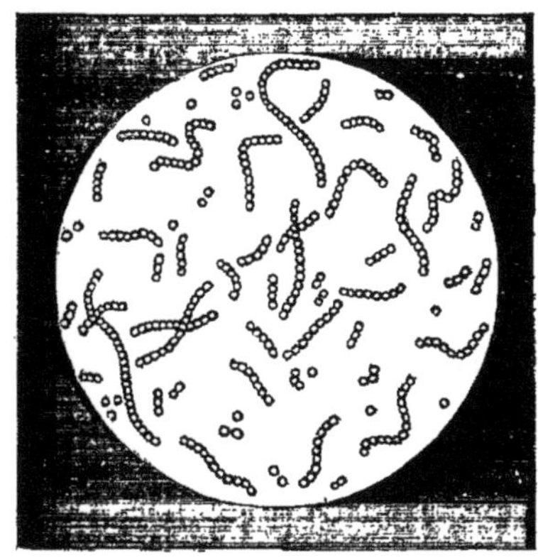

FIG. 60. — Microbe produisant la fermentation visqueuse.

3. *Préparation.* — Pour préparer la mannite, on traite par l'eau la manne de frêne. On dissout par exemple 3 kilogrammes de manne en sorte dans 1 litre 1/2 d'eau distillée, avec addition d'un blanc d'œuf; on délaye, on fait bouillir; puis on passe à travers une chausse de laine. La liqueur refroidie se prend en une masse de cristaux. On exprime ces derniers, on les délaye dans un peu d'eau froide, on exprime de nouveau, on redissout dans l'eau chaude, on ajoute du noir animal et on filtre. La mannite cristallise pendant le refroidissement (M. Ruspini).

4. *Propriétés.* — La mannite affecte la forme de prismes rhomboïdaux droits, ordinairement très fins, doués d'un éclat soyeux, parfois réunis en groupes radiés qui s'assemblent autour d'un centre commun. Son goût est faiblement sucré. Sa densité à 13° est 1,521. Elle possède un pouvoir rotatoire très faible : $\alpha_D = -0°,15$.

Elle se dissout à 18° dans 6 fois 1/2 son poids d'eau; elle est soluble à 15° dans 80 fois son poids d'alcool (D = 0,898), et seulement dans 1400 fois son poids d'alcool absolu. Elle est insoluble dans l'éther.

5. *Action de la chaleur.* — Soumise à l'action de la chaleur, la mannite fond à 166° en un liquide incolore, lequel recristallise par suite d'un refroidissement immédiat. Après fusion, elle peut demeurer liquide jusqu'à 140°.

Si on la maintient en fusion pendant quelque temps, elle se sublime en très petite quantité, et ses cristaux viennent se condenser dans le col de la cornue. Puis elle entre en ébullition vers 200° et se change partiellement en *mannitane* :

$$\underset{\text{Mannite.}}{C^{12}H^{14}O^{12}} - H^2O^2 = \underset{\text{Mannitane.}}{C^{12}H^{12}O^{10}}.$$

La plus grande partie demeure inaltérée jusqu'à 250°. Au delà, la mannite se boursoufle et se décompose, en laissant un résidu charbonneux.

6. *Hydrogène.* — La mannite, distillée avec une solution concentrée d'acide iodhydrique, se change en *iodhydrate d'hexylène*, $C^{12}H^{12}$, HI (MM. Wanklyn et Erlenmeyer) :

$$\underset{\text{Mannite.}}{C^{12}H^{14}O^{12}} + 11\,HI = \underset{\text{Iodhydrate d'hexylène.}}{C^{12}H^{12}(HI)} + 6\,H^2O^2 + 5\,I^2.$$

Traitée à 280° par le même acide en excès, elle fournit de l'*hydrure d'hexylène*, $C^{12}H^{14}$.

7. *Oxygène.* — Sous l'influence du noir de platine, la mannite absorbe l'oxygène et fournit deux composés (M. Gorup-Besanez) :

1° L'*aldéhyde mannitique* ou *mannitose*, $C^{12}H^{12}O^{12}$, qui offre les propriétés d'une glucose fermentescible :

$$C^{12}H^2(H^2O^2)^6 + O^2 = C^{12}H^2(H^2O^2)^5(O^2|-|) + H^2O^2;$$

2° L'*acide mannitique*, $C^{12}H^{12}O^{14}$, monobasique :

$$C^{12}H^2(H^2O^2)^6 + 2\,O^2 = C^{12}H^2(H^2O^2)^5(O^4) + H^2O^2.$$

L'acide nitrique dilué change d'abord la mannite en *acide saccharique*, $C^{12}H^{10}O^{16}$, bibasique :

$$C^{12}H^2(H^2O^2)^6 + 2\,O^4 = C^{12}H^2(H^2O^2)^4(O^4)(O^4) + 2\,H^2O^2.$$

Lorsque l'action de l'acide nitrique est poussée plus loin, elle fournit de l'acide oxalique.

La théorie des alcools polyatomiques indique l'existence d'un grand nombre d'autres aldéhydes et acides, qui n'ont pas encore été obtenus.

La mannite ne réduit pas le tartrate de cuivre et de potasse alcalin, même après avoir bouilli avec l'acide sulfurique dilué. Elle n'agit pas non plus sur les sels de mercure ou l'azotate d'argent, mais elle réduit l'acétate d'argent à l'ébullition.

8. *Alcalis.* — La mannite se combine avec les bases puissantes (potasse, chaux, baryte, strontiane, magnésie, oxyde de plomb). Sa solution aqueuse concentrée dissout la chaux en quantité notable; le liquide saturé de chaux à froid, puis porté à l'ébullition, donne lieu à un abondant précipité, lequel se redissout lentement pendant le refroidissement.

La mannite n'est pas précipitée par l'acétate de plomb tribasique; mais l'acétate de plomb ammoniacal précipite une solution concentrée de cette matière. On a obtenu ainsi les composés $C^{12}H^{10}Pb^4O^{12}$ et $C^{12}H^8Pb^6O^{12}$.

L'ammoniaque ne colore pas la mannite, même à la longue. La potasse et la baryte ne l'altèrent pas à 100°; mais, si l'on élève beaucoup plus haut la température, on obtient :

1° Avec la chaux, divers liquides empyreumatiques, dont le principal a été désigné sous le nom de *métacétone* et représenté par la formule $C^{12}H^{12}O^2$ (M. Fremy);

2° Avec l'hydrate de potasse en fusion, un mélange de formiate, C^2HKO^4, d'acétate, $C^4H^3KO^4$, de propionate, $C^6H^5KO^4$, d'oxalate, $C^4K^2O^8$, avec un dégagement de vapeurs d'acétone, $C^6H^6O^2$, et d'hydrogène.

9. *Acides.* — Les acides se combinent directement avec la mannite, en formant des composés qui seront décrits tout à l'heure.

10. *Ferments.* — La mannite, abandonnée pendant quelques semaines à la température de 40°, avec de la craie et du fromage blanc, ou du tissu pancréatique, ou de l'albumine, ou toute autre matière azotée analogue, fournit une grande quantité (jusqu'à 33 pour 100) d'*alcool*, avec dégagement d'acide carbonique et d'hydrogène (M. Berthelot) :

$$C^{12}H^{14}O^{12} = 2C^4H^6O^2 + 2C^2O^4 + H^2.$$

En même temps se développent, en moindre proportion, de l'acide lactique, de l'acide butyrique et de l'acide acétique. On peut obtenir les mêmes résultats avec un mélange de mannite, de gélatine et de bicarbonate de soude. Dans aucun cas les produits ne sont accompagnés par le développement de globules de levure de bière, mais il s'y forme cependant des microbes particuliers.

Les glucoses n'apparaissent à aucun moment dans la fermentation alcoolique de la mannite.

Au contraire, si l'on abandonne cette substance au contact de l'air et en présence des tissus du testicule, on obtient, au bout de quelques semaines, et avec le concours de végétaux microscopiques, une certaine quantité de glucose fermentescible et douée du pouvoir rotatoire à gauche (lévulose?).

La levure de bière pure n'agit pas sur la mannite. Le *Bacillus butylicus* la transforme en alcool ordinaire et alcool butylique normal; il donne en même temps des acides butyrique, lactique, acétique, caproïque et succinique (Fitz).

I. — Dérivés de la mannite.

1. La mannite joue le rôle d'un alcool polyatomique; par conséquent elle doit fournir les catégories de dérivés qui suivent :

1° Des combinaisons avec les acides, analogues aux éthers composés et aux corps gras neutres;

2° Des combinaisons avec les alcools, analogues aux éthers mixtes;

3° Des composés formés par déshydratation;

4° Des combinaisons avec l'ammoniaque, analogues aux alcalis;

5° Des combinaisons renfermant des métaux;

6° Des composés formés par réduction;

7° Des composés formés par oxydation, analogues aux aldéhydes et aux acides.

La loi générale de la formation de tous ces dérivés et les types de leurs formules, enfin leurs réactions et leurs propriétés générales sont les mêmes que ceux des dérivés glycériques (p. 260 et suivantes).

2. Cependant, circonstance remarquable, plusieurs des dérivés manniques renferment 2 équivalents d'eau de moins que le nombre prévu par la théorie : ils dérivent de la *mannitane* (p. 428) et non de la mannite. Saponifiés, ils reproduisent en effet la mannitane. Il existe en réalité deux séries distinctes :

1° La série des composés mannitiques, formés suivant les lois ordinaires des alcools hexatomiques, série à laquelle se rattache la mannitane elle-même.

2° La série des composés mannitaniques, qui sont en quelque sorte les anhydrides des précédents.

Quelques-uns de ces éthers existent dans la nature.

II. — Éthers de la mannite.

1. Les éthers proprement dits de la mannite ont été étudiés principalement par M. G. Bouchardat.

2. *Mannite monochlorhydrique* (1) : $C^{12}H^{2}(H^{2}O^{2})^{5}(HCl)$. — Cet éther s'obtient par saponification partielle de l'éther dichlorhydrique au moyen de l'eau bouillante. C'est un corps incristallisable, saponifiable lui-même par l'eau.

3. *Mannite dichlorhydrique* (2) : $C^{12}H^{2}(H^{2}O^{2})^{4}(HCl)^{2}$. — Cet éther se produit en chauffant à 100° la mannite avec l'acide chlorhydrique concentré. Il cristallise en prismes rhomboïdaux obliques, fusibles à 174°. Son pouvoir rotatoire est : $\alpha_{D} = -3°,75$.

4. *Mannite dibromhydrique* (3) : $C^{12}H^{2}(H^{2}O^{2})^{4}(HBr)^{2}$. — Analogue au précédent; fusible à 178°.

5. *Mannite dichlorhydrique tétranitrique* (4) : $C^{12}H^{2}(HCl)^{2}(AzHO^{6})^{4}$. — Composé cristallisable en fines aiguilles, résultant de l'action de l'acide nitrique sur la mannite dichlorhydrique.

6. *Mannite hexanitrique* (5) : $C^{12}H^{2}(AzHO^{6})^{6}$. — La formule de cet éther, découvert par MM. Domonte et Ménard, a été fixée par Strecker.

On le prépare (MM. Domonte et Ménard) en incorporant peu à peu 1 partie de mannite avec le mélange fait à l'avance de 4 parties 1/2 d'acide nitrique et 10 parties d'acide sulfurique ; on abandonne le tout pendant un quart d'heure, puis on délaye dans une grande quantité d'eau, et l'on recueille la matière insoluble dans l'eau. C'est la mannite hexanitrique. On la purifie en la faisant recristalliser dans l'éther ou dans l'alcool.

Elle constitue des aiguilles blanches, soyeuses, fusibles à 70°.

Soumise à l'action ménagée de la chaleur, la mannite hexanitrique se détruit instantanément, avec production d'une flamme livide et dégagement de vapeurs nitreuses. Chauffée brusquement ou soumise au choc du marteau, elle détone avec énergie.

7. *Mannite diacétique* (6) : $C^{12}H^{2}(H^{2}O^{2})^{4}(C^{4}H^{4}O^{4})^{2}$. — Elle peut être formée au moyen de l'acide acétique anhydre et à une température peu distante de 100°.

8. *Mannite hexacétique* (7) : $C^{12}H^{2}(C^{4}H^{4}O^{4})^{6}$. — La mannite hexacétique résulte de l'action d'un excès d'anhydride acétique sur la mannite à 180°. Elle forme des cristaux volumineux, fusibles à 119°. Son pouvoir rotatoire est : $\alpha_{D} = +18°$.

(1) $CH^{2}(OH)-(CH-OH)^{4}-CH^{2}Cl$.
(2) $CH^{2}Cl-(CH-OH)^{4}-CH^{2}Cl$.
(3) $CH^{2}Br-(CH-OH)^{4}-CH^{2}Br$.
(4) $CH^{2}Cl-(CH-AzO^{3})^{4}-CH^{2}Cl$.
(5) $CH^{2}(AzO^{3})-(CH-AzO^{3})^{4}-CH^{2}(AzO^{3})$.
(6) $CH^{2}(C^{2}H^{3}O^{2})-(CH-OH)^{4}-CH^{2}(C^{2}H^{3}O^{2})$.
(7) $CH^{2}(C^{2}H^{3}O^{2})-(CH-C^{2}H^{3}O^{2})^{4}-CH^{2}(C^{2}H^{3}O^{2})$.

III. — Mannitane.

$C^{12}H^2(H^2O^2)^5(-)$ ou $C^{12}H^{12}O^{10}$.......... $C^6H^7(\Theta H)^5$.

1. La théorie indique que la mannite peut fournir toute une série de dérivés par déshydratation : les uns dérivés d'une seule molécule de mannite, les autres de plusieurs molécules. Nous signalerons d'abord le plus simple de ces composés, la mannitane.

2. *Préparation.* — Cette substance a été découverte par M. Berthelot. Elle se forme en chauffant la mannite seule vers 200°; ou bien en la chauffant à 100° avec l'acide chlorhydrique concentré. On l'obtient aussi dans la saponification des combinaisons mannitiques.

3. *Propriétés.* — La mannitane est une substance neutre; elle cristallise lentement de sa solution sirupeuse, en tables hexagonales, fusibles à 137°. Il est difficile de l'obtenir tout à fait incolore. Elle est insoluble dans l'éther, extrêmement soluble dans l'eau et dans l'alcool absolu. Elle possède le pouvoir rotatoire : $\alpha_D = -23°,8$.

Elle est déliquescente et régénère lentement la mannite sous l'influence de l'eau. Elle réduit le tartrate cupropotassique. La mannitane est isomérique avec la pinite et la quercite.

IV. — Éthers de la mannitane.

1. La mannitane est un alcool polyatomique en même temps qu'un éther; elle peut donc s'unir aux acides pour former de nouveaux composés. Ceux-ci ont été découverts et étudiés par M. Berthelot.

2. *Mannitane dichlorhydrique* (1) : $C^{12}H^2(H^2O^2)^3(HCl)^2$. — Ce corps se prépare par la réaction à 100° de la mannite sur l'acide chlorhydrique en solution aqueuse saturée à froid. C'est une substance neutre, solide, blanche, cristallisée, très soluble dans l'éther, d'une saveur amère et aromatique.

3. *Mannitane diacétique* (2) : $C^{12}H^2(H^2O^2)^3(C^4H^4O^4)^2$.— Ce corps se prépare exactement comme la monacétine. C'est un liquide neutre, sirupeux, d'une extrême amertume. Inodore à froid, il développe à chaud une odeur faible, toute particulière et analogue à la fois à celle de la diacétine et au parfum vireux des ombellifères. Cette substance est soluble dans l'éther, l'alcool et l'eau; elle est insoluble dans le sulfure de carbone. L'éther l'enlève à l'eau.

(1) $Cl^2{=}C^6H^7{\equiv}(OH)^3$.
(2) $(C^2H^3O^2)^2{=}C^6H^7{\equiv}(\Theta H)^3$.

Elle peut être volatilisée, si l'on opère sur une très petite quantité. Sinon elle se décompose, en dégageant une odeur de caramel. Les alcalis hydratés la résolvent en acétate, mannite et mannitane.

4. *Mannitane dibutyrique* (1) : $C^{12}H^{2}(H^{2}O^{2})^{3}(C^{8}H^{8}O^{4})^{2}$, et *mannitane tétrabutyrique* : $C^{12}H^{2}(H^{2}O^{2})(C^{8}H^{8}O^{4})^{4}$. — Composés analogues aux butyrines : on les prépare par les mêmes procédés. Ce sont des *corps gras qui dérivent entièrement du sucre*, puisque l'acide butyrique et la mannite peuvent être formés avec cette substance.

5. *Éthers divers de la mannitane*. — La mannitane paraît se former par le dédoublement de la *caïncine*, principe extrait de diverses espèces de rubiacées ; et par le dédoublement de la *saponine*, principe qui existe dans le *Saponaria officinalis*, le *Polygala officinalis*, diverses espèces d'œillets, les fruits de l'*Æsculus hippocastanum*, etc. (voy. *Saponine*). Ces composés seraient donc des éthers de la mannitane.

6. *Diéthylmannitane* (2) : $C^{12}H^{2}(H^{2}O^{2})^{3}(C^{4}H^{6}O^{2})^{2}$. — Liquide incolore, sirupeux, très soluble dans l'éther et dans l'alcool, peu soluble dans l'eau, doué d'une faible amertume. On le prépare en traitant à 100° un mélange de mannite et d'éther bromhydrique par une solution concentrée de potasse.

V. — Mannide et isomères.

$C^{12}H^{2}(H^{2}O^{2})^{4}(-)(-)$ ou $C^{12}H^{10}O^{8}$. . . . . $C^{6}H^{6}(OH)^{4}$.

1. Ce composé est le second produit de déshydratation de la mannite. Il a été découvert par M. Berthelot, qui l'a obtenu en chauffant la mannite entre 200° et 250°, avec de l'acide butyrique.

Il constitue un sirop épais, très soluble dans l'eau et dans l'alcool, déliquescent, se transformant peu à peu en mannite au contact de l'eau.

2. *Isomannide*. — Cet isomère du mannide se produit quand on soumet la mannite à la distillation dans le vide (M. Fauconnier). On le purifie par cristallisation dans l'alcool.

Il constitue de gros prismes rhomboïdaux, déliquescents, fusibles à 87°. Il bout en s'altérant à 274°. Il est très soluble dans l'eau, qui ne le change pas en mannite, même à 150°. Il forme des éthers. Il est dextrogyre : $\alpha_D = +91°,36$.

3. *Quinovite*. — L'*amer quinique*, ou *quinovine* (α), principe na-

(1) $(C^{4}H^{7}O^{2})^{2}{=}C^{6}H^{7}{\equiv}(OH)^{3}$.
(2) $(C^{2}H^{5}O)^{2}{=}C^{6}H^{7}{\equiv}(OH)^{3}$.

turel des quinquinas, peut être envisagé comme un éther formé par l'*acide quinovique*, $C^{64}H^{48}O^{12}$, et un isomère du mannide, la *quinovite;* il se dédouble, en effet, par l'action des acides, en acide quinovique et quinovite (M. Liebermann) :

$$C^{12}H^{8}O^{6}(C^{64}H^{48}O^{12})+H^{2}O^{2}=C^{12}H^{10}O^{8}+C^{64}H^{48}O^{12}.$$

On obtient la quinovine (α) en faisant bouillir l'écorce de quinquina avec un lait de chaux; on filtre et on précipite par l'acide chlorhydrique; on dissout le dépôt dans l'alcool, puis on le précipite par l'eau. On répète le dernier traitement jusqu'à ce que la matière soit incolore.

La quinovine (α) est une matière amorphe, résineuse, amère, soluble dans l'alcool et dans l'éther, dextrogyre : $\alpha_D = +56°,6$.

L'écorce des *Remigia* contient un principe analogue au précédent, et dédoublable comme lui en quinovite et acide quinovique, mais fournissant une plus forte proportion de ce dernier. On l'a nommé *quinovine* (β) ; il présente des propriétés un peu différentes et un pouvoir rotatoire plus faible (M. Liebermann).

§ 3. — **Dulcite.**

$C^{12}H^{2}(H^{2}O^{2})^{6}$ ou $C^{12}H^{14}O^{12}$............ $C^{6}H^{8}(OH)^{6}$.

1. La dulcite, appelée aussi *mélampyrite* et *évonymite*, est une substance isomère avec la mannite ; elle a été découverte par Laurent dans la manne de Madagascar. Elle existe également dans le *Melampyrum nemorosum*, dans l'*Evonymus europœus*, etc. Sa fonction chimique et sa formule ont été déterminées par M. Berthelot. L'histoire de ses éthers est due principalement à M. G. Bouchardat.

2. *Préparation.* — La manne de Madagascar, étant formée presque exclusivement de dulcite, fournit facilement cette substance ; il suffit de l'épuiser par l'eau bouillante : la matière cristallise par refroidissement de la solution.

On peut la former artificiellement, en traitant par l'amalgame de sodium une dissolution de galactose ou de sucre de lait : la galactose, $C^{12}H^{12}O^{12}$, fixe H^{2} et se change en dulcite, $C^{12}H^{14}O^{12}$ (M. G. Bouchardat).

3. *Propriétés.* — La dulcite cristallise en prismes rhomboïdaux obliques, brillants, durs, assez volumineux. Inodore et incolore, elle possède un goût faiblement sucré. Elle n'a pas de pouvoir rotatoire. Sa densité est 1,66 à 15°. Elle est assez soluble dans l'eau chaude, mais peu soluble dans l'eau froide (3,2 pour 100 à 15°) et presque in-

soluble dans l'alcool absolu. Elle se dépose aisément en petits cristaux, dans une solution aqueuse saturée à chaud.

Elle fond à 188°, et peut être en partie sublimée, dans les mêmes conditions que la mannite. Vers 250°, elle se change en *dulcitane*, $C^{12}H^{12}O^{10}$, isomère de la mannitane. Elle se détruit vers 300° en se carbonisant.

4. L'histoire chimique de la dulcite et de ses dérivés est calquée sur celle de la mannite : ce qui nous dispense d'y insister.

La seule différence essentielle réside dans l'action de l'acide nitrique, lequel oxyde la dulcite avec formation d'*acide mucique* $C^{12}H^{10}O^{16}$, isomère de l'acide saccharique. Il se produit aussi de l'*acide racémique* en petite quantité.

§ 4. — Sorbite.

$C^{12}H^{14}O^{12}$ .... $C^6H^{14}O^6$.

1. La sorbite est une matière sucrée, isomérique avec la mannite et la dulcite. Elle existe dans le jus des baies du *Sorbus aucuparia*, et a été découverte par M. J. Boussingault. C'est vraisemblablement un alcool hexatomique ; mais ses éthers n'ont pas été étudiés.

2. Elle cristallise en fines aiguilles, dérivées du prisme à base carrée, contenant un équivalent d'eau de cristallisation, et fusibles vers 100°. Desséchée, elle fond à 112°. Elle est très soluble dans l'eau, avec laquelle elle forme des liqueurs sirupeuses.

Elle présente d'ailleurs des réactions voisines de celles de ses isomères.

Traitée par l'acide nitrique, elle ne donne pas d'acide mucique. Elle est sans action sur le réactif cupropotassique.

§ 5. — Isodulcite.

$C^{12}H^{14}O^{12}$ .... $C^6H^{14}O^6$.

1. L'isodulcite, ou *rhamnodulcite*, est un quatrième isomère de formule $C^{12}H^{14}O^{12}$; il prend naissance dans le dédoublement du *quercitrin* sous l'influence de l'eau et des acides. Il a été découvert par MM. Hlasiwetz et Pfaundler.

2. Le quercitrin se scinde, dans les conditions indiquées, en *quercétine* et isodulcite :

$$\underset{\text{Quercitrin.}}{C^{66}H^{30}O^{34}} + H^2O^2 = \underset{\text{Quercétine.}}{C^{54}H^{18}O^{24}} + \underset{\text{Isodulcite.}}{C^{12}H^{14}O^{12}}.$$

La *sophorine*, principe colorant du *Sophora japonica*, se dédouble également en donnant une matière voisine de la quercétine et de l'isodulcite (M. Fœrster).

La *xanthorhamnine*, matière colorante des baies du *Rhamnus infectoria*, subit un dédoublement analogue, qui donne de la *rhamnétine*, $C^{24}H^{10}O^{10}$, et de l'isodulcite (MM. Liebermann et Hormann) :

$$\underset{\text{Xanthorhamnine.}}{C^{48}H^{32}O^{28}} + 3\,H^2O^2 = \underset{\text{Rhamnétine.}}{C^{24}H^{10}O^{10}} + \underset{\text{Isodulcite.}}{2\,C^{12}H^{14}O^{12}}.$$

3. *Propriétés.* — L'isodulcite cristallise en gros prismes rhomboïdaux obliques. Elle est soluble dans 2 fois son poids d'eau froide, plus soluble dans l'eau chaude, soluble dans l'alcool. Elle fond à 93°, et s'altère au-dessus de 100° en perdant de l'eau. Sa saveur est sucrée. Elle est dextrogyre : $\alpha_D = +8°,07$. Elle réduit à chaud la liqueur cupropotassique.

Oxydée par l'acide nitrique, elle se transforme en *acide isodulcitique*, $C^{12}H^{10}O^{18}$.

4. *Éther quercétique de l'isodulcite* : $C^{12}H^{12}O^{10}(C^{54}H^{18}O^{24})$ ou $C^{66}H^{30}O^{34}$. — Ce composé, plus connu sous le nom de *quercitrin*, a été appelé aussi *acide quercitrique*; sa découverte est due à M. Chevreul. Il est contenu dans le *quercitron*, c'est-à-dire dans l'écorce du chêne jaune (*Quercus tinctoria*).

Pour l'extraire, on épuise le quercitron par l'eau bouillante. Le quercitrin se dépose par le refroidissement, sous la forme d'une poudre jaune, cristalline, peu soluble dans l'eau, soluble dans l'alcool.

Les acide le dédoublent, ainsi qu'il a été dit tout à l'heure, en isodulcite et *quercétine*.

La quercétine est elle-même un composé complexe, dérivé d'un phénol polyatomique, la *phloroglucine*, $C^{12}H^6O^6$. Elle existe dans un très grand nombre de végétaux (*Ruta graveolens*, *Capparis spinosa*, *Æsculus hippocastanum*, *Sophora japonica*, etc.).

§ 6. — Perséite.

$C^{12}H^{14}O^{12}$................ $C^6H^{14}O^6$.

1. Cette matière, qui existe dans les semences de l'avocatier (*Laurus persea*), a été d'abord confondue avec son isomère la mannite; elle a été distinguée par MM. Muntz et Marcano.

2. *Préparation.* — On l'obtient en épuisant par l'alcool bouillant les graines broyées, filtrant et évaporant, reprenant le résidu par

l'eau, précipitant par l'acétate basique de plomb, filtrant de nouveau, séparant le plomb en excès par l'hydrogène sulfuré, et enfin évaporant en consistance de sirop. La perséite cristallise lentement. On la purifie par des cristallisations répétées dans l'alcool.

3. *Propriétés.* — Elle forme de fines aiguilles fusibles à 183°,5. Elle est soluble dans l'eau froide (6,3 pour 100 à 14°), très peu soluble dans l'alcool froid. Elle est optiquement inactive.

Elle perd de l'eau à 250°, sans se colorer beaucoup. Oxydée, elle fournit de l'acide oxalique. L'acide nitrique la change en un éther explosif. Elle ne réduit pas la liqueur cupropotassique même après ébullition avec les acides.

§ 7. — Partage des principes sucrés en deux classes.

Les différentes matières sucrées dont il a été parlé plus haut donnent, quand on les oxyde par l'acide azotique, tantôt de l'acide mucique, tantôt de l'acide saccharique. Cette distinction mérite beaucoup d'attention, car elle se retrouve dans toute une série de principes isomères envisagés deux à deux, lesquels se rattachent à la mannite et à la dulcite par leur fonction chimique et leurs propriétés.

En voici le tableau :

Principes qui fournissent de l'acide mucique.	*Principes qui fournissent seulement de l'acide saccharique.*
Dulcite, $C^{12}H^{14}O^{12}$,	Mannite, $C^{12}H^{14}O^{12}$,
Galactose, $C^{12}H^{12}O^{12}$,	Lévulose, glucose ordinaire, etc., $C^{12}H^{12}O^{12}$,
Lactose ou sucre de lait; mélitose... $C^{12}H^{10}O^{10}(C^{12}H^{12}O^{12})$,	Saccharose ou sucre de canne, maltose, tréhalose, mélézitose, etc......... $C^{12}H^{10}O^{10}(C^{12}H^{12}O^{12})$,
Gommes solubles, $C^{12}H^{10}O^{10}$,	Dextrine, $C^{12}H^{10}O^{10}$,
Gommes insolubles, mucilages, $C^{12}H^{10}O^{10}$.	Amidon, ligneux, etc., $C^{12}H^{10}O^{10}$.

Ces relations semblent appelées à jouer un grand rôle dans les recherches synthétiques.

CHAPITRE XII

GLUCOSES ET GLUCOSIDES

§ 1er. — Les glucoses en général.

1. Le mot *glucose*, appliqué jadis au sucre de raisin seulement, désigne aujourd'hui toute une série de principes sucrés distincts, lesquels jouissent des propriétés suivantes : ils fermentent directement au contact de la levure de bière ; les bases alcalines les détruisent à 100° et même à froid ; ils réduisent le tartrate cupropotassique ; desséchés à 110°, ils sont isomères et répondent à la formule $C^{12}H^{12}O^{12}$.

2. Tels sont :

La glucose ordinaire ou sucre de raisin ;
La lévulose ou glucose de fruits ;
La glucose inactive ;
La galactose ou glucose lactique ;
La mannitose ;

Et probablement plusieurs autres, dont la nature propre n'a pas encore été distinguée avec certitude.

Nous joindrons à ces glucoses les principes suivants, isomériques avec eux :

La sorbine ;
L'arabinose ;
L'inosine ;
L'eucalyne ;
La dambose ou sucre de caoutchouc ;
La matézodambose ;
La scillite.

L'eucalyne, la sorbine et l'arabinose présentent la plupart des caractères essentiels des glucoses, si ce n'est qu'elles ne sont pas fermentescibles sous l'influence de la levure de bière, et qu'elles ne le deviennent point après avoir subi l'action des acides.

L'inosine, la dambose, la matézodambose et la scillite s'écartent davantage des glucoses, pour se rapprocher de la mannite par leur stabilité; non seulement elles ne fermentent pas, mais elles ne réduisent pas le tartrate cupropotassique.

3. *Fonction.* — Tous ces principes jouent le rôle d'alcools polyatomiques d'un ordre très élevé, comme M. Berthelot l'a établi par la synthèse directe de leurs combinaisons avec les acides. Cette fonction s'accorde d'ailleurs avec l'existence d'un grand nombre de dérivés naturels, les *glucosides*.

Leur constitution peut être exprimée de deux manières distinctes, quoique très analogues :

1° On peut envisager certaines glucoses comme des alcools hexatomiques jouant, par rapport à la mannite, le même rôle que l'alcool allylique par rapport à l'alcool propylique, ainsi qu'il a été dit plus haut (p. 336).

2° On doit encore envisager d'autres glucoses comme réunissant à leur caractère essentiel d'alcool, le rôle secondaire d'aldéhyde, conformément à la théorie des fonctions mixtes. La mannite, par exemple, jouant le rôle d'alcool hexatomique, la glucose ordinaire en dérive et est à la fois un alcool pentatomique et un aldéhyde monoatomique :

Mannite....................	$C^{12}H^2(H^2O^2)^6$,
Glucose ordinaire............	$C^{12}H^2(H^2O^2)^5(O^2[-])$.

Parmi les nombreux isomères des glucoses, ces deux points de vue trouvent également leur application. L'inosine, par exemple, offre les caractères d'un alcool hexatomique; tandis que la mannitose dérive de la mannite par oxydation, conformément à la réaction génératrice des aldéhydes.

Certains faits importants confirment d'ailleurs l'existence d'une fonction aldéhydique dans certaines glucoses. Tout d'abord ces dernières jouissent de la propriété de réduire le réactif cupropotassique et d'autres analogues. D'autre part, la *phénylhydrazine*, $C^{12}H^8Az^2$, qui jouit de la propriété caractéristique de s'unir directement aux aldéhydes, se combine également et par simple mélange avec toutes les matières sucrées douées de propriétés réductrices, en formant des corps cristallisés, de formule $C^{36}H^{22}Az^4O^8$, peu solubles dans l'eau (M. E. Fischer). Etc.

Quoi qu'il en soit de ces distinctions, les glucoses en général jouent le rôle d'alcools polyatomiques : cette caractéristique nous suffira presque toujours pour retracer l'histoire de leurs dérivés.

4. *Formation.* — La formation synthétique des glucoses est un

problème encore peu avancé. En théorie, on doit pouvoir former les glucoses au moyen des hydrures d'hexylène, $C^{12}H^{14}$, et au moyen des hexylènes, $C^{12}H^{12}$; par exemple en remplaçant dans ces derniers $6H^2$ par $6H^2O^2$. On aurait réussi même à former au moyen de la benzine, un corps isomérique avec les glucoses, la *phénose*. A cet effet, on a uni la benzine avec l'acide hypochloreux ; ce qui a fourni un éther trichlorhydrique,

$$C^{12}H^{6} + 3\,HClO^{2} = C^{12}H^{9}Cl^{3}O^{6} = C^{12}(H^{2}O^{2})^{3}(HCl)^{3},$$

et la saponification de cet éther aurait donné naissance à la phénose. Mais ce composé n'est pas fermentescible (Carius).

C'est en vertu d'une relation plus régulière que la mannite et la dulcite, dans des conditions d'oxydation ou de fermentation, peuvent être changées en des glucoses correspondantes (M. Gorup-Besanez) :

$$C^{12}H^{14}O^{12} + O^{2} = C^{12}H^{12}O^{12} + H^{2}O^{2}.$$

En général, les glucoses préexistent dans les êtres vivants, ou sont formées par le dédoublement de principes immédiats naturels.

Rappelons enfin que le *dialdéhyde glycérique*, $(C^6H^6O^6)^2$, offre la formule d'une glucose (p. 365) ; que la glycérine peut même être changée en une glucose fermentescible (p. 365) ; enfin que l'action de l'hydrogène naissant sur les glucoses développe un peu d'alcool isopropylique, $C^6H^8O^2$, c'est-à-dire un dérivé normal de la glycérine (p. 422). Il y a là le point de départ de découvertes nouvelles.

Entrons maintenant dans le détail de l'histoire des glucoses.

§ 2. — **Glucose ordinaire ou sucre de raisin.**

$C^{12}H^{12}O^{12}$ ou $C^{12}H^{2}(O^{2}|-|)(H^{2}O^{2})^{5}$ .... $C^6H^{12}O^6$.

1. La glucose ou *glycose* a été distinguée en premier lieu dans le jus de raisin, par Lowitz en 1792. Kirchhof l'a préparée pour la première fois au moyen de l'amidon, en 1811. MM. Péligot et Dubrunfaut ont fait connaître ses principales combinaisons avec les bases. Sa fonction alcoolique a été établie par M. Berthelot. Suivant ses différentes origines, on l'a appelée aussi *sucre de raisin*, *sucre de fruits*, *sucre de miel*, *sucre d'amidon*, *sucre de diabète*, etc., enfin l'action qu'elle exerce sur la lumière polarisée lui a fait donner le nom de *dextrose*.

2. *États naturels.* — La glucose ordinaire est extrêmement répandue dans l'organisation des êtres vivants. Elle constitue seule la matière sucrée solide des raisins secs et celle de l'urine des diabétiques ; associée à la lévulose, elle forme la matière sucrée de la plupart des fruits acides et notamment des raisins, pris dans leur état de maturité ; elle fait aussi partie du miel. On la rencontre dans le foie, le chyle et le sang des animaux.

3. *Formations.* — La même glucose résulte du dédoublement, par les acides ou les ferments solubles, du sucre de canne, de la maltose, du sucre de lait, de l'amygdaline, de la salicine et des substances analogues. La glucose ordinaire dérive également de la transformation que le tréhalose et le mélézitose éprouvent sous l'influence des acides.

Enfin elle peut être formée artificiellement par l'action de l'acide sulfurique étendu sur l'amidon, sur le ligneux, sur la matière glycogène hépatique, sur la tunicine, sur la chitine, etc., c'est-à-dire sur un grand nombre des principes les plus essentiels parmi ceux qui constituent les tissus végétaux et animaux.

4. *Préparation.* — On prépare la glucose au moyen de la fécule et de l'acide sulfurique. A cet effet, on mélange 1 partie d'acide avec 50 parties d'eau, on porte la liqueur à l'ébullition et on y incorpore peu à peu 5 parties de fécule, délayées dans 5 parties d'eau tiède. On chauffe au bain-marie bouillant et on fait passer un courant de vapeur dans le produit ; lorsqu'une prise d'essai refroidie ne se colore plus en bleu par l'eau iodée, on sature l'acide par la craie ; on décante la liqueur claire ; on la filtre sur du noir animal et on l'évapore dans le vide, jusqu'à ce que froide elle marque 40° Baumé ; la glucose cristallise lentement en une masse granuleuse.

Dans cette préparation, la matière amylacée, bouillie avec l'acide sulfurique étendu, fournit simultanément de la *maltose*, $C^{24}H^{22}O^{22}$, diverses *dextrines* et de la glucose :

$$\underset{\text{Amidon.}}{C^{36}H^{30}O^{30}} + 2\,H^2O^2 = \underset{\text{Maltose.}}{C^{24}H^{22}O^{22}} + \underset{\text{Glucose.}}{C^{12}H^{12}O^{12}};$$

$$\underset{\text{Amidon.}}{C^{36}H^{30}O^{30}} + H^2O^2 = \underset{\text{Dextrine.}}{C^{24}H^{20}O^{20}} + \underset{\text{Glucose.}}{C^{12}H^{12}O^{12}};$$

puis la maltose et les dextrines se transforment à leur tour, sous la même influence, en glucose :

$$\underset{\text{Maltose.}}{C^{12}H^{10}O^{10}(C^{12}H^{12}O^{12})} + H^2O^2 = \underset{\text{Glucose.}}{2\,C^{12}H^{12}O^{12}};$$

$$\underset{\text{Dextrine.}}{C^{24}H^{20}O^{20}} + 2\,H^2O^2 = \underset{\text{Glucose.}}{2\,C^{12}H^{12}O^{12}},$$

de telle sorte que, finalement, la fécule se trouve complètement changée en glucose.

Toutefois, cette saccharification complète n'est obtenue à 100° que par l'emploi de l'acide chlorhydrique au dixième.

Dans l'industrie, on saccharifie l'amidon à une température plus élevée. Tantôt on le traite par 20 fois son poids d'eau contenant 1 centième d'acide sulfurique, en opérant dans une chaudière fermée que l'on chauffe jusqu'à 160° (6 atmosphères). Tantôt on fait passer le mélange, d'une manière continue, dans un serpentin entouré de vapeur à la même température, en réglant l'écoulement de telle façon que la masse subisse pendant un quart d'heure l'action de la chaleur; on peut alors abaisser la proportion d'acide jusqu'à 2 ou 3 millièmes. Dans les deux cas, lorsqu'on se propose de produire de la glucose dépourvue de dextrine, on prolonge la saccharification jusqu'à ce que le mélange soit entièrement soluble dans l'alcool. On laisse encore ainsi dans le produit 10 centièmes d'achroodextrine (γ) (voy. *Dextrine*). La substitution de l'acide oxalique à l'acide sulfurique fournit un produit beaucoup moins coloré. Dans tous les cas, on neutralise par la craie pour séparer l'acide, on filtre sur du noir animal pour décolorer, et on concentre le sirop dans des appareils à évaporer dans le vide, identiques à ceux adoptés pour la fabrication du sucre de canne (voy. *Sucre de canne*).

Pour obtenir la glucose cristallisée, on pousse la concentration jusqu'à ce que le sirop ne contienne plus que 13 pour 100 d'eau.

Le sirop de fécule du commerce est un mélange incristallisable de glucose et de dextrine, obtenu en laissant incomplète la réaction.

Si l'on veut extraire le sucre de l'urine diabétique, on évapore celle-ci au bain-marie, on verse sur le sirop obtenu un peu d'alcool; la glucose ne tarde pas à cristalliser. Dans ce traitement, on obtient souvent, au lieu de glucose pure, une combinaison de glucose et de chlorure de sodium.

Pour obtenir la glucose pure, on fait cristalliser plusieurs fois la glucose cristallisée du commerce dans l'alcool méthylique bouillant (D=0,810 à 20°), en troublant les premières cristallisations par l'agitation. En abandonnant longtemps à elle-même une solution dans le même dissolvant un peu plus dilué (D=0,825 à 20°), on obtient lentement des cristaux un peu plus volumineux de glucose anhydre (M. Soxhlet).

5. *Propriétés.* — La glucose ordinaire se présente sous la forme de petits cristaux, assemblés en mamelons ou en choux-fleurs, généralement opaques et mal définis. Elle est inodore. Sa saveur est d'abord piquante et farineuse, puis devient faiblement sucrée; elle est beaucoup moins prononcée que celle du sucre de canne, car il faut 2 fois 1/2 plus de glucose que de sucre de canne pour sucrer au

même degré le même volume d'eau. Ses cristaux renferment 2 équivalents d'eau de cristallisation, $C^{12}H^{12}O^{12}+2\,HO$, quand ils se sont formés dans une liqueur aqueuse; ils sont inaltérables à l'air, et leur densité est 1,55. Déposés d'une solution dans l'alcool ordinaire ou dans l'alcool méthylique, ils sont anhydres et constituent des prismes rhomboïdaux obliques.

La glucose est fort soluble dans l'eau, moins cependant que le sucre de canne: 81,68 parties de glucose sèche exigent pour se dissoudre 100 parties d'eau à 17°,5, et la dissolution s'opère lentement. Les dissolutions aqueuses de la glucose peuvent être amenées à l'état sirupeux, sans cristalliser tout d'abord; elles restent longtemps sursaturées.

1 partie de glucose anhydre se dissout dans 50 parties d'alcool ($D=0,837$) à 17°, et dans 4,6 parties du même alcool bouillant. Elle se dissout à froid dans 9,7 parties d'alcool ($D=0,880$), et dans 0,73 du même alcool bouillant.

La glucose est dextrogyre. Son pouvoir rotatoire, rapporté aux cristaux hydratés, $C^{12}H^{12}O^{12}+2\,HO$, et observé dans des solutions aqueuses contenant de 10 à 14 grammes de matière pour 100 d'eau, est très voisin de la valeur $\alpha_D=+48°$; mais ce pouvoir diminue à mesure que la dilution des liqueurs augmente. La formule suivante (M. Tollens), qui est applicable à la température de 17°,5, et dans laquelle p est le poids de glucose à 2 équivalents d'eau contenu dans 100 grammes de dissolution, permet de calculer le pouvoir rotatoire observé dans les diverses dilutions :

$$\alpha_D = 47{,}92541 + 0{,}015534\,p + 0{,}0003883\,p^2.$$

Le pouvoir rotatoire de la glucose anhydre est à celui de la glucose hydratée dans le rapport $\frac{1,1}{1}$; soit $\alpha_D=+52°,8$ pour les concentrations moyennes précitées.

Le pouvoir rotatoire de la glucose varie peu avec la température et n'est guère influencé par les acides. Pour observer ce pouvoir avec la valeur constante qui vient d'être signalée, il faut attendre quelques heures après la dissolution complète de la glucose dans l'eau, dans le cas où l'on opère cette dissolution à froid; ou bien faire bouillir la liqueur pendant quelques minutes. Sans ces précautions, on trouve, pendant les premiers moments qui suivent la dissolution, un pouvoir rotatoire presque double, mais qui diminue graduellement jusqu'à la limite indiquée.

La glucose en cristaux hydratés se ramollit à 60°, fond vers 70° ou

80°, et perd ensuite ses 2 équivalents d'eau de cristallisation. Elle devient rapidement anhydre à 110°.

La glucose anhydre fond à 144°.

6. *Action de la chaleur.* — La glucose commence à se décomposer lorsqu'on la maintient vers 170° pendant quelque temps; elle perd les éléments de l'eau et se change en *glucosane*, $C^{12}H^{10}O^{10}$:

$$\underset{\text{Glucose.}}{C^{12}H^{12}O^{12}} = \underset{\text{Glucosane.}}{C^{12}H^{10}O^{10}} + H^2O^2.$$

La glucosane est amorphe, incolore, dextrogyre, non fermentescible directement; elle se change en glucose par l'action des acides étendus.

Sous l'influence d'une température plus élevée, la glucose perd de nouveau les éléments de l'eau et donne naissance, d'abord à des produits condensés, bruns, solubles dans l'eau (composés caraméliques), puis à des produits noirs, insolubles, de nature ulmique; enfin à un charbon encore hydrogéné. A la fin de la réaction, l'eau qui se dégage est accompagnée par de petites quantités d'acide acétique, de liquides pyrogénés odorants, d'acide carbonique, d'oxyde de carbone, de gaz des marais, etc.

7. *Hydrogène.* — Sous l'influence de l'hydrogène naissant (amalgame de sodium) la glucose fournit de la *mannite* (M. Linnemann):

$$C^{12}H^{12}O^{12} + H^2 = C^{12}H^{14}H^{12}.$$

En même temps, il se forme une proportion notable d'*alcool isopropylique*, $C^6H^8O^2$, et quelques traces d'alcool ordinaire, $C^4H^6O^2$ (M. G. Bouchardat).

8. *Oxygène.* — La glucose oxydée doit fournir divers aldéhydes et acides, que nous n'énumérerons pas ici au point de vue théorique. Signalons seulement les faits observés.

1° Traitée avec ménagement par l'acide nitrique étendu, la glucose donne naissance à l'*acide saccharique* (Liebig) :

$$C^{12}H^{12}O^{12} + 3\,O^2 = C^{12}H^{10}O^{16} + H^2O^2.$$

Mais, pour peu que l'on prolonge trop la réaction, on obtient de l'*acide oxalique*, $C^4H^2O^8$, en vertu d'une oxydation plus profonde.

2° On obtient également de l'acide oxalique, ou plutôt un oxalate, lorsqu'on chauffe la glucose avec la chaux sodée vers 200°.

3° Chauffée avec le bioxyde de manganèse et l'acide sulfurique étendu, la glucose se transforme en *acide formique*, $C^2H^2O^4$, et en acide carbonique.

4° La glucose chauffée à 100°, en vases clos, avec de l'eau et du brome, ou traitée en solution aqueuse froide par un courant de chlore, s'oxyde et se transforme en *acide gluconique*, $C^{12}H^{12}O^{14}$ (MM. Hlasiwetz et Habermann) :

$$C^{12}H^{12}O^{12} + O^2 = C^{12}H^{12}O^{14}.$$

Cette réaction s'effectue par l'intermédiaire de composés bromés ou chlorés que l'eau détruit ensuite.

Le même acide gluconique s'obtient en oxydant la glucose sous l'influence de certains ferments figurés (M. Boutroux).

5° Oxydée par électrolyse, la glucose donne de l'acide formique, de l'acide saccharique et du trioxyméthylène, $(C^2H^2O^2)^3$ (M. Renard).

6° La glucose réduit à l'ébullition les solutions de chlorure d'or, de nitrate d'argent, de bichlorure de mercure, d'acétate de cuivre, de nitrate de bismuth, etc. Mais c'est surtout en présence des alcalis que l'action oxydante des oxydes métalliques sur la glucose devient caractérisée. Avec l'oxyde d'argent ammoniacal, l'argent réduit se dépose sur le vase sous la forme d'une lame miroitante ; ce fait a été utilisé pour l'argenture de glaces. Avec l'oxyde de cuivre alcalin, la glucose se trouve transformée surtout en *acide tartronique*, $C^6H^4O^{10}$, puis en une substance analogue à la dextrine, et en acides formique, acétique, etc.

Trois des réactions précédentes, celles du mercure, du cuivre et du bismuth, sont usitées pour reconnaître la glucose, en raison de leur grande sensibilité.

9. *Analyse de la glucose.* — La solution alcaline d'oxyde de cuivre dans l'acide tartrique est surtout employée à cette fin (Trommer). On la prépare de diverses manières (*liqueur de Fehling, liqueur de Barreswill*, etc.) ; la formule suivante est avantageuse. On dissout, d'une part, 40 grammes de sulfate de cuivre cristallisé dans 160 grammes d'eau ; et, d'autre part, 75 grammes de carbonate de soude cristallisé et 100 grammes crème de tartre dans 300 grammes d'eau tiède ; on mélange les deux solutions, et on ajoute 600 centimètres cubes environ d'une lessive de soude caustique, de densité égale à 1,12. Cette liqueur est réduite déjà à froid par la glucose, avec dépôt d'oxydule de cuivre, mais elle l'est surtout à l'ébullition et la réaction présente alors une extrême sensibilité.

Elle peut être employée pour titrer la glucose, en versant goutte à goutte, jusqu'à décoloration, la solution sucrée dans 10 centimètres cubes de la *liqueur cupropotassique* tenue en ébullition. Il ne faut pas oublier cependant que la quantité de cuivre réduit à l'état d'oxydule change avec la concentration des liqueurs et la proportion du réactif cuivrique mis en présence : 1 équivalent de glucose réduit, suivant le cas, de 10,11 à 10,52 équivalents de cuivre. On doit donc titrer le réactif et effectuer le dosage dans des conditions semblables de concentration.

Une réduction analogue des sels cuivriques en solution alcaline peut d'ailleurs être produite par divers autres corps, tels que les aldéhydes, l'acide urique, le tanin, etc.

On peut ainsi doser la glucose en déterminant le pouvoir rotatoire, lequel est proportionnel au poids de matière active contenu dans un volume donné de la dissolution ; ce pouvoir ne change pas par l'action d'un acide étendu (voy. p. 439).

Enfin on peut doser la glucose par la fermentation alcoolique, en mesurant le volume de l'acide carbonique dégagé sous l'influence de la levure de bière. Ce volume, augmenté du volume de la liqueur aqueuse qui tient en dissolution son propre volume de gaz, étant exprimé en centimètres cubes et multiplié par 4, fournit approximativement le nombre de milligrammes de glucose.

10. *Composés alcalins.* — La glucose forme avec les bases divers composés analogues aux alcoolates. Ainsi la glucose en solution dans l'alcool absolu, traitée par de l'alcool sodé, donne un précipité de *glucose sodée* ou *glucosate de soude*, $C^{12}H^{11}NaO^{12}$ (MM. Hœnig et Rosenfeld).

Le glucoside barytique............. $2\,C^{12}H^{12}O^{12}, 3\,BaO + 4\,Aq$,
Le glucoside calcique............... $2\,C^{12}H^{12}O^{12}, 3\,CaO + 4\,Aq$,

sont des précipités blancs, très altérables, que l'on obtient en dissolvant à froid les terres alcalines dans une solution de glucose, et précipitant par l'alcool.

Le glucoside potassique peut être préparé d'une manière analogue.

La solution de glucose ne précipite ni l'acétate de plomb tribasique, ni l'acétate de plomb ammoniacal ; mais, si l'on ajoute à cette solution de l'acétate de plomb, puis de l'ammoniaque, jusqu'à ce qu'il se forme un précipité, on obtient un *glucoside plombique :*

$$C^{12}H^{9}Pb^{3}O^{12} + 4\,Aq.$$

Tous ces composés se forment seulement à une basse température. Pour peu qu'on chauffe les liqueurs, elles jaunissent aussitôt, puis prennent un teinte brune très sensible. Quand on chauffe, en effet, de la glucose avec une solution alcaline caustique, vers 96° une réaction énergique se déclare et donne naissance, en même temps qu'à des produits bruns, à de la pyrocatéchine, à de l'acide formique et surtout à de l'acide lactique (M. Hoppe-Seyler).

Une solution de glucoside de chaux ou de baryte, abandonnée à elle-même à la température ordinaire, perd peu à peu sa réaction alcaline; elle renferme alors du glucate de chaux ou de baryte. La même réaction s'effectue rapidement à chaud. L'*acide glucique* répond à la formule $C^{24}H^{18}O^{18}$, c'est-à-dire qu'il semble résulter de la déshydratation de la glucose (Persoz). En même temps, il s'est formé une belle matière cristallisée, la *saccharine*, $C^{12}H^{10}O^{10}$ (M. Péligot).

L'ammoniaque réagit lentement sur la glucose à 100° (P. Thénard). Il se forme surtout ainsi deux alcalis organiques, liquides, bien définis, les *glucosines*, correspondant aux formules $C^{12}H^{8}Az^{2}$ et $C^{14}H^{10}Az^{2}$ (M. Tanret).

Quand on chauffe vers 100° une solution de glucose (1 p.) additionnée d'acétate de soude (3 p.) puis de chlorhydrate de phénylhydrazine (2 p.), il se forme bientôt en abondance des aiguilles cristallines de *phénylglucosazone*, $C^{36}H^{22}Az^{4}O^{8}$ (M. E. Fischer). Cette réaction est fort sensible : une solution de glucose au centième donne encore des cristaux en quantité notable.

11. *Composés salins.* — La glucose s'unit avec divers sels, en formant des combinaisons analogues à celles que l'alcool contracte avec certains chlorures, azotates, etc.

Signalons seulement le *glucoside de sel marin :*

$$2\,C^{12}H^{12}O^{12}, NaCl + 2\,Aq,$$

lequel cristallise en gros prismes d'apparence rhomboédrique, du système hexagonal (M. Hünefeld).

12. *Composés acides.* — La glucose, chauffée vers 100° ou 120° avec les acides organiques, acétique, butyrique, stéarique, tartrique, citrique, s'y combine en donnant naissance à des corps neutres et à des acides conjugués, comparables aux dérivés de la glycérine et de la mannite, et qui seront décrits plus loin.

Traitée à froid par l'acide nitrique fumant, elle forme un glucoside nitrique.

L'acide sulfurique concentré donne à froid naissance à un acide glucososulfurique. Mais, pour peu que l'on élève la température, la glucose se carbonise, avec dégagement d'acide sulfureux.

L'acide chlorhydrique très concentré paraît d'abord sans action à froid; mais, au bout de quelques semaines, la glucose est détruite et changée en matières ulmiques. Le même changement s'opère plus rapidement à l'ébullition.

§ 3. — Fermentations de la glucose.

1. *Fermentation alcoolique.* — La glucose est très sensible à l'action des ferments. Mise en contact avec la levure de bière, elle se change en alcool et acide carbonique (p. 242) :

$$C^{12}H^{12}O^{12} = 2\,C^{4}H^{6}O^{2} + 2\,C^{2}O^{4}.$$

Glucose. Alcool.

Il se produit en même temps 3 à 4 centièmes de glycérine et 6 à 7 millièmes d'acide succinique, d'après M. Pasteur, qui a fait de la fermentation alcoolique une étude approfondie.

La réaction s'opère pour le mieux à une température de 25° à 30° ; elle a lieu avec dégagement de chaleur, comme tout le monde l'a remarqué dans la fabrication du vin : 1 équivalent de glucose, en éprouvant la fermentation alcoolique, donne naissance à 67 Calories environ.

La levure de bière employée dans cette expérience est un végétal cellulaire, le *Saccharomyces cerevisiæ* (fig. 42, p. 242), qui se transforme pendant l'opération, en donnant naissance dans ses tissus à une certaine quantité de cellulose. Si la liqueur renferme des matières albuminoïdes et des phosphates, capables de servir d'aliments à la levure, celle-ci se multiplie, ainsi que le prouve la fabrication de la bière. Sinon la levure perd son activité en se transformant. Il ne se dégage pas trace d'azote dans une fermentation normale. En présence de l'air ou de l'oxygène, la fermentation s'opère plus vite ; mais le poids de levure détruit est plus considérable. La fermentation alcoolique est arrêtée par la présence de tous les corps capables de suspendre ou d'anéantir la vie végétale (sels métalliques, produits empyreumatiques, chloroforme, acide salicylique, etc.).

On peut obtenir de l'alcool au moyen de la glucose, sous l'influence de différents *Saccharomyces* autres que le *S. cerevisiæ*, et de divers organismes ; il s'en forme également quand on la met en présence d'une matière animale et du bicarbonate de soude, vers 35°. Si l'on évite la présence de l'air, il ne se produit pas de levure, mais des granulations moléculaires ou microbes d'un aspect particulier (M. Berthelot). La proportion d'alcool obtenue ainsi ne dépasse pas 10 à 12 centièmes.

2. *Fermentation lactique.* — La glucose abandonnée avec un mélange de caséine et de carbonate de chaux, se change en acide lactique, et par suite en lactate de chaux (MM. Boutron et Fremy) :

$$C^{12}H^{12}O^{12} = 2\,C^{6}H^{6}O^{6}.$$

La formation de l'acide lactique a même lieu sans le concours d'un alcali; mais, dans ce cas, elle ne tarde pas à s'arrêter pour faire place à la fermentation visqueuse. La fermentation lactique paraît déterminée par un mycoderme spécial (fig. 61) formé de petits globules ou

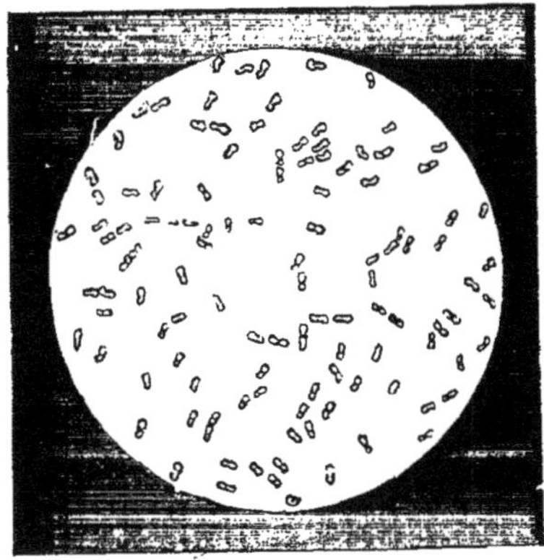

FIG. 61. — Ferment lactique.

d'articles très courts, beaucoup plus petits que ceux de la levure de bière (M. Pasteur).

3. *Fermentation butyrique.* — La glucose peut être transformée

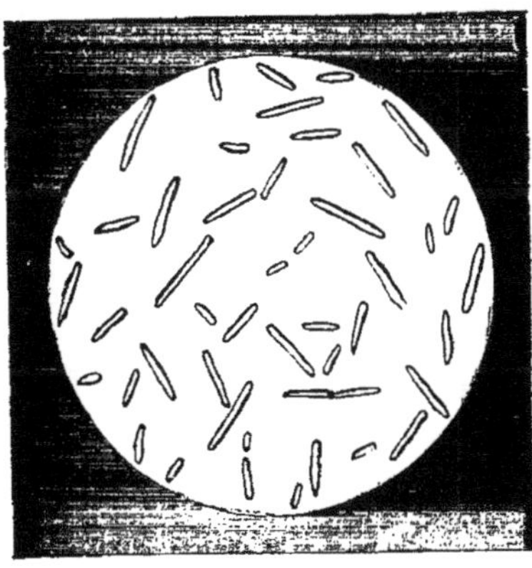

FIG. 62. — *Bacillus amylobacter*.

directement en un autre acide, l'acide butyrique, $C^8H^8O^4$, par un microbe formé de baguettes cylindriques de très petites dimensions (M. Van Tieghem), le *Bacillus amylobacter* (fig. 62). La transformation du glucose en acide butyrique répond à l'équation suivante :

$$C^{12}H^{12}O^{12} = C^8H^8O^4 + 2\,C^2O^4 + 2\,H^2.$$

Le même microbe effectue, plus facilement encore, la même transformation par voie indirecte, en agissant sur le lactate de chaux, préalablement engendré par la fermentation lactique de la glucose en présence du carbonate de chaux (M. Pasteur).

4. *Fermentation visqueuse.* — Dans la fermentation lactique, si la liqueur devient acide, on voit apparaître la mannite. Mais la formation de cette substance répond à une fermentation spéciale, développée sous l'influence d'un végétal particulier (fig. 60, p. 423). Elle s'accomplit surtout dans une solution sucrée additionnée de blanc d'œuf. La formation de la mannite, corps plus hydrogéné que la glucose, est corrélative de celle de l'acide carbonique, plus oxygéné.

En même temps, et en poids presque égal, se forme une matière gommeuse, très soluble dans l'eau, précipitable par l'alcool, dextrogyre, sans action sur le tartrate cupropotassique; cette matière ne fournit pas d'acide mucique par oxydation, ce qui la distingue des gommes proprement dites.

5. *Fermentation acétique.* — Sous l'influence du *Mycoderma aceti* (fig. 51, p. 259), agent de la fermentation acétique de l'alcool, la glucose fonctionnant comme aldéhyde, fixe l'oxygène de l'air et se change en *acide gluconique :*

$$C^{12}H^{12}O^{12} + O^2 = C^{12}H^{12}O^{14}.$$

Le mycoderme prend dans ces circonstances une forme particulière (*Micrococcus oblongus*), différente de celle de la mère du vinaigre (M. Boutroux).

Telles sont les principales fermentations de la glucose.

§ 4. — Dérivés de la glucose en général.

Exposons maintenant la théorie générale de ses dérivés.

La théorie des dérivés de la glucose est facile à construire, en envisageant cette substance comme un alcool polyatomique.

Admettons qu'elle représente un alcool pentatomique, jouissant en même temps des propriétés d'un aldéhyde monoatomique : un dérivé quelconque de la glucose sera formé par la superposition de 1, 2, 3, 4, 5 des réactions d'un alcool monoatomique :

$$D = H + (B^{I}-C^{I}) + (B^{II}-C^{II}) + (B^{III}-C^{III}) + (B^{IV}-C^{IV}) + (B^{V}-C^{V}),$$

ce système de réactions pouvant d'ailleurs se compliquer dans chaque cas particulier du système des réactions propres à un aldéhyde.

L'algorithme précédent explique la loi qui préside à la formation des combinaisons les plus simples de la glucose avec les acides, avec les alcools, avec les aldéhydes, avec l'ammoniaque, ainsi qu'à la formation de tout un groupe de ses dérivés par déshydratation, oxydation ou réduction.

Quant aux réactions attribuables au caractère aldéhydique, elles sont représentées par la fixation d'hydrogène H^2, qui produit la mannite; par la fixation d'oxygène O^2, qui produit l'acide gluconique; et par diverses autres réactions caractéristiques de la fonction susdite.

Les combinaisons de la glucose avec les acides, les alcools, les phénols, les aldéhydes, formées avec séparation des éléments de l'eau, portent le nom de *glucosides*.

Un certain nombre de ces glucosides peuvent être obtenus synthétiquement. Cette même classe comprend aussi de nombreux principes naturels, que l'art n'a pas encore réussi à reproduire, mais dont la constitution est en harmonie avec la théorie générale. C'est en la prenant pour guide que nous allons exposer l'histoire des glucosides, tant naturels qu'artificiels.

§ 5. — **Combinaisons de la glucose avec les acides.**

Les combinaisons que la glucose forme avec les acides ont été découvertes pour la plupart par M. Berthelot; elles résultent de l'union directe de leurs composants. Cette union s'opère avec élimination des éléments de l'eau, vers 100° ou 120°, quoique avec plus de difficulté que la formation des corps gras neutres. Elle s'effectue mieux avec les anhydrides des acides organiques (M. Schützenberger) qu'avec ces acides eux-mêmes. Les chlorures acides sont également efficaces pour la réaliser (M. Colley).

Dans les principes auxquels elle donne naissance, les propriétés de l'acide et celles du sucre générateur deviennent latentes et ne peuvent reparaître que par suite de la fixation des éléments de l'eau. On sait que tel est le caractère le plus essentiel des composés mannitiques et des corps gras neutres, celui qui les assimile le plus étroitement aux éthers proprement dits; il appartient également aux combinaisons des matières sucrées avec les acides.

En effet, la formation et le dédoublement de ces combinaisons s'opèrent sous les mêmes influences et dans les mêmes conditions que celles des corps gras neutres; les propriétés chimiques et physiques de ces deux groupes de principes complexes sont semblables, si ce n'est que les glucosides s'altèrent bien plus facilement sous l'influence de la chaleur et des alcalis.

Un tel défaut de stabilité mérite d'être remarqué, parce qu'il oppose un grand obstacle à la formation artificielle des glucosides, obtenus dans des conditions très voisines de leur altération; il nuit aussi à la netteté des dédoublements. Ceux-ci notamment ne peuvent guère être effectués avec sécurité par les alcalis, mais seulement par les acides étendus, et parfois au moyen de certains ferments. De là résulte souvent quelque incertitude sur la nature véritable des sucres préexistants dans les combinaisons naturelles, attendu que ces sucres sont modifiables par les acides et par les ferments. Observons en outre que plusieurs glucosides dérivent, non pas de la glucose, mais de la glucosane, $C^{12}H^{10}O^{10}$, c'est-à-dire que, dans leur formation à partir de la glucose, il s'élimine H^2O^2 de plus que dans la formation d'un glucoside normal. Cette particularité a déjà été signalée dans l'étude des dérivés mannitiques (p. 420).

Passons en revue les principaux glucosides artificiels.

I. — Glucoside distéarique.

$C^{12}H^2O^2(H^2O^2)^3(C^{36}H^{36}O^4)^2$ .... $(C^{18}H^{35}O^2)^2{=}C^6H^7O{\equiv}(OH)^3$.

1. *Formation.* — Ce corps s'obtient en chauffant à 120°, pendant cinquante à soixante heures, un mélange d'acide stéarique et de glucose, préalablement déshydraté. On l'extrait et on le purifie en suivant la même marche que pour la monostéarine.

2. *Propriétés.* — C'est une substance neutre, solide, incolore, circuse, semblable à la stéarine; sa fusibilité est analogue à celle de cette dernière matière. Sous le microscope, elle présente l'aspect de fines granulations.

Elle est très soluble dans l'éther, soluble dans l'alcool absolu, insoluble dans l'eau. Toutefois, si on l'agite avec ce dernier menstrue, elle fournit une liqueur opalescente, semblable à une émulsion faible.

3. Le glucoside stéarique réduit le tartrate cupropotassique. Au contact de l'acide sulfurique concentré, il prend immédiatement une coloration rougeâtre, qui devient presque aussitôt violacée, puis noirâtre.

II. — Glucoside dibutyrique.

$C^{12}H^2O^2(H^2O^2)^3(C^8H^8O^4)^2$ .... $(C^4H^7O^2)^2{=}C^6H^7O{\equiv}(OH)^3$.

1. Ce corps se prépare comme le précédent. C'est un liquide neutre,

oléagineux, épais, jaunâtre, très soluble dans l'eau. Il est excessivement amer. Il tache le papier d'une manière permanente, à la façon des huiles.

2. Il réduit le tartrate cupropotassique et noircit au contact de l'acide sulfurique concentré. L'acide sulfurique étendu le résout à une douce chaleur avec formation d'acide butyrique et d'une glucose fermentescible.

III. — Glucosides acétiques.

1. *Glucoside monoacétique* (1) : $C^{12}H^2O^2(H^2O^2)^4(C^4H^4O^4)$. — Cet éther s'obtient au moyen de l'acide acétique cristallisable, ou mieux au moyen de l'anhydride acétique. C'est un liquide neutre, huileux, très amer, soluble dans l'éther, l'alcool et l'eau (M. Berthelot).

2. La glucose chauffée avec des quantités variables d'anhydride acétique donne des éthers à divers nombres d'équivalents d'acide (M. Schützenberger).

3. En traitant la glucose par le chlorure acétique, on obtient un *glucoside acétochlorhydrique* (2), $C^{12}H^2O^2(H^2O^2)^3(HCl)(C^4H^4O^4)$, cristallisable (M. Colley).

IV. — Glucoside dibenzoïque.

$C^{12}H^2O^2(H^2O^2)^3(C^{14}H^6O^4)^2$ .... $(C^7H^5O^2)^2 = C^6H^7O \equiv (OH)^3$.

C'est un liquide neutre, peu fluide, doué d'un goût piquant et un peu amer. Traité par un mélange d'alcool et d'acide chlorhydrique, à une douce chaleur, il se dédouble en glucose et éther benzoïque.

V. — Glucoside pentanitrique.

$C^{12}H^2O^2(AzHO^6)^5$ .... $C^6H^7O(AzO^3)^5$.

Ce corps se prépare en dissolvant la glucose déshydratée dans l'acide nitrique fumant. On l'extrait et on le purifie comme la mannite nitrique (p. 427). Il est cristallisable.

VI. — Acides glucososulfurique, glucosophosphorique et glucosocitrique.

Ces éthers-acides se préparent comme les acides éthérés correspondants; mais on les obtient seulement en petite quantité. Certains

(1) $(C^2H^3O^2)\text{-}C^6H^7O \equiv (OH)^4$.

(2) $\genfrac{}{}{0pt}{}{(C^2H^3O^2)}{Cl} > C^6H^7O \equiv (OH)^3$.

acides de cette catégorie existent probablement dans les jus de fruits et autres liquides naturels.

VII. — Acide glucosotétratartrique.

$C^{12}H^2O^2(H^2O^2)(C^8H^6O^{12})^4$......... $(\Theta H)\text{-}\mathcal{C}^6H^7\Theta \equiv (\mathcal{C}^4H^5\Theta^6)^4$.

1. En général, l'acide tartrique manifeste une aptitude singulière à entrer en combinaison avec les matières sucrées, aptitude qu'il possède également vis-à-vis d'un grand nombre d'autres principes organiques. Ce genre d'affinité caractérise l'acide tartrique parmi les acides bibasiques, au même titre que l'acide butyrique parmi les acides monobasiques.

En raison de cette circonstance, les combinaisons de l'acide tartrique avec les sucres sont obtenues plus facilement et en proportion beaucoup plus considérable que celles qui dérivent des acides monobasiques.

2. *Préparation.* — Elles se préparent en chauffant l'acide tartrique à 120° pendant quinze ou vingt heures, avec le sucre qu'on veut lui combiner. On les isole et on les purifie sous la forme de sels calcaires.

C'est ainsi que l'on prépare l'acide glucosotétratartrique avec la glucose ordinaire.

3. *Propriétés.* — C'est un acide quadribasique. Son sel de chaux, séché à 100°, répond à la formule

$$C^{12}H^2O^2(H^2O^2)(C^8H^5CaO^{12})^4 + 2\,Aq;$$

il réduit le tartrate cupropotassique, proportionnellement au poids de glucose dont il dérive.

Ce sel ne fermente pas au contact de la levure de bière ; mais si on le traite à 100° par l'acide sulfurique dilué, il se résout en acide tartrique et glucose fermentescible.

4. Un acide analogue ou identique avec le précédent se rencontre dans le raisin vers l'époque de sa maturation.

§ 6. — **Combinaisons de la glucose avec les alcools.**

1. La glucose ne s'unit pas seulement aux acides, mais, en sa qualité d'alcool polyatomique, elle peut encore s'unir avec les autres alcools ; de plus, elle peut s'unir à la fois aux acides et aux alcools.

Ces combinaisons se ramènent à trois types généraux, savoir : les types simples, formés par l'association de deux alcools distincts ;

les polyglucosides proprement dits, ou dérivés par déshydratation; enfin les types mixtes, dérivés de l'union de la glucose avec un alcool et un acide simultanément, ou bien avec un alcool et un phénol, un alcool et un aldéhyde, etc., etc.

2. *Types simples.* — Chaque alcool engendre en général diverses séries de glucosides, correspondantes à celles des combinaisons dérivées des acides. On peut rapporter à ces types les composés suivants :

Glucosides primaires :

Éthylglucose	$C^{12}H^{6}O^{6}(-)(C^{4}H^{6}O^{2})^{2}$,
Glucoside saligénique (salicine)	$C^{12}H^{10}O^{10}(C^{14}H^{8}O^{4})$,
Glucoside hydroquinonique (arbutine).	$C^{12}H^{10}O^{10}(C^{12}H^{6}O^{4})$,
Glucoside lévulosique (sucre de canne).	$C^{12}H^{10}O^{10}(C^{12}H^{12}O^{12})$.

Beaucoup de ces corps jouent le rôle d'alcools polyatomiques; certains d'entre eux possèdent en outre les propriétés complexes (alcools primaires, secondaires, tertiaires, phénols, etc.) des alcools générateurs. Mais nous ne pouvons entrer dans le développement de cette théorie, facile d'ailleurs à concevoir, aussi bien que les conséquences résultant en outre de la fonction aldéhydique de la glucose.

3. *Polyglucosides et dérivés par déshydratation.* — Tels sont :

1° Des corps renfermant le même nombre d'équivalents de carbone :

Glucose	$C^{12}H^{12}O^{12}$	Alcool pentatomique,
Glucosane	$C^{12}H^{10}O^{10}(-)$	Alcool tétratomique,
....	$C^{12}H^{8}O^{8}(-)(-)$	Alcool triatomique.
....		

2° Des *diglucosides simples*, c'est-à-dire des corps dérivés de 2 molécules de glucose, combinées entre elles à la façon de deux alcools :

Maltose .... $C^{12}H^{10}O^{10}(C^{12}H^{12}O^{12})$ ou $C^{24}H^{22}O^{22}$.

Ces glucosides doivent jouer le rôle d'alcools polyatomiques, ce que l'expérience vérifie.

3° Des *triglucosides simples*, c'est-à-dire des corps dérivés de 3 molécules de glucose, par voie de combinaisons sncсessives :

Dextrine .... $C^{12}H^{10}O^{10}(C^{24}H^{20}O^{20})$ ou $C^{36}H^{30}O^{30}$.

Ces corps jouent encore le rôle d'alcools polyatomiques.

4° Des *polyglucosides simples* d'ordres plus élevés.

Tels sont l'amidon, la cellulose, la tunicine, les principes ligneux, etc., lesquels peuvent être représentés par la formule générale $(C^{12}H^{10}O^{10})^n$.

4. *Types mixtes.* — La glucose, en sa qualité d'alcool polyatomique, peut être combinée à la fois à un acide et à un alcool.

Une immense variété de composés complexes prennent ainsi naissance. Mais, au lieu de les rattacher directement à la glucose, il est en général plus naturel de regarder ces corps comme dérivés d'un premier glucoside, formé par l'association d'un alcool avec la glucose.

1° Citons quelques exemples, en commençant par les *monoglucosides complexes :*

Glucoside saligénique et benzoïque ou *populine :*

$$C^{12}H^8O^8(C^{14}H^8O^4)(C^{14}H^6O^4).$$

Ce corps dérive plus immédiatement du glucoside saligénique ou *salicine.*

Glucoside phloroglucique et phlorizique ou *phlorizine :*

$$C^{12}H^8O^8(C^{12}H^6O^6)(C^{18}H^{10}O^6).$$

Ce corps dérive plus immédiatement de la phloroglucine phlorétique ou *phlorétine.*

2° Dans les *diglucosides complexes*, une molécule de glucose se trouve saturée à la fois par une autre molécule de glucose, jouant le rôle d'alcool, et par une ou plusieurs molécules d'acide, d'alcool, de phénol, etc. Tel est le glucoside lévulosique et tétranitrique :

$$C^{12}H^2O^2(C^{12}H^{12}O^{12})(AzHO^6)^4.$$

Ce corps dérive plus immédiatement du glucoside lévulosique ou *sucre de canne.*

On voit comment les types mixtes comprennent les composés dérivés de plusieurs molécules de glucose, unies à un acide. Cette union peut avoir lieu d'ailleurs, soit immédiatement, soit par l'intermédiaire d'un polyglucoside proprement dit. La théorie indique en effet l'existence de ces deux ordres de polyglucosides.

Voici des exemples de dérivés immédiats, capables de reproduire plusieurs molécules de glucose du premier coup :

Acide amygdalique..... $C^{12}H^2O^2(H^2O^2)^3(C^{12}H^{10}O^{10})(C^{16}H^8O^6)$, corps dérivé de l'acide *benzylaloformique*, $C^{16}H^{8}O^{6}$, et de 2 molécules de glucose ;

Convolvuline.......... $C^{12}H^{2}O^{2}(H^{2}O^{2})^{2}(C^{12}H^{10}O^{10})(C^{12}H^{10}O^{10})(C^{26}H^{24}O^{6})$,

dérivée de l'*acide convolvulinolique*, $C^{26}H^{24}H^{6}$, et de 3 molécules de glucose.

On peut citer au contraire, comme exemples de dérivés d'un polyglucoside proprement dit et d'un acide, la dextrine nitrique, la cellulose nitrique, etc.

Exposons l'histoire de quelques-uns de ces composés.

§ 7. — **Types simples dérivés d'une glucose et d'un alcool.**

I. — Éthylglucose.

$C^{12}H^{2}O^{2}(H^{2}O^{2})^{2}(—)(C^{4}H^{6}O^{2})^{2}$ ou $C^{20}H^{18}O^{10}$.... $(\theta H)^{2}{=}\mathcal{E}^{6}H^{6}\theta = (\mathcal{E}^{2}H^{5}\theta)^{2}$.

1. *Préparation.* — C'est le premier composé artificiel qui ait été formé par l'union de la glucose avec un alcool (M. Berthelot).

Ce composé se prépare comme l'éthylmannite et la diéthyline, c'est-à-dire en chauffant à 100° pendant plusieurs jours un mélange de sucre de canne, d'éther bromhydrique et de potasse. On ouvre le tube, on agite son contenu avec de l'éther, on évapore la solution éthérée et on dessèche le produit dans le vide, avec le concours d'une légère chaleur.

2. *Propriétés.* — On obtient ainsi une huile assez colorée, presque insoluble dans l'eau, douée d'un goût amer et d'une odeur faible et agréable, analogue à celle du vieux papier. Cette huile est complètement fixe.

3. L'éthylglucose réduit le tartrate cupropotassique. Traitée par l'acide sulfurique dilué, avec le concours du temps et d'une douce chaleur, elle se décompose en régénérant de l'alcool, une glucose fermentescible et quelques flocons bruns et humoïdes.

4. Parmi les principes naturels dont la constitution paraît être analogue à celle de l'éthylglucose, on a déjà indiqué plus haut la salicine, l'arbutine et le sucre de canne. On peut encore ranger ici de nombreux principes, très répandus dans les végétaux, tels que l'esculine, la phyllyrine, la fraxine, la convallarine, la digitaline, etc., tous décomposables par hydratation, avec formation de sucre et d'une substance neutre. On va donner quelques détails sur les plus intéressants.

II. — Salicine ou glucoside saligénique.

$C^{12}H^{2}O^{2}(H^{2}O^{2})^{4}(C^{14}H^{8}O^{4})$ ou $C^{26}H^{18}O^{14}$....... $(\mathcal{C}^{7}H^{7}\mathcal{O}^{2})\text{-}\mathcal{C}^{6}H^{7}\mathcal{O}\equiv(\mathcal{O}H)^{4}$.

1. La salicine a été découverte en 1830 par Leroux, et étudiée surtout par M. Piria, qui en a réalisé les métamorphoses les plus remarquables. C'est un principe amer et cristallisable, contenu dans différentes espèces de saules, de trembles, de peupliers. Elle existe aussi dans le castoréum et dans les bourgeons floraux de l'ulmaire. Elle dérive de la glucose et de la *saligénine*, $C^{14}H^{8}O^{4}$ ou $C^{14}H^{4}(H^{2}O^{2})(H^{2}O^{2})$, laquelle est un alcool-phénol.

2. *Préparation.* — Pour la préparer, on épuise l'écorce de saule par l'eau bouillante, on concentre et on fait digérer avec de la litharge. On filtre ensuite, puis on évapore en consistance de sirop : la salicine se sépare; on la fait recristalliser.

3. *Propriétés.* — La salicine se présente en aiguilles brillantes, de densité 1,43 à 26°, fusibles à 201°, moyennement solubles dans l'eau et dans l'alcool, insolubles dans l'éther. Elle dévie à droite le plan de polarisation. Sa saveur est fort amère.

4. *Oxygène.* — Traitée à froid par l'acide nitrique dilué, la salicine se change d'abord en *hélicine*, $C^{26}H^{16}O^{14}$, principe cristallisable (M. Piria) :

$$C^{26}H^{18}O^{14} + O^{2} = C^{26}H^{16}O^{14} + H^{2}O^{2};$$

c'est-à-dire

$$C^{12}H^{10}O^{10}(C^{14}H^{8}O^{4}) + O^{2} = C^{12}H^{10}O^{10}(C^{14}H^{6}O^{4}) + H^{2}O^{2}.$$

L'hélicine est l'aldéhyde de la salicine envisagée comme alcool, ou plus exactement le glucoside dérivé de l'*aldéhyde salicylique*, $C^{14}H^{6}O^{4}$. L'hélicine, en effet, traitée par l'hydrogène naissant, régénère la salicine (M. Lizenko) :

$$C^{12}H^{10}O^{10}(C^{14}H^{6}O^{4}) + H^{2} = C^{12}H^{10}O^{10}(C^{14}H^{8}O^{4}).$$

Si l'on pousse son oxydation plus loin, la salicine se dédouble, la molécule de glucose étant détruite. Par exemple, la salicine, chauffée avec une solution étendue de bichromate de potasse et d'acide sulfurique, produit de l'*aldéhyde salicylique*, de l'*acide formique* et de l'acide carbonique (M. Piria) :

$$C^{12}H^{10}O^{10}(C^{14}H^{8}O^{4}) + 10\,O^{2} = C^{14}H^{6}O^{4} + 3\,C^{2}H^{2}O^{4} + 3\,C^{2}O^{4} + 3\,H^{2}O^{2}.$$

Fondue avec l'hydrate de potasse, la salicine s'oxyde, avec dégagement d'hydrogène et production d'*acide salicylique* et d'*acide oxalique* (Gerhardt) :

$$C^{12}H^{10}O^{10}(C^{14}H^{8}O^{4}) + 8\,KHO^{2} = C^{14}H^{4}K^{2}O^{6} + 3\,C^{4}K^{2}O^{8} + 11\,H^{2}.$$

Bouillie avec l'acide nitrique concentré, la salicine donne naissance à de l'*acide oxalique* et à de l'*acide nitrosalicylique*, $C^{14}H^{5}(AzO^{4})O^{6}$; ce dernier, par une réaction plus prolongée, se change en *phénol trinitré* (M. Piria) :

$$\underset{\text{Acide nitrosalicylique.}}{C^{14}H^{5}(AzO^{4})O^{6}} + 2\,AzHO^{6} = \underset{\text{Phénol trinitré.}}{C^{12}H^{3}(AzO^{4})^{3}O^{2}} + C^{2}O^{4} + 2\,H^{2}O^{2}.$$

5. *Chlore.* — Le chlore, en agissant sur la salicine délayée dans l'eau, fournit des dérivés par substitution, précisément comme avec les éthers composés :

$$C^{12}H^{10}O^{10}(C^{14}H^{7}ClO^{4})\,; \qquad C^{12}H^{10}O^{10}(C^{14}H^{6}Cl^{2}O^{4}).$$

Ces dérivés se dédoublent sous l'influence des réactifs, comme la salicine elle-même.

6. *Acides.*— Les acides donnent lieu, avec la salicine, à trois ordres de réactions différentes, savoir : combinaisons, dédoublements, déshydratations.

L'acide sulfurique concentré la colore en rouge de sang; la coloration disparaît par addition d'eau. Cette réaction est très sensible.

1° *Combinaisons.* — L'acide acétique et les acides organiques analogues, chauffés à 100° avec la salicine, s'y combinent peu à peu, en formant des composés neutres (M. Berthelot) : ce qui justifie le caractère d'alcool attribué à cette substance. On peut aussi obtenir des composés analogues en faisant agir sur la salicine des chlorures acides, le chlorure acétique par exemple (M. Moitessier).

2° *Dédoublements et déshydratation.* — La salicine, bouillie avec les acides sulfurique et chlorhydrique très étendus, se dédouble en *saligénine* et glucose ordinaire (M. Piria) :

$$C^{12}H^{10}O^{10}(C^{14}H^{8}O^{4}) + H^{2}O^{2} = C^{12}H^{12}O^{12} + C^{14}H^{8}O^{4}.$$

Ce dédoublement est toujours compliqué par la déshydratation d'une certaine proportion de saligénine, changée en *salirétine*, anhydride résineux, dérivé de plusieurs molécules de saligénine.

7. *Alcalis.* — La salicine paraît s'unir aux alcalis, à la façon des alcools. Elle forme en particulier un composé plombique, que l'on

obtient en précipitant une dissolution de salicine par l'acétate de plomb ammoniacal. Elle n'est précipitée ni par l'acétate neutre, ni par l'acétate tribasique.

8. *Ferments.* — Le dédoublement le plus net que la salicine puisse éprouver est celui que l'*émulsine* lui fait subir (p. 461). Sous l'influence de ce ferment, elle se dédouble, en effet, en *saligénine* et *glucose* ordinaire, et subit par conséquent la même réaction que sous l'influence des acides. La salive agit de la même manière.

III. — Esculine ou glucoside esculétique.

$$C^{12}H^{2}O^{2}(H^{2}O^{2})^{4}(C^{18}H^{6}O^{8}) \text{ ou } C^{30}H^{16}O^{18} \ldots \quad (\mathit{\Theta H})^{4}{\equiv}\mathit{C}^{6}\mathit{H}^{7}\mathit{\Theta}\text{-}(\mathit{C}^{9}\mathit{H}^{5}\mathit{\Theta}^{4}).$$

1. L'esculine, principe contenu dans l'écorce du marronnier d'Inde (*Æsculus hippocastanum*), ainsi que dans la racine de *Gelsemium sempervirens*, a été découverte par Minor. Elle se dédouble sous l'influence des acides et des ferments en glucose et *esculétine*, $C^{18}H^{6}O^{8}$:

$$C^{12}H^{10}O^{10}(C^{18}H^{6}O^{8}) + H^{2}O^{2} = C^{12}H^{12}O^{12} + C^{18}H^{6}O^{8}.$$

La formule de ce dédoublement a été établie par M. H. Schiff.

2. L'esculine forme des cristaux prismatiques contenant 3 équivalents d'eau de cristallisation. Desséchée, elle fond à 160°. Sa solution aqueuse est extrêmement fluorescente. La glucose qui en dérive ne paraît pas identique avec la glucose ordinaire.

3. L'esculétine est une matière qui possède les propriétés d'un corps à fonction mixte. Elle accompagne l'esculine dans l'écorce du marronnier d'Inde.

IV. — Arbutine ou glucoside hydroquinonique.

$$C^{12}H^{2}O^{2}(H^{2}O^{2})^{4}(C^{12}H^{6}O^{4}) \text{ ou } C^{24}H^{16}O^{14} \ldots\ldots \quad (\mathit{\Theta H})^{4}{\equiv}\mathit{C}^{6}\mathit{H}^{7}\mathit{\Theta}\text{-}(\mathit{C}^{6}\mathit{H}^{5}\mathit{\Theta}^{2}).$$

1. L'arbutine est contenue dans les feuilles de l'*Arctostaphylos uva ursi*. Elle a été découverte par Kawalier et étudiée par Strecker.

2. *Préparation.* — On l'extrait en épuisant les feuilles par l'eau bouillante; on ajoute du sous-acétate de plomb à la liqueur chaude, tant qu'il se forme un précipité : on filtre et l'on évapore en consistance de sirop clair. L'arbutine se sépare. On la fait recristalliser dans l'eau bouillante, en présence du noir animal.

3. *Propriétés.* — Elle se présente en aiguilles groupées sous forme d'aigrettes et contenant 1 équivalent d'eau. Desséchée, elle fond à 165°. Elle est soluble dans l'eau, l'alcool et l'éther.

L'émulsine et l'acide sulfurique étendu la dédoublent en un phénol diatomique, l'*hydroquinon*, et en glucose :

$$C^{12}H^{10}O^{10}(C^{12}H^{6}O^{4}) + H^{2}O^{2} = C^{12}H^{6}O^{4} + C^{12}H^{12}O^{12}.$$

V. — CONIFÉRINE.

$C^{12}H^{2}O^{2}(H^{2}O^{2})^{4}(C^{20}H^{12}O^{6})$ ou $C^{32}H^{22}O^{16}$..... $(\Theta H)^{4}\equiv\mathcal{C}^{6}H^{7}\Theta\text{-}(\mathcal{C}^{10}H^{11}\Theta^{3})$.

1. La coniférine, ou *glucoside coniférylique*, a été appelée aussi *laricine* et *abiétine*. Découverte dans le cambium du *Larix europæa*, par M. Hartig, elle a été retrouvée depuis dans d'autres Conifères, mais elle n'est bien connue que depuis les travaux de MM. Tiemann et Haarmann.

2. *Préparation.* — Ce composé s'obtient en recueillant le cambium des *Larix* aussitôt après qu'on les a abattus, en portant le liquide à l'ébullition pour coaguler l'albumine, filtrant et évaporant : par le refroidissement, le glucoside cristallise ; on le fait recristalliser dans l'eau, en décolorant la solution par du noir animal.

3. *Propriétés.* — La coniférine constitue des aiguilles incolores, peu solubles dans l'eau froide, plus solubles dans l'eau chaude et surtout dans l'alcool, insolubles dans l'éther. Elle cristallise avec 2 molécules d'eau et s'effleurit à l'air. Desséchée, elle fond à 185°. Sa saveur est amère. Elle dévie à gauche le plan de la lumière polarisée.

4. *Réactions.* — Sous l'influence de l'émulsine, la coniférine fixe lentement les éléments de l'eau et se dédouble en glucose et *alcool coniférylique*, $C^{20}H^{12}O^{6}$:

$$\underset{\text{Coniférine.}}{C^{12}H^{10}O^{10}(C^{20}H^{12}O^{6})} + H^{2}O^{2} = \underset{\text{Glucose.}}{C^{12}H^{12}O^{12}} + \underset{\text{Alc. coniférylique.}}{C^{20}H^{12}O^{6}}.$$

Les acides produisent le même dédoublement, mais provoquent simultanément la polymérisation de l'alcool coniférylique et sa transformation en une substance résineuse.

Oxydée avec précaution par un mélange de bichromate de potasse et d'acide sulfurique, la coniférine donne un produit de destruction de l'alcool coniférylique, l'*aldéhyde méthylprotocatéchique* ou *vanilline*, $C^{16}H^{8}O^{6}$. C'est cette réaction qui a permis tout d'abord de préparer artificiellement le principe odorant de la vanille (MM. Tiemann et Haarmann).

Une oxydation plus avancée donne l'*acide vanillique*, $C^{16}H^{8}O^{8}$, et l'*acide glucoso-vanillique*, $C^{28}H^{18}O^{18}$ ou $C^{12}H^{10}O^{10}(C^{16}H^{8}O^{8})$, lequel est lui-même un glucoside de l'acide vanillique.

Imprégnée d'un mélange de phénol et d'acide chlorhydrique, la coniférine prend bientôt, surtout au soleil, une coloration bleue. L'acide sulfurique concentré la dissout avec développement d'une coloration violette.

VI. — SACCHAROSES.

Ces corps, dérivés de deux glucoses, seront étudiés dans le chapitre suivant.

§ 8. — Combinaisons mixtes dérivées d'une glucose, d'un alcool et d'un acide.

I. — POPULINE OU GLUCOSIDE SALIGÉNIQUE ET BENZOÏQUE.

$C^{12}H^8O^8(C^{14}H^8O^4)(C^{14}H^6O^4)$ ou $C^{40}H^{22}O^{16}$ .... $(\mathcal{C}^7H^5\Theta^2)-\mathcal{C}^6H^{10}\Theta^4-(\mathcal{C}^7H^7\Theta^2)$.

1. La populine ou *benzoylsalicine* a été découverte par Braconnot et étudiée par M. Piria. Elle est contenue dans l'écorce ainsi que dans les feuilles du tremble (*Populus tremula*) et de quelques autres peupliers.

2. *Préparation.* — On épuise l'écorce du peuplier par l'eau bouillante, on précipite la solution chaude par un excès de sous-acétate de plomb, et l'on évapore en consistance de sirop la liqueur filtrée; la populine se sépare. On la fait recristalliser dans l'eau bouillante, après traitement par un peu de noir animal.

3. *Synthèse.* — On verra plus loin, par ses dédoublements, que la populine est un éther benzoïque de la salicine. Elle a pu, en effet, être obtenue au moyen de la salicine, en faisant agir sur celle-ci le chlorure ou l'anhydride benzoïque (M. H. Schiff):

$$\underset{\text{Salicine.}}{C^{12}H^{10}O^{10}(C^{14}H^8O^4)} + \underset{\text{Chlorure benzoïque.}}{C^{14}H^5ClO^2} = \underset{\text{Populine.}}{C^{12}H^8O^8(C^{14}H^8O^4)(C^{14}H^6O^4)} + HCl.$$

4. *Propriétés.* — Elle se présente en aiguilles incolores, très fines et soyeuses, d'une saveur sucrée. Elle se dissout dans 1900 parties d'eau à 9°, et dans 70 parties d'eau bouillante; elle est plus soluble dans l'alcool bouillant. Elle renferme 4 équivalents d'eau de cristallisation, qu'elle perd à 100°; elle est ensuite fusible à 180°. Elle est lévogyre.

5. *Réactions.* — Bouillie avec l'eau de baryte, la populine fixe les éléments de l'eau et se dédouble en acide benzoïque et salicine :

$$\underset{\text{Populine.}}{C^{12}H^8O^8(C^{14}H^8O^4)(C^{14}H^6O^4)} + H^2O^2 = \underset{\text{Salicine.}}{C^{12}H^{10}O^{10}(C^{14}H^8O^4)} + \underset{\text{Ac. benzoïque.}}{C^{14}H^6O^4}.$$

Les acides dilués, mais non l'émulsine, la transforment en *glucose*, *saligénine* et *acide benzoïque :*

$$C^{12}H^8O^8(C^{14}H^8O^4)(C^{14}H^6O^4) + 2\,H^2O^2 = C^{12}H^{12}O^{12} + C^{14}H^8O^4 + C^{14}H^6O^4.$$

Populine. Glucose. Saligénine. Ac. benzoïque.

Mais la saligénine s'altère et passe en grande partie à l'état de salirétine.

Enfin la populine, oxydée avec beaucoup de ménagements, se comporte à la façon d'un alcool et perd seulement 2 équivalents d'hydrogène ; elle se change ainsi en un aldéhyde complexe, la *benzohélicine :*

$$C^{12}H^8O^8(C^{14}H^8O^4)(C^{14}H^6O^4) + O^2 = C^{12}H^8O^8(C^{14}H^6O^4[-])(C^{14}H^6O^4) + H^2O^2.$$

Populine. Benzohélicine.

L'acide sulfurique la colore en rouge-amarante.

II. — Phlorizine ou glucoside phloroglucique et phlorétinique.

$C^{12}H^{10}O^{10}(C^{12}H^4O^4[C^{18}H^{10}O^6])$ ou $C^{42}H^{24}O^{20}$...... $(\Theta H)^4 \equiv \text{Є}^6H^7\Theta - (\text{Є}^{15}H^{13}\Theta^5)$.

1. *Préparation.* — La phlorizine a été découverte par MM. Stas et de Koninck ; elle est contenue dans l'écorce des racines de pommier, de poirier, de prunier, de cerisier, etc. Pour l'extraire, on fait bouillir cette écorce avec de l'eau ; on filtre, on concentre, et l'on abandonne la liqueur dans un lieu frais. La phlorizine se dépose ; on la fait recristalliser, en traitant préalablement sa dissolution par le noir animal.

2. *Propriétés.* — Elle est constituée par des aiguilles incolores, soyeuses, renfermant 4 équivalents d'eau de cristallisation. Sa saveur est amère, avec un arrière-goût sucré. Desséchée, elle fond à 158°.

Presque insoluble dans l'eau froide, elle se dissout aisément dans l'eau bouillante et dans l'alcool. Elle est lévogyre. Sa densité à 19° est 1,430.

3. Bouillie avec les acides chlorhydrique et sulfurique étendus, la phlorizine se dédouble en glucose et *phlorétine* ou *phloroglucine phlorétique* (M. Stas) :

$$C^{12}H^{10}O^{10}(C^{12}H^4O^4[C^{18}H^{10}O^6]) + H^2O^2 = C^{12}H^{12}O^{12} + C^{12}H^4O^4(C^{18}H^{10}O^6)$$

L'acide sulfurique concentré la colore en rouge.

§ 9. — Polyglucosides complexes.

I. — ACIDE AMYGDALIQUE OU DIGLUCOSIDE BENZYLALOFORMIQUE.

$C^{12}H^8O^8(C^{12}H^{10}O^{10})(C^{16}H^8O^6)$ ou $C^{40}H^{26}O^{24}$........... $C^{20}H^{26}O^{12}$.

Ce corps résulte d'un premier dédoublement de l'amygdaline (voy. plus loin), opéré sous l'influence d'un alcali (Liebig et Wœhler).

L'acide chlorhydrique le résout en *glucose* et *acide benzylaloformique* ou *phénylglycollique*, $C^{16}H^8O^6$:

$$C^{12}H^8O^8(C^{12}H^{10}O^{10})(C^{16}H^8O^6) + 3\,H^2O^2 = 2C^{12}H^{12}O^{12} + C^{16}H^8O^6.$$

II. — AMYGDALINE OU DIGLUCOSIDE BENZYLALOCYANHYDRIQUE.

$C^{12}H^8O^8(C^{12}H^{12}O^{12})(C^{14}H^6O^2[C^2AzH])$ ou $C^{40}H^{27}AzO^{22}$..... $C^{20}H^{27}AzO^{11}$.

1. Dans l'acide amygdalique, remplaçons l'acide benzylaloformique, $C^{16}H^8O^6$, par son nitrile, $C^{16}H^7AzO^2$ (dérivé d'acide cyanhydrique et d'aldéhyde benzoïque), nous aurons la formule de l'amygdaline.

Ce glucoside, découvert par Robiquet et Boutron, est l'origine de l'essence d'amandes amères. En effet, ladite essence ne préexiste pas dans les amandes ; mais elle résulte du dédoublement de l'amygdaline qui s'y trouve. Le même principe existe dans les amandes d'un grand nombre de fruits à noyau, dans les feuilles du laurier-cerise, dans les pépins de pomme ou de poire, dans les jeunes pousses de différentes espèces de *Prunus* et de *Sorbus*, etc.

2. *Préparation.* — Pour l'extraire, on épuise le tourteau d'amandes amères par l'alcool concentré et bouillant, on distille la plus grande partie de l'alcool et l'on précipite l'extrait refroidi par l'éther ; l'amygdaline se dépose. On l'exprime et on la fait recristalliser dans l'alcool. Les amandes amères en fournissent de 1 1/2 à 3 centièmes.

3. *Propriétés.* — L'amygdaline se sépare de sa solution aqueuse en belles aiguilles, renfermant 6 équivalents d'eau de cristallisation. Elle est très soluble dans l'eau bouillante et dans l'alcool bouillant, peu soluble dans l'eau froide et dans l'alcool absolu froid, insoluble dans l'éther. L'amygdaline est lévogyre. Desséchée, elle fond vers 200°. Elle est neutre, fixe, inodore, amère ; elle n'est pas vénéneuse à faible dose.

4. *Réactions.* — Soumise à l'action des acides étendus, à celle des ferments et spécialement à celle de l'*émulsine*, matière albuminoïde qui l'accompagne dans les amandes, mais se trouve contenue dans des cellules séparées, l'amygdaline fixe les éléments de l'eau et produit de la *glucose*, c'est-à-dire un principe sucré et très soluble dans l'eau ; de l'*essence d'amandes amères*, c'est-à-dire un principe liquide, volatil, odorant, insoluble dans l'eau ; enfin de l'*acide cyanhydrique*, c'est-à-dire un principe acide, liquide, extrêmement volatil et odorant, vénéneux au plus haut degré. Par suite de la formation de ce dernier corps, une substance peu active sur l'économie humaine se trouve transformée en un poison violent. L'équation suivante exprime cette métamorphose (Liebig et Wœhler) :

$$C^{40}H^{27}AzO^{22} + 2\,H^2O^2 = 2\,C^{12}H^{12}O^{12} + C^{14}H^6O^2 + C^2AzH.$$

L'amygdaline, bouillie avec une solution alcaline étendue, se transforme en *acide amygdalique* et *ammoniaque* :

$$C^{40}H^{27}AzO^{22} + H^2O^2 = C^{40}H^{26}O^{24} + AzH^3.$$

Elle peut aussi se résoudre en *glucose*, *acide benzylaloformique* et *ammoniaque* :

$$C^{40}H^{27}AzO^{22} + 4\,H^2O^2 = 2\,C^{12}H^{12}O^{12} + C^{16}H^8O^6 + AzH^3.$$

5. Donnons ici le tableau général des métamorphoses de l'amygdaline par simple hydratation : c'est celui des arrangements distincts que l'on peut réaliser avec 4 principes, pris trois à trois, deux à deux, un à un. Soient A l'amygdalide, G la glucose, B l'aldéhyde benzoïque, F l'acide formique, N l'ammoniaque ; on aura, en faisant abstraction de l'eau dans les formules :

$$A = GBFN;$$

et ce système sera susceptible des décompositions suivantes :

$A = N + GBF$ (acide amygdalique),
$A = G + BFN$ (acide benzylalocyanhydrique),
$A = B + GFN$,
$A = F + GBN$,
$A = GF + BN$,
$A = GN + BF$,
$A = GB + FN$,
$A = G + B + FN$ (ess. d'amandes amères et ac. cyanhydrique),
$A = G + F + BN$,

A = G + N + BF (acide benzylaloformique),
A = B + F + GN,
A = B + N + GF,
A = F + N + GB,
A = G + B + F + N (décomposition complète).

Nous avons cru utile de tracer ce tableau, parce qu'il montre que sous les influences les plus légères, et par la simple fixation des éléments de l'eau, les glucosides peuvent subir les dédoublements les plus variés et acquérir des propriétés physiques, chimiques et physiologiques essentiellement différentes de leurs propriétés primitives. En effet, on voit ici comment une substance neutre peut fournir divers acides et un alcali ; comment un corps presque insoluble peut se changer en d'autres corps très solubles ; une matière amère en un composé sucré ; comment un être fixe et inodore devient une essence volatile et odorante ; comment, enfin, un principe non vénéneux se métamorphose en un poison énergique ; toutes ces transformations étant effectuées en vertu d'actions chimiques très faibles, et dès la température ordinaire, c'est-à-dire dans des conditions compatibles avec l'existence des êtres organisés.

III. — Acide myronique.

$C^{20}H^{19}AzS^{2}O^{20}$ .... $C^{10}H^{19}AzS\Theta^{10}$.

1. L'acide myronique est un glucoside qui existe sous forme de sel de potasse dans le raifort et dans la graine de moutarde noire ; celle-ci lui doit ses principales propriétés. Il a été découvert par Bussy.

La graine de moutarde noire contient simultanément, mais dans des cellules séparées, deux principes. Le premier, le *myronate de potasse*, est susceptible, lorsqu'il vient à être soumis en présence de l'eau à l'action du second, de se dédoubler en donnant, entre autres produits, de l'essence de moutarde. Le second, la *myrosine*, est une substance albuminoïde, soluble dans l'eau, insoluble dans l'alcool, coagulable par la chaleur (p. 330).

Les semences de moutarde blanche contiennent de la myrosine, mais pas de myronate de potasse.

2. *Préparation.* — Pour isoler l'acide myronique, on traite la farine récente de moutarde noire (1 kilogramme) par l'alcool à 80 centièmes bouillant (1500 centimètres cubes), en maintenant quelque temps en contact. Dans ces conditions, la myrosine devient insoluble, sous l'influence de la chaleur. On exprime la masse chaude et on répète le même traitement sur le résidu. Celui-ci, privé d'alcool, est traité

par 3 litres d'eau froide, puis par 2 litres du même véhicule; il donne une liqueur qui, additionnée de carbonate de baryte, est évaporée jusqu'à consistance sirupeuse. Le produit, épuisé par l'alcool à 85 centièmes bouillant, cède à celui-ci le myronate de potasse. Ce sel cristallise lentement après évaporation de la solution alcoolique. Après l'avoir essoré, on le purifie par des cristallisations répétées dans l'alcool. On obtient ainsi 5 à 6 grammes de myronate par kilogramme de farine de moutarde.

L'acide libre se prépare en mélangeant 100 parties de sel de potasse avec 38 parties d'acide tartrique en solution aqueuse, évaporant et extrayant l'acide au moyen de l'alcool; après évaporation, celui-ci laisse l'acide comme résidu.

3. *Propriétés.* — L'acide myronique est sirupeux, incristallisable et fortement acide. Sous l'influence de la myrosine, il se dédouble en glucose, acide sulfurique et essence de moutarde ou isosulfocyanate d'allyle (p. 338). Mais cette réaction a été mieux étudiée avec le sel de potasse qu'avec l'acide libre.

4. *Sels.* — Le sel de potasse cristallise de sa solution aqueuse en prismes rhomboïdaux, à éclat vitreux, très solubles dans l'eau, et ne contenant pas d'eau de cristallisation. Sa composition est : $C^{20}H^{18}KAzS^2O^{20}$. Traité à froid par la myrosine ou par l'extrait aqueux de moutarde blanche, qui est riche en myrosine, il se dédouble en glucose, essence de moutarde et bisulfate de potasse (Bussy) :

$$C^{20}H^{18}KAzS^2O^{20} + H^2O^2 = C^{12}H^{12}O^{12} + C^6H^4(C^2AzHS^2) + S^2HKO^8.$$

L'eau de baryte bouillante provoque un dédoublement analogue.

5. Les autres myronates sont généralement solubles dans l'eau et cristallisables.

IV. — Convolvuline ou triglucoside convolvulinolique.

$C^{62}H^{50}O^{32}$ .... $C^{31}H^{50}O^{16}$.

1. Ce corps a été découvert par Mayer.

On l'extrait des rhizomes du *Convolvulus schiedeanus* (jalap) en épuisant ces rhizomes par l'eau bouillante, puis en traitant le résidu insoluble par l'alcool à 90 centièmes. On décolore la solution par le noir animal et on l'évapore. La résine qui reste est lavée à l'éther; on dissout la partie insoluble dans l'alcool absolu et l'on précipite la liqueur par l'éther. On réitère cette dissolution et cette précipitation, pour purifier la convolvuline précipitée.

2. *Propriétés.* — C'est une matière gommeuse, blanche, friable, insipide, inodore, insoluble dans l'éther, peu soluble dans l'eau, très soluble dans l'alcool.

3. L'acide sulfurique la dissout en se colorant en rouge. Lorsqu'on ajoute de l'eau, il se précipite une substance oléagineuse, le *convolvulinol*, et il reste de la *glucose* dissoute :

$$\underset{\text{Convolvuline.}}{C^{62}H^{50}O^{32}} + 5\,H^2O^2 = \underset{\text{Glucose.}}{3\,C^{12}H^{12}O^{12}} + \underset{\text{Convolvulinol.}}{C^{26}H^{24}O^6}.$$

4. Le *convolvulinol*, $C^{26}H^{24}O^6$, se concrète en un corps solide, soluble dans l'eau, l'alcool et l'éther. Il se sépare de sa solution aqueuse par refroidissement, en cristaux minces et flexibles. Il se combine avec les bases à la façon d'un acide.

V. — Jalapine ou triglucoside-jalapinolique.

$C^{68}H^{56}O^{32}$ .... $C^{34}H^{56}O^{16}$.

1. La jalapine, ou *scammonine*, peut être extraite soit du *Convolvulus orizabensis*, soit de la scammonée, suc desséché de la racine du *Convolvulus scammonia*. On la prépare par le même procédé que la convolvuline, dont elle paraît être un homologue (M. Mayer).

2. Elle est résineuse, jaune, inodore, insipide, fusible à 150°.

Traitée comme la convolvuline, ou bouillie avec les acides étendus, la jalapine se dédouble en *glucose* et *jalapinol*, $C^{32}H^{30}O^6$.

VI. — Digitaline.

$C^{56}H^{48}O^{28}$ (?).................... $C^{28}H^{48}O^{14}$ (?).

1. On extrait de la digitale (*Digitalis purpurea*), en suivant divers procédés, des composés désignés dans le commerce sous le nom de *digitaline*, et qui sont des mélanges de plusieurs principes différents. Un de ces composés, amorphe, soluble dans l'eau, a été découvert par Homolle et Quévenne. Un autre, cristallisé, presque insoluble dans l'eau, a été obtenu par M. Nativelle.

D'après M. Schmiedeberg, tous deux seraient des mélanges d'au moins trois substances différentes : la *digitaline*, la *digitonine* et la *digitaléine*, pour le premier; la *digitaline*, la *digitoxine* et la *paradigitogénine*, pour le second. Tous ces composés sont fort mal connus, mais le plus grand nombre d'entre eux doit à des propriétés physiologiques extrêmement actives une certaine importance.

2. Ce qui semble établi, c'est que ces substances sont des glucosides, dédoublables par l'ébullition avec l'eau acidulée en glucose et en divers corps à peine entrevus : *digitalirétine*, *paradigitalétine*, *digitorésine*, *digitonéine*, etc. Mais la formule de ces derniers corps n'est pas mieux connue que celle des digitalines elles-mêmes.

3. *Préparation.* — Nous nous bornerons à indiquer ici la préparation du produit cristallisé insoluble dans l'eau.

On épuise la digitale pulvérisée par de l'alcool à 50 centièmes, on distille la liqueur et on l'évapore jusqu'à ce qu'elle ait un poids égal à celui de la plante traitée, puis on l'additionne de 3 fois son poids d'eau. On filtre, on sèche à l'air le précipité et on l'épuise par l'alcool bouillant: ce dernier abandonne, après évaporation et refroidissement, un mélange de cristaux incolores. Ces derniers, traités par le chloroforme, laissent un résidu cristallin de *digitine*, tandis que la digitaline entre en solution. On décolore la liqueur par le noir animal, on l'évapore et on fait cristalliser la digitaline dans l'alcool (M. Nativelle).

4. La digitaline ainsi obtenue constitue des aiguilles incolores et brillantes, à peine solubles dans l'eau bouillante, plus solubles dans l'alcool, surtout à chaud, très solubles dans le chloroforme, insolubles dans l'éther et la benzine. Leur saveur est excessivement amère.

Les acides chlorhydrique et phosphorique concentrés dissolvent la digitaline, en prenant une belle coloration verte, qui passe au jaune par addition d'eau. Quand on la délaye dans l'acide sulfurique alcoolisé et qu'on ajoute une trace de perchlorure de fer, elle donne une coloration bleu verdâtre, persistante. Le chloral anhydre la dissout en prenant une teinte vert jaunâtre, qui, lorsqu'on chauffe, passe au violet, puis au vert.

C'est un poison très énergique, exerçant déjà une action sensible à la dose de 1/5 de milligramme : elle ralentit les mouvements du cœur.

VII. — Solanine.

$C^{86}H^{71}AzO^{32}$ .... $C^{43}H^{71}AzO^{16}$.

1. La solanine ou *glucoside solanidique* a été découverte par Desfosses dans les baies de la morelle (*Solanum nigrum*). Elle existe dans un assez grand nombre de solanées (*Solanum dulcamara*, *S. verbascifolium*, *S. ferox*, *S. lycopersicum*). On l'extrait principalement des jeunes pousses de la pomme de terre (*Solanum tuberosum*).

2. *Préparation.* — On exprime le suc des germes étiolés de pomme

de terre et on l'additionne de lait de chaux en excès ; la solanine est précipitée ; on filtre, et, après avoir desséché la partie insoluble, on l'épuise par l'alcool bouillant, qui donne par refroidissement de la solanine cristallisée (M. Kromayer).

On peut encore traiter les germes par l'eau acidulée à l'acide sulfurique, et précipiter ensuite par de la chaux. Mais dans ces conditions une partie du glucoside s'altère ; on obtient une matière gélatineuse, devenant cornée par la dessiccation, et qu'il est difficile d'amener à l'état cristallin.

3. *Propriétés.* — La solanine constitue des aiguilles fines, soyeuses et incolores, quand elle s'est déposée de l'alcool chaud. Elle possède les propriétés d'un alcali. Précipitée de ses sels solubles par une base minérale, elle se sépare sous forme de flocons gélatineux. Insoluble dans l'eau, peu soluble dans l'éther et dans l'alcool froid, elle se dissout un peu dans ce dernier véhicule chaud. Elle est inodore lorsqu'elle est cristallisée, mais au contact de l'eau elle prend une légère odeur fade particulière. Ses cristaux sont anhydres, fondent à 235°, et se décomposent à une température plus élevée, en donnant un sublimé de *solanidine* et une odeur de caramel.

4. *Réactions.* — La solanine a une faible réaction alcaline et forme des sels avec les acides.

Soumise à l'action des acides sulfurique ou chlorhydrique étendus et bouillants, elle se dédouble nettement en glucose et en une base organique, la *solanidine*, $C^{50}H^{41}AzO^{2}$ (MM. Zwenger et Kind) :

$$C^{86}H^{71}AzO^{32} + 3\,H^{2}O^{2} = C^{50}H^{41}AzO^{2} + 3\,C^{12}H^{12}O^{12}.$$

La solanidine se dépose par le refroidissement, sous forme de sulfate ou de chlorhydrate. C'est une base cristallisable et fusible vers 200°.

La solanine est donc un glucoside résultant de l'union de la glucose avec un alcali, la solanidine. Cette constitution est remarquable, la solanine étant le premier alcali naturel connu, rentrant dans le groupe de composés qui nous occupe.

5. Sous l'influence de l'hydrogène naissant, dégagé par l'amalgame de sodium au contact de l'eau, la solanine se détruit en donnant principalement de l'*acide butyrique*, $C^{8}H^{8}O^{4}$, et de la *nicotine*, $C^{20}H^{14}Az^{2}$, alcaloïde volatil existant dans le tabac (M. Kletzinski).

6. *Sels.* — Les sels de solanine sont en général amorphes, sauf l'oxalate, le phosphate et le chromate. Ils sont détruits par un excès d'eau, surtout à chaud ; la solanine se précipite alors en flocons.

7. La solanine est vénéneuse. Son action semble très différente de

celle des autres alcalis des solanées. Elle ne dilate pas la pupille, mais agit comme un stupéfiant énergique et détermine la paralysie des membres postérieurs.

VIII. — Saponine ou glucoside sapogénique.

$C^{64}H^{54}O^{36}$ .... $C^{32}H^{54}O^{18}$.

La saponine ou *sénégine* est abondante dans un grand nombre de plantes (*Saponaria officinalis*, *Quillaja smegmadermos*, *Gypsophylla struthium*, etc.) ; elle communique à l'eau la propriété de former une mousse persistante. C'est un corps incolore, non cristallisé, provoquant l'éternuement, doué de propriétés toxiques ; elle est dédoublable par les acides en un sucre incristallisable et en *sapogénine*, $C^{28}H^{22}O^4$, composé cristallisable (M. Rochleder) :

$$C^{64}H^{54}O^{36} + 2\,H^2O^2 = C^{28}H^{22}O^4 + 3\,C^{12}H^{12}O^{12}.$$

La saponine émulsionne les corps insolubles dans l'eau : propriété qui reçoit quelques applications, pour le nettoyage des étoffes notamment.

IX. — Glucosides divers.

1. Signalons encore les glucosides suivants :

Convallarine, $C^{68}H^{62}O^{22}$. — Principe contenu dans le muguet (*Convallaria majalis*) et résoluble en glucose et *convallarétine*, $C^{28}H^{26}O^6$:

$$C^{68}H^{62}O^{22} + H^2O^2 = C^{12}H^{12}O^{12} + 2\,C^{28}H^{26}O^6.$$

Phillyrine, $C^{54}H^{34}O^{22}$. — Principe cristallisable contenu dans l'écorce de *Phillyrea latifolia;* résoluble en glucose et *phillygénine*, $C^{42}H^{24}O^{12}$, à la façon de la salicine :

$$C^{54}H^{34}O^{22} + H^2O^2 = C^{12}H^{12}O^{12} + C^{42}H^{24}O^{12}.$$

Hespéridine, $C^{44}H^{26}O^{24}$. — Glucoside très répandu dans les Aurantiacées, cristallisable en aiguilles incolores et soyeuses, fusible à 251° en s'altérant, insoluble dans l'éther, presque insoluble dans l'eau. Dédoublé par les acides en glucose et *hespéritine*, $C^{32}H^{14}O^2$, principe cristallisé, donnant de l'acide protocatéchique par l'action de la potasse en fusion.

Un autre glucoside cristallisé, l'*isohespéridine*, $C^{44}H^{26}O^{24} + 5H^2O^2$, accompagne l'hespéridine dans les écorces d'oranges amères (M. Tanret).

Glycyrrhizine, $C^{88}H^{63}AzO^{36}$. — Glucoside de la racine de réglisse, sucré, amorphe, doué de propriétés acides. Ses sels de potasse et d'ammoniaque sont cristallisables. Les acides dilués le dédoublent en glucose et *glycyrrhétine*, composé résineux.

Fraxine, $C^{54}H^{30}O^{34}$. — Principe cristallisable de l'écorce de frêne (*Fraxinus excelsior*). Sa solution aqueuse est douée d'une belle fluorescence bleue.

Daphnine, $C^{62}H^{34}O^{38} + 4H^2O^2$. — Principe cristallisable du *Daphne alpina* et du *Daphne mezereum*.

Cyclamine. — Glucoside amorphe, contenu dans les tubercules du *Cyclamen europæum*. Sa solution aqueuse mousse; elle se coagule entre 60° et 75°.

Rubian. — Principe amer et incristallisable, contenu dans la racine de garance; il se métamorphose par voie d'hydratation (acides, alcalis ou ferments), en fournissant, entre autres produits, une glucose et de l'*alizarine*.

Acide carminique. — Principe colorant de la cochenille, doué de propriétés acides peu marquées; il constitue une masse pourpre, amorphe, formant des sels colorés, se dédoublant par les acides en un sucre particulier et en *rouge carmin*, substance soluble dans l'eau et possédant une coloration rouge très belle.

2. Ce serait enfin ici le lieu d'énumérer les polyglucosides proprement dits, formés par la déshydratation et la réunion de plusieurs molécules de glucose, tels que certaines *saccharoses*, la *dextrine*, l'*amidon*, les *celluloses*, etc. Mais nous exposerons leur théorie dans des chapitres spéciaux.

3. Quoi qu'il en soit, les développements qui précèdent montrent comment la théorie des alcools polyatomiques permet d'interpréter les métamorphoses complexes des glucoses; cette théorie suggère en même temps une foule d'expériences analytiques. Enfin, et ceci est capital, elle conduit à tenter tout un ensemble d'expériences synthétiques, destinées à réaliser les phénomènes de combinaison, qui sont réciproques avec les phénomènes de décomposition observés dans les expériences analytiques. Bien plus, la théorie conduit à regarder chaque expérience réciproque de cette nature comme un cas particulier, compris dans la préparation d'une classe générale de combinaisons nouvelles. Pour combiner la salicine avec l'acide benzoïque, par exemple, il faut apprendre à la combiner avec tous les acides; la formation artificielle de la salicine représente celle de toutes les combinaisons que la glucose peut contracter avec d'autres alcools, etc. On

voit, par ce peu de mots, toute la fécondité des aperçus qui résultent de cette théorie.

§ 10. — Lévulose.

$C^{12}H^{12}O^{12}$........................ $C^6H^{12}O^6$.

1. La lévulose existe dans le raisin, la cerise, la groseille, la fraise, bref, dans la plupart des fruit sucrés et acides; elle s'y trouve en général associée à un poids égal de glucose ordinaire. Ce même mélange à poids égaux de lévulose et de glucose ordinaire forme le *sucre de canne interverti* (Dubrunfaut). La lévulose constitue presque entièrement la partie incristallisable du miel (Soubeiran). Enfin on obtient la lévulose lorsqu'on modifie l'inuline par l'eau ou par les acides (A. Bouchardat).

2. *Préparation.* — Pour la préparer, on chauffe, à 100° et pendant quelques heures, de l'inuline avec de l'eau et 4 ou 5 centièmes d'acide sulfurique. On enlève ensuite ce dernier exactement par la baryte et on évapore dans le vide.

Pour extraire la lévulose du sucre de canne interverti, on agite avec 3 ou 4 pour 100 de chaux éteinte, à la température de 20° ou 25°, une solution de sucre interverti à 7 ou 8 pour 100 ($D = 1,040$) ; on filtre rapidement et on refroidit à 0° ; on obtient des cristaux incolores de *lévuloside calcique*, $C^{12}H^9Ca^3O^{12}$, qui, essorés, lavés à l'eau glacée et décomposés exactement par l'acide oxalique, donnent une dissolution de lévulose pure qu'on évapore (Dubrunfaut ; M. Péligot).

La lévulose a été appelée pendant longtemps *sucre incristallisable.* Elle peut cependant être obtenue cristallisée, lorsqu'on la prépare dans un état de pureté suffisant, qu'on la déshydrate par des lavages à l'alcool absolu et qu'on l'abandonne en vase clos. La lévulose impure, colorée et sirupeuse, cristallise également quand on fait cesser sa sursaturation en la mettant en contact avec un cristal antérieurement obtenu. Dans les mêmes conditions, une solution de lévulose, faite dans l'alcool absolu tiède, cristallise avec lenteur, mais nettement, ce qui permet de préparer la lévulose pure (MM. Jungfleisch et Lefranc).

3. *Propriétés.* — La lévulose forme de longues aiguilles brillantes, fusibles à 99°. Elle est faiblement déliquescente, très soluble dans l'eau et dans l'alcool aqueux, insoluble dans l'alcool absolu. Son goût sucré est plus prononcé que celui de la glucose ordinaire. Elle est lévogyre, tandis que la glucose est dextrogyre. Son pouvoir rotatoire varie beaucoup avec les circonstances dans lesquels on l'observe : il est un peu plus faible dans les solutions récemment prépa-

rées que dans les solutions plus anciennes; il diminue sensiblement quand on l'observe dans des liqueurs de plus en plus étendues; il diminue aussi, mais très rapidement, à mesure que la température s'élève. Ce dernier fait distingue la lévulose de tous les autres sucres connus : à 90°, son pouvoir rotatoire est réduit de moitié.

La même propriété se retrouve nécessairement dans le *sucre de canne interverti,* mélange à poids égaux de lévulose et de glucose ordinaire, qui se forme dans l'action des acides dilués sur le sucre de canne (p. 491). Le pouvoir rotatoire d'un tel mélange, observé sur une dissolution à 17 pour 100, est $\alpha_D = -27°,9$ à la température de 0°, $\alpha_D = -24°,5$ à la température de 10°, et $\alpha_D = -21°,4$ à la température de 20°; il s'abaisse assez régulièrement à mesure que la température augmente, soit de 0°,32 environ par degré de température, et s'annule vers 90°; au delà de ce point, l'action sur la lumière polarisée change de sens, le pouvoir rotatoire de la lévulose tombant au-dessous de celui de la glucose, demeuré presque invariable.

4. *Réactions.* — Les propriétés chimiques de la lévulose sont analogues à celles de la glucose ordinaire, sauf de légères variantes : par exemple, la chaleur et les acides altèrent la lévulose un peu plus rapidement que la glucose, tandis que les alcalis attaquent plus aisément la glucose.

Sous l'influence prolongée de l'acide sulfurique, par exemple lorsqu'on la chauffe pendant quatre jours avec son poids d'eau et un dixième de son poids d'acide sulfurique, elle se tranforme en *acide lévulinique* ou *acétopropionique*, $C^{10}H^8O^6$, lequel bout à 239° et fond à 33°,5 (MM. von Grote et Tollens).

Chauffée avec l'hydrate de chaux, elle se transforme plus facilement encore que la glucose (p. 443) en acide glucique et en saccharine (M. Péligot).

Par hydrogénation au moyen de l'amalgame de sodium, la lévulose donne de la mannite (p. 422).

Chauffée en vase clos à 100° avec de l'eau et du brome, ou traitée par le chlore à froid, la lévulose s'oxyde et donne de l'acide glycollique (MM. Hlasiwetz et Habermann) :

$$C^{12}H^{12}O^{12} + 3\,O^2 = 3\,C^4H^4O^6.$$

Cette réaction est différente de celle que donne la glucose dans les mêmes circonstances (p. 441).

La lévulose se combine à la phénylhydrazine dans les mêmes conditions que la glucose, mais plus rapidement encore ; le composé formé présente l'apparence d'un précipité cristallin (M. E. Fischer).

§ 11. — Glucose inactive ou mannitose.

$C^{12}H^{12}O^{12}$........................ $C^{6}H^{12}O^{6}$.

Cette glucose se distingue des précédentes parce qu'elle est privée de pouvoir rotatoire. On l'obtient en traitant la mannite avec ménagement par les agents oxydants :

$$C^{12}H^{14}O^{12} + O^{2} = C^{12}H^{12}O^{12} + H^{2}O^{2}.$$

Elle représente, suivant toute vraisemblance, un aldéhyde-alcool doué des propriétés d'un alcool pentatomique (p. 424).

§ 12. — Galactose.

$C^{12}H^{12}O^{12}$.................... $C^{6}H^{12}O^{6}$.

1. La galactose est l'un des produits de l'action des acides étendus sur le sucre de lait (p. 499), sur la *galactine*, principe gommeux qui se rencontre dans les semences de luzerne, ou sur la *lactosine*, principe cristallisable existant dans les caryophyllées. Elle a été découverte par Dubrunfaut.

2. *Préparation.* — Pour la préparer, on fait bouillir le sucre de lait pendant quelques heures avec de l'acide sulfurique étendu de 18 ou 20 fois son volume d'eau. Après refroidissement, on sature par le carbonate de chaux, on ajoute un petit excès d'eau de baryte pour séparer complètement l'acide sulfurique, on sature de gaz carbonique, on filtre et l'on évapore. Si l'on ajoute alors de l'alcool à la liqueur sirupeuse, la galactose se sépare, tandis que la glucose, qui s'est formée en même temps, reste dans la liqueur. On purifie le produit par des cristallisations répétées dans l'alcool (M. Fudakowski).

Il est préférable de chauffer pendant une heure à 105°, en vase clos, 100 parties de sucre de lait avec 9 parties d'acide sulfurique et 600 parties d'eau. Après traitement à la baryte, pour séparer l'acide sulfurique, et précipitation de la baryte en excès par le gaz carbonique, on évapore jusqu'à 110 parties, et on laisse cristalliser. On lave les cristaux obtenus avec le moins possible d'alcool à 80 centièmes, et on les purifie par cristallisation dans l'alcool à 76 centièmes (M. Bourquelot).

3. *Propriétés.* — La galactose pure cristallise plus facilement dans l'eau que la glucose ordinaire. Elle forme des tables hexagonales, fusibles à 161°,5. Elle est très peu soluble dans l'alcool froid, et très

soluble dans l'eau. Elle est dextrogyre : à 19° et dans une dissolution aqueuse à 9 pour 100, son pouvoir rotatoire est $\alpha_D = +80°,74$. Ce pouvoir est beaucoup plus fort dans les premiers moments de la dissolution opérée à froid; il diminue avec la concentration des liqueurs et avec la température.

4. *Réactions*. — La galactose présente les réactions ordinaires des glucoses ; elle réduit à poids égal la même quantité de tartrate cupropotassique que la glucose ordinaire Elle fermente au contact de la levure de bière. Traitée par l'acide nitrique, elle fournit de l'acide mucique ; elle en produit même, à poids égal, deux fois autant que le sucre de lait. Cette formation d'acide mucique distingue très nettement la galactose des autres glucoses.

Traitée par l'hydrogène naissant, la galactose se change en *dulcite* (p. 430).

Elle se combine directement à la phénylhydrazine, $C^{12}H^8Az^2$, à la manière de la glucose, en donnant un composé cristallin, soluble dans l'eau chaude, insoluble à froid, le *phénylgalactosazone* (M. E. Fischer).

5. *Galactosides*. — La galactose fournit toute une série de dérivés, parallèles à ceux de la glucose. Elle s'unit aux acides organiques, acétique, butyrique, etc., dans les mêmes conditions, en formant des composés neutres qui produisent de l'acide mucique par oxydation.

§ 13. — Arabinose.

$C^{12}H^{12}O^{12}$.................. $C^6H^{12}O^6$.

1. L'arabinose prend naissance dans l'action des acides dilués et chauds sur la gomme arabique et sur divers produits analogues de l'organisme végétal. Confondue longtemps avec la galactose, elle en a été distinguée récemment par M. Scheibler et M. von Lippmann.

2. *Préparation*. — On l'obtient en faisant bouillir pendant longtemps une solution de gomme acidulée à l'acide sulfurique, neutralisant par le carbonate de chaux, filtrant, évaporant en consistance sirupeuse et traitant par l'alcool faible, qui laisse insolubles la gomme et les produits de transformation intermédiaires ; en évaporant la liqueur filtrée et laissant reposer, on obtient l'arabinose, qui cristallise et que l'on purifie par de nouvelles cristallisations dans l'eau.

3. *Propriétés*. — L'arabinose forme des cristaux brillants, allongés et fragiles, qui, desséchés à 100°, fondent à 160°. Sa saveur est plus sucrée que celle de la galactose. Son pouvoir rotatoire est $\alpha_D = +105°,4$; il ne varie pas avec le temps écoulé depuis le moment où la dissolution a été effectuée. Sa solution aqueuse ne fermente pas sous l'influence de la levure de bière.

Oxydée par l'acide azotique, l'arabinose ne fournit pas d'acide mucique. Elle réduit le réactif cupropotassique. L'hydrogène naissant ne la change pas en dulcite.

§ 14. — Eucalyne.

$C^{12}H^{12}O^{12} + 2Aq$............ $C^6H^{12}O^6 + 2Aq$.

L'eucalyne a été découverte par M. Berthelot. Elle se prépare par l'action de la levure de bière sur la *mélitose*. C'est une substance sirupeuse, dextrogyre : $\alpha_j = +65°$.

Elle réduit le tartrate cupropotassique et est altérée par les solutions alcalines; mais elle ne fermènte pas sous l'influence de la levure, même après avoir bouilli avec un acide étendu.

§ 15. — Sorbine.

$C^{12}H^{12}O^{12}$.................. $C^6H^{12}O^6$.

1. *Préparation*. — La sorbine a été trouvée par Pelouze dans le suc fermenté des baies de sorbier (*Sorbus aucuparia*). On l'extrait par évaporation, après avoir abandonné le jus à lui-même pendant plusieurs mois pour le laisser fermenter.

2. *Propriétés*. — La sorbine cristallise en beaux octaèdres rectangulaires. Sa densité est 1,654. Elle est très soluble dans l'eau, peu soluble dans l'alcool. Son pouvoir rotatoire, est $\alpha_j = -46°,9$; il varie peu sous l'influence de la température, de la durée de la dissolution ou de la réaction des acides étendus.

3. *Réactions*. — Les alcalis bouillants détruisent la sorbine. Elle réduit le tartrate cupropotassique. L'acétate de plomb ammoniacal la précipite. Elle ne fermente pas sous l'influence de la levure.

A 100°, la sorbine se combine peu à peu avec les acides organiques, en formant des *sorbides* (M. Berthelot).

Le chlore la transforme, comme la lévulose, en acide glycollique (MM. Hlasiwetz et Habermann).

Elle forme avec la phénylhydrazine un dérivé cristallisé, insoluble à froid.

§ 16. — Inosine.

$C^{12}H^{12}O^{12} + 4Aq$............ $C^6H^{12}O^6 + 4Aq$.

1. L'inosine, appelée encore *inosite* ou *phaséomannite*, a été découverte par M. Scherer dans le liquide musculaire. Elle se rencontre également dans les poumons, les reins, la rate, le foie, enfin dans les

haricots verts, les feuilles de noyer et de frêne, le chou, etc. Elle accompagne la glucose dans l'urine inosurique.

2. *Préparation.* — On l'obtient en épuisant par l'eau les matières végétales précitées, purifiant la liqueur par des précipitations successives au moyen d'un lait de chaux et de l'acétate neutre de plomb, et la précipitant enfin par l'acétate de plomb ammoniacal qui entraîne l'inosine. Le dernier précipité, lavé et traité par l'hydrogène sulfuré en présence de l'eau, donne une solution d'inosine qu'on évapore.

3. *Propriétés.* — L'inosine cristallise avec 4 équivalents d'eau, en prismes rhomboïdaux obliques, très efflorescents. Sa densité à 15° est 1,524. A 100°, elle cristallise anhydre. Elle est très soluble dans l'eau, surtout à chaud. Elle est insoluble dans l'alcool absolu et l'éther. Elle n'a pas de pouvoir rotatoire.

4. *Réactions.* — On peut chauffer l'inosine jusqu'à 210° sans l'altérer; les alcalis, le tartrate cupropotassique, les acides étendus ne l'altèrent pas, même à 100°. Elle ne s'unit pas à la phénylhydrazine.

L'acide nitrique fumant la change en *inosine hexanitrique*, $C^{12}(AzHO^6)^6$, cristallisable et explosible.

L'inosine ne subit pas la fermentation alcoolique, mais elle peut éprouver la fermentation lactique (M. Scherer).

§ 17. — Dambose.

$C^{12}H^{12}O^{12}$.................. $C^6H^{12}O^6$.

1. La dambose, découverte par M. A. Girard, s'obtient en traitant par les hydracides, son éther diméthylique, la *dambonite*, $C^{16}H^{16}O^{12}$ ou $C^{12}H^8O^8(C^2H^4O^2)^2$, principe qui se dissout dans l'eau pendant le lavage du caoutchouc brut du Gabon.

La dambose cristallise en prismes hexagonaux, solubles dans l'eau, insolubles dans l'alcool, fusibles à 212°.

2. L'éther monométhylique de la dambose, $C^{12}H^{10}O^{10}(C^2H^4O^2)$, constitue la *bornésite*, matière sucrée que l'on extrait de la même manière du caoutchouc de Bornéo.

3. Une glucose différente de la précédente, la *matézodambose*, fusible à 181°, existe à l'état d'éther monométhylique, la *matésite*, $C^{12}H^{10}O^{10}(C^2H^4O^2)$, dans le caoutchouc de Madagascar (M. A. Girard).

CHAPITRE XIII

SACCHAROSES

§ 1er. — **Les saccharoses en général.**

1. Ce groupe a été institué, en 1860, par M. Berthelot, qui a créé à cette occasion le mot de *saccharoses*, applicable au sucre de canne lui-même.

Les principes les plus importants de ce groupe sont les suivants : la saccharose proprement dite ou sucre de canne, la mélitose, la tréhalose, la mélézitose, et la maltose. On y joindra la lactose ou sucre de lait, composé qui établit par certaines réactions le passage entre le groupe des glucoses et celui des saccharoses.

Tous ces principes ont été rencontrés dans la nature.

Séchés à 130°, ils sont isomères et répondent à la formule :

$$C^{12}H^{11}O^{11} \text{ ou plutôt } C^{24}H^{22}O^{22}.$$

2. Soumis à l'action de la levure de bière, ils fermentent difficilement, à l'exception de la maltose, de la mélitose et du sucre de canne : encore ces derniers résistent-ils plus longtemps que les glucoses. A l'exception de la lactose et de la maltose, les saccharoses ne sont pas sensiblement altérées à 100° par les alcalis et ne réduisent pas le tartrate cupropotassique.

Au contraire, les acides transforment toutes les saccharoses en des sucres nouveaux, facilement fermentescibles, altérables par les alcalis et par le tartrate cupropotassique, bref appartenant au groupe des glucoses.

3. Les saccharoses doivent être regardées comme des éthers mixtes, formés par l'association de deux glucoses isomériques ou identiques (p. 446 et 468). Tel est le cas du sucre de canne, qui est scindable en glucose et lévulose, dont le mélange à poids égaux constitue le sucre interverti.

Toutefois cette constitution n'a pas pu être démontrée jusqu'à présent par synthèse. Mais une telle synthèse paraît s'effectuer dans les végétaux, sous l'influence de conditions que nous ne savons pas encore reproduire. Ainsi les oranges, cueillies un peu avant leur maturation complète et abandonnées à elles-mêmes, deviennent de plus en plus sucrées; or ce changement est accompagné par un accroissement dans la proportion du sucre de canne et par une diminution dans celle du sucre interverti qu'elles renfermaient d'abord (MM. Berthelot et Buignet). Un changement analogue s'opère dans les sommités du sorgho, à l'époque de la floraison. Il est probable qu'il préside également à la maturation complète d'un grand nombre de fruits.

Les saccharoses, dérivant des glucoses, conservent certaines propriétés caractéristiques de ces dernières. Quelques-unes manifestent certaines propriétés aldéhydiques en réduisant le réactif cupropotassique; tel est le cas du sucre de lait. Presque toutes forment directement, comme les glucoses, des combinaisons cristallisées avec la phénylhydrazine, $C^{12}H^{8}Az^{2}$.

§ 2. — Saccharose proprement dite ou sucre de canne.

1. *Origine.* — Le sucre de canne est connu en Chine et dans l'Inde depuis une antiquité reculée. Importé d'Asie en Europe à l'époque des conquêtes d'Alexandre le Grand, son usage ne s'est répandu que fort lentement et n'a acquis une véritable importance que dans le dernier siècle.

Il se rencontre dans un très grand nombre de végétaux : il existe dans le maïs, la carotte, les citrouilles, dans les sèves du tilleul, du sycomore, du bouleau, de la vigne, etc. Il a été retiré pendant longtemps, à peu près exclusivement, de la canne à sucre (*Saccharum officinarum*). C'est à Achard que l'on doit les premiers essais pour l'extraire de la betterave (*Beta vulgaris*), dans laquelle sa présence avait été reconnue antérieurement, et dès le dix-huitième siècle, par Margraf; mais c'est surtout aux travaux des chimistes et des industriels français que cette fabrication a dû son développement actuel. D'autres plantes servent encore dans certains pays à fabriquer le sucre : en Chine et au Japon, le sorgho (*Sorghum saccharatum*); en Amérique, l'érable à sucre (*Acer saccharinum*); dans l'archipel Indien, le palmier Axa (*Arenga saccharifera*); etc.

2. *Préparation.* — La fabrication du sucre au moyen de la canne a été pratiquée jusqu'à ces derniers temps par des moyens très primitifs, mais actuellement elle diffère peu, quant aux procédés, de la fabrication du sucre de betterave. Nous allons indiquer sommairement les méthodes généralement suivies.

1° *Fabrication du sucre de canne.* — La canne à sucre renferme de 18 à 20 pour 100 de sucre. On la coupe, on l'écrase sous des presses à cylindres chauffées par de la vapeur, et on en extrait les quatre cinquièmes de son poids de jus (*vesou*), lequel contient presque tout le sucre : la partie ligneuse (*bagasse*) est généralement employée, après dessiccation, comme combustible. Le vesou est soumis aussi promptement que possible à la *défécation*. Pour cela, on le porte à l'ébullition dans une chaudière chauffée par un double fond dans lequel circule de la vapeur (fig. 63), après l'avoir additionné d'une quantité de chaux

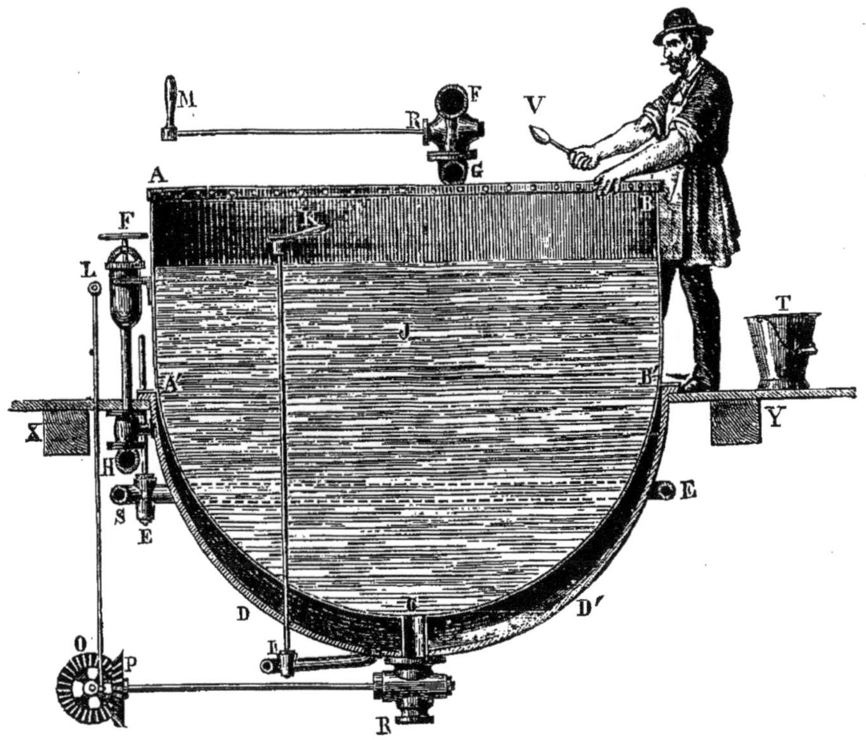

Fig. 63. — Chaudière à déféquer les jus sucrés.

suffisante, quelques millièmes, pour que le jus possède une légère réaction alcaline. On filtre la liqueur au moyen de *filtres-presses*, appareils à toiles filtrantes multiples, présentant une grande surface totale, dans lesquels on la dirige sous pression (fig. 64) ; puis on la fait passer à travers un long cylindre de tôle rempli de noir animal, qui la décolore, et enfin on l'évapore.

Cette dernière opération se pratique par des moyens divers. Autrefois, on se contentait de chauffer le liquide à feu nu ou à la vapeur, dans des chaudières largement ouvertes à l'air. Actuellement, on fait, le plus souvent, l'évaporation dans le vide. On se sert, à cet effet, d'appareils variés, basés généralement sur un principe appliqué d'abord par Howard, et dont la première forme avantageuse a été indiquée par Roth (fig. 65). Le jus est amené en A dans une chaudière S, où il est chauffé par un courant de vapeur arrivant à la fois, en M

Fig. 64. — Filtre-presse.

dans un double fond, et en E dans un serpentin. On commence par chasser l'air de l'appareil au moyen d'un courant de vapeur amené en D, l'air et la vapeur allant, par le tube O, vers le condenseur T, et s'échappant en K. On arrête ensuite la vapeur en D : le vide se fait d'abord par refroidissement, et de l'eau froide, aspirée dès lors en J, pénètre en F dans le condenseur ; cette eau détermine la condensation de la vapeur. Bientôt, le vide se trouvant poussé suffisamment loin, la liqueur sucrée entre en ébullition en S ; elle se concentre ainsi rapidement et à basse température, la vapeur qu'elle émet étant immédiatement condensée en U par le contact d'un jet d'eau froide très divisé.

Aux colonies on fait généralement usage aujourd'hui de chaudières évaporatoires perfectionnées, semblables à celles employées par l'industrie européenne pour faire le sucre de betterave (voyez plus loin).

On pousse l'évaporation, la *cuite*, jusqu'à ce que de petits cristaux se montrent dans la masse, puis on fait écouler en I le produit dans des cristallisoirs (*rafraîchissoirs*). Quand la cristallisation est terminée, c'est-à-dire après quelques jours, on soumet le tout à l'action de la force centrifuge dans des *turbines*, récipients cylindriques en métal perforé, animés d'un mouvement de rotation rapide autour de leur axe : le liquide se sépare du *sucre en grains* et on entraîne ses dernières portions en *clairçant* les cristaux, c'est-à-dire en les lavant

FIG. 65. — Appareil de Roth pour la concentration dans le vide.

rapidement dans la turbine avec un peu de sirop de sucre ou même d'eau pure. Il ne reste plus qu'à sécher le produit. C'est le *sucre de premier jet*. Les eaux-mères colorées qui l'ont fourni, évaporées de nouveau et abandonnées dans de grands bacs ou *emplis*, en donnent de nouvelles quantités de plus en plus colorées et impures (*sucre de deuxième jet* et *sucre de troisième jet*).

Quant à la dernière eau-mère, la *mélasse*, elle contient encore une assez grande proportion de sucre de canne, proportion d'autant plus faible cependant que la fabrication a été mieux conduite ; elle contient surtout de la glucose, de la lévulose, des matières salines et extractives, etc. La mélasse de canne, dite de *bon goût*, est parfois utilisée directement pour sucrer, mais le plus souvent on l'étend d'eau, on la fait fermenter et on distille : on obtient ainsi le *rhum* et le *tafia*.

3. 2° *Fabrication du sucre de betterave.* — La betterave de Silésie, dont les meilleures variétés sont celles *à collet rose* et surtout *à collet vert*, renferme jusqu'à 12 et même 18 pour 100 de sucre. Récoltées à l'automne, les racines sont débarrassées des feuilles par un coup de couteau donné au collet, puis lavées avec soin par agitation dans des appareils que traverse un courant d'eau.

La méthode la plus suivie en France pour l'extraction du sucre est la suivante. Les betteraves râpées et transformées en pulpe, qu'on additionne de 25 pour 100 d'eau environ, sont exprimées dans des sacs de laine, d'abord au moyen de presses à vis, mues par la vapeur et appelées *presses préparatoires*, ensuite au moyen de presses hydrauliques. Ces presses, à fonctionnement intermittent, sont fréquemment remplacées aujourd'hui par des *presses continues;* dans ces dernières, la pulpe est serrée à plusieurs reprises, par son passage entre des rouleaux à surface filtrante, au travers desquels s'écoule le jus exprimé. Ce jus est immédiatement soumis, soit à la *défécation simple*, en opérant comme nous l'avons indiqué pour le vesou (p. 477), soit à la *double carbonatation* (MM. Perrier et Possoz). La dernière méthode permet d'opérer à plus basse température et d'éviter la coloration que donne la glucose, quand on la chauffe avec les alcalis. Pour cela, on traite le liquide par 2 ou 3 pour 100 d'hydrate de chaux, de manière à transformer une portion du sucre en sucrate de chaux, puis, chauffant jusque vers 80°, on fait passer un courant de gaz carbonique : la chaux se précipite à l'état de carbonate. On arrête le courant gazeux lorsque la liqueur ne contient plus que quelques millièmes de chaux. En répétant une seconde fois cette addition de chaux et cette précipitation par le gaz carbonique, sur la liqueur portée à la température de 95°, mais en précipitant finalement la totalité de la chaux, on a éliminé, après passage au filtre-presse, la plus grande partie des matières étrangères; on obtient ainsi une solution de sucre, le sucrate de chaux formé d'abord ayant été décomposé par l'acide carbonique.

On décolore cette solution par le noir animal : à cet effet, on la fait passer dans des *filtres à noir* (fig. 66), cylindres en tôle de plusieurs mètres cubes de capacité, remplis de noir animal en grains.

On procède ensuite à son évaporation.

On fait généralement usage, dans ce but, d'un appareil dit *à triple effet* (M. Rillieux), dont nous ne pouvons indiquer ici que le principe (fig. 67). Cet appareil se compose de trois chaudières de fonte verticales 1, 2 et 3, séparées chacune intérieurement en trois compartiments par des cloisons horizontales en cuivre, *vv* et *v'v'* (voy. la coupe de la chaudière n° 1); le compartiment supérieur *a* est mis en communication avec l'inférieur *b* par des tubes de cuivre verticaux, de petit diamètre *ttt*, et par un autre tube central de plus grande largeur *c;* le tout est rempli par le liquide à évaporer, jusqu'à une certaine hauteur au-dessus de la cloison *vv*. Le compartiment moyen,

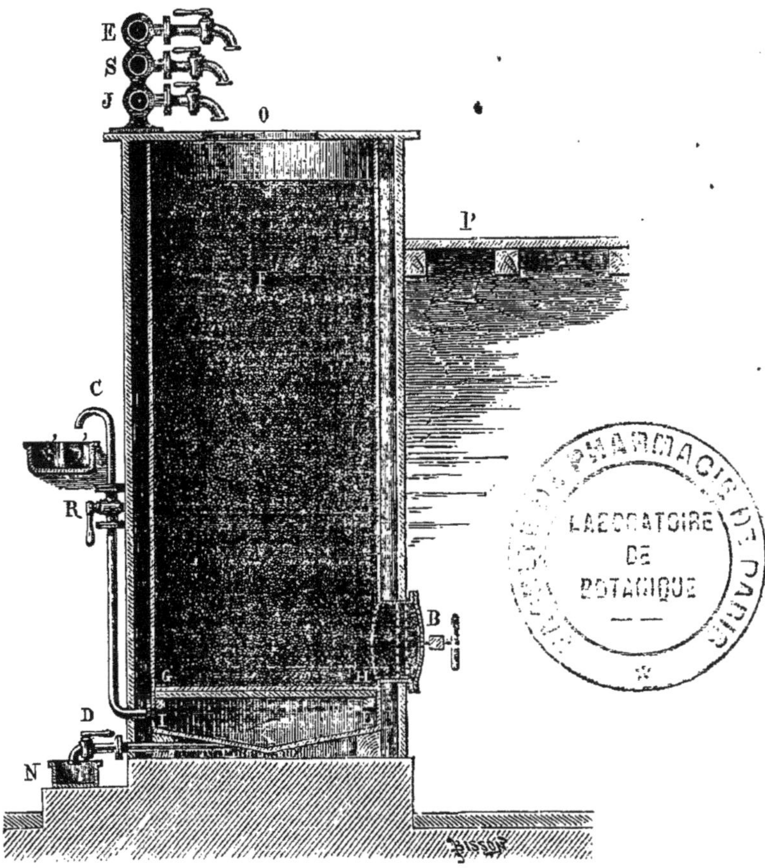

Fig. 66. — Filtre à noir animal.

c'est-à-dire l'espace compris entre *vv* et *v'v'* et traversé par les tubes *ttt*, est mis en communication avec la vapeur de chauffage, qui peut ainsi agir sur une grande surface. Dans la première chaudière C, le chauffage est produit par un courant de vapeur arrivant en D et sortant en D' : le jus sucré arrive par PI et entre en ébullition; les vapeurs qu'il émet passent en VTFM, par un vase BM destiné à arrêter le liquide entraîné mécaniquement, et se rendent autour des tubes *ttt* de la chaudière n° 2, qu'elles servent à chauffer. De même les vapeurs produites dans la deuxième chaudière par l'évaporation du liquide sucré chauffé comme il vient d'être dit, vont par T'M' chauffer la chaudière n° 3 et y déterminent la concentration du jus. Les températures auxquelles se fait l'ébullition vont donc en décroissant de la chaudière n° 1 à la chaudière n° 2 et à la chaudière n° 3; par suite, les pressions doivent être également décroissantes dans ces chaudières. Pour obtenir ce résultat, des pompes font le vide dans les trois chaudières. Elles aspirent par les tubes U*u* et U'*u* l'air des chaudières n° 1 et n° 2, et en même temps l'eau condensée par la vapeur qui a servi à leur chauffage. Quant à l'air et à la vapeur provenant de la chaudière n° 3, ils sont aspirés en RHA, après avoir traversé un réfrigérant GA; celui-ci, constitué par un système de tubes que parcourt un courant d'eau froide, agit par une grande surface; il détermine un abaissement de température en même temps que des condensations, et facilite ainsi la production d'un vide assez avancé (0m,08 environ). La marche du système est continue : le jus arrivé en PI, se concentre dans la première chaudière; il passe ensuite par *i*I' dans la deuxième, puis par *i*'I'' dans la troisième, d'où il sort constamment par le robinet N, que l'on règle de manière à recueillir un sirop de densité 1,2 environ.

Les jus concentrés sont, au sortir du *triple effet*, soumis à une nouvelle décoloration par le noir animal.

On opère enfin la *cuite en grains* des sirops dans un appareil à *simple effet*, analogue en principe à chacune des chaudières du triple effet, chauffé comme celles-ci à la vapeur, et maintenu vide d'air. La vapeur de chauffage y est amenée dans des serpentins volumineux. On concentre jusqu'à ce que la température d'ébullition du liquide atteigne 112° sous la pression atmosphérique, ce qui correspond à une teneur de 85 à 90 pour 100 de sucre. Il ne reste plus alors qu'à faire écouler la bouillie cristalline obtenue dans des bacs aplatis, où s'achève la cristallisation. On sépare les cristaux des liqueurs dans lesquelles ils se sont formés, en opérant ainsi qu'il a été dit plus haut pour la fabrication du sucre de canne (p. 479).

4. Le procédé précédent, dit *par râpage et expression*, est le plus usité en France. Il a l'inconvénient de donner un jus contenant une trop forte proportion de matières solides pulvérulentes, et surtout de laisser trop de sucre dans la pulpe exprimée. Il tend à être remplacé de plus en plus par un autre, le procédé *par diffusion*, dont nous indiquerons en peu de mots le principe. L'idée première de la nouvelle méthode est due à Mathieu de Dombasle, mais la forme sous laquelle on la pratique a été indiquée par M. Robert.

Les betteraves, découpées en lamelles ou *cossettes*, à l'aide d'une ma-

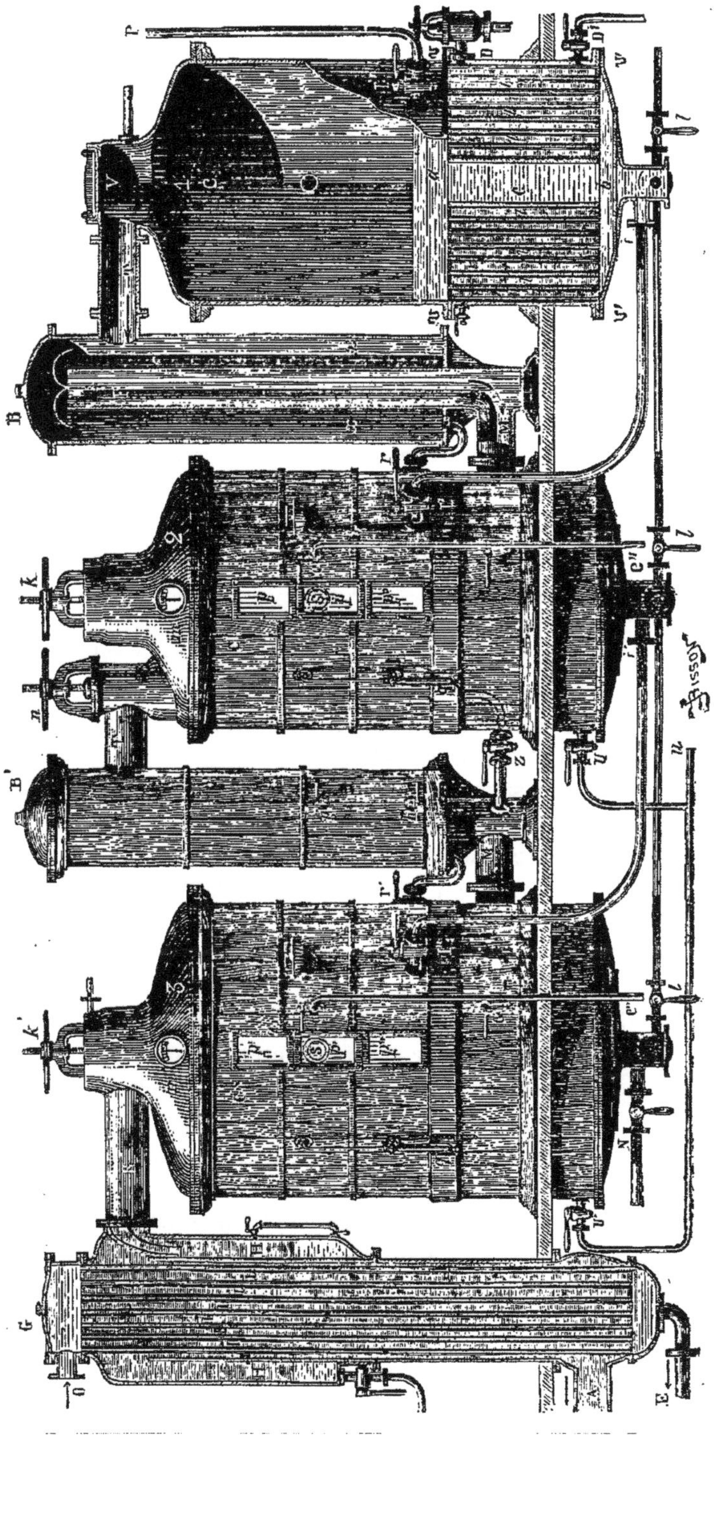

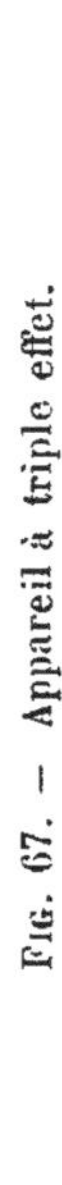

Fig. 67. — Appareil à triple effet.

chine à couteaux, sont introduites dans les *diffuseurs*. Ceux-ci sont des cylindres verticaux de 1 à 4 mètres cubes, disposés dans le voisinage les uns des autres, par batteries de dix ou douze, et communiquant entre eux de manière que le liquide qui en a traversé un de haut en bas, se rend ensuite à la partie supérieure du suivant. L'eau arrive froide au premier diffuseur sur la cossette déjà épuisée, passe par un *calorisateur*, où on la chauffe à 75°, et traverse les diffuseurs suivants à une température d'environ 70°, en se chargeant de plus en plus de matière sucrée. La liqueur est portée à 80° dans un nouveau calorisateur avant d'arriver dans les derniers diffuseurs, où elle porte brusquement à 72° les cossettes fraîches : cette variation rapide de température chasse les gaz entourant les cellules et modifie celles-ci d'une manière favorable à l'extraction du sucre. De plus, à ces températures élevées, les fermentations ne se produisent pas. Dans ce traitement, le sucre et les matières salines se dialysent à travers les parois des cellules et passent dans l'eau, tandis que les substances incristallisables, albumine, pectose, gommes, etc., ne se diffusant pas sensiblement, restent dans les cossettes. Chaque cylindre de la *batterie de diffusion* devenant à son tour le dernier, le traitement est méthodique et on épuise la betterave de matière sucrée, avec la plus petite quantité d'eau possible.

Les liqueurs sucrées sont ensuite, au sortir de la batterie de diffusion, traitées comme il a été dit plus haut pour le jus exprimé de la betterave.

5. Les *mélasses* de betteraves, qui ont cessé de donner du sucre par cristallisation, en retiennent cependant encore une proportion importante, ainsi que du sucre interverti. Généralement, elles sont diluées et soumises à la fermentation ; ce qui donne de l'alcool. Les *vinasses*, qui constituent le résidu de la distillation des liqueurs alcooliques (p. 247), sont très riches en sels de potasse ; elles fournissent ces derniers par évaporation et incinération.

Les mélasses peuvent d'ailleurs fournir encore une certaine quantité de sucre de canne, quand on les prive par *dialyse* ou *osmose* de la plus grande partie des sels qu'elles contiennent (Dubrunfaut). L'osmose rend cristallisable un peu moins de la moitié du sucre contenu dans les mélasses ; le reste est transformé en alcool.

On obtient, au point de vue de l'extraction du sucre des mélasses, des résultats plus complets en précipitant le sucre sous forme de sucrate insoluble de baryte, ou mieux de strontiane. A 100°, les mélasses diluées donnent avec l'hydrate de strontiane un sucrate bibasique, qu'on lave à l'eau de strontiane ; ce sucrate, lessivé à l'eau froide, se dédouble en hydrate de strontiane cristallisé, que l'on sépare, et sucrate monobasique soluble, dont on décompose la solution par l'acide carbonique. Le carbonate de strontiane, calciné avec du charbon, fournit de nouveau de la strontiane, qui rentre dans la fabrication.

Un autre mode d'extraction du sucre des mélasses est connu sous le nom de *séparation* (M. Stephen). Il consiste à diluer les mélasses jusqu'à ce que la solution contienne 7 pour 100 de sucre, à mélanger rapidement la liqueur refroidie vers 15° avec de la chaux vive très finement pulvérisée (130 parties pour 100 de sucre), ce qui ne produit aucune élévation de température; la totalité du sucre se trouve précipitée sous forme de saccharate de chaux insoluble. Après lavage, ce dernier peut être employé, à la place de chaux éteinte, pour le traitement du jus de betterave ou du liquide de diffusion. On retire ainsi 95 pour 100 du sucre contenu dans les mélasses.

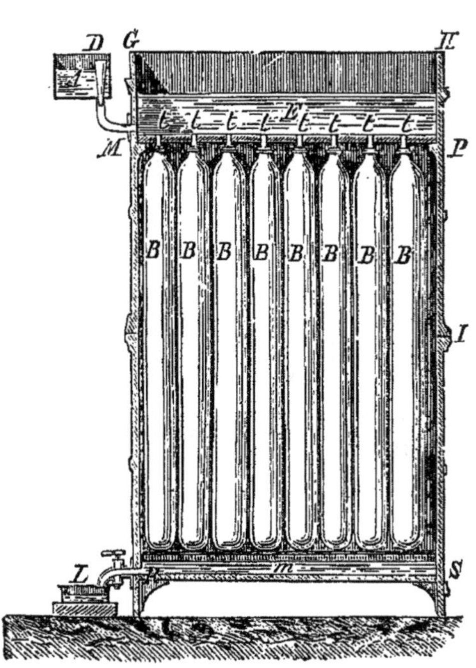

FIG. 68. — Filtre Taylor.

6. 3° *Raffinage du sucre.* — Le sucre obtenu par les procédés ci-dessus est souvent jaunâtre; il est aussi doué d'une odeur désagréable et renferme 3 ou 4 centièmes de matières étrangères. Pour le raffiner, on le dissout dans le tiers de son poids d'eau, en chauffant le tout à l'aide de la vapeur; on ajoute d'abord 5 centièmes de noir animal fin, puis, quand la liqueur commence à bouillir, un demi-centième de sang de bœuf, et on brasse. La liqueur s'éclaircit par suite de la coagulation de l'albumine du sang; on la soutire et on la fait passer à travers des filtres d'étoffe pelucheuse en forme de sac (fig. 68), dits *filtres Taylor*. Pour augmenter la surface filtrante, les sacs sont doubles et celui qui est à l'intérieur, étant beaucoup plus large que l'autre, reste plissé contre celui-ci. On décolore encore la liqueur avec le noir animal au moyen de filtres à noir (fig. 66, p. 481) de très grandes dimensions. Après un second passage dans

des filtres en toile (fig. 68), on la concentre dans le vide, puis on l'introduit dans un réservoir (*rafraîchissoir*), où on l'agite pendant son refroidissement jusque vers 80° ou 90°. La masse perd bientôt sa fluidité sous l'influence de cristaux qui s'y déposent et qui sont d'autant moins volumineux qu'on agite davantage. On la répartit ensuite dans des vases ayant la forme des pains que l'on veut obtenir (*formes*); elle achève de s'y solidifier. Après égouttage par une ouverture inférieure que l'on débouche, on déplace par du sirop de sucre pur l'eau mère impure qui imbibe les pains (*clairçage*); enfin, on égoutte ceux-ci de nouveau. On accélère le clairçage et l'essorage des pains

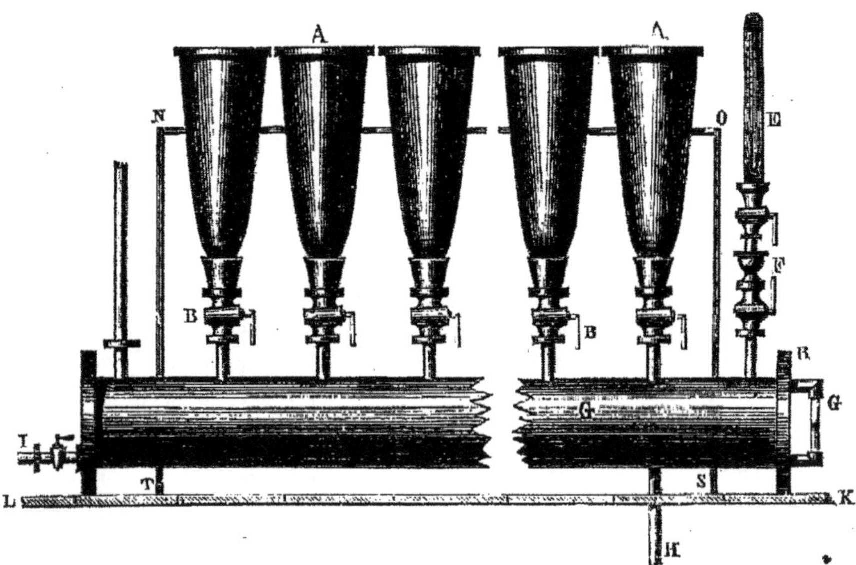

FIG. 69. — Clairçage et égouttage du sucre en pains.

de sucre, soit en les turbinant, soit en faisant le vide dans un récipient G, mis en relation avec la pointe des cônes métalliques renversés qui les contiennent (fig. 69). Enfin, l'on sèche à l'étuve.

7. 4° *Sucre candi.* — C'est le sucre en gros cristaux; on l'obtient en concentrant un sirop de sucre jusqu'à ce que sa densité à l'ébullition soit 1,383 (40° Baumé), ce qui correspond à une température d'ébullition de 112°. On place la *cuite* dans des bassines de cuivre garnies de fils tendus, et maintenues dans une étuve chauffée d'abord vers 60°, mais dont on laisse baisser peu à peu la température. Le sucre se dépose en gros cristaux, dont la coloration varie avec la pureté du sirop employé. La cristallisation dure une semaine ou deux.

8. *Propriétés.* — Le sucre de canne cristallise en prismes rhom-

boïdaux obliques, portant des facettes hémiédriques. Les cristaux sont durs ; ils deviennent phosphorescents lorsqu'on les brise dans l'obscurité. Ils sont inaltérables à l'air. Leur densité est 1,595 à 15°. Entre 0° et 100°, ils se dilatent d'un neuvième de leur volume. Leur chaleur spécifique est 0,301.

Le sucre est dextrogyre : son pouvoir rotatoire moléculaire, rapporté à la raie D, est $\alpha_D = +67°,31$; mesuré avec la teinte de passage, il se trouve augmenté dans le rapport de $\frac{109}{100}$, ce qui donne $\alpha_j = 67,31 \times 1,09 = 73°,37$. Ce pouvoir rotatoire ne varie pas très sensiblement, soit avec la température, soit avec la durée de la dissolution, soit enfin avec la concentration de cette dissolution. Il change de signe sous l'influence des acides, le sucre se changeant en *sucre interverti*, c'est-à-dire en un mélange à molécules égales de glucose et de lévulose (p. 491).

Le sucre se dissout à 80° dans le quart de poids d'eau ; à 100° dans le cinquième de son poids d'eau. Enfin, il se dissout dans la moitié environ de son poids d'eau froide, et constitue ainsi un sirop, lequel ne recristallise parfois qu'au bout d'un temps fort long, lorsqu'on l'abandonne à l'évaporation spontanée.

9. *Densité des solutions aqueuses.* — La liqueur sirupeuse précédente a pour densité 1,320 à 15° (36° Baumé); elle bout à 105° et renferme pour 100 parties d'eau 210 parties de sucre.

La densité D des solutions de sucre dans l'eau peut être calculée approximativement par la formule suivante :

$$D = \frac{p + P}{p + \frac{5P}{8}},$$

p étant le poids de l'eau, et P celui du sucre dissous.

La dissolution du sucre dans l'eau s'effectue en absorbant de la chaleur : $-0^{Cal},8$ à 13°, pour 342 grammes (M. Berthelot).

Lorsqu'on met en contact une dissolution, renfermant à la fois du sucre de canne et des matières étrangères, avec une membrane plongée dans l'eau pure, le sucre se diffuse dans l'eau plus lentement que les sels, mais beaucoup plus vite que l'albumine et les principes mucilagineux ou caraméliques. Ces faits sont, comme il a été dit (p. 484), mis à profit dans la fabrication du sucre par diffusion, ainsi que dans l'extraction du sucre des mélasses par osmose.

Le sucre est insoluble dans l'éther et dans l'alcool absolu froid. Il se dissout dans 80 parties d'alcool absolu bouillant; il est plus soluble dans l'alcool ordinaire. Ce dernier liquide constitue le meilleur dissolvant à employer, lorsqu'on veut obtenir sous forme de cristaux définis une petite quantité de sucre de canne.

10. *Analyse des liqueurs sucrées.* — On peut reconnaître et doser le sucre de canne dans une liqueur par trois procédés principaux :

1° *Par fermentation.* On opère comme pour la glucose (p. 442), qui ne saurait être distinguée ainsi du sucre de canne. Toutefois le résultat calculé en glucose devra être multiplié par $\frac{342}{360} = 0,95$, parce que 360 grammes de sucre interverti ($2\,C^{12}H^{12}O^{12} = 360$) résultent de l'hydratation de 342 grammes de sucre de canne ($C^{24}H^{22}O^{22} = 342$).

2° *Par les pouvoirs rotatoires.* Celui du sucre de canne est $\alpha_D = +67°,31$. En produisant l'inversion, les acides étendus changent le sens de la déviation a produite par une solution de sucre de canne et réduisent sa valeur; celle-ci devient $a \times 0,4419$ à 0°, $a \times 0,3666$ à 15°, etc., le pouvoir rotatoire de la lévulose variant beaucoup avec la température. Au contraire, la glucose a un pouvoir rotatoire moléculaire $\alpha_D = +52°,8$ (p. 439), qui ne change pas par les acides.

L'*inversion par les acides* (p. 491), c'est-à-dire la transformation en glucose et lévulose sous l'influence de ces agents, caractérisant le sucre de canne, permet d'analyser un mélange de glucose et de saccharose. En effet :

Soit x le poids du sucre de canne, et y celui de la glucose contenus dans 100^{cc} de la liqueur. La déviation primitive a serait :

$$67,31\frac{x}{100} + 52,8\frac{y}{100} = a.$$

L'inversion étant opérée en ajoutant une liqueur acide dont le volume égale le dixième de celui de la liqueur primitive, et la déviation finale étant a' à 15°, on aura :

$$-67,31\frac{x}{100} \times 0,3666 + 52,8\frac{y}{100} = \frac{11}{10}a'.$$

Il est donc facile avec les deux équations précédentes de calculer x et y.

La même marche s'applique à l'analyse d'un mélange de sucre de canne et de sucre interverti (lévulose et glucose à équivalents égaux). Le pouvoir rotatoire moléculaire du sucre interverti étant $\alpha_D = -22°,95$ à la température de 15° (p. 470), on aura avant l'inversion :

$$67,31\frac{x}{100} - 22,95\frac{y}{100} = a;$$

après l'inversion faite comme dans le cas précédent, c'est-à-dire en augmentant de 1/10 le volume de la liqueur, on aura à 15° :

$$-67{,}31\,\frac{x}{100}\times 0{,}3666 - 22{,}95\,\frac{y}{100} = \frac{11}{10}\,a'.$$

Soit encore un mélange de sucre de canne, de glucose et de lévulose, ces deux derniers ne se trouvant pas à équivalents égaux comme dans le sucre interverti : ce cas est celui qui se présente le plus généralement dans l'analyse des sucs de fruits et produits analogues. Or x étant le poids du sucre de canne contenu dans 100^{cc} de la liqueur, y celui de la glucose, z celui de la lévulose, et $\alpha_D = -98°{,}7$ étant le pouvoir rotatoire de la lévulose à 15°, on aura d'abord :

$$67{,}31\,\frac{x}{100} + 52{,}8\,\frac{y}{100} - 98{,}7\,\frac{z}{100} = a\,;$$

après l'inversion, avec augmentation de volume de 1/10, on aura à 15° :

$$-67{,}31\,\frac{x}{100}\times 0{,}3666 + 52{,}8\,\frac{y}{100} - 98{,}7\,\frac{z}{100} = \frac{11}{10}\,a'.$$

Si l'on joint à ces deux équations la détermination du poids total p de la glucose et de la lévulose, détermination facile à obtenir en dosant ces sucres à l'aide de tartrate de cuivre alcalin (p. 441),

$$y + z = p,$$

on pourra déterminer les poids séparés des trois sucres. Comme vérification, on devra retrouver leur poids total dans un nouveau dosage, opéré à l'aide du tartrate, après inversion.

Toutes les données précédentes supposent des déterminations faites avec un instrument éclairé avec la flamme monochromatique du sodium (fig. 70); si l'on opérait en rapportant les mesures à la teinte de passage, il serait nécessaire de remplacer dans les formules ci-dessus les valeurs correspondantes à α_D par celles qui correspondent à α_j pour chaque matière sucrée. Étant donnée la définition du pouvoir rotatoire moléculaire, elles supposent en outre que les déviations du plan de polarisation ont été observées sur une épaisseur de liquide de 1 décimètre, des corrections proportionnées devant être effectuées lorsqu'on fait intervenir des épaisseurs différentes.

Enfin, dans ces expériences, il faut, si l'on emploie les coefficients précédents, observer les déviations a et a' du plan de polarisation à une température voisine de 15°, parce que les pouvoirs rotatoires de la lévulose et du sucre interverti varient rapidement avec la température (p. 470).

3° *Par le tartrate cupropotassique*. Le tartrate de cuivre alcalin n'est pas réduit sensiblement par le sucre de canne à 100°; tandis qu'il est réduit par la glucose. On peut donc doser directement cette dernière en présence du sucre de canne (p. 441).

D'autre part, si, prenant un échantillon distinct, on intervertit le

Fig. 70. — Saccharimètre à pénombre.

sucre de canne, et si l'on fait ensuite sur lui un nouveau dosage, la différence des deux dosages, multipliée par $\frac{342}{360} = 0{,}95$ (p. 488), exprime le poids du sucre de canne.

Dans les mélanges complexes, il est bon de contrôler les divers procédés de dosage les uns par les autres.

11. *Action de la chaleur sur le sucre de canne*. — Soumis à l'action de la chaleur, le sucre de canne fond à 180°. Le liquide refroidi se prend en une masse vitreuse et amorphe (*sucre d'orge*). Si l'on ne prolonge point l'action de la chaleur, le sucre de canne n'est pas altéré dans sa totalité : une portion conserve ses propriétés et son aptitude à cristalliser, même spontanément et dans la masse solidifiée.

Mais, si on le maintient pendant quelque temps à 160°, il se métamorphose en deux principes, à savoir la *glucose ordinaire*, plus hydratée, et la *lévulosane*, moins hydratée que la saccharose (Gélis) :

$$C^{24}H^{22}O^{22} = C^{12}H^{12}O^{12} + C^{12}H^{10}O^{10}.$$

A une température plus haute, ou sous l'influence de la même température prolongée beaucoup plus longtemps, ces composés s'altèrent à leur tour, en fournissant des principes caraméliques, d'abord jaunes, solubles, amers (*caramélane*, $C^{24}H^{18}O^{18}$, *caramélène*, $C^{72}H^{50}O^{50}$, etc.), puis noirs et insolubles. A une température plus élevée, il se dégage encore de l'eau, quelques gaz, et il reste une matière charbonneuse.

12. *Hydrogène.* — Soumis à l'action réductrice de l'amalgame de sodium en présence de l'eau, le sucre de canne fournit les mêmes produits que la glucose et la lévulose, spécialement de la mannite, $C^{12}H^{14}O^{12}$.

13. *Oxygène.* — L'oxydation du sucre de canne fournit les mêmes produits que celle de la glucose et de la lévulose (p. 440 et 470).

14. *Acides.* — L'action des acides sur le sucre de canne peut donner lieu à trois ordres de phénomènes principaux : les acides peuvent se combiner au sucre de canne ; ou bien ils peuvent le changer en sucre interverti ; ou bien encore ils peuvent le détruire, avec formation d'acide glucique et de produits bruns et humoïdes.

Donnons quelques développements.

1° L'acide tartrique et les acides organiques volatils, tels que les acides acétique, butyrique, stéarique, etc., chauffés entre 100° et 120° avec le sucre de canne, s'y combinent et forment des composés analogues aux glycérides. L'acide nitrique fumant s'y combine à froid.

2° Les acides minéraux étendus transforment le sucre de canne en *sucre interverti*, c'est-à-dire en un mélange à poids égaux de glucose et de lévulose :

$$\underset{\text{Sucre de canne.}}{C^{24}H^{22}O^{22}} + H^2O^2 = \underset{\text{Glucose.}}{C^{12}H^{12}O^{12}} + \underset{\text{Lévulose.}}{C^{12}H^{12}O^{12}}.$$

Leur action est presque immédiate à 100°. Elle s'opère également à la température ordinaire, mais au bout d'un temps plus long.

Les acides faibles produisent la même métamorphose, pourvu qu'ils soient solubles dans l'eau ; mais leur action est beaucoup plus lente que celle des acides énergiques. C'est ainsi que les acides acétique et succinique peuvent demeurer en présence du sucre pendant plusieurs jours, et même pendant plusieurs semaines, à froid, sans le transformer entièrement (M. Berthelot). Cette circonstance explique la coexistence du sucre de canne et des acides organiques dans une multitude de sucs végétaux.

L'acide carbonique dissous dans une solution de sucre sous une pression de quelques atmosphères, produit l'inversion en deux ou trois semaines à la température ordinaire ; il l'effectue en moins d'une heure à la température de 100° (M. von Lippmann).

A 100°, l'eau pure suffit pour intervertir à la longue le sucre de canne, et son action est accélérée par la présence des chlorures terreux et du chlorhydrate d'ammoniaque. A froid, l'action de l'eau sur le sucre n'est pas sensible, même au bout de plusieurs mois, à moins qu'il ne se développe des moisissures. Lorsque le sucre s'intervertit, la densité de la liqueur éprouve un accroissement sensible.

Tous ces faits ont une grande importance dans la fabrication du sucre, comme dans la physiologie végétale.

3° Lorsqu'on fait bouillir le sucre de canne avec l'acide chlorhydrique ou avec l'acide sulfurique dilués, il se change en un acide incolore, l'*acide glucique*, $C^{24}H^{18}O^{18}$ (Persoz) ; ce dernier, sous une influence plus prolongée de l'acide minéral, devient un acide brun, l'*acide apoglucique*, $C^{48}H^{26}O^{26}$ (M. Mülder), et finit même par se changer en *produits ulmiques*, tout à fait insolubles.

Chauffé longtemps avec l'acide sulfurique très étendu, il donne aussi de l'*acide acétopropionique* ou *lévulinique*, qui prend naissance aux dépens de la lévulose ou du sucre interverti (p. 470).

Au contact de l'acide sulfurique concentré, même à froid, le sucre ne tarde pas à se carboniser, avec production de chaleur et d'acide sulfureux.

L'acide chlorhydrique concentré, mis en contact avec le sucre, le carbonise aussi à froid, mais au bout de quelques jours seulement.

Les chlorures métalliques, tels que ceux d'étain et d'antimoine, font éprouver au sucre, à 100°, des changements analogues.

15. *Alcalis.* — Le sucre de canne se combine avec les alcalis et les bases puissantes : il n'est pas altéré par elles, même à 100°. Si l'on dépasse un peu cette température, le sucre se détruit avec les mêmes phénomènes généraux que la glucose.

1° Le *saccharoside barytique*, $C^{24}H^{20}Ba^2O^{22} + 2Aq$, se prépare en ajoutant une solution saturée et bouillante de baryte à une solution aqueuse de sucre : le tout se prend en une masse cristalline. Ce corps joue un rôle dans certains procédés d'extraction du sucre. Soit à 15°, soit à 100°, 100 parties d'eau dissolvent 2 parties de saccharoside barytique.

2° Les *saccharosides calciques* ont une plus grande importance encore par leurs applications. L'eau sucrée dissout abondamment la chaux. Il suffit de faire bouillir cette dissolution pour déterminer une décomposition engendrant un composé à excès de sucre d'une part, et un composé à excès d'alcali d'autre part ; on donne ainsi naissance au *saccharoside hexacalcique*, $C^{24}H^{16}Ca^{6}O^{22} + 6\,Aq$, composé presque insoluble; par suite, la liqueur se prend en masse, pour peu qu'elle soit concentrée. Mais, si on la laisse refroidir dans cet état, les produits de la séparation opérée à chaud se combinent de nouveau, et leur redissolution s'effectue pendant la durée du refroidissement (M. Péligot).

En ajoutant de l'alcool à une solution de chaux dans l'eau sucrée, on obtient, suivant que la solution renferme ou non un excès de chaux, le *saccharoside tétracalcique*, $C^{24}H^{18}Ca^{4}O^{22} + 8\,Aq$, ou le *saccharoside dicalcique*, $C^{24}H^{20}Ca^{2}O^{22} + 2\,Aq$.

3° Un *saccharoside plombique*, $C^{24}H^{18}Pb^{4}O^{22}$, s'obtient en précipitant une solution concentrée de sucre par l'acétate de plomb ammoniacal ; ou bien encore en précipitant le sucrate de chaux par l'acétate de plomb.

On peut retirer le sucre de canne de toutes ces combinaisons, en les décomposant par l'acide carbonique, qui précipite la base et laisse le sucre inaltéré.

En présence du sucre, les sels de sesquioxyde de fer ou de sesquioxyde de chrome, et ceux de cuivre ne sont pas précipités par les alcalis.

Le sucre de canne se combine à la phénylhydrazine dans les mêmes conditions que la glucose (p. 443), mais il semble que les produits formés dérivent de la glucose et de la lévulose plutôt que du sucre lui-même.

16. *Sels.* — Le sucre de canne s'unit à certains sels, spécialement aux chlorures; c'est ainsi qu'il se combine au chlorure de sodium avec lequel il forme un composé cristallisé, $C^{24}H^{22}O^{22},NaCl$ (M. Péligot).

17. *Ferments.* — Le sucre de canne se métamorphose, sous l'influence des ferments, conformément à ce qui a été dit relativement aux sucres en général (p. 421). Seulement il est digne de remarque que la levure de bière, avant de provoquer la fermentation alcoolique du sucre de canne, commence par le changer en sucre interverti.

L'inversion est indépendante de la structure organisée de la levure;

car elle est due à une matière azotée, soluble dans l'eau et contenue dans l'intérieur des cellules (M. Berthelot). Cette matière, l'*invertine* (p. 244), peut être isolée en faisant digérer la levure avec de l'eau, en filtrant la liqueur et en la précipitant par l'alcool. Elle se redissout ensuite dans l'eau et exerce une action inversive comme auparavant. C'est un corps azoté, analogue à l'albumine et fort altérable. Sa réaction sur le sucre de canne a lieu dans une liqueur légèrement alcaline, aussi bien que dans une liqueur acidulée.

Un ferment soluble analogue existe dans les fruits sucrés et y détermine la transformation du sucre de canne en sucre interverti.

Ces faits ne sont pas sans importance pour la théorie des fermentations : ils montrent que les cryptogames, qui propagent les fermentations, n'en sont pas, au moins dans certains cas, les véritables causes. Mais ils sécrètent les ferments réels, dont ils représentent les véhicules et les agents multiplicateurs.

18. *Éthers de la saccharose.* — Les *saccharosides* sont les dérivés qui résultent de l'union du sucre de canne avec les acides et les autres corps. Par exemple, le sucre de canne, chauffé vers 120° avec les acides acétique, butyrique, stéarique, forme des composés neutres. Mais il est difficile de distinguer ces corps des glucosides correspondants, et de déterminer s'ils dérivent réellement du sucre de canne, ou seulement des glucoses qui résultent de sa transformation. Voici pourtant deux composés qui paraissent dériver directement de la saccharose.

1° *Saccharoside tétranitrique :* $C^{24}H^{14}O^{14}(AzHO^{6})^{4}$. — Ce corps s'obtient en ajoutant peu à peu du sucre en poudre à un mélange d'acide nitrique et d'acide sulfurique, refroidi vers 0°. Il n'a pas été amené à cristalliser. Il est détonant.

2° *Saccharoside tétratartrique :* $C^{50}H^{38}O^{62}$ ou $C^{24}H^{14}O^{14}(C^{8}H^{6}O^{12})^{4}$. — Ce corps est un acide quadribasique. Il résulte de l'union du sucre de canne et de l'acide tartrique, à 120°. On prépare son sel de chaux en chauffant à 120°, pendant cinq heures, un mélange à poids égaux de sucre et d'acide tartrique pulvérisé, neutralisant par le carbonate de chaux, filtrant et précipitant par l'alcool. Ce sel calcaire séché à 110° répond à la formule $C^{24}H^{14}O^{14}(C^{8}H^{5}CaO^{12})^{4} + 2Aq$. Il réduit le tartrate cupropotassique.

§ 3. — Mélitose.

$C^{24}H^{22}O^{22}$ .... $C^{12}H^{22}O^{11}$.

1. *Origine.* — La mélitose est un principe sucré particulier, contenu dans la *manne d'Australie*, exsudation produite par diverses espèces d'eucalyptus. Elle a été isolée pour la première fois par Johnston, mais étudiée par M. Berthelot.

2. *Préparation*. — Pour l'extraire, on traite cette manne par l'eau et l'on évapore à cristallisation.

3. *Propriétés*. — La mélitose se présente sous forme d'aiguilles entrelacées, d'une extrême ténuité ; on ne les distingue bien qu'au microscope. Le goût de cette substance est très légèrement sucré.

La mélitose est dextrogyre : son pouvoir rotatoire, rapporté à la teinte de passage et à la formule, $C^{24}H^{22}O^{22}$, est $\alpha_j = +102°$. Ce pouvoir est modifié et réduit à $+63°$ environ, par l'action de l'acide sulfurique dilué, laquelle est complète à 100° au bout de quelques minutes.

4. *Réactions*. — Les réactions de la mélitose sont analogues à celles de la saccharose.

A l'état dilué, les acides minéraux la changent en un mélange de *glucose ordinaire*, de *galactose* et d'*eucalyne* (p. 473). Ce mélange est incristallisable : il est destructible par les alcalis et par le tartrate cupropotassique, à la façon des glucoses.

5. Traitée avec précaution par l'acide nitrique étendu de son volume d'eau, la mélitose s'attaque et forme de l'acide mucique et de l'acide oxalique. La production de l'acide mucique rapproche la mélitose des gommes et du sucre de lait.

6. Mise en contact avec la levure de bière à une douce chaleur, la mélitose fermente avec production d'*alcool*, d'*acide carbonique* et d'*eucalyne*, $C^{12}H^{12}O^{12}$:

$$C^{24}H^{22}O^{22} + H^2O^2 = 2\,C^4H^6O^2 + 2\,C^2O^4 + C^{12}H^{12}O^{12}.$$

§ 4. — Raffinose.

$$C^{24}H^{22}O^{22} \ldots\ldots\ldots\ldots \quad C^{12}H^{22}O^{11}.$$

Il existe dans les mélasses de betterave (M. Loiseau), ainsi que dans les semences de coton (M. Boehm), une matière sucrée, la *raffinose*, qui cristallise avec les mêmes apparences que la glucose. Cette substance est fort analogue à la mélitose et, d'après M. Ritthausen, elle serait même identique. Toutefois, la raffinose et la mélitose ne se conduisent pas de la même manière à l'égard des ferments alcooliques, etc. La mélitose produit, en même temps que l'alcool, de l'eucalyne non fermentescible, tandis que la raffinose fermente entièrement. La mélitose paraît être une combinaison de raffinose et d'eucalyne, d'après des expériences toutes nouvelles ; l'action de l'alcool fort la dédouble en ces deux produits. La raffinose est dédoublée à son tour par les acides en glucose et galactose. Le pouvoir rotatoire de la raffinose, rapporté au rayon jaune moyen, est $\alpha_D = + 104°$.

Elle fournit de l'acide mucique sous l'influence de l'acide nitrique.

La présence dans les mélasses d'un corps aussi fortement dextrogyre que la raffinose explique comment certaines mélasses dosées au polarimètre semblent contenir plus de sucre de canne qu'elles n'en renferment en réalité; ce dernier fait ne doit pas être négligé quand on applique le polarimètre à l'analyse des sucres.

§ 5. — Tréhalose.

$C^{24}H^{22}O^{22} + 4\,Aq$.......... $C^{12}H^{22}O^{11} + 4\,Aq$.

1. *Origine.* — La tréhalose ou *mycose* se rencontre dans une manne particulière, désignée sous le nom de *tréhala* et produite par une espèce d'échinops. Sa formation paraît déterminée par la piqûre d'un curculionide, le *Larinus nidificans*. La tréhalose a été découverte par M. Berthelot; elle a été retrouvée quelque temps après dans le seigle ergoté (Mitscherlich); elle existe dans un grand nombre de champignons et de moisissures (M. Müntz).

2. *Préparation.* — Pour l'extraire, on traite le tréhala par l'alcool bouillant : la tréhalose cristallise par refroidissement.

On peut encore précipiter l'extrait aqueux du seigle ergoté par l'acétate de plomb tribasique; on filtre, on enlève le plomb de la liqueur par l'hydrogène sulfuré, et l'on évapore en consistance d'extrait.

3. *Propriétés.* — La tréhalose cristallise en beaux octaèdres rectangulaires, brillants et durs, croquant sous la dent. Elle est douée d'un goût fortement sucré, quoique moins caractérisé que celui du sucre de canne.

Très soluble dans l'eau, la tréhalose est presque insoluble dans l'alcool bouillant. Sa dissolution aqueuse peut être amenée à l'état sirupeux sans cristalliser, si ce n'est au bout d'un certain temps.

La tréhalose retient à la température ordinaire 4 équivalents d'eau de cristallisation, qu'elle perd à 100°. Chauffée brusquement, elle fond à 130°, puis se solidifie en devenant anhydre; elle refond ensuite à 210°.

La tréhalose est dextrogyre; son pouvoir rotatoire est triple de celui du sucre de canne : $a_j = + 220°$. Ce pouvoir varie à peine avec la température et avec la durée de la dissolution. Il est également le même lorsqu'on opère avec la tréhalose récemment dissoute, après avoir été déshydratée par la chaleur.

Sous l'influence des acides minéraux étendus, ce pouvoir rotatoire diminue, se réduit au quart environ et devient égal à celui de la glucose ordinaire; un tel changement exige plusieurs heures pour s'accomplir, même à 100°.

4. La potasse et la baryte n'altèrent point la tréhalose à 100°; l'acétate de plomb ammoniacal précipite ses dissolutions concentrées.

5. La tréhalose, chauffée à 100° avec les acides stéarique, benzoïque, butyrique, acétique, forme en petite quantité des combinaisons neutres, analogues aux glycérides.

§ 6. — **Mélézitose.**

$$C^{24}H^{22}O^{22} + 2Aq \ldots\ldots\ldots\ldots\ldots \quad C^{12}H^{22}O^{11} + 2Aq.$$

1. La *mélézitose*, découverte par M. Berthelot, existe dans la manne de Briançon, exsudation concrète produite par le mélèze (*Pinus larix*); on l'extrait par l'alcool bouillant. Elle se rencontre également dans une autre manne, celle de l'*Alhagi maurorum* (M. Villiers).

2. Elle se présente en très petits cristaux clinorhombiques, courts et brillants, d'une saveur sucrée, comparable à celle de la glucose. Elle renferme une molécule d'eau de cristallisation, qu'elle perd déjà par efflorescence. Son pouvoir rotatoire, $\alpha_D = +88°,51$, varie lentement à 100° sous l'influence des acides étendus, qui le ramènent peu à peu à une valeur égale au pouvoir rotatoire de la glucose. La mélézitose fond au-dessus de 140°.

3. Par oxydation, elle ne donne pas d'acide mucique.

Les autres réactions de la mélézitose sont comparables à celles du sucre de canne; si ce n'est que la mélézitose fermente mal sous l'influence de la levure.

§ 7. — **Maltose.**

$$C^{24}H^{22}O^{22} + H^2O^2 \ldots\ldots\ldots\ldots \quad C^{12}H^{22}O^{11} + H^2O.$$

1. La maltose se produit dans l'action du malt ou de la salive sur l'amidon et sur le glycogène. Découverte par Dubrunfaut, en 1847, elle a été étudiée surtout par M. O'Sullivan, par MM. Musculus, Gruber et Méring, ainsi que par M. Soxhlet.

2. *Préparation.* — La *diastase*, ferment albuminoïde du malt, en agissant sur l'amidon, donne, non pas de la glucose, comme on l'a cru pendant longtemps, mais de la maltose.

L'amidon se change d'abord en ses isomères, les dextrines,

$(C^{12}H^{10}O^{10})^n$ (p. 506 et 517); puis celles-ci, par hydratation, se changent en maltose :

$$\underset{\text{Dextrine.}}{C^{24}H^{20}O^{20}} + H^2O^2 = \underset{\text{Maltose.}}{C^{24}H^{22}O^{22}}.$$

Finalement, on obtient 1 partie de dextrines, qui restent non dédoublées, pour 2 parties de maltose, quand on a opéré au-dessous de 63°. Au delà de cette température la proportion de maltose diminue.

Les acides dilués et chauds donnent lieu aussi à la formation de la maltose; mais ils ne tardent pas à la dédoubler elle-même.

Pour obtenir la maltose, on ajoute de la diastase à un mélange de 300 grammes de fécule et de 2 litres d'eau, puis on maintient le tout pendant quelques heures à une température voisine de 60°. Quand l'iode cesse de bleuir le mélange, on filtre et on ajoute 1 litre d'éther qui précipite de la maltose impure. Après quelques jours, on ajoute encore 4 litres d'éther, lesquels provoquent la cristallisation de la maltose presque pure (MM. Musculus et Méring).

Il est préférable de prendre 2 kilogrammes de fécule délayés à froid dans 9 litres d'eau, de les transformer en empois au bain-marie, d'ajouter à cet empois refroidi entre 60° et 65° une macération faite à 40° avec 140 grammes de malt pulvérisé et un peu d'eau, et de laisser en contact à 60° pendant une heure. On porte à l'ébullition, on filtre, on évapore, et on reprend le résidu par l'alcool à 90 centièmes. L'extrait alcoolique concentré se prend au bout de quelques jours en une masse solide de maltose cristallisée. On essore les cristaux, on les lave à l'alcool méthylique froid et l'on fait cristalliser dans l'alcool ordinaire à 85 centièmes (M. Soxhlet).

3. *Propriétés.* — La maltose cristallise avec une molécule d'eau, qu'elle perd à 100°. Desséchée, elle est très hygroscopique. Elle est très soluble dans l'eau, et un peu moins soluble dans l'alcool que la glucose.

Elle est douée du pouvoir rotatoire à droite : $\alpha_D = +139°,3$. Ce pouvoir rotatoire est plus faible dans les premiers temps de la dissolution, contrairement à ce qui a lieu pour la glucose.

4. *Réactions.* — L'acide sulfurique dilué transforme à chaud la maltose en glucose :

$$C^{24}H^{22}O^{22} + H^2O^2 = 2\,C^{12}H^{12}O^{12}.$$

La diastase, au contraire, ne la transforme pas sensiblement. Il en est de même de l'invertine (M. Bourquelot).

Elle brunit, comme la glucose, par les alcalis caustiques.

La maltose réduit le réactif cupropotassique. Toutefois son pouvoir réducteur est moins grand que celui de la glucose : il faut 100 parties de maltose pour réduire autant de réactif que 66 parties de glucose.

Elle se combine directement à la phénylhydrazine, $C^{12}H^8Az^2$, en formant des aiguilles cristallines de *phénylmaltosazone*, $C^{48}H^{32}Az^4O^{18}$ (M. E. Fischer), laquelle fond à 190°.

§ 8. — **Lactose ou sucre de lait.**

$C^{24}H^{22}O^{22} + H^2O^2$.............. $C^{12}H^{22}O^{11} + H^2O$.

1. Le sucre de lait, appelé quelquefois *lactine*, a été découvert dans le petit-lait, en 1619, par Fabrizio Bartoletti. Il se trouve également dans les végétaux, notamment dans le sapotillier.

2. *Préparation.* — Pour le préparer, on se sert du petit-lait provenant de la fabrication du fromage. En Suisse, où on le produit principalement, on évapore le liquide jusqu'à consistance sirupeuse et l'on abandonne la masse dans un endroit froid. Le sucre de lait se dépose lentement sous forme de petits cristaux durs et colorés. On le purifie en le faisant recristalliser plusieurs fois, et en décolorant ses solutions par le noir animal.

3. *Propriétés.* — Le sucre de lait cristallise en prismes rhomboïdaux droits, hémiédriques, durs, opaques, faiblement sucrés. Sa densité est 1,534. Il se dissout dans 2 parties d'eau bouillante et dans 6 parties d'eau froide. Il est insoluble dans l'alcool et dans l'éther. Par ébullition rapide de ses solutions concentrées, il se sépare en petits cristaux anhydres, qui disparaissent à froid.

Son pouvoir rotatoire, rapporté à $C^{24}H^{22}O^{22}$, est $\alpha_D = +52°,53$. Il est plus grand de moitié dans les premiers moments de la dissolution. Sous l'influence des acides, il augmente d'un tiers environ, par suite de la formation simultanée de la galactose et de la glucose.

4. *Chaleur.* — Le sucre de lait perd son eau de cristallisation vers 150°. A 170°, il se change en acides bruns, analogues aux dérivés de la saccharose, dont ils se distinguent parce qu'ils conservent l'aptitude à être changés en acide mucique par l'acide nitrique, comme la lactose elle-même.

5. *Hydrogène.* — Traité par l'amalgame de sodium, le sucre de lait fixe 2 H^2 et engendre de la dulcite et de la mannite, à équivalents égaux, comme il convient à un diglucoside dérivé de la glucose et de la galactose (M. G. Bouchardat) :

$$\underset{\text{Lactose.}}{C^{24}H^{22}O^{22}} + 2\,H^2 + H^2O^2 = \underset{\text{Mannite.}}{C^{12}H^{14}O^{12}} + \underset{\text{Dulcite.}}{C^{12}H^{14}O^{12}}.$$

6. *Oxygène.* — L'acide nitrique ordinaire oxyde la lactose à l'ébullition, avec formation d'acides mucique, saccharique, tartrique, oxalique, etc.

La lactose réduit directement le tartrate cupropotassique ; mais il faut 10 parties de lactose pour réduire le même poids de réactif que 7 parties de glucose. Au contraire, après avoir été maintenu en ébullition avec les acides minéraux dilués, elle a le même pouvoir réducteur que la glucose.

7. *Acides.* — L'acide sulfurique et l'acide chlorhydrique dilués décomposent, en effet, à l'ébullition, le sucre de lait et le transforment en deux glucoses, la galactose et la glucose ordinaire (p. 471) :

$$\underset{\text{Lactose.}}{C^{24}H^{22}O^{22}} + H^2O^2 = \underset{\text{Galactose.}}{C^{12}H^{12}O^{12}} + \underset{\text{Glucose.}}{C^{12}H^{12}O^{12}}.$$

Cette transformation exige un temps assez long pour être totale.

8. *Bases.* — Les bases énergiques s'unissent à froid au sucre de lait pour former des composés fort altérables : l'acétate de plomb ammoniacal le précipite. Une solution de lactose, additionnée de potasse, brunit à l'ébullition.

La lactose se combine à la phénylhydrazine aussi facilement que la glucose (p. 443); la *phényllactosazone* ainsi formée est soluble dans l'eau chaude et se sépare de celle-ci, par le refroidissement, sous forme d'aiguilles fusibles vers 200° (M. E. Fischer).

9. *Ferments.* — Traitée par la levure de bière, la lactose ne fermente pas immédiatement. Elle se change cependant en alcool et acide carbonique. Elle peut éprouver également les fermentations lactique et butyrique. C'est la fermentation lactique qui se produit surout lorsque le lait s'aigrit. Des fermentations alcooliques particulières de la lactose donnent naissance aux liqueurs spiritueuses que les Tartares préparent avec le lait de jument (*koumys*) et les Caucasiens avec le lait de vache (*képhir*).

10. *Lactosides.* — La lactose forme avec les acides des composés analogues aux saccharosides. Ainsi, elle s'unit à 100° avec les acides acétique, butyrique, tartrique. Un mélange des acides nitrique et sulfurique produit un dérivé nitrique, etc.

CHAPITRE XIV

POLYSACCHARIDES

§ Ier. — Des hydrates de carbone en général.

1. Les principes neutres qui constituent la masse principale des tissus végétaux peuvent être représentés par du carbone uni à de l'oxygène et à de l'hydrogène, dans les proportions de l'eau : de là le nom d'*hydrates de carbone*, qui leur est souvent attribué.

Tels sont la dextrine, les amidons, le glycogène, l'inuline, la lichénine, les gommes, les mucilages, les principes ligneux ou celluloses végétales, la tunicine ou cellulose animale, et un grand nombre de corps isomériques, plus ou moins imparfaitement caractérisés.

2. Les hydrates de carbone ci-dessus jouissent d'un certain nombre de propriétés communes. Tous sont fixes, amorphes, incristallisables. Tous sont insolubles dans l'alcool et dans les liquides hydrocarbonés. Tous jouent le rôle d'alcools polyatomiques, et sont transformables en glucoses par hydratation; cette dernière réaction entraîne un dégagement de chaleur, circonstance fort importante en physiologie.

L'action directe de l'eau les partage en trois catégories, savoir :

1° Les *principes insolubles et inaltérables par l'eau :* tels sont les principes ligneux et la tunicine.

En général, ces corps existent dans les végétaux et les animaux, non à l'état cristallisé, mais sous forme de cellules, de fibres organiques. Aussi, dans l'étude des principes ligneux, il y a à distinguer deux choses : la forme et la matière.

La forme, c'est-à-dire l'organisation, peut être détruite par des agents mécaniques, physiques et autres, sans que les propriétés chimiques essentielles de la matière soient modifiées.

D'où il suit que les propriétés chimiques d'un principe immédiat, sa constitution principalement, sont en général indépendantes de la structure cellulaire, fibreuse, etc., qu'il peut affecter dans la nature. Tout au plus, cette structure peut-elle produire des effets de l'ordre de ceux qu'on attribue à la cohésion en chimie minérale; tels que les phénomènes en vertu desquels la silice ou l'alumine précipitées changent graduellement de propriétés; ou bien encore des effets analogues à ceux qui distinguent le platine en lames du platine en éponge et du noir de platine. Ces effets, dépendant de la forme, ne changent pas la nature chimique de la silice, de l'alumine ou du platine; pas plus qu'ils ne changent la nature chimique de l'amidon, des ligneux, etc.

Or il n'est pas du ressort de la chimie de s'occuper de la forme organisée du ligneux, de l'amidon ou de tout autre corps constitué en cellules ou en fibres : l'étude de cette forme organisée relève de l'histoire naturelle et de la physiologie. Au contraire, la chimie a pour objet essentiel l'étude de la constitution moléculaire et des réactions de ces corps, envisagés comme principes immédiats, indépendamment de leur forme organisée.

2° Les *principes qui se gonflent* dans l'eau froide ou bouillante, en absorbant une certaine quantité de ce liquide, sans y éprouver cependant une dissolution véritable : tels sont les amidons et les mucilages.

3° Les *principes solubles* dans l'eau : telles sont les gommes et les dextrines. Les solutions fournies par ces dernières substances sont visqueuses.

Les propriétés dont il s'agit jouent un rôle important dans l'organisation des êtres vivants, parce que les principes solubles et surtout les principes qui se gonflent dans l'eau (*colloïdes*) fournissent un milieu favorable pour les échanges lents et les métamorphoses chimiques, en donnant lieu à des systèmes participant à la fois, par leur état physique, des solides et des liquides.

3. ***Métamorphoses réciproques.*** — Ce n'est pas le seul intérêt qui s'attache à ces rapprochements. En effet, les principes insolubles, traités par les acides étendus ou par certains ferments, commencent par se changer en principes susceptibles de gonflement et d'hydratation mécanique; puis ces derniers deviennent complètement solubles. Une nouvelle transformation, accompagnée cette fois d'une hydratation chimique, les amène à l'état de matière sucrée. Mais l'espèce du sucre formé varie avec celle du principe originaire : l'amidon, par exemple, produit de la glucose ordinaire ou de la maltose; l'inuline, de la lévulose; la gomme, de l'arabinose; etc. Métamorphoses d'autant plus intéressantes que des changements analogues ont lieu dans la graine pendant le développement de l'embryon.

Une suite inverse de métamorphoses semble changer dans les végétaux les glucoses en saccharoses ou en gommes, puis en principes insolubles (amidon, etc.), lesquels tendent à s'accumuler dans les organes terminaux : feuilles, fruits, tiges souterraines, etc.

4. ***Réactions.*** — Mais poursuivons l'étude des réactions générales des hydrates de carbone. La chaleur les déshydrate et les change en matières humiques, puis en charbon.

Sous l'influence prolongée des acides concentrés et des corps analogues, ils se transforment en matières brunes et humiques.

Les alcalis produisent le même effet au-dessus de 100°, et même à froid; s'ils agissent au contact de l'air, il y a en même temps absorption d'oxygène. Les matières du terreau n'ont pas d'autre origine.

Enfin les hydrates alcalins métamorphosent vers 160° le ligneux, l'amidon, etc., en acide oxalique.

Toutes ces réactions rapprochent également les sucres et les hydrate de carbone énumérés plus haut.

5. L'action de l'acide nitrique est des plus remarquables : monohydraté, il produit des combinaisons détonantes (poudre-coton, pyroxyle, etc.), qui sont de véritables éthers, comparables à l'éther nitrique. Plus étendu, il oxyde les hydrates de carbone, avec formation finale d'acide oxalique.

Mais cette formation est précédée tantôt par celle de l'acide saccharique (ligneux, amidon, dextrine), qui correspond à la mannite et à la glucose; tantôt par celle de l'acide mucique (mucilages et gommes), qui correspond à la dulcite et à la galactose. Ces deux acides sont isomériques et représentés par la formule $C^{12}H^{10}O^{16}$. On a vu que leur formation établissait également une distinction entre la mannite et la dulcite, ainsi qu'entre les diverses glucoses et saccharoses (p. 433).

6. *Constitution.* — Il s'agit maintenant d'établir la constitution véritable des hydrates de carbone, représentés par la formule brute $C^{12}H^{10}O^{10}$. Rappelons d'abord que tous ces corps fournissent des glucoses sous l'influence des acides, en fixant les éléments de l'eau. Or la formule $C^{12}H^{10}O^{10}$ est une formule brute; mais elle est loin de représenter l'équivalent véritable des hydrates de carbone énumérés plus haut, les propriétés de ces corps, leur fixité, les rapports suivant lesquels ils entrent en combinaison.

Tout indique que ces corps possèdent des équivalents beaucoup plus élevés que les sucres. Si leur formule, telle qu'on peut la déterminer dans l'état actuel de nos connaissances, est simple, c'est là une pure apparence : en réalité, cette formule doit être considérée comme un multiple non encore déterminé de la formule brute $C^{12}H^{10}O^{10}$, soit $(C^{12}H^{10}O^{10})^n$.

Nous sommes ici au cœur de la question. Dans l'esprit de la théorie des alcools polyatomiques, tous les hydrates de carbone dont nous parlons en ce moment doivent être considérés comme résultant de la condensation de plusieurs molécules sucrées en une seule; ce sont des éthers mixtes, d'un ordre plus élevé que les saccharoses (M. Berthelot). La complexité et le nombre illimité de ces principes s'expliquent sans peine par la fonction chimique des sucres et conformément aux théories développées dans le chapitre XII (p. 446).

En effet, un sucre, $C^{12}H^{12}O^{12}$, peut être combiné soit avec un deuxième équivalent du même sucre, soit avec un sucre différent, mais isomérique. S'il s'agissait de deux alcools monoatomiques, on ne pourrait en séparer que 2 équivalents d'eau; mais, comme on opère sur des alcools polyatomiques, on peut en séparer 2, 4, 6, 8, etc., équivalents d'eau, suivant le degré d'atomicité. En éliminant H^2O^2, nous avons engendré le sucre de canne et les saccharoses, qui sont des *disaccharides* ou *diglucosides de la première espèce* (p. 475). En éliminant $2H^2O^2$, on donnera naissance à des *disaccharides* ou *diglucosides de la deuxième espèce* $(C^{12}H^{10}O^{10})^2$:

$$C^{24}H^{20}O^{20} = C^{12}H^{12}O^{12} + C^{12}H^{12}O^{12} - 2H^2O^2 = C^{12}H^{10}O^{10}(C^{12}H^{10}O^{10}),$$

caractérisés par leur origine et par leur aptitude à reproduire les glucoses génératrices.

Cependant, en obtenant le composé $C^{24}H^{20}O^{20}$, nous n'avons pas épuisé la quantité d'eau que nous pouvons enlever à la matière sucrée; par conséquent, nous n'avons pas épuisé la capacité de saturation de cette dernière. Nous pouvons prendre le nouveau corps comme point de départ de nouvelles combinaisons. Si nous l'unissons avec une matière sucrée, soit avec l'une des glucoses qui ont déjà concouru à sa formation, soit avec une nouvelle glucose, nous pourrons éliminer encore 2, 4, 6, etc., équivalents d'eau. En nous bornant au premier terme, c'est-à-dire aux *trisaccharides* ou *triglucosides de la troisième espèce :*

$$C^{24}H^{20}O^{20} + C^{12}H^{12}O^{12} - H^2O^2 = C^{36}H^{30}O^{30} = C^{12}H^{10}O^{10}(C^{24}H^{20}O^{20}),$$

nous aurons un nouveau groupe de composés, représentés par la formule $C^{36}H^{30}O^{30}$ ou $(C^{12}H^{10}O^{10})^3$. Ce sont encore des multiples de $C^{12}H^{10}O^{10}$; mais leur constitution est toute différente de celle des premiers corps. En effet, ces nouveaux composés, étant soumis à l'influence des agents d'hydratation, devront reproduire d'abord la glucose introduite en dernier lieu, et le disaccharide $C^{24}H^{20}O^{20}$. Puis le disaccharide se dédoublera à son tour. On pourra donc ainsi obtenir en définitive, suivant les cas, soit trois sucres distincts, soit 2 équivalents d'un sucre et 1 équivalent d'un autre, soit enfin 3 équivalents du même sucre.

Ce n'est pas tout encore. Le raisonnement que nous venons de faire sur le composé $C^{24}H^{20}O^{20}$, nous pouvons le répéter sur le composé

$C^{36}H^{30}O^{30}$. Dans ce corps, la capacité de saturation des 3 équivalents du principe sucré n'est pas épuisée : loin de là, à priori, il semble qu'elle a dû aller croissant ; car nous n'avons pas même épuisé celle d'un seul de ces 3 équivalents générateurs.

Nous pouvons donc fixer sur le trisaccharide un quatrième équivalent d'un corps, choisi soit parmi les trois principes sucrés déjà combinés, soit parmi les autres qui ne sont pas encore entrés en combinaison :

$$C^{36}H^{30}O^{30} + C^{12}H^{12}O^{12} - H^2O^2 = C^{48}H^{40}O^{40} = C^{12}H^{10}O^{10}(C^{36}H^{30}O^{30}).$$

Nous aurons ainsi une quatrième combinaison, $C^{48}H^{40}O^{40}$, un *tétrasaccharide* ou *tétraglucoside de la quatrième espèce*, toujours représenté par un multiple de $C^{12}H^{10}O^{10}$. Ce tétrasaccharide se dédoublera en fournissant une glucose et un trisaccharide ; puis le trisaccharide se dédoublera à son tour ; etc.

Le produit final sera représenté par quatre glucoses identiques ou isomères. Comme produits intermédiaires, on pourra obtenir toutes les combinaisons concevables de ces quatre glucoses, prises deux à deux ou trois à trois.

On voit ainsi comment on pourra distinguer les polysaccharides isomères et polymères les uns des autres, par l'étude de leurs dédoublements successifs.

Les mêmes raisonnements peuvent s'étendre indéfiniment.

7. Pour appliquer ces notions avec pleine certitude aux principes naturels, il faudrait posséder des données qui nous manquent encore. Cependant nous admettrons provisoirement, et afin de fixer les idées, le classement suivant, que des recherches ultérieures viendront probablement modifier en partie : les hydrates de carbone s'y succèdent dans l'ordre de complication de leurs molécules, la valeur de n allant en augmentant des premiers aux derniers.

Polyglucosides, $(C^{12}H^{10}O^{10})^n$:

Dextrines,
Lévulines,
Glycogène,
Arabine et gommes solubles,
Amidon,
Paramylon,
Inuline,
Lichénine,
Mucilages,
Cellulose,
Principes ligneux divers,
Tunicine.

Tous ces principes doivent jouer, et jouent en effet, le rôle d'alcools polyatomiques : ils se combinent directement avec l'acide sulfurique concentré, en formant des éthers acides; avec l'acide nitrique fumant, en formant des composés explosifs; ils s'unissent avec l'acide acétique hydraté, et surtout anhydre, avec l'acide tartrique, avec les chlorures acides, ainsi qu'avec les corps organiques analogues, en formant des composés semblables aux glycérides, etc., etc.

Entrons maintenant dans la description individuelle des plus importants d'entre eux.

§ 2. — Dextrines.

1. La dextrine, distinguée d'abord par Biot, a été étudiée avec plus de détails par Persoz et Payen, puis, dans ces derniers temps, par MM. Bondonneau, Musculus, Gruber, Méring et O'Sullivan. Elle existe dans un assez grand nombre de produits végétaux, la manne du frêne, entre autres. On la trouve aussi dans l'urine diabétique, dans le sang des animaux, et particulièrement dans la viande de cheval.

Elle est la partie principale d'un certain nombre de produits industriels divers : le *leiocome*, la *gommeline*, la *gomméine*, etc.

2. *Préparation.* — La dextrine résulte de la transformation de l'amidon sous l'influence des acides ou de la diastase.

Pour la préparer, on imbibe 1000 kilogrammes de fécule avec un mélange de 300 kilogrammes d'eau et de 2 kilogrammes d'acide nitrique ordinaire. On sèche la pâte à l'air libre, et on dispose la masse en couches minces, dans une étuve que l'on maintient vers 120° pendant une heure. Au bout de ce temps, la matière est devenue soluble dans l'eau, et elle ne se colore plus en bleu par l'iode, mais seulement en pourpre (Payen). C'est la dextrine commerciale. Elle renferme de la glucose et une proportion variable d'amidon soluble.

Pour la purifier, on la dissout dans 4 à 5 parties d'eau froide, on filtre et on verse la liqueur dans plusieurs fois son volume d'alcool fort : la dextrine se précipite, tandis que la glucose demeure dissoute. On dessèche la dextrine, on la redissout et on la précipite de nouveau, enfin on répète trois ou quatre fois les mêmes traitements.

On l'obtient encore en soumettant l'amidon, soit à l'action d'une température comprise entre 160° et 210°, soit à celle des acides sulfurique, chlorhydrique ou oxalique dilués et chauffés vers 80°, soit à celle de la diastase, substance albuminoïde qui existe dans l'orge germée, etc.

3. *Propriétés.* — La dextrine se présente sous la forme d'une masse gommeuse, amorphe et transparente. Elle est hygrométrique, très soluble dans l'eau, à laquelle elle communique une certaine viscosité. Elle se dissout dans l'alcool faible ; mais elle est insoluble dans l'alcool concentré et dans l'éther.

4. *Dextrines diverses.* — Les travaux récents de MM. Bondonneau, O'Sullivan, Musculus et Gruber, ont montré que la dextrine commerciale est un mélange de plusieurs composés isomériques. On a distingué les suivants :

1° L'*érythrodextrine*, composé se colorant en rouge par l'iode, forme la majeure partie de la dextrine commerciale soluble dans l'eau froide ; elle est attaquable avec la plus grande facilité par la moindre quantité de diastase. Son pouvoir rotatoire est considérable : $\alpha_j = +213°$.

2° L'*achroodextrine* α, composé ne se colorant pas par l'iode, existe surtout, comme les deux suivants, dans le produit de l'action de la diastase sur l'amidon. Son pouvoir rotatoire est $\alpha_j = +210°$. Elle réduit faiblement le réactif cupropotassique : son pouvoir réducteur est égal à 12, celui de la glucose étant 100. Elle est saccharifiable par la diastase, mais moins facilement que l'érythrodextrine et que l'amidon soluble.

3° L'*achroodextrine* β, dextrine à peu près inattaquable par la diastase, n'est pas colorable par l'iode. Son pouvoir rotatoire est $\alpha_j = +190°$, et son pouvoir réducteur est 12.

4° L'*achroodextrine* γ, est caractérisée par la lenteur avec laquelle l'acide sulfurique dilué et bouillant la transforme en glucose. Elle n'est pas colorable par l'iode. La diastase n'agit pas sur elle. Elle est soluble dans l'alcool et reste en grande partie dans les liqueurs quand on précipite les dextrines de leurs solutions aqueuses par l'alcool. Son pouvoir rotatoire est $\alpha_j = +150°$, et son pouvoir réducteur est 28. Il en existe jusqu'à 12 et 15 pour 100 dans la glucose cristallisée du commerce (p. 438).

Il est utile de remarquer cependant que, ces diverses dextrines ne présentant pas les caractères des composés nettement définis, quelques-uns des termes précédents peuvent être des mélanges. Toutefois les termes extrêmes présentent des caractères différentiels nettement marqués.

Quoi qu'il en soit, toutes ces dextrines ont la même composition centésimale, mais non le même poids moléculaire. Elles constituent les produits du dédoublement plus ou moins avancé de l'amidon, polysaccharide à équivalent élevé (p. 512). Toutes correspondent à la formule $(C^{12}H^{10}O^{10})^n$, mais dans cette formule la valeur de n varie pour chacune d'elles. L'achroodextrine γ semble avoir la constitution la plus simple, $(C^{12}H^{10}O^{10})^2$ par exemple. Enfin toutes sont transformées en glucose, par l'action simultanée de la chaleur et des acides minéraux dilués.

5. En dissolvant la glucose à froid dans l'acide sulfurique, ajoutant à la liqueur un excès d'alcool concentré et abandonnant le mélange à une basse température, M. Musculus a vu se déposer en abondance une matière présentant toutes les propriétés de la dextrine, mais dont le pouvoir rotatoire était un peu plus faible.

6. La chaleur et les réactifs agissent sur la dextrine ordinaire à peu près comme sur l'amidon. Chauffée à 100° avec les acides organiques, elle s'y combine en formant, en petite quantité, des corps neutres analogues aux glucosides. L'acide nitrique fumant la dissout et l'acide sulfurique précipite de cette solution la *dextrine tétranitrique :*

$$C^{24}H^{12}O^{12}(AzHO^{6})^{4}.$$

La dextrine se combine aussi avec les bases. Elle est précipitée par l'acétate de plomb ammoniacal, sans l'être par l'acétate neutre ou tribasique.

§ 3. — Lévulines.

1. Ces substances présentent avec l'inuline des relations analogues à celles signalées plus haut entre les dextrines et l'amidon. Pas plus que les dextrines, elles ne répondent à un principe défini unique, mais ce sont des termes intermédiaires entre l'inuline et la lévulose, c'est-à-dire la glucose particulière que fournit l'inuline en se saccharifiant.

2. Les lévulines se distinguent de l'inuline par leur solubilité dans l'eau froide; quelques-unes sont même solubles dans l'alcool faible (*synanthrose*). Toutes passent à l'état de lévulose quand on les soumet à l'action des acides dilués.

§ 4. — Glycogène.

1. Le glycogène ou *dextrine animale* a été découvert par Cl. Bernard. Il existe dans le foie, dans le placenta, dans le jaune d'œuf et dans les mollusques. On a reconnu également sa présence dans quelques champignons.

2. *Préparation.* — Certains mollusques, les moules particulièrement, constituent une matière première avantageuse pour obtenir le glycogène. On épuise les moules broyées par deux décoctions successives avec l'eau alcalinisée à la soude, on passe à travers un linge, on précipite les matières albuminoïdes par l'acétate de zinc, on filtre, on ajoute à la liqueur du perchlorure de fer, qui précipite un composé insoluble formé de sesquioxyde de fer et de glycogène. On lave le précipité à l'eau chaude, on le reprend par l'acide chlorhydrique, et on mélange la liqueur avec quatre ou cinq fois son volume d'alcool fort; on lave à l'alcool le glycogène précipité. Pour enlever le fer que retient encore le produit, on dissout celui-ci dans de l'eau à 80°, on ajoute du phosphate d'ammoniaque et de l'ammoniaque en excès, on sépare par filtration le phosphate de fer précipité, on acidule fortement par l'acide chlorhydrique, on précipite le glycogène par l'alcool, et enfin on le lave au moyen de ce dernier liquide, puis on le sèche.

3. *Propriétés*. — Le glycogène est une poudre amorphe, qui forme avec l'eau une liqueur opalescente. Il retient à froid 6 équivalents d'eau. Ses solutions sont dextrogyres.

L'iode le colore faiblement en rouge. Les acides étendus le changent en glucose ordinaire; la diastase et la salive, en maltose. Il ne réduit pas la liqueur cupropotassique, ses solutions ne fermentent pas sous l'action de la levure de bière. Avec l'acide nitrique fumant, il fournit un dérivé nitrique; le même acide étendu l'oxyde sans produire l'acide mucique.

§ 5. — **Lactosine**.

1. Cette substance, qui se distingue des précédentes par la propriété qu'elle possède de cristalliser, existe dans diverses caryophyllées (M. A. Meyer).

2. *Préparation*. — C'est des racines de *Silene vulgaris* qu'on la retire le plus aisément; on la précipite par l'alcool du suc de ces racines. Elle est ensuite lavée à l'alcool et purifiée par précipitation à l'acétate de plomb ammoniacal, lavage à l'eau, décomposition du précipité par l'hydrogène sulfuré, et cristallisation dans l'alcool à 80 centièmes.

3. *Propriétés*. — La lactosine forme de petits cristaux brillants, donnant avec l'eau une dissolution qui mousse par l'agitation. Elle est fortement dextrogyre : $\alpha_D = +217°$. Elle ne réduit le réactif cupropotassique qu'après une ébullition prolongée.

L'acide sulfurique dilué et bouillant dédouble la lactosine, avec réduction du pouvoir rotatoire à $\alpha_D = +49°$; il se forme ainsi de la galactose, ainsi qu'une glucose incristallisable et faiblement dextrogyre.

§ 6. — Gomme soluble ou arabine.

1. Ce principe est sécrété par diverses espèces d'*Acacia*. D'après M. Fremy, la gomme arabique est principalement formée de gomme soluble, unie avec la chaux et la potasse (*gummates alcalins*).

Pour obtenir l'arabine pure, on dissout la gomme arabique dans l'eau, on ajoute à la liqueur de l'acide chlorhydrique et on verse le mélange dans l'alcool. On obtient un précipité amorphe, d'un blanc laiteux, qui prend un aspect vitreux par la dessiccation.

2. Ce corps séché à 100° répond à la composition $C^{24}H^{20}O^{20} + 2\,Aq$: il perd son eau d'hydratation vers 120°.

L'arabine est très soluble dans l'eau, qu'elle rend visqueuse ; elle est insoluble dans l'alcool. Elle est lévogyre : $\alpha_j = -36°$ environ. Sa solution aqueuse rougit le tournesol.

L'arabine chauffée entre 120° et 150° devient insoluble. Elle éprouve la même transformation lorsqu'on verse sa solution concentrée à la surface d'une couche d'acide sulfurique.

3. L'arabine forme avec la potasse, la chaux et la baryte des sels solubles. Elle est précipitée par l'acétate de plomb tribasique et par les sels de peroxyde de fer.

Les combinaisons de l'arabine avec les bases deviennent insolubles lorsqu'on les chauffe, circonstance qui se présente avec la gomme arabique. La gomme des cerisiers et des pruniers est un mélange des combinaisons solubles et des combinaisons insolubles, lesquelles forment ce qu'on appelait autrefois la *cérasine*. Lorsqu'on fait bouillir ces combinaisons insolubles avec de l'eau pendant quelque temps, elles redeviennent solubles, en même temps que l'arabine reprend ses propriétés primitives.

4. L'arabine bouillie avec l'acide sulfurique étendu se change en divers produits et finalement en arabinose.

5. L'acide nitrique ordinaire oxyde l'arabine en produisant les acides mucique, saccharique, tartrique et oxalique.

Il est probable qu'il existe dans la nature plusieurs principes gommeux, isomériques avec l'arabine ; mais leur étude reste à faire.

6. *Arabides*. — Ce sont les combinaisons de l'arabine avec les acides et les autres corps. Tel est l'*arabide nitrique*, corps explosif, obtenu avec l'acide nitrique fumant.

Un mélange de gomme et d'acide gallique précipite la gélatine à la façon du tanin, ce qui semble indiquer l'existence d'un *arabide gallique*.

Les *mucilages* (p. 520) représentent aussi des *arabides*, dérivés probablement de plusieurs molécules d'arabine.

Enfin les *matières pectiques* se rapprochent des arabides par la propriété de fournir de l'acide mucique sous l'influence de l'acide nitrique. Ce sont probablement des combinaisons de l'arabine (ou d'une gomme isomère) avec quelques autres principes.

Décrivons brièvement les matières pectiques, d'après les faits connus jusqu'ici, lesquels réclament de nouvelles études.

7. *Pectose.* — C'est une matière neutre, non azotée, insoluble dans l'eau et l'alcool, que l'on suppose être contenue dans les fruits verts et dans quelques racines (carottes, navets, betteraves). Elle existerait aussi dans la gomme adragante. Pendant la maturation des fruits, ou par ébullition avec les acides faibles, elle se changerait en *pectine* soluble.

8. *Pectine.* — La pectine peut être extraite du suc des poires mûres.

On précipite la chaux par l'acide oxalique, l'albumine par le tanin, on filtre et on verse de l'alcool dans la liqueur : la pectine se précipite à son tour. Pour la purifier, on la redissout dans l'eau et on la précipite à plusieurs reprises par l'alcool.

Il est plus avantageux de chauffer pendant deux ou trois heures, au bain-marie, de la gomme adragante avec 50 fois son poids d'eau acidulée au centième; la dissolution étant complète, on filtre et on précipite la liqueur claire par l'alcool. On purifie le produit comme il vient d'être dit.

La pectine est solide, amorphe; elle se dissout dans l'eau en formant une solution épaisse, précipitable par l'alcool, soit en gelée, soit en filaments, selon la concentration. L'acétate de plomb ne la précipite pas; mais bien l'acétate tribasique. Bouillie avec l'eau pendant longtemps, la pectine se change en *parapectine*, soluble dans l'eau et précipitable par l'acétate de plomb (M. Fremy).

9. *Acide pectique.* — Les alcalis étendus et froids changent la pectine en un acide gélatineux (*acide pectosique*), lequel, sous l'influence un peu plus énergique des mêmes alcalis, devient de l'*acide pectique*.

Les mêmes changements se produisent sous l'influence de la *pectase*, ferment albuminoïde, soluble dans l'eau et précipitable par l'alcool, que renferme le jus de carotte : ce sont eux qui semblent déterminer la prise en gelée de certains sucs de fruits (M. Fremy).

On a préparé l'acide pectique en faisant bouillir les carottes lavées, puis râpées, avec de l'acide chlorhydrique faible; on filtrait, on portait à l'ébullition avec de la soude pour former un pectate soluble, on filtrait de nouveau et on précipitait l'acide pectique par l'acide chlorhydrique.

Mais on obtient un produit plus pur en faisant digérer au bain-marie, jusqu'à dissolution complète, de la gomme adragante avec 50 fois son poids d'eau acidulée par un centième d'acide chlorhydrique, filtrant et ajoutant à la liqueur un excès d'eau de baryte : il se précipite peu à peu du pectate de baryte. On lave ce dernier, on le met en suspension dans l'eau distillée, puis on ajoute un excès d'acide acétique, qui dissout la baryte et précipite l'acide pectique (M. Giraud).

L'acide pectique se présente sous la forme d'une gelée, insoluble dans l'eau et l'alcool, se desséchant en une masse transparente et répondant à la formule brute, $C^{16}H^{12}O^{16}$.

Les alcalis étendus le dissolvent sans altération ; mais les alcalis concentrés le modifient, de telle sorte que les acides ne le reprécipitent plus (*acide métapectique*). Bouilli pendant longtemps avec l'eau, il éprouve le même changement. La pectase finit aussi par produire le même effet.

10. *Acide métapectique.* — Pour préparer cet acide, on fait bouillir pendant une heure, avec un lait de chaux, des betteraves râpées et lavées à grande eau ; on filtre, on évapore en sirop et on précipite le métapectate de chaux par l'alcool. On le redissout dans l'eau, on précipite la chaux par l'acide oxalique, on neutralise la liqueur par l'ammoniaque ; on ajoute de l'acétate de plomb neutre, on filtre pour séparer les matières rendues insolubles par ce réactif, et on verse de l'ammoniaque dans la liqueur, ce qui précipite le métapectate de plomb. On décompose ce dernier par l'hydrogène sulfuré, on filtre, et l'on évapore la liqueur au bain-marie.

L'acide métapectique est très soluble dans l'eau et l'alcool. Il est franchement acide. Ses sels sont généralement solubles ; quelques-uns paraissent exister dans les végétaux.

§ 7. — Amidon.

$(C^{12}H^{10}O^{10})^n$........................ $(\mathit{C}^6H^{10}O^5)^n$.

1. *États naturels.* — L'amidon ou *matière amylacée* est très répandu dans le règne végétal. On le rencontre dans toutes les parties d'une multitude de plantes, spécialement dans les racines, les rhizomes, les tubercules et les bulbes ; on le trouve aussi accumulé dans la partie médullaire des tiges de palmier, et dans les fruits et les semences d'un grand nombre de végétaux, principalement des céréales et des légumineuses. Enfin on trouve de la matière amylacée dans certains tissus de l'organisme animal et dans quelques productions pathologiques.

C'est principalement à Payen que l'on doit la connaissance des points les plus importants de son histoire.

On donne spécialement le nom d'*amidon* à la matière amylacée extraite des céréales, et le nom de *fécule* à celle des pommes de terre. L'*arrowroot* est une fécule alimentaire retirée des racines du *Maranta arundinacea*. Le *sagou* s'extrait de diverses espèces de palmiers (*Sagus Rhumphii, S. farinifera, S. genuina*). La *moussache* est la fécule de la racine d'une euphorbiacée, le manioc (*Jatropha manihot*); séchée sur des plaques chaudes, elle se gonfle et s'agglomère en constituant le *tapioca*.

2. *Préparation.* — 1° Pour extraire la fécule des pommes de terre, on râpe celles-ci, on délaye la pulpe dans l'eau et on la lave sur un tamis, à l'aide d'un filet d'eau. Les débris de cellules restent, pour la plus grande partie, sur le tamis, tandis que les globules de la fécule sont entraînés par l'eau, qui les tient en suspension et les laisse se déposer lorsqu'on abandonne la liqueur à elle-même. On lévige à plusieurs reprises le produit dans l'eau froide : la fécule se dépose d'abord, tandis que les débris de tissu cellulaire demeurent plus longtemps en suspension et peuvent être décantés avec l'eau. On termine la séparation par lavage mécanique sur une table inclinée, en suivant des procédés assez comparables à ceux en usage pour le traitement des minerais. Enfin on essore la masse de fécule au moyen de turbines (p. 479), ou en la plaçant sur des plaques poreuses de plâtre, et on la sèche.

2° Pour extraire l'amidon du blé, on réduit la farine en pâte et on malaxe celle-ci sous un filet d'eau; le *gluten* ou matière azotée s'agglomère, tandis que les globules d'amidon sont entraînés; ils traversent un tamis placé au-dessous et se déposent bientôt. Pour compléter la séparation du gluten, on ajoute dans les cuves qui renferment l'amidon humide quelques centièmes d'*eau sûre* (eau provenant des opérations précédentes), afin de provoquer une fermentation spéciale qui détruit le gluten. Au bout de quelques jours, on lave de nouveau l'amidon à l'eau pure. On l'égoutte dans des paniers d'osier garnis de toile; on complète l'égouttage sur une aire en plâtre ou en soumettant le produit, dans des turbines, à l'action de la force centrifuge, et on sèche rapidement dans une étuve tiède. Pendant la dessiccation, la masse se divise en prismes irréguliers, par suite du retrait qu'elle subit; c'est l'*amidon en aiguilles* (M. E. Martin).

Un procédé plus ancien consiste à faire fermenter directement la farine sous l'influence des eaux sûres. Le gluten tout entier se trouve dissous, tandis que l'amidon reste à peu près inaltéré. Ce procédé est fort insalubre, à cause des gaz putrides qui se dégagent et des liquides infects qu'il produit; de plus il entraîne la perte du gluten.

3° On fabrique actuellement des quantités considérables d'amidon au moyen du riz et du maïs. Les procédés indiqués plus haut pour l'amidon de blé, ne sont pas applicables à ces semences, le gluten qu'elles renferment n'étant pas fermentescible. On traite leur farine par une solution de soude caustique au centième, qui dissout le gluten. On lave alors l'amidon resté intact et on opère ensuite comme il a été dit. Par neutralisation de la liqueur alcaline, le gluten se précipite (M. O. Jones).

3. *Propriétés.* — L'amidon constitue une poudre blanche, formée par des granules d'apparence organisée, sphéroïdes, ovoïdes ou polyédriques par suite de la pression des globules voisins. Leur diamètre varie de 2 à 185 millièmes de millimètre. Voici les dimensions différentes des grains d'amidon tirés des plantes les plus communes :

Diamètres en millimètres des grains d'amidon de diverses origines.

Pommes de terre	0,185 à 0,140,
Grosses fèves, sagou, lentilles	0,075 à 0,067,
Blé, patates, gros pois	0,050 à 0,040,
Haricots, sorgho, maïs	0,036 à 0,025,
Millet	0,010,
Panais	0,007,
Graines de betteraves	0,004,
Graines du *Chenopodium quinoa*	0,002.

Les granules sont formés de couches concentriques, emboîtées les unes dans les autres et qui paraissent s'être déposées successivement à la surface intérieure d'une première cellule (fig. 71). La dernière couche déposée, c'est-à-dire la plus centrale, offre à l'intérieur un espace vide, qui présente sous le microscope l'apparence d'une dépression appelée *hile*. Il est probable que l'amidon lui-même n'est pas réellement organisé, mais qu'il doit son apparence à la cellule qui lui a servi de moule primitif.

La densité de l'amidon est 1,53.

La fécule sèche du commerce renferme 18 pour 100 d'eau, dont elle perd la moitié dans le vide et le reste à 100°.

L'amidon est insoluble dans l'alcool et dans l'éther, ainsi que dans l'eau froide. Cependant, lorsqu'on le broie avec ce liquide, la liqueur filtrée bleuit par l'iode.

4. *Action de l'eau.* — Au contact de l'eau chauffée vers 60° à 70°,

l'amidon se gonfle énormément, sans se dissoudre; chaque globule absorbe de l'eau jusqu'à prendre un volume égal à vingt-cinq ou trente fois son volume premier. Quand la quantité d'eau est insuffisante, les globules se soudent et constituent l'*empois*, masse gélatineuse et translucide, douée d'un pouvoir rotatoire considérable : $\alpha_D = +206°,6$.

A l'ébullition, l'amidon, mis en présence d'une grande quantité d'eau, passe en partie à l'état d'*amidon soluble*, en même temps qu'une partie demeure en suspension, sous forme de flocons assez fins pour traverser les filtres.

5. *Amidon soluble.* — L'amidon soluble se prépare plus rapidement en faisant bouillir l'amidon avec une solution de chlorure de

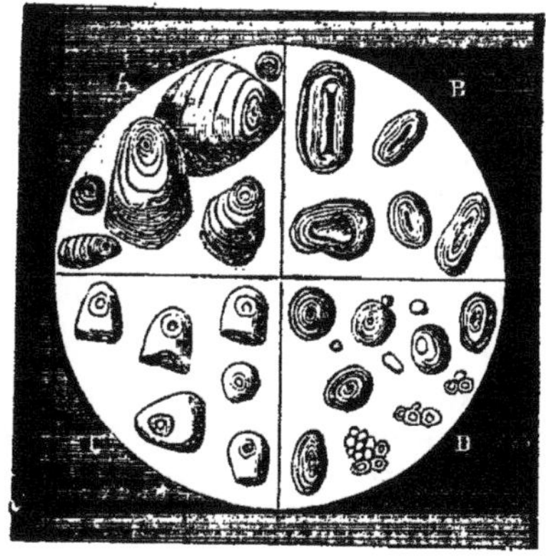

Fig. 71. — Grains d'amidon divers : A, fécule de pommes de terre ; B, amidon de lentilles; C, tapioca ; D, amidon de blé.

zinc; ou bien encore en délayant ensemble 3 parties d'acide sulfurique et 2 parties d'amidon; au bout d'une demi-heure, on verse le tout dans une grande quantité d'alcool, qui précipite l'amidon soluble (M. Béchamp).

On l'obtient à l'état de pureté en chauffant 400 grammes de fécule avec 2 litres de solution d'acide sulfurique au cinquantième, jusqu'à dissolution complète. On neutralise immédiatement par de la craie la liqueur que l'iode colore en violet, on filtre et on évapore en consistance sirupeuse. Après 24 heures, il s'est formé un dépôt blanc, qui va en augmentant pendant un mois. On lave le précipité à l'eau froide et on le sèche à l'air libre. On le reprend par l'eau chaude, on ajoute un peu d'alcool qui précipite une matière étrangère, et on le laisse se déposer de nouveau (M. Musculus).

On peut encore délayer 60 grammes d'amidon dans 100 grammes

de glycérine, et chauffer à 190°, en agitant jusqu'à ce que la masse se dissolve entièrement dans l'eau. On reprend par l'eau, on filtre, on concentre et on précipite par l'alcool. Le produit est enfin purifié par plusieurs précipitations semblables (M. Zulkowski).

L'amidon soluble est blanc, pulvérulent, insoluble dans l'eau froide, très soluble dès qu'on élève la température à 50°, précipitable de sa solution aqueuse par l'alcool. Son pouvoir rotatoire est considérable : $\alpha_D = +206°,8$.

Il n'agit pas sur le réactif cupropotassique. L'iode le colore en bleu, mais colore sa solution en rouge vineux. Il devient insoluble par dessiccation complète.

La diastase dédouble l'amidon soluble de la même manière que l'amidon ordinaire, mais beaucoup plus rapidement (voy. plus loin).

6. *Chaleur.* — L'amidon ordinaire, maintenu pendant longtemps à 100°, se change en amidon soluble (M. Maschke). A 160°, il fournit la dextrine. Ces changements successifs se produisent dès 100°, sous l'influence prolongée de l'eau, et plus rapidement encore par ébullition avec la potasse.

Vers 210°, l'amidon perd les éléments de l'eau et fournit la *pyrodextrine*, $C^{96}H^{74}O^{74}$ (?) : matière solide, brune, cassante, insoluble dans l'alcool ordinaire et dans l'éther, très soluble dans l'eau. Sa dissolution est visqueuse et colorée d'une teinte sépia fort intense. Elle est plus stable que les dérivés des sucres et résiste à une température de 210°, ainsi qu'à l'influence momentanée des acides dilués. Si ces derniers sont concentrés, elle devient insoluble. Elle réduit le tartrate cupropotassique; elle est précipitée par la baryte et par l'acétate de plomb ammoniacal (Gélis).

7. *Oxygène.* — L'acide nitrique étendu, bouilli avec l'amidon, fournit une grande quantité d'acide oxalique. Cet acide prend aussi naissance sous l'influence de la potasse fondante.

Distillé avec le bioxyde de manganèse et l'acide sulfurique, l'amidon produit de l'acide formique et de l'acide carbonique.

Si l'on opère avec le même oxyde et l'acide chlorhydrique, on obtient en même temps un peu de chloral, $C^4HCl^3O^2$.

8. *Iode.* — La solution d'amidon, l'empois, l'amidon, se colorent en bleu intense au contact de petites quantités d'iode. Il suffit de 0gr,000002 d'iode pour produire cette réaction, lorsqu'on opère avec les précautions convenables (Payen).

La belle liqueur bleue ainsi obtenue présente un phénomène singulier, c'est de se décolorer par la chaleur et de se colorer de nouveau par le refroidissement, ce double phénomène pouvant être reproduit un grand nombre de fois. Cependant, au bout d'un certain temps, il cesse; soit parce que l'iode s'est en partie volatilisé, soit aussi parce qu'il s'est transformé en acide iodhydrique.

Lorsqu'on ajoute à la liqueur bleue quelques gouttes d'une solution de sulfate de soude ou de chlorure de calcium, on précipite l'*iodure d'amidon*, sous la forme de flocons bleus.

L'amidon soluble est, ainsi qu'il a été dit, coloré en bleu par l'iode, comme l'amidon ordinaire.

9. *Alcalis.* — Les alcalis se combinent avec l'amidon ordinaire. Au contact de la potasse ou de la soude, celui-ci se gonfle, et, si l'on chauffe, il devient amidon soluble.

L'amidon soluble est précipité par l'eau de baryte, l'eau de chaux, etc., en formant des composés particuliers.

10. *Acides.* — Nous distinguerons les réactions de dédoublement et les combinaisons.

1° *Dédoublements.* — L'amidon, bouilli avec les acides minéraux étendus, fournit de l'*amidon soluble*, *diverses dextrines*, de la *maltose* et de la *glucose*.

L'amidon soluble prend d'abord naissance par une métamorphose encore obscure. Cette matière subit ensuite une série d'hydratations et de dédoublements successifs, qui engendrent de la maltose et des dextrines. A chaque dédoublement, il se forme de la maltose et une nouvelle dextrine, isomère de l'amidon, mais à poids moléculaire moindre, pour laquelle la valeur de n dans la formule $(C^{12}H^{10}O^{10})^n$ est de plus en plus faible :

$$\underset{\text{Amidon.}}{(C^{12}H^{10}O^{10})^n} + H^2O^2 = \underset{\text{Dextrine.}}{(C^{12}H^{10}O^{10})^{n-2}} + \underset{\text{Maltose.}}{C^{12}H^{10}O^{10}(C^{12}H^{12}O^{12})}.$$

Les dextrines elles-mêmes donnent encore de la maltose :

$$\underset{\text{Dextrine.}}{(C^{12}H^{10}O^{10})^{2n}} + n\,H^2O^2 = \underset{\text{Maltose.}}{n\,C^{24}H^{22}O^{22}}.$$

Presque en même temps la maltose, qui est elle-même très facilement dédoublée par les acides, fixe les éléments de l'eau et se transforme en glucose :

$$C^{24}H^{22}O^{22} + H^2O^2 = 2\,C^{12}H^{12}O^{12}.$$

La glucose est donc le terme final de l'action des acides minéraux sur l'amidon.

Les faits sur lesquels repose cette théorie ont été signalés surtout par MM. Bondonneau, O'Sullivan, Musculus et Gruber.

2° *Combinaisons.* — L'amidon, chauffé vers 160° avec les acides organiques hydratés ou mieux avec leurs anhydrides, s'y combine, en formant des *amylides*, comparables aux glycérides.

Des composés analogues semblent exister dans les végétaux.

A froid, l'acide sulfurique concentré forme avec l'amidon un acide conjugué, analogue à l'acide mannisulfurique.

L'acide nitrique fumant dissout l'amidon, et l'eau précipite de la solution l'*amylide nitrique*, $[C^{12}H^{8}O^{8}(AzHO^{6})]^{n}$, appelé aussi *xyloïdine* ou *pyroxam;* c'est un corps blanc, explosif, insoluble dans l'eau, l'alcool et l'éther. Traité par le chlorure ferreux, il dégage du bioxyde d'azote et régénère l'amidon soluble.

Le tanin se combine à l'amidon soluble qu'il précipite de ses dissolutions.

11. *Ferments.* — L'amidon résiste à l'action de la levure de bière. Cependant il peut éprouver les fermentations lactique et butyrique.

Mais l'une des plus remarquables transformations qu'il éprouve est celle que lui fait subir la *diastase*, principe contenu dans l'orge germée. En effet, l'amidon, chauffé vers 65° à 70° avec une infusion d'orge germée, se décompose en formant de l'amidon soluble, des dextrines et de la maltose. Le produit ne contient que quelques centièmes de glucose.

L'action de la diastase sur l'amidon se différencie donc nettement de l'action des acides, parce qu'elle donne naissance à des quantités relativement considérables de dextrines diverses, plus ou moins résistantes à son action, et surtout parce qu'elle s'arrête à peu près complètement à la maltose (M. O'Sullivan).

L'importance pratique de ces transformations est considérable puisqu'elles servent de base à la fabrication de la bière et à celle de l'alcool de grains ou de pommes de terre (p. 244).

Voici comment on prépare la diastase elle-même.

On prend de l'orge d'une même récolte, en bon état, et on la soumet à une germination régulière. Lorsque sur presque tous les grains, la gemmule vient d'acquérir une longueur égale à celle du fruit, on se hâte d'opérer la dessiccation, à l'aide d'un courant d'air dont la température ne dépasse pas 50°. Dès que les radicelles sont desséchées, au point d'être toutes friables, on les élimine avec les grains non germés. L'orge germée ainsi obtenue (*malt*) est réduite en poudre grossière, et délayée dans deux parties d'eau à 30° ou 40°. Après une heure de contact, on exprime et on ajoute au liquide un volume égal d'alcool à 86 centièmes. Il se forme un précipité qu'on sépare par filtration. A la liqueur filtrée, on ajoute encore un volume égal du même alcool et on recueille le nouveau précipité formé ; celui-ci est de la diastase très active, qu'on dessèche sur le filtre à l'air libre (MM. Musculus et Méring).

C'est une matière azotée, blanche, amorphe, très soluble dans l'eau. Son action sur l'amidon s'exerce même à —15°; elle augmente avec la température jusqu'à 65° ou 70°; mais elle disparaît vers 85°.

La salive agit sur l'amidon de la même manière que la diastase.

Certains microbes, notamment l'*Eurotium orizæ* et un vibrion particulier, ont la propriété de provoquer une fermentation alcoolique de l'amidon; ils sécrètent un composé analogue à la diastase, lequel saccharifie l'amidon.

§ 8. — **Paramylon.**

Le paramylon est contenu dans un infusoire, l'*Euglena viridis*. Ce corps est constitué par des granules plus petits que ceux de l'amidon. Il est insoluble dans l'eau. L'iode ne le colore pas. La diastase est sans action sur lui, mais l'acide chlorhydrique concentré le change en glucose fermentescible.

§ 9. — **Inuline.**

1. L'inuline, découverte par V. Rose, existe dans les racines d'un très grand nombre de synanthérées et notamment dans celles d'aunée, de chicorée, de bardane, de pyrèthre, de dahlia, de topinambour, d'*Atractylis gummifera*, etc.; on la rencontre aussi dans les bulbes de colchique, et dans la manne d'*Eucalyptus dermosa*. Toutefois, des différences notables ont été constatées entre certaines inulines de diverses origines.

2. *Préparation*. — Pour l'extraire, on réduit les tubercules de dahlia ou de topinambour en une pulpe que l'on exprime: on recueille un liquide laiteux, qui dépose de l'inuline par le repos.

On peut encore faire bouillir avec de l'eau les racines qui la contiennent. On filtre la solution et l'on précipite l'inuline par l'alcool. On la purifie ensuite par dépôt de sa solution dans l'eau chaude.

3. *Propriétés*. — L'inuline est constituée par des granules qui ne présentent pas l'organisation de ceux de l'amidon. Elle se gonfle dans l'eau froide, sans s'y dissoudre notablement; mais elle se dissout en grande quantité dans l'eau bouillante; cette solution est précipitée par l'alcool.

L'inuline est lévogyre : $\alpha_D = -36°,57$.

4. *Réactions*. — L'inuline n'est pas bleuie par l'iode, qui lui communique seulement une teinte brune, fugitive. Elle réduit à chaud les sels de cuivre et d'argent en présence de l'ammoniaque. L'acétate de plomb tribasique ne la précipite pas.

Réduit lentement le liq. cupro-potassique et rapid. à chaud, alors que l'amidon ... pas

Sous l'influence de l'eau chaude, ou sous celle de certains principes qui l'accompagnent dans les végétaux, l'inuline se transforme d'abord en *lévulines*, substances encore mal connues (p. 508), mais douées d'un pouvoir rotatoire plus grand que le sien. Bouillie pendant une centaine d'heures avec l'eau pure, ou pendant quelques instants avec les acides étendus, l'inuline se change en *lévulose* (p. 469).

5. L'inuline se combine aux acides pour donner des éthers. On a principalement étudié ses dérivés acétiques (MM. Ferrouillat et Savigny).

§ 10. — Lichénine.

1. La lichénine a été découverte par Proust. Elle est contenue dans le lichen d'Islande et dans diverses autres espèces de lichens et de mousses.

2. Pour l'extraire, on épuise successivement le lichen d'Islande par l'éther, l'alcool, la potasse diluée, l'acide chlorhydrique étendu ; puis on fait bouillir le résidu avec l'eau et on filtre la liqueur bouillante. Si l'on verse cette liqueur chaude dans l'alcool, il se forme un précipité blanc, qui se dessèche en une masse fragile, jaunâtre, translucide.

3. La lichénine se gonfle dans l'eau froide et se dissout dans l'eau bouillante, en formant une liqueur mucilagineuse, qui se prend en gelée par le refroidissement. Elle est insoluble dans l'alcool et l'éther. L'acide sulfurique, étendu et bouillant, la change en une glucose.

Avec l'acide nitrique, elle ne fournit pas d'acide mucique.

§ 11. — Bassorine et mucilages.

La gomme de Bassora, produite par un cactus, se gonfle sous l'influence de l'eau et se change en une gelée translucide. Les semences de lin et de coing, les feuilles, les fleurs et la racine de guimauve, etc., renferment des principes analogues (*mucilages*), souvent mélangés avec de la gomme soluble et même avec de l'amidon ; c'est ce qui arrive par exemple dans le *salep*, bulbe de l'*Orchis mascula*.

Séchée à 100°, la *bassorine* offre la même composition que l'amidon et la cellulose. Bouillie avec l'acide sulfurique, elle fournit une gomme soluble et une glucose fermentescible.

L'acide nitrique oxyde la bassorine et les mucilages, avec production d'*acide mucique*.

§ 12. — Celluloses.

$(C^{12}H^{10}O^{10})^n$........................ $(C^6H^{10}O^5)^n$.

1. *Origine.* — Les tissus végétaux sont constitués en grande partie par des principes isomériques et insolubles, correspondant à des multiples de la formule $C^{12}H^{10}O^{10}$. Ces divers principes jouissent de propriétés analogues, sans être cependant tout à fait identiques. Traités à plusieurs reprises par les acides et les alcalis étendus, ils éprouvent divers changements, encore mal connus, à la suite desquels la plupart d'entre eux sont ramenés à un état commun, désigné sous le nom de *cellulose* (Payen).

Les jeunes cellules végétales, la moelle de sureau, le coton, le vieux linge après un long usage et de nombreux blanchissages, enfin le papier non collé sont constitués par de la cellulose presque pure. Pour isoler celle-ci, on fait tremper l'une quelconque de ces substances dans l'eau, puis on la fait bouillir avec une solution faible de potasse caustique; on la lave de nouveau; on la délaye dans l'eau et l'on dirige un courant de chlore dans la masse; on lave encore une fois, on sèche, on épuise par l'acide acétique concentré et bouillant, par l'alcool, par l'éther, enfin par l'eau, et l'on fait sécher à 100°.

2. *Propriétés.* — La cellulose est solide, blanche, translucide, insoluble dans l'eau, l'alcool et l'éther, les acides et les alcalis étendus.

Sa densité est égale à 1,45. Un seul liquide la dissout, savoir: l'oxyde de cuivre ammoniacal (M. Schweizer). Elle est précipitée de cette solution par l'eau, par les acides étendus et par certains sels : la cellulose se sépare sous forme gélatineuse et se dessèche, en conservant l'état amorphe.

3. *Chaleur.* — La cellulose, soumise à l'action de la chaleur, se décompose au-dessus de 200°, en laissant du charbon et en fournissant divers gaz, de l'eau, de l'acide acétique et des produits empyreumatiques fort complexes.

4. *Hydrogène.* — La cellulose, chauffée à 280° avec l'acide iodhydrique très concentré, éprouve une réduction complète, de même que les autres principes organiques. Il se produit des carbures forméniques et spécialement l'*hydrure de duodécylène*, $C^{24}H^{26}$ (M. Berthelot).

5. *Oxygène.* — La cellulose, bouillie avec l'acide nitrique ordinaire, est violemment attaquée et produit finalement de l'*acide oxalique* (Bergmann). L'hydrate de potasse fondu l'oxyde également, vers 160°, en donnant aussi de l'acide oxalique (Gay-Lussac).

Un mélange de bioxyde de manganèse et d'acide sulfurique produit de l'*acide formique* (Wœhler).

La combustion de la cellulose dégage, à volume constant, 680,4 Calories; ce chiffre est supérieur de 113,6 Calories à celui qui correspond à la combustion des éléments. La cellulose renferme donc un excès d'énergie par rapport au carbone et à l'eau qu'elle peut fournir (MM. Berthelot et Vieille).

6. *Alcalis*. — Les alcalis gonflent la cellulose et la colorent en brun, surtout sous l'influence du contact de l'air. Il paraît se former d'abord de véritables combinaisons, insolubles dans l'alcool, mais que l'eau décompose. A une plus haute température, la cellulose est oxydée, comme il vient d'être dit.

7. *Acides*. — Les acides produisent sur la cellulose deux ordres d'effets très distincts : des transformations et des combinaisons.

Transformations. 1° Si l'on imbibe la cellulose avec de l'acide sulfurique concentré et qu'on enlève presque aussitôt cet acide par des lavages à l'eau, la cellulose se trouve avoir acquis des propriétés analogues à l'amidon : elle se gonfle dans l'eau et donne avec l'iode une coloration bleue. L'acide chlorhydrique concentré et froid, le chlorure de zinc sirupeux produisent sur la cellulose un effet analogue. La charpie, substance désagrégée par les lavages et un long usage, se colore déjà en bleu par places sous l'influence de l'iode.

Le papier trempé dans l'acide sulfurique étendu de la moitié de son volume d'eau, puis lavé à grande eau et séché, constitue une matière cohérente et demi-translucide, désignée sous le nom de *parchemin végétal*. Dans cette circonstance, la matière colorable par l'iode se forme et détermine une sorte d'encollage de la fibre du papier (MM. Poumarède et Figuier). Le parchemin végétal est fort employé, notamment dans les laboratoires comme membrane de dialyseurs.

Cette action de l'acide sulfurique légèrement dilué sur la cellulose, se relie étroitement avec le fait suivant :

Les acides en présence de l'eau transforment la cellulose en *hydrocellulose* $(C^{12}H^{11}O^{11})^n$ ou $(C^{12}H^{10}O^{10},HO)^n$, substance insoluble dans l'eau, soluble à chaud dans les lessives alcalines diluées, très oxydable et plus facilement altérable que la cellulose sous l'influence de la chaleur (M. A. Girard).

2° Prolonge-t-on l'action à froid de l'acide sulfurique concentré sur la cellulose, ou bien fait-on bouillir cette substance avec du chlorure de zinc ou de l'acide chlorhydrique, elle se transforme bientôt en *cellulose soluble*. On isole ce composé comme l'amidon soluble. Il possède des propriétés analogues. Cependant le pouvoir rotatoire de la cellulose soluble est nul, tandis que celui de l'amidon soluble est considérable.

3° Sous l'influence plus prolongée encore des acides, et en opérant avec le coton, on obtient à la fois une *dextrine spéciale*, dextrogyre, mais dont le pouvoir rotatoire est plus faible que ceux de la dextrine d'amidon et de la *glucose* ordinaire. Finalement tout se transforme en glucose (*sucre de chiffons*).

Ces transformations successives de la cellulose répondent probablement à une série de dédoublements réguliers. Il est même vraisemblable qu'il existe plusieurs celluloses distinctes, susceptibles d'éprouver des dédoublements différents, en fournissant des glucoses diverses.

4° L'acide sulfurique concentré et l'acide chlorhydrique très concentré, maintenus en contact avec la cellulose pendant quelques jours, finissent par la transformer en produits noirs et ulmiques. Le même changement s'opère immédiatement, lorsque le papier ou le coton sont mis en contact avec le fluorure de bore gazeux.

Combinaisons. La cellulose (coton ou papier), chauffée vers 180° avec les acides organiques monohydratés (stéarique, benzoïque, acétique, butyrique), s'y combine en donnant naissance à des composés neutres, analogues aux glucosides, les *cellulosides* (M. Berthelot). Les mêmes acides anhydres agissent plus facilement encore (M. Schützenberger). On obtient également des traces de composés semblables en broyant le coton avec un mélange d'acide sulfurique et d'acide butyrique, ou d'un autre acide du même genre. Mais les acides qui se combinent le plus aisément à la cellulose sont l'acide sulfurique, lequel forme à froid un acide conjugué, et surtout l'acide nitrique.

8. *Cellulosides nitriques.* — L'acide nitrique forme avec la cellulose trois composés distincts, confondus sous les noms de *coton-poudre*, *fulmicoton*, *poudre-coton* ou *pyroxyle*. On désigne ces composés par des dénominations pour lesquelles on a supposé n égal à 4 dans la formule de la cellulose, $(C^{12}H^{10}O^{10})^n$. Ces composés sont les suivants :

Celluloside hexanitrique	$C^{48}H^{28}O^{28}(AzHO^6)^6$,
Celluloside octonitrique............	$C^{48}H^{24}O^{24}(AzHO^6)^8$,
Celluloside décanitrique	$C^{48}H^{20}O^{20}(AzHO^6)^{10}$,
Celluloside endécanitrique..........	$C^{48}H^{18}O^{18}(AzHO^6)^{11}$.

Le coton-poudre a été entrevu par Braconnot et Pelouze, mais la connaissance de ses propriétés explosives est due à Schœnbein. Son étude a été approfondie par de nombreux savants : en dernier lieu par M. Abel, qui a inventé le *coton-poudre comprimé* et qui a étudié les conditions de son emploi ; par M. Berthelot, qui a mesuré la chaleur de formation de coton-poudre ; et par MM. Sarrau et Vieille qui ont déterminé la chaleur dégagée par l'explosion, ainsi que la nature et le volume des gaz produits.

1° *Celluloside endécanitrique.* On prépare le *coton-poudre proprement dit*, propre aux usages militaires, en plongeant du coton cardé dans un mélange froid de 1 volume d'acide nitrique fumant et de 3 volumes d'acide sulfurique ; on laisse tremper pendant dix minutes dans un grand excès de liqueur acide, puis on essore, on lave à grande eau et l'on sèche à la température ordinaire. Le produit ainsi fabriqué est surtout formé de celluloside endécanitrique (M. Vieille).

Cette réaction, rapportée à l'acide monohydraté et à la formation simultanée de l'eau et du coton-poudre, dégage + 125,4 Calories pour 1139 grammes de coton-poudre formé.

Le coton-poudre conserve l'aspect du coton, mais il est un peu plus rude au toucher. Il est insoluble dans l'eau, l'alcool, l'éther, l'acide acétique, l'oxyde de cuivre ammoniacal et l'éther alcoolisé, mais soluble dans l'éther acétique.

C'est un composé extrêmement explosif, qui s'enflamme au contact d'un corps chaud ou par le choc, ou bien encore lorsqu'il est porté à la température de 120°. Il brûle subitement, sans laisser de résidu, et en dégageant un grand volume de gaz (acide carbonique, oxyde de carbone, azote, vapeur d'eau, etc.).

En raison de cette propriété, on a essayé de le substituer à la poudre dans l'artillerie. On y avait renoncé d'abord, parce que la détonation est trop brusque et brise les armes, et aussi, parce que le coton-poudre est sujet à éprouver une décomposition spontanée, qui a donné lieu à de terribles accidents.

Cependant le pouvoir explosif du coton-poudre, très supérieur à celui de la poudre ordinaire, à cause du grand volume des gaz formés, offre certains avantages : spécialement lorsque la matière est réduite par la compression à un très petit volume (*coton-poudre comprimé*). On l'emploie aujourd'hui dans les travaux de mines, principalement lorsqu'on doit travailler sous l'eau ou sans bourrage.

Chauffé avec la potasse, le coton-poudre brunit et se dissout en partie, avec formation de nitrates alcalins.

Chauffé avec une solution de protochlorure de fer, il dégage du bioxyde d'azote et régénère le coton avec ses propriétés primitives.

2° *Celluloside octonitrique.* Ce composé constitue la plus grande partie du fulmicoton employé dans la préparation du collodion. Il a été découvert par M. L. Ménard.

Le fulmicoton pour collodion s'obtient en plongeant, par petites portions, 55 grammes de coton cardé sec, dans un mélange refroidi vers 30° de 1000 grammes d'acide sulfurique monohydraté et de 500 grammes d'acide nitrique de densité 1,367. Après vingt-quatre ou trente-six heures, on sépare le coton, on l'exprime entre des baguettes de verre, on le lave très exactement à grande eau et on le fait sécher à l'air libre.

Ce composé est insoluble dans l'éther et dans l'alcool, mais il se dissout très facilement dans l'éther additionné d'un tiers de son poids d'alcool. Sa solution est visqueuse lorsqu'elle est concentrée (*collodion*); elle a reçu de nombreuses applications. Versée en couche mince sur une surface plane, elle s'évapore rapidement en laissant comme résidu le fulmicoton sous forme d'une membrane transparente, assez solide, adhérente à la surface sur laquelle elle s'est déposée. Cette membrane est susceptible de prendre une grande élasticité lorsqu'on ajoute au collodion une petite quantité de glycérine ou d'huile de ricin. Ces propriétés la font employer en chirurgie. En photographie, on se sert également du collodion en lames minces, dans la masse desquelles on introduit par divers artifices les composés impressionnables par la lumière.

§ 13. — **Polysaccharides d'un ordre élevé.**

$(C^{12}H^{10}O^{10})^n$ .... $(\mathit{C}^6H^{10}H^5)^n$.

I. — Principes ligneux.

1. Les matières constitutives des cellules et des fibres végétales n'offrent pas en général les propriétés complètes de la cellulose. Les réactions de ces matières et leur résistance à l'action des réactifs sont fort différentes.

Par exemple, les parois des vaisseaux, la fibre végétale, la membrane épidermique des feuilles, le tissu utriculaire des rayons médullaires du bois sont constitués par une matière insoluble dans l'oxyde de cuivre ammoniacal, tandis que la cellulose s'y dissout. C'est seulement après avoir bouilli longtemps avec l'eau ou avec les acides étendus, que ces tissus se dissolvent dans le réactif. La résistance de ces diverses substances à l'acide sulfurique est également plus ou moins prolongée. De telles différences étaient attribuées autrefois à l'influence inégale de la cohésion; mais il est probable qu'elles répondent à des principes divers doués d'une constitution distincte (*vasculose* de M. Fremy, et corps analogues).

2. Ces principes sont peut-être des corps plus condensés que la cellulose, transformables en principes isomériques plus simples, par le fait même de prétendues purifications qui les amènent à l'état de cellulose.

C'est ainsi que la paille, bouillie pendant douze heures avec de l'eau renfermant un dixième d'acide chlorhydrique, donne naissance à 25 centièmes de glucose et à une matière fibreuse plus résistante que la paille primitive : il semble que cette matière résulte d'un dédoublement.

Les bois de sapin, de hêtre ou de peuplier, produisent dans ces mêmes conditions 22 à 30 centièmes de glucose et une matière fibreuse nouvelle, etc. Il serait facile de multiplier ces faits.

Ils conduisent à admettre l'existence de certains principes ligneux, tels, par exemple, que $C^{60}H^{50}O^{50}$, transformables par une première réaction en glucose et cellulose, $C^{48}H^{40}O^{40}$,

$$C^{12}H^{10}O^{10}(C^{48}H^{40}O^{40}) + H^2O^2 = C^{12}H^{12}O^{12} + C^{48}H^{40}O^{40},$$

l'équation précédente répondant à peu près aux proportions de glucose observées. Il existe sans doute des polyglucosides encore plus condensés; mais tous ces faits réclament une étude nouvelle.

3. *Matières incrustantes et subéreuses.* — Les tissus végétaux ne sont pas uniquement constitués par les polyglucosides isomères de la cellulose. On rencontre, en outre, dans les bois les *matières incrustantes*, beaucoup plus riches en carbone et plus pauvres en hydrogène; divers corps *résineux* et colorants, etc. Dans l'écorce se trouve aussi le *suber*, corps insoluble et caractérisé par la propriété de fournir de l'acide subérique sous l'influence de l'acide nitrique.

II. — Tunicine.

1. Cette matière, appelée aussi *cellulose animale*, a été découverte par M. Schmidt, et étudiée principalement par M. Berthelot qui l'a distinguée de la cellulose ordinaire. Elle est contenue dans le manteau des tuniciers et des ascidies; elle offre une étroite parenté avec la *chitine*, principe azoté auquel elle se trouve associée en proportion variable dans les enveloppes d'un grand nombre d'articulés.

2. *Préparation.* — Pour obtenir la tunicine, on fait bouillir les enveloppes des tuniciers avec de l'acide chlorhydrique, d'abord étendu, puis concentré; on lave et on fait bouillir de nouveau avec la potasse caustique et concentrée. On lave encore et on dessèche le produit.

3. *Propriétés.* — On obtient une masse blanche, qui montre encore la structure des organes dont elle a été extraite.

La tunicine est colorée en jaune par l'iode; mais, si on l'imbibe d'abord d'acide sulfurique, l'iode lui communique ensuite une coloration bleue. L'oxyde de cuivre ammoniacal a peu d'action sur la tunicine.

La tunicine peut être chauffée sans altération avec la potasse fondante, jusque vers 220°, température à laquelle la cellulose est rapidement détruite.

On peut également la faire bouillir avec l'acide chlorhydrique concentré sans l'altérer. Bouillie avec l'acide sulfurique étendu pendant plusieurs semaines, elle n'est pas modifiée sensiblement. Le fluorure de bore ne la carbonise pas.

Tous ces caractères distinguent la tunicine de la cellulose et des principes ligneux; car ils attestent une stabilité bien plus grande.

4. Cependant la tunicine sèche, délayée dans l'acide sulfurique concentré, s'y liquéfie. En versant alors le liquide goutte à goutte dans 100 fois son poids d'eau bouillante et en faisant bouillir pendant une heure, la tunicine se convertit en une *glucose* fermentescible.

5. *Chitine.* — La chitine, principe insoluble constitutif de l'enveloppe d'un grand nombre d'articulés (Odier), peut être regardée comme formée par la combinaison de la tunicine avec une matière albuminoïde. On l'isole par des traitements réitérés à l'aide des alcalis et des acides bouillants. Elle a la propriété de fournir une *glucose* sous les influences de l'acide sulfurique concentré et de l'eau, employés comme ci-dessus.

Par ébullition prolongée avec l'acide chlorhydrique cencentré, la chitine fournit un beau sel cristallisé en prismes rhomboïdaux obliques volumineux, le *chlorhydrate de glucosamine*, $C^{12}H^{10}O^{10}(AzH^3),HCl$. Ce dernier oxydé par l'acide nitrique fournit un isomère de l'acide saccharique et de l'acide mucique, l'*acide isosaccharique*, $C^{12}H^{10}O^{16}$ (M. Tiemann). Ce dernier fait donne à penser que la chitine dérive d'une glucose particulière.

§ 14. — **Principes ulmiques et charbonneux.**

A l'histoire des polysaccharides se rattache celle des *principes ulmiques et charbonneux*, qui dérivent des hydrates de carbone par la réunion d'un nombre de molécules plus ou moins considérables, en une seule molécule, avec déshydratation. Ces phénomènes sont accompagnés en général par un changement dans la fonction chimique; car les principes ulmiques possèdent pour la plupart des propriétés acides.

La théorie de ces corps est fort difficile à établir, en raison de leur état physique mal défini et de leur équivalent élevé : cependant, quels que soient les obstacles que présente l'étude de ces substances, elle est d'une haute importance, en raison de son application à un grand nombre de produits naturels.

En effet le *terreau* et certains *engrais* naturels sont constitués par des principes du même ordre, que l'on a désignés sous les noms d'*acides géique, crénique, apocrénique, fumique*, etc., et qui paraissent jouer un rôle intéressant dans les phénomènes de la végétation.

Les *tourbes*, les *lignites*, la *houille*, l'*anthracite*, dans la nature, les divers *charbons de bois* dans l'industrie humaine, représentent les produits extrêmes des métamorphoses qui engendrent les produits ulmiques.

Résumons brièvement l'histoire de ces principes.

I. — Dérivés ulmiques des sucres.

1. Nous commencerons par les dérivés des sucres, c'est-à-dire par les dérivés des alcools que nous envisageons comme les générateurs des hydrates de carbone. Les sucres engendrent directement des dérivés condensés et déshydratés sous trois influences distinctes, celle de la chaleur, celle des acides et celle des alcalis.

2. *Dérivés des sucres par la chaleur.* — Les premiers produits formés aux dépens des sucres sous l'influence de la chaleur sont analogues au *caramel;* ces premiers produits sont solubles dans l'eau. Après eux viennent des corps insolubles dans l'eau et solubles dans les alcalis.

Par exemple, le sucre de canne fournit d'abord la *caramélane*, $C^{24}H^{18}O^{18}$, corps brun, soluble dans l'eau, doué de propriétés acides équivoques. Puis viennent le *caramélène*, $C^{72}H^{50}O^{50}$, et la *caraméline*, $C^{96}H^{52}O^{52}$, corps noirs, qui existent à l'état soluble et à l'état insoluble. A une température plus haute, on obtient des matières insolubles et charbonneuses (Gélis).

3. *Dérivés des sucres par les acides.* — Sous l'influence des acides concentrés (sulfurique, chlorhydrique), les sucres brunissent, puis noircissent dès la température ordinaire, pour peu que le contact se prolonge. En opérant avec le sucre de canne, on obtient d'abord, comme il a été dit, l'*acide glucique*, $C^{24}H^{18}O^{18}$ (p. 491), incristallisable, incolore, très soluble dans l'eau et dans l'alcool : c'est un acide tribasique.

Cet acide, bouilli pendant longtemps avec l'acide chlorhydrique ou avec l'acide sulfurique dilué, se change en *acide apoglucique*, $C^{48}H^{26}O^{26}$, corps brun, soluble dans l'eau, assez soluble dans l'alcool, fort altérable.

Sous une influence plus longtemps prolongée des acides dilués, l'acide apoglucique brunit de plus en plus, en formant des corps noirs et insolubles; les uns sont encore acides et solubles dans les alcalis et même dans l'eau pure, quoique insolubles dans les solutions salines ou acides : tel est l'*acide ulmique*, $C^{96}H^{34}O^{34}$.

Les autres sont neutres et insolubles dans toutes les liqueurs : telle est l'*ulmine*, $C^{96}H^{28}O^{28}$.

Ces divers composés sont parallèles aux dérivés pyrogénés, sans leur être identiques. En effet, les premiers corps formés sous l'influence des acides sont doués d'un caractère acide bien plus prononcé que les dérivés pyrogénés correspondants.

4. *Dérivés des sucres par les alcalis.* — Sous l'influence des alcalis, les glucoses s'altèrent dès la température ordinaire, et les saccharoses au-dessus de 100°. Avec la glucose proprement dite, on obtient d'abord de l'*acide glucique* (ou un corps isomère) et de l'*acide lactique;* puis viennent des acides bruns ou noirs, mal connus. La formation de ces corps est accompagnée par une absorption d'oxygène, lorsqu'elle a lieu au contact de l'air. Elle coïncide souvent avec le partage de la molécule sucrée en plusieurs composés nouveaux, lesquels se changent finalement vers 160°, en présence d'un excès d'alcali, en oxalate et carbonate.

Les mêmes réactions, au moins quant à leur sens général, s'appliquent aux polyglucosides, tels que l'amidon, les ligneux, etc.

Enfin, les mêmes acides bruns existent dans la nature. Ainsi certains arbres, les ormes par exemple, se couvrent parfois d'un ulcère noir et rongeant, renfermant de l'*ulmate de potasse* (Klaproth). Or la formation de ce corps est due à une sécrétion de carbonate de potasse, produite sous l'influence d'une maladie spéciale.

La tourbe, les lignites, les eaux des marais, la terre végétale renferment des acides analogues.

Non seulement les glucoses peuvent être déshydratées, mais leurs combinaisons avec les acides, avec les alcools, avec les aldéhydes, fournissent des dérivés analogues.

Quoique tous ces corps produisent des réactions mal définies, on peut cependant les ramener à l'état de principes volatils ou cristallisables. En effet, l'hydrate de potasse fondant les change en acide oxalique. L'acide iodhydrique, agissant par son hydrogène, offre surtout une efficacité remarquable. Par exemple, à 280°, sous l'influence de cet acide, l'ulmine est transformée dans les mêmes conditions et de la même manière que les autres principes organiques. Elle se change en carbures forméniques et spécialement en hydrure de duodécylène, $C^{24}H^{26}$ (M. Berthelot).

II. — Dérivés ulmiques des autres principes organiques.

La plupart des principes organiques, soumis à l'influence de l'acide sulfurique concentré; beaucoup de principes fixes, sous l'influence des alcalis ou de la chaleur, se changent en des composés humoïdes neutres ou acides. Certains de ces composés contiennent de l'azote, du soufre, etc. Bref, les corps ulmiques représentent une vaste famille de composés organiques, famille mal connue et mal définie, et qui résulte en général de la déshydratation et de la condensation simultanées des principes simples.

III. — Principes charbonneux.

1. Le progrès successif de ces condensations finit par amener les matières organiques à l'état de charbon.

On sait, en effet, comment les charbons sont obtenus par la seule influence de la chaleur.

Ils présentent des compositions et des propriétés variables avec les températures auxquelles ils ont été soumis. C'est ainsi que les charbons roux, qui ont été incomplètement calcinés et renferment encore de la matière organique proprement dite, conservent, comme la cellulose qui les a fournis, un excès d'énergie par rapport aux éléments qui les constituent (p. 522), ce qui justifie leur emploi dans la fabrication de la poudre, alors que les charbons noirs, fortement calcinés, ne présentent rien de semblable (MM. Berthelot et Vieille).

Les houilles représentent des produits analogues, formés dans des conditions naturelles.

2. Les substances charbonneuses n'ont guère de commun que leur insolubilité : en réalité, leur composition est très variable et très compliquée; elles renferment toutes de l'hydrogène, souvent de l'oxygène et de l'azote. Elles offrent certaines réactions propres.

3. Ainsi les matières charbonneuses, lorsqu'elles ont été obtenues à une température inférieure au rouge, peuvent fixer une certaine proportion des alcalis que l'on met en contact avec elles. Ces alcalis entrent dans des combinaisons spéciales, insolubles, et dont parfois ils ne peuvent plus être séparés, si ce n'est par la combustion totale du charbon.

4. L'acide nitrique, bouilli avec les principes charbonneux, les oxyde lentement, en formant à la fois de l'acide carbonique et des produits nitrés et résineux tout particuliers, désignés autrefois sous le nom de *tanins artificiels*.

5. Mais la réaction la plus nette des matières charbonneuses est encore celle que leur fait subir l'acide iodhydrique, agissant comme hydrogène naissant (M. Berthelot). A 280°, en présence de 100 parties de cet acide, le charbon de bois préparé à basse température, par exemple le charbon de fusain employé par les dessinateurs, est ramené en grande partie à l'état de carbures forméniques, et spécialement d'*hydrure de duodécylène*, $C^{24}H^{26}$, et d'*hydrure d'hexylène*, $C^{12}H^{14}$.

La houille éprouve le même changement sous la même influence, et se change en majeure partie (70 centièmes) en hydrures forméniques, tels que les *hydrures d'hexylène* et de *duodécylène*.

On voit par là que le charbon de bois et la houille peuvent être transformés en carbures de l'huile de pétrole.

IV. — Charbons proprement dits.

Les matières charbonneuses dont il vient d'être question éprouvent des changements plus profonds sous l'influence de la température rouge; elles perdent de nouvelles proportions d'oxygène et d'hydrogène, sans doute en se condensant toujours davantage; le charbon de bois devient plus dur et plus compact; la houille se change en coke, etc. Cependant la chaleur seule, même à la température du rouge blanc, ne suffit pas pour chasser les dernières traces d'hydrogène du charbon, soit qu'il provienne de la condensation progressive des glucosides, soit qu'il dérive des carbures d'hydrogène. Ce résultat ne peut être atteint que par l'emploi d'un corps avide d'hydrogène, tel que le chlore agissant à la température rouge.

V. — Carbones purs.

On obtient ainsi le carbone pur, ou plutôt les carbones purs. Mais d'après leur origine, il est facile de concevoir que ces carbones ne représentent pas un élément comparable à l'hydrogène, à l'oxygène, aux éléments gazeux en un mot. Ce sont en quelque sorte des *polymères du véritable élément carbone*, polymères qui existent sous des états multiples, dépendant de leur origine (M. Berthelot). On peut le démontrer lorsqu'on cherche à les oxyder. L'acide nitrique, par exemple, ou cet acide mêlé de chlorate de potasse, dissout lentement les carbones purs (préparés au moyen des charbons et à l'aide du chlore); il les dissout et les change en des corps solides, bruns, fixes, humoïdes, analogues aux composés condensés qui dérivent de l'action du même acide nitrique sur le charbon de bois.

Ces composés humiques ne peuvent être ramenés dans l'ordre des composés organiques proprement dits que sous l'influence de l'acide iodhydrique. Tandis que cet acide est sans action sur le charbon fortement calciné, aussi bien que sur les carbones purs, il agit, au contraire, sur les dérivés nitriques du carbone vers 280°, et il les change, en effet, de même que le charbon de bois, en carbures forméniques, $C^{2n}H^{2n+2}$.

Principes ulmiques, principes charbonneux, carbones enfin, tels sont, dans le laboratoire comme dans la nature, les termes extrêmes de la métamorphose des composés organiques. C'est cette circonstance qui nous a engagé à résumer les traits généraux de leur théorie, autant qu'ils peuvent être retracés dans l'état actuel de la science.

CHAPITRE XV

PHÉNOLS PROPREMENT DITS

§ 1er. — Des phénols en général.

Voici une nouvelle classe de composés alcooliques, fort remarquables par leurs propriétés : ce sont les *phénols*. Confondus tout d'abord, tantôt avec les acides, tantôt avec les alcools, ils ont été rangés dans une classe spéciale par M. Berthelot, en 1860 (p. 224).

Le type de ces composés, le phénol proprement dit, se rencontre dans le goudron de houille; c'est un corps représenté par la formule $C^{12}H^6O^2$, dont les propriétés chimiques ne ressemblent à celles d'aucun de ceux que nous avons étudiés jusqu'ici. Aussi a-t-il été envisagé sous les points de vue les plus divers.

En effet, le phénol se combine directement avec les bases en formant des composés salins : de là le nom d'*acide phénique*, sous lequel il a été d'abord désigné.

D'autre part, le phénol a la propriété de s'unir aux acides, à la façon des alcools, en donnant des combinaisons analogues aux éthers. Il forme également avec l'ammoniaque un alcali très bien caractérisé, l'aniline : de là la dénomination d'*alcool phénylique*, qui lui a été également donnée.

Mais l'oxydation du phénol ne fournit ni aldéhyde normal, ni acide, ni aucun des composés engendrés par les alcools véritables. Il ne peut être déshydraté régulièrement, de façon à fournir un carbure comparable à l'éthylène, mais il se change sous les influences déshydratantes en des corps condensés, renfermant encore de l'oxygène. Par contre, il offre des réactions dont les alcools ordinaires sont privés. Ainsi le chlore, le brome, l'acide nitrique, donnent lieu avec lui à des phénomènes de substitution directe, tandis qu'avec les alcools toute substitution est précédée d'une élimination d'hydrogène, et porte, par conséquent, sur des corps différents des alcools eux-mêmes, sur les aldéhydes.

Tels sont les caractères généraux de la classe des phénols.

On peut y rattacher divers composés oxygénés, qui ne sont ni des acides, ni des alcools proprement dits, et qui jouent un rôle fort important dans l'étude des matières colorantes.

Les phénols doivent être considérés comme des alcools particuliers, dérivés des carbures polyacétyléniques, et spécialement des carbures benzéniques. Ces carbures, en effet, donnent naissance à deux groupes bien distincts de dérivés doués du caractère alcoolique : lorsque la fonction alcoolique dérive du générateur benzénique, on a les phénols; tandis qu'il se produit des alcools véritables, lorsque la fonction alcoolique dérive d'un générateur forménique associé à la benzine (p. 170).

Pour rendre cette distinction manifeste dans les formules dont il sera fait usage plus loin, les groupes (H^2O^2) indiquant une fonction phénolique seront soulignés ($\underline{H^2O^2}$), ainsi que les formules des corps qui les remplacent dans les combinaisons; les groupes (H^2O^2) représentant une fonction alcoolique resteront écrits comme précédemment (voy. les formules atomiques des phénols p. 238).

§ 2. — Classification des phénols proprement dits.

1. A chaque carbure benzénique correspondent un ou plusieurs phénols proprement dits. Laissant de côté les phénols à fonctions complexes, lesquels feront l'objet d'un chapitre spécial, nous classerons les phénols qui possèdent seulement une ou plusieurs fonctions phénoliques, d'après les mêmes principes suivis précédemment pour les alcools, c'est-à-dire d'après leur atomicité ou, ce qui est la même chose, d'après la proportion d'oxygène qu'ils renferment. Chacun des groupes ainsi formés pourra être divisé suivant le rapport entre le carbone et l'hydrogène. En outre, dans le cas où ils sont formés par plusieurs réactions successives à partir de la benzine, il y a lieu de distinguer les différents isomères auxquels donnent toujours lieu les réactions multiples opérées sur ce carbure.

2. Les combinaisons des phénols avec les bases dégagent toutes de la chaleur, mais ce fait provoque quelques remarques intéressantes. Les phénols monoatomiques ne s'unissent qu'à un équivalent de base alcaline et la quantité de chaleur produite est inférieure à celle que donne union des mêmes bases avec les acides forts; ce qui explique pourquoi ces derniers décomposent toutes les combinaisons alcalines des phénols. Quant aux phénols diatomiques, ils dégagent, en s'unissant à un premier équivalent de base, la même quantité de chaleur qu'un phénol monoatomique; en présence d'un second équivalent de base, les phénols diatomiques des séries *para* et *méta* reproduisent le même dégagement, tandis qu'avec leur isomère de la série *ortho*, la chaleur dégagée est très faible et comparable à celle des alcoolates alcalins. Ce phénomène caractéristique se retrouve dans les phénols d'une atomicité plus élevée.

3. Dressons le tableau de la classification des phénols :

1er ordre. — Phénols monoatomiques.

1re *famille : Phénols benzéniques*, $C^{2n}H^{2n-6}O^2$ ou $C^{2n}H^{2n-8}(\underline{H^2O^2})$.

Phénol ordinaire................................ $C^{12}H^6O^2$,
Crésylol (3 isomères connus)................................ $C^{14}H^8O^2$,
Xylénol (3 isomères connus : ortho, méta, para)...........
Éthylphénol (4 isomères connus)........................ } $C^{16}H^{10}O^2$,
Mésitylol (6 isomères connus)................................ $C^{18}H^{12}O^2$,
Thymol (5 isomères connus)................................ $C^{20}H^{14}O^2$, etc.

2e *famille : Phénols* $C^{2n}H^{2n-8}O^2$ ou $C^{2n}H^{2n-10}(\underline{H^2O^2})$.

Vinylphénol (2 isomères connus)................................ $C^{16}H^8O^2$,
Allylphénol (2 isomères)................................
Anol................................ } $C^{18}H^{10}O^2$,
Buténylphénol (4 isomères connus)................................ $C^{20}H^{12}O^2$, etc.

....

4e *famille : Phénols naphtyliques*, $C^{2n}H^{2n-12}O^2$ ou $C^{2n}H^{2n-14}(\underline{H^2O^2})$.

Naphtol (2 isomères connus)................................ $C^{20}H^8O^2$,
Diméthylnaphtol................................ $C^{24}H^{12}O^2$, etc.

5e *famille : Phénols* $C^{2n}H^{2n-14}O^2$ ou $C^{2n}H^{2n-16}(\underline{H^2O^2})$.

Diphénylol (2 isomères connus)................................ $C^{24}H^{10}O^2$,
Benzylphénol................................ $C^{26}H^{12}O^2$,
Dibenzylol et 2 phénols isomères................................ $C^{28}H^{14}O^2$, etc.

....

7e *famille : Phénols anthracéniques*, $C^{2n}H^{2n-18}O^2$ ou $C^{2n}H^{2n-20}(\underline{H^2O^2})$.

Anthrol, anthranol et isomères................................ $C^{28}H^{10}O^2$.

2e ORDRE. — PHÉNOLS DIATOMIQUES.

1re *famille : Phénols benzéniques*, $C^{2n}H^{2n-6}O^4$ ou $C^{2n}H^{2n-10}(\underline{H^2O^2})^2$.

Pyrocatéchine (ortho), résorcine (méta) et hydroquinon (para).	$C^{12}H^6O^4$,
Homopyrocatéchine, orcine et hydrotoluquinon............ Isorcine (2 isomères)................................	$C^{14}H^8O^4$,
Méthylorcine, hydrophlorone et dioxyxylénol............	$C^{16}H^{10}O^4$,
Oxythymol...	$C^{20}H^{14}O^4$, etc.

Autres familles.

Oxynaphtylol (4 isomères)............................ Hydronaphtoquinon (2 isomères).......................	$C^{20}H^8O^4$,
Diphénylol (4 isomères).............................	$C^{24}H^{10}O^4$,
Dioxydiphénylméthane................................	$C^{26}H^{12}O^4$,
Chrysazol et rufol (dioxyanthracènes)................	$C^{28}H^{10}O^4$,
Oxydinaphtylol (2 isomères).........................	$C^{40}H^{14}O^4$, etc.

3e ORDRE. — PHÉNOLS TRIATOMIQUES.

1re *famille : Phénols benzéniques*, $C^{2n}H^{2n-6}O^6$ ou $C^{2n}H^{2n-12}(\underline{H^2O^2})^3$.

Pyrogallol et phloroglucine..........................	$C^{12}H^6O^6$,
Méthylpyrogallol	$C^{14}H^8O^6$,
Trioxyxylénol..	$C^{16}H^{10}O^6$,
Propylpyrogallol.....................................	$C^{18}H^{12}O^6$, etc.

Autres familles.

Dioxynaphtylol.......................................	$C^{20}H^8O^6$,
Triphénolméthane.....................................	$C^{38}H^{16}O^6$,
Crésyloldiphénolméthane..............................	$C^{40}H^{18}O^6$, etc.

4e ORDRE. — PHÉNOLS TÉTRATOMIQUES.

Dipyrocatéchine et isomères..........................	$C^{24}H^{10}O^8$,
Tétraoxytriphénylméthane.............................	$C^{38}H^{16}O^8$, etc.

5e ORDRE. — PHÉNOLS HEXATOMIQUES.

Hexaoxydiphényle (3 isomères)........................	$C^{24}H^{10}O^{12}$.

1er ORDRE. — PHÉNOLS MONOATOMIQUES.

§ 3. — **Phénol ordinaire.**

$C^{12}H^6O^2$ ou $C^{12}H^4(\underline{H^2O^2})$.............. $C^6H^5{-}OH$.

1. Le phénol a été découvert par Runge; mais c'est surtout à Laurent que l'on doit la connaissance des points principaux de son histoire. Sa synthèse méthodique a été faite d'abord par M. Church, puis par Dusart, Wurtz et M. Kékulé. On l'a désigné sous différents noms : *alcool phénylique*, *acide phénique*, *acide carbolique*, *hydrate de phényle*.

2. *Formation par synthèse.* — Le phénol présente à l'égard de la benzine, $C^{12}H^6$, les mêmes relations qui existent entre l'alcool méthylique, $C^2H^4O^2$, et le formène, C^2H^4.

1° Le phénol en effet a été obtenu synthétiquement au moyen du *chlorure de benzine*, $C^{12}H^6Cl^2$, corps qui prend naissance quand on fait agir sur la benzine un mélange de bichromate de potasse et d'acide chlorhydrique. Le produit traité par la potasse alcoolique donne du phénol (M. Church) :

$$C^{12}H^6Cl^2 + 2\,KHO = C^{12}H^6O^2 + 2\,KCl + H^2O^2.$$

2° On l'obtient plus régulièrement en traitant un benzinosulfate par la potasse fondante (Dusart, Wurtz et M. Kékulé). Cette réaction a été exposée plus haut (p. 161).

3° La benzine peut être transformée en *benzine bromée*, $C^{12}H^5Br$. Celle-ci traitée par le sodium dans un courant d'acide carbonique donne du benzoate de soude (M. Kékulé) :

$$C^{12}H^5Br + C^2O^4 + Na^2 = C^{14}H^5NaO^4 + NaBr.$$

L'acide benzoïque, soumis à l'action du chlore, produit des dérivés chlorés isomères, de la formule $C^{14}H^5ClO^4$, lesquels, sous l'influence de la potasse, donnent des *acides oxybenzoïques*, $C^{14}H^6O^6$:

$$C^{14}H^5ClO^4 + KHO^2 = C^{14}H^6O^6 + KCl.$$

Enfin, les acides oxybenzoïques, décomposés par la chaleur en présence des alcalis, engendrent du phénol (Gerhardt; M. Rosenthal) :

$$C^{14}H^6O^6 = C^{12}H^6O^2 + C^2O^4.$$

4° Le phénol se produit encore quand on dirige un courant de gaz oxygène sec dans de la benzine additionnée de chlorure d'aluminium anhydre et portée à l'ébullition (MM. Friedel et Crafts) :

$$C^{12}H^{6} + O^{2} = C^{12}H^{6}O^{2}.$$

L'oxydation de la benzine par l'eau oxygénée conduit au même résultat (M. Leeds).

5° Le *nitrate de diazobenzol*, $C^{12}H^{4}Az^{2},AzHO^{6}$, corps obtenu en faisant agir l'acide nitreux sur le nitrate d'aniline, se décompose par ébullition avec l'eau, en donnant de l'azote, de l'acide nitrique et du phénol :

$$C^{12}H^{4}Az^{2}, AzHO^{6} + H^{2}O^{2} = C^{12}H^{6}O^{2} + Az^{2} + AzHO^{6}.$$

L'aniline pouvant être obtenue facilement au moyen de la benzine, cette réaction constitue encore une synthèse du phénol en partant de la benzine (M. P. Griess).

6° Le phénol prend aussi naissance, mais en petite quantité, dans la réaction de la vapeur d'eau sur la benzine à la température rouge, surtout en présence d'un alcali (M. Berthelot).

7° On obtient le phénol à l'état de phénate de potasse, au moyen de l'acétylène, en faisant absorber ce gaz par l'acide sulfurique fumant, et en décomposant par l'hydrate de potasse fondu l'acétylénosulfate de potasse (M. Berthelot).

L'iséthionate de potasse fournit également une petite quantité de phénol dans les mêmes conditions.

3. *Formation par analyse.* — Par voie de décomposition, le phénol se produit dans des circonstances très variées, telles que la distillation sèche de diverses substances d'origine naturelle : le benjoin, la résine de *Xanthorrhea hastilis*, le bois, la houille, etc., ou bien l'action de la chaleur rouge sur l'alcool, sur l'acide acétique, etc.

On a vu plus haut qu'il se forme régulièrement, quand on décompose par la chaleur, en présence de la chaux ou de la baryte, les trois acides oxybenzoïques.

4. *États naturels.* — Enfin le phénol se rencontre dans le castoréum, qui lui doit en partie son odeur propre ; il existe dans l'urine humaine et dans celle des herbivores ; enfin il prend naissance au sein du fumier, dans certaines conditions, ainsi que pendant la fermentation putride.

5. *Préparation.* — On distille le goudron de houille (p. 148) et on recueille séparément les produits volatils entre 150° et 200°. On agite ces produits avec une lessive de soude concentrée, en chauffant la masse dans des chaudières munies d'agitateurs mécaniques. Après

refroidissement, il se dépose un magma cristallin, formé par les combinaisons sodiques du phénol et de ses homologues, qui l'accompagnent dans les huiles de houille. On sépare le produit semi-solide, on le dissout dans 5 ou 6 fois son volume d'eau chaude, en agitant fortement, et on laisse déposer. Divers carbures, et notamment de la naphtaline, se séparent; on les enlève par décantation. La solution aqueuse claire est alors acidulée par l'acide sulfurique ou par l'acide chlorhydrique, et abandonnée au repos; elle laisse surnager une couche liquide : c'est le phénol brut.

On soumet ce dernier à la distillation dans de vastes cornues en fonte, en isolant ce qui passe entre 185° et 195°. Cette portion du produit est placée dans des vases métalliques, cylindriques, entourés d'eau froide. Le phénol cristallise peu à peu, on le sépare par décantation des liquides qui le baignent, et on l'exprime. C'est en cet état qu'il est livré au commerce.

Le produit ainsi obtenu est encore souillé d'une petite portion de matières étrangères et notamment de l'un de ses homologues, le crésylol solide. On le purifie par des distillations fractionnées.

On remplace fréquemment la soude, dans l'extraction du phénol, par un lait de chaux clair.

6. *Propriétés physiques.* — Le phénol est solide, incolore; il cristallise en belles aiguilles, fusibles vers 42°. Il bout à 182°. Sa densité est 1,065 à 18°.

Le phénol est formé depuis les éléments avec dégagement de 34 Calories, dans l'état solide; depuis la benzine liquide et l'oxygène, + 39 Calories.

Il possède une odeur propre caractéristique et une saveur brûlante. Incolore quand il est pur, il se colore assez rapidement sous l'influence de la lumière; ce qui tient à des traces de matières étrangères, difficiles à séparer entièrement. Il tache le papier, mais s'évapore peu à peu. Il attaque et dessèche la peau et désorganise les tissus. Il possède des propriétés antiseptiques et toxiques.

La moindre trace d'humidité le liquéfie, et il forme avec une plus grande quantité d'eau un hydrate cristallisé, $C^{12}H^6O^2,HO$ (Calvert). Cependant il est peu soluble dans l'eau (1 partie dans 15 parties d'eau à 16°); il est miscible avec l'alcool, l'éther, l'acide acétique.

I. — Action des éléments.

1. *Hydrogène.* — Le phénol, chauffé avec 20 parties d'acide iodhydrique à 280°, reproduit la *benzine* (M. Berthelot) :

$$C^{12}H^6O^2 + 2\,HI = C^{12}H^6 + H^2O^2 + I^2.$$

2. *Oxygène.* — Oxydé par l'acide chromique, le phénol donne du *phénoquinon*, $C^{36}H^{14}O^{8}$, fusible à 71° (M. Wichelhaus); cette réaction rappelle la transformation de l'alcool en acétal (p. 258).

Le phénol s'oxyde sous l'influence de la potasse fondante, perd de l'hydrogène, et se transforme principalement en deux composés isomères, les *diphénylols*, $C^{24}H^{10}O^{4}$ (MM. Barth et Schreder) :

$$2\,C^{12}H^{6}O^{2} + O^{2} = C^{24}H^{10}O^{4} + H^{2}O^{2}.$$

Certains agents d'oxydation transforment le phénol en *aurine*, matière colorante dont il sera question plus loin.

3. *Chlore.* — Le chlore donne naissance à des produits de substitution réguliers, tels que les *phénols monochloré*, *bichloré*, *trichloré*, *quadrichloré* et *quintichloré* :

$$C^{12}H^{5}ClO^{2};\quad C^{12}H^{4}Cl^{2}O^{2};\quad C^{12}H^{3}Cl^{3}O^{2};\quad C^{12}H^{2}Cl^{4}O^{2};\quad C^{12}HCl^{5}O^{2};$$

lesquels présentent des propriétés acides de mieux en mieux caractérisées. Ces corps ont été étudiés surtout par Laurent; ils donnent lieu à des isoméries nombreuses, auxquelles s'appliquent des observations analogues à celles qui ont été présentées à propos des dérivés chlorés de la benzine.

Si l'on fait intervenir à la fois une action chlorurante et une action oxydante, par exemple si l'on traite le phénol par un mélange d'acide chlorhydrique et de chlorate de potasse, on obtient un corps cristallisé en paillettes jaunes, brillantes, le *quinon perchloré*, $C^{12}Cl^{4}O^{4}$ (M. Hofmann); ce composé se produit aussi aux dépens de la plupart des corps aromatiques, dans les mêmes circonstances.

4. *Brome.* — Le brome donne comme le chlore des dérivés de substitution, qui ont été étudiés surtout par M. Kœrner.

La substitution du brome à l'hydrogène dans le phénol s'opère, pour les trois premiers équivalents d'hydrogène remplacés, avec des dégagements de chaleur sensiblement proportionnels aux nombres d'équivalents de brome substitué, soit 12,3 Calories, 20,9 Calories, et 31,1 Calories; chaque équivalent développant à peu près 10,5 Calories. Mais la proportionnalité disparaît pour les substitutions suivantes, qui produisent des dégagements de chaleur bien plus faibles, et semblent répondre à une constitution spéciale et moins stable. Ces différences expliquent la stabilité prépondérante du phénol tribromé et sa formation à peu près exclusive en présence d'un excès de brome.

La production presque exclusive du phénol tribromé, sous l'influence d'un excès de brome, est assez nette pour servir de point de départ à une méthode de dosage du phénol : on dissout dans l'eau le phénol à doser, on ajoute en quantité connue un excès de brome dissous dans le bromure de potassium, ce qui détermine la séparation du phénol tribromé; après un quart d'heure, on dose volumétriquement le poids de brome resté libre.

Le *phénol tribromé*, $C^{12}H^3Br^3O^2$, cristallise dans l'alcool faible en très longues aiguilles fusibles à 95°; il se sublime facilement.

L'iode forme aussi des phénols iodés, mais indirectement.

5. *Métaux et bases.* — Le phénol est neutre au tournesol. Il ne décompose pas les carbonates. Il se dissout dans les carbonates de potasse et de soude sans les décomposer; mais il ne se dissout pas dans le carbonate d'ammoniaque. Il n'est pas attaqué par les métaux ordinaires; cependant les métaux alcalins s'y dissolvent (Laurent), avec dégagement d'hydrogène et formation de *phénates* cristallisés (*phénol sodé*, $C^{12}H^5NaO^2$, et *phénol potassé*, $C^{12}H^5KO^2$).

On obtient également les phénates, $C^{12}H^5MO^2$, en faisant agir le phénol sur les alcalis caustiques, sur les terres alcalines et sur les divers oxydes métalliques.

La chaleur de formation des phénates est caractéristique : le phénol dissous dégage + 7,9 Calories en s'unissant avec les bases alcalines étendues, soit à peu près la moitié de la chaleur dégagée par les acides forts. Aussi les phénates sont-ils décomposés par ces acides.

La plupart des phénates sont solubles et stables : l'eau froide ne les décompose pas, comme elle fait pour les alcoolates alcalins.

Sous l'influence de la chaleur, les phénates de potasse et de soude se transforment respectivement en phénol dipotassé ou disodé et phénol libre (Kolbe) :

$$2\,C^{12}H^5NaO^2 = C^{12}H^4Na^2O^2 + C^{12}H^6O^2.$$

II. — Action des acides.

1. Le phénol se combine directement aux acides, avec séparation d'eau, et formation de composés comparables jusqu'à un certain point aux éthers (M. Berthelot) :

Phénol..............................	$C^{12}H^4(H^2O^2)$,
Phénol acétique (1)...............	$C^{12}H^4(\underline{C^4H^4O^4})$,
Phénol benzoïque (2)..............	$C^{12}H^4(\underline{C^{14}H^6O^4})$.

Ces corps peuvent être préparés aussi par voie indirecte, au moyen des chlorures acides (MM. Cahours, Gerhardt et Laurent); par exemple

(1) $C^6H^5 - C^2H^3O^2$.
(2) $C^6H^5 - C^7H^5O^2$.

le phénolacétique résulte de l'action du chlorure acétique sur le phénol :

$$C^4H^3O^2Cl + C^{12}H^4(\underline{H^2O^2}) = C^{12}H^4(\underline{C^4H^4O^4}) + HCl.$$

En faisant agir à chaud le perchlorure de phosphore sur le phénol, on obtient le ***phénol chlorhydrique***, identique avec la benzine monochlorée (L. Serugham) :

$$C^{12}H^5Cl = C^{12}H^4(\underline{HCl}).$$

En dissolvant à une douce température le perchlorure de phosphore dans le phénol et faisant réagir le mélange sur l'eau, on obtient du *phénol phosphorique neutre* ou *éther neutre phénylphosphorique* (M. Jungfleisch), composé qui cristallise avec une grande netteté :

$$3\,C^{12}H^6O^2 + PCl^5 + H^2O^2 = (C^{12}H^4)^3(\underline{PH^3O^8}) + 5\,HCl.$$

L'*anhydride phtalique*, $C^{16}H^4O^6$, chauffé avec le phénol et l'acide sulfurique, donne l'*éther phtalique du phénol*, $(C^{12}H^4)^2(\underline{C^{16}H^6O^8})$, en même temps qu'un isomère de cet éther, la *phtaléine du phénol*, substance soluble dans la potasse avec formation d'une liqueur rouge que les acides décolorent. Cette réaction très sensible fait employer la *phénolphtaléine* comme indicateur coloré en alcalimétrie (M. Baeyer).

2. *Acide carbonique*. — Le phénol et l'acide carbonique peuvent être également combinés (MM. Kolbe et Lautemann). Il se forme ainsi deux acides isomères, l'*acide salicylique* et l'*acide paraoxybenzoïque*, $C^{14}H^6O^6$; suivant les circonstances dans lesquelles on opère, on voit dominer la production de l'un ou de l'autre de ces acides isomères (Kolbe) :

$$C^{12}H^6O^2 + C^2O^4 = C^{14}H^6O^6.$$

Nous reviendrons sur cette réaction importante (voy. *Acide salicylique*).

3. *Acide sulfurique*. — L'acide sulfurique forme directement avec le phénol toute une série de dérivés sulfonés, stables, analogues à ceux de la benzine (p. 160). En voici la liste :

Acides phénolsulfuriques....	$C^{12}H^6O^2 + S^2H^2O^8 - H^2O^2 = C^{12}H^6O^2,\ S^2O^6,$
Acide phénoldisulfurique...	$C^{12}H^6O^2 + 2\,S^2H^2O^8 - 2\,H^2O^2 = C^{12}H^6O^2,\ 2\,S^2O^6,$
Acide phénoltrisulfurique...	$C^{12}H^6O^2 + 3\,S^2H^2O^8 - 3\,H^2O^2 = C^{12}H^6O^2,\ 3\,S^2O^6,$
Acide phénoltétrasulfurique.	$C^{12}H^6O^2 + 4\,S^2H^2O^8 - 4\,H^2O^2 = C^{12}H^6O^2,\ 4\,S^2O^6.$

Les acides phénolsulfuriques, appelés aussi *acides phénylsulfuriques*, *acides oxyphénolsulfureux* et *acides phénolsulfonés*, ne se dédoublent pas par l'action de l'eau ou des alcalis étendus. Ils sont au nombre de trois isomères, savoir :

1° L'*acide orthophénolsulfurique* (1), découvert par Laurent, prend seul naissance lorsque l'action de l'acide sur le phénol s'opère à froid (M. Kékulé). Pour l'obtenir, on mélange peu à peu les deux liquides à poids égaux, en refroidissant soigneusement; après quarante-huit heures de contact, on verse lentement le liquide dans l'eau, en refroidissant, et on ajoute de l'eau de baryte, de façon à précipiter exactement l'acide sulfurique resté libre; on filtre et on concentre dans le vide à basse température.

Cet acide constitue un liquide huileux; il forme des sels bien cristallisés.

Fondu avec la potasse, il donne de la *pyrocatéchine* ou *orthoxyphénol*, $C^{12}H^6O^4$. Chauffé, l'acide orthophénolsulfurique se transforme lentement à 100°, rapidement à des températures plus élevées, en son isomère, l'acide paraphénolsulfurique.

L'acide orthophénolsulfurique est un antiseptique énergique. Il est employé comme tel sous les noms d'*aseptol* et de *sulfocarbol*.

2° L'*acide paraphénolsulfurique* (2) se forme dans les mêmes circonstances, en quantité d'autant plus forte que l'on opère à plus haute température; il constitue le produit unique de la réaction lorsque le mélange a été chauffé pendant quelque temps vers 150°.

C'est un liquide sirupeux; il donne, comme son isomère, des sels nettement cristallisés. Il est dépourvu de propriétés antiseptiques. Oxydé par la potasse fondante, il fournit l'*hydroquinon* ou *paraoxyphénol*, $C^{12}H^6O^4$.

3° Un troisième isomère, l'*acide métaphénolsulfurique* (3), se forme quand on traite par la potasse, à 180°, et d'une façon ménagée, les benzinodisulfates des séries méta et para (p. 160). Il cristallise, avec une molécule d'eau, en fines aiguilles. La potasse fondante le change en *résorcine* ou *métaoxyphénol*, $C^{12}H^6O^4$.

4° En faisant agir vers 60° le pyrosulfate de potasse, KS^2O^7 (combinaison de sulfate neutre et d'anhydride sulfurique), sur le phénol en solution potassique, il se forme le sel potassique d'un quatrième acide isomère; ce dernier se conduit comme le véritable éther sulfurique acide du phénol; il est facilement saponifiable par l'eau et correspond à l'acide éthylsulfurique. Ce corps tire un intérêt particulier de son existence dans l'urine de l'homme; il est plus abondant encore dans celle du cheval.

(1) $\theta H_{(1)} - C^6H^4 - S\theta^3H_{(2)}$,
(2) $\theta H_{(1)} - C^6H^4 - S\theta^3H_{(4)}$.
(3) $\theta H_{(1)} - C^6H^4 - S\theta^3H_{(3)}$

III. — ACTIONS DE L'ACIDE NITRIQUE ET DE L'ACIDE NITREUX.

1. Parmi les combinaisons du phénol avec les acides, celles qu'il fournit avec l'acide nitrique, c'est-à-dire les ***dérivés nitrés*** du phénol, présentent un intérêt spécial. Nous en parlerons avec quelques détails.

On les obtient en laissant agir l'acide nitrique sur le phénol, et en faisant varier la concentration de l'acide et la durée de la réaction. En voici la liste :

Phénols nitrés (4 isomères).........	$C^{12}H^5(AzO^4)O^2$,
Phénols binitrés (5 isomères)........	$C^{12}H^4(AzO^4)^2O^2$,
Phénols trinitrés (3 isomères)........	$C^{12}H^3(AzO^4)^3O^2$.

2. *Phénols mononitrés* (1) : $C^{12}H^5(AzO^4)O^2$. — Le dérivé ortho et le dérivé para se produisent tous deux dans l'action directe de l'acide nitrique ordinaire sur le phénol. Le premier se forme en quantité d'autant plus grande qu'on opère à une température plus élevée. On les sépare en volatilisant l'orthonitrophénol dans un courant de vapeur d'eau, qui n'entraîne pas le paranitrophénol.

L'*orthonitrophénol* (M. W. Hoffmann) constitue des prismes d'un jaune de soufre, et de densité 1,447. Il fond à 45° et bout à 214°.

Le *paranitrophénol* (Fritzsche), appelé aussi *isonitrophénol*, est en aiguilles incolores, de densité 1,468 ; il fond à 114° lorsqu'il est sec, mais se liquéfie sous l'eau vers 40°.

Le *métanitrophénol* (M. Bantlin) ne s'obtient que par voie indirecte, en faisant agir l'acide nitreux sur la *métanitraniline* $C^{12}H^6(AzO^4)Az$. Il se présente en cristaux fusibles à 96° ; il s'altère quand on cherche à le distiller sous la pression ordinaire.

Un *quatrième nitrophénol* a été obtenu par M. Fittica, en même temps que les autres isomères, dans le traitement du phénol par l'acide nitrique en présence de l'alcool et de l'éther. Il constitue des aiguilles fusibles à 31° ; il bout à 206°. Par l'action prolongée de la chaleur, il se transforme en orthonitrophénol. L'hydrogène naissant le change en un *amidophénol* particulier, $C^{12}H^2(AzH^3)(H^2O^2)$. L'existence de ce quatrième isomère, engendré par une double réaction effectuée sur la benzine, doit être remarquée.

3. *Phénols dinitrés* : $C^{12}H^4(AzO^4)^2O^2$. — Le *dinitrophénol ordinaire*

(1) Phénol orthonitré.. $\Theta H_{(1)} - \mathrm{C}^6H^4 - Az\Theta^2_{(2)}$,
Phénol métanitré... $\Theta H_{(1)} - \mathrm{C}^6H^4 - Az\Theta^2_{(3)}$,
Phénol paranitré... $\Theta H_{(1)} - \mathrm{C}^6H^4 - Az\Theta^2_{(4)}$.

(asymétrique) (1) se produit dans l'action directe de l'acide nitrique sur le phénol (Laurent). Il forme des tables rectangulaires, striées, fusibles à 113°, distillant avec la vapeur d'eau.

Trois autres isomères se produisent dans l'action de l'acide nitrique sur le métanitrophénol (M. Bantlin).

4. *Phénols trinitrés* : $C^{12}H^3(AzO^4)^3O^2$. — En soumettant à l'action prolongée de l'acide nitrique le phénol métanitré, on obtient deux phénols trinitrés. Ces composés présentent beaucoup moins d'intérêt qu'un troisième isomère, qui prend naissance dans l'action directe de l'acide azotique sur le phénol; celui-ci est le *phénol trinitré ordinaire* ou *phénol trinitré symétrique* (2).

Ce composé, que l'on appelle souvent *acide picrique*, se forme encore par l'action de l'acide nitrique sur les dérivés du phénol, sur la soie, l'indigo, l'aloès, la poix, la résine de *Xanthorrhœa hastilis*, etc.

On lui a donné encore différents autres noms : *acide carbazotique, amer de Welter, acide chrysolépique, acide nitrophénitique, amer d'indigo*, etc.

Il a été découvert par Hausmann, en 1788; mais c'est surtout à Laurent que l'on doit la connaissance de ses relations avec le phénol.

On le prépare en faisant bouillir le phénol avec l'acide nitrique, jusqu'à ce qu'il ne se dégage plus de vapeurs rutilantes. On concentre alors, et l'on fait cristalliser. On isole les cristaux, on les dissout dans l'ammoniaque, on fait cristalliser le sel ammoniacal pour le purifier, puis on le décompose par l'acide nitrique concentré. L'acide picrique est peu soluble et se sépare en cristaux jaunes et lamelleux.

La réaction précédente s'effectue avec une grande énergie et peut même devenir dangereuse; aussi est-il préférable d'employer le mode de préparation adopté dans l'industrie, et qui consiste à faire agir l'acide nitrique, non pas sur le phénol, mais bien sur la combinaison de celui-ci avec l'acide sulfurique. En grand, on chauffe à 100° dans des vases de grès, 3 parties de phénol et 5 parties d'acide sulfurique concentré; quand la combinaison est effectuée, le produit étant devenu soluble dans l'eau, on laisse refroidir le mélange, et on l'étend de 8 parties d'eau; on verse enfin le tout, par petites portions, dans 7,5 parties d'acide nitrique ordinaire (D=1,26). On laisse réagir, et l'on termine en chauffant tant qu'il se dégage des vapeurs nitreuses. Le mélange se sépare alors en deux couches, dont l'une, huileuse, se prend en masse par le refroidissement. Les cristaux égouttés sont sou-

(1) $\Theta H_{(1)}-\mathrm{C}^6H^3=(Az\Theta^2)^2{}_{(2.4)}$.
(2) $\Theta H_{(1)}-\mathrm{C}^6H^2\equiv(Az\Theta^2)_{(2.4.6)}$.

mis à une cristallisation dans l'eau bouillante, puis transformés en sel de soude, que l'on décompose ensuite par l'acide sulfurique. On termine en faisant cristalliser de nouveau l'acide picrique dans l'eau bouillante.

L'acide picrique a une saveur fort amère. Sa densité est 1,763. Il se dissout dans 160 parties d'eau à 5°, dans 81 parties à 20°. Il est assez soluble dans l'alcool, l'éther, la benzine, le toluène, ainsi que dans l'acide nitrique chaud.

Soumis à l'action de la chaleur, il fond à 122°,5, et peut même être sublimé, quand on opère sur de très petites quantités. Mais, si la quantité est un peu notable, ou si l'acide est chauffé brusquement, il détone très violemment. Cette propriété a donné lieu à des accidents graves. Elle est utilisée dans l'artillerie.

Le phénol trinitré a un pouvoir colorant très intense : 1 milligramme colore sensiblement 1 litre d'eau. Il est employé en grande quantité pour teindre en jaune la laine et la soie, sur lesquelles il se fixe directement.

5. Le phénol trinitré est un acide nettement caractérisé. Ses sels sont jaunes ou orangés; ils font explosion par la chaleur. Son union avec les bases dégage, dans l'état de solution, à peu près les mêmes quantités de chaleur que celle de l'acide azotique étendu, soit + 13,7 Calories avec la potasse et la soude (M. Berthelot).

Le *picrate de potasse*, $C^{12}H^{2}K(AzO^{4})^{3}O^{2}$, cristallise en longues aiguilles jaunes, insolubles dans l'alcool et solubles seulement dans 250 parties d'eau à 15°. En raison de cette faible solubilité, la formation de ce sel est souvent employée pour caractériser les sels de potasse. Le picrate de potasse détone énergiquement sous l'influence de la chaleur; il entre dans la composition de divers mélanges explosifs.

Le *picrate de soude* cristallise facilement, ainsi que le *picrate d'ammoniaque*. Ce dernier est combustible à la manière d'une résine; il a été utilisé en pyrotechnie comme matière fusante.

6. Lorsqu'on dissout 1 partie d'acide picrique et 2 parties de cyanure de potassium dans 9 parties d'eau, et qu'on chauffe quelque temps, la masse devient cristalline par le refroidissement. Les cristaux ainsi formés sont de l'*isopurpurate de potasse*, $C^{16}H^{4}KAz^{5}O^{12}$, dont la solution est rouge pourpre. Avec le cyanure de sodium, on a de l'*isopurpurate de soude*. Enfin, par des doubles décompositions, on a préparé toute une série d'isopurpurates (M. Hlasiwetz); mais l'acide lui-même n'a pas été isolé. La réaction primitive est la suivante :

$$C^{12}H^{3}(AzO^{4})^{3}O^{2} + 3\,C^{2}AzK + 3\,H^{2}O^{2} = C^{16}H^{4}KAz^{5}O^{12} + C^{2}O^{4} + AzH^{3} + 2\,KHO^{2}.$$

Les isopurpurates ont été employés comme matières colorantes. Ils teignent la laine et la soie en couleurs voisines du pourpre. Toutefois, la propriété qu'ils possèdent de détoner par le choc, a empêché leur emploi de se répandre.

L'acide picrique se combine à un certain nombre de carbures d'hydrogène. Cette propriété a déjà été signalée à diverses reprises.

7. *Nitrosophénol*, $C^{12}H^5(AzO^2)O^2$. — L'acide nitreux a la propriété de s'unir directement au phénol pour former le nitrosophénol (1), par une réaction analogue à celle de l'acide nitrique (MM. Baeyer et Caro) :

$$C^{12}H^6O^2 + AzHO^4 = C^{12}H^5(AzO^2)O^2 + H^2O^2.$$

Le nitrosophénol peut donc être considéré comme dérivant du phénol par substitution de (AzO^2) à H.

Le nitrosophénol se prépare en ajoutant à une solution aqueuse de phénol une solution d'acide azoteux dans l'acide sulfurique ; le produit se sépare peu à peu du mélange bien refroidi. On l'obtient encore en additionnant d'acide acétique une solution aqueuse contenant du phénol et de l'azotite de soude en proportions équivalentes.

Il constitue des lamelles brunâtres. Il se détruit et fuse vers 130°.

L'acide azotique, ou le ferricyanure de potassium additionné de potasse, l'oxydent et le changent en *paranitrophénol*, $C^{12}H^5(AzO^4)O^2$.

L'hydrogène naissant le transforme en un alcali-phénol, le *paramidophénol*, $C^{12}H^7AzO^2$.

En dirigeant un courant de vapeur nitreuse dans sa solution éthérée, refroidie avec soin, on produit l'*azotate de diazophénol*, $C^{12}H^4Az^2O^2,AzHO^6$ (voy. ce mot).

Chauffé avec la potasse à 180°, il est transformé en *azophénol*, $C^{24}H^{10}Az^2O^4$.

Dissous dans le phénol en excès, puis additionné d'acide sulfurique, donne une coloration rouge cerise foncé, qui passe au bleu par l'addition d'un alcali. Cette réaction est caractéristique des dérivés nitrosés (M. Liebermann).

IV. — Action des alcools.

1. Le phénol donne avec les alcools des éthers mixtes particuliers.

2. *Éther méthylphénylique*, $C^2H^2(C^{12}H^6O^2)$. — Ce composé (2),

(1) $OH-C^6H^4-AzO$.

(2) $CH^3-O-C^6H^5$.

que l'on appelle souvent *anisol*, résulte de l'action du phénol sodé sur l'éther méthyliodhydrique (M. Cahours) :

$$C^2H^3I + C^{12}H^5NaO^2 = C^2H^2(C^{12}H^6O^2) + NaI.$$

Il se produit également quand on distille sur la baryte l'*acide anisique* ou l'*acide méthylsalicylique*, c'est-à-dire l'acide méthylparaoxybenzoïque ou son isomère l'acide méthylorthoxybenzoïque (M. Cahours) :

$$C^2H^2(C^{14}H^6O^6) + 2\,BaO = C^2H^2(C^{12}H^6O^2) + C^2O^4, 2\,BaO.$$

C'est un liquide à odeur agréable, de densité 0,991 à 15°, bouillant à 152°.

3. *Éther éthylphénylique*, $C^4H^4(C^{12}H^6O^2)$. — Cet éther (1) est connu aussi sous les noms de *phénéthol* et de *salythol* (M. Cahours). Il se prépare comme son homologue inférieur, l'anisol. Il bout à 172°.

4. *Éther phénylphénylique*, $C^{12}H^4(C^{12}H^6O^2)$. — L'*éther phénylique* proprement dit (2) est un corps cristallisé, bouillant à 260°. Il se forme dans la distillation sèche du benzoate de cuivre (MM. List et Limpricht); mais on l'obtient plus facilement par l'action du phénol sur le *sulfate de diazobenzol*, $C^{12}H^6Az^2S^2O^8$ (M. Hofmeister):

$$C^{12}H^6Az^2S^2O^8 + C^{12}H^6O^2 = Az^2 + C^{12}H^4(C^{12}H^6O^2) + S^2H^2O^8.$$

V. — Réactions diverses.

Le perchlorure de fer colore en violet les solutions aqueuses de phénol. La présence de l'alcool empêche la coloration de se produire.

Quand on tiédit la solution aqueuse de phénol, après l'avoir additionnée d'un quart de son volume d'ammoniaque, puis de quelques gouttes d'une solution de chlorure de chaux au vingtième, elle prend une jolie coloration bleue.

L'eau bromée ajoutée à la solution aqueuse de phénol donne un précipité jaune clair de phénol tribromé.

Le phénol liquéfié par quelques gouttes d'eau, étant additionné d'acide sulfurique chargé de vapeurs nitreuses, se colore en brun, puis en vert, et enfin en bleu intense.

L'azotate de mercure chargé de vapeurs nitreuses, étant chauffé avec du phénol, donne un précipité jaune, que l'acide azotique dissout en

(1) $C^2H^5-O-C^6H^5$.
(2) $C^6H^5-O-C^6H^5$.

se colorant en rouge vif. L'acide salicylique agit en pareil cas comme le phénol.

Un copeau de sapin, que l'on trempe dans une solution aqueuse de phénol, puis dans l'acide chlorhydrique dilué, et que l'on expose au soleil, se colore en bleu.

Enfin, quand on traite le phénol par un mélange d'acides sulfurique et azotique concentrés, il se produit, par une réaction énergique et complexe, une masse brune employée en teinture, sous le nom de *phénicine*, pour produire des nuances dites *havane*.

§ 1. — Crésylols.

$C^{14}H^{6}(H^{2}O^{2})$ ou $C^{14}H^{8}O^{2}$.......... $C^7H^7\text{-}OH$ ou $CH^3\text{-}C^6H^4\text{-}OH$.

1. MM. Williamson et Fairlie ont extrait du goudron de houille un corps accompagnant le phénol, mais bouillant un peu plus haut que lui. Ce corps a été désigné sous les noms de *phénol crésylique* et d'*hydrate de crésyle*. C'est en réalité un mélange de trois homologues du phénol, l'*orthocrésylol*, le *métacrésylol* et le *paracrésylol* (1).

Les mêmes corps existent dans le goudron de bois.

Ils peuvent être obtenus isolément en traitant par l'acide nitreux les *toluidines* (ortho, méta ou para), qui correspondent à chacun d'eux :

$$C^{14}H^{9}Az + AzHO^{4} = C^{14}H^{8}O^{2} + H^{2}O^{2} + Az^{2}.$$

Ils prennent encore naissance dans l'action de la potasse fondante sur les *acides toluénosulfuriques* (ortho, méta ou para) correspondants (Wurtz) :

$$C^{14}H^{7}KS^{2}O^{6} + 2(KO, HO) = C^{14}H^{7}KO^{2} + S^{2}O^{4}, 2KO + H^{2}O^{2}.$$

Les crésylols possèdent des réactions et des propriétés voisines de celles du phénol ordinaire.

2. *Orthocrésylol*. — Ce phénol est cristallisé et incolore. Il fond à 31° et bout à 188°. La potasse fondante le transforme en *acide orthoxybenzoïque* ou *salicylique*, $C^{14}H^{6}O^{6}$.

3. *Métacrésylol*. — Il s'obtient encore par l'action de l'anhydride phosphorique sur le thymol. Il constitue un liquide incristallisable, bouillant à 201° et donnant par la potasse fondante de l'*acide métaoxybenzoïque*, isomère de l'acide salicylique.

(1) Orthocrésylol...... $CH^3{}_{(1)}\text{-}C^6H^4\text{-}OH_{(2)}$;
Métacrésylol....... $CH^3{}_{(1)}\text{-}C^6H^4\text{-}OH_{(3)}$;
Paracrésylol...... $CH^3{}_{(1)}\text{-}C^6H^4\text{-}OH_{(4)}$.

4. *Paracrésylol.* — Ce troisième isomère cristallise facilement en prismes fusibles à 36°. Il bout à 199°. La potasse fondante le transforme en *acide paraoxybenzoïque,* second isomère de l'acide salicylique.

On le rencontre dans l'urine humaine au cours de certaines maladies (scarlatine, érysipèle); il se forme en assez notable quantité dans diverses fermentations du foie de cheval.

Le sel de potasse du paracrésylol dinitré est employé en teinture sous le nom de *jaune d'or.* Par l'action de l'acide nitrique sur le mélange des crésylols du goudron de houille, on obtient un mélange des trois binitrocrésylols, dont la combinaison potassique est une matière tinctoriale un peu différente, l'*orange Victoria.*

§ 5. — Thymol.

$$C^{20}H^{12}(\underline{H^2O^2}) \text{ ou } C^{20}H^{14}O^2 \ldots\ldots \quad C^{10}H^{13}\text{-}OH.$$

1. Ce corps, entrevu par Doveri et étudié d'abord par Lallemand, puis plus récemment par MM. Engelhard et Latschinoff, est isomère avec l'*alcool cyménique.* Il se rattache au *cymène ordinaire* (p. 177) ou *paraméthylpropylbenzine* (1).

Il peut être formé artificiellement en traitant par l'acide nitreux la *cymidine* dérivée de l'aldéhyde cuminique (M. Widmann):

$$C^{20}H^{15}Az + AzHO^4 = C^{20}H^{14}O^2 + H^2O^2 + Az^2.$$

2. *Préparation.* — Le thymol est contenu dans l'essence de thym et dans quelques autres essences (*Monarda punctata, Ptychotis ayovan*). Pour l'extraire, on agite l'essence avec une solution concentrée de soude caustique. La liqueur alcaline dissout le thymol, qui se trouve mélangé à du *cymène* et à un carbure térébenthénique, le *thymène :* on la décante, on l'étend avec de l'eau et on la sature par l'acide chlorhydrique. Le thymol se sépare, entraînant une certaine proportion des carbures de l'essence, ceux-ci étant notablement solubles dans la solution alcaline du thymol. On distille le produit, en recueillant ce qui passe entre 220° et 240°. Il est souvent difficile d'obtenir une première cristallisation du corps, à moins d'ajouter quelques cristaux déjà formés, qui font cesser la sursaturation.

3. *Propriétés.* — Le thymol cristallise dans le système du prisme rhomboïdal oblique, sous forme de tables rhomboïdales striées, parfois très volumineuses. Son odeur est agréable; sa densité est

(1) $C^3H^7{}_{(4)}\text{-}C^6H^3 < {OH_{(3)} \atop CH^3{}_{(1)}}$.

1,069. Il fond à 50° et bout à 230°. Il est peu soluble dans l'eau (1/333), très soluble dans l'alcool et dans l'éther.

4. *Réactions.* — Les réactions du thymol sont parallèles à celles du phénol.

Il peut comme celui-ci fournir des éthers. Tel est l'*éthylthymol*, $C^{20}H^{12}(C^4H^6O^2)$, par exemple, qui constitue un liquide bouillant à 222° (M. Jungfleisch).

L'anhydride phosphorique le dédouble à chaud en *propylène* et *métacrésylol* (MM. Engelhardt et Latschinow) :

$$C^{20}H^{14}O^2 = C^6H^6 + C^{14}H^8O^2.$$

Oxydé par un mélange de bioxyde de manganèse et d'acide sulfurique dilué, il se change en *thymoquinon*, $C^{20}H^{12}O^4$.

Traité par le sodium et l'acide carbonique, il fixe C^2O^4 et fournit de l'*acide thymotique*, $C^{22}H^{14}O^6$ (MM. Kolbe et Lautemann).

Le thymol pentachloré se décompose par la chaleur en fournissant du *propylène*, du *crésylol trichloré* et de l'acide chlorhydrique (Lallemand).

Les propriétés caustiques et antiseptiques du thymol, sont analogues à celles du phénol ; elles le font employer en thérapeutique.

5. *Isomères.* — La théorie indique l'existence d'un certain nombre d'isomères du thymol, dérivés des divers carbures $C^{20}H^{14}$ (p. 177). On en connaît quatre ; deux seulement sont intéressants, le *carvacrol* et le *carvol*.

1° Le *carvacrol* (1) ou *cymophénol* (Schweitzer) existe dans l'essence d'*Origanum hirtum*. Il se produit quand on fait agir à chaud l'acide phosphorique sur le carvol (M. Kékulé), ou bien encore quand on chauffe le camphre en présence de l'iode (M. Claus).

C'est une huile épaisse, de densité 0,985 à 15°, bouillant à 237°. Le sulfure de phosphore le change en cymène. La potasse fondante l'oxyde en donnant de l'*acide iso-oxycuminique*, $C^{20}H^{12}O^6$.

2° Le *carvol* forme, par son mélange avec un carbure $C^{20}H^{16}$, l'essence de semences de cumin : il existe aussi dans l'essence d'*Anethum graveolens*. Il forme avec l'hydrogène sulfuré une combinaison cristallisée, qui se dédouble par les alcalis : ce qui permet de le purifier.

Il constitue un liquide bouillant à 225°, ayant pour densité 0,953 à 15°. On vient de voir que l'acide phosphorique le change en son isomère, le carvacrol.

(1) $C^3H^7_{(4)} - C^6H^3 < {OH_{(2)} \atop CH^3_{(1)}}$.

§ 6. — Anol.

$C^{18}H^8(H^2O^2)$ ou $C^{18}H^{10}O^2$....... C^9H^9-OH ou C^3H^5-C^6H^4-OH.

1. L'anol dérive du *phénylpropylène*, $C^{18}H^{10}$ ou $C^{12}H^4(C^6H^6)$. Il s'obtient en chauffant son éther méthylique, l'*anéthol*, au-dessus de 200° pendant 24 heures, avec la potasse caustique (M. Ladenburg) :

$$C^{18}H^8(C^2H^4O^2) + KHO^2 = C^{18}H^9KO^2 + C^2H^4O^2.$$

Il cristallise en lamelles incolores, fond à 93° et distille en s'altérant vers 250°.

Ce phénol tire quelque intérêt de son éther méthylique, l'anéthol.

2. *Anéthol*, $C^{18}H^8(C^2H^4O^2)$ ou $C^{20}H^{12}O^2$. — Ce composé constitue la partie concrète des essences d'anis, de fenouil, de badiane et d'estragon (Gerhardt). La dernière en est presque exclusivement formée.

Sa synthèse a été faite (M. Perkin) en décomposant par la distillation sèche l'*acide méthylparaoxyphénylcrotonique*, $C^{22}H^{12}O^6$ ou $C^8H^4(C^{12}H^4)(C^2H^4O^2)(O^4)$:

$$C^{22}H^{12}O^6 = C^{20}H^{12}O^2 + C^2O^4.$$

L'anéthol constitue de belles lames nacrées et incolores, fusibles à 25°. Sa densité à 12° est 0,987. Il bout à 232°. Il est insoluble dans l'eau, miscible à l'alcool et à l'éther.

L'acide sulfurique, le chlorure d'étain et divers réactifs le changent en un polymère solide, l'*anisoïne* $(C^{20}H^{12}O^2)^n$; le chlorure de zinc fondu le transforme en un autre polymère, le *métanéthol*, $(C^{20}H^{12}O^2)^m$.

Les oxydants, l'acide chromique et l'acide nitrique notamment, le font passer à l'état d'*aldéhyde anisique*, $C^{14}H^4(C^2H^4O^2)(O^2)$, et d'*acide anisique*, $C^{14}H(C^2H^4O^2)(O^4)$ (M. Cahours); ils donnent aussi avec lui un isomère du camphre, $C^{20}H^{16}O^2$, le *camphre anisique* (M. Landolph).

§ 7. — Naphtylols.

$C^{20}H^6(H^2O^2)$ ou $C^{20}H^8O^2$................. $C^{10}H^7$-OH.

1. Il existe deux naphtylols isomériques.

M. Griess, en soumettant l'*azotate de diazonaphtol*, $C^{20}H^6Az^2,AzHO^6$, à l'action de l'eau bouillante, a produit le premier un *phénol naphtylique* :

$$C^{20}H^6Az^2,AzHO^6 + H^2O^2 = C^{20}H^8O^2 + 2Az + AzHO^6.$$

Cette réaction est parallèle à celle au moyen de laquelle on obtient le phénol avec l'azotate de diazobenzol (p. 538).

En faisant agir l'acide sulfurique sur la naphtaline, il se forme deux acides sulfoconjugués isomères (M. Merz). Les sels de ces acides, traités par la potasse fondante, donnent deux *naphtylols* ou *naphtols* isomères, dont l'un est identique avec celui dérivé du diazonaphtol (Wurtz; Dusart; M. Schaeffer).

2. *Naphtylol* α. — C'est le composé découvert par M. Griess, en partant de l'azotate de diazonaphtol. Il peut être obtenu dans l'action de la potasse fondante sur les sulfonaphtalates α (M. Eller).

Il constitue des aiguilles brillantes, fusibles à 94°, distillant avec la vapeur d'eau. Sa densité à 4° est 1,224. Il bout à 279°.

3. *Naphtylol* β. — Ce composé a été obtenu par M. Schaeffer au moyen des sulfonaphtalates β.

Il forme des lamelles brillantes, incolores, fusibles à 123°, de densité 1,217 à 4°. Il bout à 285°.

4. Les deux naphtylols isomères fournissent les réactions caractéristiques des phénols. Ainsi qu'il arrive pour ces derniers, leur union avec les bases dégage de la chaleur, en quantités sensiblement égales pour les deux isomères.

Ils sont employés en thérapeutique. Tous deux sont fabriqués aujourd'hui dans l'industrie pour la production de substances tinctoriales.

Le *dinitronaphtylol* α, $C^{20}H^6(AzO^4)^2O^2$, est en effet une belle matière jaune, d'un pouvoir colorant très intense (*jaune de Martius*, *jaune d'or*, *jaune de Manchester*); il donne avec l'acide sulfurique un dérivé sulfoné dont le sel potassique constitue aussi une matière colorante jaune (*jaune de naphtols*).

Par l'action d'un dérivé diazoïque de l'*acide sulfanilique* (voy. ces mots) sur les naphtylols α et β, on obtient de belles matières colorantes oranges, connues sous les noms d'*orangés*, de *tropéolines*, etc. (M. Roussin; M. O. Witt).

Enfin la *roccelline*, substance qui teint en des nuances semblables à celles de l'orseille, résulte de l'action du dérivé azoïque de l'acide *sulfonaphtylamique* sur le naphtylol β.

2e ORDRE. — PHÉNOLS DIATOMIQUES.

§ 8. — Pyrocatéchine.

$C^{12}H^2(\underline{H^2O^2})(\underline{H^2O^2})$ ou $C^{12}H^6O^4$...... $C^6H^4=(\theta H)^2$ ou $\theta H_{(1)}-C^6H^4-\theta H_{(2)}$.

1. On connaît trois oxyphénols isomères, $C^{12}H^6O^4$, correspondant à la théorie des dérivés bisubstitués de la benzine (p. 151 et 155). Le premier est la ***pyrocatéchine***, le second est la ***résorcine***, et le troisième est l'***hydroquinon***.

2. La pyrocatéchine, dont nous nous occuperons en premier lieu, a été découverte par Reinsch. Elle est appelée aussi ***orthodioxybenzol***, ***acide pyromorintannique*** et ***acide oxyphénique***. Elle existe dans certains kinos et dans les feuilles d'***Ampelopsis hederacea***.

3. *Formation.* — Elle se forme dans beaucoup de réactions :

1° Au moyen des *orthophénolsulfates* et de l'hydrate de potasse en fusion (M. Kékulé), le phénol étant ainsi suroxydé par une réaction toute pareille à celle qui change la benzine en phénol (p. 161) ;

2° En décomposant par l'oxyde d'argent l'*acide orthoiodosalicylique* (M. Lautemann) :

$$C^{14}H^{5}IO^{6} + AgO.HO = C^{12}H^{6}O^{4} + C^{2}O^{4} + AgI ;$$

3° En fondant avec la potasse l'*orthochlorophénol* ou les dérivés bromés et iodés correspondants (M. Kœrner) :

$$C^{12}H^{5}ClO^{2} + KHO^{2} = C^{12}H^{6}O^{4} + KCl ;$$

4° En oxydant le phénol par la soude en fusion (MM. Barth et Schreder).

Dans toutes les réactions précédentes, la résorcine, isomère de la pyrocatéchine, se forme en même temps que celle-ci.

5° En soumettant à l'action de la chaleur l'*acide protocatéchique*, $C^{14}H^{6}O^{8}$ (MM. Hlasiwetz et Barth) :

$$C^{14}H^{6}O^{8} = C^{12}H^{6}O^{4} + C^{2}O^{4} ;$$

6° Le quinate de baryte, la gomme ammoniaque, les tanins verdissant les sels de fer, la cellulose et beaucoup d'autres corps, fournissent de la pyrocatéchine par distillation sèche. Il en est ainsi notamment des *catéchines* du cachou : de là le nom de *pyrocatéchine*.

4. *Préparation.* — On prépare la pyrocatéchine en distillant rapidement, dans une vaste cornue, le cachou ou mieux les catéchines, principes cristallisables, constituant le résidu que l'on obtient en épuisant le cachou par l'eau froide. On évapore à basse température le produit de la distillation ; on filtre pour séparer une résine, puis on distille en recueillant ce qui passe entre 220° et 250°. L'orthoxyphénol cristallise par refroidissement ; on l'exprime entre des papiers buvards, et on le purifie par plusieurs cristallisations.

On l'obtient plus facilement encore en soumettant l'éther monométhylique de la pyrocatéchine ou *gaïacol*, chauffé vers 180°, à l'action d'un courant de gaz iodhydrique (M. Erlenmeyer) :

$$C^{12}H^2\underline{(H^2O^2)}\,\underline{(C^2H^4O^2)} + HI = C^{12}H^2\underline{(H^2O^2)}\,\underline{(H^2O^2)} + C^2H^3I.$$

On distille le produit et on fait cristalliser dans la benzine les portions qui bouillent entre 230° et 250°.

5. *Propriétés.* — La pyrocatéchine cristallise en lames blanches et brillantes ; sa saveur est amère et sa vapeur irritante. Elle fond à 104° et bout à 245°. Sa densité est 1,344. Elle se dissout dans l'eau, l'alcool, l'éther. Elle est neutre au papier de tournesol.

6. *Réactions.* — Elle forme avec les bases des composés peu stables et qui s'altèrent rapidement en absorbant l'oxygène de l'air.

Le premier équivalent de base qui se combine avec elle dégage 6,3 Calories, le deuxième 1,4 Calorie seulement. Cette quantité de chaleur, petite et presque nulle, dégagée par le second équivalent de base agissant sur les phénols diatomiques en solution étendue, par opposition avec la quantité notable dégagée par le précédent équivalent, est un fait caractéristique de la série ortho, les dérivés para et méta dégageant au contraire à peu près la même quantité de chaleur pour le second équivalent que pour le premier (MM. Berthelot et Werner).

Traitée par un mélange d'acide chlorhydrique et de chlorate de potasse, elle se change en *quinon perchloré*, $C^{12}Cl^4O^4$.

Elle réduit les sels des métaux supérieurs, ainsi que la liqueur cupropotassique.

Le perchlorure de fer colore sa solution en vert-émeraude ; la liqueur passe au violet par addition de bicarbonate de soude.

7. *Éthers.* — Traitée par les chlorures acides, la pyrocatéchine forme des éthers diatomiques (M. Nachbaur) :

$C^{12}H^2\underline{(H^2O^2)}\,\underline{(H^2O^2)}$;	$C^{12}H^2\underline{(C^4H^4O^4)}\,\underline{(C^4H^4O^4)}$.
Pyrocatéchine.	Pyrocatéchine diacétique.

8. Elle engendre également des éthers mixtes.

Son *éther monométhylique* (1) ou *gaïacol*, $C^{12}H^2\underline{(H^2O^2)}\underline{(C^2H^4O^2)}$, existe dans le goudron de bois et dans les produits de la distillation sèche de la résine de gaïac (H. Sainte-Claire Deville). Sa fonction a été reconnue par M. Hlasiwetz.

C'est un liquide incolore, doué d'une odeur de créosote peu déve-

(1) $OH-C^6H^4-OCH^3$.

loppée à froid, de densité 1,1171 à 13°, bouillant à 205°, insoluble dans l'eau.

Il peut être préparé en chauffant vers 170° la pyrocatéchine avec de la potasse et du méthylsulfate de potasse (M. Gorup-Besancz).

La *créosote*, que l'on extrait du goudron de bois, est un mélange dont la composition varie beaucoup avec les circonstances de sa préparation. Elle renferme en petites quantités du phénol et des crésylols, mais elle est surtout formée de gaïacol et de *créosol*. Cette dernière substance est un homologue du gaïacol (p. 562).

L'*éther diméthylique* de la pyrocatéchine (1), que l'on appelle aussi *vératrol*, $C^{12}H^{2}(\underline{C^{2}H^{4}O^{2}})^{2}$, se forme dans la distillation de l'*acide vératrique*, $C^{18}H^{10}O^{8}$, avec les alcalis. C'est un corps bouillant vers 205° et se concrétant vers + 15° (M. Merck).

§ 9. — Résorcine.

$C^{12}H^{2}(\underline{H^{2}O^{2}})(\underline{H^{2}O^{2}})$ ou $C^{12}H^{6}O^{4}$ .. ... $C^{6}H^{4}{=}(OH)^{2}$ ou $OH_{(1)}-C^{6}H^{4}-OH_{(3)}$.

1. *Formation*. — La résorcine ou *métadioxybenzol* a été découverte par MM. Hlasiwetz et Barth. Elle se forme dans l'action de la potasse fondante sur un assez grand nombre de substances naturelles et principalement de résines, telles que le galbanum, la gomme-ammoniaque, la résine acaroïde, etc., ainsi que dans la distillation sèche de l'extrait de bois du Brésil.

1° Elle peut être obtenue synthétiquement par l'action de la potasse sur le *méta-iodophénol* (M. Kœrner) :

$$C^{12}H^{5}IO^{2} + KHO^{2} = C^{12}H^{6}O^{4} + KI.$$

2° La synthèse de la résorcine peut encore être effectuée au moyen du dérivé sulfoconjugué de la benzine chlorée, $C^{12}H^{5}Cl$, l'*acide parachlorobenzinosulfurique*. Par fusion avec la potasse, les sels de cet acide donnent de la résorcine (MM. Oppenheim et Vogt).

3° En traitant de même par un hydrate alcalin en fusion les sels de l'*acide phénolsulfurique* (M. Kékulé), ou même le *phénol* lui-même (MM. Barth et Schreder), on produit la résorcine par oxydation du phénol.

4° La benzine peut être changée en résorcine par une méthode plus directe que celles constituées par les réactions précédentes. Le sel de soude de l'*acide métabenzinodisulfurique* (p. 160), traité par un excès

(1) $CH^{3}O-C^{6}H^{4}-OCH^{3}$.

d'hydrate alcalin en fusion, se transforme presque immédiatement en résorcine (M. Ross-Garrick) :

$$C^{12}H^{5}Na, 2S^{2}O^{6} + 4(NaO,HO) = C^{12}H^{5}NaO^{4} + 2S^{2}Na^{2}O^{6} + 2H^{2}O^{2}.$$

2. *Préparation.* — La résorcine s'obtient aisément en faisant agir la potasse fondante sur le galbanum préalablement épuisé à l'alcool. La masse fondue est acidulée et agitée avec de l'éther, qui enlève la résorcine.

L'industrie prépare aujourd'hui la résorcine par la méthode de M. Ross-Garrick. Après la fusion alcaline, on reprend par l'eau, on neutralise par un acide, on extrait la résorcine de la dissolution par agitation avec l'éther ou l'alcool amylique, et on la purifie par une cristallisation dans le toluène, suivie d'une cristallisation dans l'eau.

3. *Propriétés.* — La résorcine forme de magnifiques cristaux rhomboïdaux, dont la densité à 15° est 1,2717. Elle fond à 119° et bout à 276°,5, mais se sublime à une température inférieure. Elle est très soluble dans l'eau, l'alcool et l'éther, insoluble dans le chloroforme et le sulfure de carbone.

4. *Réactions.* — La résorcine s'unit avec les bases alcalines. Elle dégage avec un premier équivalent de base, en solution étendue, 8,2 Calories, et 7,4 Calories avec le second.

La résorcine oxydée par la potasse fondante se change en *phloroglucine*, $C^{12}H^{6}O^{6}$, par fixation de O^{2} (MM. Barth et Schreder).

Elle fournit, comme tous les phénols, un très grand nombre de dérivés de substitution. Nous citerons seulement la *résorcine trinitrée*, que l'on appelle encore *acide styphnique* ou *acide oxypicrique*, $C^{12}H^{3}(AzO^{4})^{3}O^{4}$; c'est un beau composé qui se forme dans l'action de l'acide nitrique sur la plupart des gommes-résines.

La solution aqueuse de résorcine est colorée en violet foncé par le perchlorure de fer. Elle réduit le réactif cupropotassique et l'azotate d'argent ammoniacal.

5. *Fluorescéine.* — L'anhydride phtalique, $C^{16}H^{4}O^{6}$, doit donner avec la résorcine une phtaléine, composé isomérique avec un des éthers phtaliques de la résorcine, et formé, comme ce dernier, avec élimination d'une molécule d'eau pour une molécule d'anhydride (M. Baeyer) :

$$C^{16}H^{4}O^{6} + 2C^{12}H^{6}O^{4} = C^{40}H^{14}O^{12} + H^{2}O^{2}.$$

Cette phtaléine n'a pas été isolée, mais on connait son dérivé tétrabromé. Dès qu'on cherche à l'isoler, $H^{2}O^{2}$ se trouve éliminé, et on obtient son anhydride, la *fluorescéine*, $C^{40}H^{12}O^{10}$ (M. Baeyer).

Pour préparer celle-ci (1), on chauffe à 200°, pendant plusieurs heures, un mélange d'une molécule d'anhydride phtalique et deux molécules de résorcine sèche. On épuise ensuite le produit par l'eau bouillante, qui enlève l'acide phtalique et la résorcine ayant échappé à la réaction, et on fait cristalliser dans l'alcool le résidu, c'est-à-dire la fluorescéine.

C'est une poudre cristalline rouge-brique, que la chaleur ne fond ni ne volatilise, mais décompose; elle est insoluble dans l'eau, mais soluble dans les alcalis étendus; les acides la précipitent de cette solution.

Une solution concentrée de fluorescéine possède une couleur rouge non fluorescente; étendue, elle est jaune, avec une fluorescence jaune verdâtre d'une intensité singulière.

La *fluorescéine tétrabromée*, $C^{40}H^8Br^4O^{10}$, plus connue sous le nom d'*éosine*, est une matière colorante rouge jaune, très brillante et assez employée pour teindre en nuances dites *aurore*. C'est un corps acide et insoluble dans l'eau, que l'on emploie en teinture sous forme de combinaison sodique; ses solutions alcalines présentent une fluorescence rouge jaune énergique (M. Caro). Elle s'obtient en traitant la fluorescéine par le brome en solution acétique.

Cette belle matière colorante n'est pas la seule à laquelle le travail de M. Baeyer sur la phtaléine de la résorcine ait donné lieu. Nous citerons encore les suivantes:

Métyléosine, couleur rose un peu violacé;

Fluorescéine dibromée et dinitrée, couleur écarlate;

Fluorescéine diiodée ou *pyrosine*, couleur orange;

Fluorescéine tétraiodée, couleur rouge violacé;

Benzylfluorescéine ou *chrysoline*, couleur jaune;

Auréosines, produits de l'action des hypochlorites et des hypobromites sur la fluorescéine, couleurs jaunes et orangées;

Rubéosines, produits de l'action de l'acide nitrique sur les auréosines, couleurs rouges. Etc.

§ 10. — Hydroquinon.

$C^{12}H^2(\underline{H^2O^2})(\underline{H^2O^2})$ ou $C^{12}H^6O^4$ .... $C^6H^4=(OH)^2$ ou $OH_{(1)}-C^6H^4-OH_{(4)}$.

1. *Formation.* — L'hydroquinon, appelé aussi *paradioxybenzol* et *hydroquinone*, a été découvert par Wœhler. Il prend naissance:

(1) $C^6H^4<^{C\lesssim^{C^6H^3(OH)}_{C^6H^3(OH)}>O}_{CO>O}$.

1° Dans la distillation sèche de l'acide quinique et de divers extraits de plantes (*Rhododendron ferruginensis, Arctostaphylos uva ursi*);

2° Dans le dédoublement de l'arbutine par l'émulsine (p. 456);

3° Par l'action des agents hydrogénants, l'acide sulfureux par exemple, sur le *quinon*, $C^{12}H^4O^4$ (Wœhler) :

$$C^{12}H^4O^4 + S^2O^4 + 2\,H^2O^2 = C^{12}H^6O^4 + S^2O^6, H^2O^2;$$

4° Lorsqu'on chauffe le *paraiodophénol* à 180° avec la potasse (M. Kœrner) :

$$C^{12}H^5IO^2 + KHO^2 = C^{12}H^6O^4 + KI;$$

5° Par l'ébullition avec l'eau acidulée de l'*azotate de paradiazophénol*, $C^{12}H^4Az^2O^2,AzHO^6$ (M. Griess), réaction analogue à celle qui donne le phénol avec le diazobenzol (p. 538);

6° Par l'oxydation de l'*aniline*, $C^{12}H^7Az$, au moyen de l'acide chromique (M. Nietzki).

2. *Préparation.* — C'est par cette dernière réaction que l'on prépare le plus facilement l'hydroquinon. On dissout 1 partie d'aniline et 8 parties d'acide sulfurique dans 30 parties d'eau, et l'on ajoute peu à peu au mélange refroidi avec soin 2,5 parties de bichromate de potasse pulvérisé, en agitant et en évitant toute élévation de température. Il se forme, entre autres produits, de l'hydroquinon et du quinon. On fait passer dans le mélange de l'acide sulfureux, qui transforme le quinon en hydroquinon. Enfin, en agitant la masse avec de l'éther, on dissout l'hydroquinon. On le purifie par des cristallisations dans le toluène bouillant (M. Nietzki).

3. *Propriétés.* — L'hydroquinon est dimorphe : il forme des prismes orthorhombiques, incolores, de densité 1,326, quand il se dépose de ses dissolutions, et des prismes rhomboïdaux obliques par sublimation ; cette dernière forme est instable. Il est fusible à 177°, très soluble dans l'eau, l'alcool et l'éther; il se sublime facilement sous l'action de la chaleur. Sa saveur est douceâtre.

4. *Réactions.* — L'hydroquinon s'unit aux bases alcalines. Il dégage en solutions étendues, 8,0 Calories avec le premier équivalent de base, et 6,4 Calories avec le second.

Sous l'influence d'une haute température, il se dédouble en quinon et en hydrogène :

$$C^{12}H^6O^4 = C^{12}H^4O^4 + H^2.$$

Traité par les agents oxydants, il se change aussi en quinon :

$$C^{12}H^6O^4 + O^2 = C^{12}H^4O^4 + H^2O^2.$$

Au début de cette réaction, il se forme un composé de quinon et d'hydroquinon, $C^{12}H^4O^4(C^{12}H^6O^4)$, désigné sous les noms d'*hydroquinon vert* ou de *quinhydron*, lequel se précipite en belles aiguilles minces et vertes, douées de reflets métalliques (Wœhler). La réaction est particulièrement nette, quand on emploie la solution de perchlorure de fer comme oxydant.

Un mélange d'acide chlorhydrique et de chlorate de potasse transforme l'hydroquinon en *quinon perchloré*, $C^{12}Cl^4O^4$.

L'hydroquinon réduit, même à froid, le réactif cupropotassique.

Le même phénol forme avec l'anhydride phtalique, l'*hydroquinonphtaléine*, $C^{40}H^{12}O^{10}$, isomère de la fluorescéine. Ce composé est cristallisé et fusible à 226°; il se dissout dans les alcalis en donnant une liqueur violette.

§ 11. — Orcine.

$$C^{14}H^8O^4 \text{ ou } C^{14}H^4(\underline{H^2O^2})(\underline{H^2O^2})\ldots \quad C^7H^6=(OH)^2 \text{ ou } CH^3_{(1)}\text{-}C^6H^3 < {OH_{(3)} \atop OH_{(5)}}.$$

1. *Formation.* — L'orcine, appelée aussi *orcine* α, pour la distinguer du phénol suivant, son homologue, a été découverte par Robiquet, et étudiée surtout par Stenhouse et par M. de Luynes.

Sa synthèse a été faite par MM. Vogt et Henniger, en traitant par la potasse fondante les chlorotoluénosulfates.

Elle se produit encore dans l'action de la potasse fondante sur l'aloès.

2. *Préparation.* — L'orcine résulte de la décomposition de certains principes immédiats contenus dans les lichens tinctoriaux (p. 413). Pour la préparer, on traite le *Roccella montagnei* par un lait de chaux, dans des marmites closes que l'on chauffe jusqu'à 150° (fig. 59, p. 413). On filtre ensuite le produit sur des toiles, on sépare la chaux par un courant d'acide carbonique; on évapore et l'on obtient successivement une cristallisation d'orcine et une cristallisation d'*érythrite*. Un traitement à la benzine, qui ne dissout pas l'érythrite, mais dissout l'orcine, permet une séparation complète.

L'orcine ainsi obtenue est rougeâtre et impure; on la fait recristalliser dans l'eau, par évaporation lente.

3. *Propriétés.* — On obtient l'orcine en gros prismes rhomboïdaux obliques; mais il est difficile de la conserver incolore. Elle est très soluble dans l'eau, l'alcool, l'éther. Elle possède une saveur sucrée, mais désagréable. Les cristaux contiennent 2 équivalents d'eau de cristallisation, séparable par l'action du vide; ils fondent à 56°. Une fois déshydratée, l'orcine fond à 86° et distille vers 290°, sans décomposition.

4. *Réactions*. — L'orcine se combine aux bases alcalines. En solutions étendues, elle dégage 8,2 Calories avec le premier équivalent de base, et 7 Calories avec le second.

Sa solution est précipitée par l'acétate de plomb basique et par le perchlorure de fer. Elle réduit le nitrate d'argent ammoniacal.

Elle rougit à l'air, sous l'influence de la lumière. Elle s'oxyde rapidement, quand elle subit simultanément l'action de l'air et des alcalis.

Les agents oxydants l'altèrent, en donnant des produits encore mal connus.

Le brome produit avec elle un composé cristallisable, l'*orcine tribromée*, $C^{14}H^{5}Br^{3}O^{4}$.

Elle se combine aux acides en formant des éthers à 1 et à 2 équivalents d'acide.

Chauffée avec l'anhydride phtalique et l'acide sulfurique concentré, elle forme une *orcine-phtaléine*, $C^{44}H^{16}O^{10}$, cristallisée, soluble dans les alcalis en produisant une liqueur rouge.

5. *Orcéine*. — L'action de l'ammoniaque sur l'orcine est remarquable.

Sous l'influence simultanée de cet alcali et de l'oxygène, il se forme un composé azoté, $C^{14}H^{7}AzO^{6}$, désigné sous le nom d'*orcéine* (Robiquet).

Quand on sature d'ammoniaque une solution éthérée d'orcine, on obtient une combinaison cristallisée et incolore, $C^{14}H^{8}O^{4},AzH^{3}$, lorsqu'on opère à l'abri de l'oxygène; les cristaux exposés à l'air absorbent l'oxygène et se changent en orcéine (M. de Luynes):

$$C^{14}H^{8}O^{4}, AzH^{3} + 3\,O^{2} = C^{14}H^{7}AzO^{6} + 2\,H^{2}O^{2}.$$

L'orcéine est une matière colorante rouge, incristallisable, peu soluble dans l'eau, précipitable de sa solution par l'addition d'un sel neutre, fort soluble dans l'alcool, peu soluble dans l'éther. Elle se décolore par l'action de l'hydrogène naissant, mais se recolore sous l'influence de l'air.

Les produits employés en teinture, sous les noms d'*orseille*, *cudbear*, *persio*, se préparent par des procédés divers, tous basés sur cette transformation de l'orcine en orcéine.

6. *Tournesol*. — A l'histoire de l'orcine se rattache celle du *tournesol*, qui se prépare en faisant agir l'air et l'ammoniaque sur certains lichens tinctoriaux (*Lecanora tartarea*, *Variolaria*, *Roccella*), en présence d'un grand excès de carbonate alcalin. Pour solidifier le produit, on ajoute des matières pulvérulentes, principalement du carbonate de chaux ou de la silice. Mais l'histoire des principes immédiats contenus dans le tournesol est peu avancée.

7. *Isomères*. — 1° On obtient deux isomères de l'orcine, les *isorcines* α et β, en fondant avec la potasse les sels des deux *acides toluénodisulfuriques* β et γ. Les deux isorcines sont des corps cristallisés, fusibles vers 87°. La première bout à 270°, et la seconde à 260°.

2° Un quatrième isomère est l'*homopyrocatéchine* (1). C'est un liquide incristallisable, qui peut être obtenu en traitant par l'acide iodhydrique son éther monométhylique, le *créosol*, $C^{14}H^{4}(\underline{H^{2}O^{2}})(\underline{C^{2}H^{4}O^{2}})$ ou $C^{16}H^{10}O^{4}$ (M. Marasse):

$$C^{14}H^{4}(\underline{H^{2}O^{2}})(\underline{C^{2}H^{4}O^{2}}) + HI = C^{14}H^{8}O^{4} + C^{2}H^{3}I.$$

Cet éther monométhylique de l'homopyrocatéchine est lui-même un liquide incolore, analogue au gaïacol et distillant à 219°. Il existe dans le goudron de bois et constitue pour une forte proportion le mélange connu sous le nom de *créosote* (p. 556).

L'éther diméthylique de l'homopyrocatéchine, $C^{14}H^{4}(C^{2}H^{4}O^{2})^{2}$, ou *méthylcréosol*, est un liquide qui bout vers 215°; il se rencontre dans le goudron de bois, comme le précédent.

3° L'*hydrotoluquinon* constitue un cinquième isomère (2). Ce composé prend naissance quand on traite par l'acide sulfureux le *toluquinon*, $C^{14}H^{6}O^{4}$. Sa génération est donc tout à fait analogue à celle de l'hydroquinon en partant du quinon (M. Nietzki). Il se forme d'ailleurs aussi dans l'oxydation de l'orthotoluidine, ce qui complète l'analogie, l'oxydation de l'aniline donnant de l'hydroquinon (p. 559). Il constitue des lamelles fusibles à 124°, sublimables sans altération, très solubles dans l'eau.

§ 12. — Méthylorcine.

$C^{16}H^{10}O^{4}$ ou $C^{16}H^{6}(\underline{H^{2}O^{2}})^{2}$.............. $C^{8}H^{8}{=}(OH)^{2}$.

Ce corps, appelé à l'origine *orcine* β, puis *bétaorcine*, est un homologue de l'orcine (M. Menschutkine). Il provient (p. 415), par des dédoublements analogues à ceux qui fournissent l'orcine, de l'*érythrine* β contenue dans le *Roccella fusciformis*.

La méthylorcine se prépare à la manière de l'orcine.

Elle forme des prismes à base carrée, fusibles à 163°. Elle est beaucoup moins soluble dans l'eau que l'orcine.

(1) $CH^{3}_{(1)}-C^{6}H^{3}<^{OH_{(3)}}_{OH_{(4)}}$.

(2) $CH^{3}_{(1)}-C^{6}H^{3}<^{OH_{(2)}}_{OH_{(5)}}$.

3e ORDRE. — PHÉNOLS TRIATOMIQUES.

§ 13. — Pyrogallol.

$C^{12}H^6O^6$ ou $C^{12}(H^2O^2)^3$............ $\mathit{C^6H^6O^3}$ ou $\mathit{C^6H^3 \equiv (OH)^3}$.

1. Le pyrogallol, appelé aussi *acide pyrogallique* ou *trioxybenzol*, a été découvert par Scheele, qui le confondait avec l'acide gallique, et distingué plus tard de ce dernier par Gmelin. Son histoire est connue surtout par Braconnot et par Pelouze.

Il se rencontre dans le goudron de bois, qui contient en assez notable proportion son éther diméthylique (M. W. Hofmann).

2. *Formation.* — 1° On le forme synthétiquement au moyen de l'acide salicylique biiodé et de l'oxyde d'argent humide (M. Lautemann) :

$$C^{14}H^4I^2O^6 + 2(AgO, HO) = C^{12}H^6O^6 + C^2O^4 + 2\,AgI;$$

ce qui revient à le former avec l'acide salicylique, dérivé lui-même par synthèse du phénol et de l'acide carbonique (p. 542).

La même réaction, effectuée sans séparation d'acide carbonique, engendre l'*acide gallique*, $C^{14}H^6O^{10}$.

2° Il prend encore naissance quand on traite par la potasse en fusion deux des *acides chlorophénolsulfuriques* connus (MM. Petersen et Baehr).

3. *Préparation.* — Le pyrogallol se prépare, comme la plupart des phénols, au moyen d'un acide qui en diffère par les éléments de l'acide carbonique, l'*acide gallique*, $C^{14}H^6O^{10}$:

$$C^{14}H^6O^{10} = C^2O^4 + C^{12}H^6O^6.$$

On mêle cet acide avec le double de son poids de pierre ponce en poudre grossière, on l'introduit dans une cornue tubulée, remplie à moitié, et l'on chauffe au bain de sable, en faisant passer dans la cornue un courant d'acide carbonique. Le pyrogallol se sublime.

Le plus souvent, dans l'industrie, on distille directement l'extrait aqueux de noix de galle.

On le prépare encore en chauffant l'acide gallique avec de l'eau vers 180°, dans une marmite en fer solidement fermée (MM. de Luynes et Espérandieu).

4. *Propriétés.* — Le pyrogallol se présente en lamelles ou en aiguilles minces, d'un blanc éclatant, de densité 1,453. Sa saveur est

amère; son odeur a quelque chose d'astringent. Il fond vers 115° et se sublime vers 210°; mais son point d'ébullition est plus élevé.

Il se dissout dans 2 1/2 parties d'eau à 13° : caractère qui permet de le distinguer de l'acide gallique, avec lequel il est souvent mélangé, et qui est beaucoup moins soluble dans l'eau. Le pyrogallol est très soluble dans l'alcool et dans l'éther. Il est toxique (Personne).

5. *Action de la chaleur.* — Quand on chauffe brusquement le pyrogallol vers 250°, il se change en eau et en un polymère noir et ulmique, dérivé du corps $C^{12}H^4O^4$. C'est l'*acide métagallique* des auteurs :

$$n\,C^{12}H^6O^6 = (C^{12}H^4O^4)^n + n\,H^2O^2.$$

6. *Hydrogène.* — Le pyrogallol, chauffé à 280° avec 20 parties d'acide iodhydrique saturé, régénère la benzine (M. Berthelot) :

$$C^{12}H^6O^6 + 6\,HI = C^{12}H^6 + 3\,H^2O^2 + 3\,I^2.$$

7. *Oxygène.* — La solution aqueuse de pyrogallol absorbe lentement l'oxygène de l'air en se colorant.

En présence d'un alcali, elle noircit aussitôt et absorbe l'oxygène avec une telle avidité, que cette réaction est employée pour doser l'oxygène dans les mélanges gazeux (M. Chevreul). Cependant il ne faut pas oublier à cet égard qu'il se forme quelques millièmes d'oxyde de carbone au moment de l'absorption de l'oxygène. En outre, on doit faire intervenir un grand excès d'alcali, l'oxydation dégageant alors plus de chaleur et s'effectuant avec plus d'énergie.

Le pyrogallol réduit les sels d'or, d'argent, etc., ainsi que les solutions alcalines de bioxyde de cuivre. Cette propriété le fait employer en photographie.

Oxydé par l'acide permanganique ou par l'acide chromique, il se change en *pyrogalloquinon* ou *purpurogalline*, $C^{40}H^{16}O^{18}$ (M. A. Girard).

8. *Chlore et brome.* — Le chlore gazeux, agissant sur le pyrogallol en solution acétique, le change, suivant les conditions opératoires, en *mairogallol*, $C^{36}H^7Cl^{11}O^{20}$, ou en *leucogallol*, $C^{36}H^6Cl^{12}O^{24}$, substances cristallisées dérivant du pyrogallol par polymérisation en même temps que par substitution (Stenhouse et Groves).

Le brome agissant sur le pyrogallol sec, forme le *pyrogallol tribromé*, $C^{12}H^3Br^3O^6$, qui est cristallisable.

9. *Alcalis.* — La solution du pyrogallol est neutre. Cependant ce corps peut s'unir aux alcalis. Il dégage ainsi 6,4 Calories avec le premier équivalent de base, 6,4 Calories avec le deuxième, et 1,0 Calorie

seulement avec le troisième ; il se comporte donc à ce point de vue à peu près comme un phénol diatomique, la troisième atomicité donnant lieu à des phénomènes voisins de ceux que produisent les alcools.

Les solutions alcalines de pyrogallol s'altèrent très rapidement, même sans le concours de l'oxygène. Bouilli avec une solution concentrée de potasse, ce phénol forme du carbonate, de l'acétate, de l'oxalate, etc. Un lait de chaux le colore en pourpre, puis en brun ; l'hydrate de baryte en brun, puis en noir.

La solution de sulfate ferreux donne un trouble blanchâtre, et les sels ferriques une coloration bleu indigo.

10. *Acides.* — Le pyrogallol peut être combiné avec les acides. Il se conduit alors comme un phénol triatomique :

$$C^{12}(\underline{H^2O^2})(\underline{H^2O^2})(\underline{H^2O^2}).$$

Avec l'acide sulfurique il donne des acides sulfonés.

Chauffé vers 200° avec l'anhydride phtalique, $C^{16}H^4O^6$, il donne la *pyrogallol-phtaléine*, $C^{40}H^{16}O^{14}$; cette substance, qui n'est pas une véritable phtaléine, constitue une matière colorante violette, plus généralement appelée *galléine* (M. Baeyer) :

$$C^{16}H^4O^6 + 2C^{12}H^6O^6 = C^{40}H^{10}O^{14} + 2H^2O^2 + H^2.$$

La galléine, traitée à haute température par l'acide sulfurique se déshydrate encore et forme une belle matière colorante verte, très solide, la *céruléine*, $C^{40}H^8O^{12}$.

11. *Alcools.* — *L'éther diméthylique du pyrogallol*, $C^{16}H^{10}O^6$ ou $C^{12}(\underline{H^2O^2})(\underline{C^2H^4O^2})(\underline{C^2H^4O^2})$ se rencontre dans le goudron de bois (M. W. Hofmann).

Il se prépare en chauffant le pyrogallol avec de la potasse et de l'éther iodhydrique, à 160° (M. W. Hofmann). Il cristallise dans l'eau en prismes fusibles à 151°. Il bout à 253°. L'oxygène de l'air l'altère, surtout en présence des alcalis. L'acide chlorhydrique le dédouble à 100° en éther méthylchlorhydrique et pyrogallol. Les oxydants le changent en *cérulignone*, $C^{32}H^{16}O^{12}$, éther tétraméthylique d'un phénol-quinon dérivé d'un phénol hexatomique, l'*hexaoxydiphényle*, $C^{24}H^{10}O^{12}$.

§ 14. — **Phloroglucine.**

$$C^{12}H^6O^6 \text{ ou } C^{12}(\underline{H^2O^2})^3 \ldots\ldots\ldots \; C^6H^6O^3 \text{ ou } C^6H^3 \equiv (OH)^3.$$

1. La phloroglucine, isomère du pyrogallol, a été découverte par M. Hlasiwetz.

2. *Formations.* — 1° Elle s'obtient régulièrement par l'oxydation de la résorcine. A cet effet, on traite celle-ci par la soude en fusion (MM. Barth et Schreder) :

$$C^{12}H^6O^4 + O^2 = C^{12}H^6O^6.$$

2° La potasse fondante, agissant sur un très grand nombre de substances, et notamment sur les tanins du cachou, du ratanhia et du bois jaune, sur la gomme-gutte ou le sang-dragon, etc., donne de la phloroglucine.

3° La phloroglucine prend naissance dans le dédoublement de la *phlorétine* (M. Hlasiwetz), laquelle, combinée à la glucose, constitue un glucoside, la *phlorizine* (p. 459). La phlorétine est l'*éther phlorétique* de la phloroglucine, $C^{12}(\underline{H^2O^2})^2(\underline{C^{18}H^{10}O^6})$:

$$\underbrace{C^{12}(H^2O^2)^2(C^{18}H^{10}O^6)}_{\text{Phlorétine.}} + H^2O^2 = \underbrace{C^{12}H^6O^6}_{\text{Phloroglucine.}} + \underbrace{C^{18}H^{10}O^6}_{\text{Ac. phlorétique.}}$$

4° Enfin la phloroglucine se produit encore dans le dédoublement de la quercétine (M. Hlasiwetz), substance dont la combinaison avec l'isodulcite constitue le quercitrin (p. 431).

3. *Préparation.* — Elle s'obtient le plus facilement par l'oxydation de la résorcine. On chauffe pendant une demi-heure 1 partie de résorcine avec 6 parties de soude, jusqu'à ce que, le dégagement d'hydrogène étant calmé, la masse ait pris une coloration chocolat. On reprend par l'eau, on acidule par l'acide sulfurique, on filtre, et on agite avec de l'éther. Celui-ci dissout la phloroglucine et l'abandonne par distillation.

4. *Propriétés.* — La phloroglucine se présente sous la forme de gros cristaux incolores, rhomboïdaux, contenant 4 équivalents d'eau qu'ils perdent à 100°, fusibles à 209° après dessiccation, doués d'une saveur sucrée, solubles dans l'eau, l'alcool et l'éther. Sa solution aqueuse réduit le tartrate cupropotassique.

Elle se combine aux bases alcalines dans les liqueurs étendues, elle dégage ainsi 8,4 Calories pour le premier équivalent de base, 8,4 Calories pour le deuxième, et 1,5 seulement pour le troisième.

Elle se colore en bleu violacé par le perchlorure de fer.

La réaction suivante permet de la caractériser : une solution très diluée de phloroglucine étant additionnée de nitrate d'aniline et d'azotite alcalin, se trouble peu à peu et donne un précipité rouge vif d'*azobenzolphloroglucine* (M. Weselsky).

§ 15. — Triphénolméthane.

$$C^{38}H^{16}O^{6} \text{ ou } C^{12}H^{2}(\underline{H^{2}O^{2}})[C^{12}H^{2}(\underline{H^{2}O^{2}})\{C^{12}H^{2}(\underline{H^{2}O^{2}})[C^{2}H^{4}]\}]\ldots \quad CH\equiv(C^{6}H^{4}-OH)^{3}.$$

1. Ce phénol, appelé aussi *trioxytriphénylméthane* ou *leukaurine*, présente quelque intérêt à cause de ses relations avec diverses matières colorantes artificielles, notamment avec l'aurine et la pararosaniline.

Il dérive du *triphénylméthane*, $C^{38}H^{16}$ (p. 179), par substitution de $3(H^2O^2)$ à $3H^2$:

Triphénylméthane........	$C^{12}H^{4}\quad [C^{12}H^{4}\quad \{C^{12}H^{4}\quad [C^{2}H^{4}]\}],$
Triphénolméthane........	$C^{12}H^{2}(\underline{H^{2}O^{2}})[C^{12}H^{2}(\underline{H^{2}O^{2}})\{C^{12}H^{2}(\underline{H^{2}O^{2}})[C^{2}H^{4}]\}].$

2. Il se forme quand on traite par le zinc en poussière, en présence de la soude caustique ou de l'acide acétique, l'une des matières colorantes précitées, l'*aurine* (p. 574), laquelle n'est autre chose qu'un éther dérivé par déshydratation du triphénolcarbinol correspondant (MM. Dale et Schorlemmer) :

$$\underset{\text{Aurine.}}{[C^{12}H^{2}(H^{2}O^{2})]^{3}(C^{2}H^{2})} + H^{2} = \underset{\text{Triphénolméthane.}}{[C^{12}H^{2}(H^{2}O^{2})]^{3}(C^{2}H^{4})}.$$

3. Il cristallise dans l'acide acétique en prismes incolores, peu solubles dans l'eau, solubles dans l'alcool, se colorant à l'air.

Oxydé en solution alcaline, par le ferricyanure de potassium, il perd H^2 et régénère l'aurine.

§ 16. — Crésyloldiphénolméthane.

$$C^{40}H^{18}O^{6} \text{ ou } C^{14}H^{4}(\underline{H^{2}O^{2}})[C^{12}H^{2}(\underline{H^{2}O^{2}})\{C^{12}H^{2}(\underline{H^{2}O^{2}})[C^{2}H^{4}]\}]\ldots OH-C^{7}H^{6}-CH=(C^{6}H^{4}-OH)^{2}.$$

1. Ce composé que l'on nomme encore *acide leukorosolique*, est homologue du précédent. Il dérive du *tolyldiphénylméthane*, $C^{40}H^{18}$ (p. 179), comme celui-ci dérive du triphénylméthane :

Tolyldiphénylméthane	$C^{14}H^{6}\quad [C^{12}H^{4}\quad \{C^{12}H^{4}\quad [C^{2}H^{4}]\}],$
Crésyloldiphénolméthane..	$C^{14}H^{4}(\underline{H^{2}O^{2}})[C^{12}H^{2}(\underline{H^{2}O^{2}})\{C^{12}H^{2}(\underline{H^{2}O^{2}})[C^{2}H^{4}]\}].$

Il présente avec l'acide rosolique et la rosaniline des relations étroites (p. 576), parallèles à celles du triphénolméthane avec l'aurine et la pararosaniline.

2. Il s'obtient en hydrogénant l'*acide rosolique* par le zinc en poussière (MM. Graebe et Caro) :

$$\underbrace{C^{14}H^4(H^2O^2)[C^{12}H^2(H^2O^2)]^2(C^2H^2)}_{\text{Ac. rosolique.}} + H^2 = \underbrace{C^{14}H^4(H^2O^2)[C^{12}H^2(H^2O^2)]^2(C^2H^4)}_{\text{Crésyloldiphénolméthane.}}$$

3. Il forme des aiguilles incolores, insolubles dans l'eau et solubles dans l'alcool.

CHAPITRE XVI

PHÉNOLS A FONCTION MIXTE

Nous ne parlerons ici que des *alcools-phénols* ou *alphénols* et de leurs dérivés, les *éthers-phénols*, renvoyant aux autres parties de cet ouvrage l'étude des corps qui possèdent, en même temps que la fonction phénol, l'une des fonctions chimiques que nous n'avons pas encore étudiées.

ALCOOLS-PHÉNOLS

§ 1er. — Alcools-phénols oxybenzyliques.

$C^{14}H^8O^4$ ou $C^{14}H^4(H^2O^2)(\underline{H^2O^2})$.......... $OH-C^6H^4-CH^2-OH$.

Il existe trois alcools-phénols oxybenzyliques, appartenant respectivement aux séries *ortho*, *méta* ou *para*.

I. — Saligénine.

1. La saligénine, ou *alcool-phénol orthoxybenzylique* (1), a été découverte par Piria, qui a établi ses relations avec les dérivés salicyliques. Elle correspond à l'*acide salicylique*, $C^{14}H^4(\underline{H^2O^2})(O^4)$.

On la désigne aussi sous le nom impropre d'*alcool orthoxybenzylique*.

2. *Formation.* — Ce corps peut être formé en traitant l'*aldéhyde salicylique*, $C^{14}H^6O^4$ ou $C^{14}H^4(\underline{H^2O^2})(O^2)$, par l'hydrogène naissant (amalgame de sodium). L'aldéhyde salicylique peut d'ailleurs être formé synthétiquement au moyen du phénol et du chloroforme (voy. *Aldéhyde salicylique*).

Dans les mêmes conditions d'hydrogénation, l'acide salicylique lui-même passe à l'état de saligénine.

(1) $OH_{(1)}-C^6H^4-(CH^2-OH)_{(2)}$.

Plus directement, le phénol peut être changé en saligénine par l'action simultanée du formène bichloré et de la soude (M. Greene) :

$$C^{12}H^6O^2 + C^2H^2Cl^2 + H^2O^2 = C^{14}H^8O^4 + 2\,HCl.$$

Ces relations sont générales et conduisent à former avec tout phénol un corps analogue à la saligénine.

La saligénine se produit encore dans le dédoublement de la salicine (p. 454), qui est son glucoside, sous l'influence de certains ferments solubles, tels que l'*émulsine* des amandes ou la *ptyaline* de la salive (Piria).

3. *Préparation.* — Pour préparer la saligénine, on a recours d'ordinaire au dédoublement de la salicine par l'*émulsine.*

L'émulsine est un ferment azoté contenu dans les amandes amères et dans les amandes douces. On la prépare au moyen du tourteau obtenu en exprimant les amandes douces pour en retirer l'huile : on pulvérise ce tourteau, on le fait macérer dans trois fois son poids d'eau à la température ordinaire, et l'on ajoute à la liqueur filtrée de l'alcool qui précipite l'émulsine. L'extrait aqueux du tourteau, qui est une solution d'émulsine fort impure, peut être employé directement pour préparer la saligénine.

On prend donc 50 grammes de salicine et 200 grammes d'eau, on y ajoute une certaine quantité de solution d'émulsine, et l'on abandonne le tout à une température de 40° environ. On laisse digérer pendant douze heures, on filtre et l'on sépare, s'il y a lieu, les cristaux de saligénine. Dans tous les cas, on agite la liqueur filtrée avec de l'éther, afin d'extraire la saligénine dissoute. On évapore l'éther et l'on fait recristalliser le produit dans la benzine.

4. *Propriétés.* — La saligénine se présente en tables rhomboïdales d'un éclat nacré, ou en petites aiguilles brillantes. Sa densité à 25° est 1,1613. Elle fond à 82° et recristallise par refroidissement. Elle se sublime dans le vide à la température ordinaire, ou à la température de 100° sous la pression ordinaire. Elle se dissout dans 15 parties d'eau à 22° ; elle est très soluble dans l'eau chaude, l'alcool et l'éther.

5. *Réactions.* — Sous l'influence de l'oxygène naissant, et notamment par la réaction de l'acide nitrique très étendu ou de l'acide chromique, la saligénine se change en *aldéhyde salicylique,* $C^{14}H^6O^4$, puis en *acide salicylique,* $C^{14}H^6O^6$ (Piria).

Elle se combine aux alcalis, par sa fonction phénolique, et dégage ainsi, à l'état de dissolution, 6,2 Calories.

Elle se dissout dans l'acide sulfurique concentré, qu'elle colore en rouge intense.

La saligénine, chauffée à 100° avec les acides organiques, tels que l'acide acétique, s'y combine lentement en formant des éthers (M. Berthelot), peu étudiés jusqu'à présent.

En présence des acides minéraux, même étendus, la saligénine éprouve un phénomène de déshydratation et se change en un *polysaligénide* résineux, insoluble et fixe, que l'on a désigné sous le nom de *salirétine* et représenté par la formule $C^{14}H^{6}O^{2}$, ou plutôt $(C^{14}H^{6}O^{2})^{n}$.

II. — Alcool-phénol métaoxybenzylique.

Ce composé (1) présente avec l'aldéhyde métaoxybenzoïque et l'acide métaoxybenzoïque les mêmes relations que la saligénine avec les dérivés salicyliques.

On l'obtient en traitant l'*acide métaoxybenzoïque*, $C^{14}H^{6}O^{6}$, par l'amalgame de sodium, en liqueur maintenue acide (M. Welden).

Il cristallise, fond à 67° et bout vers 300°, en s'altérant. Il est soluble dans l'eau chaude, l'alcool et l'éther, peu soluble dans l'eau froide. Oxydé, il régénère l'acide métaoxybenzoïque.

III. — Alcool-phénol paraoxybenzylique.

1. Ce troisième isomère (2) correspond à la série paraoxybenzoïque. On l'appelle aussi *alcool paraoxybenzylique*, nom qui ne répond pas exactement à sa fonction.

Il s'obtient en réduisant l'aldéhyde paraoxybenzoïque par l'amalgame de sodium (M. Hertzfeld).

Ses cristaux fondent à 197°,5. Il est soluble dans l'eau, l'alcool et l'éther, mais non dans le chloroforme.

2. Il se combine aux acides et aux alcools pour former des éthers, soit par sa fonction alcoolique, soit par sa fonction phénolique, ce qui rentre dans la règle ordinaire. Toutefois, parmi ces éthers, il en est un qui présente un intérêt spécial; c'est l'alcool anisique.

3. *Alcool anisique :* $C^{16}H^{10}O^{4}$ ou $C^{14}H^{4}(C^{2}H^{4}O^{2})(H^{2}O^{2})$. — Ce composé (3) n'est autre chose que l'éther méthylique formé par l'alcool-phénol paraoxybenzylique aux dépens de sa fonction phénolique; c'est

(1) $\Theta H_{(1)}-\text{C}^{6}H^{4}-(\text{C}H^{2}-\Theta H)_{(3)}$.
(2) $\Theta H_{(1)}-\text{C}^{6}H^{4}-(\text{C}H^{2}-\Theta H)_{(4)}$.
(3) $(\text{C}H^{3}\Theta)_{(1)}-\text{C}^{6}H^{4}-(\text{C}H^{2}-\Theta H)_{(4)}$.

l'*alcool-éther méthylparaoxybenzylique*. Il a été découvert par MM. Cannizaro et Bertagnini.

Il dérive de l'*aldéhyde anisique*, $C^{14}H^4(\underline{C^2H^4O^2})(O^2)$ par hydrogénation. On le prépare en traitant cet aldéhyde par une solution alcoolique de potasse : il se forme simultanément de l'*anisate de potasse* et de l'alcool anisique :

$$\underset{\text{Aldéhyde anisique.}}{2C^{14}H^4(\underline{C^2H^4O^2})(O^2)} + KHO^2 = \underset{\text{Anisate de pot.}}{C^{16}H^7KO^6} + \underset{\text{Alcool anisique.}}{C^{14}H^4(\underline{C^2H^4O^2})(H^2O^2)}.$$

L'alcool anisique cristallise en aiguilles incolores, dures, brillantes, fusibles à 25°; il distille à 258°. Sa densité à 26° est 1,1093.

L'oxygène naissant le change en *aldéhyde anisique*, $C^{16}H^8O^4$ ou $C^{14}H^4(\underline{C^2H^4O^2})(O^2)$, et en *acide anisique*, $C^{16}H^8O^6$ ou $C^{14}H^4(\underline{C^2H^4O^2})(O^4)$, corps à fonction mixte, comme l'alcool dont ils dérivent.

Le gaz chlorhydrique le transforme en *éther anisylchlorhydrique*, $C^{14}H^4(\underline{C^2H^4O^2})(HCl)$.

§ 2. — Alcool-phénol alizarique.

Citons seulement pour mémoire l'alcool-phénol tétratomique, $C^{28}H^{12}O^8$, auquel on peut rattacher l'alizarine.

En effet, par ses propriétés chimiques, l'alizarine rappelle à la fois les phénols et les acétones; elle est deux fois phénol et deux fois aldéhyde secondaire. On l'étudiera dans le livre des aldéhydes.

PHÉNOLS-ÉTHERS

§ 3. — Eugénol.

$$C^{20}H^{12}O^4 \text{ ou } C^{18}H^6(\underline{C^2H^4O^2})(\underline{H^2O^2}) \ldots\ldots \quad OH_{(4)}-C^6H^3 < \begin{matrix} C^3H^5{}_{(1)} \\ OCH^3{}_{(3)} \end{matrix}.$$

1. L'eugénol, appelé aussi *acide eugénique* ou *essence de girofle oxygénée*, a été découvert par Bonastre. Ce corps serait l'éther monométhylique d'un phénol diatomique, non encore isolé, dérivant du *phénylpropylène* (M. Tiemann) :

$$\underset{\text{Phénylpropylène.}}{C^{18}H^{10} \text{ ou } C^{12}H^4(C^6H^6)}, \quad \underset{\text{Phénol correspondant.}}{C^{12}(C^6H^6)(\underline{H^2O^2})(\underline{H^2O^2})}, \quad \underset{\text{Eugénol.}}{C^{12}(C^6H^6)(\underline{C^2H^4O^2})(\underline{H^2O^2})}.$$

L'eugénol existe dans les essences de girofle, de *Myrtus pimenta* et de feuilles de cannelle, ainsi que dans l'huile de laurier.

Il se forme quand on traite l'*alcool coniférylique*, $C^{20}H^{12}O^{6}$, par l'amalgame de sodium (M. Tiemann) :

$$C^{20}H^{12}O^{6} + H^{2} = C^{20}H^{12}O^{4} + H^{2}O^{2}.$$

2. *Préparation.* — On l'extrait de l'essence de girofle, en agitant celle-ci (3 parties) avec de la potasse (1 partie) en solution dans l'eau (10 parties), et faisant bouillir quelque temps pour entraîner par la vapeur d'eau un hydrocarbure $(C^{10}H^{8})^{n}$ contenu dans l'essence; le résidu cristallise par le refroidissement. On le traite par un acide; celui-ci met en liberté l'eugénol, que l'on purifie par distillation.

3. *Propriétés.* — C'est un liquide incolore, oléagineux, bouillant à 247°, et ayant une densité égale à 1,063 à 18°.

4. *Réactions.* — Il se combine avec les bases comme un phénol monoatomique, en dégageant 6,6 Calories.

Oxydé par la potasse fondante, il se change en *acide protocatéchique*, $C^{14}H^{6}O^{8}$ (M. Hlasiwetz).

Chauffé avec l'anhydride acétique, l'eugénol donne un éther acétique (1), l'*acétyleugénol*, $C^{18}H^{6}(\underline{C^{2}H^{4}O^{2}})(C^{4}H^{4}O^{4})$. Le composé ainsi formé constitue des cristaux volumineux, fusibles à 32°; il bout à 270°. Oxydé en solution acétique par le permanganate de potasse, il donne la *vanilline*, $C^{16}H^{8}O^{6}$, et l'*acide vanillique*, $C^{16}H^{8}O^{8}$ (M. Tiemann).

§ 4. — Aurine.

$$C^{38}H^{14}O^{6} \text{ ou } |C^{12}H^{2}(\underline{H^{2}O^{2}})|^{3}(C^{2}H^{2}) \ldots\ldots\ldots \quad C^{19}H^{14}O^{3}.$$

1. L'aurine, mélangée avec son homologue, l'acide rosolique, dont il sera question plus loin, constitue une belle matière colorante, employée en teinture sous le nom de *coralline jaune* (M. J. Persoz). Elle a été distinguée et étudiée par MM. Dale et Schorlemmer.

L'aurine (2) peut être considérée comme l'éther d'un phénol-alcool, le *triphénolcarbinol*, $C^{38}H^{16}O^{8}$, lequel n'a pas été isolé jusqu'ici, mais dériverait lui-même du *triphénylméthane*, $C^{38}H^{16}$; les relations de l'aurine avec le triphénolcarbinol sont du même ordre que celles qui existent entre l'éther glycolique et le glycol (p. 407), avec cette différence cependant que son éthérification porte sur une fonction

(1) $(C^{2}H^{3}O^{2})_{(4)}-C^{6}H^{3}<\begin{matrix}C^{3}H^{5}{}_{(1)}\\ OCH^{3}{}_{(3)}\end{matrix}.$

(2) $(OH-C^{6}H^{4})^{2}=C<\begin{matrix}C^{6}H^{4}\\ \mid \\ O\end{matrix}.$

alcoolique et une fonction phénolique, mais non sur deux fonctions alcooliques :

Triphénylméthane..	$C^{12}H^4 \; [C^{12}H^4 \; \{C^{12}H^4 \; [C^2H^4]\}]$,
Triphénolméthane..	$C^{12}H^2(\underline{H^2O^2})[C^{12}H^2(\underline{H^2O^2})\{C^{12}H^2(\underline{H^2O^2})[C^2H^4]\}]$,
Triphénolcarbinol..	$C^{12}H^2(\underline{H^2O^2})[C^{12}H^2(\underline{H^2O^2})\{C^{12}H^2(\underline{H^2O^2})[C^2H^2(H^2O^2)]\}]$,
Aurine..	$C^{12}H^2(\underline{H^2O^2})[C^{12}H^2(\underline{H^2O^2})\{C^{12}H^2(\underline{H^2O^2})[C^2H^2]\}]$.

2. *Formation.* — 1° L'aurine s'obtient dans l'action de l'acide oxalique sur le phénol, en présence de l'acide sulfurique concentré (M. J. Persoz) :

$$\underset{\text{Phénol.}}{3\,C^{12}H^6O^2} + \underset{\text{Ac. oxalique.}}{C^4H^2O^8} = \underset{\text{Aurine.}}{C^{38}H^{14}O^6} + \underset{\text{Ac. formique.}}{C^2H^2O^4} + 2\,H^2O^2,$$

formation qui consisterait essentiellement en une fixation d'acide carbonique naissant (MM. E. et O. Fischer) :

$$3\,C^{12}H^6O^2 + C^2O^4 = C^{38}H^{14}O^6 + 2\,H^2O^2.$$

2° Elle se produit encore dans l'action de l'acide nitreux sur la *pararosaniline*, $C^{12}H^2(\underline{AzH^3})[C^{12}H^2(\underline{AzH^3})\{C^{12}H^2(\underline{AzH^3})[C^2H^2(H^2O^2)]\}]$, alcali-alcool triammoniacal dérivé du triphénolcarbinol, suivant un mode général de transformation des fonctions de phénol en fonctions d'alcalis (MM. E. et O. Fischer) :

$$\underset{\text{Triphénolcarbinol.}}{[C^{12}H^2(\underline{H^2O^2})]^3[C^2H^2(H^2O^2)]}, \quad \underset{\text{Pararosaniline.}}{[C^{12}H^2(\underline{AzH^3})]^3[C^2H^2(H^2O^2)]}, \quad \underset{\text{Aurine.}}{[C^{12}H^2(\underline{H^2O^2})]^3[C^2H^2]}.$$

3. *Préparation.* — Elle se prépare par la méthode de M. J. Persoz. On chauffe vers 130° 10 parties de phénol pur avec 5 parties d'acide sulfurique concentré, et 6 ou 7 parties d'acide oxalique sec, jusqu'à ce que le produit se solidifie par le refroidissement. On verse la masse encore chaude dans l'eau, qui enlève l'acide sulfurique et l'acide oxalique en excès; on lave à l'alcool froid le produit resté insoluble, puis on le fait cristalliser dans un mélange d'alcool et d'acide acétique.

4. *Propriétés.* — L'aurine forme des cristaux rhomboïdaux, d'un rouge sombre, à reflets mordorés, ne fondant pas encore à 220°, température à partir de laquelle commence leur altération.

5. *Réactions.* — Elle se dissout dans les alcalis, en donnant des

liqueurs d'un rouge vif, que les alcalis décolorent; cette réaction est assez sensible pour permettre d'employer l'aurine comme indicateur coloré en alcalimétrie.

L'hydrogène naissant, fourni par le zinc en poussière et la soude caustique, la changent en *triphénolméthane* (MM. Dale et Schorlemmer) :

$$[C^{12}H^2(H^2O^2)]^3(C^2H^2) + H^2 = [C^{12}H^2(H^2O^2)]^3(C^2H^4).$$

Elle s'unit à l'ammoniaque pour former un composé cristallisable, $C^{38}H^{14}O^6, 2\,AzH^3$, rouge, fort instable, qui perd son ammoniaque à l'air ou au contact des acides, en régénérant l'aurine.

Chauffée au-dessus de 120° avec l'ammoniaque aqueuse, elle produit une belle matière rouge, très usitée en teinture sous les noms de *coralline rouge* ou de *péonine*, laquelle ne se modifie plus par les acides. La péonine n'est autre chose que l'alcali triammoniacal correspondant au triphénolcarbinol, la *pararosaniline*, $C^{38}H^{19}Az^3O^2$:

$$\underset{\text{Aurine.}}{[C^{12}H^2(H^2O^2)]^3[C^2H^2]} + 3\,AzH^3 = \underset{\text{Pararosaniline.}}{[C^{12}H^2(AzH^3)]^3[C^2H^2(H^2O^2)]} + 2\,H^2O^2.$$

Chauffée à 180° avec l'aniline en excès, l'aurine produit une belle matière colorante que l'on a nommée *azuline*, mais qui n'est autre chose que la *pararosaniline triphénylée*, composé $C^{74}H^{31}Az^3O^2$, dans lequel l'aniline, $C^{12}H^7Az$, joue le même rôle que l'ammoniaque dans la pararosaniline :

$$[C^{12}H^2(\underline{H^2O^2})]^3[C^2H^2] + 3\,C^{12}H^7Az = [C^{12}H^2(\underline{C^{12}H^7Az})]^3[C^2H^2(H^2O^2)] + 2\,H^2O^2.$$

§ 5. — **Acide rosolique.**

$$C^{40}H^{16}O^6 \text{ ou } \{C^{14}H^4(\underline{H^2O^2})[C^{12}H^2(\underline{H^2O^2})]^2\}(C^2H^2) \;\ldots\ldots\; C^{20}H^{16}O^3.$$

1. La substance employée sous le nom impropre d'*acide rosolique* (1) est l'homologue supérieur de l'aurine. Elle joue, par rapport au tolyldiphénylméthane, $C^{40}H^{18}$, et à un phénol-alcool non encore isolé, le *crésyloldiphénolcarbinol*, $C^{40}H^{18}O^8$, le même rôle que l'aurine par rapport au triphénylméthane et au triphénolcarbinol (voy. ci-dessus) :

(1) $\begin{matrix} OH\text{-}C^6H^3(CH^3) \\ OH\text{-}C^6H^4 \end{matrix} > C < \begin{matrix} C^6H^4 \\ O \end{matrix}.$

Tolyldiphénylméthane ...	$C^{14}H^{6}[C^{12}H^{4}\{C^{12}H^{4}[C^{2}H^{4}]\}]$,
Crésyloldiphénolméthane.	$C^{14}H^{4}(\underline{H^{2}O^{2}})[C^{12}H^{2}(\underline{H^{2}O^{2}})\{C^{12}H^{2}(\underline{H^{2}O^{2}})[C^{2}H^{4}]\}]$,
Crésyloldiphénolcarbinol..	$C^{14}H^{4}(\underline{H^{2}O^{2}})[C^{12}H^{2}(\underline{H^{2}O^{2}})\{C^{12}H^{2}(\underline{H^{2}O^{2}})[C^{12}H^{2}(H^{2}O^{2})]\}]$,
Acide rosolique	$C^{14}H^{4}(\underline{H^{2}O^{2}})[C^{12}H^{2}(\underline{H^{2}O^{2}})\{C^{2}H^{2}(\underline{H^{2}O^{2}})[C^{2}H^{2}]\}]$.

2. *Formations.* — 1° L'acide rosolique se produit dans l'action de l'acide oxalique et de l'acide sulfurique sur un mélange de phénol et de crésylol :

$$\underset{\text{Phénol.}}{2\,C^{12}H^{6}O^{2}} + \underset{\text{Crésylol.}}{C^{14}H^{8}O^{2}} + \underset{\text{Ac. oxalique.}}{C^{4}H^{2}O^{8}} = \underset{\text{Ac. rosolique.}}{C^{40}H^{16}O^{6}} + \underset{\text{Ac. formique.}}{C^{2}H^{2}O^{4}} + 2\,H^{2}O^{2}.$$

Cette réaction explique comment la *coralline jaune*, mélange d'aurine et d'acide rosolique, prend naissance quand on fait agir les acides oxalique et sulfurique sur le phénol chargé de crésylol.

2° Il se forme également quand on traite la *rosaniline*, $C^{40}H^{21}Az^{3}O^{2}$, par l'acide nitreux (MM. Wanklyn et Caro), réaction semblable à celle par laquelle la pararosaniline, homologue inférieur de la rosaniline, se change en aurine, homologue inférieur de l'acide rosolique :

Crésyloldiphénolcarbinol......	$\{C^{14}H^{4}(\underline{H^{2}O^{2}})[C^{12}H^{2}(\underline{H^{2}O^{2}})]^{2}\}[C^{2}H^{2}(H^{2}O^{2})]$,
Rosaniline....	$\{C^{14}H^{4}(\underline{AzH^{3}})[C^{12}H^{2}(\underline{AzH^{3}})]^{2}\}[C^{2}H^{2}(H^{2}O^{2})]$,
Acide rosolique..............	$\{C^{14}H^{4}(\underline{H^{2}O^{2}})[C^{12}H^{2}(\underline{H^{2}O^{2}})]^{2}\}[C^{2}H^{2}]$.

3. *Préparation.* — La décomposition de la rosaniline par l'acide nitreux se réalise en ajoutant un azotite alcalin à une solution, acide et diluée, de chlorhydrate de rosaniline. On chauffe à l'ébullition. On rend la liqueur alcaline pour dissoudre l'acide rosolique, on filtre et on précipite de nouveau le produit par l'acide chlorhydrique. On purifie par cristallisation dans l'alcool dilué.

4. *Propriétés.* — L'acide rosolique forme des lamelles cristallines, d'un rouge-rubis, avec reflets mordorés. Il s'altère vers 270°, sans fusion préalable.

Il se dissout dans les alcalis et l'ammoniaque, en donnant une liqueur d'un beau rouge. Les combinaisons ainsi formées sont cristallisables, mais décomposables par les acides.

Ses réactions sont parallèles à celles de l'aurine, avec laquelle on l'a confondu jusqu'à ces derniers temps.

Son dérivé ammoniacal et son dérivé anilique concourent avec les dérivés correspondants de l'aurine à produire la coralline rouge l'azuline commerciales.

ALCOOLS-PHÉNOLS-ÉTHERS

§ 6. — Alcool vanillique.

$$C^{16}H^{10}O^{6} \text{ ou } C^{14}H^{2}(H^{2}O^{2})\underline{(H^{2}O^{2})}\underline{(C^{2}H^{4}O^{2})} \ldots\ldots \quad CH^{3}O\text{-}C^{6}H^{3} < {OH \atop CH^{2}\text{-}OH}$$

1. Ce composé, que l'on appelle par abréviation *alcool vanillique* ou *alcool méthylprotocatéchique*, a été découvert par M. Tiemann. C'est le dérivé, par substitution méthylique opérée aux dépens de la fonction phénol, d'un alcool-phénol triatomique, deux fois phénol et une fois alcool, l'*alcool-phénol protocatéchique*, $C^{14}H^{8}O^{6}$, lequel correspond à l'*acide protocatéchique*, $C^{14}H^{6}O^{8}$. Les formules suivantes indiquent ces relations :

Acide protocatéchique...........	$C^{14}H^{2}\ (O^{4})\ (H^{2}O^{2})\ \ (H^{2}O^{2})$,
Alcool protocatéchique..........	$C^{14}H^{2}(H^{2}O^{2})\ \overline{(H^{2}O^{2})}\ \ \overline{(H^{2}O^{2})}$,
Alcool vanillique................	$C^{14}H^{2}(H^{2}O^{2})\ \overline{\underline{(H^{2}O^{2})}}\ \ \underline{(C^{2}H^{4}O^{2})}$.

2. On obtient l'alcool vanillique par l'hydrogénation de la *vanilline*, $C^{16}H^{8}O^{6}$, qui est son aldéhyde (M. Tiemann) :

$$\underbrace{C^{14}H^{2}(O^{2})(H^{2}O^{2})(C^{2}H^{4}O^{2})}_{\text{Vanilline.}} + H^{2} = \underbrace{C^{14}H^{2}(H^{2}O^{2})(H^{2}O^{2})(C^{2}H^{4}O^{2})}_{\text{Alcool vanillique.}}$$

3. Il cristallise en aiguilles incolores, fusibles à 103°. L'acide sulfurique le dissout en se colorant en violet. Par oxydation, il se change en vanilline.

§ 7. — Alcool pipéronylique.

$$C^{16}H^{8}O^{6} \text{ ou } C^{14}H^{2}\underline{(C^{2}H^{4}O^{4})}(H^{2}O^{2}) \ldots\ldots\ldots \quad CH^{2} < {O \atop O} > C^{6}H^{3}\text{-}CH^{2}(OH).$$

1. L'alcool pipéronylique diffère de l'alcool vanillique par H^{2} en moins. Il dériverait comme lui de l'*alcool-phénol protocatéchique*, $C^{14}H^{8}O^{6}$, dont il serait l'*éther méthylénique* (MM. Fittig et Remsen).

2. Il s'obtient par l'hydrogénation de l'*aldéhyde pipéronylique*, $C^{16}H^{6}O^{6}$, qui lui correspond.

Il constitue de longues aiguilles fusibles à 51°.

§ 8. — Alcool coniférylique.

$$C^{20}H^{12}O^{6} \text{ ou } C^{18}H^{4}\underline{(C^{2}H^{4}O^{2})}\underline{(H^{2}O^{2})}(H^{2}O^{2}) \ldots\ldots \quad C^{10}H^{12}O^{3}.$$

1. Ce composé (1), qui est à la fois alcool, phénol et éther de phénol, a été découvert par MM. Tiemann et Haarmann. Il dérive d'un alcool-phénol non isolé, dérivé lui-même du *phénylpropylène*, et possédant une fonction alcoolique pour deux fonctions phénoliques : l'alcool-phénol-éther coniférylique serait l'éther monométhylique engendré aux dépens de l'une des fonctions phénoliques :

$$\underset{\text{Phénylpropylène.}}{C^{12}H^{4}(C^{6}H^{6}) \text{ ou } C^{18}H^{10}}, \quad \underset{\text{Alcool-phénol corresp.}}{C^{18}H^{4}\underline{(H^{2}O^{2})}(H^{2}O^{2})(H^{2}O^{2})}, \quad \underset{\text{Alcool coniférylique.}}{C^{18}H^{4}\underline{(C^{2}H^{4}O^{2})}\underline{(H^{2}O^{2})}(H^{2}O^{2})}.$$

2. *Formation.* — Il prend naissance dans l'action de l'émulsine sur la *coniférine* (p. 457), laquelle constitue son éther glucosique :

$$\underset{\text{Coniférine.}}{C^{18}H^{4}\underline{(C^{2}H^{4}O^{2})}\underline{(H^{2}O^{2})}(C^{12}H^{12}O^{12})} + H^{2}O^{2} = \underset{\text{Glucose.}}{C^{12}H^{12}O^{12}} + \underset{\text{Alcool coniférylique.}}{C^{18}H^{4}\underline{(C^{2}H^{4}O^{2})}\underline{(H^{2}O^{2})}(H^{2}O^{2})}.$$

On l'isole en agitant le produit de la réaction avec de l'éther qui le dissout.

3. *Propriétés.* — Il cristallise en prismes fusibles à 73°. Il est peu soluble dans l'eau, surtout à froid.

Sous l'influence des acides minéraux dilués, il se change en un polymère, moins soluble dans l'éther.

Oxydé par l'acide chromique, il donne de la *vanilline*, $C^{16}H^{8}O^{6}$, ainsi que de l'aldéhyde ordinaire et de l'acide acétique.

La potasse en fusion le transforme en *acide protocatéchique*, $C^{14}H^{6}O^{8}$.

L'hydrogène naissant le change en *eugénol* (p. 572).

(1) $CH^{3}O_{(4)}\text{-}C^{6}H^{3} < \begin{matrix} OH_{(3)} \\ (C^{3}H^{4}\text{-}OH)_{(1)} \end{matrix}$

FIN DU TOME PREMIE[R]

www.ingramcontent.com/pod-product-compliance
Ingram Content Group UK Ltd.
Pitfield, Milton Keynes, MK11 3LW, UK
UKHW021936200726
13855UKWH00007B/48